Leica®

Das Produkt- und Sammler-Buch

Drei Leitz-Generationen: Ernst II, Ernst III und Ernst I. (*Leica Archiv*)

Leica®

Das Produkt- und Sammler-Buch

Dennis Laney

Augustus Verlag

Leica Sammlerführer
Dennis Laney

Titel des englischen Originals:
Leica Collectors Guide
bei
Hove Collectors Books,
GB-Hove
East Sussex BN3 2GJ
Deutsche Übersetzung: Rudolf Hillebrand DGPh

AUGUSTUS VERLAG, AUGSBURG

Die Fotos stammen, soweit nicht anders erwähnt, vom Autor, aus den Leica Archiven, von Hove Collectors Books.
Umschlagfoto: Leica Archiv
Satz: Sascha Fijan
Offsetreproduktionen: Hartnolls Ltd., Bodmin., GB
Gesamtherstellung: Bosch Druck, Landshut
Printed in Germany

Autor und Verlag danken der Leica Camera Gruppe für die Erlaubnis, das Registrierte Warenzeichen der Gruppe benutzen zu dürfen.

Inhalt

Danksagung

Eine Zusammenstellung wie diese wäre nicht möglich ohne die Arbeit vorangegangener Autoren. Die Pionierarbeit von Gianni Rogliatti, in Form der detaillierten Geschichte der Leica Kameras und Objektive wurde erstmals 1975 als Leica – *die ersten fünfzig Jahre* publiziert, 1978 gefolgt von *Leica und Leicaflex-Objektive*. Nach mehreren Neuauflagen und einer zweiten Auflage wurde 1985 aus den "Fünfzig Jahren" "Sechzig Jahre". Jim Lagers drei Bände des *Illustrierten Leica-Führers* sind von großem Nutzen beim Studium von Leica Teilen, wenn keine Originale zur Verfügung stehen. Brian Tompkins' Zusammenfassung der Produktionstabellen von den Daten aus dem Leitz-Archiv für das erste Leica Taschenbuch von 1980 war eine weitere Pionierarbeit, die seitdem von vielen weitergeführt wurde. Schließlich vervollständigt Paul Henry van Hasbroeck's *Großes Leica Buch* von 1983 über die Entstehung und Entwicklung des gesamten Leica-Systems das Quartett kompetenter Leica-Literatur. Viele Forschende in der ganzen Welt haben seither zum Wissen über die Leica beigetragen, indem sie ihre Erkenntnisse in den verschiedenen Magazinen und Journalen auf diesem Gebiet weitergegeben haben.

Ich habe mich all dieser Quellen über Kameras, Objektive und Zubehör frei bedient und bin den jeweiligen Autoren sehr dankbar. Ich habe die Hinweise auf ihre Arbeit an den betreffenden Stellen gegeben und hoffe, daß ihnen dieses Buch etwas von dem zurückgibt, was ich ihnen verdanke.

Ich möchte meinem Verleger und Leica Experten Derek Grossmark für seinen Einsatz, seine Vorschläge und die vielen Diskussionen danken, die wir miteinander geführt haben.

Mein Dank gilt auch Dr. Verena Frey und "Zydo" von Zydowitz der Leica GmbH in Solms für ihren Einsatz, dafür, daß sie mir Zugang zum Leica Archiv gewährt und so viel an historischen Illustrationen zur Verfügung gestellt haben. Sie haben mir auch gestattet, die Leica Markenbezeichnungen zu verwenden, die unten aufgeführt sind.

Herr Frank Dumur hat mir freundlicherweise Informationen über seinen Vater Henri Dumur gegeben und mir die Beziehungen und Zusammenhänge zwischen den Familien Leitz und Dumur verdeutlicht. Er hat mir auch den Familienstammbaum in Kapitel 2 zur Verfügung gestellt.

Schließlich hätte dieses Buch ohne die Geduld meiner Frau Mary nie das Licht der Öffentlichkeit erblickt. Sie hat lange Zeit die Berge von Papier, Büchern, Katalogen und Prospekten in dankenswerter Weise ertragen.

ABSORBAN
COLORPLAN
CORREFOT
DIMAR
ELMAR
ELMARIT
ELMARON
EPNOR
FOCOMAT
FOCOSLIDE
FOCOTAR
FOCOVIT
HEKTOR
LEICA
LEICAFLEX
LEICAMETER
LEICAVISION
LEICAVIT
MILAR
MINIVID
NOCTILUX
PHOTAR
PRADO
PRADOLUX
PRADOMAT
PRADOVIT
REPROVIT
REPROMATIC
SUMMAR
SUMMARIT
SUMMARON
SUMMICRON
SUMMILUX
TELYT
TRINOVID
VARIOCONTRAST
VISOFLEX

Einleitung

Im Jahre 1984 hatte ich die Gelegenheit zu einem längeren Besuch des Leitz-Werks in Wetzlar. Diese Erfahrung war sehr erregend für mich, und doch kam ich mit pessimistischen Gefühlen bezüglich der Zukunft von Leitz und Leica zurück. Mein persönliches Interesse für Leica geht auf meine Studentenzeit zurück, kurz nach dem Zweiten Weltkrieg, als neue Kamera in England nicht zu haben waren. Die Schaufenster aller größeren Händler und deren Anzeigen in London waren dagegen voll mit einer Vielfalt gebrauchter Geräte, die ein halbes Jahrhundert Fotografie repräsentierten. Die Preise waren hoch, doch die der großen Namen aus der Vorkriegszeit waren noch stärker von der Inflation betroffen. Die Leica hatte immer einen großen Anteil an den Auslagen, darunter viele frühe Modelle, und oft genug war darunter eine IIIc mit dem riesigen Xenon 1,5 zusammen mit einer Unmenge faszinierenden Zubehörs. Dies gab der Leica eine Anziehung, Ausstrahlung und eine Mystik, durch die sie sich von allen anderen unterschied, selbst von so einer soliden, zuverlässig wirkenden Zeiss-Kamera. Die meisten anderen Fabrikate rangierten für mich nur in der zweiten Reihe, obgleich ich mir selbst in jener Zeit gerade mal die dritte Garnitur leisten konnte. Erst 1960 war ich in der Lage, mir eine Leica zu kaufen, eine neue M3, die immer noch in Gebrauch ist. Zu Beginn der 60er Jahre war das Leica M-System auf dem Höhepunkt seiner Entwicklung, und die M3 zählte zur ersten Wahl bei Profis. Doch bevor ich mich in das Abenteuer stürzte, rang ich mit mir selbst, ob eine der neuen Spiegelreflexkameras nicht doch besser für mich geeignet wäre.

Hier war ich nun 20 Jahre nach dem Kauf meiner M3 im Wetzlarer Werk, wo diese hergestellt und das ganze Leica System entwickelt worden war. Die Fotowelt hatte sich seitdem so geändert, daß fast nichts mehr an die Zeit um 1960 erinnerte. Der Markt wurde von japanischen Kleinbildkameras beherrscht, die große Firma Zeiss hatte die Kameraproduktion schon Jahre zuvor eingestellt, und das respektable Unternehmen Leitz nahm sich dagegen winzig aus und bediente nur noch einen spezialisierten Markt. Leitz hatte immer noch eine große Gefolgschaft bei älteren Fotografen, der Mehrzahl der jüngeren Hobbyfotografen war dieser Name kaum geläufig, und der Profimarkt war fest in Nikons Hand.

Ich hatte damals bei meinem Besuch 1984 den Eindruck, als könne die Leica nur durch grundlegende Veränderungen innerhalb der Firma überleben. Viele ältere Mitarbeiter schienen in der Vergangenheit zu leben und den Veränderungen, die zum Weiterbestand notwendig waren, ablehnend gegenüberzustehen. Auf der anderen Seite traf ich aber auch aufgeschlossene jüngere Mitarbeiter, die nicht in der Tradition von Leitz aufgewachsen waren, sondern woanders ihre Erfahrungen gesammelt hatten. Sie machten mich zuversichtlich, daß Leitz sehr wohl eine Zukunft haben könnte, wenn es gelänge, sich der Stärken in Optik, Präzisionsmechanik und seines Rufs für Qualität und Zuverlässigkeit zu besinnen. Leitz würde nie in der Lage sein, mit den übermächtigen Japanern auf eigenem Boden zu konkurrieren. Diese verfügten längst über ein gigantisches technisches Potential, ausgereiften Anlagen zur Massenproduktion und, produzierten in einem Jahr einen größeren Ausstoß als Leitz in 60 Jahren. Man mußte einen eigenen Nischenmarkt finden und diesen entsprechend ausfüllen. Dazu waren jedoch größere Veränderungen notwendig, nicht zuletzt in der eigenen Einstellung.

Zwei Jahre später begann die Revolution: Am 1. Januar 1987 wurde eine neue Firma mit Namen Leica GmbH ins Leben gerufen, eine vollkommene Tochter von Wild Leitz, mit dem kurzen Auftrag, die Leica profitabel zu machen. Die Geschichte dieser neuen Gesellschaft, ihre Umwandlung in die Leica Camera Gruppe und ihr Weg in die völlige Unabhängigkeit, behandelt mein erstes Kapitel. Zum Zeitpunkt der Drucklegung dieses Buches ist das im ersten Kapitel angesprochene, von Dr. Bruno Frey angestrebte Management Buy Out noch nicht zustandegekommen, Dr. Bruno Frey ist Ende November 1992 endgültig aus der Leica Camera Gruppe ausgeschieden. Sie wird seit dieser Zeit ad interim von Dr. Werner Simon, seinem Vorgänger als früherer Leiter des Geschäftsbereichs Foto bei Leitz geführt.

Mein jetziger Eindruck bei einem erneuten Besuch in Solms und dem Kontakt mit den Mitarbeitern ist ein positiver, der mich zuversichtlich um die Zukunft innerhalb eines Nischenmarktes stimmt. Dieser neue Geist umfaßt die gesamte Organisation und alte Wetzlarer Hände ebenso wie neue. Das neue saubere und moderne rotweiße Leica Image, das sich auch im Cover dieses Buches wiederfindet, hat eine wichtige Rolle in der erwähnten Revolution gespielt.

Eine starke Kette zu bilden, die sowohl die Fotografie als auch die fotografische Reproduktion und Beobachtung umfaßt, ist das erklärte Ziel der Leica Camera Gruppe. Dazu zählen Kameras. Objektive, Zubehör, Vergrößerer, Projektoren und Ferngläser. Fast alle der heutigen Leica Produkte blicken auf eine lange Tradition und bewährte Vorgänger in Form früherer Leitz-Produkte zurück. Das war auch meine Inspiration, dieses Buch zu schreiben. Nun hielt ich die Zeit für gekommen, ein Nachschlagewerk zusammenzustellen, das, soweit möglich, alle Produkte der Leica und der Leica Camera Gruppe von den Anfängen bis heute umfaßt, zusammengefaßt in einem übersichtlichen Buch. Ich kann nicht dafür garantieren, daß jedes einzelne Teil und jede Variante darin enthalten ist, und ich haben auch nicht den Versuch unternommen, alle Prototypen aufzuführen, die nie das Werk verließen und ausreichend von anderen Autoren beschrieben wurden. Was ich versucht habe, ist ein umfassendes Referenzbuch zum gesamten Leica System zu verfassen. Ich hoffe, daß die Ausdehnung der Aufstellung und Klassifizierung auf Ferngläser, Vergrößerer und Projektoren andere dazu anregt, noch weitere Nachforschungen anzustellen und daß sich das Sammeln von Leica Produkten so auch auf andere Gebiete ausdehnt – jetzt, da so viele der begehrten Kameras und Objektive längst unerreichbar geworden sind.

Das Datum, das ich jeweils einem Produkt zugeordnet habe, ist das der ersten Erwähnung in einem Leitz-Katalog oder einer anderen Publikation. Es ist nicht unbedingt identisch mit dem ersten Jahr der Herstellung oder des Verkaufsbeginns. End-Jahreszahlen, wo angegeben, sind die der letzten Erscheinung in einem Katalog oder einer Preisliste, auch wenn manche Produkte noch lange danach irgendwo an Lager waren. Die Brennweiten von Objektiven sind im allgemeinen so wie im Katalog angegeben waren, entweder in Zentimetern oder Millimetern. Leitz hat diese Angabe selbst zweimal geändert, angefangen mit Millimetern, dann auf Zentimeter gewechselt, und schließlich wieder zurück zu Millimetern. Um den Umfang des Buches auf ein vernünftiges Maß zu beschränken, habe ich nicht versucht, alles abzubilden. Ich habe es generell vermieden, Zeichnungen aus Katalogen zu verwenden, weil ich davon überzeugt bin, daß der Leser in einem Buch dieses Zuschnitts Fotos echter Produkte bevorzugt. Falls zur Identifizierung benötigt, sind Strichzeichnungen aus dem Katalog in meinem "Leica Zubehörführer" zu finden.

Im Namen aller Leica Anhänger wünsche ich der neuen unabhängigen Leica Camera Gruppe eine lange und gesunde Zukunft. Deshalb steuere dieses Buch als meinen Beitrag zu der großen Tradition von Präzision und Qualität bei, auf die dieser Hersteller zu Recht stolz ist.

Dennis Laney
Brighton
Juli 1992

1 Die Leica Camera Gruppe heute

Schock, Ungläubigkeit, Erleichterung – das waren die unterschiedlichen Reaktionen in der Fotofachwelt auf die Ankündigung zu Anfang des Jahres 1987, daß Leica sich verselbständigen und die Produkte durch eine neue Firma verkauft werden sollten. Leica Anhänger reagierten entsetzt auf die Neuigkeit, daß in Zukunft keine Produkte den Namen Leica tragen oder in Wetzlar hergestellt werden sollten, sondern in einem Ort namens Solms, der auf keiner Landkarte zu finden war. Es gab allerdings so etwas wie Beruhigung angesichts der Tatsache, daß die neue Firma Teil der Wild Leitz-Gruppe bleiben sollte.

Es gibt nur wenige Produkte, die eine so getreue Gefolgschaft haben wie die Leica. Für viele Leica Anhänger hat der Name fast schon religiöse Bedeutung und Wetzlar den Stellenwert eines heiligen Ortes. Nicht alle Leica Benutzer sind Sammler, aber die meisten Leica Sammler dürften Leica Benutzer sein, und das nicht unbedingt von einer guten alten IIIb. Sie wollen vielmehr das Neueste und Beste, am ehesten eine Leica M6 oder Leica R6-2, aber nur, weil sie glauben, daß diese Kameras die aktuellen Vertreter einer kontinuierlichen Entwicklung sind, die ein Dreiviertel-Jahrhundert zurückreicht, und daß die Tradtion und die Qualität dieser Linie sich in dem neuesten Produkt manifestierten. Solche Besitzer dürften jedoch die Minderheit unter den Leica Käufern sein; die meisten kaufen ohne sentimentale Gefühle das, was sie als zuverlässiges Arbeitsinstrument ansehen oder aber einen Besitz mit Prestige. Nichtsdestotrotz war es ein riskanter Zug der Firma, den Namen Leitz fallenzulassen.

Doch alle Leica Anhänger, mit Ausnahme der, die davon überzeugt sind, daß das Goldene Zeitalter mit der Einstellung der Schraubleicas zu Ende ging, müssen unabhängig von ihren inneren Gefühlen gewußt haben, daß etwas Drastisches passieren mußte, wenn die Leica überleben sollte. Viele fürchteten, daß sie ganz einfach verschwinden oder der Name an eine japanische Firma verkauft würde. Leitz war bis 1974 ein Familienunternehmen gewesen, als die Familie Leitz ihre Hauptanteile an dem Unternehmen an die Schweizer Firma für Präzisionsinstrumente Wild Heerbrugg AG verkaufte. Leitz legte damals bei jeder hergestellten Kamera Geld zu. Man sprach davon, daß jede Leicaflex SL2 und Leica M5 1000 DM teurer war als der Abgabepreis an den Handel. Es wurde spekuliert, daß Leitz anderthalb Objektive pro Kamera verkaufen mußte, um die Kosten zu decken. Die japanische Innovation und das aggressive Marketing hatten die traditionellen Märkte von Leitz abgetragen. Leitz brauchte Investition und Innovation.

Wild übernahm die Führung von Leitz und die Brüder Leitz, Ernst III und Ludwig zogen sich zurück. Nur der Sohn ihrer Schwester Elsie, Dr. Knut Ernst Kühn-Leitz, verblieb in der Geschäftsleitung, um die verbleibenden Minderheitsanteile zu repräsentieren, die immer noch von der Familie gehalten wurden. Dr. Max Kreis wurde als Vorsitzender des neuen Aufsichtsrats von der neuen Schweizer Mutter eingesetzt und begann mit seinen oft schmerzvollen Aktionen, die nötig waren, um das Unternehmen wieder nach oben zu bringen. Mitte der 80er Jahre brauchte die Firma eine weitere größere Kapitalspritze, deshalb verkaufte die Familie Leitz die verbleibenden Anteile an die Wild Heerbrugg AG. Die Leitz-exklusiven Vertriebsniederlassungen in Deutschland, die zwar der Familie Leitz gehörten, aber nicht Teil der Ernst Leitz Wetzlar GmbH waren, wurden ebenfalls an die Wild Heerbrugg AG verkauft. Dr. Knut Ernst Kühn-Leitz trat als Mitglied des Aufsichtsrats am 31. Dezember 1986 zurück, und beendete damit die 122jährige Leitz Dynastie in der deutschen Optik-Industrie.

Er wurde unmittelbar in die Direktion gewählt. (In Deutschland ist die Direktion der Geschäftsleitung übergeordnet, die in der Praxis die Geschäfte führt und für das gesamte Wohlergehen der Firma verantwortlich ist, einschließlich seiner Angestellten und deren Sozialverantwortung).

1987 wurde eine Holding gegründet, die Wild Leitz Holding AG, Glans, Schweiz, um die Aktivitäten der Wild Heerbrugg AG, Schweiz und die der Ernst Leitz Wetzlar GmbH zu koordinieren. Diese beiden Firmen waren innerhalb Europas führend in der Herstellung von Mikroskopen und medizinischen Diagnosegeräten, Medizin und Stereomikroskopie, Mikroelektronik zur Inspektion, industrielle Meßtechnik, Geodäsie und Fotogrammetrie, Optoelektronik und Fotografie. Der größte Teil dieser Produkte waren Investitionsgüter, die an staatliche Institutionen, Firmen, Krankenhäuser und Einrichtungen in Erziehung, Forschung und ähnliche verkauft wurden. Auf der andere Seite lag der Schwerpunkt des fotografischen Bereichs von Ernst Leitz Wetzlar, bekannt als "Leitz Fotobereich", auf dem Markt der Konsumgüter, die wenig mit Industrie- und Investitionsgütern zu tun hatten. Es war daher ein ganz anderes Herangehen an den Konsumgütermarkt erforderlich, ebenso wie die Freiheit und Flexibilität, schnell auf Veränderungen im Markt reagieren zu können. Aus diesem Grund wurde der Leitz Fotobereich, der neben Leica Kameras Pradovit-Projektoren, Focomat-Vergrößerer und Trinovid-Ferngläser umfaßte, Ende 1986 zu einer unabhängigen Firma innerhalb der Wild Leitz Holding – zu der Leica GmbH. Diese Leica GmbH übernahm ab dem 1. Januar 1988 die völlige Verantwortung für Forschung und Entwicklung, Herstellung und Verkauf.

Ein Mitglied der Wild Leitz Geschäftsführung, Dr. Bruno E. Frey, 44, wurde an die Spitze der neuen Firma gewählt. Dr. Frey ist ein schweizer Wissenschaftler, ausgebildet in Elektrotechnik, studierte in Zürich, Wien und Fontainebleau. Zu seinen vorangegangenen Management-Erfahrungen zählen internationales Marketing und Geschäftsführung in den USA und der Schweiz. Eine der ersten Aufgaben von Dr. Frey war es, einen Ort für eine neue Firma zu finden, da Leitz den Platz in Wetzlar selbst benötigte und echte Unabhängigkeit und neue Aktivitäten außerdem die räumliche Trennung vom Wetzlarer Werk bedingten. Es gelang ihm, ein nahezu neues, ebenerdiges Fabrikgebäude in Solms zu finden, einer Kleinstadt etwa fünf Kilometer von Wetzlar entfernt. In einer bemerkenswerten Planungsarbeit wurde die neue Fabrik von einer Möbelfabrik in ein Werk für optische Geräte umfunktioniert, mit all den erforderlichen staubfreien Räumen, einschließlich des Abbaus der Anlagen in Wetzlar und des Aufbaus in den neuen Räumen in Solms innerhalb von fünfzehn Monaten. Das neue Werk wurde offiziell am 10. Juni 1988 eröffnet.

Dr. Bruno Frey, ehemaliger Präsident und Vorstandsvorsitzender der Leica Camera Gruppe.

Der erfolgreiche Start der Leica GmbH versetzte Dr. Frey in die Lage, die neue Firma innerhalb kurzer Zeit in die **Leica Camera Gruppe** zu verwandeln, die ursprünglich aus vier Firmen bestand:

Die **Leica GmbH Solms BRD** sollte das operative Zentrum der Leica Camera Gruppe bilden, mit dem Hauptwerk, der Zentrale für Entwicklung und Optikkonstruktion, die Leica Akademie sowie die Geschäftsführung der Leica Camera GmbH und die Marketing-Aktivitäten für Deutschland.

Leitz Portugal SA, die ursprüngliche Leitz Werk in Famalicao.

Leica (Schweiz) AG, der frühere Leitz Vertrieb in der Schweiz, die Petraglio & Co. AG.

Leica USA Inc., getrennt von der E. Leitz Inc. mit eigenen Vertretungsgebäuden in Northvale, N.J.

Andere Firmen schlossen sich der Gruppe an. Die Foto-Abteilung der englischen der Wild Leitz UK wurde am 1. April 1990 unter dem Namen Leica Camera Ltd. in eine eigenständige juristische Person umgewandelt. Separate Marketingfirmen wurden außerdem in Frankreich und Kanada eingesetzt.

Die **Leica Projektion GmbH** wurde Anfang 1990 gebildet und übernahm am 1. April 1990 die früheren Zeiss Zett-Gerätewerke in Braunschweig. Hier werden derzeit die Leica und die Zett (früher Zeiss Ikon)-Diaprojektoren sowie die Hasselblad-Projektoren gefertigt.

Die **Leica Camera International GmbH** übernahm am 1. April 1991 die Verantwortung für den weltweiten Verkauf der Produkte der Leica Camera Gruppe; sowohl an unabhängige Firmen als auch an die Leica-eigenen Verkaufsniederlassungen in Deutschland, Frankreich, Großbritannien, der Schweiz, den USA und Kanada. Mit dem Verkauf des kanadischen Werks in Midland, Ontario an die Hughes Aircraft Company endete Anfang 1991 eine weitere bemerkenswerte Ära in der Geschichte von Leitz.

Während all dieser Vorgänge hatte das Mutterhaus, die Wild Leitz Holding, mit dramatischen Ereignissen zu kämpfen. Die Londoner Financial Times berichtete am 11. Juli 1989, daß ein Grundsatzabkommen zur Fusion zwischen der britischen Cambridge Instruments und Wild Leitz vereinbart worden war, eine Fusion, bei der Anteile von Cambridge gegen solche von Wild Leitz ausgetauscht werden sollten.

Wild Leitz hatte in 1988 einen Verlust von 10,4 Millionen Schweizer Franken vor Steuern gemacht.

Wild Leitz war damals eine Tochtergesellschaft der Unotec Holding, die Dr. Stephan Schmidheiny, dem Sohn von Dr. Max Schmidheiny, gehörte. Er hatte die Kontrolle über Wild Leitz durch Austausch der Anteile mit seinem Bruder Thomas im März 1989 erlangt.

Cambridge Instrument Company PLC war ein englischer Gerätehersteller, der 1881 durch Horace Darwin gegründet worden war, dem Sohn des berühmten Biologen Charles Darwin. In früheren Jahren waren von dieser Firma zwei Optikfirmen übernommen worden, Reichert Industrie, Österreich und die Mikroskopabteilung von Bausch & Lomb, und war dadurch der einzige große Hersteller von Mikroskopen in den USA.

Die neue Gruppe erhielt den Namen "Leica plc". Dr. Terence Gooding, Chairman von Cambridge und US-Bürger, wurde Chairman von Leica plc, Dr. Stephan Schmidheiny Vize-Chairman und Dr. Markus Rauh Präsident und Hauptgeschäftsführer der in St. Gallen, Schweiz, ansässigen Firma. Dr. Rauh hatte man im Mai 1988 zu Wild Leitz geholt, damit er mit einem Rationalisierungsprogramm die Zukunft profitabel gestaltete.

Die Fusion wurde am 2. April 1990 vollzogen, und kurz darauf schloß sich die Firma der Londoner Unlisted Securities Market an, ein sehr ungewöhnlicher Schritt für ein so großes Unternehmen. Bestandteil der Fusion war ein Austausch zwischen Anteilen von Wild Leitz, die von Unotec gehalten wurden gegen solche von Cambridge. Unotec machte außerdem ein Angebot an die Inhaber von Minderheiten innerhalb von Wild Leitz um deren Anteile zu erhalten, die gegen Cambridge Anteile ausgetauscht wurden. Bei der jährlichen Hauptversammlung im September 1990 trat Dr. Gooding vom Vorsitz zurück, verblieb jedoch im Aufsichtsrat und verkaufte kurze Zeit später seine Anteile. Dr. Schmidheiny wurde als Präsident des Verwaltungsrates gewählt, Dr. Rauh zum Präsidenten und Hauptgeschäftsführer. Am 25. September hielten Dr. Schmidheiny und die gänzlich in seinem Besitz befindliche Firma, die Unotec Holding AG, insgesamt 81,6% der Anteile von Leica plc.

Bei einer außerordentlichen Hauptversammlung der Leica plc am 30. August 1991 wurde ein Plan ausgearbeitet, nach dem die Form-Feed BV, Niederlande, eine völlige Tochter der Unotec Holding AG, die gesamten ausgegebenen Aktien von Leica kauften, die noch nicht im Besitz von Form-Feed oder Unotec waren. Dies wurde vom Obersten Gericht gebilligt und am 11. Oktober 1991 wirksam. Diese umgekehrte Übernahme war damit komplett.

In der Zwischenzeit, Mitte 1990, hatte das Management der Leica plc entschieden, daß alle Firmen innerhalb der Gruppe das Wort Leica in ihrem Namen führen sollten. Als Folge davon wurde Leica GmbH in Leica Camera GmbH geändert.

Im Juni 1992 schließlich kam das Management unter der Leitung von Dr. Bruno Frey überein, die Hauptanteile der Leica Camera Gruppe mit der Deutschen Beteiligungsgesellschaft, einer Firma der Deutschen Bank im Rücken zu kaufen. Leica ist heute daher wieder vollkommen selbständig.

Die **Leica Camera Gruppe** unterhält Fabrikationsstätten in Solms, Wetzlar und Braunschweig sowie in Villa Nova de Famalicao in Portugal. Die portugusische Niederlassung heißt jetzt Leica Aparelhos Opticos de Precisao SA. In Solms werden Leica M und Leica-R Kameras und die Serie der neuen Leica Ferngläser montiert. Viele Einzelteile und Komponenten werden von anderen Leica Fabriken und weiteren Zulieferanten eingebracht. Daher tragen viele Leica Produkte wieder die Bezeichnung "Made in Germany", da wertmäßig gesehen der größere Anteil von den deutschen Produktionsstätten in Solms, Wetzlar und Braunschweig beigesteuert wird. Dazu gehört nicht zuletzt auch die besonders kostspielige Endkontrolle. Die portugiesische Fabrikation konzentriert sich auf die Herstellung von Einzelteilen, die Vormontage und einige Bereiche der Endmontage für Produkte aus dem Bereich Optik, Präzisionsmechanik, Elektronik und andere Gebiete.

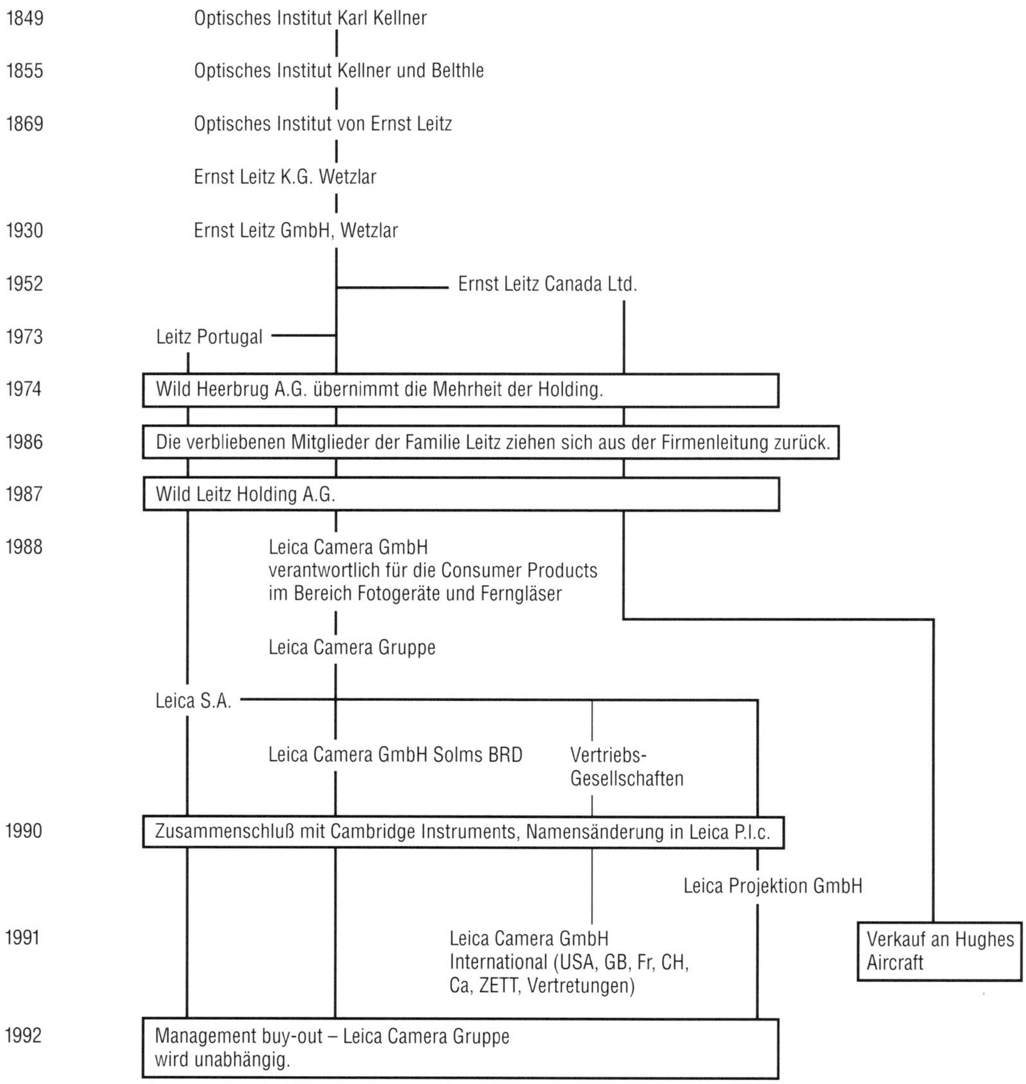

Vorfahren der Leica Camera Gruppe

Das neue Leica Werk in Solms, etwa sieben Kilometer von Wetzlar entfernt. Das ebenerdige Gebäude erlaubt einen logischen Produktionsfluß. Die Büros, das Betriebsrestaurant und die Leica Akademie liegen außen. Durch den glasverkleideten rundumlaufenden Korridor können Besucher die Produktion beobachten, ohne die Räume zu betreten.

Die neue Fabrikationsstätte in der Oskar-Barnack-Straße in Solms ist eine gänzlich andere Umgebung als das alte Leitz Werk in Wetzlar, das dagegen wie eine Mietskaserne wirkt. Es ist ein ebenerdiges Gebäude mit 12000 Quadratmeter nutzbarer Arbeitsfläche und wurde so konzipiert, daß dem logischen Produktionsablauf Rechnung getragen wird. Ein äußerer Ringkorridor mit Blick auf die Arbeitsplätze erlaubt Besuchern, die Fertigung zu beobachten, ohne die staubfreien Räume zu betreten. Die Kameramontage erfolgt immer noch von Hand, und der Besucher registriert beeindruckt, daß keinerlei riesige Produktionshallen zu sehen sind. Die Montage und die Prüfungen erfolgen in relativ kleinen, fast intimen Räumen. Ein großer Teil der Fertigungskosten eines Leica Produktes gehen auf das Konto der ausgiebigen Tests in allen Phasen der Fertigung – hier zeigt sich die Wetzlarer Erfahrung geschulter Mitarbeiter, die in Solms ihre Fortsetzung findet.

Ein erhebliches Investitionsprogramm war noch in der Abwicklung begriffen, während dieses Buch geschrieben wurde. Es begann selbstverständlich beim Werk in Solms, wo die Priorität darauf lag, die Produktionsanlagen von Wetzlar herüberzuschaffen und so schnell wie möglich in produktionsbereiten Zustand zu versetzen. Jetzt konzentriert man sich darauf, die Geräte zur Fertigung auf modernen Standard zu bringen, um die Produktion zu rationalisieren. Ein gutes Beispiel dafür ist die Installation einer Deckel CNC-Fräsmaschine für Bauteile und die Herstellung von Prototyp-Bauteilen. Sie liefert eine Präzision von $\frac{1}{1000}$ mm. Die Entfernungsmesser-Steuernocken aller M-Objektive werden damit bearbeitet, so daß zeitraubende manuelle Justagen entfallen. Ähnliche Modernisierungen werden, wo erforderlich, auch in den anderen Fertigungsstätten vorgenommen. Als nächstes kommt die Restrukturierung der Produktionsplätze an die Reihe, um einen optimalen Fertigungsablauf zu gewährleisten und so die Lagerung teilmontierter Produkte zu eliminieren. Ein umfassendes Programm zur Qualitätssteigerung wurde 1991 gestartet, es begann bei der Objektivherstellung in Solms. Man hatte das Gefühl, daß dieser Bereich lukrative Möglichkeiten der Investition eröffnete. Dazu wurden klare Ziele festgelegt, zu denen die Verbesserung von Produkten ebenso gehörte wie die Qualitätssicherung für die gesamte Lebensdauer eines Produktes. Dazu zählte eine verbesserte Kommunikation von der Produktentwicklung bis zur Serienfertigung und beinhaltete auch die optimale Befriedigung von Kundenwünschen und die Mitarbeiter-Motivation. Nach Solms sollte das Programm auf die anderen Fertigungsstätten und Verkaufsniederlassungen ausgedehnt werden.

Die Produktphilosophie der Leica Camera Gruppe läßt sich wie folgt zusammenfassen: **Ziel ist eine große Bandbreite von Produkten höchster Qualität, die dem Ziel besserer Fotos dienen sowie eine geschlossene Kette von Präzisionsgeräten, zu denen die Fotografie, die Wiedergabe – Projektion und Vergrößerung – und Beobachtung zählt.** Anders ausgedrückt: **Optische Höchstleistung bis an die Grenzen des technisch Machbaren, zuverlässige Präzisionsmechanik für lange Lebensdauer, hochwertige sinnvolle Elektronik für extreme Bedingungen und die Konzentration auf das Wesentliche zur Entfaltung der eigenen Kreativität.**

Der gute alte Ernst Leitz I hätte dem voll zugestimmt. Er hätte sicher etwas dagegen gehabt, daß sein Familienname auf den Geräten geändert wurde, damals jedoch war die Revolution in der Fotografie, die von seinem Sohn und Oskar Barnack initiiert und Leica genannt wurde, der Welt bei weitem besser bekannt als der Name des Herstellers. Einen großartigen Tribut an frühere Zeiten zollt das vom Unternehmen herausgegebene Buch "75 Jahre Leica Fotografie", das Bilder der besten Leica Fotografien innerhalb dieses Zeitraums enthält. Diese Fotos demonstrieren besser als viele Worte das Wesen der Revolution namens Leica, nämlich wie Leica Fotografen damit ihre eigene Ausdrucksweise entwickelten oder, wie Henri Cartier-Bresson, die Realität spontan "im entscheidenden Moment" festhielten. Der jetzt vertraute rote "Leica Punkt" ist das exklusive Markenzeichen aller Produkte der Leica Camera Gruppe, die heute folgendes umfassen:

Leica R Spiegelreflexkameras – Leica M Meßsucherkameras – Objektive und Zubehör für beide Systeme

Leica Kompakt-Autofokuskameras – Leica Vergrößerungsgeräte – Leica Projektoren – Leica Ferngläser.

Jedes dieser Produkte hat seine Wurzeln in der Leica Vergangenheit, sogar Autofokus, demonstriert von Leitz anläßlich der photokina 1976. Diese heutigen Produkte werden in ihrem historischen Zusammenhang in den jeweiligen Kapiteln an späterer Stelle beschrieben. Alle Objektive werden jetzt in Solms konstruiert und gefertigt, eine Ausnahme bilden jene, die nach Leica Spezifikationen von anderen Herstellern produziert werden. Diese jedoch werden in Solms nach den gleichen strengen Methoden wie die selbst hergestellten getestet, und das bedeutet jedes einzelne und nicht in Form von Stichproben.

Die Leica Kameras R-E, R7 und R6-2 werden ebenso wie die M6 in Solms endmontiert. Die M6 ist der direkte Nachfahre von Barnacks damaligem Prototypen, die 1913/1914 in Wetzlar entstand. Es ist diese Kontinuität über drei Viertel eines Jahrhunderts und die Fortsetzung einer Tradition der Qualität und handwerklichen Präzision, was das Sammeln von Leica Kameras so lohnend macht. Wir werden die Geschichte dieser Tradition im folgenden Kapitel aufrollen.

Struktur der Leica Camera Gruppe

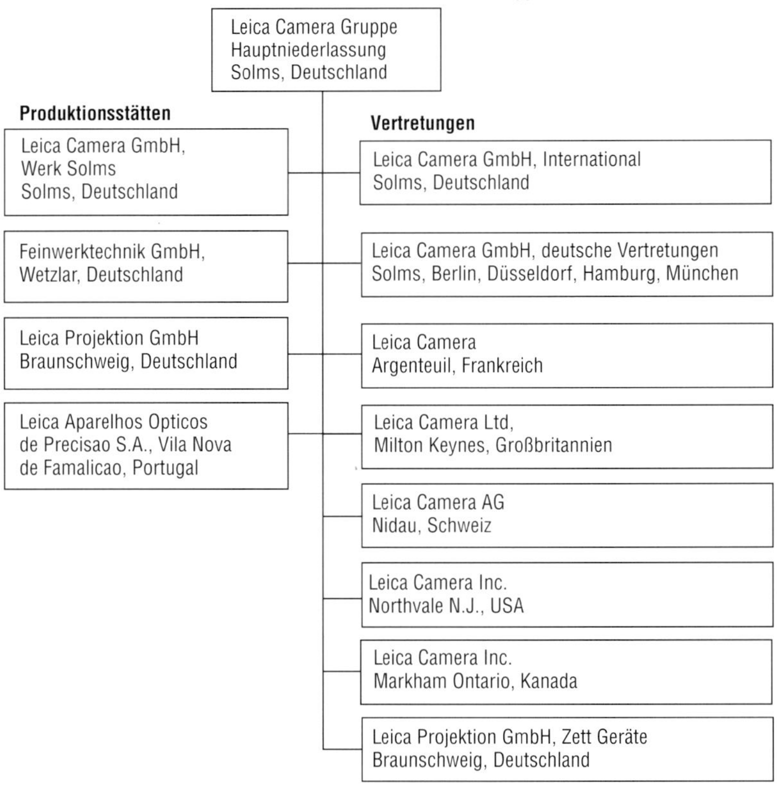

2 Das Leitz-Erbe

Vier Generationen der Familie Leitz haben die Geschicke von Ernst Leitz in Wetzlar 122 Jahre lang gelenkt. Das Qualitätsniveau, die für Leitz typische Einstellung, technische Probleme anzugehen und zu lösen, der väterliche Stil der Unternehmensführung und die Kontinuität über diesen Zeitraum haben allesamt ihren Ursprung in dieser Tatsache.

Die Geschichte von Leitz, von Oskar Barnack und die Ursprünge der Leica sind schon viele Male vorher in Büchern und Artikeln erzählt worden und werden in diesem Buch im hinteren Teil in der Bibliographie aufgeführt. Der Sinn dieses Kapitels ist nicht, diese Geschichte ein weiteres Mal zu erzählen, sondern die herausragenden Fakten und Ereignisse in einer Form zusammenzufassen, die dem Sammler nützliche Eckdaten vermittelt.

Wetzlar

Die Stadt Wetzlar liegt an der Lahn, umgeben von den Hügeln des Taunus, etwa 40 Kilometer nördlich von Frankfurt. Sie war früher ein wichtiges Rechtszentrum im Heiligen Römischen Reich, ein Status, der bis 1806 andauerte. Goethe kam als junger Rechtsanwalt 1722 hierher, um Erfahrungen am Wetzlarer Reichskammergericht zu sammeln und verfiel in eine leidenschaftliche Liebe zu Charlotte Buff, Tochter des Administrators des Teutonischen Ritterordens, der ebenfalls seinen Sitz in Wetzlar hatte. Lotte war verlobt mit Goethes Freund Kestner, und statt seinen Freund zu betrügen kehrte Goethe nach vier Monaten nach Frankfurt zurück, um später zu erfahren, daß sich Kestner aus Liebeskummer das Leben genommen hatte. Aufgrund dieser tragischen Erfahrungen schrieb Goethe sein unsterbliches Werk "Die Leiden des jungen Werther". Die wunderschöne Altstadt von Wetzlar überstand den Krieg völlig intakt, und Lottes Haus kann nun besichtigt werden, zusammen mit dem neuen Industriemuseum nebenan. Es würdigt die beiden Industrien, für die Wetzlar wohlbekannt ist: Metallverarbeitung und optische Instrumente. Es gibt eine beträchtliche Sammlung von Leitz innerhalb dieses öffentlichen Museums, das getrennt vom Werksmuseum ist, das mittlerweile zwischen Mikroskope in Wetzlar und Leica Kameras in Solms aufgeteilt ist.

Die Firma Leitz

Eine der Gründe für **Karl Kellner**, sein optisches Institut 1849 in Wetzlar zu gründen, war die Präsenz von erfahrenen Handwerkern in dieser Stadt. Seine Familie hatte schon immer in dieser Gegend gelebt, wo sie Eisenminen besaß. Er rief das Institut ins Leben, um Teleskope herzustellen, die seine eigene Erfindung, die des orthoskopischen achromatischen Okulars beinhaltete. Es wurde zu dieser Zeit von Astronomen sehr geschätzt. Sogar der berühmte C.F. Gauss, der die mathematischen Grundlagen ausgearbeitet hatte, nach denen Licht Linsen passiert, schrieb ihm einen Glückwunschbrief.

Das Geschäft florierte und zählte zahlreiche berühmte Wissenschaftler zu seinen Kunden. Mikroskope wurden der Produktlinie hinzugefügt, und 1853 produzierte man mehr Mikroskope als Teleskope. Die Herstellung von Teleskopen wurde 1855 eingestellt. Unglücklicherweise erkrankte Kellner an Tuberkulose und starb noch im gleichen Jahr, 1855. Sein Partner, **Friedrich Christian Belthle**, übernahm das Geschäft. Kurze Zeit darauf heiratete er Kellners Witwe, und das Institut wurde in "Optisches Institut Kellner und Belthle" umbenannt.

1865 stellte Belthle einen neuen Ingenieur ein. Seine eigene Gesundheit schwand, so daß die Firma Nachwuchs brauchte. Der Neue war **Ernst Leitz**. Leitz machte sich als erstes daran, die Fertigungstoleranzen von Mikroskopen zu verringern, erstes Anzeichen seines ausgeprägten Sinns für Präzision. Belthle war davon so beeindruckt, daß er Leitz zu seinem Partner machte. Unerwartet starb Belthle im Jahr 1869, und Ernst Leitz wurde Alleininhaber. Er benannte die Firma um in Optisches Institut von Ernst Leitz. Die ersten Jahre, in denen Leitz die Firma reorganisierte und die Produktion von Hand- auf Serienfertigung umstellte, waren schwierig. Die gewaltsame Unterbrechung durch den preußisch-fränkischen Krieg trug zu diesen Widrigkeiten noch bei. Unter der Unternehmensführung von Ernst Leitz steigerte sich die Produktion stetig innerhalb der nächsten 45 Jahre, bis sie durch den Ersten Weltkrieg abermals zum Erliegen kam.

Zwischen 1849 und 1869 hatten Kellner und Belthle 1000 Mikroskope hergestellt. Bis 1887 stieg die Zahl auf 10000, bis 1891 auf 20000, und 1899 wurde dem Tuberkulose Sanatorium in Davos das 50000. Mikroskop als Geschenk überreicht. Damit begann gleichzeitig die Gepflogenheit von Leitz, Geräte mit besonderen Seriennummern an bemerkenswerte Wissenschaftler oder Institutionen zu verleihen, was sich mit dem Geschenk einer Leica an herausragende Fotografen und andere Persönlichkeiten fortsetzte. Die Marke 150000 produzierter Geräte wurde 1912 überschritten.

1887 hatte Leitz einen Mathematiker, **Carl Metz**, eingestellt, der Objektive berechnen sollte. Leitz war daher der erste Hersteller, der die bis dahin allgemein praktizierte Methode verließ, Objektive mehr versuchsweise zu konstruieren – trotz der Tatsache, daß Gauss ja schon die mathematischen Grundlagen dafür erarbeitet hatte. Diese Tatsache verschaffte der Firma Leitz die Führungsposition auf optischem Gebiet, das zusammen mit Präzisionsmechanik seitdem ihre Stärke ist.

Kellners Optisches Institut *(Leica Archiv)*

Ernst Leitz I. (*Leica Archiv*)

Ludwig Leitz, der ältere Sohn von Ernst Leitz I. Ohne seinen frühen tragischen Tod hätte er großen Anteil an der Firmenentwicklung gehabt. Sein großes Interesse galt der Mikrofotografie. (*Leica Archiv*)

Leitz führte auch seine beiden Söhne Ludwig und Ernst in das Geschäft ein. Sie waren beide zum Ingenieur ausgebildet worden und sollten für die Diversifizierung der Produktlinie verantwortlich sein. Ludwig entwickelte die Mikrofotografie in Wetzlar, die in ihrer Einfachheit für damalige Verhältnisse noch eine Wissenschaft darstellte. Mehr und mehr Produkte kamen hinzu, einschließlich Steh- und Laufbild-Projektoren sowie eine Vielzahl spezialisierter optischer Instrumente. Tragischerweise starb Ludwig während eines Reitunfalls 1898 im Alter von nur 31 Jahren, daher erbte der jüngere Sohn Ernst das gesamte Unternehmen. Sein Vater machte ihn 1906 zum Partner und aufgrund seines fortschreitenden Alters zog er sich aus freien Stücken aus der aktiven Geschäftsführung zurück.

Beim Aufbau eines fortschrittlichen Unternehmens mit wissenschaftlicher Basis war Ernst Leitz I ein Pionier auf dem Gebiet arbeitnehmerfreundlicher Personalpolitik. Er war ein väterlicher Arbeitgeber im Rahmen des industriellen Zeitalters des 19. Jahrhunderts. Er nahm Anteil an seinen Beschäftigten und deren Wohlergehen, stellte Firmenwohnungen bereit und führte bereits 1899 eine Firmenpension ein.

Nach dem Tod seines Sohnes Ludwig verstärkte Ernst Leitz die Präsenz der Familie, indem er seinen Schweizer Großneffen **Henri Dumur** dazu ermunterte, als Lehrling eine Ausbildung zum Präzisionsmechaniker in Wetzlar zu beginnen. Das war im Jahre 1903, als Dumur gerade 18 Jahre alt war. Er verbrachte drei Jahre in Wetzlar, anschließend einige Jahre in anderen Firmen, die mit der optischen und mechanischen deutschen Industrie verbunden waren. 1911 schrieb ihm Ernst Leitz einen Brief nach Amerika, in dem er ihn dazu einlud, in die Verkaufsabteilung in Wetzlar einzutreten. Zuvor jedoch verbrachte Dumur ein Jahr an der Berliner Universität, wo er Vorlesungen in Geschichte, Mineralogie, Chemie und Physik besuchte, um sich auf seine neue Karriere vorzubereiten. Er trat dem Unternehmen Leitz 1912 bei und wurde 1915 Verkaufsleiter Nachfolger eines entfernten Cousins, Max Günthert.

Nach dem Ersten Weltkrieg besuchte Henri Dumur von 1920 bis 1923 die Vereinigten Staaten, Argentinien, Chile und Uruguay, um dort neue Vertretungen aufzubauen. Er gehörte dem Unternehmen Leitz 60 Jahre lang an, behielt jedoch seine schweizer Nationalität immer bei, was für die Erhaltung der Fabrik mit seinen Gebäuden und Archiven während und unmittelbar nach dem Zweiten Weltkrieg ein glücklicher Umstand war.

Nach dem Tod seines Vaters wurde Ernst Leitz II Alleininhaber der Firma. Er hatte all die Vision seines Vaters geerbt, sein Geschick in der Geschäftsführung und sein aufgeschlossenes Wesen. Die Probleme, die er zu überwinden hatte, waren noch viel größer als zuvor. Zunächst war da die galoppierende Inflation 1923. Um seine schwierige Lage zu entlasten, gab Leitz eine Art Gutscheine an seine Angestellten aus, mit denen diese in bestimmten Wetzlarer Geschäften Lebensmittel kaufen konnten, die wiederum mit ausländischer Währung aus Exporterlösen von Leitz Produkten gekauft waren. Als nächstes kam die große Krise von 1929 und der frühen dreißiger Jahre. Dazwischen traf Leitz die Entscheidung, die Leica zu produzieren. Wie man sagt, zum Teil, um seiner Belegschaft, die immerhin 1500 Beschäftigte zählte, mit Arbeit zu versorgen.

1930 schloß sich die *Ernst Leitz KG* mit den angeschlossenen Tochtergesellschaften zu der *Ernst Leitz GmbH* zusammen.

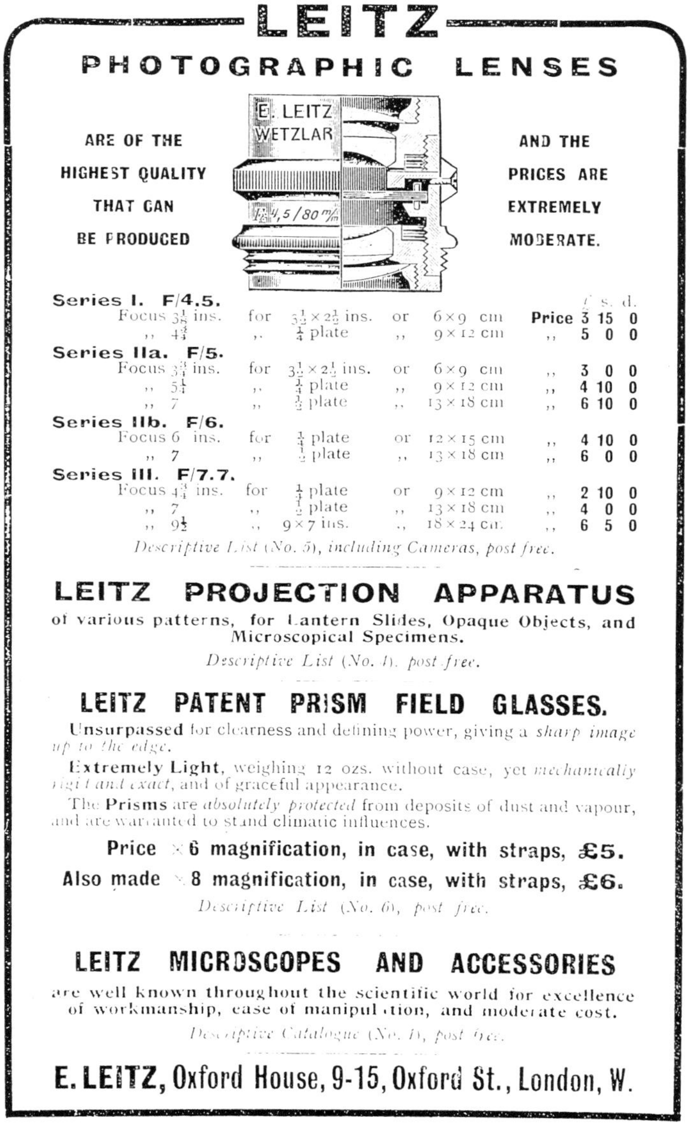

Leitz-Anzeige von 1909.

Leitz II berief seinen ältesten Sohn, Ernst Leitz III, und Henri Dumur zu sich in die Geschäftsleitung.

Im Jahr 1930 erlebte die Leica die Ausweitung zu einer Systemkamera und fand Akzeptanz als ernsthaftes professionelles, wissenschaftliches und Gerät für den Hobbyeinsatz. Als Beispiele für die Werbemethoden seien Walter Bensers berühmte Diavorträge erwähnt, die eindrucksvoll bewiesen, daß der Slogan "kleine Negative, große Bilder" den Tatsachen entsprach. Doch 1933 kam Hitler an die Macht, und Leitz sah sich gezwungen, seine Firma vorsichtig um die immer dunkler werdenden Schatten und den zunehmenden Einfluß des Nazi-Regimes zu manövrieren. Es folgte ein weiterer, das Unternehmen zurückwerfender Krieg.

Die zivile Produktion lief parallel zu der militärischen bis etwa 1942. Von 1942 an gingen alle Produkte an die Regierung, doch die für den militärischen Einsatz bestimmten Kameras trugen deshalb nicht unbedingt entsprechende Gravuren. Einige waren für spezielle Aufgaben modifiziert, wie etwa für den Einsatz mit extrem langen Brennweiten wie dem Astro 800 mm. Es war mitsamt Dunkelkammer auf einem Lastwagen montiert und für die Beobachtung über extreme Distanzen konzipiert, z.B. über den Ärmelkanal (Stodtmeister, Vidom, 1983, Nr. 24). Viele wurden von Kriegsfotografen im Propaganda-Korps benutzt, darunter einige frühere Leitz Mitarbeiter wie Benser (Benser, 1990) und Kisselbach (L.H.S.N., 1984, No. 12).

Ernst Leitz II wurde nach dem Tod seines Vaters 1920 Alleininhaber. (*Leica Archiv*)

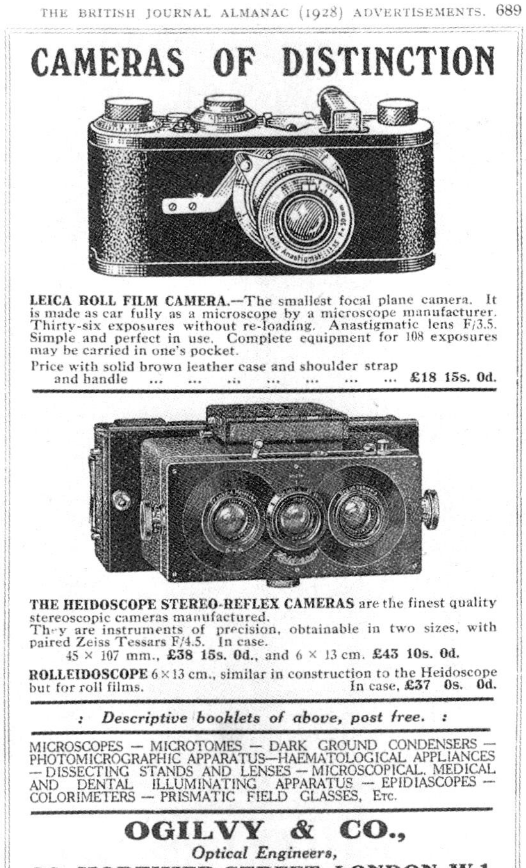

Eine der frühesten britischen Anzeigen für die Leica von der Londoner Leitz-Vertretung Ogilvy & Co. Ogilvy war der Geschäftsführer von Leitz/London vor dem Krieg gewesen. Die Firma wurde während des Kriegs beschlagnahmt und Ogilvy setzte das Geschäft nach dem Krieg fort. Leitz kaufte es 1929 zurück und Ogilvy blieb weiter als Manager tätig.

Verkaufszahlen der Leica von 1925 bis zum Ausbruch des Krieges. Das Wachstum war wirklich außerordentlich während der ersten fünf Jahre, dann zeigt sich der weltweite Einbruch von 1930/31 im Rückgang 1930 und im Abfallen 1931. Wechselobjektive und neue Kameramodelle kamen 1932/33 zur richtigen Zeit, doch die statische Periode von 1932 bis 34 rührte wahrscheinlich vom starken Mitbewerber, der Zeiss Contax her, die 1932 vorgestellt wurde. Der Ausbruch des 2. Weltkriegs am 3. September 1939 hatte zur Folge, daß der Export des vierten Quartals nach England und Frankreich verlorenging.

Es hat gewisse Andeutungen gegeben, die Leitz auch Miniaturkameras zuschreiben. Leitz stellte offenbar eine Kamera in Streichholzschachtel für 16 mm-Film her, die für den amerikanischen Geheimdienst kurz nach dem Krieg in einer österreichischen Fabrik hergestellt wurde (White, 1990, S. 206). Im Juni 1945, während der Besatzung der Fabrik, trugen amerikanische Ingenieure alle Zeichnungen zusammen und schickten sie zur Prüfung nach Dayton in Ohio, obwohl Max Berek offensichtlich viele Schlüsseldokumente zuvor verbrannt hatte.

Die Fabrik überstand den Krieg, und auch Wetzlar selbst wurde nur relativ wenig durch Bomben beschädigt. Ernst Leitz selbst hatte mehrere Berührungen mit der Gestapo. Seine Tochter Elsie wurde von ihnen vom 10. September bis zum 28. November 1943 inhaftiert als Strafe dafür, daß sie einem Mitglied der jüdischen Familie Palm geholfen hatte, die in Wetzlar wohlbekannt und Inhaber eines anderen optischen Werks war. Im März 1945 erfuhr die Familie Leitz beim Radiohören in einem schalldichten Raum davon, daß die amerikanischen Streitkräfte in wenigen Tagen in Wetzlar sein würden. Mit der Zustimmung ihres Vaters fuhr Elsie mit dem Fahrrad aus der Stadt, um sich mit Amerikanern zu treffen und ihnen zu versichern, daß die Stadt Wetzlar keinen Widerstand leisten würde. Die Amerikaner marschierten am 29. März um 10 Uhr morgens in Wetzlar ein. In der Zwischenzeit hatte Ernst Leitz mit vielen zivilen und militärischen Stellen telefoniert, um sicherzustellen, daß kein Widerstand geleistet würde. Henri Dumur hißte die schweizer Flagge und verhandelte mit dem Kommandeur der Eroberungstruppen. Auf deren Anordnung hin wurde noch am gleichen Tag die Produktion gestoppt. Es war unvermeidlich, daß es eine gewisse Plünderung gab, und aus der Fabrik verschwanden mehr Güter, die zum Ausgleich der strengen Lebensmittelrationen als Tauschobjekte eingesetzt wurden. Mit amerikanischer Unterstützung wurde das Werk gegen Ende 1945 wieder zum Produzieren gebracht, um zur Bezahlung der importierten Lebensmittel zur Verringerung der Besatzungskosten beizutragen. Die Geschäfte wurden dabei von der U.S./U.K. Export-Import Agentur geführt. In jenen frühen Tagen wurden die Kameras der Vorkriegszeit als allen erdenklichen Teilen zusammengesetzt, die verfügbar waren, bevor die reguläre Produktion der Leica IIIc in Gang kam.

Sie wurden hauptsächlich an die amerikanische Marketenderei in der amerikanischen Besatzungszone verkauft, von 1946 bis 1947 wurden mehr als 50000 Stück ausgeliefert. Der strenge Winter 1946/47 stoppte die gesamte Kameraproduktion für zwei Monate.

Henri Dumur, dem seine schweizer Nationalität zugute kam, begann gleich nach dem Krieg, wieder Kontakt mit ausländischen Leitz-Agenturen aufzunehmen. Er besuchte 1948 die Vereinigten Staaten, die den Hauptmarkt bildeten. Die Geschichte der Leitz Familie unmittelbar nach dem Krieg, ihr Wiederaufbau und vor allem die Geschichte von Leitz, New York und deren Wiederaufnahme der Konzession wurden erst kürzlich von Keller (1986) beschrieben. Ernst Leitz zog sich 1949 nach dem 100jährigen Jubliäum zurück und übergab das Unternehmen an seine drei Söhne: Ernst Leitz III, der Vorsitzender wurde, Ludwig und Günter.

Ernst Leitz III war 1924 als Mechanikerlehrling in die Firma eingetreten. Von 1926 an studierte er Physik in Berlin. Dem folgte eine Ausbildungstour durch die Vereinigten Staaten. 1930, im Alter von 24 Jahren, wurde er Direktor der Firma, eine Position, die er 44 Jahre innehaben sollte. Sein besonderes Interesse galt der optischen Technologie, Glasforschung und vor allem optischen Meßinstrumenten.

Ludwig Leitz hatte 1925 in der Firma zu arbeiten begonnen, um mehr über die Herstellung von optischen und mechanischen Präzisionsgeräten zu lernen, bevor er nach Berlin ging, um dort Physik, Anatomie und Bildhauerei zu studieren. Die Verquickung seiner wissenschaftlichen und künstlerischen Begabung wurde offensichtlich, nachdem er 1939 die Verantwortung für Forschung, Entwicklung und Patente übernommen hatte. Seine Leidenschaft für funktionelle Perfektion und sein Auge für Stil und das Gefühl für ein Produkt beeinflußte stark die Nachkriegsprodukte. Die endgültige Form und das einmalige Gefühl, wie die Leica M3 in der Hand liegt, verdankt sie dem Bildhauer in Ludwig Leitz, während viele Patente auf seinen Namen den erfinderischen Geist belegen.

Henri Dumur 1925. Mit der Gründung der Ernst Leitz KG 1930 wurde er von Ernst Leitz II zusammen mit dessen Sohn Ernst III zum Mitgeschäftsführer ernannt *(Leica Archiv)*.

Ernst Leitz III wurde Vorsitzender der Geschäftsleitung, nachdem sich sein Vater 1949 zurückzog *(Leica Archiv)*.

Günter Leitz, Halbbruder von Ernst III, war im wesentlichen verantwortlich für den Aufbau des kanadischen Werks nach dem Krieg *(Leica Archiv)*.

Günter Leitz, Halbbruder von Ernst und Ludwig, war ausgebildet worden, um die wirtschaftliche Seite des Geschäfts zu übernehmen. In der unmittelbaren Nachkriegszeit kämmte er ganz Deutschland nach Material durch, zunächst, um die Fabrik wieder instandzusetzen und außerdem, um wieder neue Zulieferanten zu finden. Die Gründung des kanadischen Werks im Jahre 1952 geht auf seine Initiative zurück. Er überwachte dessen Entwicklung und kehrt nach Fertigstellung 1959 wieder nach Wetzlar zurück. Anschließend plante er den Aufbau einer neuen Fabrikationsstätte im Oberlahn-Gebiet in den Außenbezirken von Weilburg. Er starb 1969 im Alter von 54 Jahren.

Henri Dumur hatte sich 1963 zurückgezogen. Der Sohn von Elsie Leitz, **Knut Ernst Kühn-Leitz**, trat in die Geschäftsleitung ein. Die Firma setzte ihre Tradition fort, optische und mechanische Wertarbeit anzubieten. Die 60er Jahre waren goldene Jahre, die den Erfolg der M-Serie mit sich brachten. Man machte jedoch einen strategischen Fehler, indem die Geschäftsführung die zunehmende Bedeutung der Kleinbild-Spiegelreflexkamera unterschätzte. Sie heftete ihre Hoffnung vielmehr an den Weiterbestand der Meßsucherkamera mit dem zusätzlichen Visoflex-Spiegelkasten, der jedoch gleich drei Handicaps mit sich brachte: Die Untauglichkeit für Weitwinkelobjektive, das Fehlen der Belichtungsmessung durch das Objektiv und sein hohes Gewicht zusammen mit der unpraktischen Handhabung. Zwar wurden in den 60er Jahren neue Produkte vorgestellt, doch bis dahin hatte sich der Markt schon völlig verändert, die Kosten waren stetig gestiegen, und genügend Kapital für weitere Entwicklungen fehlte ebenfalls. Kommerziell gesehen hatte die Firma ihren Weg aus dem Auge verloren, es mangelte an der Weitsicht und Führung eines Ernst Leitz II und Henri Dumur.

Der Firmenname wurde 1977 in Ernst Leitz Wetzlar GmbH geändert. Der Grund dafür war die bevorstehende Reorganisation der Landesregierung, die Wetzlar aufzulösen drohte und zusammen mit 15 anderen Städten zu einem neuen Gemeinde namens Lahn zusammenschließen wollte. Man hatte bei Leitz den Eindruck, als würde sich der Verlust des Names Wetzlar geschäftsschädigend auswirken.

Die Familie Leitz

Ernst Leitz I (1843–1920) war der Sohn von Ernst Leitz "0", dem Rektor der Sulzburger Schule in Baden-Württemberg zwischen Freiburg und Basel (nicht, wie manchmal geschrieben in Salzburg).

Er machte eine Lehre und schloß seine Ausbildung zum Facharbeiter für Präzisionsoptik in Süddeutschland ab, um schließlich 1864 in den Norden nach Wetzlar zu ziehen. Im Jahr darauf schloß er sich Belthte an. Er heiratete ein Mädchen aus Wetzlar, Anna Löhr (1844–1908). Sie hatten zwei Söhne, Ludwig und Ernst, die beide dem Vater in das Unternehmen folgten.

Ernst Leitz I hatte eine ältere Schwester, Emilie, die Sulzburg verließ, um in die Schweiz nach Vevey nahe Montreux zu gehen. Sie heiratete einen dort ansässigen Anstreicher, Jacques Günthert, mit dem sie eine Tochter namens Emma hatte. Diese wiederum heiratete den Rechtsanwalt Edouard Dumur, und aus dieser Ehe ging Henri Dumur als Sohn hervor.

Die ältere Schwester von Anna, der Ehefrau Ernst Leitz´, Elise Löhr, heiratete einen Gottlieb Kraiker, mit dem sie die Tochter Anna hatte. Diese wiederum heiratete Arthur Müller. Deren Tochter Elsa schloß mit Henri Dumur den Bund der Ehe. Dieser Dumur war durch Ernst Leitz "0" mit der Familie Leitz verwandt, sowohl durch Abstammung als auch durch Heirat. Es ist interessant zu erwähnen, daß drei der Firmen, in denen Henri Dumur vor seinem Eintritt in das Unternehmen Leitz Erfahrungen sammelte – nämlich Bausch & Lomb, Spencer Lens Co. und Reichert/Wien (Reichert war ein Leitz Mitarbeiter, verheiratet mit einer weiteren Schwester von Frau Leitz und Frau Kraiker, die nach Österreich ausgewandert waren, um ein eigenes Geschäft mit Mikroskopen aufzuziehen) –, von Cambridge Instruments übernommen wurden und nun Teil von Leica plc sind. Ernst Leitz II hatte mit seiner ersten Frau Elsie Gürtler drei Kinder: Elsie, Ernst und Ludwig. Günther war das Kind aus seiner zweiten Ehe mit Hedwig Wachsmuth.

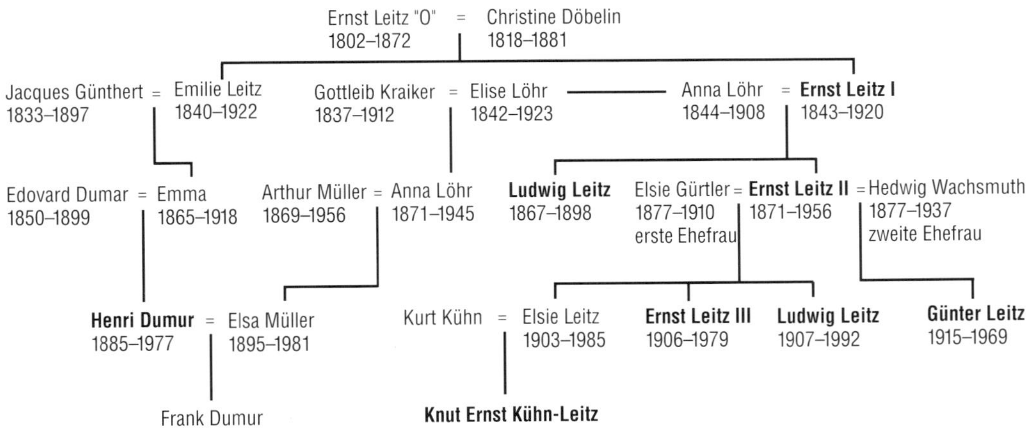

Leitz Familienstammbaum

Oskar Barnack und die Ursprünge der Leica

Oskar Barnack kam 1911 auf Einladung von Ernst Leitz nach Wetzlar. Barnack war 1879 in Luckenwalde in der Nähe von Berlin geboren worden. Er wollte ursprünglich Landschaftsmaler werden, begann jedoch nach Abraten durch seinen Vater eine Ausbildung bei einem Gerätemechaniker namens Lampe. Nach Abschluß seiner Lehre zog er als Geselle durch Deutschland und Österreich, wie es zu jener Zeit üblich war. Er kam schließlich bei Zeiss in Jena an und freundete sich dort mit einem anderen Mechaniker namens Emil Mechau an, der dort an einem neuen Projektortyp arbeitete.

Oskar Barnack. *(Leica Archiv)*

Dieses Gerät arbeitete mit einem rotierenden Prisma anstelle der üblichen Mechanik, mit der die Einzelbilder eingefroren wurden. Mechau verließ Zeiss, als man seine Entwicklung als nicht marktfähig erklärte und wechselte zu Leitz, wo man ihm versprach, daß er dort seine Ideen verwirklichen könne. Leitz benötigte jedoch einen weiteren erfahrenen Mechaniker, und Mechau empfahl seinen alten Freund. Ernst Leitz schrieb an Barnack, der jedoch in seiner Antwort auf seine schlechte gesundheitliche Verfassung verwies. Leitz entschied, ihn trotz dieses Handicaps einzustellen, und Barnack kam am 1. Januar 1911 in Wetzlar an.

Seine erste Aufgabe war die Herstellung eines Diamantwerkzeugs zum Polieren von Linsen. Barnack hatte zu dieser Zeit bereits großes Interesse an der Fotografie. Er war ebenfalls am Film und der Regieführung interessiert, was aus seinen Gesprächen mit Walter Benser (1990, S. 27) hervorgeht. Innerhalb eines Jahres stieg er zum Leiter der Abteilung für Mikroskopforschung auf.

Es gibt zwei Versionen über die Entstehung der Leica, und nach 80 Jahren läßt sich die Wahrheit nicht mehr ermitteln. Barnack wird sie selbst wohl ebenfalls nie gewußt haben. Es ist oft unmöglich sich zu erinnern, wann und wie eine bestimmte Idee entstand. Barnack war davon überzeugt, 1931 in Kurt Emmermanns Magazin "Die Leica" darüber geschrieben zu haben, doch das war bereits 20 Jahre später. Nach Barnacks eigener Darstellung baute er eine kleine Stehbildkamera, mit der für die Filmaufnahmen die genaue Belichtung ermittelt werden sollte, bevor eine ganze 60 Meter-Rolle verbraucht wurde. Die Filmempfindlichkeit konnte von Emulsion zu Emulsion differieren, und verläßliche Belichtungsmesser gab es noch nicht. Die Ur-Leica mit ihrem festeingestellten Schlitzverschluß sollte dieses Problem lösen.

Als eifriger Fotograf und Spaziergänger, jedoch durch seine Gesundheit darin beeinträchtigt, suchte Barnack nach einer Lösung, wie er das Schleppen einer schweren 13x18-Plattenkamera mitsamt der erforderlichen schweren Kassetten auf seinen Exkursionen vermeiden konnte. Er hatte mit kleinen Bildern bereits

1905 experimentiert, wo er 15 oder 20 Belichtungen auf einer einzigen Platte mit Hilfe einer Vorrichtung vornahm, bei der die Platte verschiebbar hinter dem Objektiv angeordnet war. Das Korn der damals gebräuchlichen Platten war jedoch zu grob für die Bildgröße, die Barnack für nötig hielt. In dieser Hinsicht waren die damals hergestellten Kontakte von den Handkameras zwar zur Dokumentation ausreichend, von einem lebendigen Foto sprach man jedoch erst bei Formaten ab 18x24 cm. Er fand ein Medium mit ausreichend feinem Korn in dem Kinefilm, mit dem er in Wetzlar arbeitete. Das Standard-Kineformat von 18x24 mm war jedoch zu klein, um befriedigende Vergrößerungen zu ermöglichen. Die Breite des Negativs konnte aufgrund der Perforation nicht vergrößert werden, also versuchte er es mit Verdopplung der Längsseite, was ihn auf 24x36 mm brachte. Das geschah allerdings nicht auf gut Glück, wie es vielleicht klingt, denn nach Max Berek aus "Die Leica" von 1931 hatte Barnack die ungefähr erforderliche Negativgröße berechnet und die dazu erforderliche Brennweite, wobei er die kleinste Detailwiedergabe, die das menschliche Auge auflösen kann, zugrundegelegt hatte. Er glaubte außerdem, daß ein Seitenverhältnis von 2:3 besonders günstig war.

Ob nun die kleine Kamera aus den Filmtest-Erfordernissen entstand oder der Filmtester aus der Idee für eine kleine Kamera, spielt eigentlich keine Rolle. Was allerdings als bestimmt angenommen werden kann, ist, daß die Leica auf privater Basis entstand. Sie wurde zwar zur Zeit von Leitz in einer Werkstatt von Leitz mit dessen gutmütiger Zustimmung gebaut, der ein ihm selbst ähnlichen Geist in Barnack erkannte, doch es war nicht das, wofür Barnack damals bezahlt wurde.

Zwei Prototypen, in Kapitel 4 beschrieben, wurden gebaut, bevor 1914 der Krieg ausbrach. Der zweite mit variablem Schlitzverschluß wurde von Barnack selbst viele Jahre lang benutzt. Die Aufnahmen, die er damit machte, zeigten sein Verständnis dessen, was Cartier-Bresson später den "entscheidenden Moment" beim Fotografieren nannte. Wir wissen aus seinen Diskussionen mit Walter Benser (op. cit.), daß er die Arbeit des Filmregisseurs D.W. Griffith bewunderte, und wir müssen annehmen, daß er die Bedeutung schon erahnte, die die Leica auf die Ästhetik und die gesamte Art der Darstellung in der Fotografie haben würde. Ernst Leitz II nahm den zweiten Prototyp 1914 auf eine Reise in die Vereinigten Staaten mit und nahm damit Bilder auf dem Schiff und in Manhattan auf. Die Kamera hatte alle wesentlichen Grundmerkmale der modernen Leica: 24x36 mm Aufnahmeformat, 50 mm-Objektiv, Schlitzverschluß (jedoch noch nicht überlappend), Patrone für 36 Aufnahmen, Zubehörschuh und einen Sucher zur Motivbetrachtung aus Augenhöhe.

Über die Leitz Produktion während des 1. Weltkrieges ist nur wenig bekannt. Wir wissen, daß man Ferngläser für das Militär baute, und man darf voraussetzen, daß bei Leitz andere optische Geräte für die deutschen Streitkräfte produziert wurden. Der Krieg brachte Barnacks Arbeit an seiner Kamera mit Sicherheit zum Erliegen. Es gibt eine Erzählung, daß der deutsche Geheimdienst an dieser kleinen Kamera zum Abfotografieren von Dokumenten interessiert war und daß Leitz dadurch ermutigt wurde, sie 1916 zum Patent anzumelden.

Sonntagsspaziergang um 1914 hinter dem Kalsmunt-Hügel. Es zeigt Ernst Leitz I und seinen Großneffen Henri Dumur beim Treffen mit der Familie Barnack. Das Foto soll von Oskar Barnack mit einer seiner beiden ersten Protoypen aufgenommen worden sein

Nachdem seine Kamera in Produktion gegangen war, widmete Oskar Barnack den Rest seines Lebens deren Weiterentwicklung, dem Objektivanschluß, der Entfernungsmesser-Kupplung und dem Zubehörprogramm.

Barnack baute den dritten bekannten Prototyp direkt nach Kriegsende. Das Objektiv fehlt, daher ist dessen Typ nicht bekannt. In den frühen 20er Jahren waren die Zeiten schlecht in Deutschland und die Verkäufe daher schleppend. Ernst Leitz II war darum bemüht zu diversifizieren, um Entlassungen unter den Arbeitern zu vermeiden, wie man sich erzählt. Er machte seiner Geschäftsleitung den Vorschlag, mit der Leica in Serienproduktion zu gehen. Die Diskussionen darüber zogen sich über Stunden hin – "zu revolutionär, zu weit weg von der Leitz-Tradition, zu riskant". Schließlich traf Leitz die Entscheidung: "Wir werden Barnacks Kamera bauen". Zuerst sollte sie Barnack Camera genannt werden, doch da man erkannte, daß niemand außerhalb der Fabrik mit diesem Namen etwas anfangen konnte, wurde sie zuerst in "Leca" wie Leitz camera umbenannt. Schon sehr bald ändert man den Namen in das klangvollere "Leica", nicht jedoch, bevor einiges an Werbematerial unter dem Namen Leca erschienen war. Die Kamera wurde anläßlich der Leipziger Messe im Frühjahr 1925 vorgestellt.

Nachdem die Kamera in Produktion gegangen war, verbrachte Barnack den Rest seines Lebens mit ihrer Weiterentwicklung, der Standadisierung des Objektivanschlusses, der Entfernungsmesser-Kupplung und einer Vielzahl von Zubehör. Selbst nach seinen häufigen Krankheiten kam er mit Skizzen neuer Ideen an den Arbeitsplatz zurück. Er starb nach langer Krankheit am 16. Januar 1936 an Lungenentzündung. Ein Denkmal, 1982 errichtet, steht in einem kleinen öffentlichen Park gegenüber dem Leitz Werk auf der Stadtseite des Karl-Kellner-Rings in Wetzlar.

Barnacks Mitarbeiter

Max Berek (1886–1949) war der Mann, der das Problem löste, ein 50 mm-Objektiv mit adäquater Abbildungsleistung für das 24x36 mm-Format zu konstruieren. Er wurde 1886 geboren und machte seinen Doktor in Mineralogie in Berlin. Er kam 1912 zu Leitz, diente dem Unternehmen 37 Jahre lang und wurde schließlich Leiter der Forschungsabteilung. Seine Hauptaktivitäten lagen auf dem Gebiet der Mikroskopie, und er ist wohlbekannt für seine Entwicklung von Mikroskopen für polarisiertes Licht und für seinen Beitrag zur Theorie der Bildentstehung im Mikroskop.

Professor Max Berek. *(Leica Archiv)*

Direkt nach seiner Rückkehr aus dem Militärdienst erhielt er die Aufgabe, ein Objektiv für "Barnacks Camera" zu rechnen, als die diese immer noch bezeichnet wurde. Er war später verantwortlich für viele andere Leica Objektive, und unter seiner Beratung entstanden viele Zubehörteile der 30er Jahre. In Würdigung seiner Arbeit erhielt er 1925 einen Lehrstuhl für Optik an der Universität von Marburg. Später wurde ihm die Professur aberkannt, weil er sich weigerte, sich den Befehlen des Nazi-Regimes zu unterwerfen. Nach dem Krieg erhielt er 1946 diesen Titel wieder zurück. Berek starb 1949 im Alter von 63 Jahren.

Erwin Lihotzky (1887–1941) wird gewöhnlich in der Geschichte der Leica nicht erwähnt. Er war Österreicher polnischer Abstammung, ein Eisenbahn-Ingenieur mit optischer Forschung als Hobby. 1919 hatte er seine erste Veröffentlichung bei der Wiener Akademie der Wissenschaften über die allgemeinen Voraussetzungen in der Berechnung und Korrektion optischer Systeme. Dieses Papier beeindruckte Barnack so stark, daß er Lihotzky nach Wetzlar einlud und ihm einen Job anbot. Zu seinen frühen Arbeiten zählt die Optimierung in der binokularen Mikroskopbeobachtung, die zuerst von Leitz 1913 entwickelt worden war. Er hatte das Ziel, dreidimensionale Bilder zu erzeugen, d.h. plastische Eindrücke, mit einem einzigen Objektiv und dem Leitz-Strahlenteiler. Dies führte zu seiner Beteiligung an den Stereovorsätzen für die Leica später in den 20er Jahren. Er trug ebenfalls zu der Entwicklung von Projektoren und Vergrößerern bei. Es wird interessieren, daß er der erste Optiker war, der spezielle Optiken zur Aufnahme und Wiedergabe für Kine-Projektoren berechnete, wie etwa für den Leitz Mechau-Projektor. Nachdem sich Carl Metz zurückgezogen hatte, trat Lihotzky seine Nachfolge als Leiter der Optikabteilung bei Leitz an. Er starb 1941 im Alter von 54 Jahren nach einem Kollaps auf dem Gießener Bahnhof.

Wilhelm Albert. Oskar Barnack war kein Zeichner. Er arbeitete seine Ideen auf Rechenpapier aus und überließ es anderen, daraus detaillierte und wirkungsvolle Zeichnungen zu machen. Alberts Aufgabe war es, die Fertigungsvorgaben aufgrund Barnacks Skizzen zu entwickeln. Er hatte außerdem viele eigene Ideen, speziell in Verbindung mit Fertigungsproblemen oder darin, Probleme zu bewältigen, indem er die Produkte selbst praktisch einsetzte, an denen von Kunden oder Leitz-Niederlassungen etwas beanstandet wurde. Das Skizzenbuch, in dem er seine Ideen niederlegte, existiert immer noch. Nach Barnacks Tod folgte er ihm als Leiter der fotografischen Konstruktionsabteilung. Aufbauend auf dem Geist von Barnack setzte sich Alberts Kreativität fort, und die weitere Entwicklung der Schraubleicas ist zum großen Teil ihm zu verdanken. Er ging 1960 in den Ruhestand.

August Bauer war Produktionsleiter bei Leitz. Er gehörte seit 1900 der Firma an und war einer der Seniorchefs, der gegen die Herstellung der Leica gestimmt hatte. Nachdem er dieser Beziehung jedoch überstimmt worden war, hatte man ihm die Verantwortung für die Produktion übertragen. Er füllte diese Position mit ganzem Herzen aus und wurde das dritte Mitglied des Trios, dem die Anerkennung für den frühen technischen Erfolg der Leica gebührt. Bauers Hingabe an Präzision, die aus seinen jahrelangen Erfahrungen mit Mikroskopen stammte, übertrug er mit dem gleichen Einsatz auf die neue Kamera.

Weitere Namen, die mit den frühen Jahren der Leica und ihrer Entwicklung in enger Verbindung stehen, sind die der Konstrukteure Schaefer und Wagner, der meisterhafte Mechaniker Uhl, Stoeckler für die Objektivtests und Zuehlke und Zimmermann, die sich unter Barnack für die Optikberechnungen einsetzten.

Die Leica Produktion

Die Produktion der Leica wurde im Hausertorwerk aufgenommen, einem Gebäude am stadtseitigen Ufer der Lahn, das 1921 gekauft wurde. Die Fertigungsmethoden waren die gleichen wie die für Mikroskope. Die Kameras wurden in kleinen Einheiten von Hand aus vorgefertigten Teilen zusammenmontiert. Die Mitarbeiter in der Montage hatten eine Schale mit zahlreichen Einzelteilen vor sich und setzten die Kamera Stück für Stück zusammen. Der gesamte Verschluß beispielsweise in den Modellen bis zur Leica IIIb wurde aus vielen Einzelteilen zusammengesetzt. Erst 1939/40 kam ein einziges Gußgehäuse zum Einsatz, das bereits mit allen Bohrungen versehen war. Es war völlige Handarbeit, die von erfahrenen Handwerkern ausgeführt wurde, deren Väter oft selbst schon bei Leitz gearbeitet hatten. Nach der vollständigen Montage kam die Kamera zwecks Durchchecken zum Vorarbeiter. Nachdem sie alle Tests durchlaufen hatte, wurde sie mit einem kleinen roten Zettel versehen, der vom Mitarbeiter aus der Montage und vom Prüfer unterzeichnet war, anschließend kam sie in die Endkontrolle. Diese Praxis der individuellen Verantwortung setzte sich bis in die frühen 60er Jahre fort.

Bei diesen frühen Modellen bis einschließlich der Leica IIIb wurde die Montagehöhe des Objektivanschlusses auf die standardmäßigen 28,8 mm mit Hilfe von Unterlegscheiben unter dem Bajonett justiert. Durch die Einführung von Spritzguß erfolgte die gesamte Montage mit Ausnahme des Gehäusekörpers auf einer Spezialmaschine, um die präzise Ausrichtung von Auflagemaß und Filmebene zu erreichen. Dies hatte eine gesteigerte Präzision der Filmplanlage insofern zur Folge, als diese absolut rechtwinklig zur optischen Achse ausgerichtet war und das korrekte Auflagemaß eingehalten wurde. Die nachträgliche Justage durch Unterlegscheiben war dadurch überflüssig geworden. In den wesentlichen Grundzügen wird diese Methode auch heute noch in Solms praktiziert. Die Spritzgußgehäuse waren die ersten größeren Komponenten, die außer Haus von Zulieferanten hergestellt wurden.

Spritzguß ermöglichte in gewisser Weise eine Art Großserienproduktion, und die Stückzahlen konnten erhöht werden. Es handelte sich jedoch immer noch um eine Herstellung in Serien, was auch heute noch der Fall ist. Heutzutage sind so viele Vorgänge wie möglich automatisiert, und Maschinen wie rechnergesteuerte Fräsen haben einen Großteil der Handarbeit übernommen. Die eigentliche Montage erfolgt jedoch immer noch in individueller Handarbeit von Menschenhand.

Montage, Justage und Zentrierung von Objektiven wurden vollständig von Hand vorgenommen, bis alle Werte innerhalb der vorgegebenen Toleranzen lagen. Alle möglichen Testmethoden mußten entwickelt werden, für die Leitz alle Testgeräte auch selbst herstellte. Die effektive Brennweite wurde jedesmal gemessen und und im Inneren der Fassung eingeritzt oder durch eine Nummer bzw. einen Buchstabencode angegeben, häufig unter dem Fokussierknopf bei entsprechenden Objektven.

Im November 1946 prüfte eine Kommission von Inspektoren einer Unterabteilung des britischen Geheimdienstes die Fertigungs- und Konstruktionsmethoden von Leitz. Zu ihrer Überraschung stellte sie fest, daß die Geräte und Herstellungsmethoden ähnlich denen in beliebigen vergleichbaren optischen Fabriken waren. Ihre generelle Zusammenfassung war, daß es sich bei Leitz um ein gutgeführtes, gesundes Unternehmen war, dessen wesentlicher Erfolg in der Einstellung der Familie zum Geschäft und ihrer Bedeutung in der Region lag. Die Disziplin war tadellos, ohne daß man von einer strengen Führung sprechen konnte, und man kam zu dem Eindruck, daß die Angestellten aus jedem Bereich zufrieden und mit Interesse ihre Arbeit ausführten. Die Produkte aus den Leitz Werken waren auch nach dem Krieg denen vor dem Krieg ebenbürtig. Eine Ausnahme davon bildete in gewisser Weise die äußere Erscheinung, die auf die schlechtere Materialqualität zurückzuführen war, vor allem Farbe, Emaille und Verchromung. (B.I.O.S. Schlußbericht Nr. 1436, Punkt 9, Die "Leica Camera", H.M.S.O., London).

Das Werk in Wetzlar, das über der Altstadt rechts in mittlerer Entfernung zu sehen ist.

Der Vorteil der Fertigung in Serien liegt darin, daß es einfacher und kostengünstiger ist, wenn kleine Veränderungen in der Serie vorgenommen werden müssen, um Verbesserungen einzuführen, Komponenten zu verändern, oder kleine Spezialauflagen für bestimmte Kunden oder für experimentelle Zwecke herzustellen. Solche Veränderungen pflegte man nie in der Literatur zu erwähnen und auch nicht in den Hauptbüchern zu verzeichnen. Sie haben allerdings Leica Sammlern großes Vergnügen bereitet und für Gesprächsstoff gesorgt. Die persönliche Aufmerksamkeit, die jedem Produkt durch die erfahrenen Techniker zuteil wurde, bedeutete, daß es eine Vielzahl von Schnörkeln gab. Die gelegentlichen Schreibfehler in den Gravuren sind ein Beispiel dafür. Wo ein Produkt nur in kleinen Auflagen und unregelmäßigen Intervallen hergestellt wurde, gab es von Serie zu Serie noch mehr Spielraum für Abweichungen. Varianten in der Art von Buchstaben bei Gravuren sind bei solchen Auflagen daher in einigen Fällen auf persönliche Vorlieben von Mitarbeitern als auf bewußt geplante offizielle Veränderungen zurückzuführen.

Ernst Leitz Canada Ltd.

Mit nahezu der halben Kundschaft in Nord-, Mittel- und Südamerika lebend öffnete Leitz im Oktober 1952 ein Zweigwerk in Kanada mit dem Ziel, diesen Markt effizienter bedienen zu können. Es ist auch vermutet worden, daß die Familie Leitz nach der Schädigung der Firma durch zwei Kriege, einem geteilten Deutschland und ungewisser ökonomischer und politischer Situation eine sichere Basis außerhalb Deutschlands schaffen wollte, die fernab von den Tumulten Europas lag. Einer der Vorteile Kanadas war, daß das Land keine eigene optische Industrie besaß und die kanadische Regierung dem Unternehmen jede Unterstützung gewährte.

Die neue Fabrik lag in Midland, Ontario und unter der Verantwortung von Günter Leitz. Eine Gruppe von Leitz-Mitarbeitern war zusammen mit ihren Familien im Mai angekommen, um die Vorbereitungen zu treffen und die Fertigungsstätte mit optischen Maschinen des neuesten Typs aufzubauen. Die Arbeit begann mit dem Schleifen und Polieren von Linsenelementen für das Summarit 1,5/50 mm, die damals in aus Wetzlar importierten Fassungen montiert waren. Andere Fertigungsmaschinen folgten schon bald.

Einer der Emigranten war Walter Mandler, ein brillanter junger Physiker, der Midland als das bevorzugte Zentrum für die Leica Objektiventwicklung über drei Jahrzente hinweg etablieren sollte. Das erste neue in Kanada hergestellte Objektiv war das Hektor 2,5/125 mm für den Visoflex, gefolgt von dem Stemar-Stereovorsatz. 1955 wurde der erste Computer installiert, der den Beginn der Computerberechnung markierte, bei der Leitz eine führende Rolle spielte. Mit dem Summicron 2,0/90 mm von 1957, gefolgt von dem Summicron 2,0/35 mm 1958, machte Mandler Leitz Kanada zu einem Zentrum der Objektivberechnung auf der Landkarte. Diese beiden Objektive setzten völlig neue Standards für derartig lichtstarke Objektive dieser Brennweite, so wie das 50 mm-Summicron einige Jahre vorher zu einem Standard für Normalobjektive geworden war. Das Elmar 3,5/65 mm, das Summilux 1,4/35 mm, die Telyte 4,0/200 mm und 4,8/280 mm, das Elmarit 2,8/28 mm, das Tele-Elmarit 2,8/90 mm und das Elmarit 2,8/135 mm – all diese Objektive wurden in den folgenden Jahren hergestellt.

Wetzlar produzierte die ersten Objektive für die neue Leicaflex, fünf Jahre bevor das erste kanadische Leicaflex-Objektiv, das Summicron-R 2,0/90 mm erschien. Danach kamen aus dem Team in Midland ähnlich herausragende Beiträge zur Leicaflex und dem Leica-R System. Dort hatte man die Produktion inzwischen auf optische Geräte ausgedehnt und unter anderem Spezialausstattungen für Regierungsstellen hergestellt. Diese Produkte wurden unter dem Namen "Elcan" für **E**rnst **L**eitz **Can**ada vertrieben. Das Apo-Telyt-R 3,4/180 mm leitet sich aus einem Spezialobjektiv ab, das innerhalb der Elcan-Reihe für die U.S. Marine hergestellt wurde.

Auch Kameras wurden in Midland gefertigt. Die Teile dazu wurden von Wetzlar geliefert. Die erste Kamera war die Leica IIIf. Ein großer Teil von ihnen, sicherlich aus den ersten Tagen, trug keine Midland-Gravur. Die Leica 72 aus dem Jahr 1955 war ein Midland-Produkt. Die Fertigung der Meßsucherkameras wurde mit der Leica M4-2 nach Midland verlagert, ihr folgte die M4-P.

Nachdem Walter Mandler, der schließlich Vize-Präsident wurde, in den Ruhestand ging, verlegte man das Zentrum der Leica Objektivberechnung zurück nach Wetzlar. Es befindet sich heute in Solms. Auch die Fertigung der nächsten Generation von Meßsucherkameras, der Leica M6, kehrte nach Wetzlar und später nach Solms zurück. Das gleiche galt auch für die gesamte Objektivherstellung für die Leica.

3 Leicas sammeln

"Warum sammeln Sie Leicas?" – das ist wahrscheinlich die einem Leica-Sammler am häufigsten gestellte Frage. Die spontane Antwort wird sein: "Weil ich Leicas liebe". Bei der näheren Erläuterung sollte es sich der Fragesteller schon mal im Sessel bequem machen: Vieles, was er dabei erfährt, steht in diesem Buch.

Jede Form des Sammelns, ob Briefmarken oder georgianisches Silber, Chippendale-Möbel oder Art Deco-Porzellan aus China, Flaschen oder impressionistische Malerei, ist eine Frage des Geschmacks, persönlicher Vorlieben oder einem inneren Drang, der manchmal schon an Besessenheit grenzt. Begrenzt oft nur durch die Größe des Geldbeutels, des zur Verfügung stehendes Platzes oder durch den Ehepartner.

Warum also Leica? Die Leica repräsentiert einen der höchsten je hergestellten Standards der Kamerafertigung mit einer kontinuierlichen Geschichte über nahezu siebzig Jahre. Sie ist ein Präzisionsinstrument, schön im Aussehen, schön anzufühlen und schön in der Handhabung. Darüberhinaus funktioniert sie perfekt, sie ist langlebig, sie kann repariert werden, und selbst mit den ältesten Vertretern können immer noch erstklassige Aufnahmen gemacht werden. Die Leica ist nicht zu groß, eine Sammlung kann bequem ausgestellt werden und läßt sich, falls erforderlich, klein genug zusammenpacken, um in einem Banksafe Platz zu finden. Der relativ hohe Kaufpreis, verglichen mit billigeren Kameras, hat zur Folge, daß die Leica viele Jahre hinweg gepflegt und wohlverwahrt wird, wenn schließlich eines Tages doch eine modernere Kamera angeschafft wird, und man das gute Stück vielleicht irgendwann wiederentdeckt, während preiswertere Kameras eher weggeworfen oder den Kindern zum Spielen gegeben werden

Die Werksaufzeichnungen von Wetzlar haben den Krieg überstanden, und minutiöse Forschungen von Leica-Anhängern haben die Informationen daraus Leica Sammlern in Form zahlreicher Publikationen zugänglich gemacht. Dies ermöglicht es dem Leica Besitzer, die Geschichte bis zum jeweiligen Herstellungsjahr zurückzuverfolgen, um festzustellen, ob sich die Kamera noch im ursprünglichen Zustand befindet oder ob sie durch Modifikation zu einem anderen Modell wurde. Leica Kataloge, -Broschüren und -Anzeigen sind ihrerseits zu einem Sammelgebiet geworden, sie sind außerdem für Bücher nachgedruckt worden, so daß auch darin dem Sammler eine Fülle von Informationen zur Verfügung steht.

Die Fertigung in kleinen Auflagen hat zu vielen Varianten der Standardversion geführt, einige zur Modifikation oder zur Verbesserung, andere zur Vereinfachung der Fertigung. Dies eröffnet eine ganz neue Dimension des Sammelns. Das Aufspüren von jeder bekannten Version eines Modells, vielleicht sogar das Entdecken einer bis dahin unbekannten Variante, kann eine größere Herausforderung sein als von jedem Modell in einer bestimmten Kategorie je ein Exemplar zu sammeln. Wer mit einer Sammlung beginnt, wird sich vielleicht später auf die Spezialisierung verlegen, sich beispielsweise nur auf die Militär-Modelle beschränken. Vielleicht entdeckt er seine Leidenschaft für die Objektive oder die unzähligen wundervollen Zubehörteile, von denen viele belegen, welcher Erfindungsreichtum an den Tag gelegt wurde, um die Leica zu einem wahrhaft universellen fotografischen System auszubauen.

Als Teil dieses universellen Systems wurde Zubehör für wissenschaftliche, medizinische oder andere technische Anwendungen konstruiert. Es wurde nie in sonderlich großen Stückzahlen gefertigt und normalerweise von Instituten oder Firmen gekauft. Meist wurde es dort irgendwann ersetzt, verkauft oder in einem Lagerraum verstaut und möglicherweise später ausgemustert. Buchführung in Form von Inventarkontrolle und die Verringerung der Abschreibung sind der größte Feind von unerwünschter Kapitalbildung. Der Forscher und Anwender möchte die Dinge gern im Regal behalten, "falls sie noch einmal gebraucht werden", der Buchhalter am liebsten den Schrotthändler bestellen. Solche Dinge sind daher besonders schwer zu finden und bilden die größte Herausforderung an den ersthaften Sammler. Es gibt aber einige, die sich auf dieses Gebiet spezialisiert haben.

Die größeren Teile, wie die Projektoren und Vergrößerer, werden aufgrund ihres Volumens vernachlässigt. Da jedoch der Preis für die Kameras längst außerhalb jeder Reichweite für neue Sammler gerückt ist, wird das Handwerkliche auch dieser Geräte zunehmend gewürdigt. Immerhin spielten diese Geräte eine wichtige Rolle darin, der Leica Akzeptanz als ernstzunehmende Kamera zu verschaffen, sie sind elementarer Bestandteil ihrer Geschichte. Ferngläser schließlich bilden ein geradezu jungfräuliches Gebiet, wenngleich sie auf eine längere Geschichte als die Kameras zurückblicken können. Sie reicht immerhin bis 1907 zurück. Die heutigen Leica Ferngläser zählen zu den besten der Welt und bauen auf 85 Jahren Erfahrung auf. Sie repräsentieren ein eigenes, kaum erforschtes Sammelgebiet.

Tabellen zur Kamera- und Objektivproduktion

Die Produktionstabellen und Aufstellungen der Seriennummern sollten mit großer Vorsicht benutzt werden. Die Werksaufzeichnungen existieren immer noch, sie sind für Sammler die Quelle für die Produktionsdaten und Seriennummern von Schraubleicas und frühen M-Modelle. Handgeschriebene Kontoblätter listen jede einzelne Kamera mit ihrer Bestimmung auf, gewöhnlich eine Leitz-Vertretung. Die Daten der frühesten Produktion stammen aus zurückblickenden Listen, die von der Firma zur Verfügung gestellt wurden, dazu zählen auch die Gruppen von Seriennummern, die bestimmten Modellen für ein bestimmtes Jahr im voraus zugewiesen wurden. Während im ersten Fall als sicher vorausgesetzt werden kann, daß eine in den Büchern aufgeführte Kamera auch tatsächlich existierte, kann das gleiche im letzteren Fall nur vermutet werden. Eine Serie von Nummern ist möglicherweise nicht vollständig aufgebraucht worden, manche Nummern sind vielleicht in ein anderes Jahr übernommen worden, es sind auch Fälle bekannt, in denen eine Nummer, die für ein bestimmtes Modell reserviert war, an ein anderes vergeben wurde.

In früherer Zeit war es für Kunden möglich, eine bestimmte Kamera für einen bestimmten Zweck über die Leitz-Vertretung zu bestellen. Wenn man die Listen von Seriennummern durchsieht, kann man daher mitten in einer Serie von Leica III-Modellen durchaus ein oder zwei andere Modelle entdecken. Als die Auflagen mit dem Aufkommen der Spritzguß-Bauteile größer wurden, war dies allerdings nicht mehr möglich.

Die Information, wann eine Kamera das Werk verließ, ist daher bei den Schraubmodellen sehr genau, allerdings mit erheblichen Zweifeln innerhalb der Kriegsjahre und der unmittelbaren Nachkriegszeit. Viele Schraubleicas, die heute noch existieren, können jedoch sehr stark von der ursprünglichen Ausführung abweichen, da Leitz die Methode praktizierte, Kameras so zu bauen, daß sie leicht an neuere Modelle angepaßt werden konnten. Direkt nach dem Krieg, als die Besatzungsmächte Leitz dazu ermutigten, die Produktion so schnell wie möglich wieder aufzunehmen, wurden die Vorkriegsmodelle wie etwa die Modelle II, III und IIIa aus den Teilen zusammengebaut, die in der Fabrik noch an Lager waren. Diese können daher Vorkriegs-Seriennummern tragen oder vier- und fünfstellige Seriennummern, die keine Beziehung zu der regulären Nummer des betreffenden Modells haben.

Kameras der Ernst Leitz Canada Ltd.

Die Zahlen in den Produktionstabellen für Kameras aus der kanadischen Fertigung können zu Mißverständnissen führen. Erst gegen Ende der M4-Produktion wurden Kameras tatsächlich in Kanada produziert. Davor wurde der größte Teil der Komponenten von Wetzlar aus verschifft, und nur die reine Montage erfolgte in Midland. Solche Kameras trugen gewöhnlich die Wetzlarer Gravur, jedoch nicht immer. Kameras, die nur in Kanada zusammengebaut wurden, aber eine Midland-Gravur tragen, sind selten. Die Produktionszahlen in diesem Buch zeigen die in Kanada montierten Kameras (ELC), das heißt jedoch nicht, daß sie äußere Anzeichen dafür besitzen. Vom Ende der M4-Periode, als die gesamte Herstellung in Kanada durchgeführt wurde, waren die Kameras mit dieser Gravur versehen.

Von den frühesten Tagen an und bis in die Anfänge der 60er Jahre bot Leitz einen werksseitigen Service an, Kameras in eine aktuellere Ausstattung umzubauen. Theoretisch könnte eine Original-Leica Modell A nach und nach in die darauffolgenden umgebaut werden: 1930 in eine Nicht-Standard mit fest eingebautem Objektiv, eine Standard mit Wechselobjektiv 1931, 1932 in eine Leica II mit gekuppeltem Entfernungsmesser, eine Leica III von 1933 mit langen Zeiten und hinzugefügten Trageriemen-Ösen, die 1935 mit der Leica IIIa hinzugekommene 1/1000 Sek. und schließlich in das f-Modell mit Blitzsynchronisation, die nach dem Krieg hinzukam. Jedesmal wurde die Kamera dem Besitzer in fast neuwertigem Zustand zurückgeschickt, jedoch immer mit der ursprünglichen Seriennummer. Das Modell IIIb war ein Zwischenmodell und konnte weder durch Umbau zu einer solchen werden noch in eine andere umgebaut werden. Das geringfügig längere Spritzgußgehäuse der IIIc und der späteren Modelle machten die Modifikation unmöglich. Frühere Kameras konnten nicht zu einem c- oder f-Modell umgebaut werden. Kameras mit Nummern oberhalb 400000 können nach Umbau in eine IIf oder IIIf eine normale f-Deckkappe haben.

Manche durchgeführten Modifikationen hatten Kameras zur Folge, die keinem serienmäßigen Modell entsprachen, etwa eine Leica II mit 1/1000 Sek. und Blitzsynchronisation oder die nachträgliche 1/1000 Sek. bei einer IIc oder IIf. Zu anderen angebotenen Umbaumaßnahmen gehören Trageriemen-Ösen an Kameras, die regulär keine besaßen, ein Okular am Meßsucher oder ein Selbstauslöser bei einer IIIf ab der Seriennummer 425000. Schwarze Kameras konnten verchromt werden, jedoch nur auf besondere Bestellung.

Auch für M-Modelle wurden Umbauten angeboten. Dazu zählen die Modifikation einer M3 mit zweifachem in einfachen Aufzug oder die nachträgliche Ansetzmöglichkeit des Leicavit-Motors oder eine vorwählbare Aufnahmezahl. Eine M1 konnte auch in eine M2 umgebaut werden. Eine M2 konnte mit dem Filmtransport-Freilaufhebel der M3 anstelle des üblichen Hebels ausgerüstet werden. Das Hinzufügen der 28- und 75 mm-Leuchtrahmen zu den Suchern der M2, M4 und M4-2 wird auch heute noch angeboten.

Auch Umbauten an Leicas, die nicht von Leitz vorgenommen wurden, sind bekannt. In Anbetracht der langen Geschichte finden sich jedoch erstaunlich wenige Beispiele dafür. Einige sehr interessante gibt es, und diese sind unter den entsprechenden Modellen in den jeweiligen Kapiteln aufgeführt. Zweifellos sind unzählige Kameras über die Jahre für Spezialaufgaben im militärischen oder Laborgebrauch umgebaut worden, doch es liegt in der Natur der Sache, daß diese verschrottet wurden, wenn man sie nicht mehr benötigte.

Leitz Werks- und Leihkameras

Leitz behielt viele Kameras für eigene Zwecke im Werk zurück. Sie wurden durch entsprechende Gravuren gekennzeichnet. Diese Kameras waren nie dafür bestimmt, das Werk zu verlassen, doch einige "entkamen" und bilden natürlich Highlights auf dem Sammlermarkt. Authentische Kameras sind jedoch sehr selten.

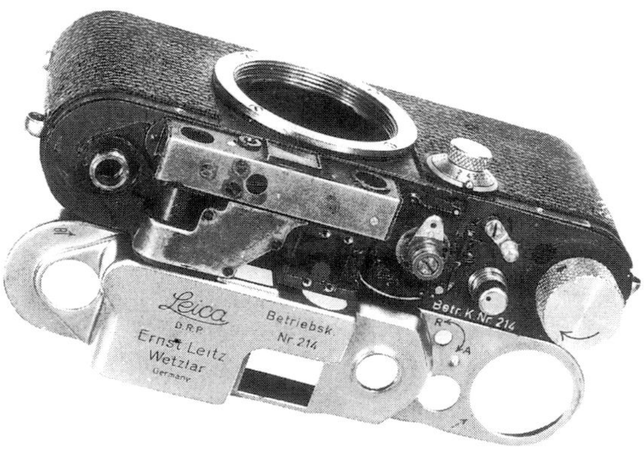

Betriebsk. Nr. 214; Werks-Leica IIIc mit Gravuren auf der Deckkappe und oben auf dem Gehäuse unter der Deckkappe.

Die Gravur "Leitz-Eigentum", die besagte, daß es sich um eine für den Werksgebrauch bestimmte Kamera handelte.

Die Vorserien-Produktion eines neuen Modells, die sogenannte Nullserie, diente dazu, eine neue Konstruktion besser einschätzen und mögliche Probleme in der Fertigung vermeiden zu können. Manche pflegte man zum Testen im Werk einzusetzen, andere gab man auch vertrauenswürdigen Fotografen für deren persönliche Beurteilung. Nach 1950 wurden sie meist mit speziellen Seriennummern versehen, die von der normalen Serie abwichen, z.B. vier Ziffern angeführt von zwei Nullen im Falle der M3. Derartige Kameras wurden nach Rückkehr ins Werk oft zerlegt.

Viele Kameras blieben zum Fotografieren, für die Entwicklung, zum Testen von Objektiven oder Zubehör oder für experimentelle Zwecke im Werk. Sie wurden auf der Deckkappe mit "Betriebsk. Nr...." gekennzeichnet. Ihre Nummer hatte drei oder vier Ziffern. Die Seriennummer, zum Teil mit vorangestelltem "Betr.K." kann auch auf der Oberseite des Gehäuses unter der Deckkappe zu finden sein. Diese Markierungen hat man sowohl bei den Schraub- als auch den M-Modellen entdeckt.

Doch noch andere Kameras wurden mit "Leitz-Eigentum" am hinteren Rand der Deckkappe graviert. Diese unauffällige Stelle deutet vermutlich darauf hin, daß diese Kameras das Werk verließen, entweder in der Hand von Angestellten oder als Leihgabe an Fremde. Diese Markierungen wurden an IIIb-, IIIc- und IIIf-Modellen gefunden. Manchmal sind diese modifiziert worden, beispielsweise durch die nachträgliche Blitzsynchronisation.

Eine andere gelegentlich zu findende Gravur ist "Leih-Kamera", ebenfalls am oberen hinteren Rand der Deckkappe. Leitz-Vertretungen liehen ebenfalls Kameras an bevorzugte Kunden aus, etwa zum Erproben oder wenn ihre eigene Kamera in Reparatur war. In London war man weniger diskret und gravierte "On loan from E. Leitz (Inst) Ltd." direkt oben auf die Deckkappe.

Attrappen und Schnittmodelle

Von den frühen Tagen an hat Leitz Händlern Attrappen (Dummies) zur Schaufenster-Dekoration zur Verfügung gestellt. Die Bedienungselemente waren blockiert, und die Objektive besaßen nur eine Frontlinse, vermutlich Ausschuß aus der Produktion. Vorkriegs-Attrappen sind extrem selten, da sie während des Krieges

Eine Sammlung von Leica-Gehäuse mit der Gravur "A" für Attrappe, auch Dummies genannt. Hier sind die IIIf, M2, M3, M4 und M5 abgebildet.

Bei den Attrappen sind Frontlinse, Sucher und Entfernungsmesser-Fenster blind, da sie keine Funktion hatten.

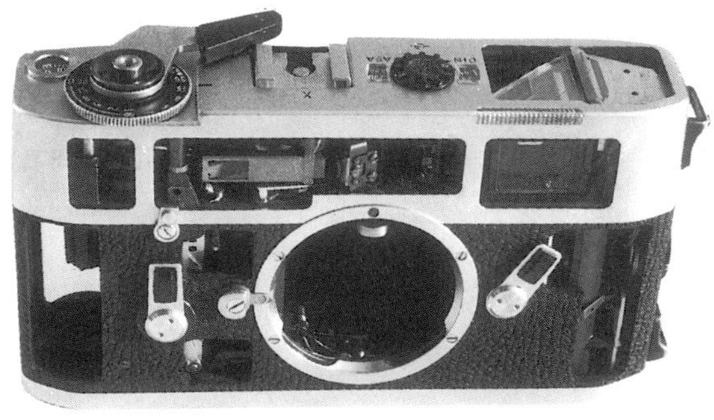

Schnittmodelle: M4 links, rechts eine M5.

Riesen-Holzmodelle. Oben eine IIIf, rechts eine M3 mit einer echten M3 als Vergleich daraufgestellt.

und unmittelbar danach als Quelle für Ersatzteile benutzt wurden. Manche wurden tatsächlich sogar in funktionsfähige Kameras umgebaut und mit ihrer jeweiligen Seriennummer abgegeben. Diese trug eine fünfstellige Zahl, gefolgt von einem "A" für Attrappe. Attrappen sind von allen Hauptmodellen seit der Leica III bekannt. Die sehr frühen besaßen keine spezielle Seriennummer, bei dem R3 und R4-Attrappen ist die Nummer abgedeckt.

Schnittmodelle wurden zu Demonstrationszwecken hergestellt. Sie besaßen Verschlüsse und einen Transportmechanismus, Teile des äußeren Gehäuses waren ausgespart, um den Mechanismus zu zeigen. Es gibt diese Schnittmodelle von der IIIf, IIIg und allen Hauptmodellen der M-Serie.

Schließlich, für den Sammler, der schon alles hat, gab es große hölzerne Ausstellungsmodelle für Ausstellungen oder für Dekorationen bei Händlern. Sie wurden nur in sehr kleiner Stückzahl hergestellt und, soweit bekannt, nicht mehr nach der M3. Vorkriegsmodelle der IIIa und der Nachkriegs-IIIf sind ebenfalls bekannt.

Militär-Leicas

Militär-Leicas haben schon immer eine große Faszination ausgeübt, die bereits mit dem ersten Interesse für die Kamera einsetzte. Es hat bei ihnen viele Mißverständnisse gegeben, und, da Militärkameras nun mal etwas Besonderes darstellen, auch ein großes Maß an Überbewertung. Rogliatti (1985) hat die Situation bezüglich Militär-Leicas treffend skizziert, soweit sie sich verifizieren läßt. Der größte Teil der in Wetzlar während des Kriegs produzierten Kameras war nicht für einen speziellen Bereich der Streitkräfte bestimmt. Die zivile Produktion in Deutschland wurde erst nach etwa der Hälfte des Krieges eingestellt, während sie in England etwa 1940 zum Erliegen kam. Nach 1942 ging der gesamte Ausstoß an Regierungsstellen. Etwa zur gleichen Zeit erhielten die Kameras aufgrund des knapp gewordenen Chroms eine graue Oberflächenbehandlung. Diese Farbe hatte also nie eine militärische Bedeutung.

Es sieht so aus, als ob die meisten Kameras, die für offizielle Abnehmer bestimmt waren, an eine zentrale Einkaufsstelle der Regierung geschickt wurden. Jegliche zusätzliche Gravur erfolgte nach Übergabe der Kameras, wahrscheinlich durch die jeweiligen Dienststellen. Eine Ausnahme bildete die Luftwaffe, die Hauptabnehmer und Verwender der Leica waren und zumindest einen Teil direkt ab Werk bezog. In diesem Fall gravierte Leitz "Luftwaffen-Eigentum" am oberen hinteren Rand der Deckkappe ein, zusätzlich die heute dafür angesehene militärische Bestandsnummer "Fl. No 38079" oder "Fl. No 38078" unterhalb der Gravur auf der Deckkappe. Meist waren es IIIc-Modelle, doch auch eine Anzahl von IIIb-Kameras wurden so geliefert. In den Werksaufzeichnungen tragen diese Kameras ein "L" hinter der Seriennummer. Die anderen Dienststellen benutzten fast immer die vordere Seite der Deckkappe für ihre Gravuren. Armee-Leicas können die Gravur "Heer" tragen oder "W.H." für "Wehrmacht Heer". Leicas der Marine trugen gewöhnlich ein "M", manchmal gefolgt von einer Nummer, die oberhalb der Seriennummer stand. Die Marine war die einzige Waffengattung, die manchmal zusätzlich den Reichsadler in der oberen linken Ecke der Deckkappe eingravierte. "W.haven" hat es ebenfalls gegeben, es steht für den Marinestützpunkt Wilhelmshaven.

Luftwaffen IIIc. Nr. 387317, mit der Vertragsnummer Fl 38079 und der Gravur "Luftwaffen-Eigentum" hinten an der Deckkappe – nur unvollständig entfernt, wohl durch jemanden, der sich die Kamera illegal angeeignet hatte. Vielleicht ein Hinweis darauf, daß die Kamera ursprünglich ein Militärmodell war.

Luftwaffen-Modell. Diese Kamera besaß im Innern eine Kupplung für den MOOLY-Motor.
Die Vorderseite zeigt ein Elmar mit der Gravur "Luftwaffen-Eigentum".

Gravur "Luftwaffen Eigentum". In den Anfängen des Kriegs war die Kennzeichnung oft auch in weißer Farbe auf die Belederung aufgedruckt.

Manche Kameras hat man gefunden, bei denen diese Gravuren unkenntlich gemacht, weggeschliffen oder abgedeckt wurden, vermutlich durch jemanden, der sie auf illegale Weise mitgehen ließ. Diesen Exemplaren kann man wohl mit der größten Wahrscheinlichkeit attestieren, daß sie echt sind!

Militärmarkierungen sind ebenfalls auf der Belederung der Rückseite zu finden, entweder in weißer Farbe während der frühen Kriegsjahre aufgedruckt oder später eingeprägt. Bekannt sind "Luftwaffen-Eigentum" und "Heer-Eigentum". Die Belederung der Luftwaffen-Leicas war oft grau gefärbt, was durch Alterung und häufigen Gebrauch auf den ersten Blick wie schwarz aussehen kann, jedoch eindeutig wird, wenn man eine solche Kamera neben eine mit schwarzer Belederung hält.

In vielen Artikeln sind Listen mit echten und vermeintlichen Militärgravuren aus deutscher Kriegszeit veröffentlicht worden. Der bedeutendste davon (Vfr., 1974, 7, No. 4) von Lager, Clarke, Foris und Fricke basiert auf persönlichen Interviews, die Rolf Fricke mit einem pensionierten Leitz-Vorarbeiter der Kriegszeit geführt hat, einem pensionierten deutschen Major, der während des Kriegs Versorgungsoffizier war und gleichzeitig ehemaliges Mitglied einer Propaganda-Kompanie, also Militärreporter, die mit Leicas ausgerüstet waren. Die Stilarten von Luftwaffen-Gravuren wurden von Lager erörtert (Vfr., 1980, **13**, No. 3, S. 12), er zeigte ebenfalls Beispiele unkenntlich gemachter Leica-Militärgravuren (ibid, No. 1, S. 12). Viele Beispiele von militärischen und anderen Gravuren wurden von Weigel veröffentlicht (Vidom, 1983, No. 25; Vfr., 1984, **r**, No. 2).

Luftwaffen-IIIc, Nr. 390450 mit Vertragsnummer Fl. 380079 in grauer Farbe und mit kugelgelagertem Verschluß, erkennbar am "K" nach der Seriennummer. Die "Luftwaffen"-Gravur wurde manchmal mit einer aufgeklebten Platte abgedeckt. Beim Entfernen dieser Platte löste sich dort gleichzeitig auch die graue Farbe.

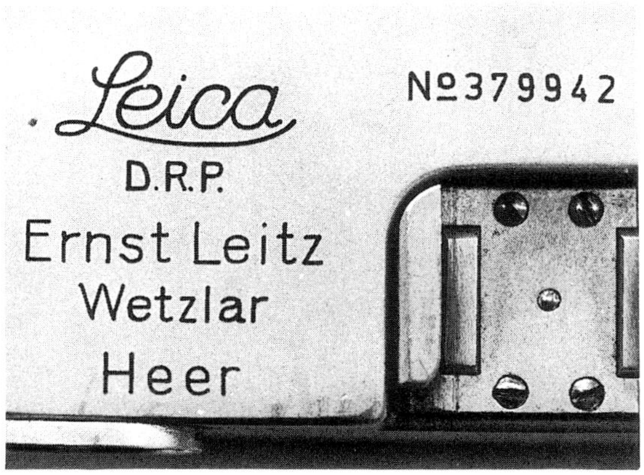

Militärgravur "Heer" an einer IIIc.

Militärgravur "W.H." für Wehrmacht Heer an einer grauen IIIc. Auch diese Kamera besitzt einen Verschluß mit Kugellager, was durch das "K" nach der Seriennummer angezeigt wird.

Militärgravur "M" für Marine an einer frühen IIIc, Nr. 366855. Dieses Exemplar trägt außerdem den Reichsadler über dem Hakenkreuz und dem "M". Die Marine war die einzige Waffengattung mit diesem Emblem, das aber nur an einigen ihrer Kameras verwendet wurde.

Militärgravur der Royal Navy, Nr. 374416 von 1940/41 mit Depot-Nummer 8665. Es ist nicht bekannt, wie diese Kameras in der Mitte des Krieges nach Großbritannien gelangten, wenngleich es dazu zahlreiche Geschichten gibt.

Royal Air Force III, Nr. 335426 von 1939 mit Versorgungsnummer 14A/1970 und dem breiten Pfeil als Zeichen für Regierungseigentum.

Oben: Gravur "Eigentum der britischen Regierung" auf einer IIIf von 1954.

Rechts: das dreifache Kronensymbol einer IIIg der schwedischen Armee von 1960. Die Objektive trugen ähnliche Markierungen.

Leica Kameras und Objektive wurden während des Krieges auch an die italienische Luftwaffe geliefert, dies erfolgte durch Cattaneo, die deutsche Leica Vertretung in Italien. Es sind IIIb-Modelle mit der Gravur "R. Aeronautica" auf der Deckkappe bekannt, wobei das R für "Regia" = "königlich" steht, denn Italien unter Mussolini hatte noch einen König. Nach dem Krieg kaufte die neue republikanische Luftwaffe IIIc-Modelle und gravierte sie in rot mit "Aeronautica Militare". Eine ziemlich ungewöhnliche motorisierte Leica 250 in neuem Zustand wurde 1983 auf einer Auktion verkauft, die die Gravur "E. Aeronautica" trägt. Selbst der italienische Leica-Experte Gianni Rogliatti kann nicht feststellen, wofür das E steht.

Die verbündeten Streitkräfte waren nicht die einzigen Kriegsteilnehmer, die während des Zweiten Weltkriegs Leicas einsetzten. Sowohl die britischen als auch die amerikanischen Streitkräfte und auch die Geheimdienste benutzten sie. Sie wurden von der Zwangsverwaltung der Londoner und New Yorker Leitz-

Vertretungen erworben, die alle Bestände der Händler aufkauften und durch Werbeanzeigen für Kameras in Privatbesitz. In einigen Fällen wurden letztere für die Dauer des Kriegs ausgeliehen und nach dessen Beendigung auch tatsächlich an die Besitzer zurückgegeben. Einige IIIc-Modelle wurden von den Briten eingesetzt, obwohl diese erst nach Kriegsbeginn produziert wurden. Ob sie beschlagnahmt wurden oder über Schweden eingeschmuggelt wurden, wie eine Geschichte erzählt, läßt sich nicht mit Bestimmtheit sagen. Die IIIc´s der Königlichen Marine waren oberhalb der Seriennummer mit "PATT 8565" für "Pattern 8565" als Kennzeichnung für das jeweilige Depot graviert. Auch die Königliche Luftwaffe (R.A.F. = Royal Air Force) setzte Leicas ein; "14a/1970" auf einer IIIb, zusammen mit einem breiten Pfeil für das Regierungseigentum war die R.A.F.-Gravur zu finden.

Leica Kameras wurden fortwährend von den bewaffneten Streitkräften verschiedener Länder gekauft. Die U.S. Armee kaufte IIIf-Kameras, dann die M2 (bekannt unter ihrer Armeebezeichnung KS-15), gefolgt von der M4 in Spezialversionen, die als KE-7A bekannt ist. Wie in Kapitel 2 beschrieben, betrieb Leitz Kanada spezielle Abteilungen, die Spezialgeräte an kanadische und U.S.-Einrichtungen lieferte. Dazu gehörten auch Luftbildkameras für Geschützübungen. Die schwedische Armee kaufte IIIg-Modelle in schwarzer Ausführung. Sie besaßen drei eingravierte schwedische Kronen auf der Rückseite der Deckkappe und der Fassung des verchromten Elmar 2,8/50 mm. Die deutsche Armee benutzte die M1, M3 und M4 in olivgrüner Lackierung. Der Sucher der M1 besaß Rahmen für 5- und 13 cm-Objektive, "5 + 13" war auf der Deckkappe unter "Wetzlar" eingraviert. Auch "Bundeseigentum" kann auf der Rückseite der Deckkappe eingraviert sein. Die bekannten Exemplare sind von Berg (Vidom, 1990, No. 46) aufgeführt. Die britische Verteidung setzte ebenfalls M3-Kameras ein.

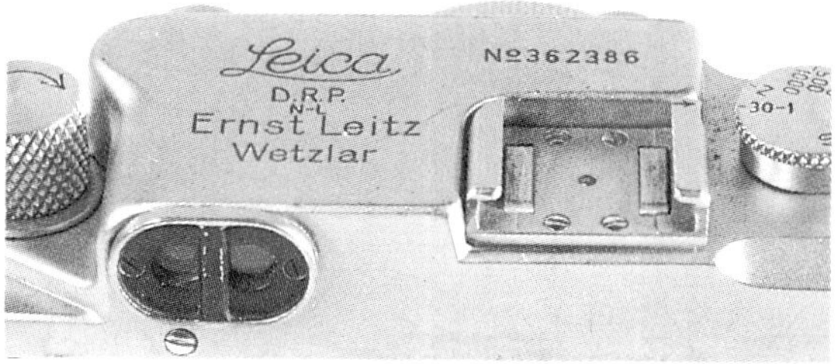

"N-L"-Gravur für Odin, Niederlande

Händlergravur auf der Bodenplatte einer Leica I

Händlergravur am Transportknopf

"D.P."-Gravur für Deutsche Bundespost am Transportknopf einer Ic. Diese Kameras wurden zum Fotografieren von Telefonzähler-Ständen eingesetzt.

Andere Gravuren

Außer den militärischen Gravuren ist über viele andere Gravuren berichtet worden. Viele Privatbesitzer pflegten natürlich ihre Initialen eingravieren zu lassen, doch solche mit prominenten Namen aus der Nazizeit sind mit Vorsicht zu genießen. Einige Leitz-Händler und ausländische Niederlassungen brachten ihre eigenen Gravuren auf den Kameras an, oft nur klein in Form ihrer Initialen. Auch offizielle Stellen markierten ihre Kameras. Beispiele dafür sind "S-T" für Specialites Tiranty, die Pariser Leitz-Vertretung; "N-L" für Odin, Niederlande, "R.P." für Reichspost, "AES" für American Exchange Service, "DANA" für Deutsch-Amerikanische

Leitz Logos und Warenzeichen

Varianten des eingetragenen Leitz-Warenzeichens und der Logos. Die Schreibform des Leitz-Namens wurde ab Mitte der 20er Jahre verwendet. Die Jahreszahlen kennzeichnen Publikationen der entsprechenden Zeit. Die endgültige Form ist jetzt Warenzeichen der Leica Camera Gruppe.

Nachrichten-Agentur. Die drei wohlbekannten Leitz Logos, das "Kondensor-Symbol" und die geschriebenen Namen "Leitz" und "Leica", unterstrichen mit dem langgezogenen L, wurden 1952 neu entworfen. Dies kann beim Datieren eines Stückes aus dieser Zeit helfen, bei dem die Informationen ansonsten dürftig sind.

Das Kondensor-Symbol leitet sich aus einem dunkel gehaltenen Kondensor ab, der von Leitz 1912 patentiert wurde. Wenig später wurde es als Logo übernommen. Das früheste Beispiel, das dem Autor bekannt ist, stammt aus einem Fernglas-Katalog aus dem Jahr 1914. Von den frühen 20er Jahren bis 1952 behielt es seine Form bei. Die Worte innerhalb der Umrahmung sind gewöhnlich "E. Leitz Wetzlar", Produkte aus Kanada und den USA sind mit "E. Leitz Midland" bzw. "E. Leitz Inc. New York" gekennzeichnet. Auch die Namenszüge Leitz und Leica wurden überarbeitet. Der neue Stil machte eine leichte Konzession an den Funktionalismus der 50er Jahre, indem er weniger Schnörkel besitzt. Diese neuen Stile wurden sowohl für alle Produkte als auch alle schriftlichen Unterlagen angepaßt.

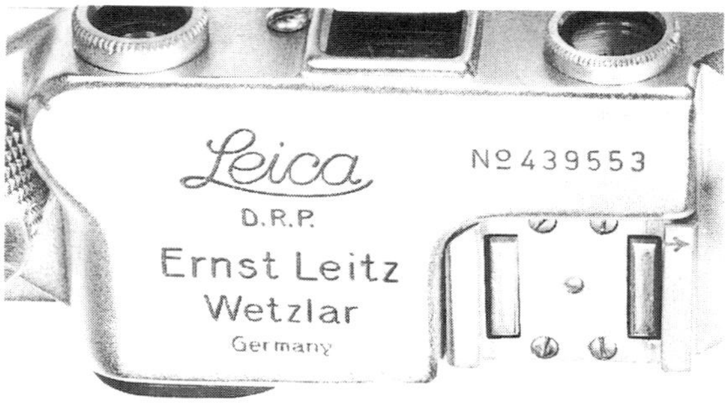

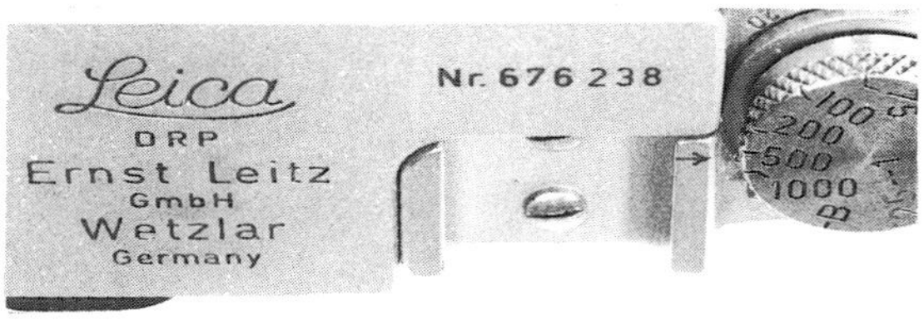

Die Entwicklung der Deckkappen-Gravur: Von 1949/50 an änderte sich die Abkürzung "No." vor der Seriennummer in "Nr.". Ab etwa 1951 erschien der Zusatz "GmbH", und "DRP" änderte sich in "DBP".

Mit Gründung der Bundesrepublik im Jahre 1949 wurde Ernst Leitz Wetzlar zu einer Gesellschaft mit beschränkter Haftung. Von 1951 an erschien daher "GmbH" auf den Produkten. Zur gleichen Zeit wurden aus Reichpatenten Bundespatente, und die Gravuren der Kameras änderten sich von etwa 1952 an somit von "DRP" in "DBP".

Die Abkürzung "No." vor der Seriennummer änderte sich 1949/50 in "Nr.", nach 1958 jedoch wurde dies ganz weggelassen mit Ausnahme der neuen Schraubkameras.

Über die Leitz Bezeichnungen wurde ausführlich in einem Beitrag von Miller (L.H.S.N., 1988, Nr. 24, S. 12) geschrieben, aus ihm stammen die hier gemachten Ausführungen.

Leica Historical Societies

Das Sammeln von Leicas stieg in den 70er Jahren rasch an – aus der Notwendigkeit heraus, wie man sagt, durch die damalige Leitz Politik, alte Geräte gegen neue auszutauschen und die alten zu zerstören. Ein weiteres Beispiel für die Scheuklappenpolitik der damaligen Geschäftleitung war, daß sie nicht erkannten, wie sie auf diese Weise gleichzeitig den sprichwörtlichen Ruf der Firma für Qualität aufs Spiel setzten. Zu dieser Zeit wurden die drei bedeutendsten Sammler-Vereinigungen gegründet. Als erstes die Leica Historical Society von Amerika, gegründet 1968 und zunächst Leica Collectors International genannt. Ihr Journal heißt "Viewfinder" (Sucher), bei Zitat in diesem Buch mit "Vfr." abgekürzt. Im folgenden Jahr entstand in England die Leica Historical Society. Ihr Magazin nennt sich Leica Historical Society Newsletter (L.H.S.N.). Die deutsche Gesellschaft, Leica Historica mit dem Journal "Vidom", wurde 1975 gegründet.

Hinweise und Tips für Sammler

Die folgenden Angaben wurden von Derek Grossmark, Autor des bei Hove Foto Books erschienenen "Leica International Price Guide", beigesteuert.

Zustand: Wenn Sie die Wahl haben, sollten Sie immer den bestmöglichen Zustand nehmen. Der Wert unversehrter oder noch besserer Modelle wird immer der größere sein, und auch besser weiterzuverkaufen als eine nur durchschnittlich erhaltene Kamera. Je seltener ein Stück, desto größere Zugeständnisse an den Erhaltungszustand können Sie eingehen. In diesem Fall kaufen Sie, um irgendwann ein besseres Stück zu finden. Die Zustandsbeschreibungen, wie in dem Hove "Leica International Price Guide" angegeben, sind folgende:

A – Zustand wie neu, ungebraucht, eventuell mit Originalverpackung
B – fast neuwertig, nur sehr geringe Gebrauchsspuren
C – sehr guter Zustand, leichte Gebrauchsspuren
D – gebrauchter, guter Zustand mit Gebrauchsspuren
E – gebraucht, deutliche Gebrauchsspuren aber funktionsfähig
F – schlechter Zustand, starke Gebrauchsspuren, defekt

Doppelbuchstaben werden benutzt, um restaurierte Kameras zu kennzeichnen – **AA**, **BB** usw. Die in oben angegebenem Führer beziehen sich auf Zustand **C**, also sehr guter Zustand. Für Zustand **B** kann man leicht den doppelten Preis bezahlen und noch mehr für Zustand **A**. Dagegen ist Zustand **D** nur etwa die Hälfte von Zustand **C** wert.

Originalzustand: Dies ist ein schwieriges Gebiet, in dem vermutlich der persönliche Geschmack die größte Rolle spielt. Manche Sammler bevorzugen Stücke, die Spuren von vorsichtigem Gebrauch zeigen, denen er den Charakter einer leichten "Patina" verleiht. Andere wiederum legen Wert auf ein Stück, das dem Originalzustand so nah wie möglich kommt. Ein typisches Beispiel wäre eine Leica 250, die durch ihre professionelle Bestimmung meist starke Gebrauchsspuren aufweist und vielleicht auf Blitzsynchronisation umgerüstet wurde. Hier stellt sich die Frage: Durch Überholung auf Originalzustand bringen lassen oder im stark gebrauchten Zustand belassen?

Allgemein gesagt tendieren Sammler in den USA und in Japan zu einem hohen Standard der Restaurierung. In Europa dagegen nimmt man die Kameras eher wie vorgefunden und beschränkt sich auf Reinigen und möglicherweise noch eine mechanische Instandsetzung. Beim Vergleich des Wertes einer 100% restaurierten Leica I mit der gleichen Kamera in Originalzustand mit vollständig erhaltener schwarzer Originallackierung, jedoch leichten Gebrauchsspuren, würde die im Originalzustand den höheren Preis erzielen.

Fälschungen: Leider findet man immer mehr Fälschungen. Die Begriffe "Fälschung" oder "Nachahmungen" im Falle einer Leica bedeuten, daß ein Stück durch und durch eine Leica sein kann, jedoch aus Gründen der Wertsteigerung gegenüber dem, was ursprünglich das Werk verließ, geändert wurde. Ein Beispiel dafür ist eine verchromte Leica IIIc aus der Kriegszeit, der ein Fälscher eine Militärgravur verpaßt hat. Dies läßt sich nur sehr schwer feststellen. Ein anderer Fall etwa ist eine Leica I, deren Äußeres total auf eine Luxus-Leica mit Vergoldung umgeändert wurde.

Besondere Leicas: Die Firma Leica führt eine Liste von den Kameras, die offiziell einer ausgewählten Person überreicht wurden. Meist tragen diese Kameras eine besondere Seriennummer, wie etwa 500000, 1000001 usw. Die Nummer der Kamera, die Feldmarschall Rommel während des Zweiten Weltkriegs benutzt hat, ist bekannt, ebenso die der zweiten, die er nach dem Verlust der ersten hatte. Wenn man jedoch die Nummern zugrundelegt, die ihm zugeschrieben wurden, muß er pro Tag wenigstens eine Leica verloren haben.

Eine der besten Sicherheiten ist immer, nach Möglichkeit von einem namhaften Händler zu kaufen. Er sollte in der Lage sein, die Authenzität durch eine Garantie zu bestätigen. In diesem Buch findet sich außerdem eine Fülle von Informationen, die bei der Beurteilung helfen.

Sammelgebiet: Sammler drücken ihre Individualität durch ein bestimmtes Sammelgebiet aus. Manche spezialisieren sich auf Schraubleicas, andere wiederum auf schwarze Kameras. Wieder andere beschränken sich auf die M-Modelle, die sie für die Perfektion in Vollendung halten. Es gibt jedoch noch viele andere Methoden der Spezialisierung, was Leica-sammeln zu so einem riesigen Gebiet macht. Variationen in der äußeren Erscheinung oder Gravuren eröffnen endlose Möglichkeiten.

Zubehör: Viele Sammler interessieren sich für Zubehör überhaupt nicht. Das ist schade, denn über die Jahre hat Leitz eine Unmenge von Zubehör produziert. Ein Sammler kann sein Interesse auf einen bestimmten Teilbereich beschränken, etwa Spiegelkästen und all ihr Zubehör oder alle Arten von Kopier- oder Reprozubehör. Manche Sammler spezialisieren sich auf Filter und Gegenlichtblenden oder nur Projektions- oder Vergrößerungszubehör.

Taschen: Es gibt ein beträchtliches Interesse für Ausrüstungen in Original-Leica Ledertaschen. Das Material reicht von den frühen Hirschleder-Ausführungen mit dem typischen bogenförmigen Clips für eine Leica I oder der soliden braunen Ledertasche mit Handgriff und Schulterriemen, in der sich eine Leica I, Meßsucher und zwei Reservekassetten unterbringen, bis hin zur durchdachten Tasche für die Kamera, sechs Objektive, Universal-, Winkel- und Rahmensucher, Filter, Nahlinsen, Nahaufnahmezubehör und Ersatzkassetten.

Lederbehältnisse wurden auch für Objektive und anderes Zubehör, wie etwa Sucher angeboten, ebenso Etuis für Filter und passende Hartlederköcher für Telyt-Objektive mit dem PLOOT-Spiegelkasten und einem oder zwei Objektiven. All diese Behältnisse werden in Kapitel 10 aufgelistet. Leitz lieferte den Reproständer der Vorkriegszeit in aufrollbaren Leinentaschen, und nach dem Krieg wurden passende kleine Koffer für den Visoflex mit Balgengerät angeboten. Diese Behälter werden in diesem Buch zusammen mit dem jeweiligen Zubehör beschrieben. Schließlich wurden noch von den Londoner Händlern Wallace Heaton und R.G. Lewis exzellent angefertigte, mit Plüsch ausgekleidete schweinslederne Behälter angeboten.

Der Wert von Stücken wird durch ihre Originalschachteln gewöhnlich gesteigert. Es gibt zwar keine klaren Regeln, doch mit dem richtigen, zur jeweiligen Zeit passenden Zubehör kann der Wert der Ausrüstung mit Original-Behältnis durchaus das Doppelte gegenüber dem Einzelstück erreichen.

Schraubobjektive: Die späten Schraubobjektive sind ziemlich selten, deshalb sollten Sie sie immer genauestens prüfen. Die veröffentlichte Leitz-Liste, die sagen wir 500 Schraub- und 20000 Bajonett-Ausführungen eines bestimmten Objektivs angibt, bezieht sich lediglich auf die vom Werk ausgelieferte Stückzahl. In vielen Fällen wurden die Objektive mit Schraubanschluß hergestellt, jedoch mit einem werksseitig angepaßten Bajonettadapter. Das war beispielsweise beim Summaron 2,8/35 mm und dem Summicron 2,0/50 mm der Fall. Viele von diesen sieht man mit angeflanschtem Bajonettadapter, der von einer sehr kleinen seitlichen Madenschraube fixiert ist. Wenn diese Madenschraube entfernt wird, läßt sich das Bajonett abschrauben, und zurück bleibt ein Schraubobjektiv. Dem aufmerksamen Sammler wird jedoch das winzige Loch, das dabei zurückbleibt, nicht entgehen. In einigen Fällen wurde der rote Ansetzindex für das M-Bajonett am Bajonettflansch befestigt, etwa beim 21 mm Super-Angulon, doch bei der Mehrzahl der Objektive wurde er in eine kleine Vertiefung im Objektivbajonett eingeklebt.

Das 90 mm Summicron ist ein weiteres interessantes Beispiel. Leitz verwendete einen Kleber anstelle der Madenschraube, um den Standard ISBOO/14098 Bajonettadapter am Schraubobjektiv zu befestigen. Der rote Punkt war normalerweise, wie beschrieben, in einer kleinen Vertiefung angebracht.

Schon schwieriger zu identifizieren ist ein Summilux 1,4/50 mm, das als Bajonettobjektiv gekauft und später zu Leitz geschickt wurde, um es in ein Schraubobjektiv umbauen zu lassen. Andere Beispiele für Modifizierungen sind das Summicron 2,0/90 mm oder dem voreingestellten Elmar 135 mm in kurzer Fassung für den Visoflex, die für die Kupplung mit dem Entfernungsmesser umgeändert wurden.

Pflege der Sammlung: Der größte Feind der Leica und ihrer Objektive ist Feuchtigkeit. Die Sammlung sollte daher unter den bestmöglichen Bedingungen aufbewahrt und ausgestellt werden. Wenn die Sammlung weggepackt oder an sicherem Ort aufgehoben wird, sollten Sie kein Verpackungsmaterial verwenden, das Feuchtigkeit absorbiert. Verschlüsse sollten gelegentlich betätigt und nicht längere Zeit in gespanntem Zustand bleiben. Die Reinigung kann mit Alkohol und einem Wattebausch vorgenommen werden, jedoch nur in einem gut belüfteten Raum und weit weg von Feuer. Die Objektive sollten vorsichtig mit einem feuchten Tuch oder einem geeigneten Reinigungsmittel gesäubert werden.

Sicherheitsmaßnahmen: Führen Sie immer eine Liste Ihrer Sammlung, die auf dem neuesten Stand ist. Führen Sie alle unnumerierten Stücke auf. Achten Sie darauf, daß die Versicherung die Aufbewahrung zu Hause, außer Haus und beim Transport abdeckt. Bei dieser Gelegenheit empfiehlt es sich, eine Liste mit den bezahlten Preisen anzulegen. Empfehlenswert dazu ist ein Home-Computer.

Kameraservice: Wenn Sie nicht einer der wenigen sind, die das passende Spezialwerkzeug für die Arbeit an einer Leica besitzen, sollten Sie besser die Finger davon lassen und die sich dem Service einer autorisierten Leica Werkstatt anvertrauen. Für die frühen Kameras werden Sie nach einer Spezialwerkstatt Ausschau halten müssen, der den hohen Anspruch eines Leica Besitzers gewährleistet.

Objektivservice: Die älteren Objektive werden mit großer Wahrscheinlichkeit Spuren im Innern aufweisen. Nur sehr wenige Optik-Spezialisten sind in der Lage, die Linsen zu reinigen und die Blende zu reparieren oder gar die Vergütung zu erneuern. Diese Arbeit ist extrem teuer.

Auktionen: Auktionshäuser sind sehr oft die geeignete Stelle, einzigartige oder seltene Stücke zu finden. In den meisten Ländern ist gesetzlich vorgeschrieben, daß das Auktionshaus für die Beschreibung einstehen muß. Sie sind berechtigt, ein Auktionshaus aufzufordern, den Originalzustand definitiv zu bestätigen. Überprüfen Sie genau die Beschreibung im Katalog. Achten Sie darauf, ob eindeutige Angaben gemacht werden, oder ob man Redewendungen wie "gehalten für" oder "vielleicht" oder andere ungenaue Phrasen verwendet. Bei den bekannten internationalen Auktionatoren haben Sie die größte Sicherheit.

Zu guter Letzt: Genießen Sie Ihre Sammlung und benutzen Sie dieses Buch als Nachschlagewerk.

4 Leica Kameras mit Schraubgewinde

Strenggenommen versteht man unter dem Begriff "Schraubleica" Kameras mit Wechselobjektiv, das über ein Schraubgewinde gewechselt wird. Während der ersten fünf Jahre ihrer Geschichte besaßen die Leicas jedoch ein fest eingebautes Objektiv, es hat sich aber eingebürgert, im Zusammenhang mit der Geschichte der Leica diese Kameras zu den Schraubleicas zu zählen. Dies ist auch sinnvoll, denn es gab eine kontinuierliche Entwicklung von der ersten Produktion der Leica I mit Anastigmat bis zur letzten Schraubleica, der IIIg.

Die Geschichte der Ereignisse, die zur Vorstellung der ersten Leicas im Jahre 1925 führte, ist in Kapitel 2 beschrieben worden. Innerhalb eines halben Dutzends von Jahren, nachdem Ernst Leitz II die historische Entscheidung getroffen hatte, die Kamera zu produzieren, hatte sich die Leica fest als eine verläßliche Kamera etabliert. Mehr noch: Sie hatte eine revolutionär neue Philosophie des Fotografierens hervorgerufen – "kleine Kamera, große Bilder". Sie sollte in den 30er Jahren zu einer völlig neuen Auffassung von Fotografie führen und die Geburtsstunde des modernen Bildjournalismus bedeuten. Dies wurde möglich durch die zweite Leica-Revolution – das Standard-Schraubgewinde und Wechselobjektive.

Das Jahrzehnt der 30er Jahre begann 1930 mit der Einführung der Wechselobjektive, obwohl während eines kurzen Zeitraums die Objektive individuell an Kameras angepaßt werden mußten. 1931 jedoch wurde das standardisierte Schraubgewinde vorgestellt. Von diesem Zeitpunkt an paßte jedes Objektiv mit Standardgewinde an eine Kamera mit dem gleichen Standardgewinde. Die Einführung des Standardgewindes machte die Leica zur ersten wirklich universellen Systemkamera und öffnete den Weg, die Leica für technische Aufgaben zu einer ernsthaften Alternative zur Großformatkamera zu machen. All diese Aspekte der Leica dokumentieren sich in den hunderten von Produkten, die in den jeweiligen Kapiteln dieses Buches beschrieben und aufgeführt sind.

Die meisten wichtigen Innovationen in der Entwicklung der Leica mit Schraubgewinde sind durch eine neue Modellbezeichnung gekennzeichnet. Diese Namen wurden in den Katalogen aufgeführt, jedoch nicht auf den Kameras eingraviert, abgesehen von einigen Spezialmodellen. Geringfügige Verbesserungen, wie etwa das Ersetzen des Stiftes zum Einhängen der Bodenplatte durch einen größeren und stabileren Teil in den frühen 30er Jahren, flossen in bestehende Modelle ein, ohne daß diese in der Werbung oder in Prospekten erwähnt wurde. Es bleibt Sammlern überlassen, solche Veränderungen und Daten zu identifizieren. Vor der Leica II differenzierte Leitz selbst nicht einmal zwischen den einzelnen Modellen. In den amerikanischen Katalogen wurden die frühen Leicas jedoch durch Buchstaben statt durch Nummern gekennzeichnet. Sie ermöglichen eine Klassifizierung der verschiedenen Modelle der Leica I und der Leica 250.

Entwicklung der Schraubleica

Alle produzierten Modelle werden detailliert in der zweiten Hälfte dieses Kapitels beschrieben. An dieser Stelle möchte ich zunächst die wesentlichen Schritte in der Entwicklung von Oskar Barnacks erstem Prototyp bis zum Ende der Epoche der Schraubleica 1960 aufzeigen.

Die Original **Ur-Leica**, die von Barnack zwischen 1913 und 1914 gebaut wurde, befindet sich im Werksmuseum in Solms. Sie besaß bereits die Besonderheiten der Leica, nämlich eine Ganzmetall-Konstruktion, 24 x 36 mm-Format, versenkbares Objektiv, Bildzählwerk-Scheibe (angebracht an der Frontseite), Zubehörschuh, Tragriemen-Ösen und Schlitzverschluß mit gleichzeitiger Verschlußspannung und Filmtransport. Der Verschluß hatte eine feste Schlitzbreite von 38 mm. Veränderung der Federspannung über eine Scheibe auf der Oberseite steuerte die Ablaufgeschwindigkeit der Vorhänge für Zeiten zwischen etwa $1/25$ und $1/40$ Sek. Der Verschluß arbeitete noch nicht überlappend, daher war eine in einer Achse drehbare Metallscheibe vor der Objektivöffnung angebracht, mit der man während der Verschlußspannung das Objektiv abdecken konnte. Eine Vielzahl von Objektiven wurde für diese Kamera erprobt, beginnend mit einem 50 mm Zeiss Kino-Tessar. Die im Museum befindliche Ausführung besitzt ein Leitz Milar 42 mm. Die ausgestellte Kamera ist mit einem Rahmensucher versehen, der nach einer späteren Zeichnung Barnacks nachgebaut wurde.

Barnack baute zumindest einen weiteren Prototyp vor dem Ersten Weltkrieg. Er war identisch mit der Ur-Leica und wurde von Barnack persönlich viele Jahre lang benutzt. Diese Kamera wurde auch von Ernst Leitz II 1914 auf einer Reise in die USA eingesetzt. Ihre spätere Geschichte wurde von Rogliatti (Vfr., **12**, Nr. 1) entdeckt. Sie verblieb in der Familie Barnack nach dessen Tod, wurde jedoch während des Zweiten Weltkriegs der Verwahrung durch das Deutsche Museum in München übergeben. Nach dem Krieg wurde sie an Oskar Barnacks Sohn Konrad zurückgegeben. Er verkaufte später die Kamera, die in frühen 60er Jahren erneut auf einer Auktion versteigert wurde. Ihr derzeitiger Verbleib ist unbekannt.

Es existiert noch ein weiterer Prototyp der vermutlich drei gebauten Exemplare. Er befindet sich in einer privaten Sammlung. Er ist bekannt als **Prototyp Nr. 3**, man vermutet, daß er gleich nach dem Ersten Weltkrieg hergestellt wurde. Er war der Vorläufer der Kameras aus der "Null-Serie", auf der die produzierten Modelle basierten. Der Verschluß war nicht überlappend, jedoch wurde die Verschlußzeit durch Veränderung der Schlitzbreite zwischen 2 und 38 mm eingestellt. Die geschlitzte Einstellskala war in relative Belichtungszeiten unterteilt: 2, 5, 10, 20, 50, 0.

Die Ur-Leica

Prototyp Nr. 3.

Prototyp No. 3 mit abgenommenem Gehäusekörper.

Nullserien-Kameras:
Nr.112, mit faltbarem Sucher direkt über der Objektivachse, mit heruntergeklapptem Vorderteil und Objektivdeckel mit Befestigungskordel
Oben rechts: Nr. 112 mit Details der Oberseite
Rechts unten: Nr. 116, ähnlich der Nr. 112, abgesehen von dem tubusartigen Sucher, der sich ebenfalls direkt über der optischen Achse befindet.

In den Jahren 1923/24 wurde eine Anzahl von Vorserienmodellen zur Beurteilung sowohl innerhalb als des Werks als auch durch professionelle Fotografen gebaut. Es waren die sogenannten "**Leica 0**" oder die "**Null-Serie**". Einzelne Kameras wurden aufgrund von Erfahrungen zum Teil mehrmals modifiziert, bis über die endgültige Ausstattung und Konstruktion entschieden wurde. Man gab ihnen Seriennummern zwischen 100 und 130, es ist jedoch nicht genau bekannt, ob tatsächlich 31 gebaut wurden. Möglicherweise sind sie auch gebaut, aber später nach Versuchen zerlegt worden, um die Konstruktion weiterzuentwickeln.

Die späteren Kameras der Nullserie besaßen alle Merkmale aus der Produktion. Die erste Serie dagegen, die Nummern 100 bis 121, besaßen keinen überlappendem Verschluß. Sie waren stattdessen mit einem Objektivdeckel versehen, der mit einem Ende am Deckel, mit dem anderen an einer Öse am Gehäuse befestigt war. Die endgültige Serie besaß überlappende Verschlüsse und war im Detail der Leica I sehr ähnlich. Die Verschlußzeiten waren in relative Belichtungen von 2 bis 50 unterteilt, was Zeiten zwischen 1/20 und 1/500 Sek. entsprach. Bei ihnen war auch der Sucher mittig über der optischen Achse angeordnet, im Gegensatz zur späteren Produktion mit seitlich versetztem Sucher. Einige der existierenden Kameras haben in der Serie einen einfachen Sucher, der aus einer negativen Linse mit einem Lochvisier davor besteht (das Gegenteil der zur damaligen Zeit üblichen Anordnung). Er läßt sich bei Nichtgebrauch flach zusammenklappen. Andere besitzen den umgekehrten galileischen Teleskopsucher, der für die Leicas aus der Produktion typisch ist. Einige besitzen aber auch ein Fadenkreuz auf der vorderen Linse. Das Bildzählwerk befand sich auf der Oberseite unterhalb des Transportknopfes. Das Objektiv für diese Leica 0-Modelle war ein fünflinsiges Leitz Anastigmat, das von Max Berek speziell dafür konstruiert wurde.

Siebzehn dieser Vorserienkameras existieren heute noch. Die Nr. 104 befindet sich im Werksmuseum in Solms, Nr. 109 im George Eastman Haus und die Nummern 101, 103, 105, 107, 110, 112, 113, 114, 116, 118, 119, 121, 122, 128 und 129 befinden sich in privaten Sammlungen.

Die Leica ging 1925 in Produktion, begleitet von sehr bescheidener Werbung, und wurde nach und nach ein Erfolg, da sich die Produktion in den ersten fünf Jahren von Jahr zu Jahr verdoppelte. Es gab viele kleine Veränderungen in diesem Zeitraum, die in der Werbung nicht erwähnt wurden, die jedoch die Zuverlässigkeit und den Bedienungskomfort steigerten.

Als man gänzlich neue Modelle in den frühen 30er Jahren vorstellte, wurde diese erste Leica und ihre Varianten – die Compur Leica und die Leicas mit Wechselobjektiven – unter dem Nameen **Leica I** bekannt.

Andere Optikhersteller hatten das Potential der Leica mit Wechselobjektiven erkannt, mehrere Jahre bevor Leitz sein eigenes Schraubgewinde mit 39 mm Durchmesser und 1 mm Steigung vorstellte. Der britische Vertreter von Hugo Meyer, A. O. Roth, bewarb 1928 eine “Schlitzverschlußkamera für zahlreiche Aufnahmen” mit einem Meyer Plasmat 1:1,5 mit Schraubgewinde (Britischer Almanach, 1928, S. 664). Ein anderer zu dieser Zeit angebotener Umbau behielt das Elmar-Objektiv bei und kombinierte es mit einem Ross Teleros 5,6/4 inch-Objektiv in versenkbarer Fassung. Zwei Arten von Sucherumbauten sind für dieses Objektiv bekannt. Der eine war einfach nur ein sich verjüngendes Gehäuse, der über den Sucher der Kamera paßte und eine angelenkte Maske für den Gebrauch mit dem 4 inch-Objektiv besaß. (Jeandrain, Vfr., 1979, **12**, S. 8). Der andere war eine Maske mit der Brennweite von 4 inch (ca. 10 cm), er wurde über ein drehbares Gelenk an einer Ecke des Kamerasuchers befestigt und für das 4 inch-Objektiv in Position geschwenkt.

Die erste Leica für Wechselobjektive über ein 39x1 mm-Gewinde erschien 1930 und wird heute als **Leica I auswechselbar (Modell C ohne Standard-Gewinde)** bezeichnet.

Nr.104, während der Entwicklung der Serie modifiziert, mit tubusartigem Sucher in versetzter Anordnung und mittig angebrachtem Zubehörschuh, der zum Teil die Gravur "Ernst" verdeckt

Nr.128, sehr ähnlich der Leica I aus der Produktic mit aus der optischen Achse versetztem Sucher

Meyer-Anzeige von 1928 für die Leica mit Meyer Plasmat-Objektiv 1:1,5

Leica I Nr.17154 umgebaut auf Schraubgewinde zur Aufnahme des Ross Teleros 5,6/4" und dem Original Elmar. Der Sucher besitzt eine vorschwenkbare Maske mit der Markierung 4". Das war 1929, bevor Leitz Wechselobjektive anbot.

Ein Satz von Objektiven mußte an die jeweilige Kamera angepaßt werden. Dabei wurde die Seriennummer der Kamera oder die letzten drei Ziffern zur Identifizierung in die Objektive eingraviert. Vier Objektive wurden angeboten; die beiden Standardobjektive, die bereits von der Kamera mit fest eingebautem Objektiv bekannt waren, das Elmar 3,5 und da Hektor 2,5, sowie zwei neue Objektive, ein Elmar-Weitwinkelobjektiv 3,5/3,5 cm und ein langbrennweitiges Elmar 4,5/13,5 cm. Das Weitwinkelobjektiv war eine völlige Neurechnung, das 13,5 cm-Elmar dagegen war von Leitz schon als Standardobjektiv für die 9x12-Plattenkameras geliefert worden, und man montierte die optischen Elemente einfach nur in eine passende Fassung. Das ist der Grund, warum 135 mm zur weitverbreiteten Telebrennweite für Kleinbildkameras wurde.

Gegen Ende des Jahres 1930 hatte Leitz die letzte Hürde genommen, indem man das Auflagemaß auf 28,8 mm standardisierte. Zusammen mit dem Standardgewinde M39x1 mm war dies der endgültige Durchbruch, durch den alle folgenden Objektive an allen Kameras verwendet werden konnten. Weitere Objektive folgten innerhalb kurzer Zeit, ebenso zahlreiche Zubehörteile und Vorrichtungen, die ebenfalls das Standard-Schraubgewinde besaßen.

Der Vorstellung der Wechselobjektive folgend kam zwei Jahre später die nächste wichtige Neuerung in der Entwicklung der Leica in Form der **Leica II (Modell D)** mit gekuppeltem Entfernungsmesser. Sie ging am 1. Februar 1932 in Produktion. Der dabei verwendete Mechanismus übertrug über eine Nocke am Ende der Objektivfassung die Drehbewegung auf einen mit einer Rolle versehenen Arm des Entfernungsmessers. Dieses Verfahren war so erfolgreich, daß es bei allen folgenden Kameras bis zur heutigen M6 zum Einsatz kam. Das Einheitsgewinde hatte zur Folge, daß innerhalb der gesamten Schraubgewinde-Ära bis 1960 jedes Objektiv dieses Typs mit jedem Entfernungsmesser kuppelte. Rundgerechnet 1,5 Millionen Objektive konnten so an über 750000 Gehäusen verwendet werden und später, mit Hilfe von Adaptern, ebenfalls an den Bajonettkameras. Die Linsen des Entfernungsmessers wurden mit der Leica III (Modell F) von 1933 verbessert und sorgten für eine 1,5fache Vergrößerung des Meßsucherbildes. Außerdem besaß dieses Modell eine Dioptrienkorrektur, die über einen Hebel am Okular des Entfernungsmessers justiert wurde. Die Leica IIIb von 1938 brachte eine weitere größere Verbesserung mit sich, Sucher- und Entfernungsmesser-Fenster lagen bei ihr dicht nebeneinander.

Mittlerweile erkannte man, daß es wichtig war, ein Basismodell ohne Schnörkel anzubieten. Daher kam im Oktober 1932 die **Leica Standard (Modell E)** auf den Markt. Sie zielte in erster Linie auf den technischen Anwender ab, war aber auch als Einstieg in das Leica System zu sehen. Zur gleichen Zeit entwickelte Leitz Zubehör für reprotechnische, medizinische und wissenschaftliche Aufgaben, um die Vielseitigkeit des Leica-Systems zu steigern. Die Möglichkeit, die Kameras werksseitig leicht auf modernere Versionen umzubauen, war Bestandteil der Konstruktion und wurde in den Katalogen auch entsprechend herausgestellt. Die Leica Standard setzt die Kontinuität zur Leica I (Modell C) fort, mit der sie fast identisch ist. Der Leica Standard folgten als Basismodelle später die Leica Ic, If und Ig und schließlich die Pendants der Bajonettserie: Leica M1, MD, MDa und MD-2.

Die erste Leica mit langen Verschlußzeiten war die **Leica I Compur (Modell B)** von 1926. Doch die Lösung mit dem Compurverschluß war unpraktisch und unelegant. Die **Leica III (Modell F)**, die bereits in Verbindung mit der Entfernungsmesser-Optik erwähnt wurde, ist bekannt als die erste Schlitzverschluß-Leica mit dem vollen Verschlußzeitenbereich. Sie besaß eine zusätzliche Einstellscheibe für die langen Zeiten an der Gehäusevorderseite. Eine weitere kleine Verbesserung der Leica IIIa waren die Trageriemenösen an den Gehäuseseiten. Barnacks Ur-Leica hatte schon Trageriemenösen gehabt. Sie konnten im Werk an früheren Gehäuse nachträglich angebracht werden.

Eine Kamera für große Bildfolgen, die **Leica 250**, auch als Modell "**Reporter**" bekannt, erschien 1933. Es handelte sich dabei um eine Leica II, III oder später einer IIIa mit vergrößerten Filmkammern, die bis zu zehn Meter Film für maximal 250 Aufnahmen faßten. Es ist die einzige Leica, bei der der Film von einer Patrone in die andere transportiert wird. Der Rückspulknopf diente nur dazu, den Film gestrafft zu halten.

Die **Leica IIIa (Modell G)** war praktisch eine Leica III, jedoch mit $^1/_{1000}$ Sek. als kürzester Verschlußzeit. Die Kamera war daher für Sportaufnahmen besonders geeignet, und ihre Vorstellung 1935 kam passend zu den Olympischen Spielen von 1936. Die $^1/_{1000}$ Sek. wurde Standard bei allen späteren Leica III-Modellen, $^1/_{500}$ Sek. blieb dagegen die kürzeste Zeit bei den Modellen II und denen der Standard-Serie. Auf Wunsch konnte jedoch die $^1/_{1000}$ Sek. im Werk nachgerüstet werden.

Auch der Film-Schnelltransport wurde erstmals 1935 vorgestellt. Der SCNOO-Schnelltransport ersetzte die normale Bodenplatte. Er erforderte eine modifizierte Aufwickelspule mit einer Kerbe zur Aufnahme der SCNOO-Transportvorrichtung, die an die folgenden Modelle angesetzt werden konnte. Leica-Gehäuse mit Seriennummern unter 159000 konnten im Werk diesbezüglich umgebaut werden. Bei Seriennummern unter 111450 mußte außerdem der Arretierstift für die Bodenplatte durch den größeren ersetzt werden. Der Federwerkmotor MOOLY folgte 1938, auch er wurde gegen die serienmäßige Bodenplatte ausgetauscht.

Die schwereren Objektive mit längerer Brennweite und größerer Lichtstärke, die für die Leica in den 30er Jahren entwickelt wurden, belasteten durch ihr größeres Drehmoment und Gewicht die Objektivfassung und das Gehäuse in höherem Maße, als bei der ursprünglichen Konstruktion der Kamera vorgesehen.

Das innere Chassis der IIIb und früherer Modelle bestand aus vielen Einzelteilen, das äußere Gehäuse war ein flachgepreßter Tubus mit angeschraubtem Objektivanschluß.

Das innere Druckgußchassis der IIIc mit Objektivanschluß und äußerem Druckguß-Gehäuse

Von etwa 1934/35 an wurde in das Gehäuse der Serienkameras ein Verstärkungsring aus Messing für das Objektivgewinde eingelassen. Das Gehäuse der **Leica IIIb**, bereits in Verbindung mit seiner erheblich verbesserten Anordnung von Sucher und Entfernungsmesser, wurde durch internen Verstärkungen robuster gestaltet und durch die Verbindung von Objektivgewinde und Gehäuse mit Hilfe von Messingeinsätzen verstärkt. Das Problem wurde durch die Spritzgußgehäuse der Leica IIIc zwei Jahre später gelöst, was gleichzeitig den Vorteil der einfacheren Herstellung in größeren Stückzahlen und gleichbleibende Präzision mit sich brachte. Die IIIc hatte ein Verschlußelement aus Spritzguß anstelle des bis dahin ganz in Handarbeit aus Einzelteilen hergestellten Teils. Das Gehäuse selbst bestand ebenfalls aus Spritzguß im Gegensatz zu dem bisherigen flachgepreßten Tubus.

Die **Leica IIId** von 1939, von der nur 427 Stück hergestellt wurden, war eine IIIc mit Selbstauslöser-Hemmwerk, das vom Hersteller des Prontor-Verschlusses, Gauthier aus Kulmbach, geliefert wurde. Die Vorlaufzeit betrug etwa 12 Sekunden. Selbstauslöser mit zuverlässigerer Funktion erschienen bei der Leica IIIf und IIIg nach dem Krieg.

Die Bildzählwerk-Scheibe der Modelle vor der **Leica IIIc** machte eine volle Umdrehung bei jeder Belichtung. Das der IIIc arbeitete mit einem Planetengetriebe, so daß das Zählwerk nur um einen Teilstrich vorrückte. Ein ähnlicher Mechanismus war bereits bei der Leica 250 verwendet worden.

Eine große Zahl von Leica IIIc-Kameras, die während des Kriegs für Kriegseinsätze produziert wurden, waren mit kugelgelagerten Verschlüssen versehen. Sie waren für den Einsatz bei niedrigen Temperaturen konzipiert und wurden hauptsächlich von der Luftwaffe eingesetzt. Sie tragen im allgemeinen ein "K" hinter der Seriennummer und/oder ein weißes (seltener ein rotes, gelegentlich auch schwarzes) "K" auf dem zweiten Verschlußvorhang. Das "K" steht für Kugellager, die Kameras sind bekannt als **Leica IIIc-K**. 1945 wurde ein System eingeführt, das zum Teil mit Kugellagern arbeitete, es wurde Standard für die Nachkriegs-Ausführungen der IIIc und der späteren Modelle. Einige der während des Krieges gebauten Gehäuse der Leica 250, die über einen eigens für sie konstruierten Elektromotor betrieben werden konnten, besaßen ebenfalls kugelgelagerte Verschlüsse und ein Transportgetriebe.

Die während des Krieges hergestellten Kameras mit Seriennummern zwischen 362.401 und 379.226 besaßen Verschlüsse, für die Kodak das Material lieferte. Es war auf einer Seite rot, auf der anderen schwarz, deshalb sieht ein Vorhang rot aus, einer schwarz. Dieses Material war einige Jahre zuvor für Experimente gekauft worden, um für die Vorhänge ein Material zu finden, das für das helle Licht in den Tropen bei Verwendung hochempfindlicher Filme undurchlässiger war. Einige wenige III- und IIIa-Modelle waren zu diesem Zwecke mit roten Verschlußvorhängen ausgestattet. Bei allen Kameras mit roten Vorhängen, die zur Reparatur an Werk eingeschickt wurden, ersetzte man das rote Tuch durch schwarzes.

Das erste Blitzgerät zur Leica, das VACUB, erschien 1934 und wurde von Leitz, New York vertrieben. Die Synchronisation hing von einer Vorrichtung über dem Auslöseknopf und probeweisen Verstellungen über einen geriffelten Ring und einer Test-Blitzbirne ab, um den Punkt zu finden, an dem die Birne zusammen mit dem Verschluß ausgelöst wurde. Das erste Blitzgerät aus Wetzlar, das BTLOO, kam 1935 auf den Markt, es benutzte die Umdrehung des Zeitenrades zur mechanischen Synchronisation. Man sprach dabei von "treffen oder verpassen", da die Synchronsation eben oft verpaßt wurde, was eine nur teilweise oder überhaupt keine Belichtung zur Folge hatte, wenn der Verschluß offen war. Es folgten sieben verschiedene Modelle, sowohl aus Wetzlar als auch aus New York, die alle unterschiedliche Methoden zur Synchronisation von Blitzgerät und Kamera benutzten. Die erste Kamera jedoch, die sowohl Blitzbirnen als auch Elektronenblitz voll synchronisierte, war die **Leica IIIf** von 1950.

Die **Leica IIIg** war die letzte der Schraub-Leicas, sie wird von vielen auch für die beste dieser Reihe gehalten. Sie war gewiß die fortschrittlichste, was allerdings etwas zu Lasten der Abmessungen ging. Sie kam drei Jahre nach der M3 heraus und besaß wie diese einen Albada-Sucher, bei dem das Bildfeld durch einen Leuchtrahmen innerhalb des gesamten Sucherbildes markiert war. Darüber hinaus war die Begrenzung für 90 mm durch vier kleine Dreiecke angegeben. Der Sucher der IIIg nahm sich gegenüber dem der M3 sehr bescheiden aus, trotzdem jedoch eine enorme Verbesserung gegenüber allem, was bis dahin die Schraub-Leicas ausgezeichnet hatte, wenn auch Leuchtrahmensucher bereits seit 1935 als Zubehör erhältlich waren.

Von Interesse ist die Gehäusegestaltung der Leicas. Bei den schwarzen Ausführungen wurde für die Deckkappen und Bodenplatten ein glänzender schwarzer Lack benutzt. Für die Gravuren benutzte man ein Wismut-Bindemittel bei einer Temperatur von etwa 160° C. Die frühen Chrommodelle hatten eine helle Farbe als die neueren Ausführungen.

Die Gehäuse wurden mit einem schwarzen Hartgummi überzogen, das strapazierfähig war und immer gut aussah. Die Leica I wurde auch mit gefärbtem Kalbsleder oder Eidechsenhaut angeboten, die späteren meist (aber nicht immer) in Verbindung mit vergoldeten Metallteilen – die berühmte Luxus-Leica. Die Firma wollte zwar einen Markt für die Luxus-Ausführung schaffen, doch die Leica wurde in erster Linie als Gebrauchsgegenstand gesehen, daher nahm man die luxuriösen Alternativen aus dem Programm. Für eine gewisse Zeit gegen Kriegsende und direkt danach wurde auch eine sogenannte Haifischhaut benutzt, der man eine bessere Griffigkeit nachsagte.

Die Fortschritte in der Entwicklung der Leica von 1925 bis zum Ausbruch des Krieges 1939 war phänomenal. Die Leica mauserte sich von der handlichen kleinen Kamera zu einem vollständigen fotografischen System mit einer Vielzahl von faszinierendem wechselbaren Zubehör. Nach dem Krieg, als die Aufmerksamkeit auf weitere Entwicklungen konzentriert werden konnte – von etwa 1950 bis zum Ende der Schraub-Leicas – gab es eine Periode von Verfeinerungen und die Einführung der Blitzsynchronisation.

Die Modelle mit Schraubgewinde

Die Modelle der Schraub-Leicas werden nachfolgend mit den Zeitangaben ihrer Produktion, ihren Hauptmerkmalen, den von Leitz angebotenen werksseitigen Umbauten, den Codewörtern, mit denen sie im Katalog aufgeführt waren sowie den Produktionsnummern beschrieben.

Ur-Leica Replica

Mehrere hundert Replicas von Barnacks ursprünglicher Versuchskamera wurden in den späten 60er und frühen 70er Jahren für Ausstellungszwecke hergestellt, sie waren aber nicht funktionstüchtig. Sie sind jetzt für Sammler interessant geworden.

Sie sind auf der Deckkappe durch die Inschrift "Nachbildung der Ur-Leica" eindeutig als Replica gekennzeichnet. Auf der Rückseite, ebenfalls in weiß, befindet sich das Leitz "Kondensor"-Warenzeichen.

Replica der Ur-Leica. Dieses spezielle Exemplar wurde in eine funktionstüchtige Kamera umgebaut.

Rückseite der Replica der Ur-Leica

Leica I, Modell A

1925–1932

Die erste Leica aus der Produktion. Es gibt viele Varianten dieses Modells, da die Konstruktion und die Fertigungsmethoden verfeinert und verbessert wurden. Viele dieser Kameras wurden später werksseitig umgerüstet, als Wechselobjektive, der gekuppelte Entfernungsmesser und lange Verschlußzeiten eingeführt wurden. Sie behielten jedoch ihre Original-Seriennummer.

Merkmale
Die technischen Veränderungen, die mit der kontinuierlichen Entwicklung des Modells A verbunden waren, sind hier aufgeführt. Größere Veränderungen erfolgten mit der Nummer 626 nach den ersten 500 Kameras in Bezug auf die Verschlußzeiten, dem Transportmechanismus und dem Gehäusekörper.

- Nicht auswechselbares Objektiv in versenkbarer Fassung mit Schneckengang:
  1925: 5-linsiges Anastigmat 3,5/5 cm bei den ersten 144 Kameras (ungefähr)
  1925: Elmax 3,5/5 cm (identisch mit dem Anastigmat) bei den nächsten 713 Kameras (ungefähr)
  1926–1932: 4-linsiges Elmar 3,5/5 cm. Von Kameranummer ab etwa 46000 war dieses Objektiv mit einer Schärfentiefenskala versehen. Die Fassungen einiger Elmare der Leica I für den Export konnten bis 1,5 feet statt der sonst üblichen 3 feet/1 Meter fokussiert werden.
  1930–1932: Hektor 2,5/5 cm in begrenzter Stückzahl als Alternative zum Elmar.
- "Hockey-Schläger"-Knopf für Unendlich-Verriegelung
- Verschlußzeiten der ersten 500 Kameras:
  1/25, 1/40, 1/60, 1/100, 1/200, 1/500 Sek., Z.
  bei Kameras ab Nr. 626:
  1/20, 1/30, 1/40, 1/60, 1/100, 1/200, 1/500 Sek., Z.
- Großer Auslöser in Pilzform. Bei den ersten 500 Kameras mit einer schmalen Einkerbung darunter.
  Von Nr. 4001 an hatte er eine Mulde in der Mitte, um zu verhindern, daß die Spitze des FINAL-(q.v.)

Frühes Produktionsmodell der Leica I Modell A, Nr. 178, mit Leitz Anastigmat

Leica I Model A, Nr. 229, mit Elmax-Objektiv und früher Verschlußzeitenabstufung

Leica I Model A, Nr.360, mit Elmax-Objektiv, jedoch später Verschlußzeitenabstufung

Leica I Model A, Nr. 2471, mit Elmax-Objektiv und pilzförmigem Auslöser

Drahtauslösers auf der Oberfläche rutschte. Von etwa Nr. 17000 an wurde er durch den neuen Auslöser ersetzt, der das Gewinde-Collar des neuen Drahtauslösers FINOT aufnahm.
Kameras, die zum Umrüsten an das Werk eingeschickt wurden, erhielten den neuen Auslöseknopf.

- Der Transportmechanismus der ersten 500 Kameras besaß keine Rückholfeder, sondern war eine Ratsche wie bei der Null-Serie. Wo dieser Mechanismus im Originalzustand erhalten geblieben ist, läßt er sich leicht durch das typische Klicken beim Transportieren erkennen. Es wurde bei späteren Kameras durch eine Spiralfeder ohne Rückholung ersetzt.
- Der äußere Gehäusemantel der ersten 500 Kameras ist etwas kürzer und die Objektivöffnung 1 mm kleiner im Durchmesser als der Rest der Produktion.
- Röhrenförmiger Sucher nach dem umgekehrten Galilei-Prinzip. Die kreisförmige Okularfassung der frühen Modelle war glatt; von etwa Nr. 600 an war sie mit konzentrischen Ringen versehen.
- Deckkappe durch vier Schrauben bis etwa Nr. 37000 befestigt, danach wurden sechs Schrauben verwendet. Bildzählwerk bis Nummer 40 bei Kameras bis etwa Seriennummer 400. Danach ersetzte eine "0" die "40".
- Der frühe Filmtransportknopf bis etwa Seriennummer 3500 war 8 mm hoch, später zur leichteren Bedienung 10 mm hoch.

Werksseitige Umbauten
Zu: I-auswechselbar; II; II mit nachgerüsteter 1/1000 Sek.; III; III mit Synchronisation. Angeboten von 1930 bis in die späten 50er Jahre.

Leica I Model A, Nr.52042 mit Hektor und Auslöser mit Gewinde

Leica I Model A, Nr. 2859 mit Elmar und eingebuchtetem Auslöseknopf

FINAL Drahtauslöser, angesetzt an Leica I mit eingebuchtetem Auslöseknopf

Varianten

- Für goldene "Luxus"-Ausführung siehe unten.
- Standard-Gehäusebezug war schwarzes Gummi, bei den späteren Kameras feiner strukturiert.
- Etwa 180 Exemplare wurden mit einem schwarzen Kalbsleder-Bezug versehen.
- Einzelne Exemplare von schwarzen Kameras mit anderen Bezügen als Leder sind bekannt.
- Für den Export bestimmte Kameras trugen die Gravur "Germany" auf der Sucherseite.
- Der Rückspulknopf bei den frühen Kameras war vollständig schwarz, spätere Kameras hatten einen Nickelknopf.
- Es gibt viele Varianten in Gravur und Strukturierung von Transport- und Rückspulknopf. Einige der frühen Modelle bestanden aus Aluminium.
- Varianten der Bodenplatte: Verriegelungs-Schlüssel mit oder ohne Verstrebung in der Mitte; späte Modelle sind mit "open" und "close" oder "auf" und "zu" graviert, mit oder ohne Pfeile zur Angabe der Drehrichtung; frühe Bodenplatten besitzen einen Indexstift zum Öffnen der Kassette, spätere Ausführungen mit gebogenem Formteil; kein Verstärkungssteg bei den Modellen mitten aus der Produktion, zwei Stege bei den späten Modellen.
- Umbauten für Wechselobjektive durch fremde Firmen.
- Viele Kameras von der Leica I bis in die Mitte der 30er Jahre trugen eine Gravur der Vertriebsstelle in der Bodenplatte, in wenigen Fällen auch auf der Seite des Suchers oder auf dem Transportknopf.

Codebezeichnungen

LEICA (1925) – Leica mit drei Kassetten in brauner Ledertasche mit Schulterriemen und Handgriff. Von 1927 an in der stabilen Ledertasche ETRIN.

LEFFA (1925) – Wie oben, jedoch einschließlich FODIS Entfernungsmesser (z.B. FODUA in eigenem braunen Behälter)

LESSA (1927) – Leica mit drei Kassetten und **FODUA** Entfernungsmesser, alle in ETRIN Universaltasche. Von 1931 an mit Entfernungsmesser FOFER.

LEONA (1927) – Leica mit drei Kassetten, jedoch ohne Tasche.

LEONI (1931) – Leica mit drei Magazinen, jedoch ohne Tasche.

LEANE (1927) – Leica mit einer Kassette.

LETTO (1927) – dto. in stabiler brauner Ledertasche ETRUX.

LENEL (1931) – dto. in Bereitschaftstasche ESNEL.

LEANEKALB – Leica in schwarz, jedoch mit farbigem Kalbsleder-Bezug, mit einer Kassette.

LEKAL – LEANEKALB Kameraausrüstung in farbiger Kalbsledertasche ETKAL.

LEPOK – LEANEKALB Kamera-Ausrüstung in farbiger weicher Kalbsledertasche mit gebogenen Clips.

Produktionszahlen

'UR' LEICA 1913
1913–18 Gesamtproduktion 3

LEICA 'O' 1923–1924
1923/4 Gesamtproduktion 31

Aus heute verfügbaren Informationen läßt sich schließen, daß die meisten, wenn nicht alle Modelle der Nullserie von 100 bis 130 1923 hergestellt wurden.

LEICA 1 1923–1936 (MODEL A)

	Ana.	*Elmax*	*Elmar*	*Hek.*		*Ana.*	*Elmax*	*Elmar*	*Hek.*
1925	144*	713*	–	–	**1931**	–	–	11471	589
1926	–	–	1524	–	**1932**	–	–	798	1
1927	–	–	2940	–	**1933**	–	–	6	–
1928	–	–	7069	–	**1934**	–	–	15	–
1929	–	–	16367	–	**1935**	–	–	18	–
1930	–	–	16339	740	**1936**	–	–	1	–
Gesamtproduktion						144*	713	56548	1330

*ungefähre Angaben

Die "Luxus"-Leica

Die **Luxus** Leica, bei der alle Metallteile matt vergoldet sind und die einen Bezug aus Eidechsenhaut in grün, blau, rot oder braun besitzt, ist in den Augen vieler Leica Sammler ein Glanzstück, war jedoch nie ein kommerzieller Erfolg.

"Luxus" Leica Nr. 48408

Die goldenen Sondermodelle der jüngeren Vergangenheit haben in kommerzieller Hinsicht von der Mystik profitiert, die die Leica umgibt, seit sie zum begehrten Sammelobjekt wurde. Bereits die beiden Theatergläser BINAR 3x13,5 und BITUR 4x16 waren seit 1922 in matter Vergoldung und farbiger Eidechsenhaut erhältlich und blieben bis 1939 mit dem Zusatz "Luxus"-Ausführung im Katalog. Die Luxus Leica war ein Versuch, in den gleichen Markt vorzudringen, jedoch ohne viel Erfolg.

Die angenommene Stückzahl der "Luxus"-Produktion ist 95, manche Autoren behaupten allerdings, daß es Anzeichen für mehr gibt. Sie wurden in kleinen Serien aufgelegt, die Seriennummern liegen zwischen 28692 (1929) und 68834 (1930). Die Nummer 9781 ist eine Reproduktion für das Museum, daher liegt ihre Seriennummer außerhalb des angegebenen Bereichs. Die Vergoldung und die spezielle Belederung der Luxus-Leica wurden zweifellos zu einem Hersteller der Luxusindustrie außer Haus in Auftrag gegeben. Dies könnte der Grund dafür sein, daß es offensichtlich mehr Original Luxus-Leicas als laut Werksaufzeichnungen gibt. Eine Zahl von 115 wurde als repräsentativ für die Gesamtmenge vermutet. Einzelne Kameras wurden für die Veredelung außer Haus gegeben, und nicht alle von ihnen wurden möglicherweise als Spezialanfertigungen registriert. So gibt es viel mehr vergoldete Leica I Kameras, als je das Werk als solche verließen.

Ein Bericht in dem amerikanischen LHSA-Journal (Vfr., 1969, **2**, Nr. 4) erwähnt, daß ein Mitglied "alte, abgegriffene, strapazierte Leicas Modell I in neue vergoldete Modell I mit normaler Belederung" versah. Offensichtlich gravierte er allerdings seine Initialen "F.C." nach der Seriennummer ein. Viele weitere Reproduktionen oder gefälschte Luxus Leicas existieren, die nicht diese hilfreiche Identifikation tragen.

Eine Ausführung der Luxus Leica gibt es mit Hektor 2,5/5 cm. Nur von drei davon weiß man, daß sie produziert worden sind. Zumindest eine Luxus Leica wurde auf Wechselobjektive umgebaut (Van Haesbroeck, 1983, S. 63).

Codebezeichnungen

LELUX – Leica Kamera (Gehäuse mattvergoldet mit farbiger Eidechsenhaut) und einer Kassette sowie farbige Krokodilledertasche mit Handgriff.

LESSALUX – Leica Kamera wie vor, jedoch mit drei Kassetten und vergoldetem Entfernungsmesser Nr. 1F (FOFER), alle in Tasche aus farbigem Krokodilleder in der Art der Tasche ETRIN.

Leica I, Modell B, Leica Compur

1926–1941

Dies war die einzige normale Leica ohne Schlitzverschluß. Die meisten wurden zwischen 1926 und 1932 hergestellt. Ihre Bedienung war gegenüber der des Modells A jedoch sehr umständlich. Die Compur-Leica war wahrscheinlich auf Anregung durch die Mifilmca Mikroskopkamera entstanden, die bereits existierte, und sollte wohl das Problem der fehlenden langen Verschlußzeiten lösen.

Leica I Model B, Nr.5751, Compur-Verschluß ünd Zeiten-Einstellrad

Mit Objektiv in versenkter Stellung

Leica I Model B, Nr.32745, mit Compurverschluß und Zeiteneinstellung am äußeren Ring

Man hat auch vermutet, daß die Compur-Leica ein Versuch war, die konservativen Benutzer anzusprechen, die mit dem Compurverschluß vertraut waren. Jeder jedoch, der einmal eine Compur-Leica in der Praxis ausprobiert hat, wird die konventionelle Leica mit ihrem Schlitzverschluß wohl als die einfacher zu handhabende empfinden.

Merkmale

- Compurverschluß vor dem Objektiv anstelle des Schlitzverschlusses. Zeiteinstellung über kleine Scheibe von Nr. 5701 bis 13163 in 1929. Einstellung der Zeiten von 1 Sek. bis 1/300 am größeren äußeren Ring, kleinere Scheibe für B und T. Neuer Compurverschluß mit großem Einstellring von Nr. 13154 von 1928 bis 50711. Zeiten von 1 Sek. bis 1/300 Sek., B und T.
- Bildzählwerk auf Deckkappe an der Stelle, wo sich sonst das Zeitenrad befand
- Auslöseknopf in Pilzform.
- Verschluß nicht mit Filmtransport gekoppelt.
- Elmar 3,5/5 cm vom gleichen Typ, das von anderen Herstellern für die Kombination mit dem Compurverschluß versehen wurde.

Varianten

- Ähnlich geringfügige Variationen von Kameras mit Einstellung über Scheibe wie bei zeitgleichen Modell A-Kameras, z.B. Mulde im pilzförmigen Auslöseknopf.
- Zubehörschuh änderte seine Form von rund auf quadratisch etwa zur gleichen Zeit der Verschlußumstellung.
- Zwei Exemplare mit Naheinstellung der Kamera mit Einstellung über Scheibe sind bekannt (Haesbroeck, S. 54).

Codebezeichnungen

LECUR – Leica mit Compurverschluß und einer Kassette

LECOM – LECUR in fester Ledertasche mit Handgriff

Produktionszahlen

COMPUR LEICA 1926–1941 (MODEL B)								
	Scheibe	*Ring*		*Scheibe*	*Ring*		*Scheibe*	*Ring*
1926	61	–	**1932**	–	15	**1938**	–	1
1927	224	–	**1933**	–	–	**1939**	–	1
1928	337	144	**1934**	–	2	**1940**	–	–
1929	16	209	**1935**	–	–	**1941**	–	16
1930	–	561	**1936**	–	–			
1931	–	123	**1937**	–	–			
Gesamtproduktion							638	1072

Leica I mit auswechselbarem Objektiv, Modell C

1930–1931 ohne Standardgewinde
1931–1933 mit Standardgewinde

Die erste Leica mit dem Leitz Wechselgewinde. Zuerst war das Gewinde nicht standardisiert, daher mußten die Objektive individuell an die jeweilige Kamera angepaßt werden.

Merkmale

- Identisch mit den späten A-Modellen bis auf die Objektiv-Schraubfassung und Unendlich-Verriegelungsknopf in "Hockeyschläger"-Form.
- Bei den Kameras ohne Standardgewinde waren die daran angesetzten Objektive zuerst mit den letzten fünf Ziffern der Kamera-Seriennummern graviert, später nur mit den letzten drei Ziffern.
- Von Kameranummer 60501 an war das Auflagemaß auf 28,8 mm festgelegt.
- Kameras mit Standardgewinde hatten ein "O" in der 12 Uhr-Position des Objektivgewindes eingraviert.

Werksseitige Umbauten

Von Ausführungen ohne auf mit Schraubgewinde, dann auf II, II synchronisiert, nachgerüsteter $\frac{1}{1000}$ Sek.; II; III, IIIa; IIIa synchronisiert.

Leica I Model C, Nr.53899, mit nicht-standardisierter Schraubfassung und einschwenkbarer Suchermaske für das 135 mm-Elmar

Leica I Model C, Nr.61255, mit standardisierter Schraubfassung, erkennbar am eingravierten "O" am Gewinde in 12 Uhr-Position

Leica I Model C, Nr.70120, mit standardisierter Fassung, Hektor 2,5/5 cm und FOKOS-Enfernungsmesser auf drehbarem Fuß, um diesen zur Bedienung des Zeitenrades beseitedrehen zu können.

Varianten

- Einige C-Modelle ohne Standardgewinde besaßen eine Maske, die über die Vorderseite des Suchers geschwenkt werden konnte, um dessen Ausschnitt auf 135 mm Brennweite zu begrenzen.

Codebezeichnungen

Leitz lieferte grundsätzlich keine Kameras ohne Objektiv aus.
LENEU – Leica Kameragehäuse ohne Objektiv mit einer Kassette.
LENIX – dto. mit zwei zusätzlichen Kassetten
LEOMU – Leica Kamera mit Elmar 3,5/5 cm
LEFER – Leica Kamera mit Elmar 4,5/13,5 cm
LEDRI – Leica Kamera mit Elmar 3,5/3,5 cm
LEVIR – Leica Kamera mit Hektor 2,5/5 cm
LESOR – Leica Kameragehäuse mit Entfernungsmesser **FOFER**, VISOR Universalsucher, alle in quadratischer Ledertasche ETGAM mit Raum für drei oder vier Objektive und weiterem Zubehör.

Produktionszahlen

LEICA 1 1930–1931 (MODEL C OHNE STANDARD-FASSUNG)			
1930	2307	**1931**	688
Gesamtproduktion			2995

LEICA 1 1931–1933 (MODEL C MIT STANDARD-FASSUNG)			
1931	5035	**1933**	184
1932	2012		
Gesamtproduktion			7231

Leica II, Modell D

1932–1948

Die erste Leica mit gekuppeltem Entfernungsmesser. Anfangs nur in schwarz, die Chromversion folgte 1933. Es war die erste Kamera, auf der "Leica Ernst Leitz Wetzlar DRP" auf der Deckkappe eingraviert war. Die Leica II war mit 17 Jahren Produktionsdauer die zweite nach der Standard als das am längsten gefertigte Modell, obwohl die Mehrzahl zwischen 1932 und 1939 gebaut wurde. Im Innern wurden von Zeit zu Zeit

Veränderungen vorgenommen, die meisten äußeren Änderungen fanden in der ersten Zeit statt.

Erste Leica II: 71200, die letzte trug die Nummer 358650.

Merkmale
- Gekuppelter Entfernungsmesser, jedoch ohne Dioptrienkorrektur
- Erste Leica mit ausziehbarem Rückspulknopf, der über die Deckkappe herausragte.
- Der Rückspulknopf wurde höher im Vergleich zu früheren Modellen, so daß er auf einer Höhe mit dem Entfernungsmesser-Gehäuse lag.
- Verschlußzeiten: $1/20$, $1/30$, $1/40$, $1/60$, $1/100$, $1/200$, $1/500$, B.
- keine Trageriemenösen, jedoch häufig später nachgerüstet.

Werksseitige Umbauten
Auf: II synchronisiert, mit zusätzlicher $1/1000$ Sek.; III; IIIa.
Von: I (A), I-auswechselbar (C), Standard.

Leica II, Nr.86213, eine der ersten Serien 1932, mit Entfernungsmesser-Abdeckung in Form eines "Toiletten-Sitzes" und großem Zeitenrad

Okulare von Entfernungsmesser und Sucher der Leica II ohne Hebel zur Dioptrieneinstellung

Verchromte Leica II Nr. 246646 von 1938 mit später Entfernungsmesser-Abdeckung und kleinerem Verschlußzeitenrad

Varianten

- Frühe Exemplare besitzen eine Abdeckung über dem Entfernungsmesser, die mit "Toiletten-Sitz" bezeichnet wurde. Das Ende der Abdeckung unter dem Verschlußzeitenrad ist abgerundet mit einer kleinen Vertiefung unter dem Rad – daher der Name. Nach der Einführung der Leica III wurde es rechteckiger, die Vertiefung entfiel. Der Grund dafür war, daß die Abdeckung des Entfernungsmessers bei der III Platz für die Wellen des Langzeitmechanismus lassen mußte und es Sinn machte, diese Teile zu vereinheitlichen.
- Durchmesser des Zeitenrades anfangs 15,5 mm, später 13,5 mm.
- Einige Leica II der Vorkriegszeit wurden von Leitz New York aus Leica III-Gehäusen montiert. Sie haben eine kleine runde Scheibe als Abdeckung dort, wo sonst die Einstellscheibe für die langen Zeiten bei der III liegt.
- Vier Luxus-Versionen der Leica II wurden hergestellt, die Nummern 88840, 94573, 97313 und 98248 (Van Hasbroeck, 1980, S. 66).

Codebezeichnungen

Die verchromten Ausführungen hatten das gleiche Codewort, gefolgt von "Chrom". Die Codebezeichnungen wurden 1934 geändert, allerdings nicht in den USA.

LYKAN (1932–1934) – Leica II in schwarz, nur Gehäuse
LYKUP – Leica II mit Elmar 3,5/5 cm
LYHEK – Leica II mit Hektor 2,5/5 cm
AIROO (1934–1948) – Leica il in schwarz, nur Gehäuse
ABOOT (1934–1948) – Leica II mit Elmar 5 cm

Produktionszahlen

LEICA II 1932–1948 (MODEL D)

	schwarz	*chrom*		*schwarz*	*chrom*
1932	21970	–	**1939**	150	2750
1933	8070	1321	**1940**	–	650
1934	2256	705	**1941**	–	–
1935	1840	2250	**1942**	–	128
1936	1750	2300	**1943/45**	–	19
1937	600	2350	**1946**	–	–
1938	300	2900	**1947/48**	–	200
Gesamtproduktion				36936	15573

Leica Standard, Modell E

1932–1950

Sie wurde im Oktober 1932 als Basismodell eingeführt, einige Monate nach der Leica II. Sie war dafür vorbereitet, später modifiziert zu werden. Der Entfernungsmesser FOKOS mit kurzer Basis mit seinem Drehfuß für den Zubehörschuh war für die Standard konzipiert worden. Der Entfernungsmesser konnte aus dem Weg geschwenkt werden, damit sich das Zeitenrad drehen ließ.

Die Standard war ebenfalls für den Einsatz zusammen mit Repro-, Makro- und Mikrozubehör gedacht, die Leitz zu dieser Zeit entwickelte. Sie wurde zur Basis für einige Spezialkameras, wie etwa die Röntgen-Leica (q.v.).

Die meisten Kameras wurden vor dem Krieg hergestellt. Während der 40er Jahre baute Leitz/New York Standard-Modelle aus Ersatzteilen zusammen, wobei Leica III-Gehäusekörper zum Einsatz kamen, die mit Wollensak-Objektiven ausgestattet wurden. Das Loch im Gehäusekörper dort, wo normalerweise das Rad für die langen Zeiten saß, wurde mit einer kleinen runden Scheibe abgedeckt, die mit drei Schrauben befestigt wurde, oder aber mit dem gleichen Gummibezug wie das Gehäuse. Nach dem Krieg wurden Standard-Gehäuse von Wetzler in die USA exportiert und mit Wollensak-Objektiven ausgestattet (siehe L.Ph., 1948, Summer, S.6). Für diese beiden dienten Leica III-Gehäusekörper als Ausgangsbasis, bei ihnen war das Loch des Langzeitenrades mit einer Metallscheibe verdeckt, die mit drei Schrauben gesichert wurde.

Eine "Schnappschuß-Leica", nur in schwarz zum Preis von 13 Pfund, war das erste Produkt in der Londoner Leitz-Preisliste im Sommer 1935. Es war eine Leica Standard mit einem auswechselbaren Elmar 4,5/3,5 cm. Sie ging jedoch nie in Produktion, und nur von dem Objektiv sind Prototypen bekannt.

Erste Leica Standard: 101.001, letzte Nummer: 355.650.

Leica Standard, Vorkriegs-Produktion

Leica Standard, Nr.330431. Trotz der Nummer von 1939 wurde sie unter Verwendung eines Gehäuses der Leica III nach dem Krieg gebaut. Das Loch für das Langzeiten-Rad ist abgedeckt.

Merkmale

- Im Wesentlichen wie die Leica I, Modell C, jedoch mit dem herausziehbaren Rückspulknopf der Leica II (eine Maßnahme, die Bauteile so weit wie möglich zu vereinheitlichen).
- Verschlußzeiten wie bei der Leica II
- Im Gegensatz zu anderen Modellen aus dieser Zeit ohne Gravur "Leica" auf der Deckkappe
- Keine langen Zeiten oder Trageriemenösen
- Bei ihrer Einführung nur in schwarz lieferbar, eine Chromversion folgte ein Jahr später.

Werksseitige Umbauten

Zu: II; II synchronisiert, mit nachgerüsteter 1/1000 Sek.; III; IIIa synchronisiert

Varianten

- ❍ Frühe Modelle mit Zeitenrad von 15,5 mm Durchmesser, später 13,5 mm
- ❍ Schwarzes Gehäuse mit verchromten Bedienungselementen
- ❍ Einige "Standard"-Modelle mit 35 mm Sucher WEISO anstelle des 50 mm-Suchers sind bekannt (Lager, Vfr., 1982, 15, Nr. 2, S. 22)
- ❍ Siehe oben Vorkriegs- und Nachkriegs-Standardmodelle
- ❍ Verchromte Nachkriegs-"Standard" Nr. 355.556 mit der Gravur "100 Jahre Leitz Werke 1849–1949" mit Eichenblättern und verchromtem FOKOS mit ähnlicher Gravur (Newsletter des US-Händlers Tamarkin & Co.)
- ❍ "Standard" mit ungewöhnlichem gekuppelten Entfernungsmesser und Sucher in kastenförmigem Gehäuse neben dem Zeitenrad (Christie's London, 14. Juli 1988, Lot 77)

Codebezeichnungen

Die Chromversionen trugen die gleichen Bezeichnungen, gefolgt von dem Wort "Chrom". Die Codebezeichnungen wurden 1934 geändert, jedoch nicht in den USA.

LENOT (1932–1934) – Leica Standard in schwarz, nur Gehäuse

LEMAX – Leica Standard mit Elmar 3,5/5 cm

LYSTA – wie LEMAX plus Entfernungsmesser FOKOS

ALVOO (1934–1950) – Leica Standard in schwarz, nur Gehäuse

AROOG – Leica Standard mit Elmar 5 cm

ABFOO (1935) – Schnappschuß-Leica, nie verkauft

Produktionszahlen

LEICA STANDARD1932–1950 (MODEL E)

	schwarz	*chrom*		*schwarz*	*chrom*		*schwarz*	*chrom*
1932	1350	–	**1939**	550	3250	**1946**	–	13
1933	2850	14	**1940**	–	1100	**1947**	–	461
1934	2400	500	**1941**	–	3	**1948**	–	–
1935	2500	1350	**1942**	–	57	**1949**	–	–
1936	2200	2100	**1943**	–	5	**1950**	–	57
1937	900	1900	**1944**	–	14			
1938	795	2850	**1945**	–	6			
Gesamtproduktion							13545	13680

Leica III, Nr.334488.

Siehe Seite 29 für die R.A.F. Illustration. Leica III

Hebel zur Dioptrienkorrektur an der Leica III

Leica III, Modell F

1933–1939

Erste Leica mit Schlitzverschluß und langen Verschlußzeiten

Erste Leica III: 108.651; die ersten Seriennummern der Leica III reichen von 107.601 bis 107.757, sie wurden jedoch nicht vor 1934 vergeben. Letzte Leica III: 343.100.

Merkmale

- Lange Verschlußzeiten: 1, ½, ¼, ⅛, 1/20, T. Eingestellt über separates kleines Rad vorn an der Kamera. Kurze Zeiten wie bei der Leica II.
- Vergrößerung des Entfernungsmesser 1,5fach
- Dioptrienkorrektur über kleinen drehbaren Hebel um das Okular
- Trageriemenösen
- Erste Produktion war in schwarz, die verchromte Ausführung folgte kurze Zeit später

Werksseitige Umbauten

Auf: IIIa; IIIa synchronisiert
Von: I (A); I-auswechselbar (C); Standard; II

Varianten

- ❍ Verschiedene "A-R"-Hebel mit Welle zur Übertragung des geänderten internen Mechanismus, den die Modelle III und IIIa von etwa 1938 an besaßen.
- ❍ Einige schwarze Modelle der Leica III haben verchromte statt vernickelte Bedienungselemente.
- ❍ Rote Verschlußvorhänge bei einigen Modellen der Kriegszeit

Codebezeichnungen

Die Chromausführungen hatten die gleichen Codezeichnungen mit dem Zusatz "Chrom". Die Bezeichnungen wurden 1934 geändert, allerdings nicht in den USA.
LYDRO (1933–1934) – Leica III in schwarz, nur Gehäuse
LYSUM – Leica III mit Summar 2,0/5 cm
LIHIG – Leica III mit Hektor 2,5/5 cm
LYMAR – Leica III mit Elmar 3,5/5 cm
AFOOV (1934–1939) – Leica III in schwarz, nur Gehäuse
ACHOO – Leica III mit Summar 5 cm
ACOOS – Leica III mit Elmar 5 cm

Produktionszahlen

LEICA III 1933–1939 (MODELL F)

	schwarz	*chrom*		*schwarz*	*chrom*
1933	9704	2450	**1937**	1000	6500
1934	8233	12616	**1938**	700	5800
1935	4279	9575	**1939**	400	5500
1936	3050	6650			
Gesamtproduktion				27366	49091

Leica IIIa, Modell G

1935–1948

Erste Leica mit 1/1000 Sek. als kürzester Verschlußzeit
Erste Leica, die an die Deutsche Wehrmacht ausgeliefert wurde.

Im Zeitraum von 1949–1951 wurden etwa 500 Leica IIIa von Saroptico in St. Ingbert in der französisch besetzten Zone hergestellt. Diese Kameras trugen neben dem Wort "Germany" auf der Deckkappe die Gravur **"Monte en Sarre"** (hergestellt in Sarre). Auf diese Weise vermied man den hohen Zoll, der auf ausländische Kameras, die nach Frankreich exportiert wurden, erhoben wurde. Alle Kameras wurden in Frankreich oder den französischen Kolonien verkauft. Spätere Exemplare hatten im Transportknopf eine Merkskala für den eingelegten Filmtyp, wie 1950 bei der Leica IIIf eingeführt. Einige haben außerdem die Synchronisation der IIIf, obwohl diese möglicherweise später als Umbau hinzugekommen ist.

Erste Leica IIIa: 156.201, letzte Nummer: 357.186
Monte en Sarre: Nr. 359.000–359.500, es ist jedoch auch eine mit der Nummer 359.504 bekannt (Van Hasbroeck, 1983, S. 68).

Merkmale

- Kürzeste Verschlußzeit 1/1000 Sek.
- Alle anderen Eigenschaften entsprechen denen der Leica III.
- Nur in chrom hergestellt. Wenn allerdings eine frühere Kamera auf die IIIa im Werk umgebaut wurde, blieb deren schwarzes Gehäuse unverändert.

Werksseitige Umbauten

Auf: IIIa sychronisiert
Von: I (A); I-auswechselbar (C); Standard; II; III

Leica IIIa, Nr.161649.

Leica III, Nr.249427, umgebaut zu einer IIIa mit Blitz-synchronisation

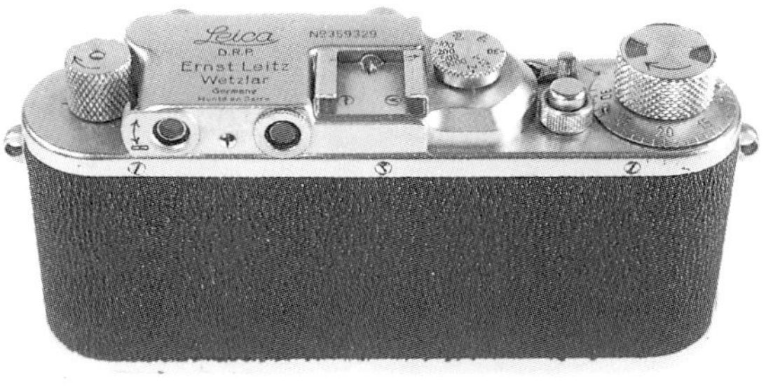

Leica IIIa Monté en Sarre. Nr.359078 und Nr.359329 mit Merkscheibe für die Filmempfindlichkeit der IIIf im Transportknopf

Varianten

Monte en Sarre, siehe oben.

- ❍ Ein Teil der ans deutsche Militär ausgelieferten Kameras wurde entsprechend graviert. Siehe Militärgravuren in Kapitel 3.
- ❍ Rote Verschlußvorhänge bei einigen Exemplaren der Kriegszeit
- ❍ Die Kataloge führen nur verchromte Modelle auf, 1935 wurden jedoch 800 schwarze Ausführungen für den Export hergestellt.
- ❍ Ein Prototyp der IIIa mit vergrößerten Filmkammern für 75 vollformatige Belichtungen 24x36 mm existiert im Museum in Solms.

Codebezeichnungen

Das zweite Codewort ist das in den US-Katalogen aufgeführte.

AGNOO/LUOOB – Leica IIIa, nur Gehäuse

ADKOO/LIOON – Leica IIIa mit Summar 2,0/5 cm

ADOOR/LEOOR – Leica IIIa mit Elmar 3,5/5 cm

Produktionszahlen

LEICA IIIA 1935–1948 (MODELL G)					
	chrom	*schw.*		*chr.*	*schw.*
1935	12050	800	**1939**	10200	–
1936	23600	–	**1946**	1	–
1937	25550	–	**1947**	150	–
1938	19850	–	**1948**	486	–
Gesamtproduktion				91887	800

Leica 250, Modelle FF und GG, Reporter

1933–1943

Die Leica für große Aufnahmeserien von bis zu 250 Belichtungen basiert auf der Leica II, III und IIIa. Sie benötigte spezielle Filmmagazine – zwei für jede Kamera – und die längere Filmschneide-Schablone ANZOO. Sie ist von ähnlichem Konzept wie die **Esco Kamera**, die von Otto Seischab 1926 in Nürnberg hergestellt wurde (Christie´s London, 14. Juli 1988, Lot 457). Die Leica 250 wurde vor allem von Sport- und umherziehenden Strandfotografen wegen ihrer großen Aufnahmekapazität geschätzt. Das bedeutet, daß eine Leica 250 in hervorragendem Zustand kaum zu finden ist.

Erste produzierte Leica 250: 130.001, letzte Nummer: 353.916
Obwohl die Produktion der 250 offiziell 1942 endete, wurden 33 weitere hergestellt, die letzte 1953.

Merkmale

- Zwei übergroße Filmkammern zur Aufnahme von zwei Spezial-Langfilmmagazinen. Sie konnte auch mit zwei einzelnen Spulen verwendet werden, das Laden und Entladen mußte dann allerdings bei völliger Dunkelheit erfolgen.

Leica 250 Model GG, Nr.260062

Leica 250 Model FF, Nr.150161, in chrom. Nur wenige 250-Modelle wurden nach dem Krieg für den amerikanischen Markt verchromt. Diese Kamera aus der frühesten Serie ist vermutlich restauriert und nachträglich verchromt worden.

Diese Leica 250, Nr.87879, war einmal eine Leica II. Die erste bekannt 250 war die Nr.114051 und basierte auf der Leica II.

Motorisierte 250 aus der Kriegszeit, Nr.353607, mit verchromten statt vernickelten Bedienungselementen

- Der Film wird von der ersten in die zweite Patrone gespult, so daß zum Entnehmen kein Zurückspulen nötig ist. Die Bedienung der Bodenplatte überträgt das Öffnen und Schließen der beiden Kassetten.
- Das Bildzählwerk besitzt ein Planetengetriebe, so daß es alle zwei Belichtungen um einen Teilstrich weiterzählt, und nicht wie bei anderen Modellen nach einer vollen Umdrehung des Transportknopfes.
- Die ersten beiden 250er-Modelle wurden 1933 hergestellt, basierten auf der Leica II (keine langen Zeiten) und trugen die Nummern 114.051 und 114.052.
- Die ersten 246 Kameras der Produktion hatten die Leica III als Basis und als "**Modell FF**" bekannt. Sie endeten mit der Nummer 150.124.
- Die restlichen bekannten Kameras der Produktion basieren auf der Leica IIIa ($\frac{1}{1000}$ Sek.) und sind als "**Modell GG**" bekannt.
- Der Rückspulknopf ist im Gegensatz zur FF nicht ausziehbar. Die erste GG hatte die Nummer 150.125 und ist mit dem Datum 14.07.1936 im Leitz Archiv verzeichnet.

Werksseitige Umbauten

Umbauten wie bei der III und IIIa. Außerdem von Modell FF auf GG und von GG auf IIIa synchronisiert.

Varianten

- Während des Kriegs wurden einige 250er-Modelle mit Kugellagern für den Verschluß- und Transportmechanismus hergestellt. Die Kameras sind als **K 250** bekannt. Sie trugen ein weißes "K" auf dem ersten Verschlußvorhang. Nach Taylor (L.H.S. Newsletter, 1972, Nr. 1, S. 13) wurden sie zwischen 1940 und 1943 hergestellt und waren wahrscheinlich die ersten Leicas mit kugelgelagerten Verschlüssen. Die Gesamtzahl der K 250 ist unbekannt, die vermutete Anzahl liegt bei 200 oder 300 (Taylor, *ibid*) und "wahrscheinlich weniger als 200" (Rogliatti, 1985). Es gibt bei den 250er-Modellen einige Varianten. Sie verteilen sich ohne System innerhalb der Seriennummern und kamen wahrscheinlich durch besondere Kundenwünsche, z.B. der Regierung zustande.

Unterseite der motorisierten 250, sichtbar ist der Kupplungsstift für den Motor.

"Leica 250" möglicherweise in England aus einer Leica Standard für eine Regierungsstelle hergestellt. Der Sucher besitzt eine waagerechte Strebe in der Mitte. Die Kamera verwendete keine 250er-Kassetten, sondern besaß äußere Spulen, die im Dunkeln bestückt werden mußten.

Das Zahnrad-Getriebe im Innern der Spulenkammer der "englischen" Leica 250

- Leitz konstruierte einen elektrischen Motor für die K 250, drei verschiedene Typen der Kupplung sind bekannt. Die frühen besaßen eine externe Kupplung, bei den späteren Ausführungen war diese intern (siehe Van Hasbroeck, 1983, Seiten 78–82). Die Motoren mußten an die jeweilige Kamera angepaßt werden, die Seriennummer der Kamera wurde in die Bodenplatte des dazugehörigen Motors eingraviert. Nur 29 motorisierte K 250 zwischen 1943 und 1946 wurden gebaut. Eine von ihnen trägt die Gravur "E. Aeronautica" und den Buchstaben "M" zwischen dem Wort "Leica" und der Nummer 353.696 (Netolitzky, Vfr., 1979, **12**, Nr. 1, S. 79).
- Die letzte der schwarzen 250er Leicas hatte verchromte statt vernickelte Bedienungselemente.
- Ein paar 250er-Modelle der Nachkriegszeit wurden zerlegt und für den amerikanischen Markt verchromt: Einige von ihnen wurden auch mit der Synchronisation der III ausgestattet.
- Es sind einige Leica 250 bekannt, bei denen die Bodenplatte zur Befestigung innerhalb besonderer Aufnahmevorrichtungen mit speziellen verlängerten Verriegelungen ausgestattet ist. So konnte bei ihnen der Film gewechselt werden, ohne daß der Aufbau demontiert werden mußte.
- Es sind einige Leica 250 bekannt, deren Gehäuse aus umgebauten Standard-Modellen bestehen. Die oben abgebildete ist möglicherweise in England für eine Regierungsstelle angefertigt worden.
- Ein unvollendetes Versuchsmodell existiert im Werksmuseum in Solms. Sie besitzt ein hohes Gehäuse mit einer flachen Deckkappe, Entfernungsmesser und Sucher sind in das Gehäuse integriert.

Codebezeichnungen

Für die Modelle FF und GG gelten die gleichen Codewörter.

LOOMY – Leica 250, nur Gehäuse

LOOYE – Leica 250 mit Elmar 3,5/5 cm

ESFOO – Bereitschaftstasche

Produktionszahlen

LEICA 250 1933–1943 (MODELLE FF & GG)							
1933	2	**1937**	50	**1941**	100	**1945**	19
1934	120	**1938**	100	**1942**	150	**1946**	10
1935	100	**1939**	150	**1943**	25	**1947**	1
1936	100	**1940**	50	**1944**	3	**1948**	2
						1953	1
Gesamtproduktion							983

Leica IIIb, Modell G

1938–1946

Eine Art Zwischenmodell, das bereits die mit der IIIc kommenden Verbesserungen vorwegnahm, jedoch eine Sonderstellung bildete, da ihre Komponenten nicht mit denen der IIIc kompatibel waren und frühere Modelle auch nicht auf die IIIb umgebaut werden konnten. Die IIIb war 1938 ursprünglich nur für den Export vorgesehen und konnte in Deutschland nicht gekauft werden. (*Miniature Camera Magazine*, 1938, S. 420).

Erste Leica IIIb: 240.001, letzte in der offiziellen Liste: 368.563.

Die Produktion in größeren Mengen war gegen Ende 1940 effektiv eingestellt worden, nur einige wenige wurden noch 1943 hergestellt. Im Bestreben, die Produktion wieder in Gang zu bringen, wurden nach Kriegsende 1946 600 weitere Exemplare produziert. Diese Serie trug Nummern von 354.401 bis 355.000.

Merkmale

- Okulare für Entfernungsmesser und Sucher direkt nebeneinander liegend, was schnelleres Wechseln zwischen Fokussieren und Ausschnittwahl erlaubte.
- Aufgrund interner Veränderungen des Entfernungsmesser-Systems wurde das Gehäuse für diesen in der Höhe um einen Millimeter angehoben.
- Der Hebel zur Bedienung der Dioptrieneinstellung wurde unter dem Rückspulknopf plaziert.
- Der Zubehörschuh wurde durch zwei Federn verbessert. Dieser war durch vier statt der bisher üblichen drei Schrauben am Gehäuse befestigt.

Leica IIIb, Nr.284040.

Die Okulare von Entfernungsmesser und Sucher liegen bei der IIIb dicht nebeneinander, der Hebel zur Dioptrienkorrektur wurde unter den Rückspulknopf verlegt.

Leica IIIb, Nr.335426, von 1939 mit der eingravierten Nummer "14A/1970" der Royal Air Force und dem breiten Pfeil als Zeichen für das Regierungseigentum. Es war vermutlich eine der von Leitz/London bei Kriegsbeginn beschlagnahmten Kameras.

- Der Gehäusekörper wurde im Innern verstärkt, um den schwereren Objektiven Rechnung zu tragen.
- In den Listen nur als verchromt lieferbar aufgeführt.

Varianten

- Fünf schwarze IIIb-Modelle wurden 1940 produziert, die Nummern 295301–295305 (Van Hasbroeck, 1983, S. 82).
- Von der IIIb existieren zwei verschiedene Versionen mit etwas abweichenden Entfernungsmesser-Abdeckungen.
- IIIb-Kameras wurden an die deutsche und italienische Armee geliefert und viele, jedoch nicht alle, tragen entsprechende Gravuren.

Codebezeichnungen

Das zweite Codewort gibt die in den amerikanischen Katalogen geführte Bezeichnung an.
ATOOH/LIGOO – Leica IIIb, nur Gehäuse
AZOOB/LUDOO – Leica IIIb mit Summar 2,0/5 cm
ARHOO/LEYOO – Leica IIIb mit Elmar 3,5/5 cm
AMXOO/LOOBT – Leica IIIb mit Xenon 1,5/5 cm
...../LEHEK – Leica IIIb mit Hektor 2,5/5 cm

Produktionszahlen

LEICA IIIB 1938–1946			
1938	11700	**1940**	5755
1939	14505	**1941**	145
		1946	600
Gesamtproduktion			32705

Leica IIIc

1940–1951

Mit der IIIc und ihrem Spritzgußgehäuse löste Leitz das Problem, die Gehäuse intern für den Einsatz von schweren Objektiven verstärken zu müssen. Obwohl die äußere Erscheinung der IIIb sehr ähnlich war, unterschied sie sich in ihrer Konstruktion völlig von ihr und zeichnete sich durch eine wesentlich vereinfachte Produktion aus. Es war der erste Schritt weg von individuell hergestellten Kameras, die aus vielen kleinen Teilen von Hand montiert wurden hin zur Semi-Massenfertigung mit Spritzgußgehäuse und dem vorgefertigten Verschlußelement.

Die Leica IIIc der Nachkriegszeit unterschied sich insofern von der früheren IIIc, als sie effektiv als neues Modell deklariert wurde und als die fehlende IIIe angesehen werden konnte. Im Bestreben, die alten Märkte wieder zu aktivieren, in denen die IIIc unbekannt war, wollte Leitz vermutlich die Kontinuität mit der Vorkriegs-IIIb dokumentieren.

Erste Leica IIIc: 360.175, letztes Exemplar der Kriegsproduktion: 397.607.

Erster Nachkriegs-Typ: 400.001, letzte Nummer: 525.000.
Die Nummern zwischen 397.608 und 400.000 sind offenbar nicht vergeben worden.

Merkmale der IIIc aus Kriegsproduktion

- Gehäuse 3 mm länger als die vorhergehenden Modelle, was zur Folge hatte, daß der Schnellaufzug SCNOO und der Motor MOOLY nicht ansetzbar waren.
- Das neue Verschlußgehäuse bestand statt aus vielen einzeln zusammengebauten Messingteilen aus Spritzguß, ebenso der Gehäusekörper.
- Das Gehäuse des Entfernungsmessers bestand aus einem Teil, bei dem die Mitte des Vorderteils zum besseren Schutz des inneren Mechanismus bis zum Objektivbajonett herunterreichte.

Leica IIIc, Nr.397604, aus einer Serie aus der Mitte der Kriegszeit, bevor jedoch die graue Farbe generell die Verchromung ersetzt hatte. Man beachte die Stufe unter demRückspul-Freilaufhebel.

Leica IIIc, Nr.387964 mit grauer Lackierung

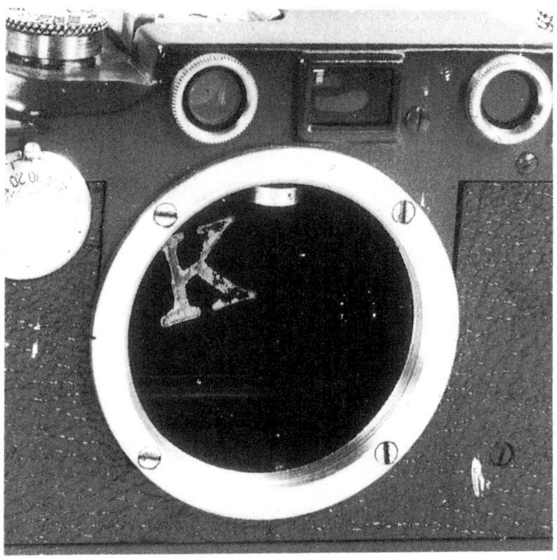

Leica IIIc mit abgenommenem Objektiv, um das "K" auf dem Verschlußvorhang zu zeigen. Es deutet auf den kugelgelagerten Verschluß hin.

Detail einer Nachkriegs-IIIc. Man beachte das Fehlen der Stufe unterhalb des Rückspul-Freilaufhebels und den Verriegelungsstift am Langzeitenrad.

Weitere IIIc-Abbildungen siehe Seiten 24, 27, 28, 29 und 40.

- Bildzählwerk mit Planetengetriebe (wie bei der 250), so daß sich die Scheibe nur einen Teilstrich statt einer vollen Umdrehung bewegte.
- Kragen um den Auslöseknopf größer als bei früheren Modellen, mußte zum Ansetzen eines Drahtauslösers nicht entfernt werden.
- Zwischen 1940 und 1946 hergestellte Kameras hatten eine erhöhte Stufe unter dem Rückspul-Freilaufhebel.

Varianten

- ❍ Während des Kriegs waren die IIIc Modelle des K-Typs mit Kugellager hauptsächlich für den Einsatz bei niedrigen Temperaturen bestimmt, daher wurden die meisten von der Luftwaffe abgenommen. Gewöhnlich trug die Seriennummer ein "K" am Ende und/oder ein weißes "K" (weniger häufig rot, schwarz ebenfalls bekannt) war auf einen Verschlußvorhang gestempelt.
- ❍ Viele Kameras aus der Kriegszeit besaßen rote Verschlußvorhänge.
- ❍ Aufgrund der Knappheit von Chrom gegen Kriegsende waren viele IIIc-Kameras mit grauer Farbe lackiert. Dies deutete allerdings nicht unbedingt auf militärische Verwendung hin.
- ❍ IIIc-Kameras wurden in erster Linie an das deutsche und italienische Militär geliefert, doch nur wenige erhielten eine entsprechende Markierung. Man hat bei Leitz immer darauf hingewiesen, daß diese Gravur nicht im Werk, sondern von der Beschaffungsstelle der Regierung in Berlin angebracht wurde.
- ❍ Einige Kameras wurden während des Krieges auf Umwegen von England importiert und tragen oberhalb der Seriennummer die Gravur "PATT 8665" der britischen Königlichen Marine.
- ❍ 1945 hergestellte Kameras, etwa von Nummer 392000 an, hatten Verschlüsse, die nur teilweise kugelgelagert waren, sie sind als "halbgelagerte" Kameras bekannt. Dies wurde Standard in der Nachkriegs-IIIc und anderen c-, f- und g-Modellen.
- ❍ Zwei Halbformat-Ausführungen der Leica IIIc sind bekannt, möglicherweise hat es auch mehr gegeben (Van Hasbroeck, 1983, S. 111). Die Seriennummern 397604 und 397606 datieren sie in das Jahr 1945.
- ❍ IIIc-Kameras wurden von Leitz/New York für die Synchronisation mit dem SELIS-Blitzgerät modifiziert. Dieser Umbau umfaßte Veränderungen im Innern und an der Bodenplatte. Frühere Modelle mit der etwas kürzeren Bodenplatte, konnten in ähnlicher Weise, jedoch für das Blitzgerät SELSY, umgebaut werden.

Merkmale der IIIc-Nachkriegs-Produktion

- Seriennummern von 400.001 an.
- Keine Stufe unter dem Rückspul-Freigabeknopf
- Kein Knopf am Hebel zur Dioptrienkorrektur
- Intern verbesserter Mechnismus mit kugelgelagerten Verschlüssen
- Lange Verschlußzeiten: $1/30$, $1/20$, $1/15$, $1/10$, $1/4$, $1/2$, 1, T. Schnelle Zeiten von $1/30$ bis $1/1000$ plus B wie gewohnt
- Verriegelungsstift am Einstellrad für die langen Zeiten, um versehentliches Verstellen zu vermeiden
- Suchervergrößerung 1:2, Entfernungsmesser-Vergrößerung 1,5fach
- Gravur mit zusätzlichem Schriftzug "Germany"

Luftwaffen-Leica IIIc mit eingravierter Vertragsnummer "FL 38079" und einem K nach der Seriennummer für den kugelgelagerten Verschluß

Werksseitige Umbauten
Auf: IIIf mit Selbstauslöser ab Nummer 425.000

Codebezeichnungen
LOOZS – Leica IIIc, nur Gehäuse
LOOQA – Leica IIIc mit Summitar 2,0/5 cm
LOOGI – Leica IIIc mit Elmar 3,5/5 cm
LOOSB – Leica IIIc mit Xenon 1,5/5 cm

Nachkriegs-Modelle
LOOHW – Leica IIIc, nur Gehäuse
LOOKX – Leica IIIc mit vergütetem Summitar 2,0/5 cm
LOOPN – Leica IIIc mit vergütetem Elmar 3,5/5 cm
LOOIT – Leica IIIc mit Summarit 1,5/5 cm

Produktionszahlen

LEICA IIIC 1940–1951					
1940	5070	**1944**	693	**1947**	15000
1941	13024	**1945**	6788	**1948**	20001
1942	6665	**1946**	5000	**1949/50**	59875
1943	1508			**1951**	1000
Gesamtproduktion					133626

Leica IIId

1939–1947

Die Leica IIId war eine frühe IIIc mit zusätzlichem Selbstauslöser. Sie erschien auch tatsächlich kurz vor der IIIc. Die Seriennummern der IIId liegen zwischen 360001 und 360125 sowie zwischen 367001 und 367325.

Merkmale
- Verzögerte Auslösung als Unterschied zur IIIc aus Kriegsproduktion. Die Selbstauslöser-Einheit war nicht mit der der späteren IIIf und IIIg austauschbar, da der Mechanismus unterschiedlich war.
- Sechs konzentrisch abgestufte Ringe an der Spitze des Selbstauslöser-Spannhebels. Die späteren Modelle IIIf und IIIg besaßen weniger Ringe. Stufe unterhalb des Rückspul-Freilaufhebels.

Leica IIId, Nr.360079, eine laut Werksunterlagen an die IIIa vergebene Nummer. Sie besitzt die gleiche Stufe unter dem Rückspul-Freilaufhebel wie die IIIc aus der Kriegszeit.

Werksseitige Umbauten
Von: IIIc

Varianten

- ❍ Anfänglich: schwarze Verschlußvorhänge, keine Verriegelung der langen Zeiten
- ❍ Später: rote Verschlußvorhänge, Langzeit-Verriegelung
- ❍ Einige Modelle sind bekannt, bei denen die Spitze des Selbstauslöser-Spannhebels weniger als sechs Ringe aufweist.
- ❍ Nicht alle IIId-Kameras mit Seriennummern innerhalb des angegebenen Bereichs besitzen einen Selbstauslöser, doch einige zeigen offenbar, daß sie einmal einen besaßen.

Codebezeichnungen

LOOTP – Leica IIId, nur Gehäuse
LOOUC – Leica IIId mit Elmar 3,5/5 cm
LAQOO – Leica IIId mit Summar 2,0/5 cm
LOOWD – Leica IIId mit Xenon 1,5/5 cm

Produktionszahlen

LEICA IIID 1939–1947							
1939	1	**1941**	61	**1943**	11	**1945**	11
1940	19	**1942**	33	**1944**	290	**1946**	–
						1947	1
Gesamtproduktion							427

Leica IIC

1949–1951

Erste Nummer: 440.001, letzte vergebene Nummer: 451.000

Merkmale

Wie Nachkriegs-IIIc mit folgenden Ausnahmen:

- Keine langen Zeiten, kürzeste Verschlußzeit 1/500 Sek.
- Zubehörschuh besaß eine Feder, die in der Mitte mit zwei ziemlich großen Schrauben befestigt war
- Gravur: "Leica D.R.P. Ernst Leitz Wetzlar Germany"

Leica IIc. Der Zubehörschuh besitzt nur eine Feder, die mit zwei großen Schrauben befestigt ist.

Werksseitige Umbauten

Auf: IIc mit 1/1000 Sek.; IIf, IIf mit 1/1000 Sek.; IIIc, IIIf mit Selbstauslöser (oberhalb Nummer 425.000).
Von: Ic

Varianten

❍ Einige wenige Exemplare sind mit der sogenannten Haifisch-Belederung bekannt.

Codebezeichnungen

LOOSE – Leica IIc, nur Gehäuse
LOOEL – Leica IIc mit Elmar 3,5/5 cm
LOOSU – Leica IIc mit Summitar 2,0/5 cm

Produktionszahlen

LEICA IIC 1948–1951			
1948/51	9999	**1951**	1000
Gesamtproduktion			10999

Leica Ic

1949–1952

Vorgesehen als Ersatz für die Leica Standard für Registrierzwecke und wissenschaftliche Arbeiten.

Erste Leica Ic: 455.001, letzte vergebene Nummer: 563.100

Merkmale

- Kein Entfernungsmesser, Sucher oder lange Verschlußzeiten; kürzeste Zeit $^1/_{500}$ Sek.
- Verschlußzeiten-Gehäuse unter dem Einstellrad breiter und flacher als bei der Standard.
- Zwei Zubehörschuhe mit Federn wie bei der Leica IIc, für den separaten Sucher und bei Bedarf für den Entfernungsmesser FOKOS
- Gravur "Leica D.R.P. (ganz weit links) E. Leitz Wetzlar Germany (in der Mitte)"

Leica Ic. Vor den beiden Zubehörschuhen vom IIc-Typ befinden sich die Gravuren.

Werksseitige Umbauten

Auf: If, IIc, IIc mit $^1/_{1000}$; IIf, IIf mit $^1/_{1000}$; IIIc, IIIf mit Selbstauslöser

Varianten

❍ Eine Anzahl von Kameras mit schwarzer Lackierung wurde an die Deutsche Bundespost zum Registrieren von Telefonzählern geliefert. Der Transportknopf war mit "DB" graviert. Siehe Abbildung auf Seite 30.

❍ Einige wenige besitzen eine "Haifisch"-Belederung

❍ Ein nicht von Leitz vorgenommener Umbau einer Ic für 750 Aufnahmen nach Art der Leica 250 ist bekannt (Lager, LIG II, S. 207).

Codebezeichnungen

OEFGO – Leica Ic, nur Gehäuse

OEGIO – Leica Ic, nur Gehäuse, mit SBOOI-Sucher

OEINO – Leica Ic mit Elmar 3,5/5 cm und SBOOI

OESFO – Leica Ic mit Summitar 2,0/5 cm und SBOOI

Produktionszahlen

LEICA IC 1949–1952			
1949	5000	**1951**	2292
1950	4000	**1952**	721
Gesamtproduktion			12013

Leica 72

1950–1963

Die einzige serienmäßig hergestellte Halbformat-Leica 18 x 24 mm.

Trotz ihrer Daten basierte die Leica 72 auf der IIIa. Sie wurde nur in sehr geringen Stückzahlen für Archivierungszwecke oder die Anfertigung von Filmstreifen hergestellt. Weniger als 500 wurden gebaut, die meisten von ihnen in Kanada, einige aber auch in Wetzlar.

Prototypen von Leitz Halbformatkameras

- Zwei Protoypen sind bekannt, die auf dem Gehäuse der IIIc basierten, die Nummern 397.604 und 397.606, etwa 1945 in Wetzlar hergestellt. Sie besitzen eine Maske, die über den Sucher geschwenkt werden kann und eine Bildzählwerk-Scheibe mit den üblichen schwarzen Zahlen von 0 bis 35 und zusätzlich in rot die dazwischenliegenden Zahlen 40, 45, 50, 55, 60, 65, 70 und 75. Dies sind vermutlich die Prototypen, von denen später die Leica 72 auf IIIa-Basis abgeleitet wurde.
- Die Leica 72 "Betriebsk Nr. 204" liefert ein Bildformat von 18 x 24 mm auf dem vollen 24 x 36-Format. Die andere Hälfte des Filmstreifens bleibt unbelichtet, etwa für Bildlegenden o.ä.
- Die Leica 72 "Betriebsk Nr. 301 besitzt einen zylindrischen Halbformatsucher von einer aufwendigen Konstruktion, die teilweise in das Entfernungsmesser-Gehäuse versenkt ist.
- Das eine Exemplar der **Leica H**-Halbformatkamera von etwa 1959 wurde komplett fertiggestellt und befindet sich im Besitz der Familie Leitz. Es ist mit einem eingebauten Belichtungsmesser und einem gekuppelten Entfernungsmesser ausgestattet, der im Sucher sichtbar ist. Das 2,8-Objektiv befindet sich in versenkbarer Fassung. Im eingeschobenen Zustand wird es durch eine d-förmige Abdeckung geschützt, die in einem Gelenk an seiner gerade Kante befestigt ist. Befindet sich das Objektiv in Aufnahmestellung, zeigt die Abdeckung oben aufliegend nach vorn. Die Blendeneinstellung befindet sich an der Kamerarückseite, der Knopf für die Langzeiteinstellung vorn. Die Kamera ging in Produktion.
- Die **Leica Box** der frühen 50er Jahre war eine kompakte Halbformatkamera mit einem Summaron 5,6/28 mm, in die Deckkappe versenktem Zeitenrad und Sucher unterhalb der Deckkappe.
- Ein weiterer interessanter Prototyp tauchte vor einigen Jahren bei einer Auktion auf (Christie´s/London, 27. Juli 1989, Lot 35). Gemäß Katalog war die Kamera von Helmut Schäfer konstruiert, der an der "0"-Serie der Leica gearbeitet hatte. Sie besitzt einen internen Compurverschluß, dessen Spannknopf auf der Deckkappe angeordnet ist, eine konzentrische Bildzählwerk-Scheibe für 79 Belichtungen, einen hochformatigen Sucher und einen Zubehörschuh. Das Zeitenrad befindet sich an der Frontseite nahe der Bodenplatte, diese trägt die Gravur "Helmut Schäfer Wetzlar". Das Gehäuse ist mit rot gefärbtem Kunstleder/Gummi bezogen. Die Kamera war aus Teilen der Leica Standard zusammengebaut und kam zusammen mit zwei Elmaren von 5 und 3,5 cm zur Versteigerung.

Wetzlar-Modell 1950–1963

Nur 33 Exemplare sind bekannt, ihre Seriennummern liegen zwischen 357.151 und 357.224.

- IIIa-Gehäuse als Basis
- Frühe Exemplare besaßen eine über den Sucher schwenkbare Maske, um dessen Bildfeld auf 18 x 24 mm zu begrenzen. Bei späteren Ausführungen war die Maske in den Sucher integriert.

Halbformat-Prototyp, Betriebsk Nr. 301 mit zylindrischem Halbformat-Sucher. Sie ging nie in Produktion.

Frühe Wetzlarer Leica 72, Nr.357167 mit vorschwenkbarer Suchermaske

Eine spätere Wetzlarer Leica 72, Nr.357213 mit eingebauter Suchermaske und Blitzsynchronisation der IIIf mit roten Kontaktzahlen

Midland-Leica 72, Nr.357333, ähnlich dem späten Wetzlarer Modell

Leica 72-Verschlußkörper mit dem Halbformat-Bildfenster

- Spätere Ausführugen besaßen außerdem rote Kontaktzahlen der IIIf-Blitzsynchronisation.
- Das Bildzählwerk wies rote Zahlen für die Belichtungen von 40 bis 75 auf, die sich mit den normalen schwarzen Ziffern für Aufnahmen bis 40 abwechselten.
- Gravur "Leica DBP Ernst Leitz GmbH Wetzlar Germany" mit "18 x 24" oberhalb der Seriennummer.

Midland-Modell 1958–1963

Nach den Aufzeichnungen wurden 150 Stück gebaut, die von 357.301 bis 357.450 numeriert waren.

- Ähnlich den späten Wetzlar-Modellen mit Maske im Suchergehäuse und Blitzsynchronisation.
- Merkscheibe für Filmempfindlichkeit im Transportknopf
- Gravur "Leica Ernst Leitz Kanada Midland Ontario" mit "18 x 24" oberhalb der Seriennummer.

Codebezeichnungen

LKOOM – Leica 72, nur Gehäuse

LMOOK – Leica 72 mit Elmar 3,5/5 cm

Leica IIIf

1950–1957

Erste Leica mit eingebauter Blitzsynchronisation

Erste Leica IIIf mit schwarzen Kontaktzahlen: 525.001, letzte Nummer: 611.000
Erste mit roten Kontaktzahlen: 615.001, letzte Nummer: 825.000.

Leica IIIf mit schwarzen Kontaktzahlen Nr.598029

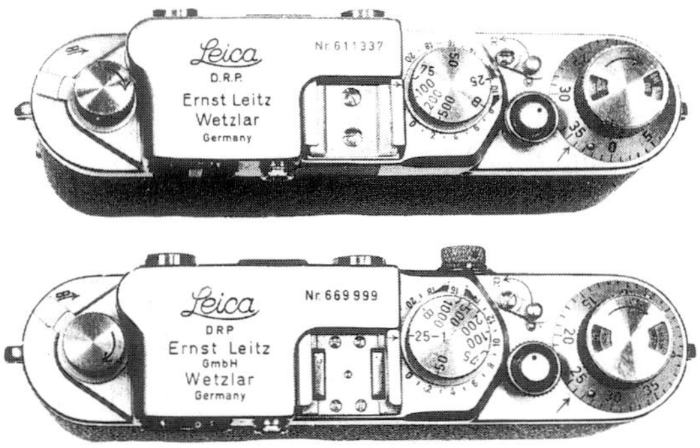

Exemplare der Leica f-Deckkappe mit frühen und späten Gravuren, oben schwarze, unten rote Kontaktzahlen

Leica IIIf mit roten Kontaktzahlen Nr.684752 mit Selbstauslöser, montiert und graviert in Midland

Merkmale

- Kamera wie IIIc, jedoch mit Blitzsynchronisation und neuer Deckkappe, bei der sich die Synchronskala unter dem Zeitenrad befindet
- Die ersten 71.000 Kameras (einschließlich 1000 in Kanada gebauter) hatten **schwarze** Zahlen von 1 bis 20 auf der Synchronskala unter dem Zeitenrad und einen normalen Verschlußzeitenbereich.
- 1952: Neuer leichterer Verschluß mit international genormten Zeiten: 1/1000, 1/500, 1/200, 1/100, 1/75, 1/50, 1/25 und B. 1/25, 1/15, 1/10, 1/5, 1/2, 1 und T.
- Von den Kameras mit dem neuen Verschluß hatten 54.000 **rote** Kontaktzahlen.
- Die letzten 59.100 Kamera hatten rote Kontaktzahlen und einen Selbstauslöser.
- Alle Kameras besaßen einen Merkscheibe für die Filmempfindlichkeit im Transportknopf.

Werksseitige Umbauten

Auf: IIIf mit Selbstauslöser
Von: Ic, If, IIc, IIf, IIIc (oberhalb Seriennummer 425.000)

Varianten

- 5367 Exemplare der IIIf wurden in Kanada montiert, doch nur um die 190 Stück sind mit der Gravur "Ernst Leitz Canada Limited Midland Ontario" bekannt. Der Rest besaß Standard-Deckkappen aus Wetzlarer Produktion.
- 100 winterfeste IIIf-Kameras in schwarz ohne Selbstauslöser wurden an die schwedische Armee geliefert. Sie waren mit passenden 50 mm-Elmaren ausgestattet.
- Einige wenige tropenfeste schwarze Kameras mit Selbstauslöser, jedoch nicht aus der Schweden-Lieferung, sind bekannt. Sie werden als Teil eines Spezialauftrags von einem indischen Händler angesehen.
- IIIf-Kameras mit der Gravur "Monte en Sarre" sind aufgetaucht, wahrscheinlich jedoch handelt es sich um Umbauten auf synchronisierte IIIa-Modelle.

Codebezeichnungen

(LOOHW, LOOPN und LOOIT gleich wie IIIc.
LOOHW – Leica IIIf, nur Gehäuse.
LOOPN – Leica IIIf mit 50 mm, f/3,5 Elmar.
LOOKX – Leica IIIf mit 50 mm, f/2 Summitar.
LUOOX – Leica IIIf mit 50 mm, f/2 Summicron.
LOOIT – Leica IIIf mit 50 mm, f/1,5 Summarit.

Produktionszahlen

LEICA IIIF 1950–1957

	schw. KZ	*rote KZ*		*rote KZ & D/A*
1950/51	15000	–	**1954**	31000
1951	25000	–		(2000ELC)
1952	30000	35000	**1955**	9000
	(1000ELC)	–		(1000ELC)
1953	–	18000	**1956**	14600
	–	(1000ELC)		(367ELC)
			1957	1133
Gesamt-	71000	54000		59100
produktion	(Gesamt Kanada 5367)			

siehe weitere Abbildung der IIIf auf Seite 29.

Leica IIf

1951–1956

Erste Leica IIf mit schwarzen Kontaktzahlen: 451.001, letzte Nummer: 574.400
Erste Leica IIf mit schwarzen Kontaktzahlen: 574.401, letzte Nummer: 822.000

Merkmale

- Entspricht grundsätzlich der IIIf ohne lange Verschlußzeiten; entsprechende Gehäuseöffnung mit einer gummibezogenen Scheibe abgedeckt.

Leica IIf, Nr. 573724.

- Versionen mit schwarzen und roten Kontaktzahlen wie IIIf. Die rote Füllung in den roten Zahlenfeldern ist oft durch Alterung stark gedunkelt und kann wie schwarz aussehen.
- Verschlußzeitenbereich änderte sich wie bei der IIIf beim Wechsel von den schwarzen auf rote Kontaktzahlen, kürzeste Verschlußzeit jedoch 1/500 Sek.
- 1954: 1/1000 Sek. als kürzeste Zeit ab Nummer 676.564
- Zubehörschuh mit Feder, die wie bei der IIc von zwei Schrauben befestigt wurde.

Werksseitige Umbauten

Auf: IIf mit 1/1000 Sek.; IIIf mit Selbstauslöser
Von: Ic; If; IIc
Anbau der Ausricht-Markierung zum Filmeinlegen (siehe Varianten)

Varianten

- ❍ Wie oben angegeben
- ❍ Von Nr. 590.681 an war an der Bodenplatte ein Zinken zum Ausrichten des Films angebracht.

Codebezeichnungen

(LOOSE und LOOEL gleich wie IIIc.
LOOSE – Leica IIf, nur Gehäuse.
LOOEL – Leica IIf mit 50 mm, f/3,5 Elmar.
LOOUN – Leica IIf mit 50 mm, f/2 Summicron.

Produktionszahlen

LEICA IIF 1951–1956	Schw. K.Z.	Rote K.Z. 1/500	Rote K.Z. 1/1000
1951	4000	–	–
1952	4400	4600	–
1953	–	5000	–
1954	–	2748	3344
1955	–	–	7000
1956	–	–	3999
Gesamtproduktion	8400	12348	14343

Leica If

1952–1957

Ersatz für die Leica Ic für Reproarbeiten und wissenschaftliche Aufnahmen
Erste Leica If: 562.293, letzte Nummer: 851.000

Leica If, Nr. 563521

Merkmale

- Ähnlich der Ic, jedoch mit schwarzen Kontaktzahlen und Filmmerkscheibe wie bei der IIIf
- Die ersten 1118 Kameras hatten schwarze, die restlichen rote Kontaktzahlen.
- Verschlußzeitenbereich änderte sich gleichzeitig mit dem Wechsel auf gleich kurze Zeiten bei der IIf.
- Synchronkontakt in der Abdeckscheibe für den Leerraum der fehlenden Langzeiteinstellung statt wie bei der IIf und IIIf auf der Rückseite

Werksseitige Umbauten

Auf: IIf; IIf mit 1/1000 Sek.; IIIf mit Selbstauslöser
Von: Ic

Varianten

- If-Kameras mit langen Verschlußzeiten, die ungewöhnliche Plazierungen des Synchronkontakts zur Folge hatten
- If-Kameras mit schwarzen Kontaktzahlen und Selbstauslöser

Codebezeichnungen

(identisch mit Ic)
OEFGO – Leica If, nur Gehäuse
OEGIO – Leica If, nur Gehäuse mit Sucher SBOOI
OEINO – Leica If mit Elmar 3,5/5 cm und SBOOI

Produktionszahlen

LEICA IF 1952–1958					
	schw. K.Z.	*rote K.Z.*		*schw. K.Z.*	*rote K.Z.*
1952	1118	800	**1955**	–	4000
1953	–	5000	**1956**	–	3900
1954	–	2000	**1957**	–	82
			1958	–	4
Gesamtproduktion				1188	15786

Leica IIIg

1957–1960

Die letzte Schraub-Leica mit erheblich verbessertem Sucher
Erste Leica IIIg: 825.001, letzte Nummer: 988.350

Merkmale

- Sucher mit eingespiegelten Begrenzungsrahmen für 50 mm Brennweite und vier kleinen Dreiecken für die Ecken des 90 mm-Bildausschnitts

Leica IIIg, Nr. 826012

Hintere Ansicht der IIIg mit Blitzanschluß und Filmmerkscheibe

Leica IIg, Nr. 825001. Das einzige bekannte Exemplar befindet sich im Werksmuseum in Solms.

Leica Ig, Nr. 887001 aus der ersten Produktionsserie der Ig

- automatischer Parallaxenausgleich
- Sucher mit Abbildung in halber Lebensgröße
- größeres Entfernungsmesser-Gehäuse mit großem frontseitigen Fenster und einem kleineren daneben zur Beleuchtung des eingespiegelten Bildfeldrahmens
- Verschlußzeiten in geometrischer Abstufung: $1/1000$, $1/500$, $1/250$, $1/125$, $1/60$, B. $1/30$, $1/15$, $1/8$, $1/4$, $1/2$, 1, T.
- Das Rad für die kurzen Zeiten trug ein rotes Blitzsymbol neben der $1/60$ Sek. für die Elektronenblitz-Synchronisation, das Langzeitenrad besaß eine rote Markierung bei der $1/30$ Sek. für Blitzbirnen.
- Der Hebel zur Dioptrienkorrektur hatte plus und minus Markierungen.
- Filmmerkscheibe statt im Transportknopf auf der Rückseite der Kamera, wie bei der M3

Varianten

- ❍ 1960 wurden 125 schwarze Kameras an die schwedische Armee geliefert, in die drei Kronen auf der Rückseite eingraviert waren. *Siehe Seite 29.*
- ❍ Eine weitere schwarze IIIg ist bekannt, die Nummer 909.908, die im Hinblick auf den schwedischen Vertrag hergestellt wurde (Christie´s, London, Juli 1988). Sie war komplett mit einem ebenfalls schwarzen Summitar 1,5/50 mm mit schwarzer Gegenlichtblende, schwarzem Elmarit 2,8/90 mm, schwarzem Leicavit und Visoflex II ausgestattet. Ihre Anfertigung wird einem Leitz-Techniker als Testprojekt zugeschrieben.
- ❍ Ebenfalls bekannt ist eine vergoldete IIIg, Nr. 858. 555, mit brauner Eidechsen-Belederung und den beiden vergoldetem Objektiven Elmar 3,5/50mm und Summarit 1,5/50mm (Christie´s, Juli 1988).

- In der Mitte der 50er Jahre wurden mehrere IIIg-Exemplare mit Bajonettanschluß hergestellt.
- Obwohl die Produktion offiziell 1960 eingestellt wurde, wurden innerhalb der nächsten zehn Jahre weitere 19 Stück hergestellt, von denen die folgenden Nummern bekannt sind: 968.258–988.260 von 1963; 988.261 von 1964; 988.270, 988.272, 988.273 von 1965; 988.266, 988.269, 988.276, 988.277, 988.279, 988.280 von 1966. Zusätzlich scheinen zwei weitere in das Jahr 1961 zu fallen, eine in 1962, zwei weitere in das Jahr 1964 und eine letzte in 1970 (Leica Historica, Gewindekameras 1925–1960, Band 1).
- Kameras mit den folgenden Seriennummern wurden in Kandada montiert, jedoch nicht als solche gekennzeichnet: 845.001–845.380, 861601–862.000, 871.201–872.000, 934.001–934.200. Die letzte Serie stammt aus dem Jahr 1959, der gesamte Rest von 1957.

Codebezeichnungen
GOOEF – Leica IIIg, nur Gehäuse
GOOCE – Leica IIIg mit Elmar 3,5/50 mm
GOOEL – Leica IIIg mit Elmar 2,8/50 mm
GOOMI – Leica IIIg mit Summicron 2,0/50 mm
GMOOA – Leica IIIg mit Summarit 1,5/50 mm

Produktionszahlen

LEICA IIIG	**1957–1960**						
	chrom	*schwarz*	*ELC*		*chrom*	*schwarz*	*ELC*
1957	19499	–	1580	**1959**	7894	–	200
1958	9752	–	–	**1960**	2520	125	–
				1961/70	13	–	–
Gesamtproduktion					39678	125	1780

Leica IIg

1956

Nur etwa 12 bis 15 Leica IIg-Modelle wurden 1956 hergestellt. Die IIg war eine IIIg ohne die langen Zeiten und den Selbstauslöser. Das einzige bekannte Exemplar ist die Nummer 825.001 im Werksmuseum in Solms. Möglicherweise sind diese Kameras auf spezielle Bestellung hin hergestellt worden; laut einer Quelle wurden Ig-Kameras in Wetzlar in IIg-Modelle für einen amerikanischen Händler modifiziert (Van Hasbroeck, 1983, S. 106).

Leica Ig

1957–1960

Der Ersatz für die If für Reproarbeiten und wissenschaftliche Aufnahmen
Erste Leica If: 887.001, letzte vergebene Nummer: 987.600
Die Produktion endete offiziell 1960, weitere zehn Exemplare wurden jedoch 1963 noch gebaut.

Merkmale

- Wie IIIg bis auf Entfernungsmesser, Sucher und Selbstauslöser, jedoch im Gegensatz zur If, Ic und Standard mit langen Zeiten. Die Deckkappe besaß ein zum Rückspulknopf einschließlich des Bereichs unter dem Zeitenrad hochgezogenes Profil über dem Rückspulknopf, der zum Gebrauch herausgezogen wurde. In diesem gegenüber der flachen If erhabenen Aufbau war der Synchronmechanismus untergebracht.
- Wie die If zwei Zubehörschuhe auf der Deckkappe
- Erstes Modell mit der Gravur "Leica" an der Frontseite, mit "D.B.P." darunter. Auf der Deckkappe war in einer einigen Zeile "Ernst Leitz GmbH Wetzlar Germany" eingraviert.

Werksseitige Umbauten
Auf: IIIg

Varianten

- Eine Spezialausführung, die Ig "Special" wurde für Siemens zum Aufzeichnen von Daten hergestellt. Diese Kameras besaßen kein Rad für die Langzeiten, keine Blitzsynchronisation, keine Zubehörschuhe und keine Trageriemenösen. Dort, wo sonst die Zubehörschuhe angebracht waren, befand sich eine rechteckige Metallplatte, die mit drei Schrauben befestigt war. Der Transportknopf hatte einen Kragen am Rand, vermutlich zur Kupplung mit einer mechanischen Transportvorrichtung. Zwei Serien von insgesamt 68 dieser Kameras wurden 1959 ausgeliefert: Die Nummern 924.590–924.623 und 925.021– 925.054 (Van Hasbroeck, 1983, S. 106; Netolitzky, Vfr., 1976, **9**, S. 2).
- Zwei weitere Serien mit Spezial-Ausführungen der Ig wurden 1959 außerdem für die Deutsche Bundespost zum Fotografieren von Telefonzählerständen hergestellt. Diese Kameras hatten ein Summaron 28 oder 35 mm mit fester Entfernungseinstellung und fest eingestellter Blende. Sowohl die Aussparung für die langen Zeiten als auch der Blitzkontakt waren abgedeckt. Die Seriennummern waren: 925.021–925.054; einige wenige normale Ig-Modelle sind möglicherweise ebenfalls umgebaut worden.
- Eine spezielle Ig mit der Nummer 925.447 ohne lange Zeiten und mit ausgespartem Blitzkontakt ist angeblich auf besondere Bestellung hin für das Reprovit angefertigt worden (Ruttinger, Vfr., 1980, **13**, Nr. 3, S. 7).

Codebezeichnungen

OCEGO – Leica Ig, nur Gehäuse
OGILO – Leica Ig, nur Gehäuse mit Sucher SBOOI
OADGO – Leica Ig mit Elmar 2,8/50 mm und SBOOI

Produktionszahlen

LEICA IG 1957–1963

	chrom		*chr*
1957	1000	**1961**	–
1958	2026	**1962**	–
1959	1616	**1963**	10
1960	1316		
Gesamtproduktion			5968

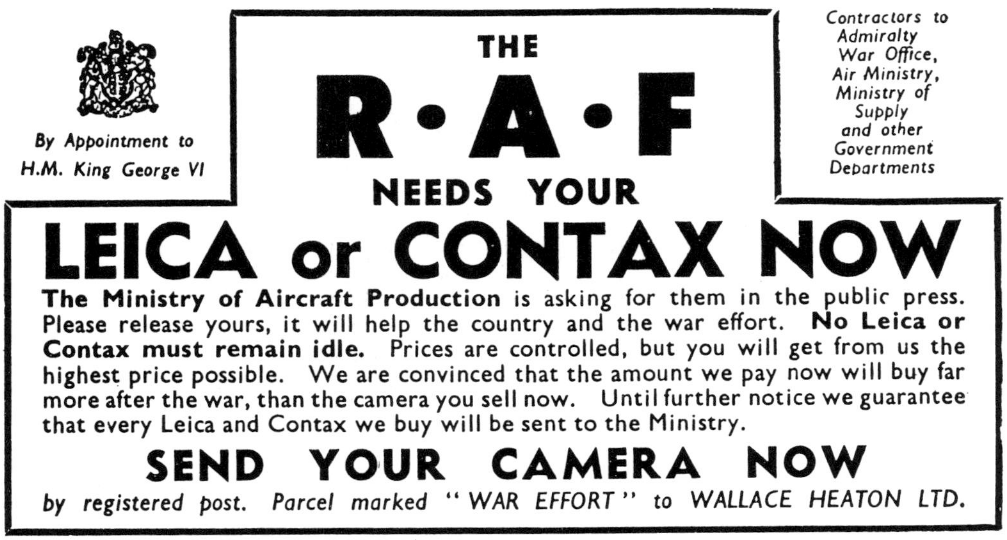

Eine Anzeige eines sehr bekannten englischen Händlers aus Kriegszeit, der im Auftrag der Regierung Leicas "anforderte"

5 Leica M Kameras

Die Leica M-Modelle haben ihren Ursprung in der Mitte der 30er Jahre und gehen als experimenteller Prototyp auf die sogenannte Leica IV zurück. Sie ist heute im Werksmuseum in Solms zu besichtigen. Sie besaß ein einziges, nichtrotierendes Zeitenrad, eine größere Basis für den Entfernungsmesser mit eingespiegeltem Mischbild im Sucherokular, auswechselbare Leuchtrahmensucher, die an einem Clip hinter dem Entfernungsmesser-Fenster befestigt werden konnten und eine aufklappbare Rückwand. Prototypen des "Einknopf-Verschlusses" wurden seit etwa 1942 in IIIc-Gehäuse eingebaut.

Die erste in Serie gebaute M-Kamera war die **M3**, die 1954 vorgestellt wurde. Im Gegensatz zu den Schraub-Leicas, die für ihre gesamte Entwicklung mehr als 25 Jahre brauchten, waren praktisch alle Eigenschaften, die die M3 zu einem so perfekten Gerät machten, von Anfang an vorhanden: Das Objektivbajonett, Leuchtrahmen im Sucher, die sich beim Ansetzen des jeweiligen Objektivs automatisch einspiegelten, Entfernungsmesser mit großer Meßbasis, nur ein Einstellrad für die Verschlußzeiten, automatisch zurückstellendes Bildzählwerk, Schnellschalthebel, automatische Synchronisation für Elektronenblitz und Blitzbirnen und Rückwand für einfaches Filmeinlegen. TTL-Belichtungsmessung und Motoranschluß waren die einzigen größeren Verbesserungen, die erst später kamen. Die folgenden Modellveränderungen beschränkten sich im allgemeinen auf Details wie z.B. zusätzliche Leuchtrahmen im Sucher.

Das Schraubgewinde, das dreißig Jahre lang seinen Dienst versehen hatte, bot den großen Vorteil, daß das Gewinde praktisch keinerlei Verschleiß unterlag, während das Bajonett schon mehr Abnutzung durch häufigen Objektivwechsel zeigen konnte, der dafür jedoch erheblich schneller erfolgte. Die Konstruktion, Herstellung und die verwendeten Materialien für das M-Bajonett haben sich mittlerweile mehr als 40 Jahre

Die Leica IV von 1935. Dieser eigentliche Prototyp der M3 befindet sich im Werksmuseum.

lang bewährt. Die 30°-Drehung und das hörbare Einrasten machen dem Fotografen den Objektivwechsel wesentlich leichter und schneller als das Schraubgewinde. Leitz hielt allerdings die Kontinuität für Besitzer von Objektiven mit Gewinde aufrecht und bot Adapter an, die ebenfalls die Einspiegelung des richtigen Bildfeldrahmens gewährleisteten.

Die Integration der Bildausschnitte in den Entfernungsmesser war wahrscheinlich die größte Verbesserung, die die Leica M3 gegenüber den Gewindemodellen bot. Das Sucherbild hatte mit 0,91facher Vergrößerung annähernd Lebensgröße, außerhalb des 50 mm-Ausschnitts war das restliche Bild zu sehen, was Aufnahmen von bewegten Motiven erleichterte. Darüberhinaus konnten Brillenträger, für die ein größerer Augenabstand zum Sucher unvermeidlich ist, den gesamten 50 mm-Bildausschnitt überblicken. Zusätzlicher Vorteil war, daß beim Ansetzen eines 90- oder 135 mm-Objektivs der jeweilige Bildausschnitt unmittelbar eingespiegelt wurde. Auch der Parallaxenausgleich erfolgte automatisch.

Ein Okular-Paar kam automatisch in die richtige Stellung, wenn ein entsprechendes 35 mm-Objektiv angesetzt wurde, ein Okular über dem Sucherfenster, das andere über dem des Entfernungsmessers. Dadurch wurde die Suchervergrößerung soweit reduziert, daß der 50 mm-Rahmen in diesem Fall den Ausschntt eines 35 mm-Objektivs zeigte. Die Meßbasis des Entfernungsmessers war mit 68,5 mm größer als bei den Gewindekameras. Innerhalb dieses Rechtecks war ein unscharfes Doppelbild sichtbar, an der Begrenzung ein Schnittbild. Dies erlaubte je nach Lichtverhältnissen oder der Struktur des Motivs Fokussieren entweder innerhalb des Rechtecks oder dem danebenliegenden Schnittbild.

Die erste Verbesserung des Suchersystems im Jahr 1955 betraf den Vorwähler für die Bildfeldbegrenzung. Damit ließen sich die Brennweiten 90 und 135 mm schnell vor der Aufnahme vorwählen. Die zweite Verbesserung 1958 war die Anzeige der Schärfentiefe. Das Rechteck des Mischbild-Entfernungsmessers erhielt zwei Aussparungen an den oberen und unteren Kanten. Sie dienten der Schärfentiefe-Anzeige für ein 50 mm-Objektiv. War die Trennung der beiden Teilbilder des Mischbilds größer als die Breite der oberen Aussparung, befand sich das Motiv bei Blende 16 innerhalb der Schärfentiefe. Waren die beiden Teilbilder geringer gegeneinander verschoben als die Breite der unteren kleineren Aussparung, lag das Motiv bei Blende 5,6 innerhalb des Schärfenbereichs.

Eine weitere Verbesserung der M3 war, daß sich das Einstellrad während der Belichtung nicht drehte. Frühere Kameras hatten folgende Zeitenabstufung: B, 1, 1/2, 1/5, 1/10, 1/25, 1/50, 1/100, 1/200, 1/500 und 1/1000 Sek. 1957 wurde auf die geometrische Abstufung umgestellt. Das Zeitenrad besaß auch eine Vertiefung für die halbautomatische Kupplung mit einem externen Belichtungsmesser, der von Metrawatt hergestellt wurde.

"Ausgleichende" Blitzsynchronisation wurde mit der M3 ebenfalls eingeführt. Die ältere F-Synchronisation erforderte eine Synchron-Wählscheibe, an der die verschiedenen Sychronisationsarten für Elektronenblitz und Blitzbirnen eingestellt wurde. An der M3 gab es zwei Synchronkontakte, einer für Elektronenblitz, der andere für Blitzbirnen. Dadurch brauchte das Zeitenrad nur auf das Blitzsymbol eingestellt zu werden, zunächst auf 1/50, nach 1955 auf 1/60 Sek.

Weitere neue Features der M3 boten dem Fotografen mehr Bedienungskomfort und Schnelligkeit in der Handhabung. Da war zunächst der Schnellschalthebel, der den Filmtransport und die gleichzeitige Verschlußspannung übernahm. Anfangs waren dazu zwei Hebelschwünge erforderlich, eine Neukonstruktion ab 1958 faßte dies in einem Vorgang zusammen. Ab der **Leica M4** 1967 besaß der Transporthebel eine kleine Leerraste – etwas Spiel für einfachere Handhabung. Die zweite Verbesserung war das selbsttätig auf Null zurückgestellte Bildzählwerk. Bei der M3 war nur der jeweils relevante Bereich durch eine kleine Lupe vergrößert sichtbar. Als dritte Maßnahme vereinfachte eine aufklappbare Rückwand erheblich das Filmeinlegen. Die Kamera wurde zwar immer noch vom Boden aus geladen, doch ein Fenster in der Rückwand machte es einfacher, den Film mit der Perforation in die Transportwalzen zu bringen.

Wie bereits bei der Leica I gab es auch bei der M3 1952 eine testweise gefertigte Vorserie, mit der man die endgültige Konstruktion überprüfte und verfeinerte. Die hergestellte Zahl ist nicht bekannt, wahrscheinlich etwa 65, von denen nur sehr wenige übriggeblieben sind. Einzelne bekannte Exemplare unterscheiden sich von den ersten Serienmodellen beispielsweise durch ein offenliegendes Bildzählwerk wie später bei der M2 statt unter einem Fenster, nicht selbssttätig rückstellendes Zählwerk bei einigen Modellen, ein Hebel für M und X-Synchronisation, eine Filmstanze in der Rückwand zur Identifizierung der Negative; Unterschiede in Form oder Details bei Transporthebel oder Schnellschalthebel, Selbstauslöser-Spannhebel, Deckkappe und Bodenplatte, Rückspul-Freilaufhebel mit Drehung gegen den Uhrzeigersinn sowie ein geriffelter Auslöser, der mit dem Finger gedreht werden konnte, um den Verschluß in B-Stellung zu verriegeln.

Die **Leica M2** von 1958 war als einfacheres und preisgünstigeres Modell gedacht. Das Bildzählwerk war offenliegend. Sie hatte eine völlig andere Form der Sucherkonstruktion, erkennbar an dem geteilten Fenster zur Sucherbeleuchtung gegenüber dem flachen der M3. Der äußere Leuchtrahmen zeigte den Bildausschnitt für 35 mm, die beiden anderen für 50 und 90 mm. Dieser erweiterte Bildausschnitt hatte eine reduzierte Suchervergrößerung auf 0,65fach zur Folge. Dies wurde zur Basis bei allen zukünftigen M-Suchern. Die folgenden M-Modelle erhielten weitere Bildfeldrahmen in doppelter Anordnung, die beim Ansetzen entsprechender Objektive paarweise erschienen. Die **Leica M4** von 1975 hatte Rahmen für 35, 50, 90 und 135 mm, wobei die für 35 und 135 mm gleichzeitig sichtbar waren. Die **Leica M4P** von 1981 besaß zusätzlich Rahmen für 28 und 75 mm, die Leuchtrahmen waren zu den Paaren 28/90, 50/75 und 35/135 zusammengefaßt.

Eine Rückspulkurbel war innerhalb der M-Modellreihe erstmals in einer modifizierten M3 zu finden, die sich als **MP** vornehmlich für Pressefotografen wendete. Sie wurde mit dem Schnelltransport **Leicavit MP** geliefert, der speziell für diese Kamera konzipiert war. Die Leica MP war mit einer langen Aufwickelachse ausgerüstet, die später auch Verwendung in der **M2** von 1958 fand, so daß auch diese Kamera mit dem Leicavit MP kombiniert werden konnte.

Eine Version der M2, genannt **MP2**, wurde für Versuche mit elektrischen Transportmotoren benutzt. Die Leica M4 wurde 1968 in kleinen Stückzahlen in der Spezialversion **M4M** hergestellt, später **Leica M4 Mot** genannt, die für die Verwendung mit einem in Amerika hergestellten Motor bestimmt war. Die **Leica M4-2** von 1978 und spätere Modelle waren von Anfang an mit den Kontakten und Kupplungen ausgestattet, die für den Anschluß der elektrischen Winder und Motorantriebe erforderlich waren.

Mitte der sechziger Jahre war der klobige separate und halbautomatisch kuppelnde Leicameter MR der größte Nachteil der M-Kameras im Vergleich zu ihren neuesten SLR-Konkurrenten. Die **Leica M5** von 1971 war die erste Leica der Serienfertigung, die diesen Nachteil mit einer TTL-Spotmessung überwand. Leitz hatte mit eingebauten, jedoch nicht TTL-Belichtungsmessern auf Selenbasis experimentiert, von denen auch Prototypen existieren. Ebenso gibt es Prototypen der Leica M4 mit einer hochklappbaren Meßzelle hinter dem Objektiv, der gleiche Typ wurde später bei der M5 verwendet. Dieses System brauchte jedoch noch viel mehr Entwicklungsarbeit, um zuverlässig zu arbeiten, daher nahm man bei der M4 von der TTL-Messung wieder Abstand. In der M5 war die Meßzelle auf einen beweglichen Arm montiert, durch den diese vor dem Verschluß angeordnet war. Kurz vor der Belichtung wurde sie aus dem Weg weggeschwenkt. Eine Verschlußzeitenskala war am unteren Rand des Suchers eingespiegelt, bei der ein Indexpunkt auf die eingestellte Zeit hinwies. Eine bewegliche Nadel war mit dem Meßsystem verbunden, zur korrekten Belichtung wurden die beiden Nadeln zur Deckung gebracht. Eine kleine Umrandung in Form eines Fasses markierte das Meßfeld. Leider war die M5 größer und schwerer als alle anderen Modelle des M-Systems, jedoch immer noch deutlich kompakter als eine Spiegelreflexkamera dieser Zeit.

Das Problem wurde schließlich 1984 auf elegante Weise in der **M6** gelöst. Das Meßsystem dieser Kamera arbeitet völlig elektronisch. Eine Silizium-Fotodiode oben im Gehäuse ist auf die Mitte des Bildausschnitts gerichtet.

Prototyp der M5 mit Selenbelichtungsmesser

Auf dem ersten Verschlußvorhang befindet sich ein silberner Punkt von 12 mm Durchmesser, der 13% des Bildfeldes erfaßt. Dieser Punkt reflektiert das durch das Objektiv einfallende Licht. Die Filmempfindlichkeit muß an einer Wählscheibe eingestellt werden, die in das aufklappbare Fenster der Rückwand eingelassen ist. Bei geschlossener Klappe übertragen drei vergoldete Kontakte die Daten an das CPU-Meßsystem der Kamera. Das durch das Objektiv einfallende Licht wird direkt entsprechend der eingestellten Blende gemessen. Auch die Verschlußzeit wird an den CPU übertragen, die Aktivierung erfolgt durch leichten Druck auf den Auslöser. Zwei rote Dreiecke im Sucher zeigen das Meßergebnis an. Wenn beide gleich hell aufleuchten, ist die korrekte Belichtung eingestellt. Ist eine der beiden schwächer oder gar nicht aktiv, muß zur korrekten Belichtung entweder die Blende oder die Zeit in Pfeilrichtung der helleren Diode verstellt werden. Die verschiedenen Rahmen des Suchers und Entfernungsmessers repräsentieren den Bereich der Spotmessung mit den einzelnen Brennweiten. Die Bauteile des M6-Meßsystems sind im gleichgroßen Gehäusekörper wie die der anderen M-Modelle untergebracht. Das Batteriefach nimmt den Raum ein, an dem sich sonst die Selbstauslöser-Mechanik befand.

Die derzeitige M6 leitet sich unmittelbar von Barnacks erster Versuchskamera von 1913 ab. Mit einem Gehäuse, das nicht größer als andere Kompaktkameras ist, bietet sie auswechselbare Objektive von 21 mm bis 135 mm Brennweite, die eine von anderen Kompaktkameras unerreichte Abbildungsleistung bringen. Das einzige Feature, das noch fehlt, ist TTL-Blitzsteuerung, doch wer will schon mit einem 1,0-Objektiv blitzen? Die Stärke der M6 sind der Einsatz bei schlechten Lichtverhältnissen, leise, unauffällige und zuverlässige Fotografie.

Von einer interessanten Anwendung, die die Zuverlässigkeit des M6-Verschlusses demonstriert, wurde kürzlich berichtet (L.Fo., 1991, Nr. 8, S. 31). Ein Experiment der Justus Liebig-Universität in Gießen beschäftigt sich mit der Regeneration von Tüchern in Schwerelosigkeit noch Behandlung mit Betastrahlung. Dies ist für Astronauten und andere lebende Organismen im Weltraum von Bedeutung. Ein modifizierter M6-Verschluß, dessen Vorhänge mit Nylonfäden verstärkt sind, wird zum Ein- und Ausschalten der Strahlung benutzt und arbeitet im Bereich von 0 bis 36° C. Die Überprüfung erfolgt in zwei parallel laufenden Versuchen, einer im Weltraum, die Steuerung erfolgt vom Boden aus.

Die Leica M-Modelle

Leica M3

1954–1966

Die erste Leica der M-Serie. In ihrer endgültigen Ausführung wird sie von vielen als die beste je gebaute Sucherkamera angesehen. Über eine Viertelmillion Stück wurden innerhalb von 13 Jahren gebaut. Die Produktion endete 1966, für die Bundeswehr wurden jedoch noch einige mehr gebaut.

Erste Leica M3: 700.000, letzte Nummer: 1.164.865

Merkmale

- Sucherrahmen: ständig sichtbar – 50 mm; wählbar – 90 und 135 mm. 35 mm mit Okular verwendbar, die die Fenster von Entfernungsmesser und Sucher bedecken und den 50 mm-Bildfeldrahmen auf 35 mm verändern.
- Glattes Fenster zur Sucherbeleuchtung (geriffelt bei der M2 und späteren Modellen)
- Suchervergrößerung mit 0,91fach annähernd Lebensgröße
- Verschlußzeiten siehe oben, Wechsel auf geometrische Abstufung 1957 von Nummer 854.001 an
- Bildzählwerk stellt sich auf zwei Teilstriche unter "0" beim Öffnen der Rückwand zurück und rückt nach zwei Leerbelichtungen auf "0" vor. Abzulesen durch ein Vergrößerungsfenster
- Selbstauslöser
- Halbkreisförmiger Kragen um den Bajoett-Entriegelungsknopf herum

M3 Nr.785801 mit Bildfeldwähler, typischer M3-Deckkappe, jedoch den dreieckigen Trageriemenösen der ersten Modelle

Schwarze M3 Nr.1134057 mit den späteren halbkreisförmigen Trageriemenösen. Sie ist mit dem 35er Summicron ausgestattet, das durch sein angesetztes Linsensystem das 35 mm-Bildfeld im 50 mm-Rahmen zeigt. Ein Ausgleichsfenster befindet sich vor dem Entfernungsmesserfenster.

- Filmmerkscheibe an der Rückwand
- Wählhebel für Bildausschnitt-Rahmen ab 1955 und Nummer 785.801
- Filmandruckplatte anfangs aus Glas, 1957 mit Nummer 844.001 auf Metall umgestellt
- Folgende Modifikationen ab 1958 und Nummer 919.251:
  Schnellschalthebel mit einem statt zwei Schwüngen
  Schärfentiefe-Indikator im Sucher eingespiegelt

Werksseitige Umbauten
Filmtransport von zweimalige auf einmalige Bewegung
Ergänzung des Wählhebels zur Vorwahl des Bildfeldrahmens
Ansetzmöglichkeit für **Leicavit**

Schwarze M3 Nr.993524,umgebaut auf Leicavit-Betrieb. Das Bildzählwerkt wurde gegen das der M2 ausgetauscht.

Varianten

- Wesentliche Änderungen der technischen Daten sind oben erwähnt.
- Etwa die ersten 450 Kameras der Serienfertigung hatten abweichende Deckkappen und Gehäuse für die Filmführung.
- Sehr frühe Versionen haben vier sichtbare Schrauben, zwei an der Vorder-, zwei an der Rückseite, zur Befestigung der Deckkappe. Sie sind bei den späteren Ausführungen nicht vorhanden.
- Einige Kameras wurden in Kanada hergestellt, jedoch nicht als solche gekennzeichnet.
- Standardausführung war chrom, mit Nummer 959.401 wurde ab 1959 auch eine schwarze Ausführung angeboten, die jedoch erst ab 1964 im Katalog aufgeführt war.

Leica M3, Nr.700365 aus der ersten Serie. Die Deckkappe unterscheidet sich von der späterer Modelle durch eine weniger abgerundete Form. Man beachte die scharfe Kante des Entfernungsmesser-Vorbaus vor dem Bildzählwerk. Nach etwa 450 Kameras wurde diese weich abgerundet. Die Deckkappe war durch vier sichtbare Schrauben befestigt, zwei vorn und zwei hinten, sie entfielen bei späteren Ausführungen.

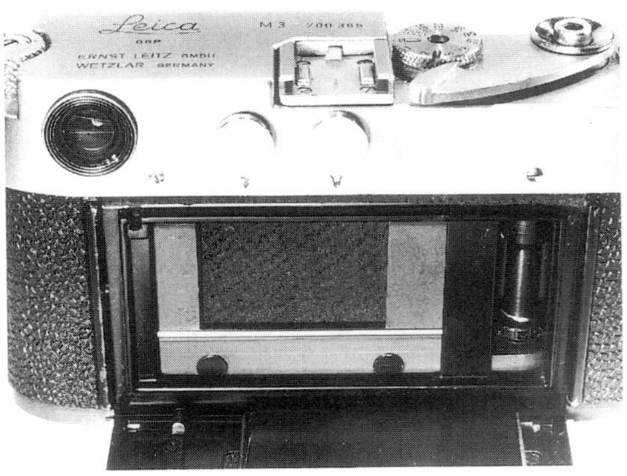

Das Gehäuse der Filmführung von diesen frühen, nur einige hundert Modelle zählenden Modellen (links) weicht von der späteren Produktion (rechts) ab.

- Eine Variante in olivgrün wurde für die Bundeswehr hergestellt. Die Nummern waren: 910.501–910.600, 1.158.996–1.159.000 und 1.206.962–1.206.999. Diese letzte Serie wurde 1968 aufgelegt, nachdem die offizielle Produktion eingestellt war.
- Das britische Verteidungsministerium benutzte M3-Kameras. Es sind zwei bekannt, die Nummern 895.225 und 895.228, die die Ziffern 2 bzw. 7 im Zubehörschuh eingraviert hatten (Christie's/London, Sept. 1979, Lose 256 und 257).
- Das Bajonett war ursprünglich mit vier Schrauben am Gehäuse befestigt, später fünf. Die fünfte Schraube an 12 Uhr-Position war später vom Leitz-Siegel verdeckt, das nur von einer Leitz-Werkstatt ausgetauscht werden konnte.
- Die Markierungen auf der Spindel des Rückspulknopfs, durch die der korrekte Filmtransport sichtbar überprüft werden konnte, änderten sich im Laufe der Zeit. Zuerst gab es einen roten Schlitz in der Mitte,

- dann ein roter Punkt und schließlich zwei rote Punkte.
- Die Trageriemenösen waren in frühen Modellen dreieckig, halbrund bei den späteren Versionen.
- Innerhalb des Produktionszeitraums gab es bei der M3 drei verschiedene Filmmerscheiben, da höhere Filmempfindlichkeiten mit aufgeführt werden mußten. Der Bereich der ASA-Skalen umfaßte 6-200, 4-1000 und 4-1300.
- Anschlagstift im Zubehörschuh: in D-Form bei den frühen Modellen, später eine Schraube ohne Kopf.

Codebezeichnungen/Katalognummern

Kameras mit 3/8"-Stativgewinde besaßen Katalognummern, in denen die dritte Ziffer, eine "1", in den gelisteten durch eine "6" ersetzt war. Sie hatten keine separate Codebezeichnung.

IGEMO/10150 – Leica M3, nur Gehäuse

10151 (1964) – Leica M3 schwarz, nur Gehäuse. Diese Kameras waren schon seit 1959 hergestellt, jedoch nicht im Katalog aufgeführt worden.

IMARO/10155 – Leica M3 mit Elmar 3,5/50 mm

IMOLO/10157 (1958) – Leica M3 mit Elmar 2,8/50 mm

ISUMO – Leica M3 mit versenkbarem Summicron 2,0/50 mm. Von 1956 an war die Codebezeichnung ISUMO-S.

ISOUN/10180 (1959) – Leica M3 mit feststehendem Summicron 2,0/50 mm

ISMON/10185 – Leica M3 mit Summicron 2,0/50 mm mit Naheinstellung. Vor 1959 war die Codebezeichnung ISUMO-N.

ISAIO (1954–1958) – Leica M3 mit Summarit 1,5/50 mm

IMOOT/10167 (1959) – Leica M3 mit Summilux 1,4/50mm

Produktionszahlen

LEICA M3 1954–1966

	chr.	ELC	oliv	schw.		chr.	ELC	oliv	schw.
1954	10001	–	–	–	**1961**	13101	800	–	–
1955	48951	540	–	–	**1962**	10454	400	–	2150
1956	21560	990	–	–	**1963**	10000	–	–	–
1957	33650	1550	100	–	**1964**	5900	150	–	150
1958	8400	100	–	–	**1965**	9350	200	–	150
1959	21822	1150	–	–	**1966**	4905	100	–	10
1960	16850	1100	–	–	**1967**	–	–	38	–
				Gesamtproduktion		215944	7080	144	3010

Leica MP

1956–1957

Das "P" stand für "Professional". Es handelte sich um eine Spezialversion der M3 mit langer Welle für die Aufwickelspule, sie wurde mit bereits angesetztem **Leicavit**-Schnellaufzug geliefert. Der Verkauf war auf Berufsfotografen beschränkt, in den allgemeinen Katalogen war die Kamera nicht aufgeführt.

Leica MP, Nr.115 schwarz lackiert

Erste Leica MP: MP1. Letzte vergebene Nummer MP500, die letzte im Auslieferungsbuch aufgeführte Nummer war jedoch MP402.

Prototypen

Die MP leitete sich von der M3 ab, die durch den Ansatz der Leicavit-Basis modifiziert war. Eine frühe M3 war für Alfred Einstein modifiziert und mit "MPE" graviert. Zwei wurden für Alfred Eisenstaedt hergestellt, von denen die zweite die Gravur "M3E-1" trug. Vier Kameras wurden für David Douglas Duncan angefertigt und mit den Gravuren "M3D-1", "M3D-2", M3D-3" und "M3D-4" versehen (Lager, Vfr., 1979, **12**, No. 3, S. 14). Die Werksprototypen haben einen Stern hinter der Seriennummer, z.B. 0018"*.

Merkmale

- Die Nummern MP1 – MP12 und ab MP151 waren in chrom.
  Die Nummer MP13-M-150 gibt es nur in schwarz.
- Die Zahräder bestanden aus gehärtetem Stahl anstelle von Messing, was ein etwas härteres Gefühl beim Transport vermittelt. Diese Maßnahme war jedoch für den Leicavit notwendig.
- Das Bildwählwerk lag außen und mußte manuell zurückgestellt werden.
- Ein "P" nach der Seriennummer war auf der Verschlußmechanik unterhalb der Abdeckung mit der Filmeinlege-Darstellung eingraviert. Sie muß abgenommen werden, damit das "P" sichtbar wird.
- Es gab keinen Selbstauslöser, identisch mit der M3 aus gleicher Zeit waren geometrische Zeitenabstufung, zweimalige Transportbewegung (oft auf einmalige Betätigung umgerüstet), keine Schärfentiefe-Anzeiger, dreieckige Trageriemenösen.

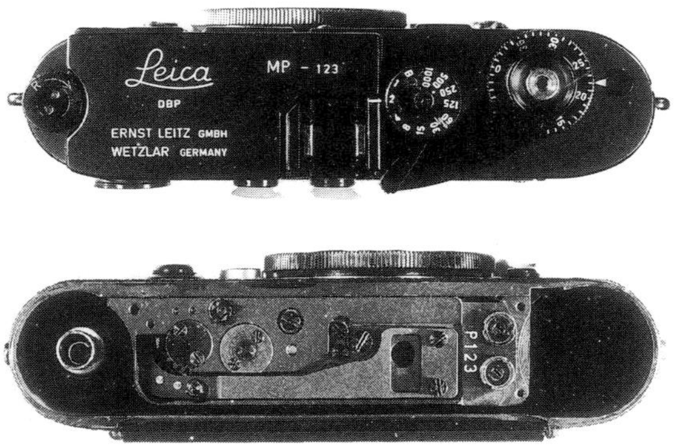

Ein P, gefolgt von der Seriennummer, war auf dem Boden des Verschlusselements eingraviert.

Varianten

- ❍ Einige MP-Modelle wurden ans Werk zurückgeschickt und erhielten dort M3-Features wie Schärfentiefe-Indikatoren, Selbstauslöser und runde Trageriemenösen.
- ❍ Einige M3-Kameras wurden in den frühen 60er Jahren vom Leitz Service für Profis vollständig auf die Ausstattung der schwarzen MP umgerüstet. Sie trugen aber die normale M3-Numerierung.

Codebezeichnungen

IMOOP – Leica MP mit Leicavit-Basis

Produktionszahlen

LEICA MP 1956–1957		
	chr.	schw.
1956	11	–
1957	300	138
Gesamtproduktion	311	138

Leica M2

1958–1967

Die Leica M2 war als preiswerte Alternative zur M3 konzipiert, doch ihr Sucher- und Entfernungsmesser-System wurde zum Standard aller folgenden Modelle.

Erste Leica M2: 926.001, letzte Nummer: 1.165.000

Merkmale

- Bildfeldrahmen für 35, 50 und 135 mm. Der jeweilige Bildausschnitt wird beim Ansetzen des entsprechenden Objektivs automatisch eingespiegelt.
- Suchervergrößerung auf 0,72fach reduziert zur Einspiegelung des 35 mm-Ausschnitts
- Ansetzen des Leicavit ohne Modifikation möglich
- Schärfentiefe-Anzeige im Sucher
- Externes, manuell zurückzustellendes Bildzählwerk
- Frühe Modelle ohne Selbstauslöser, ab Nummer 949.101 als Option erhältlich, in die meisten Kameras ab Nummer 1.004.151 direkt eingebaut. Die Selbstauslöser-Versionen heißen in den USA **M2-S**.
- Frühe Modelle hatten einen Freilaufknopf, die späteren Ausführungen einen Hebel wie bei der M3.

Frühe M2 mit Rückspul-Freilaufknopf zum Eindrücken

Seltene Leica M2 mit schwarzer Lackierung

Späte M2 mit Selbstauslöser und angesetztem Leicameter MC

Leica M2-R

Leica M2-M

Werksseitige Umbauten

Von: M1

Einbau der Bildfeldrahmen für 28 und 75 mm, Freilauf-Hebel statt -Knopf

Varianten

- Änderungen in der Ausstattung siehe oben
- Eine kleine Anzahl wurde in Kanada montiert.
- Eine kleine Stückzahl in schwarz ausgeliefert.
- 1960 wurden 20 Kameras – die Nummern 1.005.751–1.005.770 für die Luftwaffe hergestellt. Sie erhielten die Bildfeldrahmen 35, 50, 90 und 135 mm und eine graue Lackierung.
- Schnell-Aufwickelspule mit drei Klauen in den 1960 für die US-Armee modizifierten Modellen (später als Standard für die **M4** und spätere Modelle eingeführt). Sie wurden als **M2-S** bezeichnet. Nachdem die Armee den Auftrag zurückzog, wurden die Modelle 1.248.201–1.250.200 als **Leica M2-R** bezeichnet und von Leitz/New York 1969/70 allgemein verkauft. Nur eine schwarze M2-R, die Nummer 1.207.000 wurde 1968 in Wetzlar hergestellt. Eine schwarze Ausführung, die bei einer Auktion von Christies im Juli 1990 in London unter der Lot-Nummer 131 auftauchte, war eine ursprüngliche Chrom-Ausführung, die in den USA modifiziert worden war.
- Einige frühe Modelle wurden auf besondere Bestellung hin für die Anbringung eines elektrischen Motors modifiziert.

Codebezeichnungen

Bei Kameras mit 3/"-Stativgewinde war die dritte Ziffer "3" in der Katalognummer durch eine "8" ersetzt.

KOOHE/10308 – Leica M2, nur Gehäuse

..../10398 – Leica M2 schwarz, nur Gehäuse

KOOHV (nur im US-Katalog) – Leica M2S (M2 mit Selbstauslöser), nur Gehäuse

KIZOO/100339 – Leica M2 mit Elmar 3,5/50 mm

KIHOO/10335 – Leica M2 mit Elmar 2,8/50 mm

KIOOL/10336 – Leica M2 mit Summicron 2,0/50 mm

KNOOG/10338 – Leica M2 mit Summicron 2,0/50 mm mit Naheinstellung

KOOIW – Leica M2 mit Summarit 1,5/50 mm

KSOOB/10337 (1959) – Leica M2 mit Summilux 1,4/50mm

Produktionszahlen

LEICA M2 1958–1967

	chr.	D/A	schw.	ELC
1957	200	–	–	–
1958	15670[1]	300	500	430
1959	6415[2]	1300	–	–
1960	7130	3800	270[3]	300
1961	9100	–	200	250
1962	9450	–	350	250

	chr.	motor	schw.	ELC
1963	7000	–	–	–
1964	3800	–	250	150
1965	9475	–	300	200
1966	8049	276	–	–
1967	60	–	–	–
1968	–	–	1	–
Gesamtproduktion	76349	5400 (DA)	1871	1580

[1]Inklusive 512 MP2's
[2]Inklusive 15 MP2's
[3]Inklusive 20 grauer Exemplare

Leica MP2

1958–1959

Die Leica MP2 war eine modifizierte M2 (nicht eine verbesserte MP, wie die Bezeichnung vermuten läßt), die nie in Serie ging. In den Werksaufzeichnungen finden sich zwei Serien der MP2 mit den Nummern 935.001–

935.512 von 1958 und die Nummern 952.001–952.015 von 1959, insgesamt 527 Kameras. Die meisten von ihnen waren normale M2-Kameras, die mit Leicavit-Basis ausgestattet und klar als Vorläufer der MP erkennbar waren. Die meisten Profis bevorzugten den M2-Sucher mit seinem 35 mm-Ausschnitt gegenüber dem M3-Sucher der MP. Aus diesem Grund wurde der M2-Sucher Standard für alle weiteren M-Modelle. Diese Kameras trugen nicht die Gravur "MP2" sondern nur M2.

Die Original-MP2, die als solche per Gravur gekennzeichnet war, ist mit einem elektrischen Schaltkreis für den Versuchsmotor von Leitz ausgestattet. Zwei Exemplare in schwarz sind aus der kleinen Serie von Nummer 935.501–935.511 bekannt, ebenso die ganz in chrom produzierte, oben aufgeführte Serie von 1959. In einigen Fällen wurde der Verschluß durch einen Auslöser vorn am Motor betätigt, bei anderen direkt an der Kamera. Rogliatti schreibt 1985 in seinem Buch, daß diese motorisierten Kameras tatsächlich 1962 und 1963 hergestellt wurden.

Leica M1

1959–1964

Die Leica M1 war für die Kombination mit dem Visoflex-Spiegelkasten bestimmt, vor allem für wissenschaftliche, medizinische und Reproarbeiten. Sie war die erste mit Bajonett, die nach den zahlreichen Schraubmodellen der "I"-Reihe kam und von ihrer Ausstattung her eine vereinfachte M2.

Erste Leica M1: 950.001, letzte Nummer: 1.102.900

Leica M1, Nr.1028496

Militär-M1 mit Leuchtrahmen für 5 und 13,5 cm und olivgrüner Gehäusefarbe

Rückspul-Freilaufknopf an einer frühen M1

Merkmale

- Sucher mit Parallaxenausgleich und Bildrahmen für 35 und 50 mm, jedoch kein Entfernungsmesser
- Gleiche geometrische Zeitenabstufung und Blitzsynchronisation wie M2
- Modellbezeichnung in freigelassenem Entfernungsmesser-Fenster, nicht auf der Deckkappe
- Standardausführung in chrom

Werksseitige Umbauten

Auf: M2

Varianten

- ❍ Drei Serien in olivgrün wurden aufgelegt, sie besaßen Leuchtrahmen für 50 und 135 mm. Es waren die Nummern 980.451–980.500, 1.035.926–1.036.000 und 1.098.101–1.098.183.
- ❍ Eine Serie von 32 M1-Kameras in Post-Ausführung wurde von der schweizer Firma Alos AG für die Deutsche Bundespost modifiziert, um damit Telefonzählerstände zu fotografieren. Sie wurden auf das Bildformat 24 x 27 mm umgebaut und mit einer vorstehenden Frontplatte versehen, durch die die Kamera in die Apparatur eingeklinkt werden konnte. Sie waren mit einem Summaron 35 mm mit fester Entfernungseinstellung für den Abbildungsmaßstab 1:12,7 ausgestattet. Zunächst mit der Lichtstärke 3,5, später 2,8.
- ❍ Der Knopf zur Rückspul-Freigabe bei den frühen Modellen wurde ab Nummer 966.730 gegen einen Hebel ausgetauscht. Es sind Kameras mit einer M1-Seriennummer bekannt, die aber eine MD-Deckkappe besaßen.

Codebezeichnungen/Katalognummern

Für Kameras mit 3/8"-Stativgewinde war die dritte Ziffer "1" bei der Katalognummer durch eine "6" ersetzt.
KOOCT/10120 – Leica M1, nur Gehäuse
KOOML/10124 – Leica M1 mit Elmar 3,5/50 mm
KOOEU/10125 – Leica M1 mit Elmar 2,8/50 mm

Produktionszahlen

LEICA M1	**1959–1964**				
	chr.	oliv		chr.	oliv
1959	3235	–	**1962**	1566	–
1960	–	50	**1963**	1370	–
1961	2145	75	**1964**	1117	83
	Gesamtproduktion			9442	208

Leica MD

1064–1966

Bei der Leica MD handelt es sich um eine vereinfachte M1, bei der der unnötige und teuere Sucher fehlte.

Leica MD, Nr.1160737

MD 24x36 mm Postkamera Nr.1067896

M1 24x27 mm Postkamera, Nr.1098233 ohne den speziellen Post-Objektivansatz

Erste Leica MD: 1.102.501, letzte Nummer: 1.160.820
Eine Serie von Post-Ausführungen der MD wurde 1963 aufgelegt, bevor die reguläre Produktion begann.

Merkmale

- In jeder Hinsicht identisch mit der M1, bis auf den fehlenden Sucher. Der Zubehörschuh erlaubt bei Bedarf das Aufstecken eines Suchers.
- Als Zubehör gab es eine spezielle Bodenplatte mit Schlitz. Er erlaubte das Einschieben eines Indexstreifens aus 4 mm breitem klaren Kunststoff zum Einbelichten in die Aufnahme.

Varianten

- **Post-Versionen** wurden an die Deutsche Bundespost und Telefongesellschaften geliefert, um damit Telefonzähler-Stände zu fotografieren (siehe M1). Sie hatten ein automatisch zurückstellendes Zählwerk wie die M3 und nur eine Buchse für Elektronenblitz. Sie waren normalerweise mit einem Summaron 2,8/35 mm ausgerüstet. Die Nummern waren:1067871–1068.000; 1.114.976–1.115.000; 1.141.897–1.141.968 mit Format 24 x 36 mm und 1.141.969–1.142.000 mit Format 24 x 27 mm.
- Einige Exemplare besaßen eine graue Hammerschlag-Lackierung
- Die **Leica MS** war eine modifizierte MD, die zum Einsatz als Handkamera für Luftaufnahmen konzipiert war (Hasbroeck, 1983, S. 169). Sie besaß eine Spezialausführung des Leicavit und einen Pistolengriff, der einen Hebel zum Transport und Auslösen für Einhandbetrieb. Die Kamera besaß ein Summicron 2,0/90 mm mit fester Entfernungseinstellung und einen Durchsichtssucher, das Gehäuse war hammerschlag-grau lackiert.

Katalognummern

10101 – Leica MD, nur Gehäuse
14131 – Vorrichtung zur Filmmarkierung mit spezieller Bodenplatte
14132 – 100 Markierungsstreifen

Produktionszahlen

LEICA MD 1963–1966	MD	Postkameras 24x36	Postkameras 24x27
1963	–	130	–
1964	300	–	–
1965	900	25	–
1966	2016	72	32
Gesamtproduktion	3216	227	32

Leica M4

1967–1975

Die Leica M4 ersetzte sowohl die M3 als auch die M2, da sie die Features von beiden in sich vereinte.

Erste Leica M4: 1.175.001, letzte Nummer: 1.443.170

Merkmale

Leuchtrahmen für 35, 50, 90 und 135 mm, wie zuerst bei den Luftwaffen-M2 von 1960. Die Rahmen für 35 und 135 mm waren zusammen sichtbar.

- Suchervergrößerung wie bei der M2 0,72fach
  Abklappbare Rückwickelkurbel statt wie bisher hochziehbarer Knopf, im Winkel angesetzt, um Platz für den Schalter des neuen MR4-Belichtungsmessers zu lassen
- Aufwickelspule mit drei Klemmen zum schnellen Filmeinlegen, wie erstmals bei der M2R
  Kein Schutzkranz um den Auslöser herum
- Selbstauslöser und Hebel für Bildrahmen-Einspiegelung in neuer rechteckiger Ausführung mit schwarzen Kunststoff-Einlagen
- Schnellschalthebel mit Kunststoff-Bezug am Ende
- Blitzsynchronisation ähnlich wie bei M3, jedoch mit 3 mm Standard-Koaxialbuchse
- Selbsttätig zurückstellendes Bildzählwerk wie bei M3
- Drei Standardausführungen: chrom, schwarz lackiert, später schwarz verchromt

Werksseitige Umbauten

Nachträglicher Einbau der Leuchtrahmen für 28 und 75 mm

Varianten

- ❍ Eine kleine Anzahl wurde in Kanada gefertigt, doch nur die letzte Serie mit Schwarzverchromung trug die Gravur "Ernst Leitz Canada Ltd., Midland, Canada". Die früheren Ausführungen hatten eine "Wetzlar"-Deckkappe.
- ❍ Eine kleine Serie wurde in olivgrüner Farbe für das Militär aufgelegt. Es waren die Nummern 1.266.101–1.266.131.
- ❍ Die **Leica KE-7A** war eine Spezialausführung, die in Kanada für die US-Armee hergestellt wurde. Sie hatte einen kältefesten Verschluß für Temperaturen bis -20°C, das Gehäuse war gegen Staub und Schmutz abgedichtet. Die Kamera wurde mit einem Elcan 2,0/50 mm ausgeliefert. Einige wenige davon wurden auch an ausgewählte Leica-Händler geliefert. Die K7A-Nummern waren: 1.293.771–1.293.775 und 1.294.501–1.295.000.
- ❍ Etwas mehr als 900 Exemplare wurden für den von Leitz, New York hergestellten Motor gebaut. Sie hießen zunächst **M4M**, später **M4 MOT**.
- ❍ Etwa 20 M4-Kameras wurden von der Rockleigh Service Abteilung durch Anbau einer Leicavit MP-Bodenplatte und einer geschlitzten Spule für die Antriebswelle des Leicavit MP modifiziert (Curry und Clarke, Vfr., 1980, **13**., Nr. 2, S. 11).
- ❍ 1975 wurde eine Sonderausführung von 1750 Exemplaren der M4 aufgelegt, die das 50jährige Jubiläum der Produktion der ersten Leica markierte. Sie wurden bis auf 350 Stück in Kanada gefertigte in Wetzlar hergestellt. Jede besaß eine dreistellige Nummer, der ein Buchstabe des Wortes Leica vorangestellt war. Vorn stand die Gravur "50 Jahre" mit Eichenlaub um die 50 herum.

Leica M4 mit angesetztem Leicameter MR4

Rückspulkurbel in ausgeklappter Stellung

Kanadische M4 mit schwarzer Verchromung

Leica KE-7A aus Kanada für die US-Armee

M4 für den von Leitz/New York hergestellten Leicamotor. Anfangs war die Modellbezeichnung M4-M, später M4 Mot.

"50 Jahre" Jubliäums-M4, eine aus kanadischen Serie mit normaler M4-Seriennummer

Von der NASA modifizierte M4 für leichtere Bedienung mit Handschuhen. Die Kamera mit mit einem Noctilux 1,2 ausgestattet.

- Die NASA, Raumfahrtbehörde der USA, modifizierte eine Anzahl vom M4-Kameras für den vorgesehenen Einsatz auf dem Mond. Der Rückwickelknopf, das Zeitenrad, der Auslöser und andere Bedienungselemente wurden zur Bedienung mit den dicken Handschuhen verlängert. Große Tasten wurden zum gleichen Zweck an den Einstellringen des Noctilux angebracht. Diese Kameras wurden allerdings nie auf dem Mond eingesetzt.
- Nachdem Zeiss die Kameraproduktion eingestellt hatte, lieferte Leitz M4-Kameras für bestimmte Zwecke an Zeiss. Eine von ihnen ist 1991 von Nakamura beschrieben worden. Nach der Seriennummer ist es eine M4 mit Motor gewesen, doch sie hatte in Wirklichkeit keinen Motoranschluß, sondern lediglich einen Schlitz in der Bodenplatte für Registrierstreifen wie die MD. In der Deckkappe ist ein "M" in der Nähe eines weißen Punktes eingraviert, bei dem es sich offensichtlich um eine Zeiss-interne Markierung handelte.

Katalognummern

10400 – Leica M4 Gehäuse chrom
10402 – Leica M4 Gehäuse schwarz
10401 – Leica M4-MOT, Gehäuse schwarz
10405 – Leica M4 chrom mit Elmar 2,8/50 mm
10409 – Leica M4 chrom mit Summicron 2,0/50 mm
10408 – Leica M4 chrom mit Summilux 1,4/50 mm

Produktionszahlen

LEICA M4 1967–1975

	chr.	*schw.*	*Motor*	*ELC*		*chr.*	*schw.*	*Motor*	*ELC*
1967	9900	–		100	**1972**	–	–	–	505[2]
1968	17220	620	150	–	**1973**	–	–	–	–
1969	9200	2700	255	–	**1974**	–	2250	–	950
1970	10871[1]	1100	400	–	**1975**	–	1820	–	800
1971	–	500	100	–					
Gesamtproduktion						47191	8990	905	2355

[1]Einschließlich 31 olivgrüner Exemplare
[2]KE-7 models

Leica MDa.

1966–1976

Technische Version der M4, Nachfolger der MD.

Spezialbodenplatte der MDa zur Filmmarkierung

MDa-Postkamera mit Format 24 x 36 mm, Nr. 1273929. Sie hat einen Transporthebel vom MD-Typ und eine Rückspulkurbel von einer MDa.

MDa-Postkamera mit Format 24 x 27 mm, Nr. 1293387

Erste Leica MDa: 1.159.001, letzte Nummer: 1.412.550

Merkmale

- M4-Gehäuse mit angewinkelter Rückspulkurbel und Filmschnellade-System, jedoch ohne Entfernungsmesser, Sucher und Selbstauslöser
- Die Kamera wurde mit der normalen Bodenplatte verkauft, doch die spezielle Bodenplatte für Filmmarkierungen war ebenfalls erhältlich.
- Alle Kameras hatten ein verchromtes Gehäuse.

Varianten

- ❍ Post-Versionen wurden für die Deutsche Bundespost und andere Telefon-Behörden hergestellt. Die Nummern mit 24 x 36-Format waren: 1.164.866–1.164.940; 1.206.892–1.206.941; 1.273.926–1.274.000. Die Nummern im Format 24 x 27 mm: 1.185.291–1.185.300; 1.206.942–1.206.961; 1.273.922–1.273.925; 1.286.701–1.286.760; 1.293.878–1.294.000.
- ❍ Die Nummern 1.293.673–1.293.770 und 1.293.776–1.293.877 waren für Motorbetrieb vorgesehen und in den Werksaufzeichnungen als "Blitz-Spezial" geführt. Diese Kameras haben keinen Schlitz in der Bodenplatte.

Katalognummern

10103 – Leica MDa Gehäuse
14142 – Registrier-Bodenplatte
14170 – 100 Registrierstreifen

Produktionszahlen

LEICA MDa	**1966–1976**			
	MDA	*Post 24x36*	*Post 24x27*	*Blitz/Sp.*
1966	1800	–	–	–
1967	–	75	–	–
1968	1736	–	10	–
1969	1200	50	20	–
1970	1350	–	–	–
1971	2100	75	4	–
1972	672	–	183	200
1973	1500	–	–	–
1974	1000	–	–	–
1975	400	–	–	–
1976	2550	–	–	–
Gesamtproduktion	14308	200	217	200

Leica M4-2

1978–1980

Leitz traf nach der Einführung der M4-2 zur photokina 1976 die Entscheidung, die M-Kameras einschließlich der im folgenden beschriebenen M5 mit TTL-Messung einzustellen, da die Produktion in Wetzlar zu kostspielig wurde und das Unternehmen Kapital benötigte. Die Nachfrage veranlaßte Leitz jedoch, die M-Modelle 1978 mit der M4-2 wieder einzuführen, die in Kanada hergestellt wurde. Etwa 95 Leica M4-2 Kameras wurden 1977 hergestellt, doch sie tragen Seriennummern, die eigentlich für die R3 in Safari-Ausführung vergeben waren. Nach der Liste 110–108 vom Novembr 1976 war die Kamera vom Frühjahr 1977 an erhältlich.

Erste aufgeführte Leica M4-2: 1.480.001; letzte Nummer: 1.533.350

Merkmale

- In mechanischer Hinsicht identisch mit der M4, jedoch ohne Selbstauslöser
- Ein zusätzliches Feature war der Zubehörschuh mit Mittenkontakt, die beiden rückseitigen Buchsen für Blitzbirnen und Elektronenblitz blieben jedoch erhalten.

Leica M4-2

- Die Kamera besaß die erforderlichen elektrischen Schaltkreise und die Stromversorgung für den neuen Leica Winder M4-2.
- Die Standardausführung war schwarz, doch später wurde auf besondere Bestellung hin auch eine Ausführung in satiniertem Chrom mit einem passenden Summicron 50 mm angeboten.

Werksseitige Umbauten

Einbau von Leuchtrahmen für 28 und 75 mm

Varianten

- Spezialausführung 1979 zum 100. Geburtstag von Oskar Barnack. Sie waren vergoldet, mit schwarzem Schlangenleder bezogen und wurden in einer Mahagoniholz-Schachtel angeboten. Sie trugen die Facsimile-Unterschrift von Oskar Barnack eingraviert und die Jahreszahlen "1879–1979" auf der Deckkappe. Ursprünglich ging man von 500 Kameras aus, den Nummern 1.527.201 – 1.527.700, später wurden weitere 500 aufgelegt. Es waren die Nummern 1.528.151– 1.528.650.
- Obwohl der größte Teil in Kanada produziert wurden, kam auch eine kleine Zahl aus Wetzlar.
- Die früheste Serie, die Nummern 1.468.001–1.468.091 und möglicherweise fünf oder sechs weitere trugen das runde rote Leitz Logo an der Vorderseite links vom Objektiventriegelungsknopf.
- Berichtet wird über fünf verschiedene Gravurarten der M4-2 (Lager, III, S. 84; Cohen, Vfr., 1978, **11**, Nr. 2, S. 15; Foris, ibid, Nr. 4, S. 14; Netolitzky, Vfr., 1979, **12**, Nr. 2, S. 79; Harris, Vfr., 1980, **13**, Nr. 1, S. 80; Schaffhausen, Vfr., 1983, **16**, Nr. 2, S. 18). Die bekannten Exemplare lassen sich folgendermaßen erkennen:

  1. Deckkappe: "Leitz Wetzlar". Rückseite: "Made by Leitz Canada." Nummern 1.468.122; 1.468.197.
  2. Deckkappe: "Leitz Wetzlar". Oberhalb des Zubehörschuhs: "Made in Canada". Nr. 1.468.862.
  3. Deckkappe: "Leitz Wetzlar". Rückseite: "Canada". Nummern 1.469.860; 1.480.516; 1.502.335.
  4. Deckkappe: "Leitz". Rückseite: "Canada". Nummern: 1.469.728; 1.469.860; 1.480.516; 1.502.335.
  5. Deckkappe: "Leitz". Rückseite: "Made by Leitz Canada". Nummer 1.529.241.
- Die Trageriemenösen waren entweder aus hellem Stahl oder schwarz verchromt.
- Bekannt ist auch eine schwarze, in Kanada hergestellte **Leica M4-2K**, Nummer K-4427 mit Selbstauslöser. Sie besitzt einen verchromten Schnellschalthebel für zweifachen Transportschwung, ein schwarz lackiertes Zeitenrad, verchromten Selbstauslöser-Hebel, Bildrahmenwähler und Rückspulkurbel (Christie's, London, Juli 1990, Lot 126).

Katalognummer

10410 – Leica M4-2 Gehäuse

Produktionszahlen

LEICA M4-2 1978–1980

	black	*gold*
1978	2100	–
1979	7850	500
1980	6150	500
Gesamtproduktion	16100	1000

Die Zahlen basieren auf den vergebenen Nummern und entsprechen nicht unbedingt der wirklich produzierten Anzahl.

Leica MD-2

Leica MD-2

1980–1987

Die letzte vereinfachte M-Kamera für technische Arbeiten. Sie basierte auf dem M4-2 Gehäuse. Obwohl 1976 angekündigt, fällt die erste registrierte Seriennummer in das Jahr 1980.

Erste Leica MD-2: 1,545,361. Letzte Nummer nicht verfügbar

Merkmale

- M4-2 Gehäuse ohne Sucher, Entfernungsmesser und Selbstauslöser, jedoch mit Mittenkontakt-Blitzschuh und zwei rückseitigen Blitzbuchsen sowie Kontakte und Kupplungen für Motorantrieb
- Neue Filmmerkscheibe auf der Rückwand, bestehend aus Aluminiumscheibe, auf der mit weichem Bleistift oder Filzstift geschrieben werden kann.
- Kameras nur mit schwarzer Verchromung lieferbar
- Verwendbar war die gleiche Spezialbodenplatte mit Schlitz für Registrierstreifen wie bei der MDa

Varianten

❍ Eine Leica MD 22 war angekündigt (L.Fo. 1976, Nr.5, S. 233). Es sollte eine Halbformatkamera für 72 Aufnahmen 18 x 24 mm sein, sie war zur Herstellung von Filmstreifen vorgesehen.

Katalognummer

10105 – Leica MD-2 Gehäuse

Produktionszahlen

LEICA MD-2 1977–1987			
	Leitz Wetzlar-Produktion		
1981	675	**1985**	245
1982	136	**1986**	39
1983	199	**1987**	164
1984	184		
Leitz Kanada			951
Gesamtproduktion			2593

Leica M4-P

1981–1987

Die Einführung der Leica M4-P bestätigte die Leica-Meßsucherkameras als ideales Werkzeug für Profis, die ihre schnelle, präzise Scharfeinstellung speziell bei wenig Licht und die leise Auslösung schätzten. Ein weiterer Vorteil war auch das neue Summilux 1,4/75 mm.

Erste Leica M4-P: 1.543.351. Letzte Nummer: nicht verfügbar

Merkmale

- Leuchtrahmen für 28 und 75 mm, zusätzlich zu den gewohnten Rahmen für 35, 50, 90 und 135 mm. Die Rahmen erschienen paarweise beim Ansetzen des betreffenden Objektivs oder Betätigen des Vorwahlhebels, also 28 und 90 mm, 50 und 75 mm sowie 35 und 135 mm.
- Kein Selbstauslöser
- Ansetzmöglichkeit für den neuen M4-P Motor mit elektronischer Kupplung
- Nach wie vor drei Blitzkontakte, Mittenkontakt-Blitzschuh sowie die beiden rückseitigen Buchsen
- Lieferbar in silberner oder schwarzer Verchromung, jeweils mit rundem Leitz-Logo vorn
- Alle Kameras wurden in Kanada hergestellt.

Varianten

- 1982 wurde in Nordamerika eine Sonderedition von 200 Kameras aufgelegt, um die kanadische Mount Everest-Besteigung im gleichen Jahr zu würdigen. Die Kameras waren schwarz mit weißer Mount Everest-Gravur.
- 1983 gab es eine Edition von 2500 Kameras mit silberner Verchromung zum Jubiläum der Ur-Leica von 1913. Sie trugen eine Spezialnummer bestehend aus einem Buchstaben des Wortes Leica und eine Nummer von 1 bis 500. Die Gravur lautete "1913–1983". Einige Objektive, Motoren und Kombitaschen erhielten die gleiche Inschrift, sie wurden in Nordamerika mit der Kamera im Set verkauft.

  Set 1: M4-P Gehäuse, MR-4 Belichtungsmesser ohne Gravur, schwarzes Summicron-M 2,0/50, schwarzer Winder M4-P, komplett in Kombitasche

  Set 2: Wie Set 1, aber mit schwarzem Summilux-M 1,4/50 und Elmarit-M 2,8/28 mm

  Set 3: M4-P Gehäuse, Belichtungsmesser und Winder mit Summicron-M 2,0/35 und Summicron-M 2,0/90 mm, komplett in Kombitasche
- Es ist von einer Halbformat-M4-P berichtet worden (Vidom, 1990, Nr.46, S. 7), sie besitzt in der Bodenplatte eine Plakette mit der Inschrift "Property of Ernst Leitz Canada Ltd."

Leica M4-P

Katalognummer

10415 – Leica M4-P, schwarz verchromtes Gehäuse

10416 – Leica M4-P, silbern verchromtes Gehäuse

Produktionszahlen

LEICA M4-P 1981–1987			
1981	6735	**1985**	306
1982	6160	**1986**	557
1983	5340	**1987**	69
1984	3277		
Gesamtproduktion			22444
schwarz 18057		*chrom*	4334

Leica M5

1971–1975

Der größte Nachteil der Leica M-Kameras im Vergleich zur Spiegelreflexkamera war das Fehlen der TTL-Messung. Die Leica M5 war der erste Versuch, diese Einschränkung zu überwinden, wie im folgenden beschrieben wird. Dies erforderte ein größeres und schweres Gehäuse.

Erste Leica M5: 1.287.001, letzte Nummer: 1.384.000
Die ersten 50 Kameras bis Nummer 1.287.050 waren die Modelle der Nullserie innerhalb der Testphase.

Merkmale

- Völlig anderes Gehäuse als die restliche M-Serie mit einem längeren und höheren und konisch an den Enden zusammenlaufen Gehäuse
- TTL-Messung mit CdS-Zelle an einem Arm dicht vor dem Verschluß, schwenkt bei Druck auf den Auslöser aus dem Weg. Belichtungseinstellung durch Abgleich mit Meßnadel, beide im Sucher sichtbar
- Verschlußzeiten von ½ bis 1/1000 Sek. Die Zeiten 2, 4, 8, 15 und 30 Sek. sind ebenfalls angezeigt, mußten jedoch in B-Stellung manuell gesteuert werden.
- Zeitenrad unterhalb des Schnellschalthebels leicht über das Gehäuse herausragend, so daß es mit der Hand gedreht werden konnte, während der Abgleich im Sucher beobachtet wurde.
- Filmempfindlichkeitseinstellung durch geriffelten Knopf auf der Deckkappe mit DIN- und ASA-Skalen in zwei kleinen Fenstern sichtbar
- Der Sucher besaß die Rahmen für 35, 50, 90, und 135 mm der M4 mit einer kleinen tonnenförmigen Kontur in der Mitte

Leica M5 mit silberner Verchromung

Leica M5 mit schwarzer Verchromung und "50 Jahre" Jubiläums-Gravur

die die Spotmeßfläche mit 50 mm Brennweite anzeigte. Entlang der unteren Kante des Suchers waren die Zeitenskala und ein Indexpunkt für die eingestellte Verschlußzeit und die Meßnadel eingespiegelt.

- Selbstauslöser, Bildrahmenwähler, Zubehörschuh, die beiden Synchronbuchsen und das Schnelladesystem waren ähnlich der M4.
- Der Bildrahmenwähler diente, von vorn gesehen ganz nach rechts gedrückt auch zur Batteriekontrolle.
- Die Kamera war in silberner oder schwarzer Verchromung lieferbar.
- Drei Schlaufen anstelle von Ösen dienten zur Trageriemenbefestigung; eine an jedem Ende und eine dritte am Boden der Sucherseite. Dadurch wahlweise horizontale oder vertikale Tragweise.
- Einige Objektive konnten ohne Modifikation nicht an der M5 verwendet werden, da sonst die Meßzelle und die Hinterlinse beschädigt worden wären. Es waren das 28 mm-Elmarit unter Nr. 2.314.921 und das 21 mm-Super Angulon unter Nr. 2.473.251. Ebenso konnten versenkbare Objektive nicht eingeschoben werden, und Leitz empfahl das Umwickeln der Objektivfassung mit Klebeband, um ein versehentliches Einschieben zu verhindern.

Varianten

- ❍ Frühe Kameras besaßen nur zwei Trageriemen-Schlaufen am Boden und der Oberseite der Sucherseite, so daß die Kamera immer senkrecht hing. Die dritte konnte werksseitig nachträglich hinzugefügt werden, so daß die Kamera auch in normaler Position getragen werden konnte.
- ❍ Bei den späteren Modellen gab es eine federnde Verriegelung am Zeitenrad, um unbeabsichtigtes Verstellen zu verhindern. Dies war bei der ersten Serie ein Problem gewesen.

Codebezeichnungen

10501 – Leica M5, silbern verchromtes Gehäuse

10502 – Leica M5, schwarz verchromtes Gehäuse

Produktionszahlen

LEICA M5 1971–1975					
	chr.	schw.		chr.	schw.
1971	2850	3150	**1974**	1000	3000
1972	3500	10500	**1975**	400	1000
1973	3000	5500			
	Gesamtproduktion			10750	23150

Leica M6

1984 – noch in Produktion

Die M6 hat sich als elegante Lösung erwiesen, TTL-Messung in eine Sucherkamera zu integrieren und die Leica M als Alternative zur Spiegelreflexkamera für Profis und ernsthafte Hobbyfotografen etabliert.

Erste Leica M6: 1.657.251

Merkmale

- Die Kamera ist von gleicher Gröpe wie die erste M3, mit dem Gehäuse der M4-P und deren Sucherrahmen, jedoch mit vollelektronischer TTL-Messung wie im einführenden Abschnitt dieses Kapitels beschrieben.
- Das offensichtlichste Merkmal nach Abnehmen des Objektivs ist der 12 mm große silberne Punkt auf dem ersten Verschlußvorhang.
- Zwei gleichmäßig helle dreieckige rote Leuchtdioden im Sucher zeigen die korrekte Belichtung an. Nur eine aufleuchtende LED weist auf Überbelichtung hin.
- Batteriefach dort, wo früher der Selbstauslöser untergebracht war
- Einstellrad für Filmempfindlichkeit auf dem hinteren Rückwand-Fenster
- Alle Kameras wurden in Deutschland hergestellt, zunächst in Wetzlar, heute in Solms.
- Ursprüngliche Ausführung war Schwarzverchromung, seit 1986 gibt es jedoch auch ein silberverchromtes Gehäuse.

Aktuelle Leica M6 mit silberner Verchromung mit rundem Leica-Logo und schwarzen Hebeln

Frühe M6 mit schwarzer Verchromung mit Leitz-Logo und ohne Kunststoff-Einsätze

Spätere M6 mit silberner Verchromung, rundem Leitz-Logo und silbernen Bedienungselementen sowie Kunststoff-Einsätzen gegen Abrieb

Varianten

- Bis 1988 wurde die Kamera in Wetzlar hergestellt, das rote runde Logo auf der Vorderseite trug den Namen "Leitz", die Deckkappe war mit der Gravur "Ernst Leitz Wetzlar GmbH" versehen. Seit 1988 wird die Kamera in Solms hergestellt, in der runden roten Plakette steht der Name "Leica", die Deckkappe ist glatt mit lediglich der Seriennummer eingraviert auf einer der Halterungen des Zubehörschuhs.
- Kameras ab 1986 besitzen schwarze Kunststoffeinlagen im Gehäuse oberhalb der Trageriemenösen, um Abrief durch den Trageriemen zu verhindern.
- Von 1990 an hat die silbern verchromte Ausführung einen schwarz überzogenen Schnellschalthebel und schwarze Auslösereinfassung, Zeitenrad, Rückspulknopf und -kurbel, Bildrahmen-Wählhebel und Rückspul-Entriegelungshebel.
- Eine limitierte Auflage von 1250 platinbeschichteten Leica M6 mit entsprechend platiniertem Summilux 1,4/50 mm wurde 1989 aus Anlaß des 75jährigen Jubiläums der Leica Fotografie herausgegeben. Die Kameras trugen einen der Buchstaben des Wortes Leica gefolgt von einer Seriennummer zwischen 1 und 250. Jede Kamera trug auf der Deckkappe das eingravierte Jubiläumssymbol, darüber "150 Jahre Photographie", darunter "75 Jahre Leica Photographie". Sie wurden in einer Mahagoni-Schachtel mit einer Jubiläums-Broschüre ausgeliefert.
- 1986 wurde Ihrer Majestät Königin Elisabeth II. von England eine silbern verchromte Leica M6 Nr. 1.682.800 mit einem schwarzen Summicron 2,0/50 mm Nr. 3.360.197 überreicht. Die Kamera trägt auf der Deckkappe das eingravierte Monogramm der Königin, E II R und die Krone sowie das Jahr 1986. Auf Pressefotos von der China-Reise der Königin ist die Königin dagegen mit ihrer originalen 30 Jahre alten Leica M3 zu sehen – sehr zum Befremden einiger junger Kommentatoren. Der Autor hörte einen Fernsehsprecher sagen: "Ich weiß nicht, welche Kamera die Königin da benutzt, ich habe eine solche bisher noch nie gesehen."

Zu den Sondermarken, die 1986 in England anläßlich des 60. Geburtstags der Königin herausgegeben wurden, gehört auch eine Briefmarke, die die Königin mit dieser besagten M3 zeigt.

❍ **Leica M6G**. Diese Kameras in schwarzer oder silberner Verchromung wurden im Auftrag eines speziellen schweizerischen Leica-Händlers aufgelegt. Das runde Leitz-Logo, normalerweise rot, war golden, und vor dem Zubehörschuh war die Schnittzeichnung eines Elmars eingraviert. Nach Abnehmen der Bodenplatte war eine Nummer, gefolgt von "M6G", in der Mitte der Filmeinlege-Skizze zu sehen (Nakamura, 1991). 1988 wurde anläßlich des 20. Jubiläums der Gründung der "Leica Historical Society von Amerika" eine Sonderserie der silbern oder schwarz verchromten M6 aufgelegt. Die Gravur auf der Deckkappe zeigt das Logo der Gesellschaft mit den Daten "1968" und "1988" auf jeder Seite.

Katalognummern
10404 – Leica M6, schwarz verchromtes Gehäuse
10414 – Leica M6, silbern verchromtes Gehäuse

Produktionszahlen

LEICA M6 1984–			
1984	1203	**1986**	11215
1985	9157	**1987**	8011
In Produktion			

Ein neues De Luxe-Modell wurde anläßlich der photokina 1992 vorgestellt. Sie ist technisch mit der gewohnten M6 identisch, besitzt jedoch eine elegante grau platinierte Oberfläche mit Lederbezug. Die robuste, 0,8 mm dicke Deckkappe aus Messing ist durch ihre Titanium-Beschichtung ausgesprochen kratzfest.

Die Kamera wird zusammen mit einem Summilux 1,4/35 mm ebenfalls in Platin-Ausführung geliefert. Es ist das erste Objektiv einer geplanten Titanium-Reihe.

Ferngläser

Fortsetzung von Seite 377

Zwei neue Ferngläser von Leica wurden zur photokina 1992 vorgestellt.

Das **Leica 8x32 BA** ist ein leichtes, für allgemeine Zwecke geeignetes Glas mit großes Gesichtsfeld, äußerlich den Leica 42-Modellen sehr ähnlich.

Leica Geovid 7x42 BDA. Dieses völlig neue, revolutionäre Design kombiniert optische und elektronische Elemente, indem ein Infrarot-Entfernungsmesser und ein elektronischer Kompaß in ein kompaktes Gerät für Freihand-Einsatz integriert wurden. Die Entfernung vom Objekt wird in der Suchermitte durch LED angezeigt. Der Meßbereich erstreckt sich von 25 bis 1500 Metern mit einer Genauigkeit von +/-1 m. Magnetische Feldsensoren bestimmen die Richtung des magnetischen Nordpols, der Azimut-Winkel der Fernglas-Achse ist innerhalb des Bildfeldes bis auf 0,5° genau von LED's angegeben. Das Fernglas muß nicht in der Waage sein, damit der Kompaß benutzt werden kann. Das Gewicht beträgt etwa 1500 Gramm im Vergleich zu den 890 Gramm des normalen 7x42 Leica-Fernglases.

6 Leica Kompaktkameras

Der Begriff "Kompakt" ist in Bezug auf Kameras sehr dehnbar. Eigentlich kann nichts kompakter sein als die erste Leica, selbst ihr direkter Nachfolger, die Leica M6, ist nicht viel voluminöser. Heutzutage jedoch wird dieser Begriff normalerweise für Schnappschuß- oder Bridgekameras verwendet, die keine Spiegelreflexkameras sind. Viele der heutigen Kompaktkameras sind ebenso groß oder sogar größer als eine Leica. In diesem Kapitel sind die Kameras zusammengefaßt, die Leitz, heute Leica, als "kompakt" bezeichnet.

Leitz brachte 1960 zwei Kompaktkameras bis zum Prototyp-Stadium. Beide hatten Halbformat, verständlich zu einer Zeit, als sich das Halbformat zu einem populären Format zu entwickeln schien.Die Leica Box mit Wechselobjektiv war die erste der beiden. Am Ende des Jahrzehnts wurde die Leica H mit einem versenkbaren, nicht auswechselbaren Objektiv bis zur Serienreife gebracht. Die Leica 110 erreichte fast das Produktionsstadium auf dem Höhepunkt der Pocketformat-Welle. Sie sollte eigentlich auf der photokina 1974 gezeigt werden, doch man erkannte schnell, daß dies ein für Leitz unpassendes Produkt sein würde.

Drei Prototypen von Leica-Kompaktkameras. Die Leica-Box der frühen 50er Jahre war eine Halbformatkamera, die Leica 110 von 1974 war kurz vor ihrer Serienreife. Doch das Projekt wurde schließlich doch gestoppt (*Leica Archiv*)

Die erste serienmäßige Leica Kompaktkamera war eine kleinere Version der Leica M5, die **Leica CL**. Sie hatte das gleiche Auflagemaß wie die M-Serie und konnte daher alle M-Objektive aufnehmen. Die Einschränkungen in Bezug auf Versenkbarkeit und Weitwinkeltauglichkeit waren die gleichen wie bei der M5, es gab jedoch auch zwei speziell für diese Kamera konstruierte Objektive mit 40 und 90 mm. Obwohl diese auch an die M-Modelle paßten, waren ihre Steuerkurven für die viel kürzere Meßbasis des CL-Entfernungsmessers konzipiert und kuppelten daher nicht absolut präzise. Dies spielte aber mehr für das 90er als für das 40 mm-Objektiv eine Rolle. (Umgekehrt galt dies natürlich auch für die Verwendung von CL-Objektiven an M-Kameras). Die CL verfügte ebenfalls über TTL-Messung ähnlich der M5. Die Kamera wurde in Wetzlar konstruiert, jedoch von Minolta in Japan gefertigt. Die Produktion endete 1976 nach nur drei Jahren.

Die Produktion einer kompakten Leica wurde kurze Zeit, nachdem sich die neue Leica Kameragruppe formiert hatte, wieder aufgenommen, da man nach einer preiswerteren, in höheren Stückzahlen abzusetzenden Kamera suchte, um die Overhead-Kosten zu senken. Die Lösung lag wieder bei Minolta in Japan in Form eines bereits bestehenden Autofokus-Modells, die als **Leica AF-C1** nach Leica-Spezifikationen erschien. Sie hat sich als ausgesprochen erfolgrreich und für die Rentabilität der Firma sehr wichtig erwiesen. Die erste AF-C1 bot zwei Brennweiten, 40 und 80 mm. Sie wurde 1991 durch ein Zoommodell, die **Leica C2-Zoom**, ersetzt, die einen Brennweitenbereich von 40 bis 90 mm bot. Wie die AF-C1 ist sie wahlweise mit oder ohne Datenrückwand erhältlich.

Eine wirklich kompakte Kamera wurde 1991 vorgestellt. Es ist die **Leica Mini**, die der Minox 35-Serie von ihren Abmessungen her sehr nahe kommt. Diesmal war jedoch Matsushita (Panasonic) der Hersteller. Sie basiert auf einem Modell dieses Herstellers, weicht allerdings in den Daten davon ab. Das Objektiv jedoch ist ein speziell für diese Kamera in Solms gerechnetes Elmar 3,5/35 mm.

Die Leica Kompaktkameras

Leica CL

1973–1976

Erste Leica CL: 1.300.001, letzte vergebene Nummer: 1.440.000

Leica CL

Leitz Minolta CL. Die in Japan verkaufte CL trug eine abweichende Modellbezeichnung und war mit einem Minolta Rokkor-Objektiv ausgestattet.

50 Jahre-Gravur an der Jubiläums-CL

Merkmale

- Rechtwinkliger Gehäusekörper mit 120 mm Breite und 75 mm Höhe, nur in schwarz lieferbar
- Gekuppelter Entfernungsmesser mit kurzer Basis
- Leica M-Bajonett. Neben den beiden speziell konstruierten Objektiven mit 40 und 90 mm Brennweite akzeptiert die Kamera alle M-Objektive mit Ausnahme solcher, die auch für die M5 ungeeignet sind.
- Sucher mit Leuchtrahmen für 40 und 50 mm, der 90 mm-Rahmen erschien beim Ansetzen dieses Objektivs.
- TTL-Messung ähnlich der der Leica M5
- Die Verschlußzeiten waren an der oberen Kante des Suchers angezeigt, die korrekte Belichtung wurde durch Deckungsgleichheit von Meßnadel und der zentralen Kerbmarkierung eingestellt. Der Verschluß lief senkrecht ab, das Zeitenrad befand sich vorn an der Kamera. Die Verschlußzeiten erstreckten sich von ½ bis 1/1000 Sek. in der üblichen geometrischen Abstufung.
- Rückwand und Bodenplatte der Kamera bestanden aus einem Teil und wurden zum Filmeinlegen abgezogen.
- Die Deckkappe trug die Gravur "Leitz Wetzlar". Auf der Bodenplatte stand "Made in Japan for Leitz Wetzlar" und "DBP US Patt".

Varianten

- Die Vereinbarung mit Minolta ermächtigte die Firma, diese Kamera in Japan zu vermarkten, jedoch mit unterschiedlicher Bezeichnung. Sie lautete: "Leitz minolta CL" vorn auf der Deckkappe und hinten auf der Deckkappe "Licensed by Leitz Wetzlar, made in Japan". Diese Kameras wurden mit einem Rokkor 40 und 90 mm geliefert, die in Osaka nach den gleichen Spezifikationen wie die Leitz Objektive hergestellt wurden, jedoch mit unterschiedlicher Filterfassung und Gegenlichtblende. Minolta entwickelte die Konstruktion nach Einstellen der CL-Produktion weiter und verkaufte diese als Minolta CLE.
- Abgesehen von dem anderen Namen sind Varianten in der Gravur bekannt, wie oben beschrieben.
- Eine Sonderedition von 3500 Leica CL-Kameras wurde 1975 anläßlich des 50jährigen Firmenjubiläums herausgegeben. Jede Kamera hatte eine dreistellige Seriennummer, mit einem vorangestellten Buchstaben des Wortes Leica. An der Frontseite unter dem Namen stand "50", umgeben von Eichenlaub, darunter "Jahre".

Katalognummern

10700 – Leica CL Gehäuse
11542 – Summicron-C 2,0/40 mm (nicht für M-Modelle bestimmt)
11540 – Elmar-C 4,0/90 mm (nicht für M-Modelle bestimmt)
14542 – Weichtasche mit umlaufenden Reißverschluß

Produktionszahlen

LEICA CL 1973–1976	
1973–1974	35000
1974–1975	15000
1975–1976	15000
Gesamtproduktion	65000

Diese Zahlen basieren auf den vergebenen Seriennummern und stellen nicht unbedingt die tatsächliche Produktion dar.

Leica AF-C1

1989–1991

Leicas erste Autofokus-Kompaktkamera mit integriertem Zweifach-Konverter für zwei Brennweiten

Merkmale

- Objektiv: Vierlinser 2,8/40 mm; durch Druck auf den Tele-Knopf wird das Objektiv 23 mm nach vorn und ein 2x-Konverter dahintergeschoben, was ein Objektiv 5,6/80 mm entstehen läßt.
- Automatische Entfernungseinstellung bis 70 cm durch mehrstrahliges Infrarotsystem
- Sucher besitzt abgesetzte Parallaxen-Ausgleichsmarkierungen für Nahaufnahmen und klammerförmige Markierungen in Suchermitte für das AF-Zielfeld.
- Ein rotes, grünes und ein LED-Blitzsymbol an der unteren Sucherkante zeigen korrekte Scharfeinstellung an, kein Blitz erforderlich, Blitzbereitschaft oder warnen, wenn diese Voraussetzungen nicht gegeben sind, einschließlich zu großer Entfernung für Blitzaufnahmen.
- Automatische Belichtungseinstellung mit Mittenbetonung und Meßwertspeicherung; automatische Belichtungsabstimmung für hohe Kontraste. Meßbereich bei ISO 100/21° 1/8 Sek. bei Blende 2,8 bis 1/400 Sek. bei Blende 18 (EV 6 bis 17)
- Automatische Blitzzuschaltung bei zu schwachem Licht für Freihandaufnahmen; Möglichkeit der manuellen Zu- und Abschaltung. Bei 80 mm Brennweite fährt der Reflektor über die Weitwinkel-Streuscheibe hinweg weiter aus dem Gehäuse heraus.
- Eingebauter Motor mit Filmeinfädelung bis zur ersten Aufnahme
- LCD-Monitor auf der Oberseite informiert über alle Kamerafunktionen einschließlich Batteriekontrolle und Selbstauslöser-Countdown.
- Einschalten der Kamera durch Öffnen der Objektivabdeckung
- Gehäusebezug mit geriffeltem Gummi
- DX-Abtastung

Varianten

- ❍ Eine Data-Version der AF-C1 wurde Ende 1990 angekündigt.
- ❍ In Japan wurde ein Paar AF-C1-Modelle mit identischer Seriennummer entdeckt: 40.104.378. Die Garantiekarten, die Nummern SH-001006 und SH-000982, die den Kameras beigefügt sind, zeigen ebenfalls die gleiche Seriennummer (Yoshida, private Information).

Katalognummern

18001 – Leica AF-C1

18501 – Bereitschaftstasche für Leica AF-C1

Leica AF-C1

Leica C2-Zoom

Leica C2-Zoom

1991 – noch in Produktion

Die erste Leica Kompaktkamera mit Zoom, ersetzt die AF-C1.

Merkmale

- Objektiv 3,5–7,7/40–90 mm, vier Elemente mit drei asphärischen Oberflächen, zwei davon bei einer Linse. Brennweitenwähler auf der Oberseite der Kamera; kürzeste Entfernung 75 cm bei 40 mm und 90 cm bei 90 mm Brennweite
- Grundprogramm stellt Brennweite und Belichtung für ein Ganzfigur-Porträt ein, wenn vom Fotografen nichts anderes vorgegeben wird.
- Zoomsucher zeigt Bildrahmen entsprechend der eingestelten Brennweite. LED an der Seite zeigen Autofokus und Blitzaktivierung an.
- Mittenbetonte automatische Belichtungs- und Blitzsteuerung mit Meßwertspeicher
- Infrarot-Fernauslöser für Entfernungen bis 6 m. Zwei Programme möglich: Selbstauslöser aktiviert Verschluß nach 2 Sek. und zufällige Auslösung nach drei bis zehn Sekunden. Letztere Funktion soll spontanere, gelöstere Aufnahmen ermöglichen.
- Ein/Aus-Schalter an der Rückseite der Kamera. Andere Funktionen ähnlich der AF-C1
- DX-Abtastung
- Data-Version ebenfalls erhältlich

Katalognummern

18002 – Leica C2-Zoom
18003 – Leica C2-Zoom mit Datenrückwand
18502 – Tragetasche für Leica C2-Zoom

Leica Mini

1991 – noch in Produktion

Ultrakompaktes Design

Leica Mini

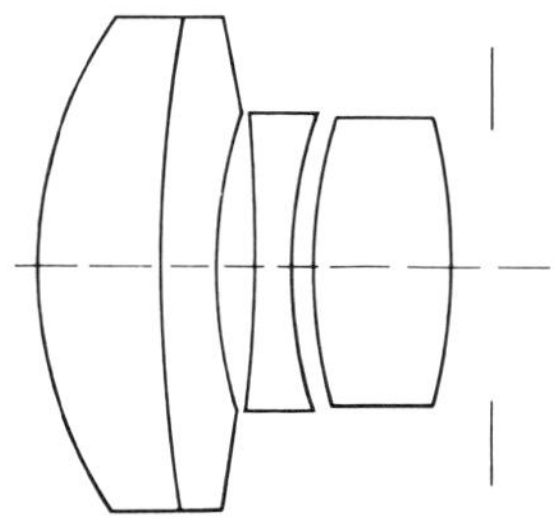

Elmar-Objektiv, eigens für die Leica Mini gerechnet

Merkmale

- Leica Autofokus-Objektiv Elmar 3,5/35 mm; vier Linsen in drei Gruppen, Naheinstellung bis 65 cm
- Automatische Belichtungs- und Blitzsteuerung; Meßbereich von EV 6 bis 19, Blitzzuschaltung bei Helligkeit unter Lichtwert 10. Manuelle Blitzzuschaltung
- Sucher mit Markierungen für Autofokus-Zielfeld und Bildausschnitt im Nahbereich, außerdem grüne LED zur Bestätigung von Aufnahmebereitschaft/Blitzbereitschaft/gespeichertem Meßwert und Warnung vor Verwacklung bei geringem Licht
- LCD-Monitor zeigt Informationen über gewählte Betriebsart (Automatik, Blitzzuschaltung, Blitzabschaltung, Unendlich-Einstellung), Batteriezustand, Film korrekt eingelegt, Bildzählwerk
- Belichtungszeiten von 1/5 bis 1/250 Sek. und bis zu fünf Sekunden in B-Stellung
- Automatische Filmeinfädelung, Transport und Rückspulung
- Data-Version erhältlich

Katalognummern

18011 – Leica Mini
18012 – Leica Mini mit Datenrückwand
18503 – Bereitschaftstasche

7 Leica Spiegelreflexkameras

Der enorme Erfolg und der gute Ruf der Leica M3 schien das Leitz Management blind für die Gefahr gemacht zu haben, die durch die zunehmende Verbreitung der Spiegelreflexkamera drohte, besonders durch die Nikon F. Diese Kamera erfreute sich zunehmender Beliebtheit bei Pressefotografen, die bis dahin mit der Leica gearbeitet hatten. Als die erste **Leicaflex** 1964 erschien, war die Nikon F schon fünf Jahre auf dem Markt und hatte sich in Kreisen führender Fotografen den Ruf des robusten und zuverlässigen Handwerkszeugs erworben. Von 1965 an war der Photomic T erhältlich, was der Nikon F die TTL-Belichtungsmessung bescherte. Die Leicaflex hatte einen eingebauten Belichtungsmesser, ähnlich dem Leicameter MR für die M-Kameras, doch trotz der Kupplung erfolgte die Messung nicht durch das Objektiv.

Von den Anfängen der 30er Jahre an hatte Leitz versucht, die Nachteile der Meßsucherkamera im Nahbereich zu überwinden. Ab 1930 hatte man dies sogar für langbrennweitige Objektive durch den PLOOT Spiegelkasten geschafft. Dieser Spiegelkasten öffnete auch den Weg für einfacher zu transportierende und einzusetzende Nahaufnahmegeräte. Leitz hatte damit also tatsächlich bereits 1935 eine Spiegelreflexkamera im Programm, überließ es jedoch anderen, eine integrierte 35 mm Spiegelreflexkamera zu bauen.

Nach der Vorstellung der Kine Exakta 1938 sah es so aus, als würden zwei Systeme parallel existieren: die 35 mm-Meßsucherkamera für schnelles, präzises Scharfeinstellen innerhalb eines eingeschränkten Fokussierbereiches, jedoch ideal für den Reportagefotografen, und die Spiegelreflexkamera für den vielseitigeren Einsatz, dafür aber langsamer und schwieriger Scharfeinstellung mit dem Lichtschachtsucher.

Das Pentaprisma, gefolgt von der TTL-Belichtungsmessung, änderte dies grundlegend. Die SLR wurde noch vielseitiger und konnte obendrein fast alles, was die Leica auch konnte, vor allem in der Hand eines erfahrenen Fotografen.

Prototyp der Leicaflex mit auswechselbarem Sucher

In der entscheidenden Phase der späten 50er und frühen 60er Jahre schien es, als hätte Leitz die Führungsrolle verloren, die man über die Jahre mit der Vormachtstellung der M-Leica gehabt hatte. Nachdem diese Position einmal verloren war, konnte Leitz nie wieder mit der Innovation der Japaner Schritt halten. Der Beitrag von Leitz zur Entwicklung von Spiegelreflexkameras waren die brillanten, hellen Einstellscheiben und das Vorantreiben selektiver Belichtungsmessung und Spotmessung, lange bevor jemand anders daran dachte. Der Hauptgrund dafür jedoch, daß Leica Spiegelreflexkameras sowohl bei Profifotografen als auch bei ernsthaften Amateuren großen Anklang finden, liegt in der weichen, geschmeidigen und leisen mechanischen Funktion und den hervorragenden Objektiven.

Als die **Leicaflex** vorgestellt wurde, war dies natürlich eine ausgezeichnete Kamera, sie stieß jedoch nicht auf das Interesse, das sie einige Jahre früher hervorgerufen hätte. Sie besaß das Reflexsystem des Visoflex III, ein Hebel vorn an der Kamera mit drei Stellungen erlaubt die Wahl zwischen drei Spiegelfunktionen. Hebel nach oben bedeutete sofortige Rückkehr des Spiegels, Hebel in waagerechter Stellung ließ den Spiegel oben, der durch Hochstellen des Hebels wieder herunterklappte und Hebel nach unten arretierte den Spiegel vor der Aufnahme in hochgeklapptem Zustand. Eine Spiegelvorauslösung gab es erst wieder bei der Leica R6, 20 Jahre nach Einstellung der Leicaflex-Produktion.

TTL-Belichtungsmessung folgte 1968, wieder zu spät, in Form der **Leicaflex SL** und in weiterer Verbesserung 1974 mit der **Leicaflex SL2**. Diese Kameras jedoch brachten ein Feature mit sich, das einen immer wesentlichen Vorteil von Leica Spiegelreflexkameras ausmachte: Die Spotmessung, die von Mitbewerbern einige Jahre lang nicht geboten wurde. Integralmessung gab es nicht. Das Meßsystem der SL2 war viermal so empfindlich wie das der SL, außerdem bot die Kamera einen Schnittbild-Entfernungsmesser als Fokussierhilfe zusätzlich zu dem Mikroprismenring der SL. Die SL2 genießt bei vielen Fotografen einen mit dem M3 vergleichbaren Ruf. Die Leicaflex-Modelle boten halbautomatische Belichtung mit dennoch völliger Kontrolle durch erfahrene Fotografen. Doch Kameras von Canon, Minolta, Nikon und Pentax mit Zeit- und Blendenautomatik eroberten einen Markt, der einmal Leitz gehört hatte. Hinzu kam, daß Leitz-Kameras in der Herstellung viel teurer waren, es gab zu viele verschiedene Modelle und weitere waren angekündigt – die Leica 110 –, und es war nicht genug Kapital vorhanden, um diese alle richtig zu entwickeln.

Die Leicaflex SL2, deren Herstellungspreis höher lag als der Abgabepreis an den Handel, war ein Beispiel dafür. Für die nächste Generation ihrer Spiegelreflexkameras ging Leitz nach Japan. Die Vereinbarung mit Minolta brachte den Zugriff auf die notwendige Technologie für die erste eigene Kamera mit Belichtungsautomatik, die Leica R3, die Herstellung im portugiesischen Werk reduzierte die Kosten. Den Namen Leicaflex ließ man fallen, die Leica R-Modellreihe nahm ihren Anfang. Der Verschluß der **Leica R3** war elektronisch gesteuert mit stufenlosen Zeiten zwischen 4 und 1/1000 Sek., die Lamellen liefen senkrecht ab. Der neue Verschluß war eine gemeinsame Entwicklung von Leitz und Copal (Seiko)/Japan, die diesen lieferte. Das Meßsystem bot Zeitautomatik oder manuelle Einstellung. Die Leitz Spotmessung, markiert durch den Mikroprismenring im Sucher, behielt man bei, zum ersten Mal jedoch gab es auch eine Integralmessung. Dies erreichte man durch Kopplung der CdS-Zelle für die Spotmessung im Kameraboden mit zwei Meßzellen im Prisma. Die Messung war sehr genau und wurde durch eine Nadel im Sucher angezeigt. Die R3 ist schwer, zumindest für mein Empfinden ziemlich häßlich, jedoch mechanisch robust und eine ausgezeichnete Kamera, solange die Elektronik funktioniert. Viele davon sind noch im Gebrauch, und durch die recht günstigen Preise bildet diese Kamera einen preiswerten Einstieg in die Leica Spiegelreflex-Fotografie.

Die heutige Form der Leica R-Kameras wurde 1980 mit der **Leica R4** eingeführt. Die Gehäuseform und das geringe Gewicht sind ein Genuß, völlig anders als bei der Leica R3. Es ist die erste Leica SLR mit und Zeit-, und Blenden- und Programmautomatik, wieder basierend auf Minolta-Technologie. Die drei Meßzellen der R3 wurden durch eine einzige Siliziumzelle im Kameraboden ersetzt. Der Hauptspiegel ist zu 30% lichtdurchlässig, dieser Lichtanteil fällt auf einen Fresnel-Reflektor, der das Licht zur Photodiode lenkt. Präziser Wechsel zwischen selektiver und integraler Belichtungsmessung wird durch einen Schieber über der Photodiode gewährleistet. Die elektronischen Schaltkreise dafür wurden von Ferranti/England entwickelt. Die Anzeige der Belichtung erfolgt nun über Leuchtdioden. Die andere Neuerung war die Austauschbarkeit der Einstellscheiben, die Leitz bis dahin abgelehnt hatte, weil das Problem des Eindringens von Staub bestand. Die R4 führte die Grundkonstruktion für alle folgenden R-Kameras ein. Bei diesen Modellen besteht das Gehäuse aus Aluminium-Druckguß, einer 1 mm dicken Deckkappe aus Zink-Druckguß und einer Bodenplatte aus Messing. Der teildurchlässige Spiegel läßt 30% des Lichts auf die Photodiode des Meßsystems fallen, den Rest auf die Einstellscheibe. Der Spiegel besitzt insgesamt 17 dichroitische Beschichtungen, die der R-Serie eine der hellsten Einstellscheiben bescheren. Die **Leica R5** brachte den Leica-Fotografen 1986 die TTL-Blitzmessung. Auch der Sucher wurde entscheidend verbessert, indem man die Austrittspupille weit nach hinten vor das Okular verlegte, so daß selbst Brillenträger den gesamten Sucher mit allen Anzeigen überblicken können, die außerdem nicht mehr innerhalb des Bildausschnitts liegen.

Analog zu der früheren Leitz Politik wurden leicht vereinfachte und preiswertere Varianten dieser Modelle auf den Markt gebracht. Dazu gehören die Reduzierung der Belichtungsprogramme, was sowohl Profis als auch Hobbyfotografen anspricht. So leiten sich die **Leica R4-S** und ihre verbesserete Ausführung **R4-S Mod. 2** (**Leica R4-S Mod. P** in Nordamerika) von der R4 ab, die jüngste **Leica R-E** von der R5.

Die große Überraschung mit der Rückkehr zu einer mechanischen Kamera kam 1988 mit der **Leica R6**. Sie wurde im Werk der gerade neugegründeten Leica Kameragruppe in Solms gefertigt. Die Leica R6 arbeitet völlig batterieunabhängig, mit Ausnahme der TTL-Belichtungsmessung, die ähnlich der der Leica M6 funktioniert. So hatte Leica damit zwei einzigartige Kameras im Programm, die M6 und die R6, auf denen man aufbauen konnte, Profis wieder für neu für Leica-Kameras zu gewinnen. Die R6 ist kürzlich durch ein verbessertes Modell ersetzt worden, die **Leica R6-2**, die eine kürzeste Verschlußzeit von 1/2000 Sek. bietet.

Motorisierte Versionen der Leicaflex existieren, doch die **Leicaflex SL mot** und die **Leicaflex SL2 mot** sind Varianten der Serienmodelle mit zusätzlichen Antriebswellen und Verbindungselementen zu einem ziemlich unförmigen Motor. Innerhalb ihrer Produktionsreihe wurde aus der Leica R3 die **Leica R3 mot**, vorbereitet für den Ansatz eines Winders mit maximal 2 B/Sek. Die **Leica R4** und alle späteren Modelle sind serienmäßig für den Anschluß eines Winders mit 2 B/Sek. und eines Motors mit 4 B/Sek. vorbereitet.

Leicaflex

1964–1968

Die erste Leica Spiegelreflexkamera – zu spät auf dem Markt, jedoch durch und durch zuverlässig. Später als **Leicaflex Standard** bekannt.

Erste Leicaflex: 1.080.001, letzte Nummer: 1.174.700

Merkmale

- Neues Objektivbajonett mit viel größerem Durchmesser als dem der M-Kameras, um den größeren Bildwinkeln und höheren Lichtstärken Rechnung zu tragen. Objektive für die Leicaflex hatten einen Steuernocken, der für die automatische Steuerung

Frühe Leicaflex mit seltenem Chromobjektiv

der Blende zur Offenblendmessung sorgte.

- Mit dem Adapterring 14127 konnten die Visoflex-Ansätze und -Objektive an der Leicaflex mit manuellem Abblenden nach der Scharfeinstellung benutzt werden.
- Spiegelsystem ähnlich dem des **Visoflex III** mit drei Funktionsmodi: sofortige Rückkehr oder arretiertem Spiegel vor oder nach der Belichtung.
- Die Einstellscheibe hatte einen zentralen Mikroprismenring. Die Zeitenskala war unten am Sucherrand eingespiegelt, die Skala des Belichtungsmessers mit der Nachführnadel rechts.
- Durch die höhere Verschlußgeschwindigkeit lag die Synchronzeit bei 1/100 Sek.
- Verschlußzeiten: B, 1, 1/2, 1/4, 1/8, 1/15, 1/30, 1/60, 1/125, 1/250, 1/500, 1/1000, 1/2000 Sek. Zeitenrad oben auf dem Schnellschalthebel mit Auslöser in der Mitte.
- CdS-Belichtungsmesser eingebaut in das Pentaprisma mit einem kleinen rechteckigen Fenster mit runder Batteriefach-Abdeckung links und Batterieprüfknopf darunter. Nachführsystem mit Nadel, gekuppelt mit Blende, Verschlußzeit und Filmempfindlichkeits-Einstellung.
- Selbstauslöser-Verzögerung etwa 8 Sek.
- Zwei 3 mm Synchronbuchsen an der Frontseite, je einer für Blitzbirnen und Elektronenblitz.
- Kamerarückwand vollständig aufklappbar. Die Filmaufwickelspule hatte drei Schlitze, die Filmzunge wurde in eine der drei eingeführt.
- Automatisch zurückstellendes Bildzählwerk
- Einklappbare Rückspulkurbel
- Oberflächen matt verchromt, einige gab es auch mit schwarzer Lackierung.

Varianten

- Frühe Modelle (Mark I bei Sammlern) besitzen das sogenannte tortenförmige Fenster am Bildzählwerk und ein mit drei Schrauben am Gehäuse befestigen Stativgewinde. Die später produzierten Modelle (Mark II) hatten ein rundes Bildzählwerk und ein in das Gehäuse integriertes Stativgewinde und Abschaltung des Belichtungsmessers bei Andrücken des Schnellschalthebels gegen das Gehäuse.
- Einige sehr frühe Modelle gab es mit einem verchromten Summicron-R 2,0/50 mm, ansonsten waren alle Objektive schwarz.
- Einige wenige Test-Kameras wurden ohne Gravur auf der Kamera und ohne Herstellerangabe.
- Zehn Versuchsmodelle mit Motorantrieb wurden hergestellt. Acht davon waren in Chrom und unnumeriert, die anderen beiden in schwarz, eine davon mit der Nummer 1.080.117.
- Drei Prototypen mit auswechselbarem Lichtschacht- und Prismensucher wurden hergestellt.
- In einem älteren Bericht (LHSN, 1992, Nr. 34, S. 54 ff) wird über die Hintergründe der Nummer 1.169.048 berichtet. Diese Kamera war ursprünglich dafür vorgesehen, zusammen mit vier Objektiven an Ihre Majestät Königin Elisabeth II. durch die kanadische Regierung anläßlich Ihres Kanada-Besuchs in Verbindung mit Kanadas 100jährigem Jubliäum 1967 überreicht zu werden. Die Kamera trug an der Frontseite des Prismas das eingravierte Monogramm der Königin "E II R" und die Krone, sowie das stilisierte Ahornblatt-Jubiläumssymbol mit "1867/1967 Candada" – July 1. 1967", in die Bodenplatte war "Ottawa Canada – July 1. 1967" eingraviert. Der Plan wurde fallengelassen, als man erfuhr, daß die Königin anläßlich eines Deutschland-Besuchs bereits eine Leicaflex erhalten hatte. Die Gravur wurde mit einer aufgeklebten Messingplakette abgedeckt und die Kamera an das "Department for Lands and Forest" gegeben, wo sie über zehn Jahre lang eingesetzt wurde. Nach dem Ende dieser Zeit wurde sie verkauft. Die Ausrüstung wurde von einem Sammler als Gebrauchskamera gekauft. Einige Jahre später, nachdem die Objektive auf drei Nocken umgebaut worden waren und später drei von ihnen entfielen, entfernte der Besitzer die Abdeckung und erkannte dabei erst die Gravur.

Katalognummern

10001 – Leicaflex Gehäuse

10218 – Leicaflex mit Summicron 2,0/50 mm

Produktionszahlen

LEICAFLEX 1964–1968			
1964	5000	**1967**	8000
1965	13000	**1968**	1500
Gesamtproduktion			37500

Die unterschiedlichen Bildzählwerke: Tortenform an der Mark I, rund an der Mark II

Leicaflex SL

1968–1974

Die erste Spiegelreflexkamera von Leitz mit TTL-Belichtungsmessung.

Erste Leicaflex SL: 1,173,001. Letzte: 1,375,000.

Merkmale

- Belichtungsmessung durch das Objektiv, Meßfeld identisch mit Mikroprismenring im Sucher, effektiv also Spotmessung

Leicaflex SL

Von der NASA modifizierte Leicaflex SL Mot zur Bedienung mit Handschuhen

- Offenblend-Meßmethode machte zwei Steuernocken an den Objektiven erforderlich. Ältere Leicaflex-Objektive konnten in Wetzlar modifiziert werden.
- Spiegel über drei Funktionen einstellbar
- Abblendtaste
- Batteriefach in den Kameraboden verlegt
- Sonstige Ausstattung wie bei der Leicaflex
- Die Kameras wurden verchromt hergestellt, eine kleine Anzahl auch schwarz lackiert.

Varianten

❍ Leicaflex SL MOT. Sie war mit einer Antriebswelle ausgestattet; alle Kontakte und mechanischen Kupplungselemente befanden sich an der Bodenplatte. Die Standardausführung besaß die Gravur "MOT" am Prisma, auch einige verchromte Modelle sind bekannt.

❍ Eine durch die NASA modifizierte Ausführung der Leicaflex SL MOT existiert. Das Zeitenrad besitzt Vertiefungen zur Bedienung mit Handschuhen.

❍ Auf spezielle Bestellung war die Leicaflex in schwarz und mit Vollmattscheibe lieferbar, die eine kreisförmige Markierung des Meßfeldes besaß.

❍ 1972 wurden 1000 Exemplare anläßlich der Olympischen Spiele in München aufgelegt. Sie besaßen spezielle Seriennummern und trugen die eingravierten fünf olympischen Ringe und die Zahl "72". Weitere 200 trugen zwar die Olympiade-Gravur, hatten aber keine spezielle Nummer.

❍ Einige Prototypen mit auswechselbarem Lichtschacht- und Prismensucher wurden hergestellt. Sie besaßen keinen Belichtungsmesser. Eingraviert war der Buchstabe "P" für "Professional".

Katalognummern

10011 – Leicaflex SL Gehäuse chrom
10012 – Leicaflex SL Gehäuse schwarz
10228 – Leicaflex SL Gehäuse chrom mit Summicron 2,0/50 mm
10013 – Leicaflex SL MOT Gehäuse schwarz
14077 – Leicaflex Motor

Produktionszahlen

LEICAFLEX SL			1968–1974		
		MOT			*MOT*
1968	10550	–	**1972**	7720	350
1969	20000	–	**1973**	8615	540
1970	10000	–	**1974**	4110	190
1971	10000	–			
		Gesamtproduktion		70995	1080

Leicaflex SL2

1974–1976

Eine stark verbesserte SL und der Höhepunkt der Kameraproduktion in Wetzlar. Eine großartige Kamera, aber unwirtschaftlich in der Herstellung.

Erste Leicaflex SL: 1.385.001, letzte Nummer: 1.446.000.

Merkmale

- Vierfach gesteigerte Meßempfindlichkeit
- Verschlußzeiten- und Blendenskala an der Unterseite des Suchers mit Nachführnadel rechts
- Frontseitiger Knopf vorn am Prisma zur Sucherbeleuchtung. Die Beleuchtung wurde von einer separaten Batterie gespeist. Diese diente gleichzeitig als Ersatzbatterie für die Belichtungsmesser-Batterie.
- Einstellscheibe mit Schnittbildentfernungsmesser von 3 mm Durchmesser und Mikroprismenring
- modifizierter Spiegel für den Einsatz der Objektive mit 16 und 19 mm Brennweite

Leicaflex SL2 in chrom

Leicaflex SL2 MOT mit angesetztem Motor. Diese ungewöhnliche Version besitzt das Logo des 50jährigen Jubiläums: Ungewöhnlich deshalb, weil derartige SL2-Modelle nie offiziell verkauft wurden.

- Sucherschuh mit Mittenkontakt zusätzlich zu den beiden Synchronbuchsen
- Sicherheitsverriegelung für die Rückwand unterhalb der Filmempfindlichkeitsskala, Öffnen durch Hochziehen der Rückspulkurbel
- Kamera lieferbar in chrom oder schwarz
- 1975 wurde eine motorisierte Version zum Ansatz des Leicaflex-Motors erhältlich, die **Leicaflex SL2 MOT**. Sie besaß keinen Selbstauslöser. Nur 1020 Stück wurden davon hergestellt, alle in schwarzer Verchromung.

Varianten

❍ 1975 wurden 1750 Kameras anläßlich des 50jährigen Jubiläums der Leica herausgegeben. Die Mehrzahl schwarz verchromt, einige jedoch auch mit silberner Verchromung. Diese Jubiläumskameras besaßen eine spezielle dreistellige Nummer, der einer der Buchstaben des Wortes LEICA vorangestellt war. Sie trugen am Pentaprisma eine "50", umgeben von Eichenlaub und mit dem Wort "Jahre" darunter.

❍ Ein Exemplar der Leicaflex SL2 MOT, die Nummer 1.393.465, mit der 50 Jahre-Gravur, ist bekannt (Vfr., 1983, **16**, No. 4, S. 30).

❍ Eine Nullserien-Vorproduktion wurde 1974 mit den Nummern 1.369.801 bis 1.369.875 hergestellt. Die Nummer 1.385.001 zeigt Unterschiede in der Gravur, möglicherweise gibt es auch interne Unterschiede (Christie´s, London, November 1990).

❍ 1992 (sic) bot ein Frankfurter Händler 10 fabrikneue "neu-gefertigte" Leicaflex SL2 MOT-Kameras in einer Anzeige an.

Katalognummern

10021 – Leicaflex SL2, silbern verchromtes Gehäuse
10022 – Leicaflex SL2, schwarz verchromtes Gehäuse
10023 – Leicaflex SL2 MOT, schwarz verchromtes Gehäuse
14077 – Leicaflex Motor

Produktionszahlen

LEICAFLEX SL2 1974–1976		
	SL2	*MOT*
1974	6585	–
1975	15470	1020
1976	2500	–
Gesamtproduktion	24555	1020

Leica R3

1976 – 1979

Vollständiger Schnitt gegenüber der Leicaflex-Entwicklung, erkennbar bereits an der Namensänderung. Die erste elektronische Leitz Spiegelreflexkamera.

Erste Leica R3: 1.446.001, letzte Nummer: 1.525.350

Merkmale

- Die ersten 2000 Kameras wurden in Wetzlar hergestellt, der Rest im neuen Werk in Portugal, die auch die Gravur "Portugal" trugen.
- Sehr eckige Gehäuseform abweichend von der der Leicaflex und von allen folgenden Leica R-Kameras
- Senkrecht ablaufender Schlitzverschluß mit Metallamellen, elektronisch gesteuert
- Automatische Belichtungssteuerung nach Blendenvorwahl bei Einstellung des Zeitenrades auf "A". Verschlußzeiten- und Belichtungseinstellung konnten manuell vorgenommen und mit Hilfe der Blende nachgeführt werden. Ein- und Ausschalten des Belichtungsmessers erfolgten durch einen kleinen Hebel hinten an der Deckkappe. Die Objektive machten einen dritten Steuernocken erforderlich.
- Belichtungskorrektur +/- 2 Blendenstufen
- Wahlweise Spot- oder mittenbetonte Integralmessung
- Eingestellte Verschlußzeit durch Meßnadel rechts im Sucher
- Einstellscheibe mit Schnittbild- und Mikroprismenring, gleichzeitig Markierung des Spot-Meßfeldes
- Meßwertspeicher
- Verschlußzeiten von 4 bis 1/1000 Sek. und B sowie 1/100 als mechanische Zeit bei Stromausfall
- Okularverschluß

Leica R3

R3 MOT mit angesetztem Motor-Winder R3

- Batterieprüfknopf; bernsteinfarbenes Filmsichtfenster in der Rückwand; kleines Fenster rückseitig an der Deckkappe zur Filmlaufkontrolle; Hebel für Mehrfachbelichtungen
- Der größte Teil der Produktion hatte ein schwarzes Gehäuse, einige tausend auch in chrom hergestellt
- Eine Motorversion, die **Leica R3 MOT**, die den neuen kompakten Winder für 2 B/Sek. aufnahm, ersetzte 1979 das erste Modell. Eine kurze Zeit lang bot Leitz einen Umbauservice an, durch den ein gerade erst gekauftes Modell von der R3s auf die R3 MOT umgebaut werden konnte.

Varianten

- Die ersten 100 silbern verchromten Kameras wurden in Wetzlar gefertigt. Einige davon besaßen gelbgefärbte Einstellscheiben, bei anderen blieb bei Batterieausfall der Spiegel auf halbem Weg stehen.
- Das sogenannte "Safari"-Modell, 5000 Stück insgesamt, besaß eine khakigrüne Gehäuselackierung mit dazu passendem Objektiven 2,0/50 mm, 1,4/50 mm, 2,8/28 mm, 4,0/180 mm sowie ein ebensolches Trinovid-Fernglas 10x22C.
- Das 100jährige Jubiläum des Geburtstags von Oskar Barnack wurde durch 1000 Kameras gewürdigt, die vergoldet und mit schwarzem Schlangenleder bezogen waren.
- Eine limitierte Auflage von 100 Leica R3 MOT wurde 1979 zum Verkauf an die Mitglieder der Leica Historical Society of America aufgelegt, um damit deren 10jähriges Bestehen zu feiern. Auf dem Prismengehäuse waren das Logo der LHSA sowie die Daten "1968-1978" eingraviert.

Produktionszahlen

LEICA R3 1976–1979

	R3 *Portugal*	***RD MOT*** *Wetzlar*	*alle in Portugal gefertigt*
1976	1000	1600	–
1977	1900	400	–
1978	39250	–	9750
1979	1600	–	15750
Gesamt-produktion	43750	2000	25500

Die Angaben basieren auf den vergebenen Nummern und entsprechen nicht unbedingt der tatsächlichen Produktion.

Leica R4

1980–1986

Die R4 markierte endgültig die Konstruktion und das Aussehen der heutigen Leica Spiegelreflexkameras.

Erste Leica R4: 1.533,351, letzte Nummer: Daten nicht verfügbar

Merkmale

- Kleineres Gehäuse als jede vorherige Leica SLR
- Fünf Belichtungsmodi, wählbar über einen Schalter unter dem Verschlußzeitenrad: Zeitautomatik mit Integralmessung; Zeitautomatik mit Selektiv (Spot)-Messung; Blendenautomatik mit Integralmessung; Programmautomatik mit Integralmessung; manuelle Spotmessung. Symbol für die gewählte Methode erscheint in einem kleinen Fenster zwischen Zeitenrad und Prisma.
- Belichtungskorrektur um +/- 2 Blendenstufen
- Meßsystem aktiviert entweder durch leichtes Drücken des Auslösers oder durch Druck auf den Programmwähler
- Mechanischer Betrieb bei B und 1/100 Sek.
- Markierungen auf dem Zeitenrad: 100, B, X, 1, 2, 4, 8, 15, 30, 60, 125, 250, 500, 1000
- Verschlußzeitenskala erscheint rechts im Sucher für die Betriebsarten Manuell, Programm- und Zeitautomatik. Bei Blendenautomatik wird diese durch eine Blendenskala ersetzt.

Leica R4 hell verchromt

Motorisierte Leica R4 in schwarzer Verchromung mit angesetztem Motor-Antrieb R4

- Sucheranzeige für gewählte Meßmethode, Verschlußzeit, Blende, Meßwertspeicher, Über- und Unterbelichtung, Blitzbereitschaft und manueller Belichtungskorrektur
- Wechselbare Einstellscheiben: Standardausführung mit Schnittbild und Mikroprismen, Vollmattscheibe, nur Mikroprismen; Vollmattscheibe mit Gittereinteilung, Klarglasscheibe für den Einsatz mit optischen Instrumenten
- Abblendtaste seitlich neben dem Objektiv
- Okularverschluß durch geriffelten Knopf neben dem Okular
- Zubehörschuh mit Mittenkontakt und Kontakten für automatischen Blitzbetrieb, außerdem separate Synchronbuchse
- Serienmäßig Motorantrieb für 5 B/Sek. oder Motor-Winder für 2 B/Sek. ansetzbar
- Kamera anfangs nur in schwarz erhältlich, 1982 auch in silberner Verchromung lieferbar

Frühere Versionen der motorisierten Kamera trugen die Gravur "R4 MOT Electronic.

Varianten

- ❍ Eine Serie von 1000 vergoldeten Kameras mit einer Belederung aus hellbrauner Wasserschlangen-Haut wurde 1984 aufgelegt. Es handelte sich dabei nicht um eine Jubiläumsausgabe.
- ❍ 1986 wurden von Leitz, Rockleigh, 600 Kameras als Set angeboten, um damit den 50. Jahrestag von Jesse Owens' Auftritt bei den Olympischen Spielen 1936 zu würdigen. Das Set enthielt eine Kamera, ein Vario-Elmar 70–200 mm und ein Portfolio mit Aufnahmen von Lothar Rübelt während der Olympischen Spiele 1936. Die Kameras trugen die Gravur "Jesse Owens Golden Anniversary 1936–1986 – Berlin Olympic Games". Die Gehäuse- und Objektivkappe trugen ebenfalls diese Inschrift.
- ❍ Frühe Modelle wurden mit der Beschriftung "R4 MOT Electronic" an der Frontseite versehen.
- ❍ Spätere Modelle besaßen schwarze Kunststoffeinsätze im Gehäuse oberhalb der Trageriemenösen. Vor etwa Seriennummer 1.600.000 war die Seriennummer in der Bodenplatte eingraviert, später an der hinteren Kante der Bodenplatte.

Katalognummern
10041 – Leica R4 Gehäuse chrom
10043 – Leica R4 Gehäuse schwarz

Produktionszahlen

LEICA R4	**1980–1986**		
1980/1	19465	**1983**	22000
1982	36200	**1984**	nicht verfügbar
schwarz	*77665*	*chrom*	*8000*

Leica R4s

1983–1985

Vereinfachte Ausführung der R4

Erste Leica R4s: 1.632.551; letzte Nummer: 1.657.250

Merkmale

- Baugleich mit der R4 bis auf Vereinfachung der Betriebsarten in Form der beiden Zeitautomatiken und der manuellen Messung der R4
- nur in schwarz erhältlich

Leica R4s

Leica R4s MOD.2

Varianten

- Speziell modifizierte R4s- und einige R4- und R5-Modelle wurden für photogrammetrische Zwecke eingesetzt. Direkt vor der Filmebene war bei Ihnen eine Reseauplatte eingesetzt. Sie zeichnete eine Reihe von scharf begrenzten Kreuzen auf, die in parallelen Reihen auf dem Negativ erschienen. Damit war es möglich, ein Gebäude bei bekannter Aufnahmeentfernung genau zu vermessen (L.F., 1988, No. 6, S. 30).

Katalognummern

10045 – Leica R4s Gehäuse chrom

Produktionszahlen

LEICA R4-S 1983–1985	
1983	9000
1984	5000
1985	5000
Gesamtproduktion	19000

Leica R4s Mod. 2

Leica R4s Mod. P

1985–1988

Verbesserte Ausführung der R4s. "Mod. P" war die US-Bezeichnung, überall sonst lief sie unter "Mod. 2".

Merkmale

- Nur der Name "Leica R4s" erschien vorn an der Kamera. "Leica R4s Mod. 2" bzw. "P" war im Zubehörschuh eingraviert.
- Schnelle Umschaltmöglichkeit von Spot- auf Integralmessung
- Schnellschalthebel statt nur am Ende ganz mit Kunststoff bezogen
- Verbesserte Okularfassung zum Ansetzen der Gummiaugenmuschel oder von Korrekturlinsen
- Schiebeschalter statt Druckknopf für die Belichtungskorrektur
- Nur in schwarzer Verchromung lieferbar

Katalognummern

10046 – Leica R4s Mod. 2 Gehäuse schwarz verchromt

10047 – Leica R4s Mod. P Gehäuse schwarz verchromt

Produktionszahlen

LEICA R4-S MOD 2 1985–1988 (R4-S MOD P)				
1985	876	**1987**	68	
1986	5387			
Gesamtproduktion			6631	+ 300

Leica R5

1986– noch in Produktion

Eine Weiterentwicklung der R4 mit mehr Möglichkeiten, insbesondere TTL-Blitzsteuerung

Leica R5 mit angesetztem Motor-Winder R

Leica R5 hell verchromt. Die Kunststoffeinsätze am Gehäuse gegen Abrieb sind gut zu erkennen.

Keine Seriennummer oder Produktions-Informationen verfügbar

Merkmale

Zusätzlich zur R4:

- TTL-Blitzbelichtung in Verbindung mit systemkonformen Blitzgeräten
- Programmautomatik in Verbindung mit Integralmessung variierbar
- Alle Sucherinformationen außerhalb des Bildfeldes angeordnet
- Verschlußzeiten auf den Bereich von 12 Sek. bis 1/2000 erweitert
- Verbessertes Okular mit eingebauter Dioptrienkorrektur von -2 bis +2 dpt. und erheblich größerem Augenabstand, Brillenträger können das gesamte Sucherbild und alle Informationen überblicken
- Weitere Verbesserungen wie bereits bei der R4s Mod. 2 eingeführt
- Aufwickelspule aus Metall statt aus Kunststoff
- Kamera anfangs in schwarzer Verchromung lieferbar, ab 1988 auch in silberner Verchromung

Varianten

- Ab 1988 trug das rote Emblem an der Frontseite den Namen "Leica" statt "Leitz", als sich der Firmenname änderte.
- Seit 1990 wird die Kamera, früher in Portugal montiert, im neuen Werk in Solms gefertigt.
- Äußeres sichtbares Unterscheidungsmerkmal ist, daß bei den in Deutschland hergestellten Kameras das "R5" auf der linken und das rote Emblem auf der rechten Seite angeordnet ist (wie bei der R6) anstelle der früher umgekehrten Weise.
- Die in Deutschland gefertigten Kameras haben auf der Rückseite eine Daumenmulde für bessere Haltung

Katalognummern

10060 – Leica R5 Gehäuse silbern verchromt

10061 – Leica R5 Gehäuse schwarz verchromt

Produktionszahlen

LEICA R5 1986–

1986	1238	**1988**	nicht verfügbar
1987	12339		

Noch in Produktion

Leica R6

1988–1992

Rückkehr zur vollständig manuellen Bedienung bei einer Leica SLR. Eine Kamera für professionelle Fotografen und engagierte Hobbyfotografen, die völlige Kontrolle über sämtliche Funktionen haben möchten und sich nicht auf Batterien verlassen wollen. Die erste Leica SLR, die in Solms gefertigt wird.

Keine Seriennummern oder Produktions-Informationen verfügbar

Merkmale

- Äußere Erscheinung ähnlich der R5 mit höherem Zeitenrad für leichtere Bedienbarkeit
- Mechanisch gesteuerter Schlitzverschluß mit Metallamellen
- Verschlußzeiten von 1 Sek. bis 1/1000 und B, X = 1/100 Sek. für Blitzsynchronisation
- Verschlußzeiten und Blende müssen von Hand eingestellt werden.
- Belichtungsmessung selektiv (Spot) oder integral, eingestellt durch den Schalter unter dem Zeitenrad (der bei der R5 für die Wahl der Betriebsart dient). Eine Anzeige unter einem kleinen Fenster zwischen dem Rad und dem Prisma zeigt die Einstellung an.
- Korrekte, Unter- und Überbelichtung wird durch LED im Sucher angezeigt. Belichtung ist korrekt eingestellt, wenn nur die runde LED in der Mitte aufleuchtet. Unter- oder Überbelichtung wird durch zwei pfeilförmige LED rechts und links davon angezeigt; die Richtung zeigt an, wohin der Blendenring zur richtigen Einstellung gedreht werden muß.
- Empfindlichkeit des Belichtungsmesser ist um zwei Lichtwerte höher als bei der R5. TTL-Blitzmessung wie bei der R5. Die Belichtungskorrektur, für eine manuelle Kamera nicht benötigt, dient für die TTL-Blitzsteuerung.
- Arretierbarer Spiegel
- Anfangs nur in schwarzer Verchromung lieferbar, 1989 folgt die silbern verchromte Ausführung.

Varianten

- ❍ 1989 wurde eine einzige Leica R6 mit der Nummer 1.750.000 mit Summilux-R 1,4/50 mm Nr. 3.500.075 anläßlich des 150jährigen Jubliäums der Fotografie hergestellt. Das Gehäuse besaß eine polierte Platinoberfläche, Gehäuse und Objektivfassung waren mit Karung-Leder bezogen. Eine Platin-Plakette auf der Rückseite war mit der Gravur "150 Jahre Photographie". 1989. 75 Jahre

Leica R6

Leica Photographie. Leica" versehen. Die Mahagoni-Schachtel besaß einen Platinverschluß und eine ähnliche Plakette wie die Kamera. Die Kamera wurde auf einer Auktion für 24000 Pfund versteigert, der Erlös ging an den World Wildlife Fund (Christie's London, 9. November 1989).

Katalognummern

10070 – Leica R6 schwarz verchromtes Gehäuse

10071 – Leica R6 silbern verchromtes Gehäuse

Produktionszahlen

Daten nicht verfügbar

Leica R-E

1990 – noch in Produktion

Vereinfachte Ausführung der R5

Merkmale

- Drei Belichtungsmodi: Manuell und Zeitautomatik mit wahlweise Spot- oder Integralmessung
- Alle weiteren Features einschließlich der TTL-Blitzmessung wie bei der R5
- Nur in schwarzer Verchromung lieferbar

Produktionszahlen

Daten nicht verfügbar

Katalognummern

10055 – Leica R-E Gehäuse schwarz verchromt

Leica R-E

Leica R-E mit Emblem der Olympischen Spiele 1992

Leica R6-2

1992 – noch in Produktion

Verbesserte Version der R6

Leica R6.2

Leica R7

Merkmale

- Verbesserter Verschlußmechanismus mit leichteren Lamellen
- Verbesserte Mechanik zur Verschlußsteuerung für erhöhte Genauigkeit der eingestellten Zeiten
- Zusätzliche Verschlußzeit von 1/2000 Sek.
- Verbessertes Bildzählwerk, wieder an die Stelle gegenüber dem Wählschalter für die Betriebsart zurückverlegt und unter eine Luße zum leichteren Ablesen

Leica R7

1992–

Vorgestellt zur photokina 1992, ersetzte die Leica R7 die R5. Belichtungsmodi, Messung und Sucher sind ähnlich der R5, doch es gibt zahlreiche Verbesserungen, vor allem bei der TTL-Blitzsteuerung.

Merkmale

Zusätzlich zur R5:

- TTL-Blitzsteuerung für Blitz als Haupt- oder Aufhellicht; in Kombination mit den SCA-Adaptern 351 oder 551. Blitzmessung integral oder selektiv. Bei Programmautomatik automatische Umschaltung zwischen voller Leistung und Aufhellblitz je nach Lichtverhältnissen.
- DX-Einstellung von ISO 25/15° bis ISO 5000/38°. Manuelle Einstellung von ISO 6/9° bis 12800/42°.
- Empfindlichkeit des Meßsystem um 1 EV am unteren Ende gesteigert. Meßwertspeicherung bei gedrückt gehaltenem Auslöser. Belichtungskorrektur auf den Bereich +/- 3 EV vergrößert
- Stromversorgung durch vier Silberoxyd- oder zwei Lithium-Batterien, automatische Batteriekontrolle im Sucher
- Zeitenrad wie bei R6 mit 6,5 mm Höhe

8 Leica Schraub-, Bajonett- und Visoflex-Objektive

Leitz stellte fotografische Objektive lange vor der Leica her, jedoch keine für ein so kleines Negativformat. Von der Jahrhundertwende an und etwa zehn Jahre lang verkaufte die Firma Plattenkameras unter dem Namen Leitz. Die Kameras wurden nicht bei Leitz hergestellt, sie waren als Vehikel für Leitz-Objektive zu sehen. Die Kameras waren die "Klapp" und die "Moment", die mit Summar oder Periplan-Objektiven ausgestattet waren. Die Summare waren sechslinsige symmetrische Konstruktionen, die 1902 von Carl Metz patentiert wurden, der damals in der optischen Konstruktion bei Leitz tätig war. Der größte Teil seiner Arbeit entfiel auf Mikroskope und Projektionsobjektive. Leitz belieferte noch bis in die 30er Jahre andere Kamerahersteller, nachdem die Leica schon gut im Markt eingeführt war. Eine Broschüre vom Juli 1932 führt eine Reihe von Stehbild- und Cine-Objektiven auf. Alle sieben der zu dieser Zeit für die Leica angebotenen Objektive waren mit den verschiedensten Anschlüssen auch für andere Kameras lieferbar. Angeboten wurden vier verschiedene Gewinde: Typ C mit Compur- oder Compound-Verschluß, Type E mit Schneckengang für Handkameras, Type N mit glattem Anschluß, Typ V mit versenktem Anschluß. Nagel war zu dieser Zeit einer de Hersteller, der seine Kameras mit Leitz-Objektiven ausstattete. Dazu gehörten vor allem die Modelle Pupille, Recomar und Vollenda.

Die folgende Aufstellung enthält alle damaligen Objektive mit den entsprechenden Leica Ausführungen in fetter Schrift: **Elmar 3,5/3,5 cm, Elmar 3,5/5 cm, Hektor 2,5/5 cm,** Hektor 1,9/5 cm (Format 18x24 mm), **Hektor 1,9/7,3 cm,** Elmar 3,5/7 cm, Elmar 4,5/7,5 cm, **Elmar 4,0/9 cm,** Elmar 4,5/10,5 cm, **Elmar 6,3/10,5 cm,** Elmar 4,5/12 cm, **Elmar 4,5/13,5 cm,** Elmar 4,0/18 cm. Man weiß, daß das Elmar 13,5 cm, das als eines der ersten Objektive für die Leica mit Wechselobjektiv angeboten wurde, in den frühen 20er Jahren für 9x12-Kameras konstruiert worden war, und man muß sich fragen, wieviele andere Objektive sonst noch auf diesen Fremdmarkt zurückzuführen sind. Als Oskar Barnack seine Ur-Leica konstruierte, setzte er zunächst ein Zeiss 50 mm Kino-Tessar ein, erzielte jedoch damit keine zufriedenstellenden Ergebnisse, da das Aufnahmeformat zweimal so groß war wie das 18x24 mm Format der Cinefilme. Er probierte viele verschiedene Objektive aus, wozu auch ein Summar 4,5/64 mm gehört. Die Ur-Leica in Solms hat ein 42 mm Leitz Milar von etwa 1914. Max Berek, der 1912 in das Unternehmen eingetreten war, bei Kriegsausbruch 1914 jedoch zum Militär eingezogen wurde, erhielt nach seiner Rückkehr den Auftrag, ein Objektiv für die neue Kamera zu entwickeln. Berek wählte einen Triplet-Typ für die Leica. Das Original-Triplet war ursprünglich von H. Dennis Taylor 1893 erfunden worden, der zu dieser Zeit für das Unternehmen Cooke & Söhne in York arbeitete. Taylor hatte herausgefunden, daß die Bildfeldwölbung durch eine Sammellinse und eine davon unabhängige Zerstreuungslinse beseitigt werden konnte. Teilte man das sammelnde Element auf zwei Linsen auf und ordnete man die beiden jeweils auf einer Seite des zerstreuenden Elements an, wurde es durch die erhöhte Zahl von Variablen möglich, alle anderen Aberrationen zu eliminieren. Entwicklungen des Triplets basierten gewöhnlich darauf, eines oder mehrere Elemente in zwei oder mehr separate Elemente aufzuteilen, die miteinander verkittet waren. Eines der frühesten und erfolgreichsten Triplets war das Zeiss Tessar von 1902, das von P. Rudolf konstruiert war. Berek wählte das Triplet-Prinzip für sein neues Objektiv, das seine endgültige Form jedoch erst 1925 im Elmar erreichen sollte. Es gibt eine Menge von Mißverständnissen um die Ursprünge des Elmars, einschließlich der Fehldeutung, daß es sich um eine Kopie des Tessars handelt.

Leitz Elmar 4,5/10,5 cm an einer Nagel Vollenda

Miller (L.H.S.N., 1989/90, Nr. 28) und Blood (ibid, 1990, Nr. 29 + 30) haben erst kürzlich die Patentgeschichte entwirrt, die nachfolgend in zusammengefaßter Form wiedergegeben ist. Ein deutsches Patent von 1920 mit der Nummer 343086 auf den Namen Leitz umfaßt die optische Konstruktion des 5 cm Elmar und bildet das Basispatent des Elmars. Es beschreibt in Abschnitt 1 einen asymmetrischen Anastigmaten, bestehend aus drei Elementen, von denen das erste eine Sammellinse ist, die zweite eine negative Linse, das dritte besteht aus zwei verkitteten Linsen. Weiterhin befindet sich die Blende im Luftraum zwischen der ersten und zweiten Linse, als Folge davon besitzt die verkittete Oberfläche der dritten Linse eine Wölbung, die ähnlich oder schwächer ist als die letzte Oberfläche der gleichen Linse. Beim Tessar befindet sich dagegen die Blende zwischen der zweiten und der dritten Linse. In Abschnitt 2 kann die zweite Linse in der Mitte entsprechend unterschiedlichen Motiventfernungen in ihrer Position verändert werden. Mit anderen Worten behandelt Abschnitt 2 im Prinzip bereits eine Linsenkonstruktion mit "floating elements" – ein Prinzip, das 50 Jahre lang in Kameraobjektiven nicht zur Verwirklichung kommen sollte.

Von allen Objektiven, deren Typ in dieser Patentschrift erwähnt wird, existiert nach heutigem Kenntnisstand keines, obwohl das Jahr 1920 mit dem dritten Prototyp der Leica identisch ist, deren Objektiv fehlt. 1923 produzierte Berek ein ähnliches Triplet ohne "floating elements", bei dem der rückwärtige Teil jedoch aus drei miteinander verkitteten Linsen bestand. Das Objektiv wurde **Leitz Anastigmat** 3,5/50 mm genannt und mit den Kameras der Nullserie und etwa den ersten 200 Leicas der Serienproduktion kombiniert. Der Name wurde dann in Leitz **Elmax** Anastigmat geändert, was sich aus **E**rnst **L**eitz und **Max** Berek zusammensetzt. Mit dem Elmax waren etwa 1200 der nächsten Kameras ausgestattet. Es war optisch mit dem Anastigmaten identisch. Zu der Zeit, als die Serienproduktion der Leica begann, führten die Glaswerke C.P. Goerz ein optisch hochwertiges Glas von sehr hoher Brechung und niedriger Dispersion ein, das Berek in die Lage versetzte, sein Objektiv neu zu berechnen und mit nur zwei statt bisher drei verkitteten Linsen zu versehen.

Dies reduzierte die Kosten. Das neue Glas erlaubte Berek außerdem, zum Prinzip von 1920 zurückzukehren, ohne jedoch ein bewegliches mittleres Linsenelement einzusetzen, das die Bildqualität bei wechselnden Aufnahmeentfernungen aufrechterhielt. Dieses Objektiv war das **Elmar** 3,5/50 mm, obwohl es nicht sicher ist, ob die Änderung des Namens exakt mit der Einführung der neuen Objektivkonstruktion zusammenfällt. Kurz darauf wurden die Goerz-Werke von Zeiss geschlossen, die aber weiterhin ein ähnliches Glas von ihrem Tochterunternehmen Schott lieferten. Das ursprüngliche Tessar-Patent lief 1922 aus. 1926 meldete Zeiss ein weiteres Patent an, das auf den 26. Juni datiert und eine neue Konstruktion eines Tessars für das Format 24 x 36 mm beinhaltet. Leitz verkaufte bereits Leicas, die mit dem Elmar ausgestattet waren, vor diesem Prioritäten-Datum von Zeiss. Daher war das Zeiss-Patent insofern ungültig, als das Elmar Linsenwölbungen usw. besaß, die erst später von Zeiss beansprucht wurden. Leitz focht das Zeiss-Patent nicht an, denn damals war man ja auf die Glaslieferungen von Zeiss angewiesen. Wahrscheinlich gab es ein Gentleman-Agreement zwischen beiden Unternehmen, sich gegenseitig gewähren zu lassen. Als Zeiss 1933 begann, mit der Markteinführung der Contax ein agressiveres Marketing zu betreiben, sah sich Leitz allerdings veranlaßt, die eigene Position öffentlich bekanntzugeben. Man veröffentlichte in dem Magazin Die Leica eine Stellungnahme, die besagte, daß das Elmar unter die späteren Zeiss-Ansprüche fiel, das Elmar jedoch schon vor dem Zeiss-Patent erschienen und dieses Patent somit hinfällig sei.

Weitere Elmar-Objektive für die Leica folgten in den frühen 30er Jahren: 3,5/35 mm im Jahre 1930, 1931 ein 4,5/135 mm und 4,0/90 mm, 1932 ein 6,3/105 mm. Die Elmar-Konstruktion wurde von Zeit zu Zeit modifiziert, wenn neue Gläser die Veranlassung dazu gaben. Die letzte Modifikation kam 1957, als hochbrechende Lanthan-Gläser mit niedrigem Brechungsindex aus dem Leitz Glaslabor verfügbar wurden. Sie ermöglichten es, die maximale Anfangsöffnung auf 2,8 zu steigern. Die Schärfe des Elmars 3,5/50 mm begründete den Ruf der Leica entscheidend mit, doch das Elmar war auch als Vergrößerungs- und Nahaufnahme-Objektiv geeignet und während seiner gesamten Produktionsdauer auch auf diesen Gebieten im Einsatz. Das 65 mm Elmar von 1960, konzipiert für den Visoflex-Einsatz, diente auch als exzellentes Makroobjektiv, während das 100 mm Makro-Elmar R für Reflexkameras das letzte Objektiv mit echter Elmar-Konstruktion war.

Das Elmar 135 mm von 1960 und die letzte Version des 90 mm-Elmars von 1964 waren keine echten Elmar-Konstruktionen. Zu dieser Zeit waren Objektivnamen nicht mehr unbedingt an die ursprünglichen Konstruktionsprinzipien gebunden. Sie waren stattdessen mehr unter Marketing-Aspekten bestimmten Objektivklassen zugeordnet. Heute ist ein Elmar ein Objektiv mit einer kleineren Anfangsöffnung als 2,8, unabhängig von seiner optischen Konstruktion. In ähnlicher Weise hat ein Elmarit eine maximale Lichtstärke von 2,8, ein Summicron 2,0 und ein Summilux 1,4.

Max Berek rechnete die meisten Leica Objektive in den 30er Jahren. Dabei gab er ihnen häufig die Namen von seinen Hunden. Sowohl das Hektor und das Summarex (**Rex**) sind darauf zurückzuführen. Berek starb 1949 im Alter von 63 Jahren. Sein **Hektor** 2,5/50 mm von 1931 war das erste lichtstarke Objektiv zur Leica. Es war eine Triplet-Konstruktion, jedoch mit allen drei Elementen in paarweiser Verkittung.

Die ersten Wechselobjektive für die Leica waren das Elmar 3,5/5 cm oder das Hektor 2,5, das Elmar 3,5/3,5 cm und das Elmar 4,5/13,5 cm.

Das Hektor 1,9/73 mm folgte kurze Zeit später im gleichen Jahr. Das Hektor 4,5/135 mm längerer Brennweite aus dem Jahr 1933, das das Elmar 135 mm ersetzte und das 2,5/125 mm Visoflex-Objektiv von 1954, als Projektionsobjektiv konzipiert, verzichteten auf verkittete Linsenpaare für die äußeren Komponenten – nur das mittlere, zerstreuende Element war ein verkittetes Linsenpaar. Auch das **Thambar** 2,2/90 mm, ein variables Weichzeichner-Objektiv von 1935, war von dieser vereinfachten Hektor-Konstruktion. Das andere Extrem, das erste echte Weitwinkelobjektiv für die Leica, war ebenfalls ein Hektor-Typ. Das Hektor 6,3/28mm von 1935 bestand aus verkitteten Linsenpaaren bei den beiden äußeren Elementen und einem einzelen zerstreuenden Element in der Mitte.

Für die nächste Steigerung bei der Lichtstärke von Standardobjektiven griff Berek auf den modifizierten doppelten Gauss-Typ zurück. Gauss war ein Mathematiker, der sehr bekannt für die Berechnungen ist, nach denen Objektive konstruiert werden. Er beschrieb 1817 einen neuen Teleskopty, der aus einem Paar Meniskuslinsen bestand, einem positiven und einem negativen Element. In einem 1888 vergebenen Patent schlägt Alvan G. Clark vor, daß zwei solcher Objektive, mit dem Rücken zueinander angeordnet, auch als Fotoobjektiv geeignet sein müßten. Viele Weitwinkelobjektive der ersten Hälfte des 20. Jahrhunderts basieren darauf. Rudolf entwickelte es als Zeiss Planar weiter, indem er das negative Elemente dicker gestaltete und einfach ein Linsenpaar daraus machte. Auch die frühen Leitz Summare, die weiter vorn erwähnt sind, gehen mit ihrem symmetrischen Aufbau darauf zurück. Die nächste Entwicklung kam 1920, als H.W. Lee von Taylor, Taylor und Hobson, die Lichtstärke auf 2,0 steigerte, indem er verschiedene Glassorten verwendete und eine asymmetrische Konstruktion wählte. Dies war die Ausgangsbasis für das **Summar** 2,0/50 mm von 1933 und die nächste Generation von Objektiven mit der Öffnung 2,0 oder höher warem vom modifizierten doppelten Gauss-Typ.

Die Auflösung des Summars war bei voller Öffnung weich, die Vignettierung bei Farbfilm sichtbar. Das **Summitar** von 1939 war eine verbesserte Form des Summars. Es ähnelte weitgehend dem Summar, hatte jedoch ein sehr großes Frontelement, das aus einem verkitteten Paar bestand. Dadurch wurde die Ausleuchtung der Bildecken verbessert. Farbfilm wurde zu dieser Zeit immer populärer, hatte jedoch nur einen sehr geringen Belichtungsspielraum. Unterbelichtung in den äußersten Bildecken hatte gleichzeitig auch eine Farbverschiebung dort zur Folge. Die Vignettierung des Summars war bei Schwarzweißfilm bis dahin nicht sichtbar geworden, was sich durch den Farbfilm änderte.

In einem Interview, das Berek 1949 kurz vor seinem Tod dem Leica Brevier gab, sagte er, daß ein Objektiv der Lichtstärke 2,0 schon von Anfang an für die Leica hätte entwickelt werden können, daß Leitz dies jedoch bewußt unterließ. Man war der Meinung, daß dies nur dann ernstgenommen würde, wenn auch die Leica von Anfang an ein Erfolg war. Leitz konnte es sich nicht erlauben, daß die Anwender technisch schlechte Bilder machten, und die Amateure in dieser Zeit hätten wohl kaum mit einem solch lichtstarken Objektiv und seiner geringen Schärfentiefe umzugehen verstanden. Schon 3,5 war 1925 ein außergewöhnlicher Wert.

Das erste Teleobjektiv zur Leica erschien 1935. Brennweiten länger als 135 mm konnten über den Leica Sucher nicht präzise scharfgestellt werden, daher wurde der Spiegelkasten PLOOT zu diesem Zweck konstruiert. Das Telyt 4,5/200 mm war eine echte Telekonstuktion. Ein Jahr später folgte ihm das Telyt 5,0/400 mm, genau rechtzeitig zu den Olympischen Spielen 1936 in Berlin. In dem soeben erwähnten Interview sagte Berek, daß voraussichtlich im Februar 1950 ein 800 mm Telyt vorgestellt würde. Darauf mußte allerdings 22 Jahre gewartet werden. Während des Kriegs wurde das 800 mm-Objektiv von Astro in Berlin hergestellt und von der deutschen Armee für Fernaufnahmen mit der Leica verwendet. Vielleicht war es eine Variante von dem Objektiv, das Berek erwähnt hatte. Das Werksmuseum besitzt den Prototyp eines 6,0/800 mm, das dem Jahr 1946 zugeschrieben wird und wohl auf ein im Krieg hergestelltes Objektiv zurückgeht.

Ein anderes von Objektiv von Berek, das viele Kontroversen bezüglich seiner Patentlage verursacht hat, ist das Xenon 1,5/50 mm. Dies wurde kürzlich von Blood geklärt (L.H.S.N., 1991, Nr. 31, S. 15 und Nr. 33, S.19). H.W. Lee von Taylor, Taylor and Hobson Ltd. hatte 1932 das britische Patent Nr. 373950 und 1935 das US-Patent Nr. 2019985 für ein Objektiv mit Standardbrennweite erteilt bekommen, das eine Lichtstärke um 1,5 besaß und in seiner Konstruktion auf einer Aufteilung der äußeren positiven Elemente nach dem doppelten Gauss-Prinzip basierte. Aus praktischen Gründen wurde die Methode vorgezogen, das hintere Element aufzuteilen. Es scheint so, als hätte Berek in ähnlicher Richtung experimentiert. Leitz beansprucht in einem von Richter veröffentlichten Brief (Vfr., 1977, **10**, Nr. 1, S. 13) die Rechte an der Xenon-Konstruktion. T.T.H. gewährte Schneider eine Lizenz, Objektive gemäß ihren patentierten Konstruktionen zu fertigen und zu verkaufen, Schneider wiederum hatte das Recht, Unter-Lizenzen an andere deutsche Firmen zu vergeben.

Drei Versionen des Xenon 1,5/50 mm: Nr. 288733 mit britischen und US-Patentnummern, Nr. 288018 nur mit US-Patentnummer und Nr. 289611 nur mit DRP-Patentnummer

Offenbar haben Schneider und Leitz unabhängig voneinander an Verbesserungen der Lee'schen Konstruktion gearbeitet und später eine Zusammenarbeit vereinbart. Leitz benötigte die Zustimmung von Schneider, das Lee-Patent der aufgeteilten hinteren Elemente verwenden zu dürfen und vereinbarte, das Objektiv "Xenon" zu nennen, ein Name von Schneider. Im Gegenzug verpflichtete sich Schneider, das Leitz Patent von 1934 zu akzeptieren. Da T.T.H. kein deutsches Patent, sondern nur die Lizenzvereinbarung mit Schneider besaß, war es lediglich erforderlich, die britischen und US-Patentnummern auf den für den Export bestimmten Objektiven einzugravieren. Nach dem Krieg war das britsche Patent ausgelaufen, das US-Patent blieb jedoch bis 1952 in Kraft. Deshalb trugen die exportierten Objektive nach wie vor die US-Patentnummer.

Das erste neue lichtstarke Objektiv für die Leica nach dem Krieg war das **Summarit** 1,5/50 mm, das 1949 vorgestellt wurde. Dabei handelte es sich effektiv um ein unverändertes Xenon mit jedoch vergüteten Linsen. Das Xenon hatte schon immer einen recht geringen Kontrast und eine gewisse Streulichtneigung gehabt. Durch die Vergütung trat eine so große Verbesserung ein, daß man in der Tat von einem völlig neuen Objektiv sprechen konnte. Leitz hatte die Freiheit, den Namen zu ändern, doch da das US-Patent noch einige Jahre in Kraft blieb, trugen die frühen Summarit-Versionen die gleiche US-Patentnummer.

Die Vergütung von Linsen war in Deutschland während des Kriegs entwickelt worden, was bedeutete, daß dies die erste Verbesserung war, die in Leitz-Objektiven verwirklicht werden konnte. Leitz-Vertretungen boten auch den Service an, alle Vorkriegsobjektive nachträglich zu vergüten, doch war es bei Leitz üblich, bei diesen Objektiven auf ein Vergüten der Frontlinse zu verzichten. Die Vergütung war in diesem Fall nicht widerstandsfähig genug und konnte durch normale Reinigung der Linse beschädigt werden.

Die Entscheidung von Leitz, nach dem Krieg ein eigenes Forschungslabor für die Glasherstellung aufzubauen, geschah wahrscheinlich, um unabhängiger von Schott zu werden, wo man verständlicherweise die Mutter Zeiss favorisierte. Dieser Schritt revolutionierte die Objektivfertigung von Leitz und erfolgte rechtzeitig zur Einführung der M3. Die erste große Verbesserung war die Entwicklung hochbrechender Gläser mit niedriger Dispersion, indem bei der Schmelzung Lanthan-Oxyd verwendet wurde. Experimente mit seltenen Oxiden, zu denen auch Lanthan gehörte, wurden schon seit den 20er Jahren angestellt und waren die Folge von US- und britischen Patenten, die Eastman Kodak bereits 1935 anmeldete. Ebenso ist dazu ein deutsches Patent der Jenaer Glaswerke von 1939 zu nennen (Blood, L.H.S.N., 1990, Nr. 30, S. 7). Doch die praktische Verwendung solcher Gläser ist ein anderer Aspekt: Die Kosten müssen sich in vernünftigem Rahmen halten, physikalisch konstant – Glas kann plötzlich trüb werden – und widerstandsfähig gegen atmosphärische Verunreinigungen, außerdem hart genug, um vor allem bei Front- und Hinterlinsen mechanisch stabil zu sein. Diese Investition trug erste Früchte in einem spektakulären Objektiv – dem **Summicron** 2,0/50 mm von 1953, das völlig neue Standards für Kleinbildobjektive setzte.

Das Zentrum für die Objektivforschung verlagerte sich von den späten 50er Jahren an nach Kanada. Die Leitung unterlag Dr. Walter Mandler, der 1946 in die Firma eingetreten war. Weit weg von der Zentrale hatte Mandler die Freiheit, seine eigenen individuellen Vorstellungen zu verfolgen, und viele bemerkenswerte Objektive sind das Ergebnis davon. Nach Mandlers Pensionierung kehrte das Zentrum der Objektivforschung unter Dr. Wolfgang Vollrath nach Wetzlar zurück.

Leitz war einer der ersten Objektivhersteller, der schon 1950 Computer für die Linsenberechnung einsetzte. Computerberechnung unter Einsatz von Programmen, die Leitz selbst entwickelt hat, ist heute selbstverständlich und Routine. Vorbei sind die Zeiten endloser Versuche und Experimente, die für Berek und sein Team noch unumgänglich waren. Seit der Einführung der Computerberechnung ist der Konstrukteur in der Lage, viel mehr Variablen als zuvor zu berücksichtigen und zu erforschen. Berechnungen, die vorher Tage dauerten, können dank Computer in einem Bruchteil der Zeit erledigt werden, so daß sich der Konstrukteur mehr auf neue Ideen und Konzepte konzentrieren kann. Er kann die Parameter eines theoretischen Objektivs eingeben und sich Schnittzeichnungen davon in wenigen Minuten ausdrucken lassen. Der Computer hilft ihm, Nebeneffekte vorherzusagen, wie etwa die voraussichtliche Vignettierung in verschiedenen Stellen bei unterschiedlichen Blendenöffnungen.

Wir haben heute Objektive von einer Qualität, von der Berek nur träumen konnte, doch ihre Geschichte scheint weniger romantisch zu sein. Man kann nicht mehr die Linie von den ursprünglichen Objektivkonstruktionen aus dem 19. Jahrhundert zurückverfolgen. Wir werden uns im folgenden darauf beschränken, die einzelnen Objektive der Schraub- und M-Leicas näher zu betrachten. Sie sind in einem Kapitel zusammengefaßt, da es eine kontinuierliche Entwicklungslinie vom Schraubgewinde über Objektive mit beiden Fassungen bis hin zu den M-Objektiven von heute gibt.

Die Brennweiten in diesem Kapitel sind alle in Millimetern angegeben, an anderen Stellen in diesem Buch in Millimetern oder Zentimetern, wie sie in den Originalkatalogen zu finden waren. Die Brennweiten bei den frühen Leica Objektiven waren in Millimetern eingaviert, doch um 1931 herum ging man zur Zentimeterangabe über, ohne daß es eine scharfe Abgrenzung gibt. 1957 kehrte man wieder zur Millimeterbezeichnung zurück. Der Wechsel von der europäischen Blendenreihe zur internationalen Abstufung begann mit dem Summarex von 1941, erlangte jedoch erst mehrere Jahre nach dem Krieg Allgemeingültigkeit. Die auf dem Kontinent übliche Komma als Dezimalangabe bei der Objektivgravur wurde nach etwa 1950 durch einen Punkt ersetzt.

Die folgende Auflistung von Schraub- und M-Objektiven wurde mit 50 mm-Standardobjektiven als Ausgangsbasis zusammengestellt. Danach folgen die Weitwinkelobjektive, beginnend bei 35 mm und danach absteigender Brennweitenangabe. Den Abschluß bilden die langbrennweitigen Objektive ebenfalls nach Brennweiten von 73 mm beginnend an aufgeführt. In den letzten Jahren ging Leitz zu der Praxis über, die heute von Leica fortgesetzt wird, durch einen Zusatzbuchstaben das Objektiv zu klassifizieren. Also ein M für M-Kameras. C für Kompaktkameras, V für Visoflex-Objektive und ein R für die Spiegelreflexobjektive.

Seriennummern erschienen für gewöhnlich nur an Objektiven über der Nummer 100.000. Einige frühe Objektive trugen ihre Nummer im Innern der Fassung eingraviert. Es gibt auch Objektive mit eingravierten Nummer über 90000, z.B. einige "dicke" 90 mm-Elmare und einige 50 mm-Elmare, sie gelten als besonders selten. Manchmal sind auch Objektive mit einem Stern nach der Seriennummer zu finden. Dies war eine Leitz-Besonderheit, mit der doppelte Nummern gekennzeichnet wurden, also eine, die zuvor schon vergeben worden war. Auf der anderen Seite kann der Stern aber auch einen Prototyp kennzeichnen, eventuell auch als früheres Modell. Das Summitar mit Stern beispielsweise war ein Summicron-Prototyp.

Die exakte Brennweite eines Objektivs war oft auch innen in die Fassung eingraviert oder in Form von Codebuchstaben, die oft unter dem Unendlich-Anschlag angegeben waren.

Produktionszahlen sind für keines der derzeit gefertigten Objektive verfügbar.

Standardobjektive – 50 mm, 40 mm

Anastigmat 3,5/50 mm   Elmax 3,5/50 mm

1924–1925

Kürzeste Entfernungseinstellung: 1 m (40")
Kleinste Blende: 18
Filtergröße: A36

Ursprünglich "Leitz Anastigmat" genannt, änderte sich der Name nach 200 bis 250 Stück in "Leitz Elmax". Das Objektiv war fest mit der Kamera verbunden, konnte jedoch aus der Fokussiervorrichtung entriegelt und teleskopartig ins Gehäuse geschoben werden. Es war das erste Objektiv für die Leica. Triplet mit 5 Linsen, die hinteren drei verkittet. Siehe weiter oben für weitere Einzelheiten zur Entwicklung und Patentsituation. Etwa 20 wurden für die Nullserienkameras produziert mit schwarz lackierter Fassung und einer kleinsten Blende von 12. Es wurde danach leicht modifiziert und hatte 18 als kleinste Blende und eine vernickelte Beschichtung. In dieser Form und unter dem Namen "Anastigmat" wurde es an die verbleibende Nullserie und die ersten Serien-Leicas angepaßt, von Nummer 122 an bis 280 oder 300. Der Name wurde danach in "Elmax" geändert, davon wurden etwa 1200 Stück an Leicas mit Nummern um 300 bis 1400 angesetzt.

Das Elmax legte die Leistung fest, durch die sich später das Elmar auszeichnen sollte. Wie das Anastigmat konnte es ins Kameragehäuse versenkt werden. Die Frontfassung war rundherum geriffelt, um als Griff zu dienen, dort war an der Vorderseite auch die Blendenskala angebracht. Die Blende wurde über einen kleinen Hebel eingestellt, die Skala folgte nach der alten Abstufung: 3,5, 4,5, 6,3, 9, 12,5, 18. Der Fokussierring drehte sich etwa eine Dreiviertelumdrehung zwischen Unendlich und 1 Meter, die Entfernung war nur in Metern angegeben. Ein federnd gelagerter Knopf am Gehäuse, der sogenannte "Hockeyschläger", verriegelte das Objektiv in Unendlichstellung.

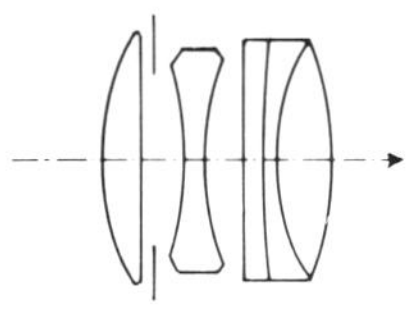

Leitz Anastigmat, umbaut in ein auswechselbares Objektiv

Elmax, umgebaut in Wechselfassung

Normales Vorkriegs-Elmar links mit Blendenskala auf nicht-rotierender Fassung, später Typ rechts mit Blendenskala am Flansch und roter Schärfentiefenskala

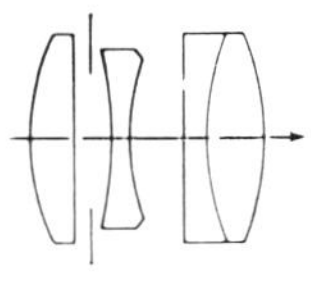

Varianten

- Es gibt Berichte darüber, daß Anastigmat- oder Elmax-Objektive zusammen mit Kameras zur Reparatur eingeschickt wurden, bei denen man nachträglich Elmar-Frontfassungen anbrachte.
- Viele frühe Leica Kameras wurden nach 1930 ans Werk eingeschickt, um dort die Wechselobjektiv-Fassung nachrüsten zu lassen. Auch die Objektive wurden dabei umgebaut und erhielten manchmal dabei die Steuernocke für den Entfernungsmesser.

Produktionszahlen

Anastigmtat 50 mm 1924–1925
Verwendet an den ersten 200–300 Kameras einschließlich der Vorkriegs-Leica I.

Elmar 3,5/50 mm

1925–1959 mit Schraubfassung
1954–1961 mit M-Bajonett

Kürzeste Entfernungseinstellung: 1 m (40")
Kleinste Blende: 18
Filtergröße: A36, E39 ab 1957

Das Leica Objektiv, von dem mit Abstand die größte Stückzahl produziert wurde. Laut Werksaufzeichnungen wurden sechs Exemplare bereits 1924 hergestellt . Triplet mit vier Linsen, zwei davon verkittet.

1925: Das Elmar ersetzt das Elmax bei der Leica I mit fest eingebautem Objektiv. Oberfläche vernickelt. Blendenskala wie beim Elmax.

1926: Fassung mit Einstellrad, später mit Einstellring an den Compurverschlüssen für die Compur-Leica.

1930: Ab etwa Kameranummer 47.000 mit zusätzlicher Schärfentiefenskala.

1930: Einführung des Schraubgewindes, Objektiv konnte jedoch nur an der Kamera verwendet werden, an die es angepaßt worden war. Seriennummer der Kamera am Objektiv eingraviert, später wurden nur die letzten drei Ziffern angegeben. Keine Unendlich-Verriegelung, dafür ein feststehender Knopf und Unendlicheinstellung in 7 Uhr-Position.

1931: Schraubgewinde standardisiert, Kameras waren ohne Modifikation an allen Kameras verwendbar. Graviert mit einer "0" wie beim Kameraanschluß, um das standardisierte Gewinde zu kennzeichnen.

1932: Kupplung mit dem Entfernungsmesser, Unendlich-Anschlag in 7 Uhr-Stellung. Umbaumöglichkeit für frühere Objektive. Keine "0"-Gravur. Frühe Objektive mit standardisiertem Gewinde hatten keine Unendlich-Verriegelung. Unendlich-Verriegelung zunächst mit abgeflachtem Knopf, später mit konischer Form.

1933: Von diesem Jahr an trugen die Objektive eingravierte Seriennummern.

1933: Einführung der verchromten Fassung, von 1936 an nur noch verchromte Ausführungen.

1935: Infrarotmarkierung auf der Entfernungsskala

1946: Einführung der Vergütung ab Nr. 581.501. Die Blendenskala änderte sich nach dem Krieg auf die internationale Abstufung: 3,5, 4, 5,6, 8, 11, 16. Kurz darauf wurde die kleinste Blende auf 22 reduziert.

1951: Von Nr. 905.000 an neue optische Konstruktion, Schärfentiefenskala eine zeitlang in rot ausgelegt. Bekannt als Elmar mit roter Schärfentiefenskala.

1953: Stellungen von Entfernungs- und Schärfentiefenskala gegeneinander vertauscht

1954: Einführung der Bajonettausführung für die M3. Beide Versionen jetzt in verstärkter Fassung mit Blendenring hinter größerer Frontfassung, Filtergewinde auf E39 geändert.

Varianten

- Einige festeingebaute Elmare für den Export hatten 0,5 m als kürzeste Entfernungseinstellung; keine Schärfentiefenskala
- Einige Elmare mit Scheiben-Compurverschlüssen ebenfalls mit 0,5 m als kürzeste Entfernung
- Bei späten Ring-Compur-Leicas war bei der Serie von 50.000 an die Seriennummer rund um die Fassung des Objektivs eingraviert.
- Varianten in der Unendlich-Position und -Verriegelung siehe oben
- Limitierte Auflage zur Leica IIIf in schwarz
- Einige Objektive für das Militär wurden entsprechend der jeweiligen Einheit graviert.

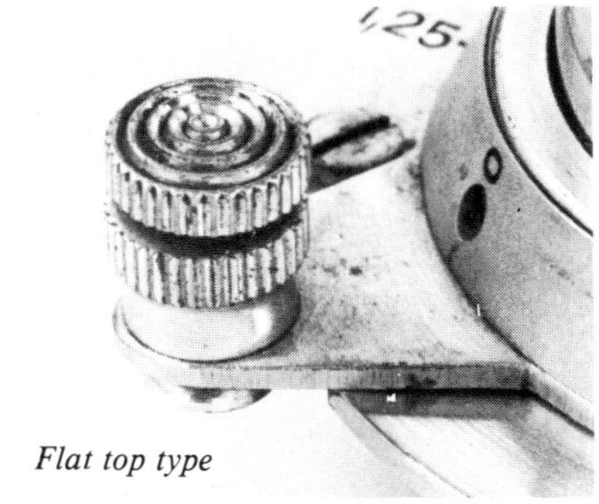

Flat top type

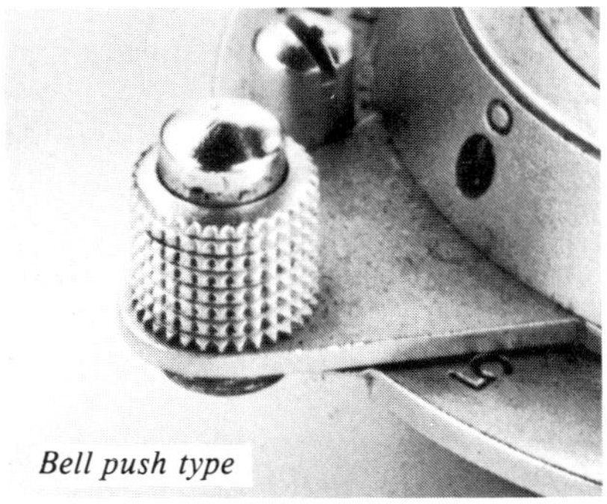

Bell push type

Rückansicht des frühen Elmars mit Standard-Gewinde. Das "O" war unter dem Flansch eingraviert. Die "4" unter dem Fokussierhebel ist ein Leitz-Code für die effektive Brennweite, die innerhalb der Produktion schon mal um einige Millimeter variieren konnte.

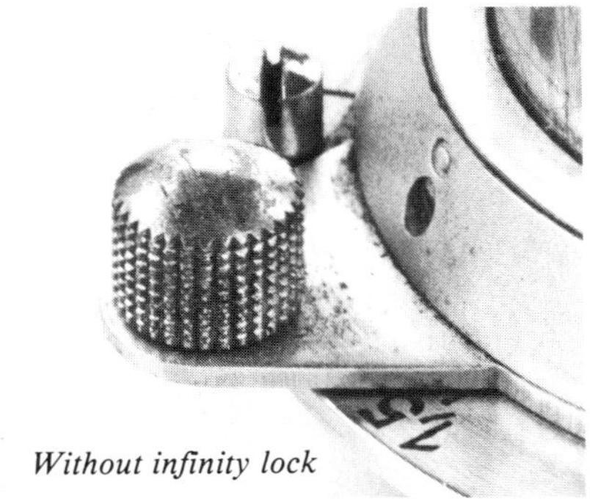

Without infinity lock

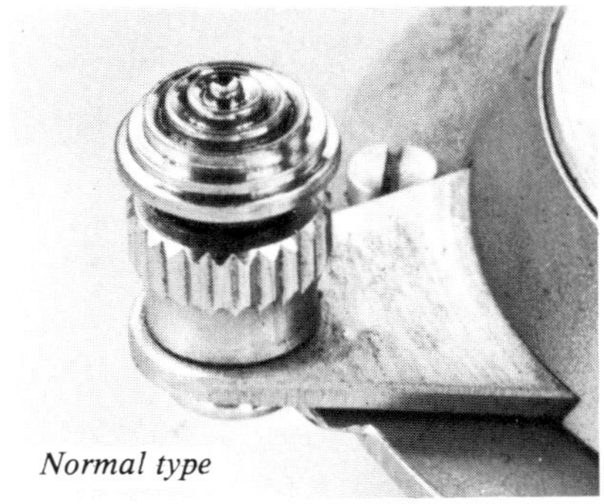

Normal type

Unterschiedlich strukturierte Fokussierhebel und Unendlich-Verriegelungen. Das "O" an der Fassung kennzeichnet Objektive mit Standard-Gewinde.

Elmar 3,5/50 mm in E39-Fassung

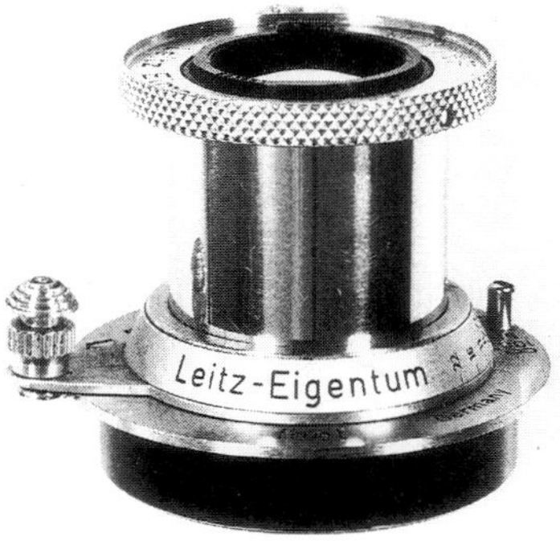

Elmar mit Gravur "Leitz-Eigentum"

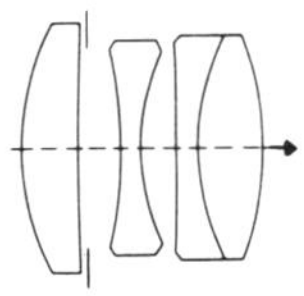

Elmar 2,8/50 mm

Codebezeichnungen/Katalognummern

ELMAR – Elmar 3,5/50 mm, Schraubgewinde, Meterskala, Original in Nickel, später in Chrome

ELMACHROM – Elmar 3,5/50mm, Schraubgewinde in Chrom. Der Zusatz CHROM wurde mit dem Auslaufen der Nickel-Version weggelassen.

ELMAM/11610 – Elmar 3,5/50 mm, M-Bajonett

Produktionszahlen

ELMAR 50 mm 1924–1961

	Gewinde		*Gewinde*	*Bajonett*
1924	6	**1943**	539	–
1925	853	**1944**	234	–
1926	1542	**1945**	2507	–
1927	3263	**1946**	6134	–
1928	7637	**1947**	7127	–
1929	14886	**1948**	9415	–
1930	21416	**1949**	13079	–
1931	15105	**1950**	17869	–
1932	22886	**1951**	16704	–
1933	20951	**1952**	16666	–
1934	15192	**1953**	16111	–
1935	14606	**1954**	11766	2992
1936	14555	**1955**	14737	3557
1937	13643	**1956**	10967	2903
1938	16798	**1957**	7470	1733
1939	13782	**1958**	712	759
1940	7183	**1959**	49	460
1941	7195	**1960**	–	473
1942	2273	**1961**	–	381
Geamtproduktion			365852	13198

Elmar 2,8/50 mm

1957–1962 in Schraubfassung
1958–1974 mit M-Bajonett

Neugerechnetes Elmar unter Verwendung von Lanthan-Glas, dadurch Steigerung der Lichtstärke auf 2,8 möglich. Frühere Objektive hatten Entfernungsskalen entweder in Meter oder Feet, die späteren Ausführungen hatten beides. Neue Ausführung mit schwererer Fassung ähnlich der der späten 3,5-Elmare mit einrastendem Blendenring hinter größerer Frontfassung; Filtergewinde E39.

Varianten

- ❍ Prototypen dieses Objektivs gab es mit versenkbarer Fassung und A36-Filterdurchmesser.
- ❍ Ein Exemplar dieses Objektivs mit Bajonettfassung ist auch mit eingebautem Compurverschluß bekannt (Christie's London, 1990, 12. Juli, Lot 77).
- ❍ Eine Spezialversion dieses Objektivs wurde für Projektionszwecke hergestellt, besaß daher keine Irisblende. Frontseitig gab es vier angesetzte Klauen, um das Fokussieren mit der versenkten Fassung zu erleichtern.

Codebezeichnungen/Katalognummern

ELMOO/11512 – Elmar 2,8/50 mm, Schraubgewinde, Meterskala

ELMOO/11012 – dto. mit Feet-Skala

ELMOM/11612 – Elmar 2,8/50 mm, M-Bajonett, Meterskala

ELMOM/11112 – dto. mit Feet-Skala, später mit doppelter Skala

Produktionszahlen

ELMAR 50 mm 1957–1974

	Baj.	*Gew.*		*Baj.*	*Gew.*
1957	–	7714	**1962**	4456	599
1958	4877	7907	**1963**	4102	–
1959	5772	6448	**1964**	3590	–
1960	5621	3457	**1965**	2781	–
1961	5389	1232	**1966**	2175*	–
Gesamtproduktion				38757*	27357

*Produktion auch nach diesem Datum

Hektor 2,5/50 mm

1931–1948

Kürzeste Entfernungseinstellung: 1 m (40")
Kleinste Blende: 18
Filtergröße: A36

Das erste lichtstarke Objektiv zur Leica. Triplet mit sechs Linsen in verkitteten Paaren. Werksaufzeichnungen besagen, daß die Produktion erst 1931 begann, doch zwischen 1930 und 1931 wurden um die 2100 Objektive hergestellt und 1300 davon für die Leica A mit fest eingebautem Objektiv verwendet, wobei sich die Unendlich-Markierung in 7 Uhr-Stellung befindet. Die verbleibenden ohne Standardgewinde wurden in verschiedene Kameras eingebaut, offenbar auf speziellen Auftrag hin, da sie ein oder zweimal in Serien mit Elmar-Objektiven auftauchen. Diese frühen Objektive konnten zum Umbau an das Werk zurückgeschickt werden, bei den meisten befindet sich dann die Unendlich-Verriegelung in 11 Uhr-Position.

1931: In Standard-Schraubfassung, ähnlich dem Elmar, mit Unendlich-Verriegelung in 7 Uhr-Position. "0"-Gravur zur Kennzeichnung des Standardgewindes

1932: Kupplung mit dem Entfernungsmesser. Chrom-Finish wurde erst später eingeführt. Hauptproduktion lief 1937 aus, doch kleine Stückzahlen wurden noch bis etwa 1948 hergestellt.

Varianten

- ❍ Unendlich-Verriegelung in Glockenform, abgeflachte und konische Form
- ❍ Infrarot-Markierung an der Entfernungsskala

Codebezeichnungen

HEKTOR – Hektor 2,5/50 mm in vernickelter Fassung
HEKTORCHROM – dto. mit verchromter Fassung
HEKTO – dto., Änderung des Codes

Produktionszahlen

HEKTOR 50 mm 1931–1940							
1931	2108	**1936**	96	**1941**	–	**1946**	67
1932	4651	**1937**	272	**1942**	–	**1947**	3
1933	2835	**1938**	7	**1943**	–	**1948**	1
1934	469	**1939**	1	**1944**	–		
1935	145	**1940**	–	**1945**	–		
Gesamtproduktion							10655

Summar 2,0/50 mm

1933–1940

Kürzeste Entfernungseinstellung: 1 m (40")
Kleinste Blende: 12,5
Filtergröße: A36

Erstes Objektiv der Lichtstärke 2,0 zur Leica. Symmetrischer Gauss-Typ mit sechs Linsen, davon zwei in der Mitte verkittet und zwei einzelne äußere Linsen. Weiche Abbildung bei voller Öffnung. Frontlinse aus weichem Glas, deshalb ist ein makelloses Summar relativ selten. Nur in Schraubfassung produziert.

1933: In feststehender, vernickelter rotierender Fassung. Blendenlamellen erzeugten eine runde Öffnung. Zwei Versionen: mit schwarz lackiertem Frontring und weißer Beschriftung und mit vernickeltem Frontring.

1934: Fassung in versenkbare Form geändert, die sich während des Fokussierens nicht mitdreht. Hexagonal geformte Blendenöffnung. Anfangs Nickelfassung, später verchromt. Frontring entweder schwarz oder verchromt. Blendeneinstellring hinter Frontfassung.

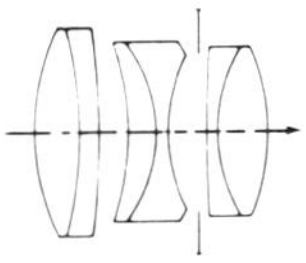

Hektor 2,5/50 mm

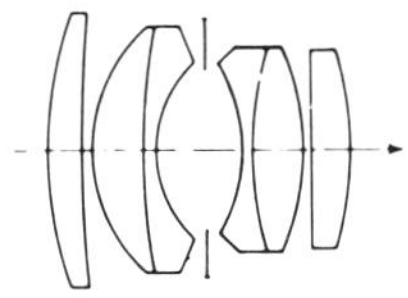

Summar 2,0/50 mm in früher, feststehender Fassung

Summar 2,0/50 mm in versenkbarer Fassung. Unten: rotierende Fassung mit schwarzem Frontring von 1933. Unten: nicht rotierende Fassung von 1936

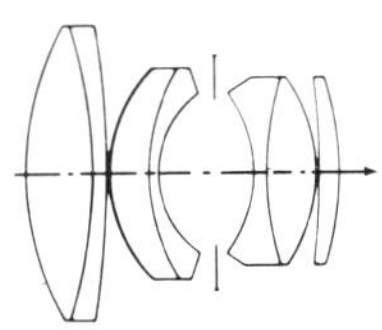

Summitar 2,0/50 mm

Summicron 2,0/50 mm in versenkbarer Schraubfassung

Varianten

- Objektive, die um 1934 hergestellt wurden, haben eine Aussparung in dem Ring nahe der Blendeneinstellung und eine Markierung bei der 2,9-Stellung der Blende. Dadurch konnte das Objektiv für das neuen Agfacolor-Verfahren in Verbindung mit den drei Farbfiltern (siehe Kapitel 13) verwendet werden. Dieser Agfa-Prozeß war durch die Vorstellung des Kodachrome-Films kurz darauf schon veraltet, deshalb besaßen spätere Objektive diese Merkmale nicht mehr.
- Infrarot-Markierung auf der Entfernungsskala
- Einige im Werk verbliebene Objektive wurden nachträglich vergütet.

Codebezeichnungen

SUMAR (1933) – Summar 2,0/50 mm in feststehender Fassung

SUMUS (1934–1940) – dto., in versenkbarer vernickelter Fassung

Produktionszahlen

SUMMAR 50 mm 1933–1940					
1933	2274	**1936**	24594	**1939**	8229
1934	14275	**1937**	28282	**1940**	87
1935	17420	**1938**	27669		
Gesamtproduktion					122860

Summitar 2,0/50 mm

1939–1955

Kürzeste Entfernungseinstellung: 1 m (40")
Kleinste Blende: 12,5, nach dem Krieg 16
Filtergröße: 36 mm Einschraubgewinde

Verbesserung der Summar-Konstruktion mit sieben Linsen, die ersten sechs paarweise verkittet. Riesige Frontlinse aus zwei verkitteten Linsen, dadurch geringere Vignettierung bei voller Öffnung. Nur in versenkbarer Schraubfassung hergestellt.

1939: Irisblende mit einer großen Anzahl flacher Lamellen gefertigt, um eine runde Öffnung zu erzielen. Europäische Blendenreihe: 2, 2,2, 3,2, 4,5, 6,3, 9, 12,5. Flache Frontfassung

1945: Werksseitige Vergütung von November an

1946: Internationale Blendenreihe: 2, 2,8, 4, 5,6, 8, 11, 16, von Nr. 601.001 an

1951: Neue Blende mit nur noch sechs gebogenen Lamellen, die eine hexagonale Öffnung erzeugten

Varianten

- Viele während des Kriegs hergestellten Objektive trugen die Gravur der jeweiligen Gattung
- Varianten in der Fassung, Ringe und Anordnung von Ziffern der Fokussier- und Blendenskalen.
- Als die neue selbstverriegelnde Form der SOOPD Gegenlichtblende 1951 vorgestellt wurde, erhielt die Frontfassung rundumlaufend eine eingefräste Vertiefung, in der die Gegenlichtblende befestigt wurde. Diese Vertiefung war im Querschnitt entweder quadratisch oder v-förmig.
- Summitar mit Stern: siehe Summicron weiter unten

Codebezeichnungen

SOORE – Summitar 2,0/50 mm

Produktionszahlen

SUMMITAR 50 mm 1939–1955					
1939	11168	**1945**	997	**1951**	24681
1940	8949	**1946**	4112	**1952**	26226
1941	8460	**1947**	7552	**1953**	3747
1942	3820	**1948**	1620	**1954**	39
1943	828	**1949**	25667	**1955**	48
1944	443	**1950**	27754		
Gesamtproduktion					170761

Summicron 2,0/50 mm

1953–1963 Schraubfassung
1954–1968 Erste Bajonettausführung
1956–1968 M-Bajonett für zwei Bereiche
1969–1979 Zweite optische Berechnung
1980– Dritte optische Berechnung, heutiges **Summicron-M**

Ein Objektiv, das zu seiner Zeit in puncto Bildqualität revolutionär war. Seitdem wurde das Objektiv zweimal neu berechnet.

Erste optische Konstruktion 1953–1968
Kürzeste Entfernungseinstellung: 1 m (40")
Kleinste Blende: 16
Filtergröße: E39

Eindeutig abgeleitet vom Summitar, jedoch mit überragender Abbildungsleistung dank neuer Glassorten, die dem Konstrukteur größere Freiheit gaben. Sieben Linsen, nur zwei davon verkittet und zwei "Luftlinsen", die zwischen jedem der beiden Frontlinsen-Paare entstanden. Drei der Linsen wurden von Leitz-eigenem Glas hergestellt. Die große Frontlinse beseitigte Vignettierungen, die beste Abbildung lag bei Blende 4.

1953: Erstes Summicron in chrom, versenkbar, nicht-rotierende Frontfassung. Entfernungsskala ursprünglich nur in Metern, später in Metern oder Feet, schließlich mit Meter- und Feet-Angabe.

1954: Summicron mit M-Bajonett, ansonsten in allen Details identisch mit der ersten Schraub-Version. Bis 1957 lieferbar.

1956: Neue, nicht versenkbare Fassung. Gewicht erhöhte sich von 220 auf 285 Gramm.

1956: Zweibereichs-Version mit feststehender Fassung und M-Bajonett. Besaß zwei Fokussierbereiche, einen normalen sowie einen für kurze Entfernungen zwischen 1 m und 48 cm. Angabe des Vergrößerungsfaktors als auch Entfernungsskala auf der Nahbereichsskala angegeben. Ein spezieller Vorsatz war für den Nahbereich fest am Objektiv angebracht und schaltete zusätzliche Okulare vor Sucher- und Entfernungsmesser-Fenster, um die erforderliche optische Korrektur vorzunehmen. Dabei gab es eine Verriegelung, die dafür sorgte, daß der Vorsatz nur angesetzt werden konnte, wenn das Objektiv auf den Nahbereich eingestellt war.

1960: Eine kleine Anzahl (1160 nach Werksunterlagen) nicht versenkbarer Objektive wurden von 1960 bis 1963 mit Schraubgewinde hergestellt. Diese kleine Zahl macht sie wertvoller für Sammler, was Fälschungen begünstigt hat. Der Objektivkopf kann vom feststehenden Teil abgeschraubt werden, und einige Jahre lang lieferte Leitz Adapter, so daß Besitzer von M- und Schraub-Leicas keine zwei Objektive kaufen sondern einfach nur die Objektivköpfe austauschen mußten. Der Adapter mußte an die effektive Brennweite des Objektivs angepaßt werden, die bereits in die hintere Fassung des Objektiv eingeritzt war: 51,6, 51,9 oder 52,2. Lieferbar waren drei Anschlußstücke, die für diese drei Brennweitenbereiche justiert waren. Eine Codenummer oder ein Buchstabe war auf der Rückseite des Unendlich-Verriegelungsknopfes eingraviert. Es waren dies 7 oder 18 für 51,6, 8 oder 19 für 51,9 und A für 52,2. Die Objektive sollten daraufhin geprüft werden, ob der Objektivkopf auf diese Weise an die Fassung angepaßt wurde (die verbleibende Stückzahl dieer Adapter wurde von Leitz/New York vor vielen Jahren ausverkauft). Der Seriennummern-Bereich für diese Objektive ist 1.704.XXX–1.706.XXX, 1.762.XXX–1.763.XXX, 1.885.XXX.

1963: M-Objektive in schwarz erhältlich

Varianten

❍ Prototypen des Summicron wurden 1952 an Leitz-Verkaufsmitarbeiter und Fotografen geliefert, die damit Erfahrungen sammeln sollten. Sie besaßen eine Summitar-Fassung und trugen die Summitar-Bezeichnung, jedoch mit einem Stern hinter dem Namen. Deshalb sind sie unter der Bezeichnung "Stern-Summitar" bekannt. Gemäß Werksaufzeichnungen wurden 79 Stück hergestellt, doch da sie wieder an das Werk für weitere Tests oder Demontage zurückgegeben wurden, sind nur wenige davon erhalten.

Zweibereichs-Summicron für M-Kameras

Summicron 2,0/50 mm, feststehende Schraubfassung

Summitar mit Stern – ein Summicron-Prototyp

Compur-Summicron mit Verschlußkopplung zum Öffnen des Schlitzverschlusses der Kameras, der auf B gestellt werden mußte

Zwei M-Summicrone mit feststehender Fassung in schwarz. Links von 1958, rechts von 1962. Man beachte die unterschiedliche Riffeling der Fassung.

Die Fassungen waren denen des Summitars ähnlich, das herausgezogene Objektiv war nur 37 mm lang gegenüber den 43 mm des Summitar. Die Blende ließ sich bis auf 22 schließen, die des serienmäßigen Summicrons nur bis 16 (Hooper, Vfr., 1985, **18**, Nr. 3, S. 20). Nicht alle Stern-Summitare sind Prototypen des Summicrons. Eine Serie von Summitaren mit den Nummern 530.001–530.500, 1939 vergeben, trägt durchgehend einen Stern, jedoch hinter der Seriennummer (einige tragen auch Luftwaffen-Markierungen). Dies geschah, weil diese Objektivnummern bereits benutzt worden waren, und ein Stern hinter der Seriennummer war normale Leitz-Praxis, um doppelte Nummern oder ein ersetztes Objektiv zu kennzeichnen (Pratt, L.H.S.N., 1988, Nr. 24, S. 16).

- Sechs Stern-Summitare wurden mit eingebautem Compurverschluß hergestellt und waren für Elektronenblitz bei Zeiten von 1/100 und 1/200 Sek. synchronisiert, also schneller als die erlaubte 1/30 Sek. des IIIf-Schlitzverschlusses.
- Etwa 1956 wurden etwa 58 Summicron mit feststehender Fassung in ähnlicher Weise wie beim Summitar mit einem Compurverschluß ausgestattet. Es ist gesagt worden, daß keines davon verkauft wurde, doch es existiert eine maschinengeschriebene Broschüre, herausgegeben von Leitz/New York, die Anweisungen für die Benutzung gibt. Ein solches Objektiv aufzutreiben, ist ein seltener Glücksfall, mit intakter Verschlußkupplung erst recht.
- Eine seltene, schwarz lackierte Version mit feststehender Fassung war in den späten 50er Jahren für schwarze M2, M3 und MP-Leicas lieferbar.
- Varianten des Zweibereichs-Summicrons: mit oder ohne Skala der Abbildungsmaßstäbe; mit oder ohne Infrarot-"R" zwischen Blende 4 und 5,6 auf der Schärfentiefenskala; einige Objektive tragen die Seriennummer in weiß auf der hinteren, inneren Seite des Fokussierrings (Nelson, Vfr., 1974, 7, Nr. 3, S. 13).

Codebezeichnungen/Katalognummern

SOOIC – Summicron 2,0/50 mm mit Schraubfassung, versenkbar
SOOIC-M – Summicron 2,0/50 mm mit M-Bajonett, versenkbar
SOSTA/11018 – dto. Schraubgewinde, nicht versenkbar, Feet-Skala
SOSTA/11518 – dto. mit Meterskala
SOSIC/11818 – Summicron 2,0/50 mm, nicht versenkbare M-Fassung, Feet-Skala
11117 – dto. in schwarz
SOSIC/11618 – dto. mit Meterskala
SOMNI/11918 – Summicron 2,0/50 mm mit zwei Bereichen für M3
SDPOO/14002 – Optischer Suchervorsatz für Zweibereichs-Summicron

Produktionszahlen

SUMMICRON 50 mm (Gewindeversion) 1953–1963

	Festst.	*Versenkb.*		*Festst.*	*Versenkb.*		*Festst.*	*Versenkb.*
1953	–	15597	**1957**	–	3617	**1961**	274	–
1954	–	11395	**1958**	–	2341	**1962**	227	–
1955	–	13391	**1959**	–	1691	**1963**	108	–
1956	–	9479	**1960**	551	469			
Gesamtproduktion							1160	57980

SUMMICRON 50 mm (Bajonettversion) 1954–1968

1954	–	15060	**1959**	7511	–	**1964**	5235	–
1955	–	17795	**1960**	5916	–	**1965**	4155	–
1956	152	17505	**1961**	5254	–	**1966**	3173	–
1957	9371	2342	**1962**	6784	–	**1967**	4968	–
1958	4626	–	**1963**	5706	–	**1968**	4204	–
Gesamtproduktion							63055	52702

SUMMICRON 50 mm NF 1956–1968

1956	735	**1959**	7106	**1962**	6727	**1965**	2741
1957	9273	**1960**	6727	**1963**	3681	**1966**	1755
1958	6409	**1961**	4091	**1964**	3668	**1967**	2180
				1968	2736		
Gesamtproduktion							55145

SUMMICRON-M 50mm 1969–1979 1980–

Daten nicht verfügbar.

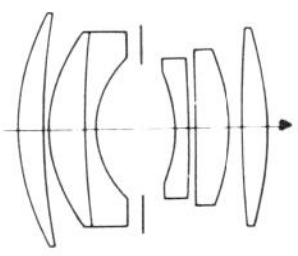

Summicron 2,0/50, zweite optische Konstruktion

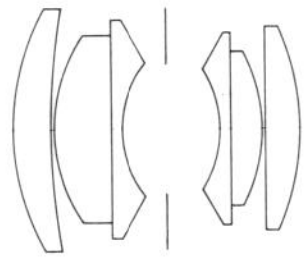

Summicron 2,0/50, dritte optische Konstruktion

Elcan 2,0/50 mm

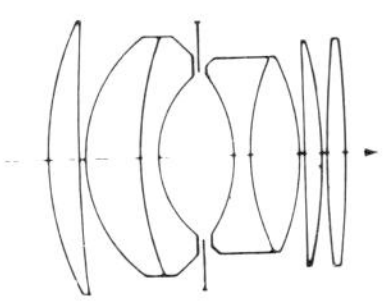

Xenon 1,5/50 mm, Fassung mit drei geriffelten Ringen

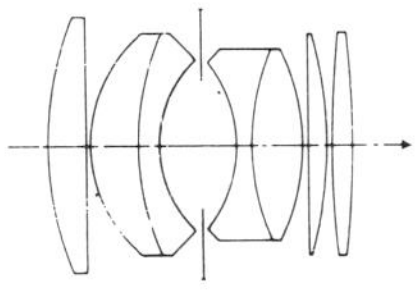

Summarit 1,5/50 mm

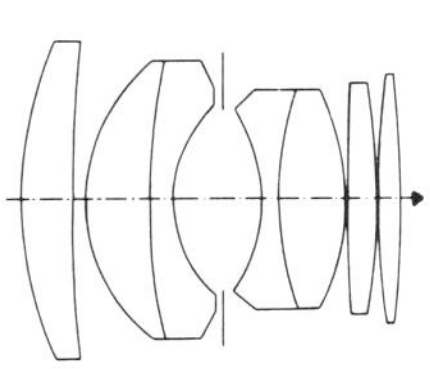

Summilux 1,4/50 mm, erste optische Konstruktion

Zweite optische Konstruktion 1969–1979
Kürzeste Entfernungseinstellung: 0,7 m
Kleinste Blende: 16
Filtergröße: E39

Neue Glassorten erlaubten es, die Zahl der Linsen auf sechs zu reduzieren, darunter ein verkittetes Paar. Tatsächlich ein Objektiv, dem man in früheren Zeiten eine neue Bezeichnung gegeben hätte. Schwarz anodisierte, leichte Aluminiumfassung. Sowohl Meter- als auch Feet-Entfernungsskala. Keine Unendlich-Verriegelung. Mit der M3 ist der Nahbereich auf 1 m beschränkt.

Katalognummer
11817 – Summicron-M 2,0/50 mm, 2. Version

Produktion

Daten nicht verfügbar

Dritte optische Konstruktion 1980– Derzeitiges Summicron-M 2,0/50 mm
Kürzeste Entfernungseinstellung: 0,7 m
Kleinste Blende: 16
Filtergröße: E39

Ein weiteres, völlig neues Objektiv mit sechs Linsen, die inneren vier davon als zwei verkittete Paare. Noch bessere Auflösung, vor allem im Nahbereich. Es ist interessant, daß neue Glassorten und fortschrittlichere Computerberechnung eine Konstruktion zur Folge haben, die näher am ursprünglichen symmetrischen Aufbau liegt und eine gewisse Rückkehr zur Summar-Form darstellt.

Katalognummer
11819 – Summicron-M 2,0/50, 3. Version

Produktion

Daten nicht verfügbar

Elcan 2,0/50 mm

1970

Die Militärausführung der Leica M4, die K7, wurde von Leitz/Kanada für die US-Armee hergestellt. Die Abbildungsleistung des Summicron 2,0/50 mm übertraf die im Vertrag vereinbarten Anforderungen, deshalb wurde ein einfacheres, preisgünstigeres Objektiv in Midland produziert. Es war eine vierlinsige Konstruktion, in seinem Aufbau dem Projektionsobjektiv Colorplan 2,5/90 mm sehr ähnlich. Seine Abbildungsleistung wurde von Mandler zwischen einem 50 mm-Summitar und einem Summicron angesiedelt (Vfr., 1979, 12, Nr. 1, S. 3). Die Objektivbezeichnung ELCAN stammt von **E**rnst **L**eitz **Can**ada.

Xenon 1,5/50 mm

1936–1950

Kürzeste Entfernungseinstellung: 1 m
Kleinste Blende: 9
Filtergröße: 51 mm Aufstecktyp

Das erste hochlichtstarke Objektiv zur Leica. Die patentrechtlichen Hintergründe zu diesem Objektiv wurden bereits in der Einführung dieses Kapitels beschrieben. Es war ein doppelter Gauss-Typ jedoch mit einem in zwei Linsen aufgeteilten rückwärtigen Element, deshalb hatte das Xenon sieben Linsen, bei denen das zweite und dritte sowie das vierte und fünfte Linsenglied miteinander verkittet waren. Es hatte eine massive 300 Gramm schwere, verchromte Fassung, so daß eine spezielle Bereitschaftstasche erforderlich war.

Varianten

- Patent-Gravuren (siehe Patentgeschichte des Xenons in der Einleitung zu diesem Kapitel):
- "Taylor-Hobson, British Patent 373950 und U.S. Patent 2019985".
  "Taylor-Hobson U.S. Patent 2019985" Blank)
- Frühe Ausführungen hatten zwei schwarze Punkte auf der Blendenskala bei den Positionen 1,9 und 2,9. Sie waren bestimmt für die Verwendung des frühen Agfacolor-Verfahrens, der spezielle Dreifarben-Filter erforderte und eine der beiden Blendenöffnungen. Das Agfacolor-Verfahren war bereits veraltet, als das Xenon eingeführt wurde.
- Zwei verschiedene Typen von Objektivfassung, eine mit drei, die andere mit vier geriffelten Ringen.
  Spezialversion mit fester Entfernungseinstellung (auf etwa 1 m voreingestellt) für die in Wetzlar hergestellte Röntgenkamera (siehe Kapitel 18)
- Einige während des Kriegs hergestellten Objektiven wurden werksseitig vergütet.

Codebezeichnungen
XEMOO – Xenon 1,5/50 mm
RXDOO – Röntgenversion des Xenon

Produktionszahlen

XENON 50 mm 1936–1950							
1936	165	**1940**	455	**1944**	–	**1948**	19
1937	2079	**1941**	389	**1945**	–	**1949**	50
1938	918	**1942**	131	**1946**	2	**1950**	23
1939	1919	**1943**	9	**1947**	1		
Gesamtproduktion							6190

Summarit 1,5/50 mm

1949–1960

Kürzeste Entfernungseinstellung: 1 m
Kleinste Blende: 16
Filtergröße: E41

Ein vergütetes Xenon. Die Vergütung, eine Kriegsentwicklung, brachte dem Xenon eine enorme Verbesserung, indem der Kontrast gesteigert und Streulicht reduziert wurden. Vermutlich verhinderte der Know how-Austausch zwischen Schneider und Leitz nicht mehr den Wechsel zu einer Leitz-Bezeichnung. In Bajonettfassung nach Vorstellung der M3 hergestellt. Entfernungsskalen in Feet oder Meter, nie jedoch beides.

Varianten

- Sehr frühe Objektive für den Export trugen die TTH US-Patentnummer, da dies bis dahin noch nicht ausgelaufen war, das britische jedoch schon.
- Bei frühen Objektiven befand sich die Blendenskala am vorderen Ende der Fassung und die Indexmarkierung auf dem drehbaren Ring. Bei den späteren Objektiven war dies genau umgekehrt; der Index war fest und die Skala in Raststufen drehbar.
- Einige Objektive tragen die Markierung "Ernst Leitz Canada".
- Frühe Objektive hatten einen Bajonettanschluß für die Gegenlichtblende XOONS und Filter, es ist jedoch zweifelhaft, ob die Gegenlichtblende in dieser Form große Verbreitung hatte.

Codebezeichnungen
SOOIA – Summitar 1,5/50 mm mit Schraubfassung
SOOIA-M – dto. mit Bajonettfassung

Produktionszahlen

SUMMARIT 50 mm 1949–1960					
	Baj.	*Gew.*		*Baj.*	*Gew.*
1949	–	144	**1955**	3958	3351
1950	–	1841	**1956**	5684	4677
1951	–	4386	**1957**	6081	3039
1952	–	8133	**1958**	3273	652
1953	–	7806	**1959**	3658	1219
1954	1710	3461	**1960**	1325	472
Gesamtproduktion				25689	39181

Summilux 1,4/50 mm

1959 – 1961 Erste Ausführung
1961 – zweite optische Rechnung, derzeit aktuelles **Summilux-M**

Kürzeste Entfernungseinstellung: 1 m
Kleinste Blende: 16
Filtergröße: E43

1959: Vorgestellt als Ersatz für das Summarit. In nicht-rotierender verchromter Fassung mit einem eleganten geriffelten Fokussierring und einem geriffelten Fingergriff am Bajonettende. Zunächst nur mit M-Bajonett, 1960 gefolgt von der Schraubfassung. Nur 548 Schraub-Versionen wurden bis 1963 hergestellt.

1961: Völlig neue optische Konstruktion, basierend auf neuem Glas und mit sieben Linsen, von denen die hinteren vier paarweise verkittet waren, keine Veränderung jedoch in der Fassung. Seltsamerweise bestätigte Leitz diese Veränderung erst 1966 (L.Fo., 1966, Nr. 2, S. 85). Es gab keine Veränderung in der Katalognummer oder der äußeren Erscheinung. Die Veränderung in die neue Ausführung erfolgte mit Nr. 1.844.001.

1968: Fassung in schwarze Anodisierung geändert. Der Fokussierring verlor seine Mulden und war einfach gekerbt. Gemäß Werksunterlagen wurden nur 548 in Schraubfassung hergestellt, die letzten 38 davon 1963. Es ist jedoch von zwei Exemplaren der neuen Konstruktion mit Chromfassung berichtet worden.

Varianten

- Eine limitierte Menge wurde in schwarz passend zur schwarzen M2, M3 und MP geliefert.
- Mindestens zwei verchromte Objektive der zweiten optischen Konstruktion mit Seriennummern von 1966 sind bekannt. Sie wurden beide neu gekauft, nachdem sie etwa zehn Jahre im Regal eines Händlers gestanden hatten. Eines wurde 1978 in Australien gekauft (Walsh, Vfr., 1988, 21, Nr. 1, S. 25), das andere 1977 in Belgien (Jeandrain, Vfr., 1979, 12, Nr. 2, S. 9).
- Einige Objektive trugen die Gravur "1913-1983" für das 70jährige Jubliäum der Ur-Leica.

Codebezeichnungen/Katalognummern

SOWGE/11014 – Summilux 1,4/50 mm in Schraubfassung

SOOME/11114 – Summilux 1,4/50 mm mit M-Bajonett

11113 – dto. in schwarzer Ausführung

Produktionszahlen

SUMMILUX-M 50 mm 1959–					
	Baj.	*Gew.*		*Baj.*	*Gew.*
1959	4661	–	**1964**	2702	–
1960	4056	311	**1965**	1617	–
1961	3903	134	**1966**	1418	–
1962	2431	65	**1967**	2173	–
1963	2829	38	**1968**	2400*	–
Gesamtproduktion				28190*	548
* noch in Produktion					

Summilux 1,4/50, zweite, aktuelle optische Konstruktion

70jähriges Jubliäum des Leica Prototyps, geliefert mit ähnlich beschrifteten Leica M4-P Kameras

Noctilux 1,2/50mm

Noctilux 1/50 mm

Elmarit 2,8/40 mm

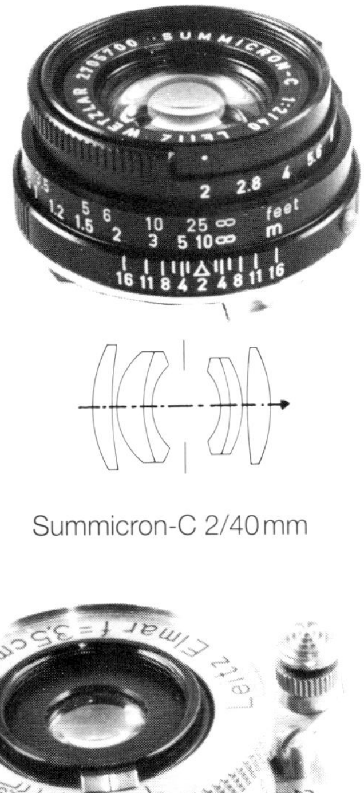

Summicron-C 2/40 mm

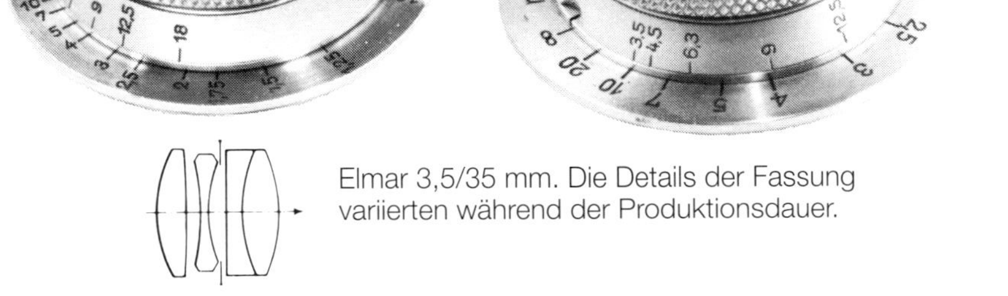

Elmar 3,5/35 mm. Die Details der Fassung variierten während der Produktionsdauer.

Noctilux 1,2/50 mm

1966–1975

Kürzste Entfernungseinstellung: 1 m
Kleinste Blende: 16
Filtergröße: E48

Leitz hatte während des Kriegs ein Objektiv der Lichtstärke 0,85 für Nachtbeobachtungen hergestellt, doch das Noctilux 1,2 war für eine normale Handkamera trotzdem eine Sensation. Es verwendet asphärische Oberflächen, die dem Konstrukteur größere Freiheiten bei der Beseitigung von Aberrationen gibt, ohne daß er deshalb auf eine größere Linsenzahl zurückgreifen muß. Das Objektiv war mit 470 Gramm dennoch sehr schwer, obwohl die äußere Fassung aus schwarz anodisiertem Aluminium bestand. Die innere Mechanik bestand aus Bronze und rostfreiem Stahl für weichen Funktionsablauf. Nicht-rotierende Fassung mit gleichmäßig abgestufter Blendenskala bei vollen und halben Rastungen. Produktionszahlen sind nicht verfügbar, doch es wurde nur in sehr wenigen Exemplaren hergestellt.

Produktionszahlen

Varianten

- Zwei Prototypen sind bekannt: Nr. 0.000.660 in verchromter Bajonettfassung mit halben Blendenrasten und ohne Noctilux-Bezeichnung; Nr. 0.000.728 in schwarzer Bajonettfassung, die von der verchromten abweicht und keine halben Rastungen besitzt.

Katalognummer

11820 – Noctilux 1,2/50 mm

12503 – Ersatz-Gegenlichtblende

Daten nicht verfügbar, doch die Produktionsmenge war gering.

Noctilux 1,0/50 mm

1976 – derzeit aktuelles Noctilux-M

Das neue Noctilux ist eine völlig Neurechnung ohne asphärische Oberflächen mit sieben statt sechs Linsen und "Luftlinsen" zur zusätzlichen Korrektur. Gleichmäßig abgestufte Blendenskala mit vollen und halben Raststufen. Lange Zeit war es das lichtstärkste Objektiv für normale Kleinbildfotografie. Andere Hersteller gaben für ihre Objektive 1,0 als Lichtstärke an, die in Wirklichkeit jedoch geringfügig geringer war.

Produktionszahlen

Daten nicht verfügbar

Katalognummern

11821 – Noctilux-M 1,1/50 mm
12519 – Ersatz-Gegenlichtblende
14205 – Ersatz-Objektivdeckel

Elmarit 2,8/40 mm

1973

Kürzeste Entfernungseinstellung: 0,8 m
Kleinste Blende: 22
Filtergröße: Serie 5,5

Ein sehr kompaktes, handliches und preisgünstig hergestelltes Objektiv vom Elmar-Typ für die Leica CL. Als entschieden wurde, daß die Kamera in Japan gebaut werden würde, wurde stattdessen ein 40 mm-Summicron gewählt (siehe unten).

Katalognummer
11541 – Elmarit-C 2,8/40 mm

Produktionszahlen

Die wenigen hergestellten Exemplare wurden nie offiziell verkauft, obwohl einige von ihnen entdeckt wurden.

Summicron-C 2,0/40 mm

1973–1977

Kürzeste Entfernungseinstellung: 0,8 m
Kleinste Blende: 16
Filtergröße: Serie 5,5

Standardobjektiv für die Leica CL, konnte jedoch an jeder M-Kamera verwendet werden, obwohl die Entfernungsmesser-Kupplung in diesem Fall durch die etwas andere Steuernocke leicht ungenau war. Klassischer symmetrischer Aufbau mit sechs Linsen, die mittleren vier davon paarweise verkittet. Es besaß Feet- und Meter-Skalen sowie volle und halbe Blenden-Rastwerte. Eine spezielle Gummi-Gegenlichtblende wurde angeboten, die bei Nichtgebrauch des Objektivs zurückgestülpt werden und deshalb ständig angesetzt bleiben konnte. Das Objektiv wurde in Deutschland hergestellt.

Katalognummer
11542 – Summicron-C 2,0/40 mm

Produktionszahlen

Daten nicht verfügbar. Produktion lief mit Einstellung der Leica CL aus.

Weitwinkelobjektive – 35 mm, 28 mm, 21 mm, 15 mm.

Elmar 3,5/35 mm

1930–1950

Kürzeste Entfernungseinstellung: 1 m
Kleinste Blende: 18
Filtergröße: A36

Das erste Wechselobjektiv, das nach dem Standardobjektiv für die Leica eingeführt wurde. Zunächst für die Nicht-Standard Leica I 1930 mit Wechselgewinde hergestellt. Ein sehr kompaktes Objektiv, das von vielen Fotografen als Normalobjektiv benutzt wurde.

Dieses Objektiv entpuppt sich erst bei näherem Hinsehen als Kuriosum.

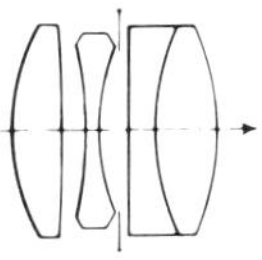

Elmar 4,5/35 mm – das Schnappschuß-Elmar

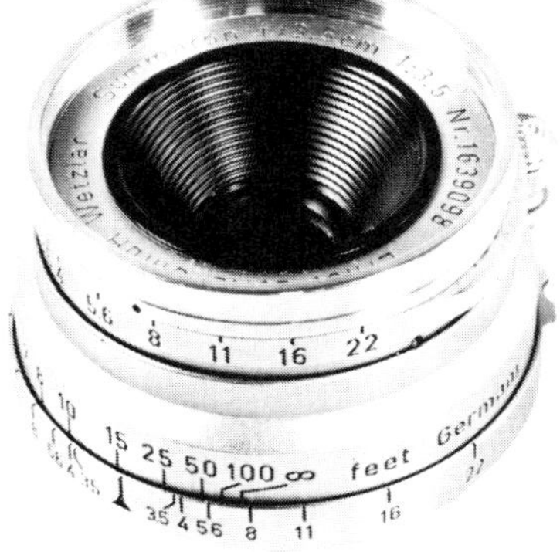

Summaron 3,5/35mm in E 39 Fassung

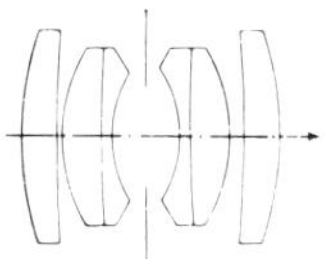

Summaron 3,5/35 mm

Post-Summaron 3,5/35 mm in feststehender Fassung

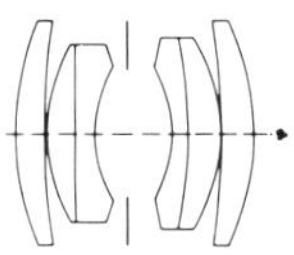

Summaron 2,8/35 mm in Schraubfassung

Klassischer Elmar-Aufbau. Fassung sehr ähnlich dem 50 mm-Elmar; Unendlich-Verriegelung, Entferungsskala an der rückseitigen Fassung, Schärfentiefenskala, Blendenskala an der Frontfassung mit Einstellhebel. Anfangs in vernickelter Ausführung, später verchromt.

1930: Erstes 35 mm Elmar für die Leica I ohne Wechselobjektiv, Fassung trägt mindestes drei Ziffern der Kamera-Seriennummer, für die es angepaßt worden war. Nur in Schraubfassung hergestellt.

1931: Standard-Schraubgewinde, zur Kennzeichnung der Standardausführung mit einer "0" graviert.

1932: Steuernocken zur Entfernungsmesser-Kupplung

1933: Nur in Schraubfassung hergestellt.

1931: Standard-Schraubgewinde, zur Kennzeichnung der Standardausführung mit einer "0" graviert.

1932: Steuernocken zur Entfernungsmesser-Kupplung

1933: Verchromte Ausführung

1946: Vergütung bei den ab Ende dieses Jahres gefertigten Objektiven

Varianten

- ❍ Non-Standard-Objektiv ohne Unendlich-Verriegelung oder Schärfentiefenskala. Frühe Ausführungen mit fünfstelliger Seriennummer der dazu angepaßten Kamera, später nur noch die letzten drei Ziffern.
- ❍ Non-Standard-Objektiv mit Schärfentiefenskala jedoch ohne Unendlich-Verriegelung.
- ❍ Non-Standard-Objektiv mit Naheinstellung ab 0,5 m
- ❍ Non-Standard-Ausführungen, die später auf Standardgewinde umgebaut wurden, tragen eventuell das "0"-Symbol, was vom Zeitpunkt des Umbaus abhängt.
- ❍ Der Fokussierknopf kommt in den gleichen verschiedenen Typen wie beim 50 mm-Elmar vor.
- ❍ Einige Exemplare aus der Kriegszeit sind mit der Gravur "Luftwaffen-Eigentum" bekannt.
- ❍ Eine weitere Kriegsvariante ist eine Entfernungsskala in Metern mit 17 Abstufungen statt der üblichen 11. Es waren dies: 1, 1,1, 1,25, 1,4, 1,5, 1,6,Wohl für Überwachungs- oder Dokumentarzwecke bestimmt, wo exakte Abstandsmessungen von Film- zu Motivebene wichtig waren.
- ❍ Eine späte Kriegs- oder frühe Nachkriegsausführung eingebaut in eine Arriflex-Filmkamera ist ebenfalls beschrieben worden (Hooper, Vfr., 1980, **13**, Nr. 4, S. 11).
- ❍ Am Ende der Produktionsdauer wurde die Blendenreihe von der europäischen auf die internationale Abstufung umgestellt (siehe 50 mm-Elmar).

Codebezeichnungen

EKURZ – Elmar 3,5/35 mm in original Nickelfassung
EKURZCHROM – dto. in verchromter Fassung
EKURZUP – dto. in Nickelfassung nachdem die verchromte Ausführung erhältlich war
EKURZ – dto. in verchromter Fassung, Nachkriegsausführung

Produktionszahlen

ELMAR 3,5/35 mm 1930–1950					
1932	1958	**1938**	6227	**1945**	518
1933	1763	**1939**	4659	**1946**	1841
1934	2203	**1940**	2346	**1947**	1399
1935	2942	**1941**	1936	**1948**	3394
1936	3003	**1942**	917	**1949**	3363
1937	3931	**1943**	84	**1950**	104
		1944	315		
Gesamtproduktion					42503

Elmar 4,5/35 mm

1935

Kürzeste Entfernungseinstellung: 1,75 m
Kleinste Blende: 18

Das "Schnappschuß-Elmar". Nur ein oder zwei Exemplare sind bekannt, eines davon im Werksmuseum. Im offiziellen Handel ist es jedoch nie gewesen. Es besaß zwei große Knöpfe am Flansch, um das Ansetzen und Abnehmen zu erleichtern. Die Fokussierskala hatte drei Raststufen bei 1,75 m, 10 m und Unendlich.

Codebezeichnung
ELROO – Elmar 4,5/50 mm

Produktionszahlen

Nur zwei Exemplare sind bekannt, beide befinden sich in Solms.

Summaron 3,5/35 mm

1949–1960 Schraubfassung
1954–1960 M-Bajonett

Kürzeste Entfernungseinstellung: Schraubfassung 1 m; M2 0,7 m; M3 0,65 m
Kleinste Blende: 22
Filtergröße: Anfangs A36, von Nr. 1423141 an E39

Ersetzte das 35 mm-Elmar. Symmetrischer Gauss-Aufbau mit sechs Linsen, die mittleren vier in Paaren miteinander verkittet. Ursprünglich in der alten, sich drehenden A36-Fassung mit der Fokussierskala am hinteren Flansch. Mit der Vorstellung der M3 wurde eine nicht-rotierende Fassung eingeführt. 1956 wechselte die Schraubversion auf die nicht-rotierende Fassung. Nach Rogliatti, der Zugriff auf die Werksaufzeichnungen hatte, wurden 1946 600 Summarone produziert, dann allerdings erst wieder ab 1949, als die Großserienproduktion einsetzte (Rogliatti, 1984, S. 40). Dies wurde erst kürzlich von Blood in Frage gestellt (L.H.S.N., 1992, Nr. 34, S. 37), der dies in Anbetracht der damaligen Situation in Deutschland als unwahrscheinlich ansieht. Seinen Ausführungen zufolge war das dafür benötigte Glas erst nach dem Krieg wieder verfügbar. Offenkundig handelt es sich um eine Nachkriegs-Konstruktion, und es dürfte kaum Zeit genug gewesen sein, die Produktion vor 1946 in Gang zu bringen. Die wahrscheinlichste Erklärung ist, daß eine Reihe unbenutzter Seriennummern an die erste Produktionsreihe vergeben wurde.

Varianten
❍ Einige hundert Objektive mit Fixfokus-Schraubgewinde für die Ig Postkamera der mit M-Bajonett für die M1 und MD Postkameras. Die Entfernung war auf etwa 35 cm fixiert.

Codebezeichnungen
SOONC – Summaron 3,5/35 mm mit Schraubfassung (beide Typen)
SOONC-M/SODUO – dto. mit M-Bajonett
SOONC-MW/SOMWO – dto. mit M-Bajonett und abnehmbarem Okularansatz für die M3.

Produktionszahlen

SUMMARON 35 mm 1946–1960

1946	600	**1951**	12229	**1956**	6880
1947	–	**1952**	10710	**1957**	4839
1948	–	**1953**	10364	**1958**	3935
1949	1508	**1954**	8214	**1959**	3071
1950	9569	**1955**	7704	**1960**	397
Gesamtproduktion					80019

SUMMARON 35 mm

	Baj.	*M3*		*Baj.*	*M3*
1954	4441	–	**1957**	350	8805
1955	6624	–	**1958**	1940	7880
1956	5794	764	**1960**	35	60
Gesamtproduktion				20064	19159

M3-Anschluß

Post-Objektiv 1:2,8

Verschiedene Ausführungen des Summaron 1:2,8

Fassung für M2, M4 oder M5

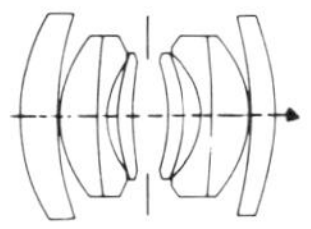

Summicron 2,0/35 mm, erste Version

M3-Ausführung des 35 mm-Summicron

Summaron 2,8/35 mm

1958–1963 in Schraubfassung
1958–1974 mit M-Bajonett

Kürzeste Entfernungseinstellung: mit M-Bajonett 0,7 m
Kleinste Blende: 22
Filtergröße: E39

Neue Glassorten machten für das Summaron eine Neurechnung möglich und erlaubten eine Steigerung der Lichtstärke auf 2,8 unter weitgehender Beibehaltung der optischen Konstruktion. Sowohl mit Schraub- als auch Bajonettfassung hergestellt, letztere auch für die M3 mit fest angebrachtem Okularvorsatz.

Varianten

- Postobjektive entsprachen der 3,5-Version. Sie trugen die Gravur "Post" oder DBP oder "Abbildungsmaßstab 1:8" oder überhaupt keine Gravur.

Codebezeichnungen/Katalognummern

SIMOO/11006 – Summaron 2,8/35 mm in Schraubfassung
SIMOW/11106 – dto. mit M-Bajonett für die M3
SIMOM/11306 – dto. mit M-Bajonett für andere Kameras

Produktionszahlen

SUMMARON 35 mm Gewindeversion 1958–1963

1958	2	**1961**	1043
1959	1196	**1962**	982
1960	1782	**1963**	284
Gesamtproduktion			5289

Bajonett 1958–1974

	Baj.	*M3*		*Baj.*	*M3*
1958	518	122	**1963**	2100	2127
1959	2499	4046	**1964**	2119	1979
1960	2029	2802	**1965**	1435	1258
1961	2560	2904	**1966**	1506	897
1962	2244	3301	**1967**	1653	–
			1968	1645*	205
Gesamtproduktion				20308*	10092

*noch in Produktion

Summicron 2,0/35 mm

1958–1963 in Gewindefassung
1958–1969 M-Bajonett, erste Version
1969–1973 M-Bajonett, zweite Version
1973–1979 M-Bajonett, dritte Version
1980– M-Bajonett, vierte Version, aktuelles Summicron-M

Kürzeste Entfernungseinstellung: 0,7 m
Kleinste Blende: 16
Filtergröße: E39

Erste Version: Sowohl in Schraub- als auch Bajonettfassung lieferbar. Symmetrischer Gauss-Typ mit acht Linsen, die Nummern 2 und 3 sowie 6 und 7 als verkittetes Paar. Die Produktionszahl von nur 577 Exemplaren mit Gewindefassung, wie in der Tabelle unten angegeben, wurde von Hooper angezweifelt (Vfr., 1986, **19**, Nr. 4, S. 20), der davon ausgeht, daß darunter nur die Wetzlarer Produktion ohne die in Kanada hergestellten Objektive zu verstehen ist. Die Schraubversion ließ sich nur bis 1 m fokussieren. Die Fassungen waren verchromt, die Entfernungsskalen in Meter und Feet ausgelegt. Fokussierknopf mit Unendlich-Verriegelung. Die selteneren Schraubversionen erzielen einen höheren Preis. Aus diesem Grund sind auch "Umbauten" von Bajonett-Ausführungen anzutreffen. Sie sind leicht zu erkennen, indem nach einer sehr kleinen Madenschraube und deren Loch Ausschau gehalten wird. Außerdem war die kürzeste Entfernungseinstellung des Schraubgewinde-Objektivs 1 m, während das für die M2 bis 0,7 m und das für die M3 bis 0,65 m zu fokussieren war. Sowohl M3- als auch M2-Bajonettausführungen wurden hergestellt; das für die M3 blieb bis 1974 im Katalog, lange nachdem die zweite Version in M2-Bajonett auf dem Markt war.

Zweite Version: Ab Nr. 2.316.001. Eine sechslinsige Konstruktion nach dem Gauss-Prinzip mit der üblichen Anordnung von vier inneren Linsen als zwei verkittete Paare. Äußerlich sah das Objektiv der ersten Version sehr ähnlich. Es hatte einen kleinen Hebel zur Einstellung der Entfernung.

Dritte Version: Ab Nr. 2.646.001. Neue Fassung, nur in schwarz, mit größerem Körper, der Filter sowohl der Serie VII als auch mit E39-Gewinde aufnahm. Serienfilter wurden in die mitgelieferte Gegenlichtblende eingesetzt. Kein Hebel zur Blendeneinstellung. Optisch ähnlich der zweiten Version, wenn nicht sogar identisch.

Vierte Version: und derzeit aktuelle Ausführung. Ab Nr. 2.974.251. Eine siebenlinsige Konstruktion, bei der sich das separate Element vor dem zweiten verkitteten Paar hinter der Blende befand. Die leichte schwarz anodisierte Fassung ist sehr kompakt und nimmt nur E39-Filter auf.

Varianten

- ❍ Erste Version: Einige wenige schwarz lackierte Exemplare mit Gewinde sind bekannt; weiterhin schwarze und einige schwarz lackierte mit M3-Bajonett.
- ❍ Zweite Version: schwarz anodisiert, von 1970 an lieferbar
- ❍ Dritte Version: Limitierte Auflage zum 70. Jubiläum der Ur-Leica, graviert mit "Leica" in Schreibschrift und "1913-1983".

Codebezeichnungen/Katalognummern

SAWOO/11008 – Summicron 35mm, f/2, in Schraubfassung
SAWOM/11308 – dto. mit M-Bajonett
SAWOM/11108 – dto. mit M-Bajonett für M3
11309 – Summicron 35mm, f/2, erste Version
11310 – Summicron 35mm, f/2, dritte Version

Produktionszahlen

SUMMICRON 35 mm 1958–1963			
1958	1	**1961**	100
1959	96	**1962**	119
1960	192	**1963**	39
Gesamtproduktion			577

SUMMICRON-M 35mm 1980–
Daten nicht verfügbar

SUMMICRON 35 mm 1958–1979					
	Baj.	*M3*		*Baj.*	*M3*
1958	5	4	**1963**	1291	1241
1959	638	1257	**1964**	1417	1349
1960	532	1261	**1965**	1418	916
1961	515	1061	**1966**	875	684
1962	804	955	**1967**	1991	439
			1968	1869*	342*
				11355*	9557*

*noch in Produktion

Summilux 1,4/35 mm

1961– derzeit aktuelles Summilux-M 1,4/35 mm

Kürzeste Entfernungseinstellung: 1 m
Kleinste Blende: 16
Filtergröße: E41, ab Nr. 2.166.701 Serie VII

Summicron 2,0/35 mm,
zweite Version

Summicron 2,0/35 mm,
dritte Version

Summicron 2,0/35 mm, vierte Version

Summilux 1,4/35 mm in M3-Fassung

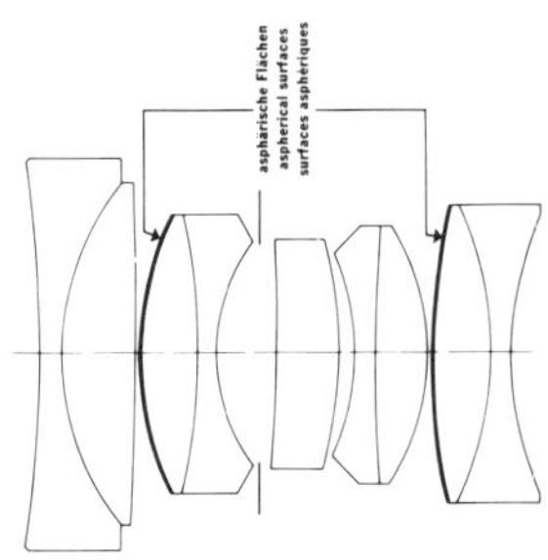

Summilux-M 1,4/35 mm
asphärisch

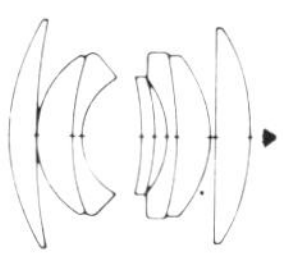

Summilux 1,4/35 mm

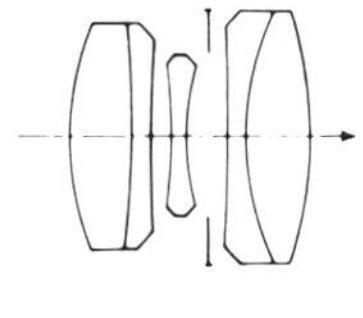

Hektor 6,3/28 mm

Das M-Objektiv mit der längsten Produktionszeit. Der siebenlinsige optische Aufbau, etwas ähnlich dem der dritten Version des 35 mm-Summicron, ist unverändert geblieben. Nur die Fassung wurde überarbeitet und der äußere Durchmesser von 46,5 auf 42 mm reduziert. Eine Version für die M3 mit dem üblichen Okularansatz wurde etwa acht Jahre lang produziert, es ließ sich bis auf 0,65 m fokussieren. Das Objektiv war in chrom und in schwarz lieferbar, spätere Ausführungen besaßen keine Unendlich-Verriegelung. Das Objektiv wird parallel zu dem neuen Summilux-M 1,4/35 mm mit asphärischer Linse (siehe unten) als preisgünstigere Alternative nach wie vor hergestellt.

Katalognummern
11870 – Summilux 35mm, f/1.4. **11871** – dto. für M3.

Produktionszahlen

SUMMILUX-M 35 mm

	Baj.	*M3*		*Baj.*	*M3*	
1961	191	333	**1965**	96	115	
1962	97	188	**1966**	121	137	
1963	122	197	**1967**	134	69	
1964	161	150	**1968**	233*	45*	
Gesamtproduktion				1163*	1216*	*noch in Produktion

Summilux-M 1,4/35 mm asphärisch

1990– aktuelles Objektiv

Kürzeste Entfernungseinstellung: 0,7 m
Kleinste Blende: 16
Filtergröße: E46

Eine revolutionär neue Konstruktion in der M-Serie. Das neue Objektiv besitzt zwei asphärische Oberflächen (von Leitz zuletzt beim Noctilux 1,2 verwendet) und beseitigt das Koma-Problem, das beim Original-Summilux 35 mm bei voller Öffnung in den Bildecken sichtbar ist. Bei diesem einzigartigen Objektiv sind zwei der äußeren Oberflächen konkav geformt. Es läßt sich an jedes M-Gehäuse ansetzen, doch bei der M3 erscheint der 135 mm-Rahmen im Sucher.

Katalognummer
11873 – Summilux 1,4/35 mm asphärisch, komplett mit Spezial-Gegenlichtblende und Objektivdeckel

Hektor 6,3/28 mm

1935–1955

Kürzeste Entfernungseinstellung: 1 m
Kleinste Blende: 25
Filtergröße: A36

Das erste echte Weitwinkelobjektiv zur Leica, nur mit Gewindeanschluß produziert Es wurde als Antwort auf das Tessar 8,0/28 mm der seinerzeit bereits lieferbaren Contax hergestellt. Die fünf Linsen des modifizierten Hektors sind in drei Gruppen angeordnet, die beiden äußeren als verkittetes Paar. Interessant ist, daß das innere Paar einen größeren Durchmesser als das äußere besitzt. Frühe Objektive wurden vernickelt oder verchromt angeboten, nach 1937 nur noch in chrom. Die Nachkriegs-Objektive waren vergütet.

Varianten

- ❍ Vor dem Krieg folgte die Blendenskala der europäischen Abstufung: 6,3, 9, 12,5, 18, 25. Nach etwa 1950 wurde die internationale Reihe eingeführt.
- ❍ Nachkriegsobjektive hatten die Seriennummer rund um die Fassung der Hinterlinse eingraviert, in späteren Nachkriegsversionen dagegen rund um die Fassung der Vorderlinse.
- ❍ Objektive von 1941 der Seriennummer 580.XXX sind vergütet. Vergüten wurde erst 1945 allgemein eingeführt: dies sind wahrscheinlich Nachkriegsobjektive, die ungewöhnliche Nummern trugen, da diese bereits 1941 vergeben wurden. (Hooper, Vfr., 1983, 16, Nr. 2, S. 5).

Codebezeichnungen

HOOPY – Hektor 6,3/28 mm mit vernickelter Fassung
HOOPY-CHROM – dto. mit verchromter Fassung
HOOPY-B – dto. mit Vergütung

Produktionszahlen

HEKTOR 28 mm 1935–1955					
1935	690	**1942**	51	**1949**	3
1936	2114	**1043**	35	**1950**	233
1937	1720	**1944**	6	**1951**	353
1938	1580	**1945**	5	**1952**	190
1939	1557	**1946**	5	**1953**	8
1940	643	**1947**	6	**1954**	9
1941	452	**1948**	10	**1955**	24
Gesamtproduktion					9694

Summaron 5,6/28 mm

1955–1963

Kürzeste Entfernungseinstellung: 1 m
Kleinste Blende: 22
Filtergröße: A36

Ersetzte das Hektor 28 mm. Es war ein sechslinsiges Objektiv, das auf einem symmetrischen Gauss-Aufbau ohne verkittete Linsenpaare basierte. Wie beim Hektor war die hintere Linse von größerem Durchmesser als die Frontlinse. Nur in Schraubversion, nicht-rotierend, eingeteilt in Meter oder Feet und mit roter Schärfentiefenskala.

Varianten

- ❍ Bei diesem Fassungstyp wurde normalerweise eine kleine Schraube als Anschlag für den Fokussierhebel im Nahbereich verwendet. Bei einer späteren Version war dieser Anschlag innen (Brown, Vfr., 1084, 17, Nr. 1, S. 26).
- ❍ Eine Bajonett-Version dieses Objektivs war angekündigt (L. Pho., Frühling 1956), wurde jedoch nie verwirklicht, obwohl eine, vermutlich ein Prototyp, bekannt ist (Van Hasbroeck, 1980, S. 206).

Codebezeichnungen/Katalognummern

SNOOX/11501 – Summaron 5,6/28 mm, Entfernungsskala in Metern
SNOOX/11001 – dto. Skala in Feet

Produktionszahlen

SUMMARON 28 mm 1955–1963					
1955	42	**1958**	835	**1961**	338
1956	1519	**1959**	588	**1962**	291
1957	2970	**1960**	434	**1963**	111
Gesamtproduktion					6228

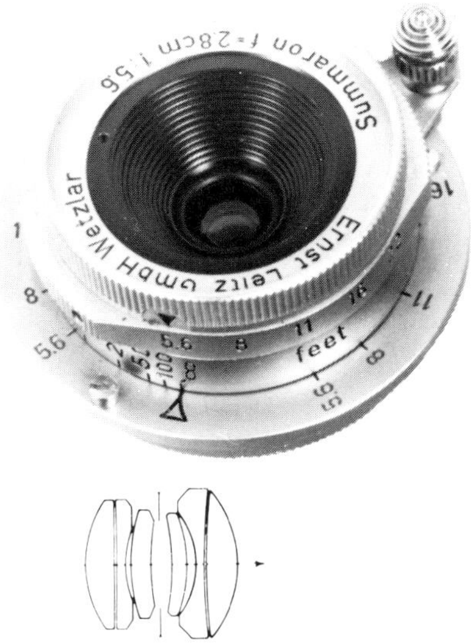

Summaron 5,6/28 mm

Elmarit 2,8/28 mm, erste Version

Elmarit 2,8/28 mm, zweite Version

Elmarit 2,8/28 mm, dritte Version

Super-Angulon 4,0/21 mm

Super-Angulon 3,4/21 mm

Elmarit 2,8/28 mm

1965–1972 Erste Version
1972–1979 Zweite Version
1979–1993 Dritte Version
1993- Vierte Version, heutiges Elmarit-M 2,8/28 mm
Kürzeste Entfernungseinstellung: 0,7 m
Kleinste Blende: 22
Filtergröße: erste und zweite Version E48 oder Serie VII, dritte Version E49 oder Serie VII

Dieses Objektiv ersetzte das Summaron 28 mm und durchlief selbst zwei größere optische Neurechnungen.

Erste Version: In Wetzlar gefertigt. Ein komplexer Aufbau von neun Linsen, drei davon vor der Blende verkittet, zwei verkittete direkt hinter der Blende. Das Objektiv ragte ziemlich weit ins Kameragehäuse hinein.

Zweite Version: In Kanada gefertigt. Ein abweichender Aufbau mit acht Linsen, vier auf jeder Seite der Blende, ein verkittetes Paar vor der Blende, eine in der Mitte dahinter. Auch an der M5 und CL verwendbar.

Dritte Version: Eine weitere völlige Neurechnung mit acht Linsen – eine davon sehr dick – mit zwei verkitteten Paaren. Neue, leichte und nicht-rotierende Fassung für schnelle Handhabung.

Vierte Version: Optische Neurechnung von 1993

Produktionszahlen

Keine Daten verfügbar

Katalognummern

11801 – Elmarit 2,8/28 mm, erste und zweite Version mit Gegenlichtblende

11804 – dto., dritte Version

Super-Angulon 4,0/21 mm

1958–1963

Kürzeste Entfernungseinstellung: 0,4 m
Kleinste Blende: 22
Filtergröße: E39

Die neun Linsen sind in vier Gruppen angeordnet, keine davon verkittet. Der rückwärtige Teil des Objektivs ragt beträchtlich ins Gehäuse, deshalb war ein spezieller hinterer Objektivdeckel erforderlich. Außerdem scheidet die Verwendung an der M5 und CL dadurch aus. Das Äußere war verchromt mit rotierender Fassung und hatte beide Entfernungsskalen, gewöhnlich in rot und schwarz.

Codebezeichnungen/Katalognummern

SUOON/11002 – Super-Angulon 4,0/21 mm mit Schraubfassung

SUMOM/11102 – dto. mit M-Bajonett

Produktionszahlen

SUPER ANGULON 21mm 1958–1963								
	sc.	*bay.*		*sc.*	*bay.*		*sc.*	*bay.*
1958	98	222	**1960**	261	690	**1962**	172	985
1959	763	2293	**1961**	124	774	**1963**	44	328
Total Produktion							1462	5292

Super-Angulon 3,4/21 mm

1963–1980

Kürzeste Entfernungseinstellung: 0,4 m
Kleinste Blende: 22
Filtergröße: E48 oder Serie VII

Ersetzte die 4,0-Version. Optisch exzellent und auch noch eine halbe Blende lichtstärker. Acht Linsen in fast symmetrischer Anordnung. Die nicht-rotierende Fassung war zunächst in chrom, später ganz schwarz.

Katalognummer
11103 – Super-Angulon 3,4/21 mm

Varianten
- Objektive ab 2.473.251 waren rückseitig abgeflacht, um die zur Seite schwenkende Meßzelle der M5 nicht zu blockieren.

Produktionszahlen

Daten nicht verfügbar

Elmarit-M 2,8/21 mm

1980– derzeit aktuelles Objektiv

Kürzeste Entfernungseinstellung: 0,7 m
Kleinste Blende: 16
Filtergröße: E60

Eine Leitz-Konstruktion, die das Super-Angulon ersetzte. Es besteht aus acht Linsen bei asymmetrischem Aufbau mit zwei verkitteten Paaren. Es kann sowohl an der M5 als auch an der CL verwendet werdent.

Katalognummer
11134 – Elmarit-M 2,8/28 mm

Varianten
- Frühe Exemplare besaßen eine kleinere Frontlinse und das Vorderteil der Fassung war nicht nach außen gewölbt.

Produktionszahlen

Daten nicht verfügbar.

Zeiss Hologon 8,0/15 mm

1972–1976

Kürzeste Entfernungseinstellung: 20 cm
Feststehende Blende 8
Filtergröße: E60

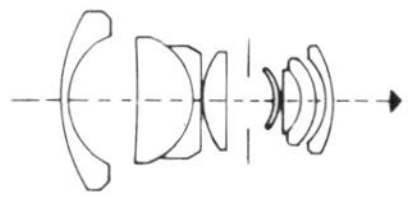

Elmarit 2,8/21 mm, aktuelle Version

Elmarit 2,8/21, frühe Version

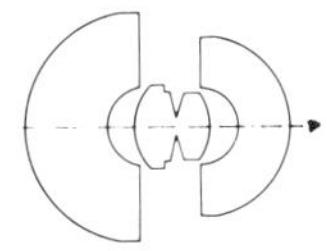

Zeiss Hologon 8,0/15 mm

Hektor 1,9/73 mm. Es gab während der Produktionsdauer mehrere Varianten in der Fassung.

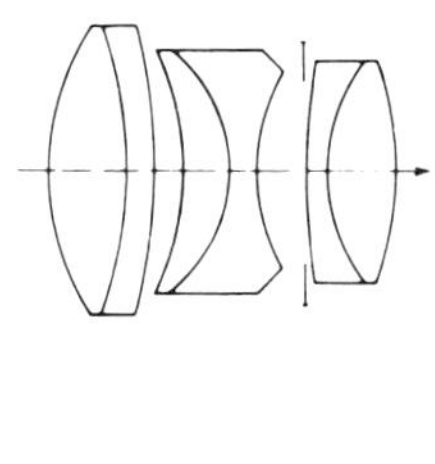

Ein Zeiss-Objektiv, das von Leitz für die Verwendung an M-Kameras übernommen wurde. Es wurde mit einem eigenen Sucher geliefert. Die ungewöhnliche Konstruktion bestand aus nur drei komplexen Linsen. Die äußeren Linsen waren halbkugelförmig. Das Objektiv besaß keine Kupplung zum Entfernungsmesser, die Entfernungsskala machte einen großen Sprung von Unendlich auf 1 Meter. Konnte an der M5 verwendet werden, nicht jedoch an der CL, Belichtungsmessung mit der M5 war jedoch nicht möglich.

Katalognummer
11003 – Zeiss Hologon 8,0/15 mm, komplett mit Sucher

Produktionszahlen

Daten nicht verfügbar

Langbrennweitige Objektive – 73, 75, 85, 90, 105 mm

Hektor 1,9/73 mm

1931–1946

Kürzeste Entfernungseinstellung: 1,5 m
Kleinste Blende: 25
Filtergröße: A42
Gewicht: 500 Gramm

Zur Zeit seiner Vorstellung war es das lichtstärkste Objektiv in der Leica Palette. Es war ein typisches Hektor mit sechs Linsen in drei verkitteten Paaren. Die Fassung war schwarz lackiert und beim Fokussieren drehend. Die allerersten Ausführungen waren nicht mit dem Entfernungsmesser gekoppelt, wurden allerdings später oft umgebaut. Die frühen Exemplare hatten außerdem keine sichtbare Seriennummer, da es zu dieser Zeit bei Leitz üblich war, diese irgendwo im Innern einzuritzen. Ein kurzer Einstelladapter COOAB war erhältlich, um das Objektiv an der drehbaren Bühnenhalterung OORES zu benutzen.

Varianten
- Nicht-rotierende Fassung. Wenige davon wurden um 1934/35 für das Agfacolor-Verfahren hergestellt, das lichtstarke Objektive erforderte. Einige von diesen, nicht alle jedoch, besitzen einen kleinen Vorsprung am ersten abgestuften Ring vorn zum Anbringen der Agfa Dreifarbenfilter.
- Es gab mehrere Ausführungen in der Oberfläche des Fokussierrings und der Skala; schwarze Lackierung, vernickelte und verchromte Fassung, Entfernungsskala verchromt, mit oder ohne Infrarotmarkierung.
- Das Objektiv wurde mit kurzer Fassung ohne Entfernungsskala für die Verwendung an der Drehbühne OORES hergestellt.

Codebezeichnungen
HEKON – Hektor 1,9/73 mm in schwarzer Fassung ohne Entfernungsmesser-Kupplung
HEGRAKUP – dto. mit Kupplung, vernickeltem Fokussierring, einschließlich Spezialgegenlichtblende
HEGRACHROM – dto. mit verchromtem Fokussierring
HEGRA – dto. von 1935

Produktionszahlen

HEKTOR 50 mm 1931–1946							
1931	121	**1935**	400	**1939**	453	**1943**	2
1932	1923	**1936**	392	**1940**	270	**1944**	1
1933	1133	**1937**	687	**1941**	242	**1945**	1
1934	616	**1938**	898	**1942**	84	**1946**	2
Gesamtproduktion							7225

Hektor 1,9/73 mm in nicht-rotierender Fassung und mit kleinem Vorsprung am ersten abgestuften Ring zur Anbringung des speziellen Agfacolor-Filters

Summilux 1,4/75 mm

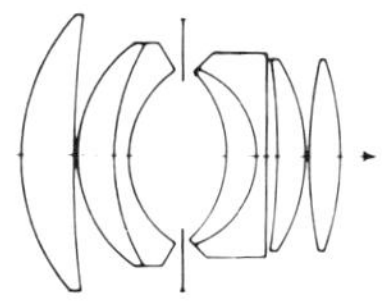

Summarex 1,5/85 mm

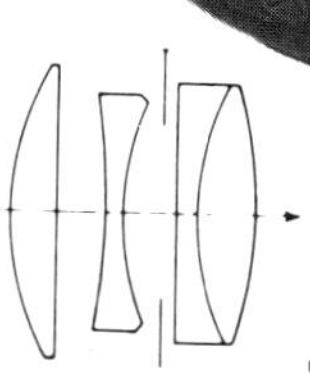

"Dickes" Elmar 4,0/90 mm

"Dünnes" Elmar 90 mm

Nachkriegs-Elmar 90 mm in neuer Fassung

Summilux-M 1,4/75 mm

1980– derzeit aktuelles Objektiv

Kürzeste Entfernungseinstellung: 1 m
Kleinste Blende: 16
Filtergröße: anfangs E58, jetzt E60
Gewicht: 625 Gramm

Rückkehr zu einem hochlichtstarken Objektiv mittlerer Brennweite für die M-Leica, 20 Jahre nach Auslaufen des 85 mm-Summarex (unten). Siebenlinsige Konstruktion, bei der die beiden hinteren Paare miteinander verkittet sind. Die ersten Ausführungen waren für eine separate Gegenlichtblende konzipiert, ab Nummer 3.223.300 gab es eine eingebaute, einschiebbare Gegenlichtblende.

Varianten

- Eine kleine Serie von 150 Objektiven trugen die Gravur "Leica 1913–1983" zum 70. Jubiläum der Ur-Leica.

Katalognummer

11814 – Summilux 1,4/75 mm, frühe Ausführung

11815 – Summilux 1,4/5 mm mit eingebauter Gegenlichtblende

Produktion

Daten nicht verfügbar

Summarex 1,5/85 mm

1943–1960

Kürzeste Entfernungseinstellung: 1 m
Kleinste Blende: 16
Filtergröße: E58
Gewicht: 800 Gramm

Das erste lichtstarke Objektiv mittlerer Brennweite zur Leica. Die erste Serie von etwa 90 Objektiven wurde während des Kriegs 1943 hergestellt, beginnend mit Nr. 593.001. Es war ein siebenlinsiger modifizierter Gauss-Typ mit drei Linsen vor und vier hinter der Blende, die beiden Paaren nahe der Blende waren miteinander verkittet. Die rotierende Fassung war zuerst schwarz, von 1948 an verchromt. Es war auch das erste Leica Objektiv, das von Anfang an die internationale Blendenreihe trug und gleichzeitig das erste Leica Objektiv mit vergüteten Linsen. Die Gegenlichtblende wurde bei den frühen Ausführungen mit einer Klemmschraube befestigt, später über ein Außenbajonett. Nur in Schraubfassung hergestellt, die späteren Versionen wurden jedoch mit dem ISBOO-Adapter zur Verwendung an der M-Kamera geliefert.

Varianten

(Hooper, Vfr., 1982, **15**, Nr. 3, S. 16)

- Objektive der ersten Serie besaßen einen mit Emaille beschichteten Fokussierring anstelle einer Verchromung, bei dem rückwärtigen Teil der aus einem Stück bestehenden Fassung fehlte der geriffelte Ring, wie er bei den späteren zweiteiligen Fassungen zu finden war.
- Nur 276 schwarze Objektive wurden insgesamt ausgeliefert, die nach dem Krieg hergestellten besaßen einen hell verchromten Fokussierring.
- Objektive bis etwa Nr. 593.200 trugen an der Blendenskala winzige rote Punkte, mit denen die alte europäische Blendenreihe markiert wurde.
- Eine Infrarot-Markierung wurde bei der Serie 1.008.XXX hinzugefügt. Auch die Gegenlichtblende wurde verbessert, und die vier Schlitze der gleich nach dem Krieg angebotenen Gegenlichtblende wurden auf zwei reduziert.

Codebezeichnungen
SOOCX – Summarex 1,5/85 mm mit Gegenlichtblende

Produktionszahlen

SUMMAREX 85 mm 1943–1960							
1943	90	**1947**	6	**1951**	774	**1956**	251
1944	–	**1948**	20	**1952**	1125	**1957**	257
1945	28	**1949**	121	**1953**	284	**1958**	233
1946	18	**1950**	468	**1954**	280	**1959**	99
				1955	263	**1960**	25
Gesamtproduktion							4342

Elmar 4,0/90 mm

1931–1932 "Dickes" Elmar
1933–1951 "Dünnes" Elmar
1951–1963 Neue Fassung
1954–1968 Versenkbares Elmar
1964–1968 Neurechnung

Kürzeste Entfernungseinstellung: 1 m
Kleinste Blende: 36, bei der Neurechnung 32
Filtergröße: A36, bei der Neurechnung E39
Gewicht: zwischen 240 und 300 Gramm

Das erste Leica Objektiv mittlerer Brennweite wurde 1931 nach dem 135 mm-Elmar eingeführt, zu spät, um in den allgemeinen Katalog von 1931 aufgenommen zu werden. Das Objektiv war eine typische Elmar-Konstrukion, bei der die Blende jedoch zwischen dem zweiten und dritten angeordnet war, statt zwischen dem ersten und zweiten Element. Die dreilinsige völlige Neukonstruktion von 1964 brachte eine weitere Variante mit abweichender Fassung hinzu.

"Dickes" Elmar: Elmar-Triplet-Konstruktion mit zwei verkitteten Hinterlinsen. Von Beginn an waren die Fassungen standardisiert und von 1932 an mit dem Entfernungsmesser gekoppelt. Die Fassung entsprach in etwa der des 73 mm-Hektors mit einem sehr großen Objektivkopf. Die Fassung war schwarz glänzend mit vernickeltem Fokussierring. Der Durchmesser von 42 mm für die Basis des abnehmbaren Objektivkopfs schränkte dessen Gebrauch an Nahaufnahme-Zubehörteilen ein, die kurze Zeit später erschienen.

"Dünnes" Elmar: Schlankere, handlichere Ausführung mit schwarz glänzender Lackierung, bei der anfangs Entfernungsskala und der hintere Flansch vernickelt, später hell verchromt waren. Später in den 30er Jahren war der Ring mit der Entfernungsskala matt verchromt, der Basisring blieb jedoch hell verchromt. Für einen kurzen Zeitraum nach dem Krieg war die schwarze Lackierung matt, schon kurz darauf aber wieder glänzend. 1949 wurde das Design völlig auf eine satinierte Verchromung umgestellt. Vergütung kam 1946 ab Nr. 592.451 hinzu.

Neue Fassung: Diese Fassung war satiniert verchromt mit einem gummiähnlichen Ring um das Grundteil herum. Der Blendenring drehte sich in umgekehrter Richtung gegenüber den früheren Ausführungen und trug die internationale Blendenreihe bei einem kleinsten Wert von 32. Der Frontring war mit 7 mm breiter als bei früheren Fassungen, wurde später aber auf 3,5 mm reduziert, zuletzt im Durchmesser für ein Filtergewinde von E39 vergrößert. Ab 1954 war das Objektiv auch mit Bajonettanschluß lieferbar.

Versenkbares Elmar: Nur mit M-Bajonett, obwohl einige wenige Prototypen mit Gewinde hergestellt wurden. Der fest integrierte Objektivkopf war in einen herausziehbaren Tubus gefaßt. Die vierlinsige Konstruktion wurde während der gesamten Produktionsdauer beibehalten, obwohl das Gegenstück mit feststehender Fassung bereits durch die dreilinsige Neurechnung ersetzt worden war. Der Fokussierring besaß die elegante Vertiefungen, die mit dem 50 mm-Summicron eingeführt worden waren, es war das einzige 90 mm-Elmar, bei dem sich das Vorderteil während der Entfernungseinstellung nicht drehte.

Neurechnung: Dreilinsige Konstruktion, möglich durch neue Glassorten, wurde 1964 eingeführt, ohne

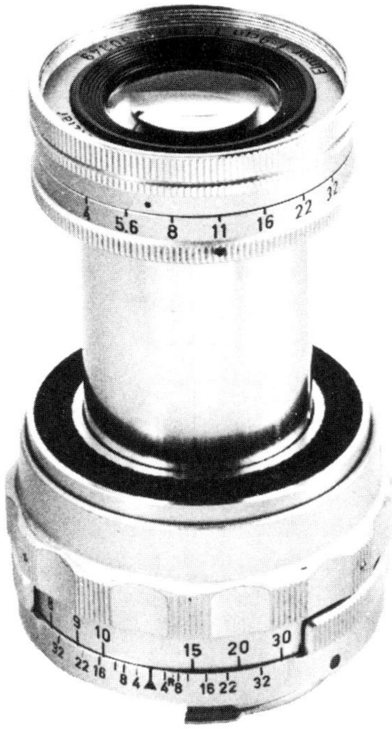

Versenkbares Elmar 4,0/90 mm für M-Kameras

Elmar 4,0/90 mm in neuer Konstruktion

Elmar-C 4,0/90 mm

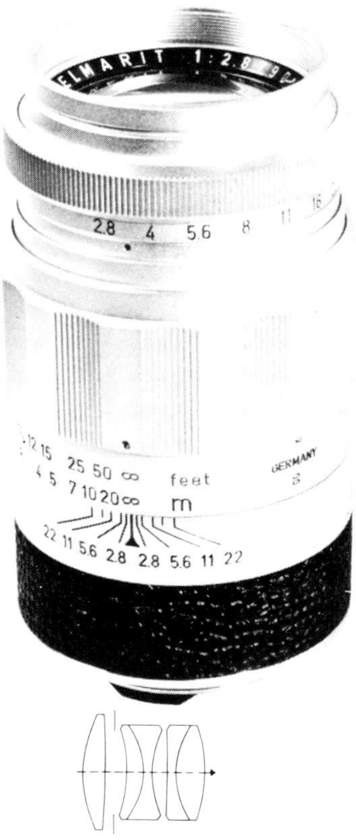

Elmarit 2,8/90 mm

Tele-Elmarit 2,8/90 mm, erste Version

Tele-Elmarit 2,8/90 mm, zweite Version

daß Bezeichnung oder Katalognummern geändert wurden. Während des ersten Jahres wurde es auch mit Gewinde angeboten, obwohl die anderen Schraubobjektive schon ein Jahr oder länger eingestellt worden waren. Der Objektivkopf war auch einzeln erhältlich. Die Einführung dieses Objektivs zu einem so späten Zeitpunkt ist schwer zu verstehen, selbst unter dem Kostenaspekt. Sein Preis lag nämlich nur etwa 10% unter dem des Tele-Elmarit 2,8/90 mm.

Varianten

- Einige wenige Versuchsausführungen des Elmar 6,3/9 cm wurden 1930 in einer Fassung hergestellt, die an das spätere Berg-Elmar erinnern (Van Hasbroeck, 1983, S. 220).
- Die Riffelung der Fokussierringe bei einigen nichtgekuppelten "dicken" Elmaren hatte ein Diamantmuster statt der sonst üblichen parallelen Riefen.
- Einige wenige Prototypen hatten einen sich verjüngenden Ring am Gewindeende.
- Einige "dünne" Elmare hatten vernickelte Entfernungsskalen.
- Bei einigen "dünnen" Elmaren aus der Kriegszeit war die Gravur mit weißer Farbe ausgefüllt.
- Prototypen des 90 mm-Elmars mit versenkbarer Fassung befinden sich im Werksmuseum, einer davon scheint aus der Vorkriegszeit zu stammen. Zwei weitere weisen darauf hin, daß Leitz mit einem versenkbaren 90 mm-Objektiv lange vor dem serienmäßigen 90 mm-Elmar mit M-Bajonett von 1954 experimentierte. Eines der in Privatbesitz befindlichen Exemplare hat die Blende zwischen der ersten und der zweiten Linse (Hooper, Vfr., 1980, 13, Nr. 2, S. 16; Van Hasbroeck, Vfr., 1982, 15, Nr. 3, S. 8)
- Ophthalmisches Elmar. Dabei handelte es sich um den Objektivkopf eines 90 mm-Elmars, der in einen 90 mm-Zwischenring integriert war und eine voreinstellte Blende besaß. Er war für die Verwendung mit dem ophthalmischen Gerät von Leitz zur Augenfotografie bestimmt (siehe Kapitel 18).

Codebezeichnungen

ELANG (1931) – Elmar 4,0/90 mm ohne Entfernungsmesser-Kupplung
ELANG-KUP – dto. mit Entfernungsmesser-Kupplung
ELANG-CHROM – baugleich, jedoch mit verchromten Ringen
ELANG/11730 (1935) – wie ELANG-CHROM
ELANG-M/11830 – mit Bajonettfassung (alte und neue optische Konstruktion)
ILNOO/11631 – versenkbares Elmar, Entfernungsskala in Metern
ILNOO/11131 – dto. mit Feet-Skala
ERKOM/11128 – Objektivkopf einzeln (alte und neue optische Konstruktion)
11730 – Neukonstruktion mit Schraubfassung

Produktionszahlen

ELMAR 90 mm 1931–1932

1931	975	**1932**	1511
Gesamtproduktion			2486*

*ungefähre Angabe

ELMAR 90 mm 1933–1948

1933	1169	**1937**	4801	**1941**	2461	**1945**	824
1934	1526	**1938**	7021	**1942**	548	**1946**	2217
1935	2271	**1939**	5602	**1943**	140	**1947**	2653
1936	3146	**1940**	2881	**1944**	1936	**1948**	3238
Gesamtroduktion							40534

ELMAR 90 mm 1949–1963

	Gew.	*Baj.*		*Gew.*	*Baj.*
1949	4484	–	**1957**	4592	3402
1950	7606	–	**1958**	4414	2260
1951	9836	–	**1959**	3545	3228
1952	6951	–	**1960**	1938	2271
1953	7266	–	**1961**	990	1876
1954	5929	1518	**1962**	783	1476
1955	6256	3242	**1963**	449	1246
1956	5420	3321			
Gesamtproduktion				70459	23840

Jede in Solms gefertigte Leica wird einzeln justiert und von einem Team von Fachleuten geprüft, bevor sie verpackt wird und zum Verkauf gelangt. Im oberen Foto werden Sucher und Entfernungsmesser der Leica M6 überprüft und justiert. Die modernen Kameras unten bilden einen interessanten Vergleich zu den frühen Leica I-Modellen der folgenden Seite.

Zwei frühe Leica Kameras mit brauner Belederung, die sich im Werksmuseum befinden. Oben Nr. 245 mit Anastigmat, unten die Nr. 372 mit Elmax-Objektiv.

Die Erfahrung von Leitz im Bau von Präzisionsmechanik und -optik leitet sich aus 60jähriger Fertigung von Mikroskopen ab und lieferte auch die Voraussetzungen, das Konzept der Leica zu verwirklichen. Das abgebildete Mikroskop Nr. 38122 datiert aus den 90er Jahren des vorigen Jahrhunderts.

Spezial-Edition der Leica M6 mit Platinbeschichtung, aufgelegt anläßlich des 150jährigen Bestehens der Fotografie und des 75. Geburtstags der Leica.

Die "Concorde" Safari Leica R3. Diese Sonderauflage der Safari Leica R3 wurde als Souvenir an Bord der Concorde verkauft. Das goldene Symbol zeigt eine von einem C umgebene Krone.

Die "Luxus" Leica. Das Gehäuse war mit matter Goldauflage und wahlweise blauer, grüner, roter oder brauner Eidechsen-Haut bezogen. Nur sehr wenige wurden 1929/30 hergestellt, man schätzt zwischen 95 und 115. Die Idee der "Luxus" Leica war kein kommerzieller Erfolg, im Gegensatz zum "Luxus" Theaterglas von Leitz, das vermutlich die Anregung dazu gab und zwischen 1922 und 1939 in den Katalogen geführt wird. Die "Luxus" Leica zählt heute zu den begehrtesten Objekten für Leica Sammler.

In den folgenden Jahren wurden immer wieder Sonderauflagen von Serienmodellen mit unterschiedlichen Gehäuse-Veredelungen angeboten. Wenn auch die "Luxus" Leica kein kommerzieller Erfolg war, so übt sie Jahrzehnte später ihren Reiz aus. Die goldene R4, mit Wasserschlangen-Leder bezogen, ist eine von 1000, die 1984 aufgelegt wurden.

Nach dem Krieg kauft die italienische Luftwaffe Leica IIIc-Modelle und versah sie mit der roten Gravur "AERONAUTICA MILITARE". *(Foto: Gianni Rogliatti)*

Aus der Sicht des Autors haben verchromte Kameras nie die Schönheit und Wärme von vernickelten und schwarz lackierten Kameras erreicht. Selbst bei starker Abnutzung hat eine solche Kamera immer noch eine besondere Ausstrahlung, während eine vergleichbare verchromte eher mitgenommen aussieht. Die Leica III oben hat eine interessante Händler-Gravur auf dem Rückspulknopf, wird jedoch durch den nachträglich verchromten Langzeitenknopf abgewertet. Die sichtlich gebrauchte Leica II unten, eine umgebaute Leica I, erinnert mich an in ihrer äußeren Erscheinung an einen älteren Aristokraten in einem alten Tweed-Anzug.

Leitz-Produkte, die an andere Hersteller geliefert wurden, bilden ebenfalls ein interessantes Sammelgebiet. Leitz lieferte Elmar Objektive und FOFER Entfernungsmesser an Dr. August Nagel, der sich 1928 von Zeiss trennte, um seine eigenen Präzisions-Rollfilmkameras herzustellen. Er verkaufte seine Firma 1932 an Kodak weiter und konstruierte von da an Retina Kameras. Dies ist eine Pupille für 16 Aufnahmen auf Rollfilm 127, ausgestattet mit einem Elmar 3,5/5 cm. Der Entfernungsmesser, hier anders herum gezeigt, wurde natürlich normalerweise mit dem Okular nach hinten aufgesetzt.

Nicht alle goldenen Leicas sind offizielle limitierte Auflagen. Die goldene M3 oben soll der Tiranty-Familie, der Leitz-Vertretung in Frankreich, gehört haben. Es ist nicht die M3, die Philippe Tiranty 1957 von Leitz überreicht wurde. Sie wurde auf einer Auktion in Italien verkauft. Die vergoldete M5 entstand offensichtlich auf besondere Bestellung hin, die nie ausgeliefert, sondern von der Firma zurückbehalten wurde. Fotos: Gianni Rogliatti

Leica Filter sind in einer großen Vielfalt an Größen und Ausführungen hergestellt worden. Das gestreifte Filter war für das spezielle Agfacolor-Verfahren bestimmt (siehe Seite 256).

Das Hektor 2,5/125 mm übt auf Sammler einen besonderen Reiz aus. Es ist nicht nur ein hervorragendes Objektiv, sondern auch das einzige, das zusammen mit Gegenlichtblende, Frontdeckel und dem speziellen hinteren Objektivdeckel einen geschlossenen Behälter bildet.

Filter für das nur kurze Zeit aktuelle Agfacolor-Verfahren (siehe Seite 258). Das Aufnahmefilter FOOSM links war für das spezielle 5 cm-Summar bestimmt, das Projektionsfilter FOOPX rechts für das gleiche Objektiv als Projektionsobjektiv eingesetzt. Das Aufnahmefilter besitzt pfeilförmige Masken, vermutlich, um die Farbflächen der einzelnen Farben einander anzugleichen. Blau ist im Projektionsfilter völlig ausgeblichen, eine Folge der 400 Watt-Lampe, die zur entsprechenden Ausleuchtung erforderlich war. Unten die Filter FOOSM und FOOPX mit den Schlitzen, durch die ein korrektes Ausrichten der Filter auf der nicht-rotierenden Fassung des Spezial-Summars ermöglicht wurde.

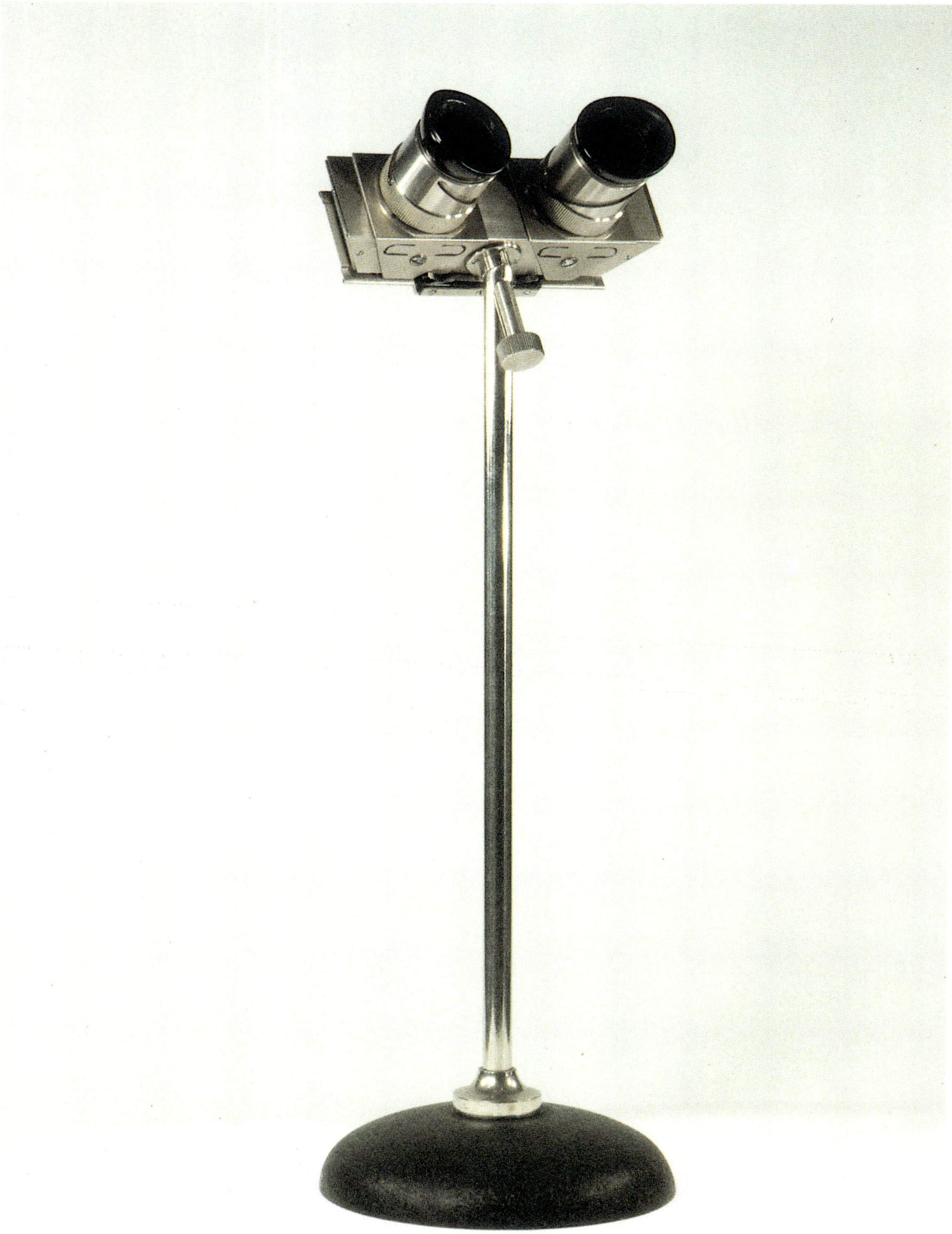

Der VOTRA Stereobetrachter auf seinem Stativ VOTIV. Alles ist vollständig vernickelt. Es ist ein großartiges Zubehörteil – hergestellt von Leitz, als die Anwendungsgebiete der Leica ausgedehnt wurden. Die Eleganz dieses Gerätes steht in krassem Gegensatz zu den sonst üblichen Stereobetrachtern aus Holz.

Ein frühes Mikro-Summar 4,5/64 mm. Geräte für die Makrofotografie wurden von Leitz bereits Ende des 19. Jahrhunderts angeboten. Die Leica war in idealer Weise dazu geeignet, diese Möglichkeit auch auf das angenehme Kleinbildformat auszudehnen.

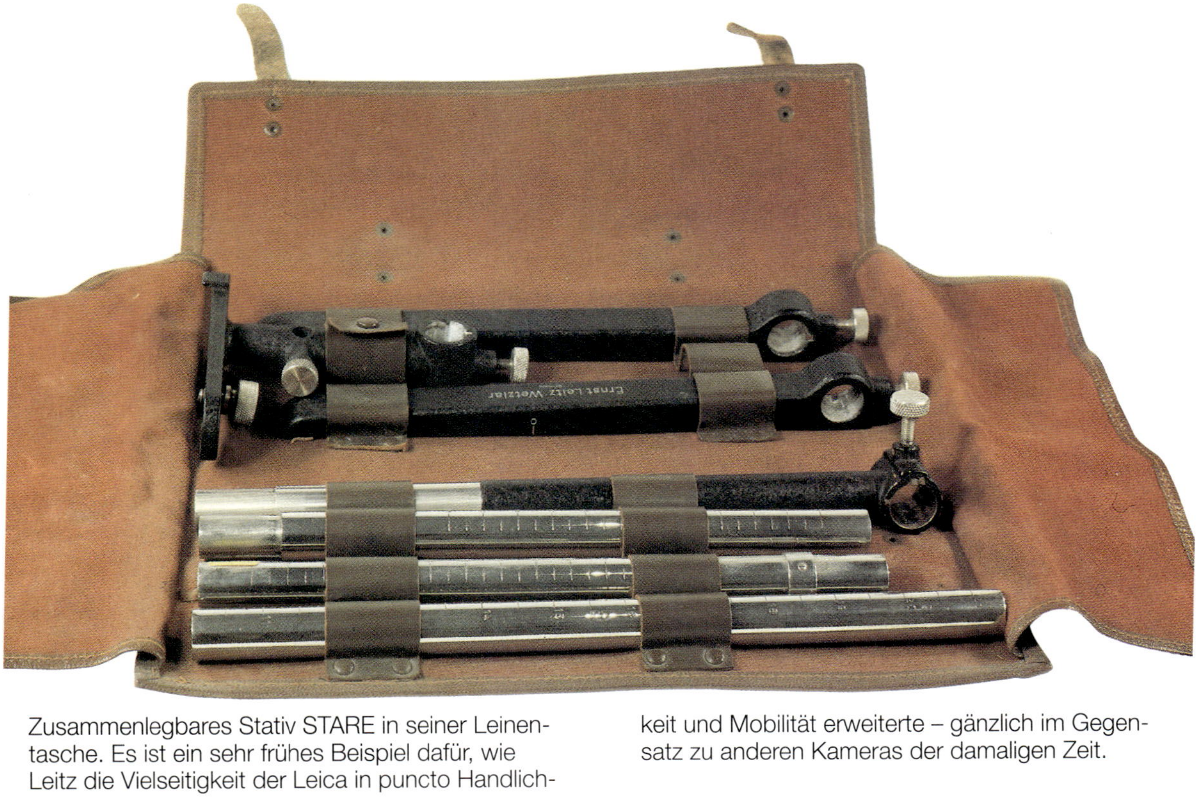

Zusammenlegbares Stativ STARE in seiner Leinentasche. Es ist ein sehr frühes Beispiel dafür, wie Leitz die Vielseitigkeit der Leica in puncto Handlichkeit und Mobilität erweiterte – gänzlich im Gegensatz zu anderen Kameras der damaligen Zeit.

Der NAKUL Negativbetrachter in dem dazugehörigen Behälter ist ein Beispiel für die Liebe zum Detail bei Leitz und zeigt das frühe Bestreben, eine lückenlose Kette von Präzisionsgeräten von der Aufnahme bis zur Wiedergabe anzubieten – eine Maxime, die bis heute Bestand hat.

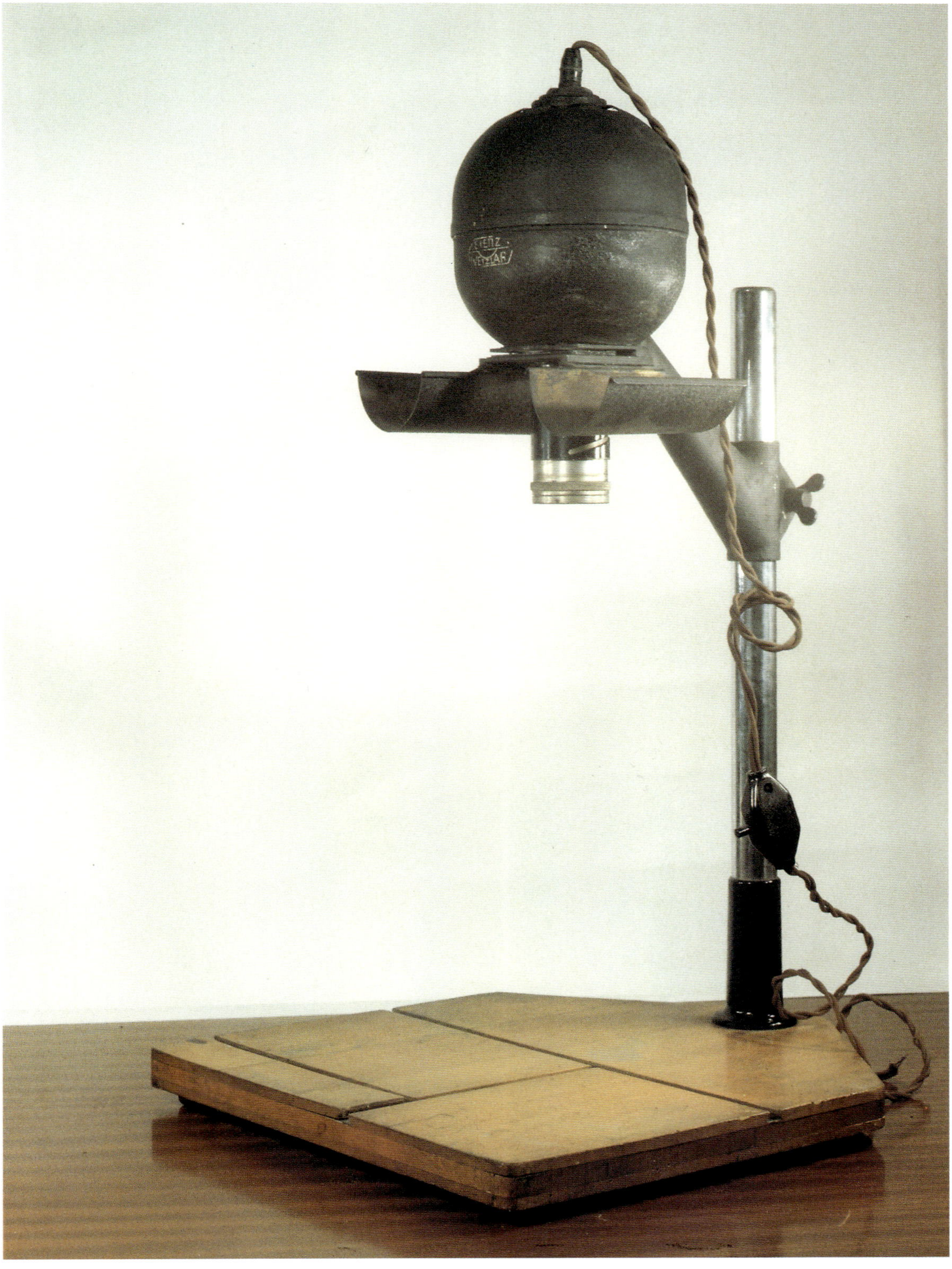

Der erste Leitz-Vergrößerer FILES, vorgestellt 1926. Seine Metallbauweise und die senkrechte Konstruktion gewährleisteten präzises Ausrichten und die Solidität. Beides Voraussetzungen, die für den Erfolg der Leica als Kamera für ernsthafte Fotografen wichtig waren. Die damals üblichen horizontalen Holz-Vergrößerer wären dazu nicht tauglich gewesen.

Leitz hat Diaprojektoren, Schmalfilmprojektoren, Epidiaskope und Geräte für die Mikroprojektion angeboten, lange bevor die Leica erschien. Diese Erfahrung bildete die Voraussetzung dafür, daß auch für das neue Kleinbildformat die gebotene Präzision erreicht wurde. Das abgebildete Modell VIIIa war für die Kombination mit Leica Objektiven bestimmt. In den frühen 30er Jahren war für den Diawechsel ein Filmstreifen-Halter sehr verbreitet.

Produktionszahlen

ELMAR 90 mm 1964–1968

	Gew.	*Baj.*		*Gew.*	*Baj.*
1964	543	1099	**1967**	–	1836
1965	–	1809	**1968**	–	251
1966	–	952			
Gesamtproduktion				543	5947

ELMAR 90 mm 1954–1968

1954	3296	**1959**	2243	**1964**	523
1955	4769	**1960**	1038	**1965**	426
1956	4841	**1961**	705	**1966**	285
1957	3527	**1962**	606	**1967**	358
1958	2035	**1963**	449	**1968**	87
Gesamtproduktion					25188

Elmar-C 4,0/90 mm

1973–1977

Kürzeste Entfernungseinstellung: 1 m
Kleinste Blende: 22
Filtergröße: Serie 5,5
Gewicht: 270 Gramm

Als Spezialversion für die Leica CL eingeführt, kompakter als die normalen 90 mm-Elmare. Es war eine vierlinsige Konstruktion ohne verkittete Gruppen, ziemlich abweichend vom klassischen Elmar. Es kuppelte mit dem Entfernungsmesser der M-Kameras, wenn auch nicht absolut präzise, da es für den kürzere Meßbasis der CL mit abweichender Steuernocke konzipiert war. Die entsprechende Suchermaske wurde automatisch aktiviert. Es hatte eine kombinierte Meter/Feet-Skala und eine Blende mit halben Raststufen.

Katalognummern

11540 – Elmar-C 4,0/90 mm, komplett mit Gummi-Gegenlichtblende und Objektivbeutel

12517 – Ersatz-Gegenlichtblende

Produktionszahlen

Daten nicht verfügbar

Elmarit 2,8/90 mm

1959–1974

Kürzeste Entfernungseinstellung: 1 m
Kleinste Blende: 22
Filtergröße: E39
Gewicht: 350 Gramm

Es war das erste Objektiv, das bei einer Lichtstärke von 2,8 die Bezeichnung Elmar trug. Es wurde mit nichtrotierender Schraub- und Bajonettfassung hergestellt. Anfangs chrom, wurde es passend zu den anderen Objektiven 1969 auf schwarz umgestellt.

Der Objektivkopf, auch einzeln lieferbar, konnte am Visoflex II und III über die Universal-Einstellfassung 16464 verwendet werden.

Varianten

- ❍ Einige Prototypen von Objektivköpfen wurden mit fest voreingestellter Blende für die Verwendung mit der Universal-Einstellfassung am Visoflex II hergestellt (Dorn, Vfr., 1982, 15, Nr. 1, S. 11).

Codebezeichnungen/Katalognummern

ELRIT/11029 – Elmarit 2,8/90 mm in verchromter Schraubfassung, später schwarz
ELRIM – dto. mit verchromtem M-Bajonett, später schwarz
ELKOO/11026 – Objektivkopf einzeln, verchromt, später schwarz

Produktionszahlen

ELMARIT 90 mm 1959–1974

	Gew.	Baj.		Gew.	Baj.
1959	760	2737	**1964**	–	2314
1960	704	3479	**1965**	–	2904
1961	284	3889	**1966**	–	1953
1962	238	3405	**1967**	–	2024
1963	81	3514	**1968**	–	2314
Gesamtproduktion				2067	28527*

*Produktion auch noch nach diesem Datum

Tele-Elmarit 2,8/90 mm

1964–1974 Erste Version
1974–1989 Zweite Version

Kürzeste Entfernungseinstellung: 1 m
Kleinste Blende: 16
Filtergröße: E39
Gewicht: erste Version 325 g, zweite Version 220 g

Dieses Objektiv mit Telekonstruktion war als sehr kompaktes Objektiv konzipiert, das mit der Kamera in die Bereitschaftstasche paßte. Es hatte fünf Linsen ohne Verkittung in kurzer, nicht-rotierender Fassung. Der Objektivkopf war nicht abnehmbar und konnte daher nicht am Visoflex verwendet werden. Ursprünglich verchromt, wurde das Fassung 1966 in schwarz anodisiert umgestellt. 1974 wurde der optische Aufbau neu gerechnet, wobei die Linsenzahl aufgrund neuer Glassorten auf vier reduziert werden konnte. Es war kleiner und leichter als die erste Version mit schmalerer Fassung und geriffeltem Fokussierring anstelle der Mulden bei der ersten Version. Die Gegenlichtblende aus schwarzem Gummi war umstülpbar und wurde in die Frontfassung eingeschraubt, ähnlich dem 90 mm Elmar-C. Produktionszahlen sind nicht verfügbar.

Katalognummer

11800 – Tele-Elmarit 2,8/90 mm, beide Versionen
11250 – Gummi-Gegenlichtblende für die zweite Version

Produktionszahlen

Daten nicht verfügbar

Elmarit-M 2,8/90 mm

1990– derzeit aktuelles Objektiv

Kürzeste Entfernungseinstellung: 1 m
Kleinste Blende: 22

Filtergröße: E46
Gewicht: 380 g

Das letzte 90 mm-Objektiv ist eine Telekonstruktion mit vier unverkitteten Linsen. Die schwarz verchromte Fassung besitzt eine eingebaute Gegenlichtblende.

Katalognummer
11807 – Elmarit-M 2,8/90 mm

Produktionszahlen

Daten nicht verfügbar

Thambar 2,2/90 mm

1935–1949

Kürzeste Entfernungseinstellung: 1 m
Kleinste Blende: 25
Filtergröße: E48
Gewicht: 520 g

Zehn Jahre nach Vorstellung der Leica und nachdem sich der Ruf besonders scharfzeichnender Objektive verbreitet hatte, brachte Leitz ein variables Weichzeichnerobjektiv auf den Markt. Das Objektiv ist nicht besonders selten, und doch zieht es Sammler mehr als manches andere Objektiv an. Der Weichzeichnereffekt wurde dadurch erzielt, daß man einen gewissen Grad der äußeren sphärischen Aberration unkorrigiert ließ. Die Wirkung wurde noch gesteigert, indem ein spezielles Filter mit silbernem Punkt in der Mitte vorgeschraubt wurde, das die schärferen Strahlen in der Bildmitte abschwächte. Das Objektiv hatte zwei Blendenskalen, eine rote und eine weiße. Die rote Skala, die nur bis 6,3 reichte, kam bei Verwendung des Filters zum Einsatz. Stärkeres Abblenden hatte eine Beseitigung des Weichzeichnereffekts zur Folge. Durch Vorsetzen des Filters änderte sich die Lichtstärke auf 2,3 statt 2,2. Die weiße Skala bildete die normale Blendenskala für den Einsatz ohne Filter. Wurde das Thambar auf etwa 9 abgeblendet, war seine Schärfeleistung mit der anderer 90 mm-Objektive vergleichbar. Das Thambar wurde in schwarzer Schraubfassung mit verchromter Entfernungsskala hergestellt. Der größte Teil der Fertigung erfolgte vor 1942, einige wenige weitere wurden nach dem Krieg bis 1949 produziert. Es wurde immer mit dem Spotfilter, umstülpbarer Gegenlichtblende und Objektivdeckel geliefert. Der kurze Fokussieradapter COOTL war für die Verwendung des Thambars an der Drehbühne OORES bestimmt.

Varianten
- ❍ Nur eine Blendenskala in rot
- ❍ Einfache Blendenskala mit roter und weißer Markierung

Codebezeichnungen
TOODY – Thambar 2,2/90 mm, komplett mit Spotfilter, umstülpbarer Gegenlichtblende und Objektivdeckel

Produktionszahlen

THAMBAR 90 mm 1935–1949							
1935	231	**1939**	403	**1943**	1	**1948**	4
1936	798	**1940**	147	**1944**	1	**1949**	1
1937	536	**1941**	159	**1945**	–		
1938	663	**1942**	20	**1946**	191		
Gesamtproduktion							2984

Elmarit-M 2,8/90 mm

Thambar 2,2/90 mm mit
dem speziellem Spotfilter

Summicron 2,0/90 in schwarz

Summicron 2,0/90 mm,
zweite Version, früher Typ.
Die aktuelle Ausführung ist
auf Seite 166 abgebildet.

Summicron 2,0/90 mm, sehr früher Typ
mit separater Gegenlichtblende

Summicron 2,0/90 mm

1957–1980 Erste Version
1980– Zweite Version, derzeitiges Summicron-M 2,0/90 mm

Kürzeste Entfernungseinstellung: 1 m
Kleinste Blende: erste Version 22, zweite Version 16
Filtergröße: erste Version E48, zweite Version E55
Gewicht: erste Version 680 g, zweite Version 410 g

Erste Version: Die ursprüngliche Ausführung, die 22 Jahre lang aktuell war, war ein modifizierter Gauss-Typ mit sechs Linsen, von denen zwei miteinander verkittet waren. Die anfängliche Produktion erfolgte in Wetzlar, wurde dann aber nach Kanada verlagert. Das sehr schwere, aber trotzdem handliche Objektiv wurde zunächst in chrom hergestellt, Fokussier- und Blendenring besaßen die typischen Mulden. Von der ebenfalls angebotenen Schraub-Versionen gab es insgesamt weniger als 500. Die frühen M-Objektive waren eigentlich nur Gewindeausführungen mit einem werksseitig angebrachten Bajonett sowie einem roten Punkt, der in eine Vertiefung eingeklebt war. Deshalb war die Umrüstung von Bajonett- auf Gewindeausführung sehr einfach. Der Objektivkopf war für den Einsatz am Visoflex oder Balgengerät abnehmbar, eine Teleskop-Gegenlichtblende war ebenfalls eingebaut. Der Fokussierring drehte sich nicht mit und besaß eine kombinierte Meter/Feet-Skala. Ab etwa 1969 wurde die Oberfläche auf schwarze Anodisierung umgestellt, der Blendenring war nur noch einfach geriffelt, kehrte später aber wieder zur Ausführung mit Mulden zurück.

Zweite Version: 1980 wurde ein völlig neues, leichteres und kleineres Objektiv vorgestellt. Neue Gläser und moderne Computerrechnung erlaubten die Reduzierung der Linsenzahl auf fünf mit einem verkitteten Paar. Die eingebaute Gegenlichtblende ist einteilig. Bei den frühen Objektiven besaß sie einen abgestuften Rand und verdeckte in zurückgeschobenem Zustand die Blendenskala. Bei den neueren Objektiven ist die Gegenlichtblende weich und deckt die Blendenskala nicht ab. Der Objektivkopf läßt sich nicht abnehmen.

Varianten

- Erste Ausführung: Die allerersten Objektive von 1958, die in Wetzlar hergestellt wurden, hatten einen abnehmbaren Objektivkopf, der von der folgenden Produktion abwich und nicht an die Einstellfassung 11462 paßte, die später die Verwendung des Kopfes am Visoflex erlaubte. Die Fassung bestand aus mehr Einzelteilen als die des 85 mm-Summarex. Der drehbare Blendenring trug einen dreieckigen Index gegenüber einer festen Skala wie beim Summarex, während sich beim größeren Teil der Produktion die drehbare Skala vor der feststehenden Markierung bewegte. Nach Werksaufzeichnungen wurden zwölf dieser Objektive mit Schraub- und 25 mit Bajonettfassung hergestellt (Hooper, Vfr., 1980, 13, Nr. 4, S. 13).
- Objektive unter Nr. 1.651.000 hatten eine abnehmbare Gegenlichtblende mit komplexer runder Form, die zur Vermeidung von Vignettierungen vier Ausschnitte in den Ecken besaß. Sie wurde mit einer Klemmschraube befestigt und zum Transport umgestülpt vor dem Objektiv angebracht. Diese Gegenlichtblenden waren aus Messing oder Aluminium und mit einem silbernen Lack überzogen oder verchromt.
- Die frühe Produktion der ersten Version besaß eine nur bis 16 reichende Blendenskala. Es gibt Objektive, deren Blende zwar nur bis 16 reicht, die Schärfentiefenskala jedoch bis 22.
- Eine schwarze Ausführung war ab 1959 auf feste Bestellung hin lieferbar – etwa zehn Jahre vor dem Produktionsumstellung auf schwarz. Einige wenige Objektive mit Schraubfassung wurden so ausgeliefert.
- Das Objektiv in kurzer Einstellfassung konnte mit einer festeingestellten Blende versehen oder mit dieser nachgerüstet werden.
- Es gab viele kleinere Änderungen in Oberfläche, Skalen und dergleichen.

Codebezeichnungen/Katalognummern

Erste Version:

SOOZI – Summicron 2,0/90 mm mit Schraubfassung, separate Gegenlichtblende
SOOZI-M – dto. mit Bajonettfassung
HMOOD – Spezial-Gegenlichtblende
OQYGO – Spezieller Frontdeckel
SEOOF/11023 – Summicron 2,0/90 mm mit Schraubfassung und eingebauter Gegenlichtblende
SEOOF-M – dto. mit Bajonettfassung
SECOM/11123 – wie SEEOF-M, geändertes Codewort
OESBO/11124 – Summicron 2,0/90 in kurzer Fassung

Aktuelles Summicron
2,0/90 mm

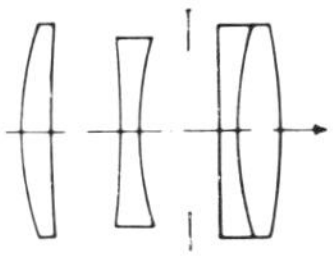

Elmar 6,3/105 mm, das sogenannte "Berg-Elmar" mit seiner speziellen Gegenlichtblende

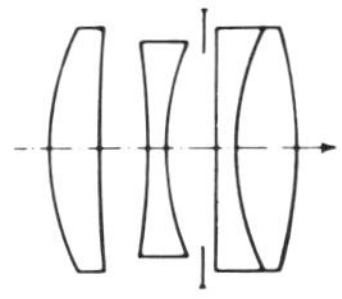

Elmar
4,5/135 mm

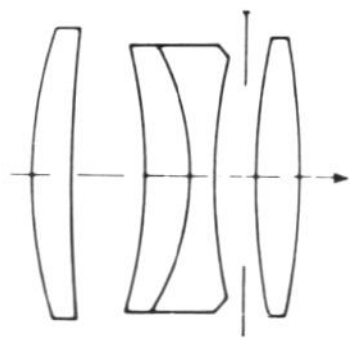

Elmar 4,5/135 mm, sehr frühe Version in Standardfassung aus der mittleren Periode und späte Periode nach 1950

OERDO/11126 – dto. mit voreinstellter Blende
ZOMUK/14019 – lange Einstellfassung, Schraub-Version
ZOOUK/14017 – lange Einstellfassung, Bajonett-Version
11133 – Gegenlichtblende einzeln
11132 – dto. mit voreingestellter Blende
Zweite Version:
11136 – Summicron-M 2,0/90 mm (früher und aktueller Typ)

Produktionszahlen

SUMMICRON 90 mm 1957–1979

	Gew.	*Baj.*		*Gew.*	*Baj.*
1957	9	26(28)	**1963**	–	315
1958	230	634	**1964**	–	415
1959	151	664	**1965**	–	358
1960	49	513	**1966**	–	268
1961	45	523	**1967**	–	264
1962	(12)6	448			

(12)490 (26)4490 Angaben in Klammern: nicht abnehmbarer Objektivkopf

SUMMICRON-M 90 mm 1980–

Daten nicht verfübar

Elmar 6,3/105 mm ("Berg-Elmar")

1932–1937

Kürzeste Entfernungseinstellung: 3 m
Kleinste Blende: 36
Filtergröße: A36 an der Gegenlichtblende
Gewicht: 220 g

Angepriesen als leichtes Objektiv für Reisen – daher auch die Bezeichnung – wurden unter 4000 von diesem Objektiv hergestellt, also kein kommerzieller Erfolg. Ein Elmar 6,3/10,5 cm existierte bereits 1932 für Großformatkameras, und vermutlich folgte Leitz dem Beispiel des 13,5 cm-Elmars und setzte die optische Einheit einfach in eine Leica Fassung. Im Gegensatz zum 13,5 cm-Objektiv blieb es jedoch ein Einzelfall, weder die Brennweite noch die Lichtstärke etablierten sich bei der Leica als Standard. Das Objektiv war von klassischem Elmar-Aufbau, nur in schwarz hergestellt, konische Fassung mit Fokussier- und Blendenskala vernickelt oder verchromt. Der Objektivdeckel paßte in die Gegenlichtblende, nicht in die Frontfassung. Vor der Gegenlichtblende ließen sich A36-Filter anbringen. Es existieren 24 mm-Aufsteck- und auch 22 mm-Einschraubfilter, sie sind jedoch weder im Leitz-Katalog aufgeführt noch als solche gekennzeichnet.

Varianten

- Einige frühe Objektive unter Nr. 100.000 gibt es in ungekuppelter Fassung mit Standard-Gewinde.
- Version mit fester Gegenlichtblende und eingebautem Blendenwählhebel
- Spätere Modelle hatten einen Infrarot-Index

Codebezeichnungen

ELZENKUP – Elmar 6,3/105 mm mit vernickelter Fassung
ELZENCHROM – dto. mit verchromter Fassung
ELZEN – Spätere Codebezeichnung als nur die verchromte Fassung lieferbar war.

Produktionszahlen

ELMAR 105 mm 1932–1937

1932	1397	**1934**	459	**1936**	584
1933	825	**1935**	600	**1937**	110
Gesamtproduktion					3975

Elmar 4,5/135 mm

1931–1936

Kürzeste Entfernungseinstellung: 1,5 m
Kleinste Blende: 36
Filtergröße: A36
Gewicht: 560 g

Abgeleitet von einem bestehenden Elmar 13,5 cm für großformatigere Kameras, war dies das erste langbrennweitige Objektiv für die Leica. Es wurde zunächst nur mit nicht-standardisiertem Gewinde angeboten, anschließend auch mit Standardgewinde und schließlich mit Entfernungsmesser-Kupplung. Sein Aufbau war eine klassische Elmar-Konstruktion. Das Äußere war zunächst ganz in schwarz gehalten mit einem vernickelten Fokussierring, später aber wahlweise vernickelt oder verchromt. Die Fassung drehte sich beim Fokussieren, bei den späteren Modellen gab es einen Infrarot-Index.

Codebezeichnungen

EFERN – Elmar 4,5/135 mm, vernickelte Fassung, wie zuerst eingeführt

EFERNKUP – dto. mit Entfernungsmesser-Kupplung

EFERNCHROM – dto. in gekuppelter, verchromter Fassung

Produktionszahlen

ELMAR 135 mm 1931–1936			
1931	2394	**1934**	433
1932	462	**1935**	629
1933	1009	**1936**	332
Gesamtproduktion			5259

Hektor 4,5/135 mm

1933–1960

Kürzeste Entfernungseinstellung: 1,5 m
Kleinste Blende: 36
Filtergröße: A36
Gewicht: 560 g

Von modifizierter Hektor-Konstruktion mit vier Linsen, die beiden mittleren verkittet, war dieses Objektiv teurer als das Elmar 4,5/135 mm. Mit der Vorstellung des PLOOT-Spiegelkastens konnte der Objektivkopf abgenommen und über passende Adapter mit diesem neuen Zubehörteil verwendet werden. Das Objektiv wurde ebenfalls mit kurzer Einstellfassung hergestellt, das anfangs nur am Spiegelkasten PLOOT, später auch am Visoflex eingesetzt werden konnte. Die Hauptveränderungen dieses Objektivs sind folgende:

1946: Ab Nr. 590.551 waren die Linsen vergütet
1947: Die internationale Blendenreihe ersetzte die europäische.
1949: Zusätzlicher Gummiring am feststehenden Teil der Fassung
1950: Vollständig verchromte Ausführung mit Gummiring
1954: Einführung der Bajonettfassung für die M3, die nicht-rotierend, verchromt und mit E39-Filtergewinde versehen war

Varianten

- Hektore der Kriegszeit sind in grau bekannt und von Lager beschrieben worden (Vfr., 1983, **16**, Nr. 4, S. 12; Diehl, Vfr., 1988, **21**, Nr. 4, S. 23). Bei einigen ist die Frontfassung modifiziert.
- Das 135 mm-Hektor wurde häufig für Cine-Aufnahmen benutzt, und Leitz bot auch Adapter für verschiedene Cine-Kameras an.

Codebezeichnungen
HEFARKUP – Hektor 4,5/135 mm, gekuppelt, mit Nickelfassung
HEFARCHROM – dto. mit verchromter Fassung
HEFAR – dto. als nur noch die verchromte Ausführung lieferbar war
OHEBO – Hektor 4,5/135 mm in kurzer Einstellfassung (die an den Objektivkopf angepaßt werden mußte)
ZOOAN – Kurze Fassung für den Kopf von HEFAR
HEFAM – Hektor 4,5/135 mm in nicht-rotierender Bajonettfassung
HEKOO – Objektivkopf von HEFAM einzeln

Produktionszahlen

HEKTOR 135 mm 1933–1960							
1933	414	**1940**	1916	**1947**	1859	**1954**	3629
1934	1777	**1941**	1553	**1948**	1786	**1955**	4539
1935	1266	**1942**	563	**1949**	3109	**1956**	4678
1936	1886	**1943**	123	**1950**	2996	**1957**	4047
1937	3119	**1944**	112	**1951**	4655	**1958**	3121
1938	2995	**1945**	448	**1952**	5278	**1959**	2791
1939	2510	**1946**	1862	**1953**	5492	**1960**	1207
Gesamtproduktion							69731

Elmar 4,0/135 mm

1960–1965

Kürzeste Entfernungseinstellung: 1,5 m
Kleinste Blende: 22
Filtergröße: E39
Gewicht: 440 g

Trotz seines Namens war dieses Objektiv eine Neukonstruktion, die neue Gläser verwendete. Es bestand aus vier Linsen, von denen keine verkittet waren. Es wurde sowohl in verchromter Bajonett- als auch Schraubfassung geliefert. Die Fassung war ähnlich der des Hektors mit M-Bajonett, vollkommen verchromt mit Gummiring um den rückwärtigen Teil herumlaufend. Der Blendenring hatte Raststufen in halben Werten. Der abnehmbare Objektivkopf war nicht mit dem des Hektors austauschbar.

Katalognummern
11750 – Elmar 4,0/135 mm mit Schraubfassung
11850 – dto. mit M-Bajonett
11950 – dto. mit kurzer Einstellfassung
11951 – Objektivkopf allein
14701 – Kurze Einstellfassung zur Anpassung des Objektivkopfes an den Visoflex

Produktionszahlen

ELMAR 135 mm 1960–1965								
	Gew.	*Baj.*		*Gew.*	*Baj.*		*Gew.*	*Baj.*
1960	161	980	**1962**	682	5306	**1964**	465	2637
1961	1385	7276	**1963**	589	3792	**1965**	–	405
Gesamtproduktion							3282	20396

Tele-Elmar M 4,0/135 mm

1965– derzeit aktuelles Objektiv

Kürzeste Entfernungseinstellung: 1,5 m
Kleinste Blende: 22

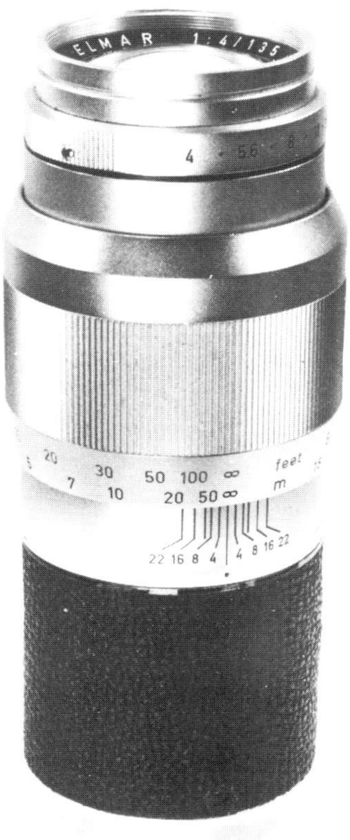

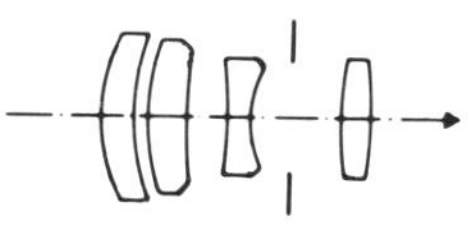

Elmar 4,0/135 mm

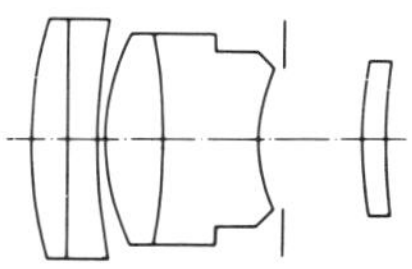

Tele-Elmar 4,0/135 mm

Velostigmat 4,0/90 mm

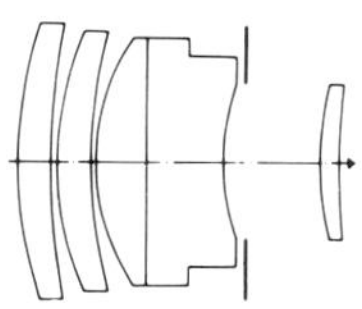

Elmarit 2,8/135 mm

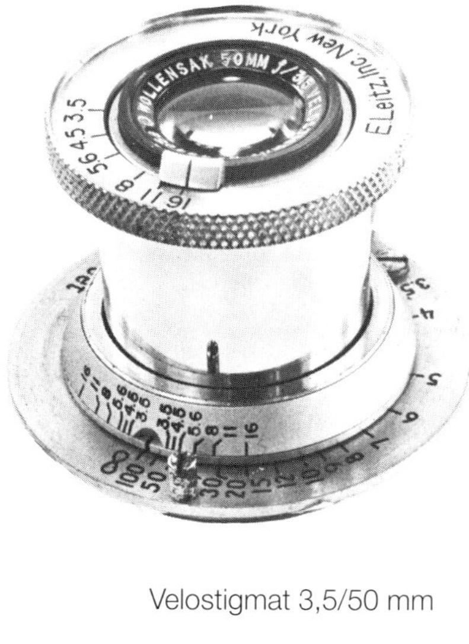

Velostigmat 3,5/50 mm

Filtergröße: E39
Gewicht: 550 g

Das Tele-Elmar als kompakteres Objektiv ersetzte das Elmar gleicher Brennweite. Es ist eine echte Telekonstruktion mit fünf Linsen in drei Gruppen. Der Objektivkopf ist abnehmbar für die Verwendung am Visoflex, doch durch seine Telekonstruktion ist kein Zwischenring erforderlich. Es wurde nur mit M-Bajonett in schwarzer Fassung mit halbstufiger Blendenrastung hergestellt.

Katalognummern
11851 – Tele-Elmar 4,0/135 mm
11852 – Objektivkopf einzeln

Produktionszahlen

Daten nicht verfügbar

Elmarit 2,8/135 mm

1963–1975 Erste Version
1975– Zweite Version, derzeitiges Elmarit-M 2,8/135 mm

Kürzeste Entfernungseinstellung: 1,5 m
Kleinste Blende: 32
Filtergröße: Serie VII, später E55
Gewicht: 730 g

Erste Version: Das Objektiv war eine Telekonstruktion mit fünf Linsen, davon zwei verkittet. Es besaß einen integrierten Vorsatz für den Entfernungsmesser und Sucher, der das Bild vergrößerte und die Meßgenauigkeit um das 1,4fach steigerte. Beim Ansetzen des Objektivs an die Kamera wurde der 90 mm-Bildausschnitt an der richtigen Stelle innerhalb des 135 mm-Ausschnitts eingespiegelt. Das Objektiv besaß eine eingebaute, ausziehbare Gegenlichtblende. Ab Nr. 2.788.927 waren Filter der Größe E55 verwendbar

Zweite Version: Die optische Konstruktion änderte sich in die des derzeitigen R-Objektivs. Es war immer noch eine fünflinsige Konstruktion, zwei davon verkittet, jedoch von ziemlich abweichender Form. Die Fassung war dagegen unverändert, auch die Katalognummer änderte sich nicht.

Varianten
- Der Sucher-Vorsatz war bei den frühen Objektiven mit einer Schraube befestigt, später war alles in einem Rahmen zusammengefaßt.
- Bei frühen Objektiven hatte der Fokussierring Mulden, bei den späteren war er geriffelt.

Katalognummern
11829 – Elmarit-M 2,8/135 mm
11828 – Objektivkopf einzeln

Produktionszahlen

Daten nicht verfügbar

Amerikanische Objektive für die Leica

Viele Fremdbjektive sind die Jahre über für die Gewinde-Leica erhältlich gewesen. Vor dem Krieg hatten mehrere Hersteller ihre eigenen Objektive mit Leica Anschluß angeboten, vor allem besonders lichtstarke oder langbrennweitige Objektive, die Leitz selbst nicht im Programm hatte – Hugo Meyer und Dallmeyer zum Beispiel. Während des Kriegs und danach, als keine Leica Objektive erhältlich waren, gab es einen größeren Anreiz für Fremdanbieter, die Nachfrage nach allen Objektiven zu befriedigen. Die Nachkriegszeit erlebte außerdem einen explosiven Anstieg sogenannter Leica Kopien, vor allem aus Japan. Sie alle besaßen Leica Gewinde und dazu passende Objektive. Keines dieser Fremdobjektive, abgesehen von den hier erwähnten Velostigmaten, fanden je die Billigung von Leitz.

Während der letzten Kriegsjahre und kurze Zeit nach dem Krieg produzierte Leitz/New York eine Reihe von Objektiven für die Leica in Zusammenarbeit mit der Firma Wollensak in Rochester, N.Y. Wollensak stellte die optischen Bauteile her, Leitz machte die Fassungen und übernahm die Endmontage. Die Brüder Wollensak waren in Wiesbaden geboren und später in die Vereinigten Staaten ausgewandert. Sie gründeten 1899 in Dunkirk, New York, einen Produktionsbetrieb für Verschlüsse, 1902 kamen Objektive hinzu. 1924 zogen sie nach Rochester um. John starb 1933, Andrew 1936. Zur Zeit der Zusammenarbeit mit Leitz war die Firma auf ihrem Höhepunkt und beschäftigte 1200 Mitarbeiter. Die Firma wurde 1960 von 3M übernommen und stellte 1972 die Produktion ein.

Die optischen Komponenten der Wollensak basierten allesamt auf bestehenden Wollensak Velostigmat-Objektiven vom Tessar-Typ, die von ihnen auch an andere Kamerahersteller geliefert wurden. Die Leica Objektive trugen den Namen "Wollensak Anastigmat" auf dem Ring rund um die Frontlinse. Die Logos "E. Leitz New York" und "Made in U.S.A." waren in die Fassung eingraviert. Leitz/New York stellte auch Zubehör her, das auf Originalen aus Wetzlar basierte, wie etwa Gegenlichtblenden und einen Universalsucher.

Velostigmat 3,5/50 mm

1947–1949

Die optischen Komponenten dieses Objektivs waren schon an zahlreichen Kameras seit 1938 und bis 1954 verwendet worden. In ihrer Ausführung für Leitz handelte es sich um einen Elmar-Typ mit der Leitz/New York-Gravur rund um die Frontfassung und dem weißen Wollensak-Schriftzug auf dem schwarzen Fassungsring der Frontlinse. Es wich insofern vom Elmar ab, als daß die Blende in umgekehrter Richtung gedreht wurde. Das Objektiv war vergütet. Die Leica Standard von 1948 mit den Nummern von 355.001 – 355.650 war gewöhnlich mit diesem Objektiv ausgestattet.

Codebezeichnung
LELEL – Velostigmat 3,5/50 mm

Velostigmat 2,8/50 mm

Diese unvergütete Objektiv in Hektor-Fassung scheint etwa 1945 herausgekommen zu sein (Van Hasbroeck, 1983, S. 239). Von zwei abgebildeten Exemplaren (LIG II, S. 40) trägt eines die Leitz-Gravur wie das 3,5er-Objektiv, jedoch keine Erwähnung des Names Velostigmat oder Wollensak, das andere besitzt die Velostigmat-Gravur auf der Frontfassung, allerdings ohne Hinweis auf Leitz. Beide Fassungen haben dafür die Gravur "Germany" am rückwärtigen Flansch. Das Velostigmat 2,8 war zuerst etwa 1940 an den Kameras Clarus MS35 und Detrola 400 erschienen. Es gab keine Schärfentiefenskala, die Blende folgte der internationalen Abstufung. Die Codebezeichnung ist unbekannt.

Velostigmat 4,5/90 mm

1945–1950

Die Fassung dieses Objektivs entspricht weitgehend dem Elmar 90 mm. Die kleinste Blende war 32.

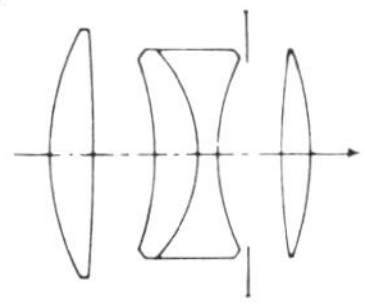

Hektor 2,5/125 mm mit Gegenlichtblende und Objektivdeckeln, die zusammen einen Behälter bildeten

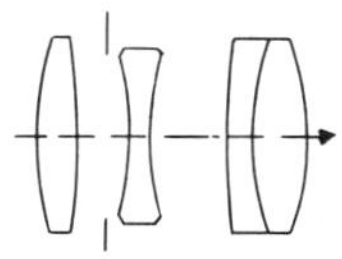

Elmar3,5/65 mm

Velostigmat 4,5/135 mm

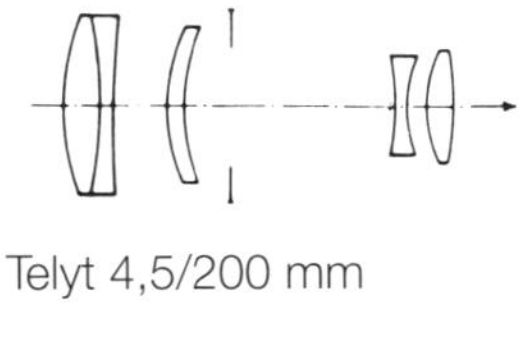

Telyt 4,5/200 mm

Tele-Elmarit 2,8/180 mm

Blendenring, Entfernungsskala und rückwärtiger Flansch waren verchromt, der Rest mit schwarz glänzender Emaille überzogen. Etwa 1950 wurde die Bezeichnung in "Raptar" geändert.

Codebezeichnung
LEXXC – Velostigmat 4,5/90 mm

Velostigmat 4,5/127 mm

1944–1951

Bei seinem ersten Erscheinen trug dieses Objektiv die Gravur "Leica Anastigmat", später geändert in "Wollensak Velostigmat". Die ungewöhnliche Millimeterzahl für die Brennweite hat ihren Grund darin, daß die optische Konstruktion von einem bestehenden 5 inch (=127 mm)-Objektiv für eine 4x5"-Großformatkamera übernommen wurde. Die Fassung war bis auf den Objektivkopf ähnlich der des 135 mm-Hektors, Blenden- und Entfernungsring waren verchromt, der Rest in schwarzer Emaille. Kürzeste Entfernungseinstellung war 1,5 m, die kleinste Blende 22. Frühe Objektive waren unvergütet, doch die Vergütung wurde 1945 eingeführt. Etwa 1950 wurde der Name in "Rapter Serie II" geändert. Der Universalsucher Imarect von Leitz/New York hatte eine 127 mm-Markierung für dieses Objektiv.

Codebezeichnung
LELCP – Velostigmat 4,5/127 mm

Visoflex-Objektive

Als Leitz 1935 das erste Teleobjektiv für die Leica vorstellte, war die Brennweite zu lang für eine präzise Scharfeinstellung über den Entfernungsmesser. Aus diesem Grund konstruierte Leitz einen Spiegelkasten für Scharfeinstellung und Ausschnittwahl und machte so aus der Leica eine Spiegelreflexkamera. Die Codebezeichnung für dieses Zubehörteil war PLOOT. Nach dem Krieg wurde der PLOOT zum Visoflex I. Diesem wiederum folgte der kompaktere Visoflex II, IIa und schließlich der Visoflex III, der parallel zu den Leica Spiegelreflexkameras angeboten wurde. Die Produktion des Visoflex II wurde 1984 schließlich eingestellt. Alle Objektive mit einer Brennweite länger als 135 mm erforderten einen Spiegelkasten zur Scharfeinstellung und Bestimmung des Bildausschnitts. Eine Ausnahme bildeten einige Teleobjektive, die in Unendlich-Stellung oder bei einer vorgewählten Entfernung mit Hilfe eines Zwischenrings und eines Sportsuchers direkt an die Kamera angesetzt werden konnten. In späteren Jahren erhielten Visoflex-Objektive den Zusatz "V", um sie von den M-Meßsucher- und R-Spiegelreflexobjektiven zu unterscheiden. Einige Fotografen bevorzugten die Leica auch für statische Motive, etwa Landschafts-, Porträt- oder Archikturaufnahmen mit mittleren Brennweiten am Spiegelkasten. Einige der 90- und 135 mm-Objektive aus früheren Kapiteln waren für diesen Zweck in kurzen Einstellfassungen lieferbar oder aber ihre Köpfe konnten abgenommen und mit der Universal-Einstellfassung am Visoflex verwendet oder mit Zwischenringen oder Balgengerät für Nahaufnahmen werden. Die nachfolgend beschriebenen Objektive waren speziell für den Spiegelkasten konzipiert.

Elmar 3,5/65 mm

1960–1970 Erste Version
1970–1984 Zweite Version

Kleinste Blende: 22
Filtergröße: E41 bis Nr. 2.378.900, danach Serie VI
Gewicht: 125 g

Die klassische Elmar-Konstruktion wurde in Kanada für die Verwendung am Visoflex II und III hergestellt. Die Brennweite von 65 mm war die kürzeste, die in Unendlich-Stellung am Visoflex eingesetzt werden konnte. Es gab keine Entfernungsskalen, die Einstellung erfolgte ausschließlich auf der Mattscheibe. Das Objektiv mußte in die Universal-Einstellfassung OTZFO/16464 eingesetzt werden, um von Unendlich bis herunter zu 0,33 m fokussiert werden zu können. Um den Nahbereich zu erschließen, wurden einer oder mehrere Zwischenringe OTRPO/16471 hinzugefügt oder aber das Universal-Balgengerät verwendet. Es war ein ideales Makroobjektiv. Bei der Verwendung mehrerer Zwischenringe berührte allerdings irgendwann die Frontlinse das Motiv. Dies ließ sich verhindern, indem das Objektiv über einen Filterring umgekehrt und damit in den Tubus 16471 geschraubt wurde. Diese Anordnung verdoppelte den Abstand zwischen Objektiv und Objekt, auch der Abbildungsmaßstab wurde fast verdoppelt. Außerdem war somit mehr Platz für zusätzliche Beleuchtung des Motivs.

Der erste Typ war nur in chrom lieferbar, 1970 wurde das Objektiv jedoch neu gerechnet und mit schwarz anodisierter Fassung versehen. Außerdem erhielt das Objektiv halbstufige Blendenrastungen.

Codebezeichnungen/Katalognummern
OCMOR/11062 – Elmar 3,5/65 mm, erste Version

11162 – Elmar-V 3,5/65 mm, zweite Version

Produktionszahlen

Daten nicht verfügbar

Hektor 2,5/125 mm

1954–1963

Kürzeste Entfernungseinstellung: 1,2 m
Kleinste Blende: 22
Filtergröße: E58
Gewicht: 125 g

Dieses interessante Objektiv war von seiner Optik her identisch mit dem 2,5/125 mm Hektor-Projektionsobjektiv von 1948, ein vierlinsiges Triplet mit verkittetem Paar in der Mitte. Es wurde als Leica Objektiv auf Anregung von Walter Benser hergestellt, einem sehr bekannten Leica-Fotografen und -Referenten. Benser hatte mit einem modifizierten 120 mm-Hektor am Visoflex I experimentiert und festgestellt, daß es bei voller Öffnung ideal als Porträtobjektiv war – sowohl in Bezug auf die Brennweite, auf den Grad der Weichheit und in seiner Lichtstärke bei Available light-Aufnahmen. Darüber hinaus war es in abgeblendetem Zustand extrem scharf abbildend. Das Objektiv wurde sowohl in Wetzlar als auch in Midland hergestellt, mit verchromtem Fokussierring zur Verwendung am Visoflex I oder über den Adapter 16466 am Visoflex II und III. Das Objektiv wurde mit einer Bajonett-Gegenlichtblende geliefert, die sich zum Transport umgestülpt aufstecken ließ. In umgekehrter Stellung paßte die Gegenlichtblende in den Rand des schüsselähnlich geformten hinteren Objektivdeckels. In dieser Zusammensetzung war das Objektiv gewissermaßen durch einen Metallbehälter vollständig eingeschlossen. Die effektive Brennweite war 119,5 mm, innerhalb des Standards für ein 125 mm-Objektiv. Ein Grund dafür, daß Leitz es als 125 mm-Objektiv kennzeichnete, war die Tatsache, daß es damit als Teleobjektiv für allgemeine Zwecke galt und so mit einer geringeren Einfuhrzoll in die U.S.A. belegt wurde (Hooper, Vfr., 1985, 18, Nr. 1, S. 16). In Verbindung mit Zwischenringen entstand ein für Pflanzen- und Insektenaufnahmen vorteilhafter Abstand zwischen Objektiv und Objekt.

Varianten

- 14 Objektive mit der angegebenen Brennweite von 12 cm, wurden 1950 für Testzwecke hergestellt und zur photokina 1951 vorgestellt. Sie unterschieden sich von der späteren Serienproduktion dadurch, daß ihr Kopf nicht abnehmbar war, es gab keine Rastungen am Blendenring, die Vergütung war von tiefblauer Farbe, die umstülpbare Gegenlichtblende war identisch mit der des 85 mm-Summarex.

Codebezeichnungen/Katalognummern
HIKOO/11532 – Hektor 2,5/125 mm mit Meterskala
HIKOO/11032 – dto. mit Feetskala
HKMOO – Gegenlichtblende
ORPNO – vorderer Objektivdeckel
EGOOI – hinterer Objektivdeckel
EZDOO – Lederbehälter

Produktionszahlen

HEKTOR 125 mm 1954–1963			
1954	499	**1959**	344
1955	383	**1960**	347
1956	379	**1961**	221
1957	452	**1962**	213
1958	377	**1963**	83
Gesamtproduktion			3308

Tele-Elmarit 2,8/180 mm

1965

Kürzeste Entfernungseinstellung: 1,8 m
Kleinste Blende: 22
Filtergröße: Serie VIII
Gewicht: 1140 g

Vermutlich etwa 250 dieser Objektive wurden für den Visoflex II und III hergestellt, alle aus einer Serie. Sie wurden nach Leitz/New York verschifft und verkauft, es gibt über sie jedoch keine Erwähnung in Leitz-Unterlagen, und auch im Werk ist kein einziges Exemplar vorhanden. Es eine fünflinsige Konstruktion mit einem sehr dicken verkitteten Triplet in der Mitte, das für das hohe Gewicht verantwortlich ist. Die Fassung war schwarz und nicht-rotierend mit kombinierter Meter/Feet-Skala, die Blende hatte einen Vorwahlring und ganze und halbe Rastungen. Eine ausziehbare Gegenlichtblende war eingebaut.

Katalognummer
11910 – Tele-Elmarit 2,8/180 mm. Das Objektiv erschien nie in einem Leitz-Katalog, unter dieser Nummer nur in einer Preisliste von Leitz/New York.

Produktionszahlen

Etwa 250, keine Details verfügbar

Telyt 4,5/200 mm

1935–1960

Kürzeste Entfernungseinstellung: 3 m
Kleinste Blende: 36
Filtergröße: E48
Gewicht: 550 g

Dieses Objektiv war das erste echte Teleobjektiv für die Leica. Der PLOOT-Spiegelkasten wurde ursprünglich dafür konstruiert. Es handelte sich um eine fünflinsige Konstruktion mit verkittetem Frontlinsen-Paar. Die rotierende Fassung war schwarz lackiert, das Standard-Leicagewinde ließ sich direkt in den PLOOT-Spiegelkasten einschrauben. Die Entfernungsskala und ein rückwärtiger Ring waren verchromt. Über den Zwischentubus TZOON konnte es – beispielsweise für Sportaufnahmen mit dem SFTOO-Sucher – direkt an die Kamera montiert werden. Es konnte zusammen mit dem Spiegelkasten und der Kamera in einem Lederbehälter untergebracht werden.

Varianten

❍ Nachkriegsobjektive waren vergütet.

Einige Objektive unmittelbar vor Kriegsende hatten Bajonettanschlüsse für den Visoflex II.

Codebezeichnungen

OTPLO – Telyt 4,5/200 mm mit Spezial-Gegenlichtblende
TOOLP – Objektiv am PLOOT montiert
EMTOO – Lederbehälter für Objektiv und PLOOT

Produktionszahlen

TELYT 200 mm 1935–1960							
1935	97	**1941**	167	**1947**	20	**1954**	819
1936	642	**1942**	55	**1948**	111	**1955**	903
1937	280	**1943**	7	**1949**	81	**1956**	1257
1938	401	**1944**	10	**1950**	468	**1957**	1325
1939	280	**1945**	25	**1951**	445	**1958**	935
1940	248	**1946**	21	**1952**	767	**1959**	906
				1953	1080	**1960**	87
Gesamtproduktion							11437

Telyt-V 4,0/200 mm

1959–1984

Kürzeste Entfernungseinstellung: 3 m
Kleinste Blende: 22
Filtergröße: E58
Gewicht: 625 g

Der Nachfolger des ursprünglichen Telyts war eine vierlinsige Konstruktion von Mandler mit weitaus besserer Farbkorrektur. Während seiner Produktionsdauer wurde der Platz für die Blende zwischen Linse zwei und drei zwischen die dritte und vierte verlegt. Die nicht-rotierende Fassung war schwarz, mit Mulden an Fokussier- und Blendenring. Blenden- und Entfernungsring waren verchromt. Die Blende hatte volle und halbe Raststufen und einen Vorwahlring, eine ausziehbare Gegenlichtblende war eingebaut. Das Schraubgewinde paßte direkt in den Visoflex I, für den Visoflex II und III wurde der Adapter OUBIO/16466 benötigt. Für den direkten Anschluß an die Kamera wurde bei Schraubobjektiven der Zwischentubus TZFOO/14039, für Bajonettobjektive der Tubus TXBOO/14043 benötigt. Der Objektivkopf konnte für die Verwendung am Balgengerät II, Focorapid oder Televit abgenommen werden.

Codebezeichnungen/Katalognummer

TELOO/11063 – Telyt 4,0/200 mm

Produktionszahlen

TELYT-V 200 mm 1959–1984						
1959	356	**1960**	1240	**1961**	1786	
1962	827	**1963**	908	**1964**	673	
1965	696	**1966**	926	**1967**	544	
				1968	616	
Gesamtproduktion*					8572	*noch in Produktion

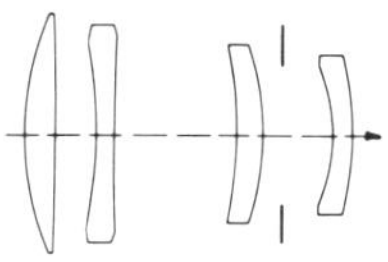

Telyt 4,0/200 mm

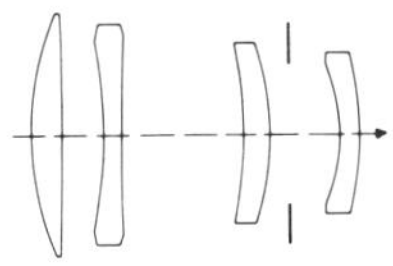

Telyt 4,8/280 mm, Typ 1

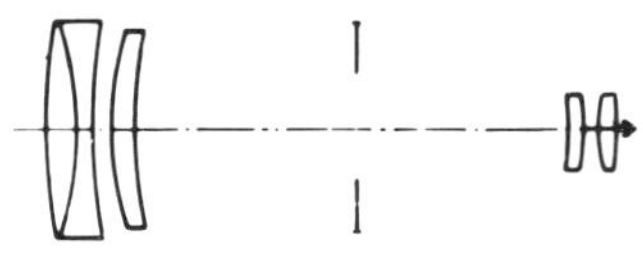

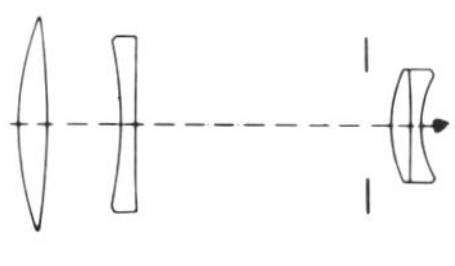

Telyt 5,0/400 mm. Oben die erste Version, links die zweite Version

Telyt-V 4,8/280 mm

1961–1984

Kürzeste Entfernungseinstellung: 3,5 m
Kleinste Blende: 22
Filtergröße: E58, Serie VIII für Typ 3-Fassung
Gewicht: 1350 g

Dieses Objektiv wurde vorgestellt, um die große Lücke zwischen 200 und 400 mm Brennweite zu füllen. Seine optische Konstruktion war ähnlich der des vorstehend beschriebenen Telyts von 200 mm. Das Objektiv besaß eine nicht-rotierende Fassung, Vorwahlblende und eine eingebaute Teleskop-Gegenlichtblende.

Typ 1-Fassung: Nur 1961 gebaut. Parallel angeordnete, geriffelte Ringe für Scharfeinstellung und Blende, verchromte Entfernungsskala, sehr großer Stativanschluß, Schraubanschluß für Visoflex I.

Type 2-Fassung: Aufgeführt im Katalog von Oktober 1961. Verjüngte Form, Fokussier- und Blendenring scolloped, kleine Stativbefestigung, Schraubgewinde für direkten Anschluß an Visoflex I. Die Verwendung am Visoflex II und III erforderte den Zwischenring OUBIO/16466, der einen eigenen Stativanschluß besaß.

Typ3-Fassung: Ab 1970. Parallel angeordnete, mit Mulden oder flach geriffelte Fokussier- und Blendenringe, Hinterteil des Objektivs aus grob strukturierte Guß mit Stativanschluß und Bajonett für direkten Anschluß an Visoflex II oder III.

Katalognummern

11902 – (1961) – Telyt 4,8/280 mm in Typ 1-Fassung
11912 – (1961–1969), dto. in Typ 2-Fassung
11901 – Objektivkopf von 11912
11914 – (1970–1984) – Telyt 4,8/280 mm in Typ 3-Fassung
11904 – Objektivkopf von 11914
14585 – Lederbehälter für Objektiv mit Visoflex I, II oder III

Produktionszahlen

Daten nicht verfügbar

Telyt 5,0/400 mm – Erste Version

1936–1955

Kürzeste Entfernungseinstellung: 8 m
Kleinste Blende: 36 oder 32
Filtergröße: E85
Gewicht: 2350 g

Dieses Objektiv wurde anläßlich der Olympischen Spiele 1936 entwickelt, der Verkauf an die Kunden begann jedoch erst 1937. Die rotierende, konisch geformte Fassung war schwarz mit vier dekorativen, strukturierten Ringen und verchromten Blenden- und Entfernungsskalen. Die Vorkriegsobjektive hatten die europäische Blendenreihe, die Objektive nach dem Krieg trugen die internationale Skala mit 32 als kleinstem Wert. Ein Blendenvorwahlring war nicht vorhanden. Die Fassung besaß einen eingeschraubten Objektivkopf, der direkt am PLOOT oder Visoflex I angebracht werden konnte, für den Visoflex II oder III war jedoch der Adapter OUBIO/16466 nötig. Mit Hilfe des Zwischenrings TZFOO und des Spezialsuchers SQTOO konnte es direkt an der Kamera verwendet werden.

Codebezeichnungen

TLCOO – Telyt 5,0/400 mm mit Gegenlichtblende und Schutzdeckel
TLOOB – Objektiv am PLOOT angebracht, später am Visoflex I

Produktionszahlen

TELYT 400 mm 1936–1955							
1936	1	**1941**	29	**1946**	4	**1951**	67
1937	1	**1942**	3	**1947**	1	**1952**	74
1938	36	**1943**	3	**1948**	4	**1953**	50
1939	47	**1944**	4	**1949**	1	**1954**	161
1940	52	**1945**	1	**1950**	24	**1955**	116
Gesamtproduktion							679

Telyt 5,0/400 mm – Zweite Version

1955–1966

Kürzeste Entfernungseinstellung: 8 m
Kleinste Blende: 32
Filtergröße: 91 mm, später E85
Gewicht: 2050 g

Das Objektiv wurde neu gerechnet und bestand nun aus nur noch vier Linsen mit zwei verkitteten Hinterlinsen. Die Fassung besaß eine eingebaute Teleskop-Gegenlichtblende und eine einrastende Vorwahlblende.

Codebezeichnungen/Katalognummern
TLCOO/11766 – Telyt 5,0/400 mm

EMYOO – passende Tasche für Telyt 400 mm, Visoflex und Kamera

Produktionszahlen

TELYT 400 mm 1955–1966							
1956	180	**1959**	325	**1962**	314	**1965**	243
1957	510	**1960**	362	**1963**	263	**1966**	143
1958	320	**1961**	409	**1964**	291		
Gesamtproduktion							3360

Telyt 5,6/400 mm

Telyt 5,6/560 mm

1966–1971

400 mm
Kürzeste Entfernungseinstellung: 3,6 m
Kleinste Blende: 32
560 mm
Kürzeste Entfernungseinstellung: 6,6 m
Kleinste Blende: 32

Diese beiden Objektive teilten sich eine gemeinsame Fassung – die Televit-Schnelleinstellfassung.

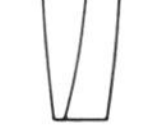

Telyt 5,6/560 mm-Objektivkopf an 400 mm-Tubus und Televit. Der 400 mm-Objektivkopf ist separat daneben abgebildet.

Bei den Objektiven selbst handelte es sich um zweilinsige, miteinander verkittete Achromaten. Es waren aufgrund der langen Bauweise deshalb auch keine Telekonstruktionen.Die Objektivköpfe besaßen ausziehbare Gegenlichtblenden, die Blende befand sich jedoch im Televit. Das Televit paßte an den Visoflex II und III und erlaubte schnelles Fokussieren und Blendenvorwahl. Das Telyt 280 mm und frühere 400 mm-Köpfe ließen sich mit Hilfe des Bajonettadapters 14138 ebenfalls am Televit anbringen, die Blendenvorwahl funktionierte in diesem Fall jedoch nicht. Serie VII-Filter konnten in einen Filterschlitz an der Televit-Fassung angesetzt werden. Das Televit wurde mit einer Schulterstütze geliefert. Zwei Jahre nach seiner Einführung wurde eine ähnliche Ausrüstung für die Leicaflex angeboten.

Katalognummern

11866 – Telyt-Objektivkopf 5,6/400 mm
11867 – Telyt-Objektivkopf 5,6/560 mm
14136 – Televit-Einstellfassung
14137 – Blendeneinheit
14156 – vollständige Ausrüstung mit 400 mm-Objektiv
14157 – vollständige Ausrüstung mit 560 mm-Objektiv

Produktionszahlen

Daten nicht verfügbar

Telyt-V 6,8/400 mm

Telyt-V 6,8/560 mm

Telyt-S 6,3/800 mm

Diese drei Objektive waren auch für die Leica R-Kameras erhältlich. Sie wurden ab 1984 nicht mehr in Visoflex-Fassung angeboten.

Katalognummern

11966 – Telyt-V 6,3/400 mm, komplett für Visoflex
11864 – Telyt-V 6,3/560 mm, komplett für Visoflex
11905 – Tubus mit Visoflex-Anschluß

9 Spiegelreflex-Objektive

Die Konstruktion von Objektiven für eine Kleinbild-Spiegelreflexkamera stellt an die optischen Fähigkeiten einer Firma weitaus größere Anforderungen als bei normalen Objektiven. Oft sind die Objektive schon von sich aus in ihrem Aufbau wesentlich komplexer, da es unabhängig von ihrer Brennweite eine unumgängliche Minimaldistanz zwischen der Hinterlinse und der Filmebene gibt, damit die Spiegelfunktion nicht beeinträchtigt wird. Dies ist vor allem bei Weitwinkelobjektiven ein besonderes Problem. Zum zweiten muß bei Spiegelreflexobjektiven eine viel größere Brennweitenauswahl geboten werden, um die Kundenwünsche zu befriedigen. Hinzu kommen Zoomobjektive, die das Angebot noch komplexer machen. Aus diesen Gründen kann eine kleine Firma wie Leitz und jetzt Leica nicht aus eigener Kraft die ganze Bandbreite entwickeln und liefern, wie das bei größeren Unternehmen der Fall ist. Man darf nicht vergessen, daß Leica in fast siebzig Jahren so viele Kameras hergestellt hat wie Canon oder Minolta in einem Jahr. Insofern spielen Spezialobjektive, die nur in sehr kleinen Stückzahlen hergestellt werden, nicht einmal ihre Entwicklungskosten ein. Um die unvermeidlichen Lücken zu schließen, kauft man Objektive nach Leica-eigenen Qualitätsmaßstäben bei andern Herstellern ein. Dazu zählen Schneider und Zeiss in Deutschland, Angenieux in Frankreich und Minolta und Sigma in Japan.

Die Kupplung zum Belichtungsmesser in der Kamera erfolgt über eine Steuernocke im hinteren Teil der Objektivfassung. Dieses Prinzip wurde erstmals mit ersten Leicaflex eingeführt. Mit dem Erscheinen der Leicaflex SL 1968 wurde eine zweite Steuernocke benötigt und sogar eine dritte für die Leica R3 1976 sowie für alle folgenden Modelle. Deshalb besitzen Objektive ab 1968 zwei Steuernocken, die ab 1976 deren drei, ausgenommen die Objektive, bei denen nur der dritte Steuernocken erforderlich ist. Der Service des Umbaus älterer Objektive auf zwei oder drei Steuernocken ist immer geboten worden. Ein wichtiges Merkmal aller Leica Reflexobjektive ist die Tatsache, daß die Fassungen so konstruiert sind, daß die Kupplungselemente nicht über die Hinterlinse hinausragen und deshalb optimal geschützt sind.

Alle Leica Spiegelreflexobjektive besitzen, sofern nicht anders angegeben, eine schwarze, nicht-rotierende Fassung mit kombinierter Meter/Feet-Skala und eine vollautomatische Springblende mit halben und vollen Raststufen. Die Gegenlichtblenden waren bei den früheren Objektiven generell mit einer Bajonettverriegelung über zwei Stifte in der vorderen Objektivfassung befestigt. Wo möglich wurden bei Neurechnungen eingebaute, herausziehbare Gegenlichtblenden eingeführt. E55-Filter wurden weitgehend zum Standard, Serienfilter innerhalb der Gegenlichtblende sind bei den meisten Objektiven die Alternative.

Super Elmar-R 3,5/15 mm

1980–derzeit aktuelles Objektiv

Kürzeste Entfernungseinstellung: 16 cm
Kleinste Blende: 22

Filtergröße: eingebaute Filter
Gewicht: 815 g

Das Objektiv ist kein Fischauge, es erzeugt ein sehr gut korrigiertes rechteckiges Bild. Es wird von Zeiss nach Leica-Vorgaben hergestellt und basiert auf dem 15 mm-Distagon. Es ist von sehr komplexem, 13-linsigen Aufbau und enthält verschiebbare Linsengruppen (floating elements). Durch die stark gekrümmte Frontlinse können keine Filter vor dieses Objektiv gesetzt werden. Dieses Problem hat man durch ein eingebautes Filterrad mit vier Filtern gelöst. Es handelt sich dabei um Gelb-, Orange-, Blau- und UV-Filter, die zum Gebrauch in den Strahlengang geschwenkt werden. Es kann an allen Leica-Reflexkameras ab SL2 verwendet werden; nicht zu verwenden ist es an früheren Modellen aufgrund ihrer unterschiedlichen Spiegelfunktion. Die geschwungenen Vorbauten dienen zum Schutz der Frontlinse.

Katalognummer
11213 – Super Elmar-R 3,5/15 mm

Produktionszahlen

Daten nicht verfügbar

Fisheye Elmarit-R 2,8/16 mm

1974– derzeit aktuelles Objektiv

Kürzeste Entfernungseinstellung: 30 cm
Kleinste Blende: 16
Filtergröße: eingebaute Filter
Gewicht: 470 g

Das einzige Fisheye-Objektiv in der Leica-Palette ist das Ergebnis der Zusammenarbeit mit Minolta. Die Linsen stammen von Minolta, die Fassung von Leica. Der Bildwinkel beträgt 180° und liefert ein vollformatiges Bild mit der für ein Fisheye typischen Verzeichnung.Die optische Konstruktion besteht aus elf Linsen in acht Gruppen. Es kann an jeder Leica Spiegelreflexkamera von der SL2 an aufwärts verwendet werden.

Katalognummer
11222 – Fisheye Elmarit-R 2,8/16 mm

Produktionszahlen

Daten nicht verfügbar

Elmarit-R 2,8/19 mm

1975–1990 Erste Version
1991– Zweite Version, heutige Ausführung

Kürzeste Entfernungseinstellung: 30 cm
Kleinste Blende: 16, 22 bei der zweiten Version
Filtergröße: 82 mm, eingebaute Filter bei der zweiten Version
Gewicht: 500 g

Ein Steuernocken für die erste Leicaflex

Zwei Steuernocken für alle Leicaflex-Modelle

Drei Steuernocken für SLR ab Leica R3 und alle Leicaflex-Modelle

Ein Steuernocken nur für Leica R-Kameras

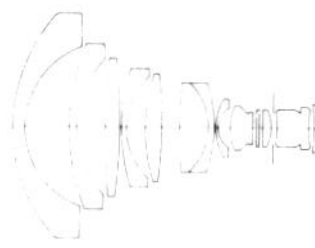

Super-Elmar-R 3,5/15 mm

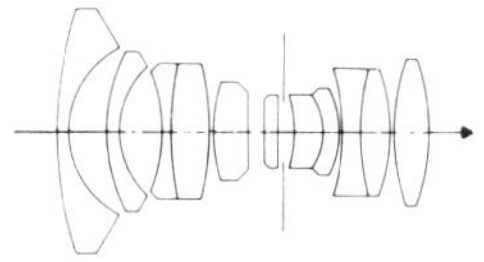

Fisheye-Elmarit-R 2,8/16 mm

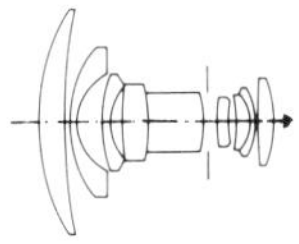

Elmarit-R 2,8/19mm, erste Version

Erste Version: Konstruiert und hergestellt in Kanada, zeigte dieses Objektiv schon zu seiner damaligen Zeit eine bemerkenswerte Abbildungsleistung und wurde als Meisterwerk angesehen. Es bestand aus neun Linsen in sieben Gruppen in Retrofokus-Bauweise. Das Objektiv wurde zusammen mit einer schmalen, rechteckigen Gegenlichtblende geliefert, die auch für die Befestigung von Filtern bestimmt war. Es war an allen Leica-Spiegelreflexkameras verwendbar.

Zweite Version: Das Objektiv wurde neu gerechnet und ist jetzt kompakter, obwohl Gesamtlänge und Gewicht unverändert blieben. Es besteht aus zwölf Linsen in zehn Gruppen. Nur die hintere Linsengruppe bewegt sich bei der Scharfeinstellung. Die Filter befinden sich jetzt in einem integrierten Filterrevolver.

Katalognummern

11225 – Elmarit-R 2,8/19 mm, erste Version mit Gegenlichtblende

11258 – Elmarit-R 2,8/19 mm, zweite Version

Produktionszahlen

Daten nicht verfügbar

Super-Angulon 3,4/21 mm

1964–1968

Kürzeste Entfernungseinstellung: 20 cm
Kleinste Blende: 22
Filtergröße: Serie VIII
Gewicht: 230 g

Dieses Objektiv war eines der sechs, die mit der ersten Leicaflex vorgestellt wurden.. Da die Fassung so weit in das Gehäuse ragte, mußte der Spiegel vor dem Einsetzen hochgeklappt werden (bei der Leicaflex noch möglich). Aus diesem Grund wurde der gleiche 21 mm-Sucher 12002 wie bei den M-Kameras benötigt. Es war eine symmetrische Konstruktion aus acht Linsen mit einem verkitteten Triplet auf jeder Seite der Blende. Das Objektiv konnte über den Adapterring 22228 auch an M-Kameras verwendet werden.

Katalognummern

11803 – Super-Angulon 3,4/21 mm mit Gegenlichtblende

12511 – Ersatz-Gegenlichtblende

Produktionszahlen

Daten nicht verfügbar

Super-Angulon R 4,0/21 mm

1968–derzeit aktuelles Objektiv

Kürzeste Entfernungseinstellung: 20 cm
Kleinste Blende: 22
Filtergröße: Serie 8,5
Gewicht: 410 g

Das neue Super-Angulon ist eine Retrofokus-Konstruktion mit zehn Linsen in acht Gruppen und erlaubt im Gegensatz zum früheren Objektiv die Scharfeinstellung und die TTL-Belichtungsmessung. Es paßt an alle Leica R-Modelle, die Leicaflex SL und die SL2.

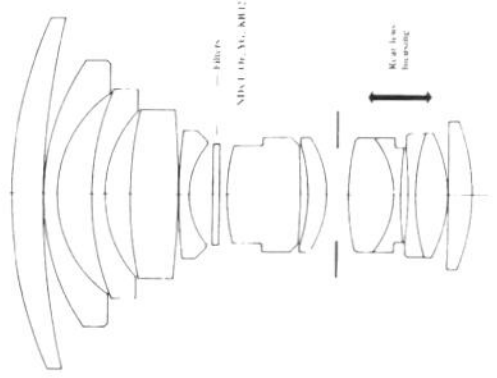

Elmarit-R 2,8/19mm, aktuelle Version

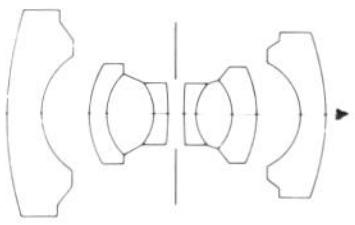

Super-Angulon 3,4/21 mm

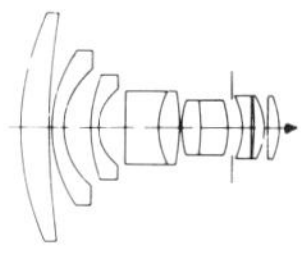

Super-Angulon 4,0/21 mm

Elmarit-R 2,8/28 mm

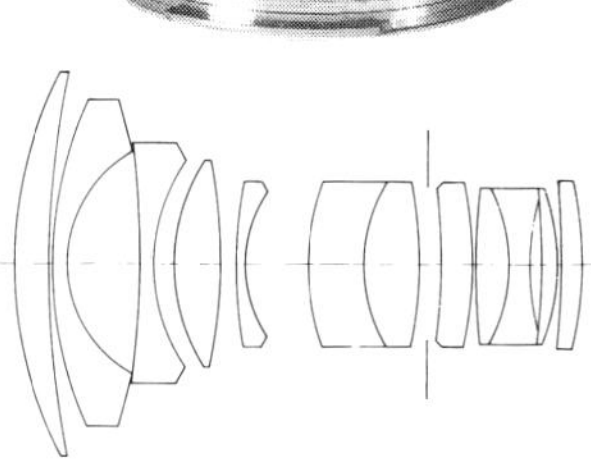

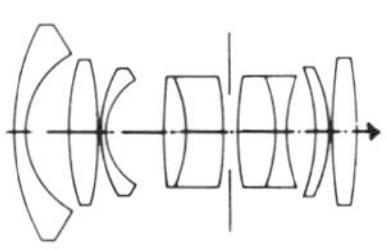

Elmarit-R 2,8/24 mm

PC-Super-Angulon-R
2,8/28 mm

Katalognummer
11813 – Super-Angulon R 4,0/21 mm

12506 – Ersatz-Gegenlichtblende

Produktionszahlen

Daten nicht verfügbar

Elmarit-R 2,8/24 mm

1974– derzeit aktuelles Objektiv

Kürzeste Entfernungseinstellung: 30 cm
Kleinste Blende: 22
Filtergröße: Serie VIII
Gewicht: 420 g

Dieses in Zusammenarbeit mit Minolta entstandene Objektiv verfügt über Floating Elements und besteht aus neun Linsen. Die Linsen kommen von Minolta und werden in Deutschland montiert. Das Objektiv wird komplett mit Gegenlichtblende geliefert, diese besitzt seitlich ein Daumenrad zum Drehen eines Polarisationsfilters.

Katalognummern
11221 – Elmarit-R 2,8/24 mm mit Gegenlichtblende

12523 – Ersatz-Gegenlichtblende

Produktionszahlen

Daten nicht verfügbar

Elmarit-R 2,8/28 mm

1970– derzeit aktuelles Objektiv

Kürzeste Entfernungseinstellung: 30 cm
Kleinste Blende: 22
Filtergröße: Serie VII
Gewicht: 275 g

Trotz seines komplexen Aufbaus aus acht Linsen, von denen keine verkittet sind, ein sehr kompaktes Objektiv. Die Objektivfassung ist unverändert geblieben, doch ab 1987 wurde nur noch die dritte Steuernocke angebracht, so daß eine Verwendung nur an Leica R-Kameras möglich ist.

Varianten
- Das Objektiv gab es 1978 für kurze Zeit in Khaki-Ausführung passend zur "Safari"-Leica R3.

Katalognummern
11204 – Elmarit-R 2,8/28 mm in schwarz mit Gegenlichtblende

11206 – dto. in Khaki-Ausführung
11247 – Elmarit-R 2,8/28 mm, nur für Leica R-Kameras

Produktionszahlen

Daten nicht verfügbar

PC Super-Angulon R 2,8/28 mm

1988– derzeit aktuelles Objektiv

Kürzeste Entfernungseinstellung: 30 cm
Kleinste Blende: 22
Filtergröße: siehe unten
Gewicht: 565 g

Ein Weitwinkelobjektiv mit Perspektiv-Korrektur bei einem deutlich größeren Bildwinkel als das untenstehende 35 mm Shift-Objektiv. Der Bildkreis beträgt 62 mm im Durchmesser, was eine maximale Verschiebung von 11 mm horizontal und 9,5 mm vertikal aus der optischen Achse erlaubt. Die Verschiebung erfolgt über eine Schwalbenschwanzführung an der Objektivbasis mit Hilfe eines Feintriebs. Eine Millimeterskala zeigt den Verstellweg an. Diese Schneider-Konstruktion besteht aus elf Linsen in zehn Gruppen und arbeitet mit Floating Elements. Die Gegenlichtblende dient gleichzeitig als 67 EW Superweitwinkel-Filterhalter.

Katalognummer
11812 – PC Super-Angulon R 2,8/28 mm

Produktionszahlen

Daten nicht verfügbar

PA Curtagon-R 4,0/35 mm

1969– derzeit aktuelles Objektiv

Kürzeste Entfernungseinstellung: 30 cm
Kleinste Blende: 22
Filtergröße: Serie VIII
Gewicht: 290 g

Dieses Schneider-Objektiv war das erste Shiftobjektiv zur Leica. Der Bildkreis mißt 57 mm im Durchmesser, die Verschiebung aus der optischen Achse kann maximal 7 mm betragen. Diese erfolgt hier durch einen verchromten, eingekerbten Drehring. Das Objektiv ist drehbar, so daß die Verschiebung in jede Richtung gebracht werden kann. Die Konstruktion besteht aus sieben Linsen in Retrofokus-Bauweise. Die Fassung ist aus glänzendem Kunststoff gefertigt und weicht dadurch von allen anderen Leica-Objektiven ab.

Katalognummer
11202 – PA-Curtagon R 4,0/35 mm mit Gegenlichtblende

Produktionszahlen

Daten nicht verfügbar

Elmarit-R 2,8/35 mm

1964–1974 Erste Version

1974–1979 Zweite Version
1979– Dritte Version, derzeit aktuelles Objektiv

Kürzeste Entfernungseinstellung: 30 cm
Kleinste Blende: 22
Filtergröße: Serie VI; Serie VII bei der zweiten Version, E55 bei der dritten Version
Gewicht: 290 g

Eines der Objektive, das zusammen mit der ersten Leicaflex vorgestellt wurde. Es eine Retrofokus-Konstruktion mit sieben Linsen in fünf Gruppen. Die Fassung drehte sich während des Fokussierens. Das Objektiv wurde 1974 neu gerechnet und wies sieben Linsen in sechs Gruppen auf. Auch die Fassung wurde überarbeitet, sie drehte sich während des Fokussierens nicht mehr mit. 1976 erhielt das Objektiv drei Steuernocken. 1979 wurde das Objektiv ein weiteres Mal neu gerechnet.

Varianten

❍ 200 der ersten Objektive von 1964 hatten eine satinierte Oberflächenverchromung.

Katalognummern

11101 – Elmarit 2,8/35 mm mit Gegenlichtblende, erste Version

11201 – dto., zweite Version

11251 – Elmarit-R 2,8/35 mm, derzeit aktuelle Version

Produktionszahlen

Daten nicht verfügbar

Summicron-R 2,0/35 mm

1972–1976 Erste Version
1976– Zweite Version, derzeit aktuelles Objektiv

Kürzeste Entfernungseinstellung: 30 cm
Kleinste Blende: 16
Filtergröße: Serie VII; E55 bei der zweiten Version
Gewicht: 525 g; 422 g bei der zweiten Version

Eine sehr komplexe Retrofokus-Konstruktion mit neun Linsen in sieben Gruppen. Die Gegenlichtblende hat die für diese Zeit übliche Bajonetthalterung. Die zweite Version war eine völlige Neurechnung mit nur noch sieben Linsen, sämtlich freistehend, eine davon sehr dick. Die Gegenlichtblende ist eingebaut.

Katalognummern

11227 – Summicron-R 2,0/35 mm mit Gegenlichtblende, erste Version

11115 – Summicron-R 2,0/35 mm

Produktionszahlen

Daten nicht verfügbar

Summilux-R 1,4/35 mm

1984– derzeit aktuelles Objektiv
Kürzeste Entfernungseinstellung: 0,5 m

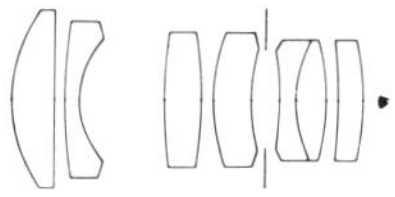

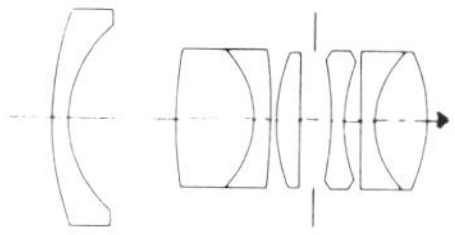

Elmarit-R 2,8/35 mm, erste Version. Ebenfalls eines der ersten Objektive in verchromter Fassung

PA Curtagon-R 4,0/35 mm

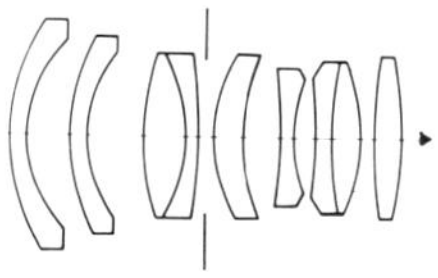

Summicron-R 2,0/35 mm, erste Version, ebenfalls sehr ungewöhnliche Fassung

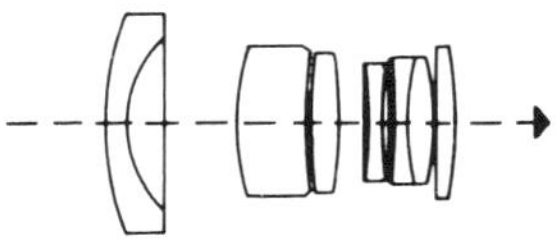

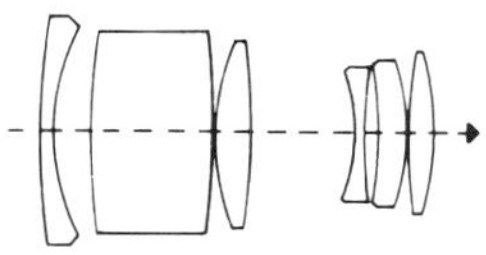

Summicron-R 2,0/35 mm, aktuelle Version

Elmarit-R 2,8/35 mm, aktuelle Version

Kleinste Blende: 16
Filtergröße: E67
Gewicht: 660 g

Es ist das lichtstärkste Weitwinkelobjektiv im Leica R-System und schloß eine große Lücke, als es 1984 vorgestellt wurde. Das Objektiv war eine völlig Neukonstruktion mit Floating Elements und bestand aus zehn Linsen in neun Gruppen. Die verschiebbaren Linsen sorgen für gute Bildfeldebnung im Nahbereich. Wie bei allen modernen lichtstarken Leica-Objektive wurde der Kontraststeigerung große Bedeutung beigemessen, selbst Lichtquellen innerhalb des Bildausschnitts verursachen kein Streulicht. Das Objektiv kann an allen Leica R-Kameras und der SL2 verwendet werden, nicht jedoch an der ersten Leicaflex.

Katalognummer
11143 – Summilux-R 1,4/35 mm

Produktionszahlen

Daten nicht verfügbar

Summicron-R 2,0/50 mm

1964–1976 Erste Version
1976– Zweite Version, derzeit aktuelles Objektiv

Kürzeste Entfernungseinstellung: 0,5 m
Kleinste Blende: 16
Filtergröße: Serie VI; E55 bei der zweiten Version
Gewicht: 340 g; 250 g bei der zweiten Version

Das erste Standardobjektiv zur Leicaflex hatte große Familienähnlichkeit mit dem entsprechenden M-Objektiv, war aber von anderem Aufbau mit sechs Linsen. Die ersten Leicaflex-Zubehörteile für Nahaufnahmen wurden für dieses Objektiv hergestellt. Es waren die ersten Elpro-Vorsatzlinsen VIa und VIb und der Zwischenringsatz. Diese Vorsatzlinsen hießen anfangs "Macrotar", doch da dies eine Paillard-Bezeichnung war, wurde sie von Leitz in Elpro geändert. Die zweite Steuernocke kam 1968 hinzu. In der zweiten Version besaß dieses Objektiv drei Steuernocken oder in einer preisgünstigeren Ausführung nur den dritten Steuernocken. Die Version mit drei Steuernocken wurde 1984 aus dem Katalog gestrichen. Es war eine neue optische Konstruktion mit sechs Linsen, zwei davon verkittet.

Varianten
- Eine kleine Zahl von Objektiven mit verchromter Fassung ohne Bezeichnung, einige ohne Seriennummer, wurden zum Prototyp der Leicaflex ohne Modellbezeichnung hergestellt.
- 200 aus der ersten Serie von der ersten Version hatten eine satiniert verchromte Oberfläche.
- Etwa 1000 von der zweiten Version wurden in Khaki-Ausführung für die Safari-Leica R3 hergestellt.

Katalognummern
11218 – Summicron 2,0/50 mm mit einer Steuernocke und Gegenlichtblende
11228 – dto. mit zwei Steuernocken
12564 – Ersatz-Gegenlichtblende
11215 – Summicron-R 2,0/50 mm mit drei Steuernocken
11216 – Summicron-R 2,0/50 mm nur mit der dritten Steuernocke
11217 – dto. in Safariausführung

Produktionszahlen

Daten nicht verfügbar

Summilux-R 1,4/50 mm

1969–1978 Erste Version
1978– Zweite Version, derzeit aktuelles Objektiv

Kürzeste Entfernungseinstellung: 0,5 m
Kleinste Blende: 16
Filtergröße: Serie VII oder E48; E55 bei der zweiten Version
Gewicht: 460 g; 395 g bei der zweiten Version

Erste Version: Das erste lichtstarke Objektiv zur Leicaflex war ein modifizierter doppelter Gauss-Typ, jedoch anders aufgebaut als das M-Pendant. Es hatte sieben Linsen, zwei davon verkittet. Die Gegenlichtblende war separat und wurde in dem Frontbajonett mit zwei Stiften befestigt.

Zweite Version: Die Fassung wurde 1978 völlig neu gestaltet und in die kompakte, leichte Form gebracht, die Leica für die Reflex-Serie zum Standard machte. Optisch blieb das Objektiv unverändert.

Varianten

- Einige Objektive der ersten Version gab es in Khakiausführung passend zur Safari-Leica R3.
- Eine größe Zahl von Objektiven der zweiten Version gab es ebenfalls in Khakiausführung.
- Etwa 1000 Objektive der zweiten Version wurden in vergoldeter Ausführung passend zu den anläßlich Barnacks 100jährigem Geburtstag aufgelegten Kameras hergestellt.

Produktionszahlen

Daten nicht verfügbar

Macro-Elmarit R 2,8/60 mm

1972–1980 Erste Version
1980– Zweite Version, derzeit aktuelles Objektiv

Kürzeste Entfernungseinstellung: 27 cm
Kleinste Blende: 22
Filtergröße: Serie VIII; E55 bei der zweiten Version
Gewicht: 375 g

Erste Version: Dieses Objektiv eröffnete auch als Standardobjektiv völlig neue Möglichkeiten. Die Fähigkeit, serienmäßig bis 1:2 zu fokussieren machte es wesentlich vielseitiger als ein normales 50 mm-Objektiv. Es war eine echte Makrokonstruktion, denn es wurde in seiner optischen Berechnung für den Nahbereich optimiert. Abgeblendet auf 5,6 war es im Unendlich-Bereich jedoch durchaus anderen R-Objektiven ebenbürtig. Es bestand aus sechs Linsen mit einem verkitteten Paar. Die Frontlinse war weit in der Fassung versenkt, so daß diese eine Art Gegenlichtblende bildete. Ein Adapter in Form eines Zwischenrings war ebenfalls erhältlich, um Abbildungsmaßstab 1:1 zu erreichen. Der Adapter erhielt die volle Blendenautomatik aufrecht, ein Verriegelungssystem sorgte für eine korrekte Verbindung. Eine Manschette am Adapter deckte die Blendenskala am Objektiv ab, die Blende wurde an der Skala des Adapters eingestellt. Frühe Objektive besaßen zwei Steuernocken, die dritte Nocke kam 1976 hinzu.

Zweite Version: Während der optische Aufbau unverändert blieb, wurde das Objektiv 1980 durch eine neue Fassung stark verbessert. Das Objektiv hatte nur E55-Filtergewinde, wichtiger war jedoch, daß der Adapter durch den Macro-Adapter R ersetzt wurde. Er liefert immer noch Abbildungsmaßstab 1:1 mit dem Macro-Elmarit R und kann auch an anderen R-Objektiven mit Blendenautomatik verwendet werden. Das gilt jedoch nur für R-Kameras, nicht mit Leicaflex-Modellen.

Summilux-R 1,4/35mm

Summicron-R
2,0/50mm, erste Version

Summicron-R 2,0/50mm,
aktuelle Version

Summilux-R 1,4/50mm, erste Version links,
aktuelle Version rechts

Macro-Elmarit-R 2,8/60mm, erste Version mit
angesetztem Makro-Adapter

Makro-Adapter für die erste Version des Makro-Elmarit R 60 mm

Macro-Elmarit-R 2,8/60 mm, aktuelle Version

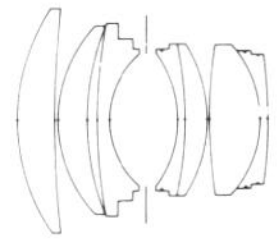

Summilux-R 1,4/80 mm

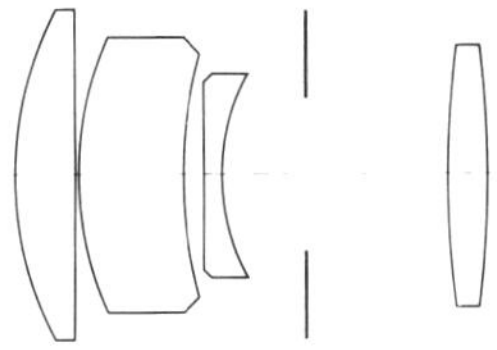

Elmarit-R 2,8/90 mm, aktuelle Version

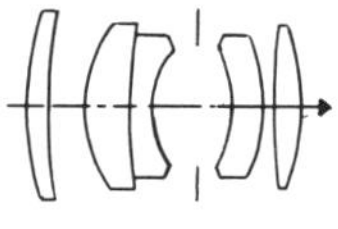

Elmarit-R 2,8/90 mm, erste Version

Summicron-R 2,0/90 mm

Katalognummern
11205 – Macro-Elmarit R 2,8/60 mm, erste Version
14198 – 1:1-Adapter
11203 – Objektiv und Adapter komplett
12514 – Gegenlichtblende, erforderlich zur Filterbefestigung
11212 – Macro-Elmarit R 2,8/60 mm, zweite Version
11253 – dto., nur mit drittem Steuernocken

Produktionszahlen

Daten nicht verfügbar

Summilux-R 1,4/80 mm

1980– derzeit aktuelles Objektiv

Kürzeste Entfernungseinstellung: 0,8 m
Kleinste Blende: 16
Filtergröße: E67 oder Serie VIII
Gewicht: 670 g

Dieses extrem lichtstarke Objektiv von mittlerer Brennweite ist sehr kompakt. Die optische Konstruktion besteht aus sieben Linsen mit vier von ihnen als zwei verkittete vor der Blende. Der Fokussierring besteht aus Hartgummi, eine ausziehbare Gegenlichtblende ist eingebaut. Es wurde anfangs mit drei Steuernocken ausgestattet, nach 1984 wurde jedoch nur noch der dritte Nocken angebracht.

Katalognummer
11880 – Summilux-R 1,4/80 mm mit drei Steuernocken
11881 – dto., nur mit drittem Steuernocken

Produktionszahlen

Daten nicht verfügbar

Elmarit-R 2,8/90 mm

1964–1983 Erste Version
1984– Zweite Version, derzeit aktuelles Objektiv

Kürzeste Entfernungseinstellung: 0,7 m
Kleinste Blende: 22
Filtergröße: E55; frühe Ausführungen der ersten Version Serie VII
Gewicht: 515 g; 475 g bei der zweiten Version

Eines der ersten Objektive zur ersten Leicaflex. Es war eine Variante des doppelten Gauss-Typs und völlig anders aufgebaut als die zeitgleich hergestellten M-Objektive. Es hatte fünf Linsen mit einem verkitteten Paar vor der Blende. Eine zweite Steuernocke wurde 1968 für die Leicaflex SL hinzugefügt, eine dritte für die R3 1976. Die Gegenlichtblende war eingebaut und ausziehbar. Neue Glassorten und Computerberechnung ermöglichten 1983 eine völlig Neurechnung. Es besteht jetzt aus nur noch vier Linsen in sehr kompakter Fassung. Mit Elpro Nr. 3 läßt sich ein Abbildungsmaßstab von 1:3 erzielen, mit dem Macro-Adapter R 1:2.

Katalognummern
11229 – Elmarit-R 2,8/90 mm, erste Version mit einer Steuernocke
11239 – dto. mit zwei, später drei Steuernocken
11806 – Elmarit-R 2,8/90 mm, zweite Version
11154 – dto., nur noch mit dritte Steuernocke, derzeit aktuelle Version

Produktionszahlen

Daten nicht verfügbar

Summicron-R 2,0/90 mm

1969– derzeit aktuelles Objektiv

Kürzeste Entfernungseinstellung: 0,7 m
Kleinste Blende: 16
Filtergröße: E55
Gewicht: 560 g

Dieses Summicron ist eine Telekonstruktion, was eine sehr kurze Bauweise zur Folge hat. Bei seiner Vorstellung setzte es den Maßstab für alle weiteren R-Objektive, was kompakte Abmessungen und die integrierte, herausziehbare Gegenlichtblende betrifft. Es ist eine fünflinsige Konstruktion mit vier Linsen vor der Blende, die beiden mittleren bilden ein sehr dickes verkittetes Paar. Anfangs nahm das Objektiv Filter der Serie VII auf, 1978 wurde dies jedoch auf das Gewinde E55 geändert. Frühe Objektive besaßen zwei Steuernocken.

Katalognummern
11219 – Summicron 2,0/90 mm mit zwei, später drei Steuernocken
11254 – dto., nur noch mit dritter Nocke, aktuelles Objektiv

Produktionszahlen

Daten nicht verfügbar

Macro-Elmar R 4,0/100 mm

1968– derzeit aktuelles Objektiv

Kürzeste Entfernungseinstellung: 60 cm
Kleinste Blende: 22
Filtergröße: E55
Gewicht: 540 g

Ein verkittetes Paar bildet die Frontlinse, dann kommt das negative Element und die vierte, eine positive Linse, befindet sich hinter der Blende. Das Objektiv ist in zwei Ausführungen lieferbar: mit Einstellfassung, deren Daten oben aufgeführt sind sowie in kurzer feststehender Fassung für die Verwendung am Universal-Balgengerät R. Die Ausführung in Einstellfassung folgte 1978 und ermöglichte einen Abbildungsmaßstab von etwa 1:3 aus 60 cm Entfernung und 1:1,6 mit dem Nahaufnahme-Adapter. Dieser wurde später durch den Macro-Adapter R ersetzt. Die Filtergröße war anfangs Serie VII, später geändert auf E55.

Katalognummern
11230 – Macro-Elmar 4,0/100 mm, Objektivkopf einzeln
11232 (1978) – Macro-Elmar R 4,0/100 mm in Einstellfassung
14262 – Nahaufnahme-Adapter
11234 – Objektiv komplett mit Nahaufnahme-Adapter
14256 – Macro-Adapter R

Produktionszahlen

Daten nicht verfügbar

Apo-Macro-Elmarit R 2,8/100 mm

1988– derzeit aktuelles Objektiv

Kürzeste Entfernungseinstellung: 45 cm
Kleinste Blende: 22
Filtergröße: E60
Gewicht: 840 g

Dieses Objektiv bietet apochromatische Korrektur für 100 mm Brennweite und deckt gleichzeitig den Makrobereich ab. Die optische Konstruktion ist komplex mit acht Linsen in sechs Gruppen, so daß man fast von zwei getrennten Objektiven sprechen kann. Die vorderen sechs Linsen bilden einen typischen unsymmetrischen doppelten Gauss-Typ, sie verschieben sich während des Fokussierens. Die hinteren beiden Linsen sind feststehend. Der spezielle Elpro-Nahvorsatz, der für dieses Objektiv angeboten wird, erweitert die Naheinstellung bei hervorragender Leistung bis 1:1. Bei diesen handelten es sich um ein Triplet mit zwei positiven Linsen auf jeder Seite der negativen Linse. Die Verwendung von Zwischenringen wie etwa des Macro-Adapters R oder des 2x-Extenders ist nicht zu empfehlen, da die Abbildungsleistung dadurch beeinträchtigt wird. Die Objektivfassung ist vom modernen Leica-Design mit eingebauter Gegenlichtblende. Der Stativadapter SRA 1 wurde speziell für dieses Objektiv entwickelt, kann jedoch auch zur Befestigung anderer Objektive am Stativ verwendet werden.

Katalognummern
11210 – Apo-Makro-Elmarit R 2,8/100 mm
16545 – Elpro 1:1-1:1 Nahvorsatz mit Gegenlichtblende, vorderem und hinteren Schutzdeckel
12528 – Ersatz-Gegenlichtblende für 16545
14290 – Ersatzdeckel vorn für 16545
14251 – Ersatzdeckel hinten für 16545
14636 – Stativadapter STA 1

Produktionszahlen

Daten nicht verfügbar

Elmarit-R 2,8/135 mm

1964–1968 Erste Version
1968– Zweite Version, derzeit aktuelles Objektiv

Kürzeste Entfernungseinstellung: 1,5 m
Kleinste Blende: 22
Filtergröße: Serie VII; E55 ab Nr. 2.772.619
Gewicht: 655 g, 730 g bei der zweiten Version

Es war die längste Brennweite, die mit der ersten Leicaflex vorgestellt wurde. Es besaß selbstverständlich nur eine Steuernocke, viele sind jedoch seitdem auf zwei oder drei Nocken umgebaut worden. Es war eine echte Telekonstruktion mit fünf Linsen, vier davon vor der Blende, die beiden inneren bildeten ein sehr dickes verkittetes Paar. Die hintere Linse besitzt eine konkave Oberfläche, damit läßt es sich leicht von der zweiten Version mit konvexer Hinterlinse unterscheiden. Das Objektiv wurde optisch neugerechnet, blieb jedoch in der gleichen Fassung. Viele der frühen Objektive dürften seitdem auf drei Nocken umgebaut worden sein. Die Neurechnung besteht noch immer aus fünf Linsen, doch bilden die Linsen zwei und drei ein noch dickeres verkittetes Paar, was zu einem höheren Gewicht führte.

Katalognummern
11111 – Elmarit-R 2,8/135 mm, erste Version
11211 – Elmarit-R 2,8/135 mm, zweite Version

Macro-Elmar-R 4,0/100 mm, in Fassung ohne Fokussiereinrichtung für Universal-Balgengerät R

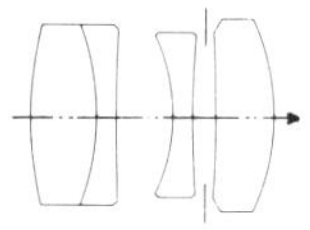

Macro-Elmar-R 4,0/100 mm, in Einstellfassung und mit speziellem Nahaufnahme-Adapter, später ersetzt durch den Makro-Adapter R

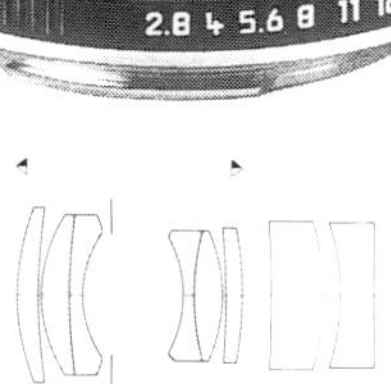

Apo-Makro-Elmarit-R 2,8/100 mm

Elpro 1:2-1:1 für Apo-Makro Elmarit R 100 mm

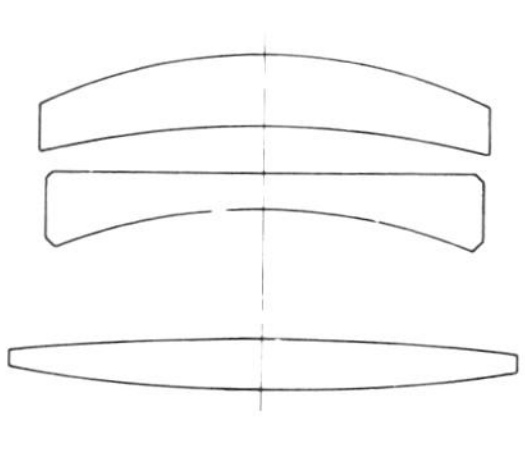

Produktionszahlen

Daten nicht verfügbar

Elmar-R 4,0/180 mm

1976– derzeit aktuelles Objektiv

Kürzeste Entfernungseinstellung: 1,8 m
Kleinste Blende: 22
Filtergröße: E55
Gewicht: 540 g

Dies ist das kompakte, leichte Objektiv aus dem 180 mm-Trio. Es ist eine Telekonstruktion aus fünf Linsen, von denen das vordere Paar verkittet ist. Die Gegenlichtblende war eingebaut und ausziehbar.

Varianten

- Eine khakifarbene Ausführung wurde passend zur Safari-Leica R3 angeboten.

Katalognummern

11922 – Elmar-R 4,0/180 mm in schwarz

11924 – dto. in khaki

Produktionszahlen

Daten nicht verfügbar

Apo-Telyt R 3,4/180 mm

1975– derzeit aktuelles Objektiv

Kürzeste Entfernungseinstellung: 2,5 m
Kleinste Blende: 22
Filtergröße: Serie 7,5, später E60
Gewicht: 750 g

Es war das erste apochromatisch korrigierte Objektiv innerhalb des Leica-Systems. Wie alle späteren Apo-Objektive zur Leica erreicht es seine außergewöhnliche Leistung durch speziell entwickeltes Glas und nicht durch kristalline Materialien mit ihren typischen Nachteilen, wie sie bei anderen Herstellern zu finden sind. Es ist eine Telekonstruktion mit sieben Linsen, von denen sechs zu verkitteten Paaren zusammengefaßt sind. Die Filtergröße wurde etwa 1980 von Serie 7,5 auf E60 geändert.

Katalognummern

11240 – Apo-Telyt R 3,4/180 mm Serie 7,5-Filteranschluß

11242 – dto. mit E60-Filtergewinde

Produktionszahlen

Daten nicht verfügbar

Elmarit-R 2,8/180 mm

1968–1979 Erste Version
1980– Zweite Version, derzeit aktuelles Objektiv

Elmarit-R 135 mm

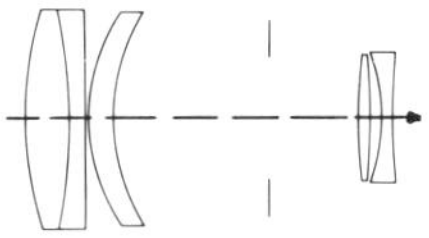

Elmar-R 4,0/180 mm

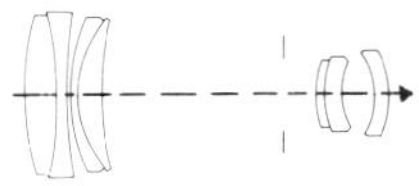

Apo-Telyt-R 3,4/180 mm

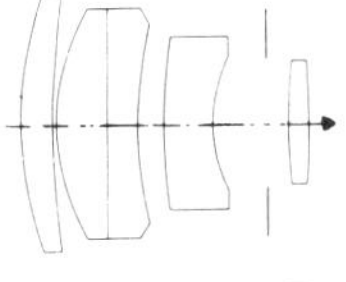

Elmarit-R 2,8/180 mm
erste Version

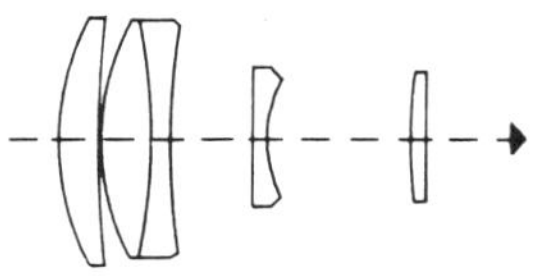

Elmarit-R 2,8/180 mm,
aktuelle Version

Kürzeste Entfernungseinstellung: 2 m
Kleinste Blende: 16
Filtergröße: Serie VIII; E67 bei der zweiten Version
Gewicht: 1325 g, 755 g bei der zweiten Version

Erste Version: Als das Objektiv zusammen mit der Leicaflex SL 1968 vorgestellt wurde, war es eines der lichtstärksten Objektive dieser Brennweite. Es war eine fünflinsige Telekonstruktion mit einem verkitteten Linsenpaar. Das Objektiv war sehr schwer. Es hatte anfangs zwei Steuernocken, der dritte Nocken wurde für die R3 ergänzt.

Zweite Version: Die neue optische Konstruktion war grundsätzlich vom gleichen Aufbau wie in der ersten Version, doch die Schnittzeichnung zeigt, daß es bei den einzelnen Linsen viele Detailunterschiede gibt. Die Fassung ist schlanker, und das ganze Objektiv wiegt mehr als ein Pfund weniger.

Katalognummern
11919 – Elmarit-R 2,8/180 mm, erste Version
11923 – Elmarit-R 2,8/180 mm, zweite Version

Produktionszahlen

Daten nicht verfügbar

Telyt-R 4,0/250 mm

1970–1979 Erste Version
1980– Zweite Version, derzeit aktuelles Objektiv

Kürzeste Entfernungseinstellung: 4,5 m, 1,7 m bei der zweiten Version
Kleinste Blende: 22
Filtergröße: Serie VIII, E67 bei der zweiten Version
Gewicht: 1,41 kg; 1,23 kg bei der zweiten Version

Telekonstruktion mit sechs Linsen, zwei davon verkittet. Bei Objektiven ab 1976 war die kürzeste Entfernungseinstellung auf 4 m reduziert. Eingebaute Gegenlichtblende. Die dritte Steuernocke wurde etwa 1976 mit der Leica R3 ergänzt. Das Objektiv wurde in der zweiten Version 1980 neu gerechnet und besteht jetzt aus sieben Linsen, zwei davon verkittet, ist aber trotzdem leichter geworden. Die serienmäßige Stativhalterung versehen kann für den Wechsel zwischen Hoch- und Querformat um 90° gedreht werden.

Katalognummern
11920 – Telyt-R 4,0/250 mm, erste Version
11925 – Telyt-R 4,0/250 mm, zweite Version

Produktionszahlen

Daten nicht verfügbar

Apo-Telyt R 2,8/280 mm

1984– derzeit aktuelles Objektiv

Kürzeste Entfernungseinstellung: 2,5 m
Kleinste Blende: 22
Filtergröße: E112, später Serie 5,5
Gewicht: 2750 g

Telyt-R 4,0/250 mm, erste Version

Telyt-R 4,0/250 mm, aktuelle Version

Apo-Telyt 2,8/280 mm

Dieses Objektiv war als Mittelpunkt eines fotografischen Systems konzipiert, vor allem für Sport- und Naturfotografen. Mit dem 2x Apo-Extender-R wird unter Beibehaltung der apochromatischen Korrektur daraus ein 5,6/560 mm, mit dem 1,4x Apo-Extender-R ein 4,0/400 mm. Aus diesem Grund wird das Objektiv in einem Alukoffer geliefert, der zusätzlich ein Kameragehäuse mit angesetztem Motor, einen Extender und ein weiteres kurzes Objektiv aufnimmt. Die Tele-Konstruktion besteht aus acht Linsen, von denen zwei miteinander verkittet sind. Durch die Innenfokussierung bleibt die Baulänge während der Scharfeinstellung konstant, nur einige der hinteren, kleineren Linsengruppen werden bei der Scharfeinstellung verschoben. Die Stativfassung läßt sich um 90° drehen, sie kann in zwei Rastpositionen außerhalb der Nullstellung arretiert werden. Die Frontlinse wird durch ein Planglas geschützt, das nur bei Aufnahmen direkt in eine Lichtquelle abgenommen werden sollte. Das Objektiv wird mit einem Schulterriemen geliefert, der für ausgewogenen Tragekomfort an zwei Ösen befestigt werden kann. 1992 wurde ein Filterschlitz für Serienfilter integriert.

Katalognummern
11245 – Apo-Telyt R 2,8/280 mm

Produktionszahlen

Daten nicht verfügbar

Telyt-R 4,8/350 mm

1980– derzeit aktuelles Objektiv

Kürzeste Entfernungseinstellung: 3 m
Kleinste Blende: 22
Filtergröße: E77
Gewicht: 1820 g

Dieses Objektiv wurde zur gleichen Zeit wie die zweite Version des 250 mm-Telyt vorgestellt. Seine optische Konstruktion hat Ähnlichkeit mit der der kürzeren Brennweite, im Gegensatz zum 250er, bei dem die mittleren positiven und negativen Linsen weit auseinanderliegen, sind sie hier miteinander verkittet. Auch die Fassung ist ähnlich mit einem drehbaren Stativadapter für Hoch- und Querformataufnahmen, eine ausziehbare Gegenlichtblende ist ebenfalls vorhanden.

Katalognummer
11915 – Telyt-R 4,8/350 mm

Produktionszahlen

Daten nicht verfügbar

Apo-Telyt R 2,8/400 mm

1992– derzeit aktuelles Objektiv

Ein Prototyp dieses Objektivs wurde 1990 zur photokina gezeigt, Vorserienmuster wurden von Sport-, Natur- und Modefotografen ausgiebig getestet. Es besitzt eine volle apochromatische Korrektur, selbst bei voller Öffnung, und sie bleibt auch nach Ansetzen des Apo-Extenders R 1,4x erhalten, der ein 4,0/560 mm Apo-Tele daraus macht. Die apochromatische Korrektur erlaubt dem Fotografen, im erweiterten Infrarotbereich bis etwa 1000 nm zu arbeiten. Die Scharfeinstellung erfolgt über eine Innenfokussierung. Eine vorher festgelegte Entfernungseinstellung läßt sich individuell vorwählen, beispielsweise auf das Tor bei Aufnahmen vom Fußballspiel, so daß man einerseits die gesamte Distanz zur Verfügung hat und trotzdem blitzschnell zur vorgewählten Entfernung zurückkehren kann. Die separate Gegenlichtblende kann umgekehrt aufgesetzt werden, um das Objektiv vor Regen zu schützen. Filter lassen sich in einen Filterrevolver einsetzen. Das NDx1-Filter muß eingesetzt sein, wenn kein anderes Filter verwendet wird. Angeboten wird ein spezielles Zirkular-Polfilter, das anstelle des Filterrevolvers eingesetzt wird und beliebig gedreht werden kann.

Katalognummer
11260 – Apo-Telyt R 2,8/400 mm

Produktionszahlen

Dieses Objektiv wurde nur in Vorserienform für Testzwecke hergestellt.

Telyt-R 8,0/500 mm

1980– derzeit aktuelles Objektiv

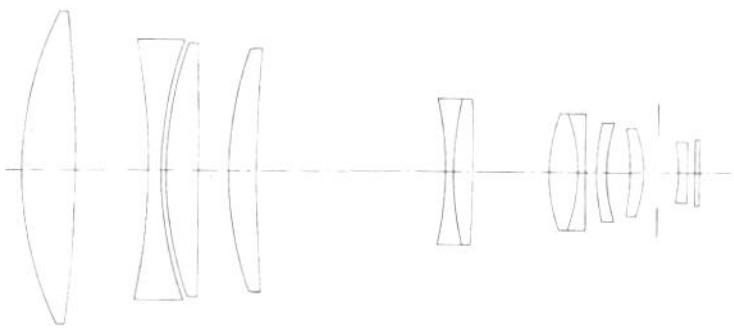

Apo-Telyt-R 2,8/400 mm

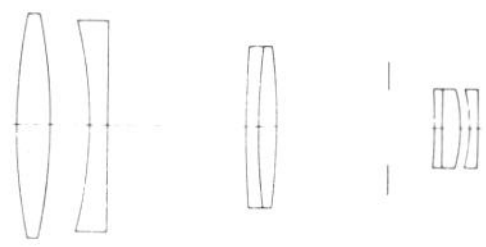

Telyt-R 4,8/350 mm

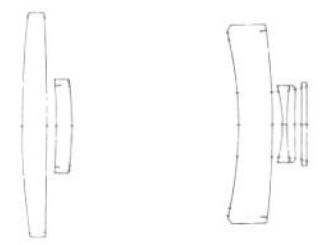

MR-Telyt-R 8,0/500mm

Telyt-R 6,8/400 mm, f/6.8, angesetzt an den Objektiv-
tubus, der bei beiden Objektiven einheitlich ist

Telyt-R 6,8/560 mm, Objektivkopf allein

Kürzeste Entfernungseinstellung: 4 m
Kleinste Blende: 8
Filtergröße: E77 in der Frontfassung
Gewicht: 750 g

Das einzige Spiegelobjektiv im Leica-Programm. Es handelt sich um eine Minolta-Entwicklung, die nach Leica-Spezifikationen mit Leica-Anschluß hergestellt wird. Das Objektiv besteht aus fünf Linsen, von denen zwei auf der Rückseite verspiegelt sind. Der Strahlengang wird zweimal umgelenkt, was trotz der langen Brennweite eine kompakte Bauweise von nur 121 mm Länge zur Folge hat. Es ist unpraktisch, bei einem solchen Objektiv eine Irisblende einzubauen, deshalb wird die Belichtung über Neutraldichtefilter gesteuert. Ein Satz von fünf Spezialfiltern wird dazu angeboten, die in das rückwärtige Bajonett eingesetzt werden. Dazu gehören ein UVa-, ND-, Gelb-, Orange- und Rotfilter. Auch normale E77-Filter lassen sich im vorderen Filtergewinde anbringen. Für einen kurzen Zeitraum um 1972/73 herum führte der Leica Katalog eine Minolta RF-Rokkor 8,0/800 mm mit Leicaflex-Anschluß auf. Es wurde über Minolta Niederlassungen vertrieben.

Katalognummer
11243 – MR-Telyt-R 8,0/500 mm

Produktionszahlen

Daten nicht verfügbar

Telyt-R 5,6/400 mm

Telyt-R 5,6/560 mm

1968–1972

Diese beiden Objektive, die für die Schnellfokussiereinrichtung Televit konzipiert waren, sind bereits im Abschnitt zu den Visoflex-Objektiven in Kapitel 8 beschrieben worden. Der Televit war als Televit-R auch mit einem Leicaflex-Anschluß erhältlich. Er konnte auch mit den Objektivköpfen des Telyt 4,8/280 mm und dem Telyt 5,0/400 mm bestückt werden.

Katalognummern
14154 – Telyt-R 400 mm am Televit-R mit Schulterstütze
14155 – Telyt-R 560 mm am Televit-R mit Schulterstütze
14146 – Televit-R mit Schulterstütze
14138 – Bajonettanschluß für die Objektivköpfe Telyt 4,8/280 mm und 5,0/400 mm

Produktionszahlen

Daten nicht verfügbar

Telyt-R 6,8/400 mm

Telyt-R 6,8/560 mm

1971– derzeit aktuelle Objektive

Kürzeste Entfernungseinstellung: 400 mm – 3,6 m; 560 mm – 6,4 m
Kleinste Blende: 32
Filtergröße: Serie VII im Filterschlitz
Gewicht: 400 mm – 1830 g; 560 mm – 2300 g komplett

Diese beiden Objektive, wie die oben beschriebene 5,6-Ausführung, sind einfache, zweilinsige verkittete Achromate. Das resultiert in einem gewölbten Bildfeld, bei den bevorzugten Einsatzgebieten Natur-, Sport- und Reportagefotografie ist dies jedoch kein großer Nachteil. Die Einstellfassungen arbeiten mit einer Drucktaste, die Fokussierführung an den Objektivköpfen kann in Unendlich-Position verriegelt und durch einen Freigabeknopf entriegelt werden. Der Objektivtubus ist für beide Objektive einheitlich und hat die Blende, den Filterhalter und die Stativbefestigung integriert. An dieser wird auch die Schulterstütze befestigt, die drehbar konstruiert und mit Rastungen für Hoch- und Querformat-Aufnahmen versehen ist. Die Blende ist eine Vorwahlblende, da bei dieser Konstruktion eine Springblende kaum zu realisieren wäre. Außerdem dürfte das Objektiv ohnehin überwiegend bei offener Blende eingesetzt werden. Obwohl etwas lichtschwächer als das vorherige Objektivpaar zum Televit sind die beiden neueren Objektive leichter und einfacher in der Handhabung. Der Universal-Handgriff mit Schulterstütze ließ sich ebenfalls an beiden verwenden. Er wurde 1984 durch eine neue Ausführung ersetzt, die sich auch in ein Tischstativ verwandeln läßt.

Ein 60 mm-Zwischenring war lieferbar, mit dem der Einstellbereich bis auf 2,25 m bei 400 mm Brennweite und 3,96 m bei 560 mm nach unten erweitert werden konnte.

Varianten

- Der Prototyp des 400 mm-Objektivs hatte Lichtstärke 8,0 und eine einfache Schulterstütze ohne Handgriff, die mit einer Stellschraube befestigt wurde.
- Objektive der Vorserie, die zu den Olympischen Spielen 1968 vorgestellt wurden, besaßen nichtabnehmbare Objektivköpfe und eine einfache Schulterstütze ohne Handgriff oder Justiervorrichtung.
- Schulterstützen der frühen Produktion hatten eine einfache aufrechtstehende Schiene, die sich über einen unten angebrachten Winkel als Handgriff verstellen ließ. Ab etwa 1972 war der Handgriff richtig geformt. Ab etwa 1974 war auch eine axiale Verstellung integriert (Lager, LIG III, S. 41).

Katalognummern

11903 – Telyt-R Objektiveinheit 6,8/400 mm
11907 – Telyt-R Objektiveinheit 6,8/560 mm
11906 – Objektivtubus
14188 – Alter Universal-Handgriff und Schulterstütze
14239 (1984) – Universal-Handgriff und Schulterstütze, neuer Typ
11960 – Telyt-R 6,8/400 mm, komplett mit 11906 und 14188
11953 – dto. jedoch mit Schulterstütze 14239 und Lederbehälter
11865 – Telyt-R 6,8/560 mm, komplett mit 11906 und 14188
11853 – dto. jedoch mit Schulterstütze 14239 und Lederbehälter
14182 – Zwischenring 60 mm

Produktionszahlen

Daten nicht verfügbar

Novoflex Telyt-R 6,8/400 mm

Novoflex Telyt-R 6,8/560 mm

1990– derzeit aktuelles Objektiv

Kürzeste Entfernungseinstellung: 400 mm – 7,5 m; 560 mm – 13 m
Kleinste Blende: 32

Filtergröße: Filterschlitz für spezielle Novoflex- und Heliopan-Filter
Gewicht: 400 mm – 2940 g; 560 mm – 3200 g komplett

Die Objektivköpfe des Telyt-R 400 und 560 mm sind jetzt auch in einer Ausführung passend zu dem Novoflex-Schnelleinstellgriff erhältlich. Dieser besitzt sowohl zwei Handgriffe als auch eine Schulterstütze. Der vordere Griff ist mit einem Knopf für den Auslöser versehen, der über einen Drahtauslöser oder elektrisch betätigt werden kann. Der hintere zusammendrückbare Griff dient zum Fokussieren. In der Ruhestellung befindet sich das Objektiv in seiner kürzesten Entfernungseinstellung. Ein Nahtubus ist integriert, mit ihm kann der Entfernungsbereich bis auf 2,4 m mit dem 400er-Kopf und bis auf 4,15 m mit dem 560 mm-Kopf nach unten ausgedehnt werden. Die eingestellte Entfernung läßt sich mit einem Drehrad oben auf dem Objektiv arretieren, mit dem Daumenballen läßt sich dies schnell und bequem vornehmen.

Katalognummern
11926 – Telyt-R 6,8/400 mm mit Novoflex-Schnelleinstellgriff, Universalstütze, Trageriemen und Drahtauslöser
11927 – dto. jedoch mit Telyt-R 6,8/560 mm
11970 – Telyt-R 6,8/400 mm
11971 – Telyt-R 6,8/560 mm

Produktionszahlen

Noch in Produktion

Telyt-S 6,3/800 mm

1973– derzeit aktuelles Objektiv

Kürzeste Entfernungseinstellung: 12,5 m
Kleinste Blende: 32
Filtergröße: Serie VII im Filterschlitz
Gewicht: 6860 g

Dieses Objektiv wurde durch neue Glassorten möglich, die bei der dreilinsigen, symmetrischen Konstruktion hohen Kontrast und Auflösung sowie eine auf das Minimum reduzierte Aberration ermöglichen. Der massive optische Teil besteht aus zwei gleichen negativen Linsen, die auf beiden Seiten mit einer positiven Linse verkittet sind. Es konnte entweder mit Visoflex- oder Leica R-Bajonett bestellt werden, mittlerweile ist nur noch die R-Ausführung im Katalog. Die Fassung besteht aus fünf Einzelteilen, die über Bajonettanschlüsse miteinander verbunden werden. Die Fokussierung erfolgt über ein Drehrad mit Zahntrieb. Der an der Kamera befestigte Tubus enthält die Vorwahlblende und einen Filterschlitz. Zwei Stativgewinde sind vorhanden, eines am gewichtsmäßig ausbalancierten Punkt, einer für zusätzliche Stabilität vorn. Der Tragegriff besitzt eine gewehrähnliche Zielvorrichtung zum schnellen Erfassen des Motivs.

Katalognummer
11921 – Telyt-S 5,3/800 mm komplett mit Transportkoffer

Produktionszahlen

Daten nicht verfügbar

Vario-Elmar R 3,5–4,5/28–70 mm

1990– derzeit aktuelles Objektiv

Novoflex Telyt-R 6,8/400 mm und 560 mm

Telyt-S 6,3/800 mm

Vario-Elmar-R 3,5-4,5/28–70 mm

Kürzeste Entfernungseinstellung: 50 cm
Kleinste Blende: 22
Filtergröße: E60
Gewicht: 465 g

Dieses Objektiv wird nach Leica Spezifikationen von Sigma hergestellt. Sein großer Brennweitenbereich wird durch zwölf Linsen in sieben Gruppen erzielt. Bei kürzester Brennweite von 28 mm ist die größte Blende 3,5, die sich mit zunehmender Brennweite fließend auf 4,5 verringert. Für Brennweitenverstellung und Fokussierung stehen getrennte Ringe zur Verfügung. Die Gesamtlänge bleibt dabei unverändert.

Katalognummer
11265 – Vario-Elmar R 3,5-4,5/28–70 mm

Produktionszahlen

Noch in Produktion

Vario-Elmar 3,5/35–70 mm

1983–1988 Erste Version
1988– derzeit aktuelle Version

Kürzeste Entfernungseinstellung: 1 m
Kleinste Blende: 22
Filtergröße: E60; E67 bei der zweiten Version
Gewicht: 450 g

Dieses kurze Zoomobjektiv wurde anfangs von Minolta hergestellt. Es besteht aus acht Linsen in sieben Gruppen. Die Blende bleibt von der Brennweite unbeeinflußt. Zoomverstellung und Entfernungseinstellung erfolgen an getrennten Ringen. Die Frontfassung dreht sich während des Fokussierens nicht mit, was Vorteile beim Einsatz von Polfilter und Effektvorsätzen bringt. Der Filterdurchmesser wurde zur Vermeidung von Vignettierungen vergrößert. Dieses Objektiv wird in Solms gefertigt.

Katalognummern
11244 – Vario-Elmar 3,5/35–70 mm, erste Version
11248 – Vario-Elmar 3,5/35–70 mm, zweite Version

Produktionszahlen

Noch in Produktion

Angenieux-Zoom 2,8/45–90 mm

1969–1982

Kürzeste Entfernungseinstellung: 1 m
Kleinste Blende: 22
Filtergröße: Serie VII
Gewicht: 780 g

Dies war das erste Zoomobjektiv für die Leica. Es wurde von der französischen Firma Angenieux hergestellt, die berühmt für ihre Film- und Fernsehobjektive ist. Das Objektiv war mit 15 Linsen in fünf Gruppen von komplexem Aufbau. Aufgrund der hohen Lichtstärke hatten die Frontlinsen einen großen Durchmesser, die Fassung war schwarz lackiert. Eine Zusatzlinse erlaubte die Naheinstellung bis 60 cm. Die Gegenlichtblende wurde in die Frontfassung eingeschraubt und diente gleichzeitig als Halterung für Serie VII-Filter. Das Objektiv war zwar in Leitz-Katalogen beschrieben, erhielt jedoch keine Wetzlarer Katalognummer. Es wurde nur auf feste Bestellung von Leitz-Niederlassungen geliefert; Garantie und Service lagen bei Pierre Angenieux in Saint Heand, Frankreich.

Vario-Elmar 4,5/75–200 mm

1974–1978 Erste Version
1978–1984 Zweite Version

Kürzeste Entfernungseinstellung: 1,8 m
Kleinste Blende: 22
Filtergröße: E55
Gewicht: 780 g, 725 g bei der zweiten Version

Erste Version: Das zweite Zoomobjektiv im Leica-Katalog kam von Minolta. Der Brennweitenbereich dieser ersten Ausführung war etwas kürzer – von 80 bis 200 mm. Es bestand aus 14 Linsen in zehn Gruppen. Zoomen und Scharfeinstellung erfolgten an einem kombinierten Ring. Das Objektiv war nur an Kameras von der SL2 an aufwärts verwendbar.

Zweite Version: Das Objektiv wurde 1978 überarbeitet und erhielt einen Brennweitenbereich von 75 bis 200 mm. Die Nahgrenze lag bei 1,2 m. Der optische Teil bestand aus 15 Linsen in elf Gruppen, kombiniert werden konnte es mit allen Leicaflex- und Leica R-Kameras.

Katalognummern
11224 – Vario-Elmar 4,5/80–200 mm
11226 – Vario-Elmar 4,5/75–200 mm

Produktionszahlen

Noch in Produktion

Vario-Elmar 4,0/70–210 mm

1984– derzeit aktuelles Objektiv

Kürzeste Entfernungseinstellung: 1,1 m
Kleinste Blende: 22
Filtergröße: E60
Gewicht: 720 g

Die neueste Ausführung des langbrennweitigen Zooms deckt jetzt einen Brennweitenbereich von 3:1 ab. Die neue optische Rechnung hat weniger Linsen zur Folge, zwölf in neun Gruppen, und eine geringfügig erhöhte Lichtstärke. Die Objektiv ist für seinen Brennweitenbereich sehr kurz gebaut, ein sehr großer, gummibeschichteter kombinierte Zoom/Fokussier-Ring nimmt beinahe die Hälfte der Baulänge ein. Es kann an allen Kameras mit Ausnahme der ersten Leicaflex verwendet werden.

Katalognummer
11246 – Vario-Elmar 4,0/70–210 mm

Vario-Elmar-R 3,5-4,5/35–70 mm, erste Version

Vario-Elmar-R 3,5-4,5/35–70 mm, aktuelle Version

Angénieux Zoom 2,8/45–90 mm

Vario-Elmar-R 4,5/75–200 mm, zweite Version. optisch mmit der ersten Ausführung identisch.

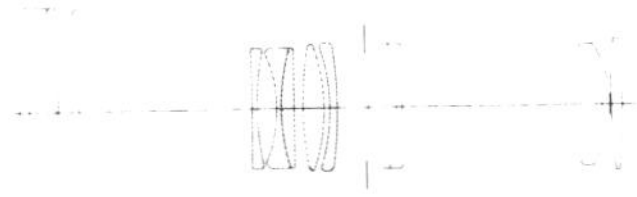

Vario-Elmar-R 4,0/70–210 mm

Extender-R 2x

1980– derzeit aktuelle Ausführung

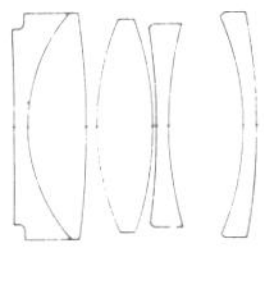

Extender-R 2x

Ein Extender dient als hintere Linsengruppe eines Teleobjektivs und verlängert dessen Brennweite. Der Extender-R 2x ist ein komplexes Gebilde aus fünf Linsen, von denen ein Paar verkittet ist. Durch die Verdopplung der Brennweite verringert sich die maximale Öffnung des jeweiligen Objektivs immer um zwei Stufen. Der Extender läßt die vollautomatische Blendenfunktion bestehen. Er wurde in zwei Ausführungen angeboten, einer für die Leicaflex SL/SL2, die andere für R-Kameras. Heute ist nur noch die letztere Version im Katalog.

Katalognummern
11236 – Extender-R 2x für Leica R-Kameras
11237 – Extender-R 2x für Leicaflex SL/SL2

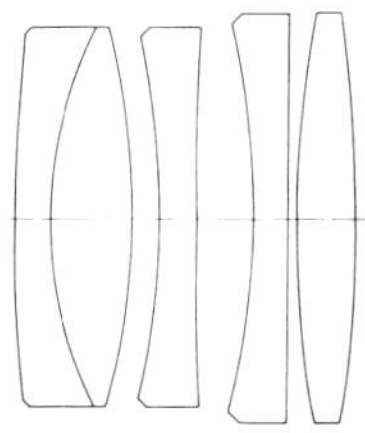

Apo-Extender R 1,4x

1986– derzeit aktuelle Ausführung

Apo-Extender-R 1.4x

Dieser Extender besteht ebenfalls aus fünf Linsen mit den beiden vorderen verkittet, die Zusammensetzung weicht jedoch von dem oben beschriebenen Modell ab. Er wurde in erster Linie für das 280 mm Apo-Telyt R konzipiert und erhält dessen apochromatische Korrektur aufrecht. Es ist aber auch mit dem neuen Apo-Telyt R 2,8/400 mm kompatibel. Die Brennweite wird um den Faktor 1,4 verlängert, die Lichtstärke reduziert sich nur um eine Blendenstufe.

Katalognummer
11249 – Apo-Extender R 1,4x

Apo-Extender R 2x

1992– derzeit aktuelle Ausführung

Apo-Extender-R 2x.

Zur photokina 1992 vorgestellt. Dieser 2x Apo-Extender, der unter der Verwendung von hochbrechendem Glas entwickelt wurde, erhält die volle apochromatische Korrektur aller Apo-Objektive des Leica R-System aufrecht. Er ist außerdem für alle anderen Leica R-Objektive mit Brennweiten ab 50 mm und einer Lichtstärke ab 2,0 kombinierbar.

10 Kamerazubehör für Schraub- und Bajonettmodelle

Zubehör zur Leica läßt sich zeitlich in sechs Hauptperioden unterteilen, zum Teil bestimmt durch die Entwicklung der Kamera selbst, zum Teil durch äußere Einflüsse und Ereignisse. In den ersten Jahren, der Periode der 20er Jahre, beschränkte sich das Zubehör auf wenige einfache, wenn auch sehr schön gearbeitete Teile, wie etwa einen Stereoschlitten und einen Panoramakopf oder den separaten Entfernungsmesser.

Die frühen 30er Jahre waren eine Periode des Experimentierens, während der man die Vielseitigkeit der Leica steigerte. Wechselobjektive machten externe Sucher für die nun lieferbaren Brennweiten erforderlich und brachten die ersten Schritte in die Nahaufnahme-Fotografie mit sich. Es ist einer der beiden Zeiträume, aus dem nur schwer genaue Informationen zu finden sind, der andere ist die Zeit des Zweiten Weltkriegs.

Die dreißiger Jahre von der Mitte bis zum Ende waren der Zeitraum, in denen neue Zubehörteile in großer Zahl vorgestellt wurden. Dazu zählt beispielsweise die Mattscheiben-Scharfeinstellung für die Repro- und wissenschaftliche Fotografie oder allgemeines Zubehör für Nahaufnahmen. Auch die Auswahl an Suchern wurde stark ausgeweitet, nicht nur für die wachsende Zahl von Wechselobjektiven, sondern auch für spezielle Aufgaben, etwa die Sportfotografie. Das Telyt brachte die Spiegelreflex-Scharfeinstellung mit sich, deren Anwendung schnell auf Nahaufnahmen ausgedehnt wurde. Als Amerika in den Krieg eintrat, produzierte Leitz/New York viele Geräte selbst weiter und entwickelte zum Teil eigenständig Produkte weiter, die man bis zum gewissen Grad in den dreißiger Jahren übernommen hatte und während der vierziger Jahre fortsetzte. Aus den Kriegsjahren und den ersten Jahre danach sind die Informationen über Leitz-Zubehör aus Wetzlar zumindest aus erster Hand ebenfalls ziemlich spärlich. Viele Geräte, die an die deutsche Wehrmacht geliefert wurden, sind Sammlern bekannt. Einige, wie etwa die Sucher, sind eindeutig das Ergebnis der schnellen Befriedigung eines Bedarfs mit vorhandenen Teilen oder solchen, auf die man im Werk eingerichtet war. Man sieht es den Teilen an, das traditionelle, elegante Leitz-Design blieb dabei oftmals auf der Strecke.

Auch in den späten fünfziger und frühen sechziger Jahren, als Leitz sich wieder als weltweit führender Hersteller von hochwertigen Kleinbildkameras etabliert hatte, füllten sich die Kataloge mit einer großen Zahl sehr schön gefertigter und verarbeiteter Zubehörteile. Dabei wurden weniger neue Verfahren entwickelt, als vielmehr Produkte aus den dreißiger Jahren verfeinert und universeller in der Anwendung oder einfacher in der Handhabung. Die M-Leica mit ihren eingebauten Bildfeldrahmen, Blitzsynchronisation und dergleichen hatte den Bedarf an manchen Zubehörteilen reduziert, obwohl diese eine zeitlang für die Schraubmodelle immer noch hergestellt wurden.

Sucher

Leitz-Sucher für den fotografischen Einsatz gibt es schon länger als die Leica. Der FODIS für Kameras bis Westentaschengröße wurde 1923 erstmals verkauft, zwei Jahre vor der Leica. Es besteht aber kein Zweifel daran, daß man bei der Konstruktion bereits die Leica vor Augen hatte, da zu dieser Zeit bereits intensiv an Prototypen gearbeitet wurde. Der Entfernungsmesser konnte senkrecht mit Hilfe seiner großen Scheiben am Ende oder aber in einer speziellen Klemmhalterung im Zubehörschuh der Kamera befestigt werden.

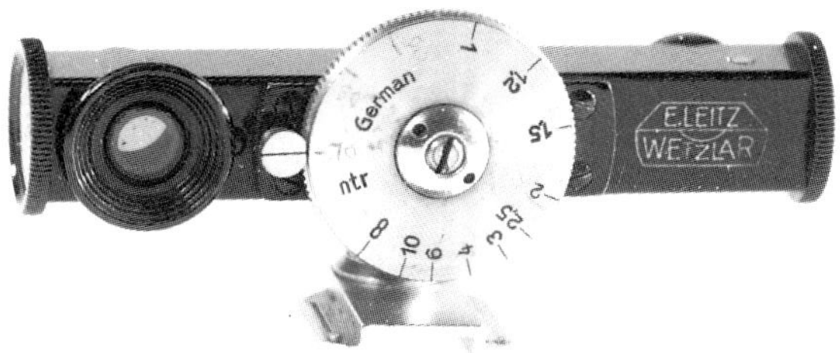

Oben links: Von links nach rechts FODUA/Meter, FODUA/Feet, FOFER/Feet, Spezial-FOFER für Nagel in Meter, Spezial-FOFER für Nagel in Feet, FONOR für Großformatkamera +3/4 Feet, FOKIN + 12 cm

FOKOS, schwarz und vernickelt

Oben: Befestigungsclip für FONOR. Bei Nichtgebrauch ließ sich der Entfernungsmesser einklappen.

Größere Kameras und Filmkameras machten unterschiedlichen Einteilungen des Skalenrades ntowendig. Der Grund dafür war, daß Leitz seine Objektive mit dem Abstand zwischen Filmebene und Motiv kalibrierte. Dieser fiel gleichzeitig mit dem Abstand zum Entfernungsmesser zusammen, da dieser genau in der Filmebene angebracht war. Entfernungsmesser für solche Kameras, die FONOR-Modelle, mußten deshalb auf die Anzeige dieser Entfernung justiert werden. Wurde der Entfernungsmesser ohne Kamera benutzt, mußte für die genaue Distanz zum Entfernungsmesser eine Korrektur hinzugefügt werden. Leitz gravierte die Skalenräder dieser Instrumente mit einem Pluszeichen, gefolgt von der Zahl entweder in Feet oder Metern.

Die erste Serie von Entfernungsmessern war schwarz und hatte eine Meßbasis von 10,5 cm, das vernickelte Skalenrad hatte 2,15 cm Durchmesser, später 3,5 cm. An den Enden des Entfernungsmessers befanden sich übergroße Scheiben, mit denen das Gerät im Zubehörschuh der Kamera befestigt wurde. 1933 wurde der Entfernungsmesser FOKOS mit kurzer Meßbasis von 7,5 cm vorgestellt, der waagerecht auf der Leica Standard montiert wurde. Die Entfernungsmesser mit großer Meßbasis waren sehr genau, doch bei den Modellen mit kurzer Basis war die Gefahr geringer, daß das Gerät durch Stöße dejustiert wurde, und ihre Genauigkeit war für die üblichen Zwecke durchaus ausreichend. Der FOKOS für die Leica Standard besaß eine kurze Stütze, die in einem Sockel mit einem Fuß im Zubehörschuh der Kamera befestigt wurde. Dadurch ließ sich der Entfernungsmesser beiseite schwenken, damit das Zeitenrad bedient werden konnte. Alle Leitz-Entfernungsmesser besaßen Skalen mit Meter- oder Feet-Einteilung. Leitz stellte ebenfalls Entfernungsmesser von längerer Meßbasis – 30 cm, 50 cm und 1 m – für Schieß-, Jagd-, Überwachungszwecke und dergleichen her, diese Geräte hatten auch bei Entfernungen von 50 bis 3000 m noch eine hohe Genauigkeit. Der Meßbereich und die Ablesegenauigkeit wurden durch ein 6fach vergrößerndes Prismenmonokular bzw. ein 5fach Monokular nach dem Galilei-Prinzip beträchtlich erhöht.

Entfernungsmesser mit langer Basis

Bis 1930 waren folgende Modelle im Programm (LP. Ger. Photo 2105c Rmk, Nov. 1930: Rut. S. 266). Der FODIS erschien nicht im Katalog von 1931, doch die anderen waren 1939 noch lieferbar (LP. Ger. Photo 7242e, Aug. 1939: Rut. S. 208).

FODIS Nr. 1 (1923) – Für die Leica und andere Kameras bis Westentaschenformat Vest-Pocket (127er Film). Genau genommen bezeichnet der Code FODIS das Gerät

mit Lederetui.
EUDIT, der Entfernungsmesser einzeln war FODUA. Kleines Rad von 2,15 cm Durchmesser.
FOFER Nr. 1F – Skalenrad-Durchmesser auf 3,5 cm vergrößert für genauere Scharfeinstellung mit dem neuen 13,5 cm-Objektiv. Es gab eine vergoldete Ausführung passend zur Luxus-Leica. FOFER blieb auch noch der Einführung des FOKOS-Modells mit kurzer Meßbasis für Kleinbildkameras erhältlich. Es gab eine Befestigungsklemme dazu. Für Nagel wurde eine spezielle Version hergestellt, vor allem für die Kombination mit der Nagel Pupille und für das Nagel-Objektiv kalibriert: Auf dem Rad wurde zwar dafür ein N eingraviert, jedoch keine Korrekturwerte.
EUVER – Lederetui für FOFER
FOERN – **FOFER** + **EUVER**
FONOR Nr. 1M – Kamera von 6x9 bis 10x15 cm (10 bis 15 cm Brennweite). Die Korrektur kann angegeben sein mit +12 cm, +3/8 ft. oder +5 in.: auch +3 ist bekannt (LFo. 1977, Nr. 6, S. 284). Befestigungsklemme mitgeliefert. Etui **EUVER**.
FOOGT – FONOR + EUVER
FOKIN Nr. 1K (1926) – Für Filmkameras. Im Katalog von 1926 (LP.NY. Photo 2090, Dez. 1926). 3,5 cm großes Skalenrad für die ausführlicheren Gravuren: Entfernungskorrektur je nach Größe der Filmkamera, für die der FOKIN bestimmt war, Bereich von 1/4 bis 3/4 ft. oder entsprechenden Meterangaben. Alle dem Autor bekannten Exemplare haben ein schwarz lackiertes Skalenrad.
FOKUX (1926) – Justierbarer Halter um Ansetzen des FOKIN an eine Filmkamera. Er bestand aus einer Stütze auf der die Klemme, die den Entfernungsmesser hielt, in der Höhe verstellt werden konnte. Die Klemme selbst besaß ein kleines Kugelgelenk, so daß der Entfernungsmesser in jede Richtung geschwenkt werden konnte.
FOKAL – Nr. 1H (1930) – Die gebräuchlichere Winkelschiene mit Gelenk, um den FOKIN an der Kamera zu befestigen.
FOOIV – **FOKIN** + Etui **EUVER**
CARTY – Ein "Laufbild-Entfernungsmesser" von Leitz in einem Lederetui war unter diesem Codewort gelistet im Filmo-Katalog von 1932 (Vfr., 1983, 16, Nr. 3, S. 15).

Entfernungsmesser mit kurzer Basis

FOKOS (1933–1945) – Basis 7,5 cm für Leica Standard, Stütze paßte in die mit der Standard gelieferte Spezialklemme. Schwarz und Nickel, schwarz und chrom oder ganz verchromt. 1934 wurde ein FOKOS-Entfernungsmesser mit der neuen Speed Graphic angeboten. Er war in einer Spezialhalterung befestigt (Sprung, Vfr, 1981, 14, Nr. 3)
FOKOS-CHROM – Chromausführung des FOKOS
HFOOK – FOKOS mit Clip und Schuh für Leica A, B und C
FOKOS (1949–1966) – nur in chrom, kein Befestigungsständer, Basis 6,2 cm
CLIPP (USA 1957) – Befestigungsschuh für FOKOS an Großformatkameras
EUKOS – Lederetui für Entfernungsmesser mit kurzer Basis
EUROS – weiches Lederetui

Andere Entfernungsmesser

Ein paar Beispiele für Geräte, die Leitz für andere Zwecke herstellte, sind hier erwähnt, da sie manchmal in Leica Sammlungen oder Verkaufsangeboten auftauchen und in der Tat sehr nützlich sein können. Die folgenden waren im New York Photo-Katalog von 1939 aufgeführt, sind jedoch während der dreißiger Jahre lieferbar gewesen. Sie besaßen ein Gehäuse mit rundem Querschnitt, doch es sind auch Ausführungen mit quadratischem Querschnitt bekannt. Die Geräte hatten eine Skalierung in Metern oder Feet und wurden in einem Leinenetui mit Trageriemen geliefert.

GEODI – Entfernungsmesser mit 30 cm-Basis und auswechselbarem 6fach-Monokular-Prisma MOPRI für einen Meßbereich von 56 bis 100 m.
GEOME – wie GEODI, jedoch mit auswechselbarem 5fach vergrößerndem Galilei-Monokular MOMAS.
GEOTR – wie GEODI, jedoch mit einem Meßbereich von 1 bis 10 m.
GEOHU – wie GEODI jedoch mit Meßbereich von 33 bis 330 m.
TEFIL – Satz von drei Filtern unterschiedlicher Dichte für besseren Kontrast zwischen den beiden Entfernungsmesser-Bildern.

Sucher

Leica Sucher und ihre Präzision sind ausführlich von Miller in einer Reihe von Beiträgen beschrieben worden (LHSN, 1991, Nr. 31, 32 und 33ff). Der Rahmensucher, der auf die Ur-Leica gesetzt wurde, befindet sich im Leica Museum in Solms und wird meist bei Abbildungen dieser Kamera gezeigt. Es ist jedoch kein Original, sondern eine moderne Nachbildung, die auf Barnacks Zeichnungen basiert. Der dritte Prototyp, ebenfalls im Werksmuseum, besitzt einen Rahmensucher mit einer einzelnen plankonkaven Linse, der sich zusammengelegt in einer Vertiefung der Deckkappe verstauen ließ. Die Linse trug eine Fadenkreuz-Gravur auf der planen Seite, der hintere Einblick war an der Rückseite der Kamera. Bei den frühen Kameras der Nullserie befand sich die plankonkave Seite in der Filmebene. Dies bedeutete, daß die Kamera ein Stück vom Auge weggehalten werden mußte, damit das Sucherbild scharf gesehen wurde. Das war natürlich für einen Kamerasucher unbefriedigend, doch das gleiche Prinzip wurde erfolgreich in dem Reflex-Aufsichtssucher AUFSU angewandt, indem der plankonkaven Linse ein Prisma nachgeschaltet wurde, um ein korrektes Bild bei Betrachtung von oben zu erzeugen. Spätere Exemplare der Nullserien-Vorproduktion hatten den umgekehrten Galilei-Teleskopsucher. Er war klein und dadurch für eine taschengerechte Kleinbildkamera viel besser geeignet. A.O. Roth, der britische Vertrieb von Meyer, bot die Leica mit Wechselobjektiven von Meyer vor Leitz an. Es waren ein Plasmat 1,5/5 cm und die Objektive Tele-Megor 4,0/4" (10 cm) und 4,0/6" (15 cm). Eine Anzeige von 1931 zeigte einen röhrenförmigen Sucher, der in den Zubehörschuh der Leica paßte.

Optische Universalsucher

Typ VISOR

Es war der erste Universalsucher, konstruiert von Oskar Barnack, der für die neue Leica I mit Wechselobjektiven (Typ C) angeboten wurde. Es war der sogenannte Torpedo-Sucher, der 1931 erstmals im Katalog erschien. Es handelte sich dabei um ein kleines umgekehrtes Teleskop mit einer fein linierten Glasscheibe in der Fokusebene der Frontlinse.

Drei verschiedene VISOR-Sucher: VISET, VIDEO und VISOR. Sie sind äußerlich identisch, ihr Unterschied läßt sich nur durch Sichtkontrolle anhand der Bildrahmen feststellen.

VISOR ohne Zubehörschu (Foto: J. Walsh)

VIFUR

Diese Einstellscheibe zeigte die Rahmen für die Objektive von 3,5, 5 und 13,5 cm Brennweite. Ein kleines Prisma im Okular erzeugte ein aufrechtstehendes Bild, das jedoch seitenverkehrt war. Wurde die Kamera für Hochformataufnahmen gedreht, mußte das Prisma im Okular an einem geriffelten Ring ebenfalls um 90° gedreht werden, damit das Bild aufrecht blieb. In frühen Exemplaren ist nur ein Teil dieses Rings geriffelt. Innerhalb des 13,5 cm-Ausschnitts gab es einen punktierten Rahmen für das verringerte Bildfeld durch die Parallaxe bei kurzen Entfernungen von 1,5 bis 2,7 Meter. 1932 wurde eine ganze Reihe von Varianten angeboten, alle in schwarz, mit unterschiedlicher Sucherlinierung für bestimmte Brennweiten-Kombinationen. Ein Zubehörschuh war auf der Oberseite angebracht. 1933 war das Angebot auf vier Modelle verringert worden. Sie besaßen einen Kippfuß, der über einen Hebel betätigt wurde sowie eine kalibrierte Walze für den Parallaxenausgleich. Die verchromten Ausführungen wurden durch Hinzufügen des Wortes CHROM zur Codebezeichnung markiert. Einige Rahmen besaßen zusätzlich ein liniertes Rechteck, durch das der verkleinerte Sucherausschnitt bei kurzen Entfernungen angezeigt wurde. Diese vier blieben mindestens bei 1936 im Hauptkatalog und waren billiger als der wirklich universelle VIDOM (siehe unten).

Modelle des Suchers vom Typ VISOR

Code	*Modell-typ*	*Bildrahmen für Brennweiten in cm*						*Quelle*
1931								
VISOR	A	3.5	5			13.5	1	
VISUS		3.5	5				13.5	7
1932								
VISAX	B	3.5	5		9			2
VISET	C	3.5	5		9		13.5	3
VIDEO	D	3.5	5	7.3		10.5		2,4,8
VIEME	E	3.5	5	7.3			13.5	4,8
VIEFF	F	3.5		7.3	9			4,8
VIGEH	G	3.5	5	7.3	9			4,8
VIHEU	H	3.5	5					5
VISSI	J	3.5			9			5
VIKAN	K	3.5		7.3	9		13.5	5
VILLO	L	3.5	5	7.3	9		13.5	5
1933		Schwarz oder chrom, Parallaxenausgleich						
VIUNA	I	3.5	5	7.3				6
VIZWO	II	3.5	5		9			6
VITRE	III	3.5	5			10.5		6
VIFUR	IV	3.5	5				13.5	6

Quellen:
1 – Hauptkatalog von 1931
2 – LP. Ger. Photo 7193a, Juni 1932 (Rut. S.92)
3 – Leitz-Anzeige, BJA, 1932, S. 605.
4 – LP. Ger. Photo 7192, Febr. 1932 (Rut. S.135)
5 – Kuzuo Nakagawa, "History of Leica" reproduziert in Vfr. 1981, **14**, Nr.2, S.8.
6 – Hauptkatalog von 1933
7 – 1931 USA Liste 1931–05.
8 – LP 7211, iv1932.

VISIL – Nakagawa und Lager (LIG II, S. 101) nennen den VISIL als Codebezeichnung für das Modell "C" anstelle des VISET. Dagegen bezeichnen Rogliatti (1985) und CCL unter Berufung auf Vith, 1932, den VISIL als Code für das Modell "D" anstelle von VIDEO.
Variante: Alle Katalogabbildungen vom Sucher des Typs VISOR zeigen eine Zubehörklemme auf der Oberseite, von einem Exemplar ohne diesen ist ebenfalls berichtet worden (Walsh, 1985, private Korrespondenz und Vfr., 1988, 21, Nr. 1, S. 88).
VIEIN – Stabiles Lederetui für VIUNA, VIZWO, VITRE, VIFUR.
KINOR – Cine-Modell mit Rahmen für 15, 25, 50, 75 und 100 mm (Lager, Vfr., 1983, 16, Nr. 2, S. 22). Eine Abbildung in einer Anzeige zeigt es auf einer Victor-Filmkamera in einer Schiene mit Parallax-Ausgleichswalze ähnlich der des KINSU (unten). Die Schiene ist mit Schrauben an der Kamera befestigt.

Typ VIDOM

Konstruiert von Ernst Leitz II und 1933 eingeführt. Die linierte Sucherscheibe wurde durch zwei L-förmige

VIDOM – oben mit konischer Nase mit Ring, unten mit glatter Nase

VIDOM von hinten

Cine-Sucher KINSU mit Halter KINHA, zusammen mit Neigevorrichtung

Masken ersetzt, die diagonal in entgegengesetzte Richtung verschoben werden konnten, so daß sie eine stufenlos verstellbare rechteckige Öffnung bildeten. Die Masken wurden durch einen konzentrischen Ring gesteuert, in den die Brennweiten der Leica Objektive eingraviert waren: 3,5, 5, 7,3, 9, 10,5 und 13,5 cm. Zum Parallaxenausgleich gab es einen verstellbaren Hebel ähnlich dem an den späteren "Torpedo"-Suchern.

Varianten: Frühe Ausführungen hatten eine aus einem Stück bestehende konische Nase, spätere Modelle einen runden Kragen zwischen der konischen Spitze und dem Gehäuse. Das Äußere war entweder schwarz lackiert und vernickelt, schwarz lackiert und verchromt oder ganz verchromt, doch auch vollständig vernickelte Ausführungen sind bekannt (Lag II, S. 102). Der Fuß konnte lang oder kurz sein, auch leichte Varianten der Gesamtlänge sind bekannt.

VIDOMCHROM – verchromte Ausführung des VIDOM
VILUI – festes Lederetui für VIDOM
Wehrmacht-Ausführung – Während des Kriegs hergestellt, grau lackiert, kein Parallaxausgleich, Masken bei 13,5 cm arretiert, Gravur "Heer". (CCL, S. 57)
Stereo-Version – Ebenfalls während des Kriegs produziert, Masken für den Ausschnitt des 3,5 cm-Leitz-Stereoobjektivs auf 18x24 mm fixiert (LIG II, S. 24)
KINSU (1934) – Cineversion des VIDOM: Er besaß eine große trompetenförmige, abgeflachte Augenmuschel. Er war mit einstellbarer Sucheröffnung und Parallaxausgleich für Brennweiten von 1,5 cm, 2 cm, 2,5 cm, 3,5 cm, 7,5 cm, 10 cm und 15 cm ausgestattet. Der Sucher wurde seitlich an die Kamera angesetzt und die seitliche Parallaxe wurde mit einem entsprechenden Hebel korrigiert. Für die Korrektur der senkrechten Parallaxe war eine Halterung lieferbar, die mit Schrauben an der Kamera befestigt wurde (LP, NY. Photo 7409, Juni 1934).
KINRI – fester Lederbehälter für KINSU
KINHA – Halter mit Neigevorrichtung

Typ VIOOH

Ersetzte den VIDOM, angeblich zur Leipziger Messe 1940 vorgestellt, ist jedoch im deutschen Gesamtkatalog vom Mai 1939 bereits aufgeführt. Der VIOOH hatte zwei Prismen im Okular, so daß ein aufrechtstehendes und gleichzeitig seitenrichtiges Sucherbild entstand. Es war nicht nötig, das Okular für Hochformataufnahmen zu drehen. Der Sucher war größer, aber nicht so lang wie der VIDOM. Ein Hebel für den Parallaxenausgleich war vorhanden. Spätere Modelle hatten eine Nase mit Gewinde zum Einschrauben des 28 mm-Adapters (LP. Ger. Photo 7950, V, 1942: Lag. S. 334). Während des Kriegs und direkt danach wurde ein sehr ähnlicher Sucher von Leitz/New York hergestellt und vertrieben, bekannt als **Imarect**. Die hintere

Verschiedene Formen des VIOOH: mit rundem Körper, leierförmig und mit geraden Seiten. Am letzteren ist der 28 mm-Adapter angesetzt.

VIOOH mit leierförmigem Gehäuse

VIOOH mit geraden Seiten und 28 mm-Adapter TUVOO

Platte bedeckte im Gegensatz zu den Wetzlarer Modellen die gesamte hintere Fläche, die umlaufende Kante des seitlichen Gehäuses war abgerundet. Der Name Imarect blieb auch im Gebrauch, als die Wetzlarer Modelle lieferbar wurden. Der VIOOH blieb als Universalsucher bis 1963/64 aktuell.

Modelle und Varianten vom V100H

Gehäuseform	*Eingravierte Brennweiten in cm*								*"Nasen"-gewinde*	*Seriennummer*	*Quellen*
Wetzlar-Modelle, VIOOH											
Rund	3.5	5	7.3		9	10.5		13.5			1
	3.5	5	7.3		9	10.5		13.5			1,2
	3.5	5	7.3		9			13.5	Ja		2
Leier-form	3.5	5	7.3		9			13.5	Ja*		1,2
	3.5	5	7.3		9			13.5	Ja		2
	3.5	5	7.3		9		+	13.5	Ja		2
Gerade Seiten	3.5	5	7.3		9			13.5	Ja	Ja	2
	3.5	5	7.3		9		+	13.5	Ja	Ja	2
	3.5	5	7.3		9		12.7	13.5	Ja	Ja	2
	3.5	5		8.5	9			13.5	Ja	Ja	1,2
New Yorker Modelle, "Imarect", IMFIN. Spätere Modelle in mm.											
Leier-form	3.5	5	7.3		9	10.5		13.5			2
	3.5	5	7.3		9		12.7	13.5	Ja		2
	3.5	5	7.3		9		12.7	13.5	Ja	Ja	2

* Schwarze "Nase"
+ Keine Zahlen, Indexlinie nur für 12,7 cm.

Quellen: 1 – HFB
2 – LIG II, Seiten. 104-106

VIOOH/12000 (1939–1963) – Universalsucher aus Wetzlar, ersetzte den VIDOM.
TUVOO/12005 – Adapter für 28 mm-Objektiv zum Einschrauben in das nasenförmige Vorderteil des VIOOH
EBOOH – Lederetui für VIOOH
IMFIN (ca. 1942) – in den USA hergestellter Universalsucher Imarect, ähnlich dem VIOOH
VIOAD – New Yorker Adapter für 28 mm-Objektive, ähnlich dem TUVOO
Cine-Version – Kalibriert für 1,5, 2, 2,5, 3,5, 5, 7,5, 10 und 15 cm-Objektive (Lager, Vfr., 1982, **15**, Nr. 1, S. 20)
Wehrmacht-Version – Graviert mit "W.H." mit festen Masken von 135 mm, er wurde umgedreht mit einer speziellen Augenmuschel für das Vorderteil verwendet. Grau lackiert (Lager, Vfr, 1979, **12**, S. 8).

RASUK

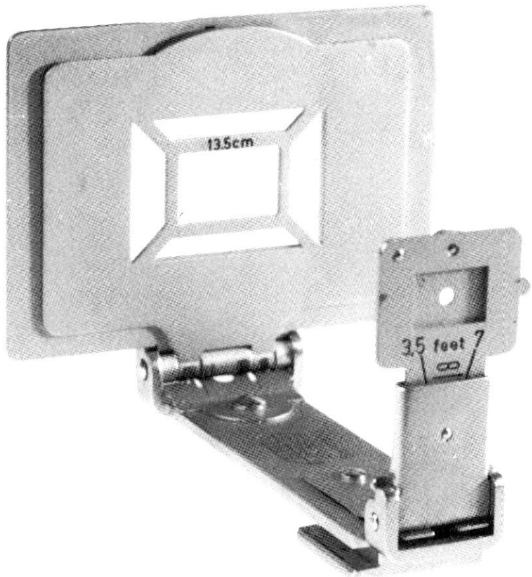

RASUK mit angesetzer Maske REMET (spätere Version), ergibt zusammen RASAL.

RASAL in schwarz mit früher Maske RAMET

Universal-Rahmensucher

1933 wurde der Rahmensucher RASAL für Sportaufnahmen und "Fotos aus Flugzeugen" eingeführt. Er bestand aus zwei Teilen, dem Basis-Sucher RASUK für Objektive von 3,5, 5, 7,3 und 9 cm Brennweite und der Maske RAMET für 10,5 und 13,5 cm Brennweite. Das Vorderteil ließ sich um 180° außerhalb der Achse drehen, was zur Folge hatte, daß es in zwei verschiedenen Abständen vom hinteren Einblick plaziert werden konnte. In der vorderen Stellung zeigte es die Begrenzungen für 5 und 9 cm, in der hinteren Position 3,5 und 7,3 cm Brennweite. Für präzises Ausrichten mit den längeren Brennweiten wurde der lochförmige Einblick des Hinterteils eingeschwenkt. Der hintere Einblick ließ sich zum Parallaxenausgleich nach oben und unten verschieben. Im Jahre 1951 erschien der Rahmensucher ROSOL für 50-, 85-, 90- und 135 mm-Objektive. Das Vorderteil war nicht drehbar, es besaß Ausschnitte für 50 und 90 mm. Eine Maske mit Scharnier wurde für 85 und 135 mm in Position gebracht. Das Hinterteil trug die Vorrichtung für den Parallaxenausgleich und den lochförmigen Einblick für 135 mm wie oben beschrieben.

RASUK (1933–1950) – Rahmensucher für 3,5, 5, 7,3 und 9 cm-Objektive
RAMET (1933–1950) – Maske für RASUK für Ausschnitte von 10,5 und 13,5 cm-Objektive
RASAL – **RASUK** + **RAMET**, verchromte oder schwarze Ausführung mit Parallaxenausgleich in Feet oder Metern. Frühe RAMET-Masken waren feststehend mit rechteckigem Ausschnitt für das Bildformat, spätere Versionen hatten Ausschnitte um das Bildformat herum.
ROSOL/12040 (ft.), **12039** (1951–1964) – Rahmensucher für 50 und 90 mm und angelenkte Masken für 85 und 135 mm-Objektive. Nur in chrom lieferbar, 85 mm-Rahmen bei späteren Modellen weggelassen. Einige hatten sowohl Feet- als auch Meter-Kalibrierung für den Parallaxenausgleich.
RWBOO/14635 – Lederbeutel für alle Rahmensucher

Sucher für bestimmte Brennweiten

Fühe Modelle der Leica I mit Wechselobjektiv (Modell C) waren mit einer Maske für den 13,5 cm-Bildausschnitt versehen, die für den Sucher geschwenkt werden konnte. Auch von einer aufklemmbaren Maske, die 1930 zugeschrieben wird, ist berichtet worden (Lager, Vfr., 1981, 14, Nr. 1, S. 13), in den Abbildungen ist jedoch kein Leitz-Logo zu sehen.

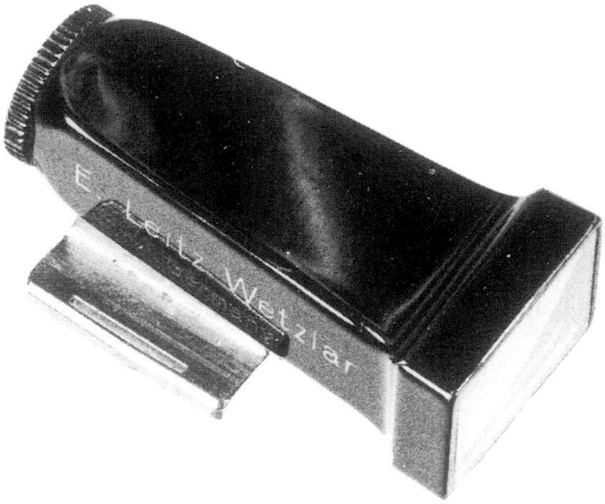

WEISO, frühes Modell in schwarz

WEISO, spätes Modell in chrom

Einfacher, umgekehrter Galilei-Typ

WEISU (1933) – Für Elmar 3,5 cm. Frühe Ausführungen hatten eine trichterförmige Erweiterung vorn und waren in schwarz und in chrom lieferbar- Spätere Versionen hatten weichere Formen ohne die Ausbuchtung und waren ganz verchromt.
SUWOO (1935) – Ein 5 cm-Sucher, identisch mit dem der Leica Standard für die Einzelbild-Vorrichtung.
Hologon-Sucher (1972–1976) – Das Hologon 8,0/15 mm für die M-Leicas wurde von Zeiss hergestellt und mit einem eigenen Sucher geliefert, der im Zubehörschuh angebracht wurde. Er war nicht einzeln erhältlich.

Reflexsucher vom Albada-Typ

Bei dem 1935 vorgestellten Leuchtrahmensucher wurde ein weißer Rahmen von der halbverspiegelten Rückseite des vorderen Elements reflektiert, so daß das Motiv von einem transparenten Rahmen umgeben war.

Man nannte sie zuerst Sportsucher, da das Motiv sichtbar war, bevor es im Bildausschnitt auftauchte. Sie wurden später zum Standard für Universalsucher und in die M-Kameras eingebaut. Prototyp-Leuchtrahmensucher existieren im Leitz-Museum in Wetzlar. Die ersten Ausführungen ließen sich zum Verstauen und zum Transport zusammenklappen, die zweite Serie war feststehend, aber immer noch offen, um den Rahmen zu beleuchten ("wiegenförmiger" Typ). Die endgültige Version war ganz geschlossen. Fast alle Modelle für lange Brennweiten besaßen einen Parallaxenausgleich.

Faltbarer Typ

SUOOQ – Für Hektor 2,8 cm. 1934 /Vfr., 1983, 16, Nr. 2, S. 7), schwarz oder verchromt, kein Parallaxenausgleich

YSOOE – Verlängerungsfuß für SUOOQ und andere Sucher, um bei den Leicas ohne Entfernungsmesser die Bedienung des Zeitenrades zu ermöglichen.

SAIOO – 7,3 cm, 1935 (Leitz, London, Preisliste von 1935), schwarz oder verchromt, in Katalogen meist in schwarz abgebildet, jedoch in schwarz sehr selten. Mit Parallaxenausgleich.

SEROO – dto. 9 cm

SYEOO – dto. 13,5 cm

SIZOO – 10,5 cm, im Katalog von 1935 jedoch nicht im C36 oder später

SUOOQ in chrom oder schwarz

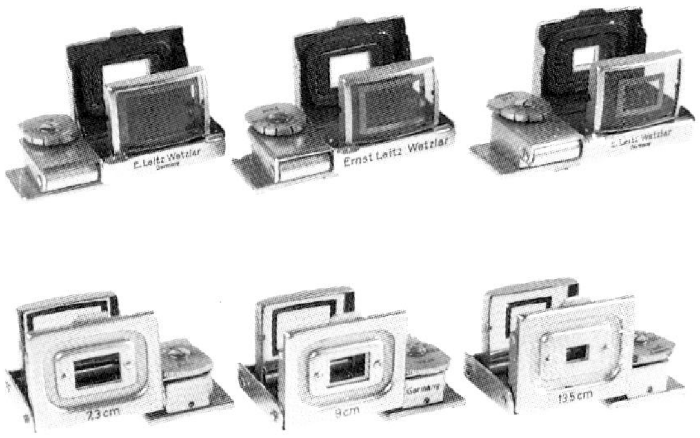

SAIOO, SEROO und SYEOO: von vorn, oben, hinten und unten

"Wiegenförmiger" Typ

1943 in Deutschland vorgestellt. Parallaxenausgleich über einen kleinen Knopf oder Hebel. Auch ohne Parallaxenausgleich bekannt. Der Leitz-Katalog von 1949 enthält den 7,3 cm-Sucher nicht, führt dafür aber zusätzlich eine Ausführung mit 5 und 8,5 cm auf. Lager bezweifelt, ob der SOOLB und der SOOAW je kommerziell vermarktet wurden (LIG, II, S. 114).

SOODL (1949) – 5 cm

SOOAW (1943) – 7,3 cm

SOOLB (1949) – 8,5 cm

SOOUT (1943) – 9 cm

SEVUE (1949 New Yorker Katalog) – 9 cm, wie SOOUT

SOOYV (1943) – 13,5 cm

SOOUT

Geschlossener Typ

Vorgestellt 1951, sind diese Sucher in einer großen Zahl von Varianten in Art und Stelle für die Gravur, Befestigungsart, Verchromung und der Anbringung von Griffmulden auf den Seiten anzutreffen (Lager, Vfr., 1978, **11**, Nr. 2, S. 14). Der Parallaxenausgleich wurde über einen konzentrischen Ring vorgenommen. Die späteren Modelle SGVOO und SHOOC besaßen kombinierte Feet/Meter-Skalen. Die 1960 vorgestellten 28- und 21 mm-Versionen waren schwarz, später auf schwarzen Kunststoff umgestellt.

SBLOO in schwarz

SBOOI

SGOOD

SGVOO, Varianten in der Gravur, doppelte Feet/Meter-Skala rechts

SHOOC, Varianten in der Gravur, doppelte Feet/Meter-Skala rechts

SLOOZ, eine frühe schwarz lackierte Ausführung links, einer aus der Produktionsmitte rechts

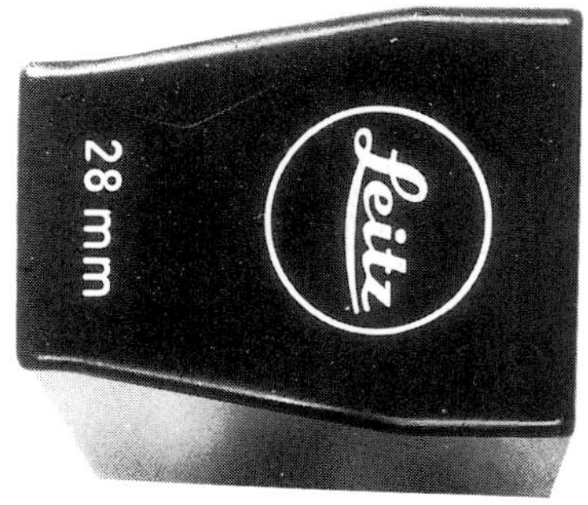

12017 aus schwarzem Kunststoff

Sucher für die Brooks Veriwide-Kamera

SBLOO/12010 – 35 mm, verchromt
SBOOI/12015 – 50 mm, verchromt
SGOOD/12020 – 85 mm, verchromt
SGVOO/12025 – 90 mm, verchromt
SHOOC/12030 – 135 mm, verchromt
SBKOO/12002 (1960) – 21 mm, schwarz

Varianten
5 cm SBOOI für 24 mm-Format (LHSN, August 1981, S. 8).
SBOOI schwarz lackiert, offenbar ein Leitz-Original, nicht über der Verchromung lackiert (Diehl, Vfr. 1988, 21, Nr. 4)
SBOOI mit Zubehörschuh, 50 mm-Sucher nach dem Muster von SGOOD
SBKOO mit Wasserwaage (Leica, Nr. 1, Ptl., 50)

SLOOZ/12007 (1960) – 28 mm
12012 (1980) – 21 mm, schwarzer Kunststoff
12017 (1980) – 28 mm, schwarzer Kunststoff
OIDYO – Stereosucher für Stemar, halber Ausschnitt für 3,3 cm-Objektiv, ähnlich dem SBOOI

Eine Spezialversion des 21 mm-Suchers SBKOO, graviert mit "Veriwide 100 Brooks New York" wurde für die Books 100-Weitwinkelkamera für 120er-Film hergestellt (Lager, Vfr., 1977, 10, Nr. 3, S. 8, HFB).
Ein Prototyp eines Leuchtrahmensuchers mit Rahmen für die Telyt-Objektive 200 und 400 mm wurden in den späten 50er Jahren hergestellt, jedoch nie offiziell produziert. Sie hatten 4fache Vergrößerung und kamen in den Zubehörschuh auf dem Visoflex I oder die Zwischenringe TZFOO oder TXBOO (q.v.).

Rahmensucher für spezielle Brennweiten

Für die Telyt-Objektive wurden röhrenförmige Rahmensucher hergestellt. Sie verfügten über einen Parallaxenausgleich und wurden im Zubehörschuh auf dem PLOOT befestigt, der um 90° gedreht wurde. Sie ließen sich auch auf dem Zwischentubus TZOON anbringen, der mit Telyt-Objektiven an der Leica 250 befestigt wurde, an der der PLOOT nicht verwendbar war. Wenn der Spiegelkasten nicht benötigt wurde, konnten sie mit dem entsprechenden Verlängerungstubus an jeder beliebigen Schraub- oder M-Leica benutzt werden.

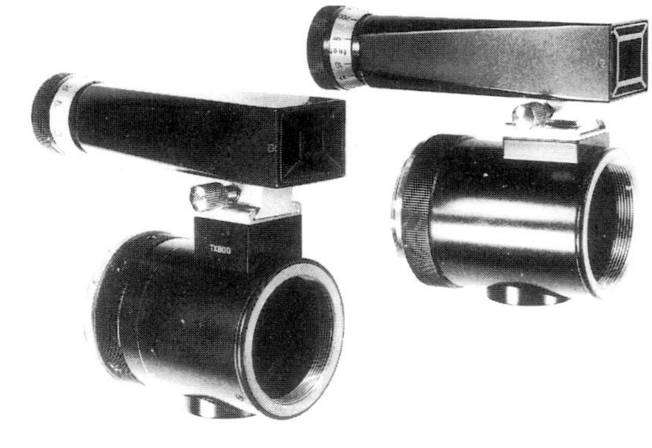

SFTOO am TZFOO (rechts), SQTOO am TXBOO (links)

SFTOO/12035 (1938) – Sucher für 20 cm
12034 – wie SFTOO mit Metereinteilung
SQTOO/12037 – Sucher für 40 cm
12036 – wie SQTOO mit Metereinteilung
TZFOO/14023 – Verlängerungstubus von 62,5 mm Länge mit Zubehörschuh, um Telyt-Objektive direkt mit diesen Rahmensuchern an der Kamera zu verwenden

Zwischenschuh zum Anheben des Suchers für die Leica M5

14039 – mit 3/8 Stativgewinde
TZOON – früherer Code für TZFOO
TXBOO/14024 – wie TZFOO aber für M-Kameras
14043 – mit 3/8 Stativgewinde
Verlängerungstubus – für TXBOO, um den Sucher zur Verwendung an der M5 höherzulegen (Jeandrain, Vfr., 1979, 12, Nr. 4, S. 13 HFB)

Prototypen
20 cm-Sucher mit herunterklappbarer Maske für 40 cm (Hooper, Vfr., 1980, 13, Nr. 4)
13,5 cm-Sucher in seiner Konstruktion ähnlich dem SFTOO mit dem Unterschied, daß die Vorderseite ein offenes Gehäuse bildete und zwei Klemmfüße hintereinander angebracht waren. Nie im Katalog aufgeführt (ibid; HFB)
5 cm Militär-Rahmensucher – Beschrieben in LIG II, S. 125, ein ziemlich roher trapezförmiger Kasten mit einem waagerechten Draht über die Vorderseite mit einer Kugel in der Mitte

Reflex(Aufsichts)-Sucher

1932 erstmals vorgestellt und bis Kriegsmitte lieferbar. Bei der Betrachtung von oben waren im Sucher ein Kreuz und ein Kreis sichtbar. Bei der Festlegung des Bildausschnitts mußte das Kreuz in der Mitte des Kreises plaziert werden.

AUFSU (1932) – Das früheste Modell besaß noch kein Kreuz, keinen Kreis und keinen Zubehörschuh, einige sind mit Kreuz und Kreis aber ohne Schuh bekannt.
AYOOC (1936) – Eine separate Frontlinse ließ sich einschwenken, um das Bildfeld auf 3,5 cm zu erweitern. Die frühesten Exemplare waren Umbauten des AUFSU auf Bestellung, die Serienproduktion hatte eine geänderte Gehäusebeschichtung (CCL, S. 59).
AHOOT (1936) – wie AYOOC aber für 2,8 und 5 cm
7,3 cm-Hektor-Sucher – Eine Variante des 7,3 cm-Suchers ist bekannt (Hooper, Vfr., **18**, Nr. 4, 1985). Die rechteckige Begrenzung des 7,3 cm-Ausschnitts ist an der Frontlinse eingekerbt und trägt die Gravur "für Hektor-Objektiv 7,3 cm 1:1,9 Germany" und eine weiße Seite.

Von links nach rechts: AHOOT, AYOOC and später AUFSU.

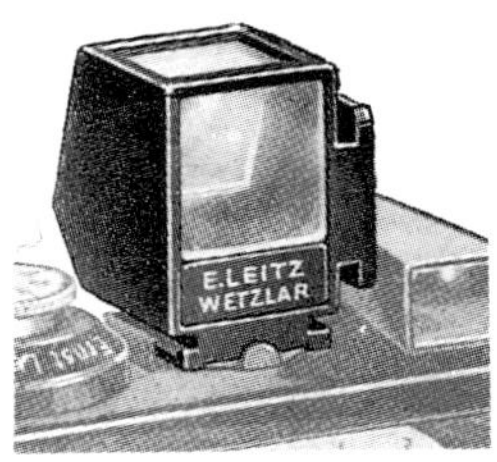

Rechts: früher AUFSU.

Winkelsucher

Vorgestellt 1929, um die Leica unauffällig für Aufnahmen um die Ecke einsetzen zu können. Die Sucher wurden in den Zubehörschuh geschoben und zeigten ein seitenverkehrtes Abbild des Motivs. Mit der Einführung der Leica II und III wurde eine neue Ausführung mit einem kleinen Prisma konstruiert, das vor das Okular des Suchers heruntergeschwenkt werden konnte, damit der Meßsucher in dieser Stellung benutzt werden konnte. Ein neuer Fuß war ebenfalls erforderlich, da der Meßsucher das Einschieben des alten Fußtyps in den Zubehörschuh verhinderte. 1938 wurde ein zusätzliches Prisma integriert, das ein seitenrichtiges Bild lieferte.

WINKO (1929) – (BJA, 1929, 340) Frühe Modelle hatten ein größeres Okular als es später üblich war. Schwarz oder chrom. Einige WINKO-Exemplare existieren mit einem Fuß vom Typ WINTU, die anscheinend Leitz-eigene Umbauten sind (Miller, LHSN, 1989, Herbst).

WINTU (1933) – Mit herunterschwenkbarem Prisma für die Verwendung mit dem Entfernungsmesser. Schwarz oder chrom.

WOOLD (1938) – Wie WINKO, jedoch mit zusätzlichem internen Prisma, das durch eine Schraube nahe des Okulars gehalten wird.

WOOSU (1938) – Wie WINTU, jedoch mit zusätzlichem internen Prisma.

Von links nach rechts: Später WINKO, WOOLD, Befestigungsschraube des inneren Prismas ist neben dem Okular sichtbar; früher WINKU, späte WINKUs in schwarz und verchromt

Orangefilter für Entfernungsmesser

Diese kleinen Aufsteck-Orangefilter dienten dazu, den Kontrast zwischen den beiden Entfernungsmesser-Bildern zu steigern. Sie wurden speziell für Kunstlicht empfohlen und waren selbst 1962 noch lieferbar.

ORAKO/14057 (1936) – Für die Leica-Modelle II, III und IIIa. Schwarz oder chrom. Paßten auch in den FOKOS-Entfernungsmesser.

OKARO/14058 (1939) – Für die Leica-Modelle IIc, IIf, IIIb, IIIc und IIIf. Chrom.

Augenkorrekturlinsen

Sie sind mindestens ab 1933 lieferbar gewesen, und entsprechende Adaptionen wurden eingeführt, damit sie in neuen Kameras und Spiegelkästen verwendet werden konnten. Linsen zur Korrektur von Astigmatismus folgten gewöhnlich ein oder zwei Jahre denen zur Korrektur der rein sphärischen Aberration, doch Leitz pflegte nur die Fassung zu liefern (Nr. 042-253.008), in die ein Optiker dann die Linse einarbeiten mußte. 1977 gab es eine weitere Veränderung in der Lieferpolitik, individuelle sphärische Korrekturlinsen sind jetzt für die aktuellen M- und R-Kameras lieferbar. Die erwähnte Fassung für M-Kameras ist immer noch erhältlich, so daß sich der Kunde von seinem Optiker eine Korrekturlinse gegen Astigmatismus einsetzen kann. Die Korrekturlinsen der letzten Jahre für die M-Leica besitzen einen Gummi-Schutzring. Leica R5 und R6 sowie die späten R4-Modelle besitzen eine Verriegelung für die Korrekturlinse.

DIOOY – 1955, Dioptrienwählscheibe (-5 bis +4 dpt) für Händler

	I-IIIa und Universal-Sucher	IIc, IIf, IIIb, IIIc, IIIf.	IIIg	M-Kameras bis 1977	CL	Viso Vergrößerer LVFOO/16486 PEGOO/16487 16461	Leicaflex, SL, SL-MOT, Viso III Vergrößerer 16499 bis 1977
Nah oder weitsichtig	**ORTUX** – 1933 **14068** (**ORBMO** – NY?, 1941)	**OPRTO** – 1951 **14060** (IIIb, **ORWYB** – NY, 1939)	**OKBZO** – 1951 **14061**	**ORTOX** – 1951 **14061**	**14081**	**OQZIO** – 1960 **14063**	**14118**
Astigmatismus	**ORUXO** – 1938 **14069** (**ORMGO** – NY?, 1941)	**OPSVO** – 1951 **14065** (IIIb, **ORYCE** – NY, 1939)	**OKVCO** – 1960 **14066**	**ORLEO** – 1956 **14062** (drehend)		**OSERO** – 1960 **14059**	

Dioptrien	M-Kameras 1977 bis 1987	M-Kameras nach 1987 mit Gummi-Verstärkung	Leicaflex, SL, SL-MOT, Viso III Vergrößerer 16499 nach 1977	Leicaflex, SL2, SL2-MOT, Leica R3, R3-MOT, R4	R-Kameras nach 1987, kann verriegelt werden*
+0.5	**14361**	**14350**	**14118**	**14240**	**14330**
+1	**14362**	**14351**	**14371**	**14241**	**14331**
+1.5	**14363**	**14352**	**14372**	**14242**	**14332**
+2	**14364**	**14353**	**14373**	**14243**	**14333**
+3	**14365**	**14354**	**14374**	**14244**	**14334**
-0.5	**14366**	**15355**	**14375**	**14245**	**14335**
-1	**14367**	**15356**	**14376**	**14246**	**14336**
-1.5	**14368**	**15357**	**14377**	**14247**	**14337**
-2	**14369**	**15358**	**14378**	**14248**	**14338**
-3	**14370**	**15359**	**14379**	**14249**	**14339**

*Leica Kameras unter Nr. 1662952 können mit einem Arretierbügel ausgestattet werden.

Auslöser

In diesem Abschnitt sind alle Auslösevorrichtungen zusammengefaßt, abgesehen von den Motorantrieben. Die Kabelauslöser sind gleichermaßen auch für die Spiegelreflexkameras geeignet.

Drahtauslöser

FINAL (1925) – Drahtauslöser mit einer an die Deckkappe der Kamera geklemmten Brücke. Sie hielt das Unterteil des Auslösers und zentrierte es über der Einbuchtung des Kameraauslösers bei frühen Leica A-Modellen.
FINOT/14070 (1931) – 25 cm langer Drahtauslöser mit Feststeller für Langzeitbelichtungen
OPKOM/14075 (1936) – wie FINOT, jedoch 50 cm lang
FIDRI (1931) – wie FINOT, jedoch 3 m lang
FISEX (1931) – wie FINOT, jedoch 6 m lang
FINOW (1939) – New York, 25 cm, metallummantelt
POORQ (1936) – Doppeldrahtauslöser für PLOOT-Spiegelkasten
GIIFT – Drahtauslöser für Micro Ibso
GIIBR – wie GIIFT, jedoch mit Feststellschraube
CALOS – Automatik-Auslöser für Micro Ibso-Ansatz MIKAS, 45 cm lang
OZWTO/16492 (1951) – Doppeldrahtauslöser für Visoflex I, mit Feststellschraube. Frühe Version chrom, später schwarz
OZWTO-M/16491 – wie OZWTO jedoch für M-Kameras und Visoflex II, IIa und III
OZXVO/16493 (1954) – einschraubbare Drahtauslöser-Verbindung für Visoflex I, nur für Schraubleicas, pneumatische Auslösung, sogenannter Sportauslöser
FONOT/14067 (1955) – 25 cm langer Auslöser mit Feststellschraube für M-, Leicaflex- und Leica Kameras
14076 (1971) wie FONOT, jedoch 50 cm lang
OZTNO/14088 (1955) – Adapter zur Verwendung von Drahtauslösern der Schraubleicas an M-Modellen. Mindestens drei Varianten in der Gravur sind bekannt.
MQUOO/14084 (1954) – Mundauslöser, hergestellt von Stuber, Wetzlar

FINAL mit Brücke zum Anklemmen an die Deckkappe der Kamera

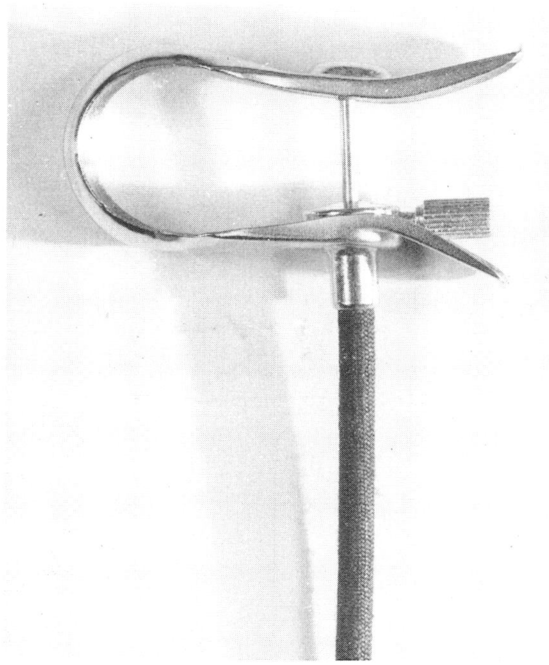

Mundauslöser MQUOO

Fernauslöser

OOFRC (1936) – Fernauslöser und Winder ausgelöst durch zwei Kordeln, eine für den Aufzug, die andere für die Auslösung

Langzeiten-Vorrichtungen

HEBOO (1935–1969) – Vorrichtung für lange Zeiten mit Zeiten von 1, ½, ¼, ⅛ Sek. für Leica Standard und II. Schwarz, mit Nickel- oder Chrom-Finish. In das Auslösergewinde anstelle des Schutzrings eingeschraubt.

AMTOO/16777 (1958) – Elektromagnetischer Auslöser für Schraubleicas, zur automatischen Auslösung durch Steuergerät

AMTOM/16776 – wie AMTOO, jedoch für Bajonett-Modelle

Fernauslöser OOFRC

Langzeiten-Vorrichtung HEBOO

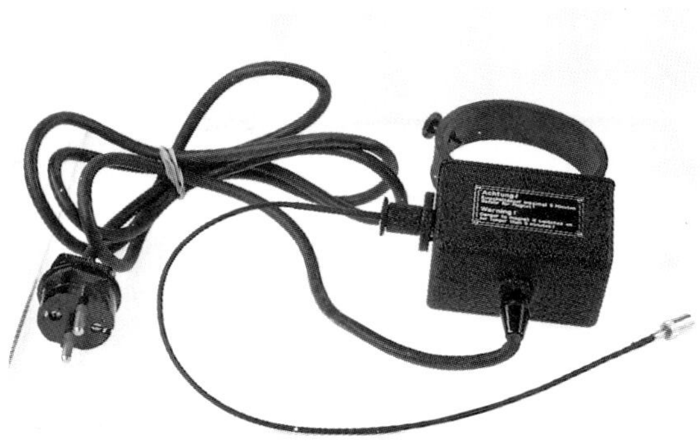

Elektromagnetischer Auslöser AMTOO

Auslöseverzögerung DIREKT

Auslöseverzögerung APDOO

Auslöseverzögerungen

DIREKT (1932) – Auslöser mit pneumatischer Funktion, nicht von Leitz hergestellt. Angeboten von Dr. Karl Weber, Kiel, als "Direkt" (Die Leica, 1934, 4, Nr. 3, S. 96). Benötigte einen Adapter, um an der Leica über das Drahtauslösergewinde befestigt zu werden. Von Leitz/-New York noch 1939 in der Liste aufgeführt

DIRON (1936, New York) – Selbstauslöser und Auslöseverzögerung für Belichtungen zwischen ½ und 10 Sek. sowie kurze Belichtungszeiten

APDOO/14003 (1938–1965) – Auslöseverzögerung von 10 bis 15 Sek. Schwarz und chrom, Vorkriegsausführung mit schwarzer Scheibe und weißem Punkt, zylindrischer Knopf. Nachkriegsmodelle mit verchromter Scheibe und schwarzem Punkt, pilzförmiger Knopf

ASKOO – APDOO in Lederetui

Weichauslöser

SOREI – (1949) – New York, "verbesserter Typ" Weichauslöser für Kameramodelle bis IIIb, Verringerung der Verwacklungsgefahr beim Auslösen

Auslöser für Linkshänder

Diese Zubehörteile wurden nur auf Sonderbestellung angefertigt und haben, soweit bekannt, nie eine Codebezeichnung bekommen. Zuerst 1939 lieferbar (LNT, 1939, Nr. 39, S. 78) und nach dem Krieg wiedereingeführt. Drei Ausführungen sind bekannt.

Auslöser für Linkshänder

a) Für Gewinde-Leica außer der Standard
b) für Leica Standard, mit höherem Fuß zur Bedienung des Zeitenrades
c) für Leica M, abgewinkelte Arme, da Auslöser nicht in einer Linie mit dem Zubehörschuh

Auslöser für Compur-Summicron

Spezialauslöser für das 50 mm-Compur-Summicron von 1955 (Kapitel 8). Paßte über den Kameraauslöser. Erhielt nie eine Codebezeichnung oder eine Auflistung im Katalog, obwohl Leitz/New York 1955 eine Broschüre herausgab (LIG. II, S. 44).

Kamerastützen und Trageriemen

Kugelköpfe

Sie sind das älteste und langlebigste Leica-Zubehör, die kleine Ausführung wurde bereits 1926 vorgestellt. Die Veränderungen im Design sind bei beiden klein, die großen Kugelköpfe sind von Lager beschrieben worden (Vfr., 1981, 14, Nr. 4, S. 10). Der große Kopf ist immer noch im Katalog.

FIAKU (1926) – Kleiner Kugelkopf, anfangs vernickelt, ab 1936 verchromt
FOOMI/14105 (1938–1960) – Kleiner Kugelkopf, dem **FIAKU** sehr ähnlich, verchromt
KGOON/14115 (1936) – Großer Kugelkopf für langbrennweitige Objektive und die Fokussierbühnen. Die späteren Modelle hatten ¼"- und ⅜"-Stativgewinde, das ⅜"-Gewinde ist federnd gelagert und wird zum Gebrauch des ¼"-Gewinde heruntergedrückt. Frühe Modelle hatten ein kurzes Gehäuse, spätere Ausführungen Querstreben zum leichteren Anschrauben an die Kamera.
14121 (1964) – Großer Kugelkopf, ersetzte den KGOON. Umkehrbare ¼"- und ⅜"-Gewinde, die durch Schraubkappen gesichert waren. Spätere Modelle hatten eine Schraube aus schwarzem Kunststoff.
14119 (1967) – Wiedereingeführter kleiner Kugelkopf, schwarzes Gehäuse
14110 (1984) – Ersetzte 14121: Fest angebrachtes ¼"-Gewinde vom Typ C, noch in Produktion
ZSOOG (1938) – Zwischenstück, das die Verwendung des früheren großen Kugelkopfes mit kurzen Gehäusen an Stativen mit breiter Kamera-Auflage erlaubt.

Varianten: Alle oben aufgeführten Modelle bis auf die Nr. 14119 hatten im Detail beträchtliche Veränderungen. Die Ausführungen vor dem Krieg und unmittelbar danach hatten flache Daumenschrauben auf einem zylindrischen Schaft, während spätere Versionen einen rautenförmigen Querschnitt besaßen, die neueren aus Kunststoff. Der früheste FIAKU war gedrungener als die späteren Versionen und besaß eine gewölbte Kameraauflage. Die Kameraauflagen vom FIAKU, FOOMI und KGOON waren dünn, beim späteren FOOMI und KGOON dagegen dicker. Der FIAKU ist auch mit der Gravur "Leitz London", der KGOON mit "Leitz New York" bekannt (Lager, op. cit.), den FIAKY (FOOMI?) sowohl mit der Gravur Leitz und Saroptico, der Optikfirma, die die Leica-Kameras "Monte en Sarre" herstellte.

Panoramakopf

FIAMA (1926) – (LP. Ger. 2238, 1926; Rut. S. 28) Panoramakopf für 50 mm-Objektive. Untere Skala auf unterteiltem Ring für Querformataufnahmen (9 Aufnahmen für 360°)

Es gibt bei den Leitz Kugelköpfen eine große Vielfalt. Von links nach rechts: 14121 chrom aus den 70er Jahren, KGOON, vernickelt, Vorkriegsversion; FOOMI, chrom, frühe 60er, FIAKU, vernickelt, 1931

Winkelschiene FIAVI zur Positionierung der Kamera senkrecht über dem Panoramakopf; angebracht auf dem Panoramakopf FARUX mit 5 cm-Skalenring und Wasserwaage FIBLA im Zubehörschuh. Das konische Unterteil ist kein Leitz Produkt.

Panoramakopf FIAMA

Skalenringe für FARUX

SDOOG Stativschnellkupplung

und obere Skala für Hochformate. Die frühe Version hatte nur die Skala für Querformate.

FARUX (1933) – Panoramakopf mit auswechselbaren Skalenringen für unterschiedliche Brennweiten. Geliefert mit 5 cm-Ring.

FAROS – Skalenring für 3,5 cm-Elmar

FAWAG – Skalenring für 7,3 cm-Hektor

FAXIS – Skalenring für 9 cm-Elmar

FASKI – Skalenring für 10,5 cm-Elmar

FARLY – Skalenring für 13,5 cm-Elmar oder Hektor. Nur für Querformate unterteilt, da aufgrund des hohen Gewichts dieser Objektive der Kopf am Stativgewinde des Objektivs befestigt wurde und somit nur Querformate möglich waren.

Stativadapter

SDOOG (1936) – Stativkopf mit Federverriegelung zum schnellen Befestigen der Kamera auf dem Stativ. Bis 1949 lieferbar.

FOONW (1936) – Skalenring für 2,8 cm-Hektor

FOOQL (1936) – Skalenring für 20 cm-Telyt. Nur für Querformate unterteilt (siehe FARLY)

FIAVI (1929) – Winkelschiene zum Abstützen der Kamera mit über dem Panoramakopf zentrierten Objektiv für Querformataufnahmen oder um die Kamera für Hochformate senkrecht abzustützen

FIBLA (1929) – Wasserwaage zum Anbringen im Zubehörschuh der Kamera für Querformataufnahmen oder am FIAVI für Hochformate

DOOLU (1936) – Ähnlich dem FIBLA, verchromte Version DOOLU-CHROM

VEZUK (1933) – Geschwungener seitlicher Halter zum Abstützen der Kamera bei Hochformaten

ZTOOF (1938) – Großer Adapter zum Adaptieren des englischen auf das kontinentale Stativgewinde

ZVOOD (1938) – Großer Adapter zum Konvertieren des kontinentalen auf das englische Gewinde.
ZTNOO – ZTOOF + ZVOOD

Tischstative
TOOSF (1936) – Tischstativ, das sich zu einer L-Form öffnet und mit der Stellschraube geneigt werden kann
TOOUG (1949) – zusammenlegbares Tischstativ komplett mit FOOMI-Kugelkopf

Stative von Leitz/New York
14101 – Stativ Tiltall komplett mit Kinoneiger
98329 (N.Y.) – Kompaktes Tiltall-Stativ ohne Kinoneiger

Trageriemen
TROOV (1938) – Trageschlaufe für die Leica zur sicheren Haltung bei Langzeitaufnahmen
FIBOS (1936) – Umhängeriemen mit Metallhaken für Leica Kameras mit Trageriemenösen
TRPOO-M (1951) – Umhängeriemen mit Patenthaken
SHOLD (New York, 1950) – Riemengleitschutz mit Leder und Gummiauflage für Umhängerimen
TSOOV/14092 (1960) – Umhängeriemen mit Ringbefestigung, für alle Leica Kameras. Später mit Riemengleitschutz geliefert
DXOOK/14094 (1960) –Riemengleitschutz für Umhänge-

Schulterstützen und Griffe
RIFLE – (siehe Kapitel 15)
14188 (1975) – Universalhandgriff mit Schulterstütze

Siehe auch Kapitel 11 für Stative zu Spiegelreflexkameras mit Motor

TOOUG/14100 (1952) – Tischstativ einzeln, frühe Ausführungen mit schwarz gekräuseltem Lack, später grau lackiert. Noch in Produktion
TOOQE (1952) – Tischstativ komplett mit FOOMI

98330 (N.Y.) – Neigerkopf zu Tiltall-Stativ
98334 (N.Y.) – Stativklemme
98333 (N.Y.) – Einbeinstativ

riemen
98050 (New York, 1962) – Deluxe-Umhängeriemen für alle Leica Kameras. Mit schnell entriegelbaren Sicherheitsclips
14196 – Trageriemen für M5 als Ersatz
14194 – Trageriemen mit Gleitschutz für Leica CL
14226 (1978) – Nylon-Schulterriemen für Leica M-Kameras
14130 (1966) – Trageriemen mit Gleitschutz für schwere Geräte mit zwei Stativschrauben, um beispielsweise den Universal-Handgriff zu befestige

14239 (1984) – Universalhandgriff vom neuen Typ mit Schulterstütze, in ein kleines Stativ verwandelbar

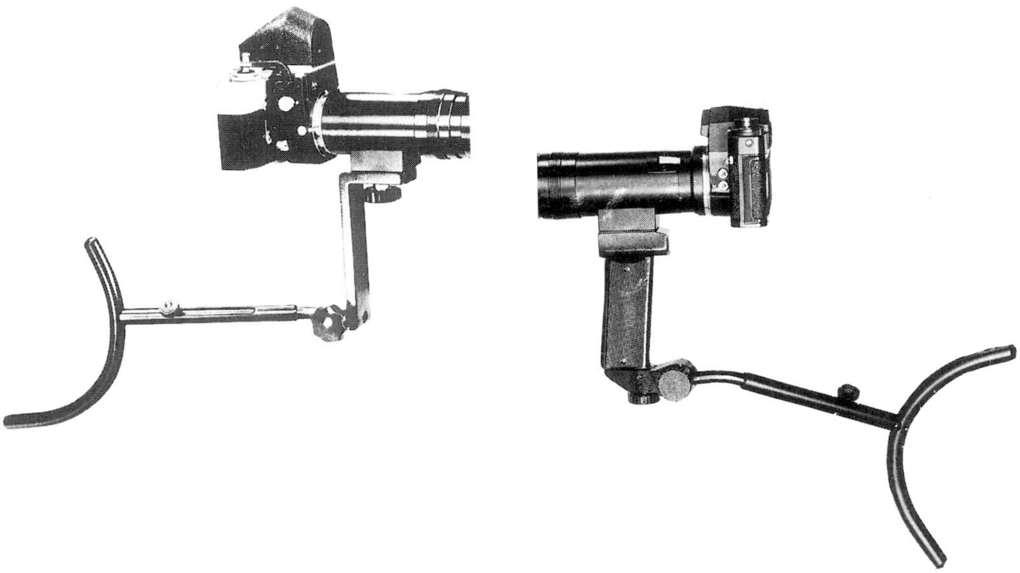

Universal Handgriff mit Schulterstütze, frühe Version links, rechts eine spätere Version

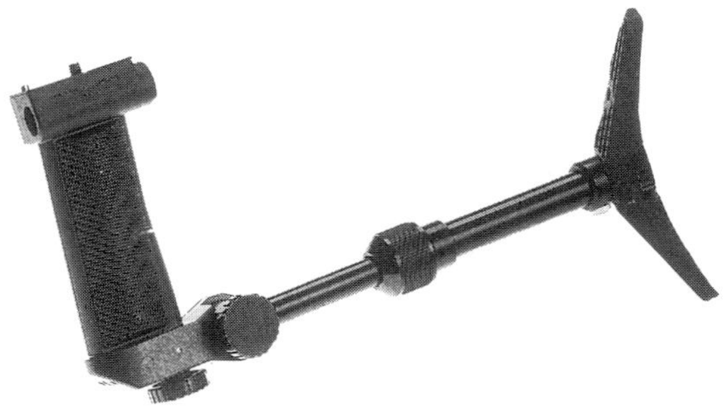

Handgriff und Schulterstütze des neuen Typs, der sich zu einem kleinen Stativ umstecken läßt

RAPIDO Schnelltransport

Unterwassergehäuse

Sie wurden von der Firma Akustische und Kinogeräte GmbH, Wien hergestellt und von Leitz im Katalog aufgeführt.
AKGRMI/16900 – Für Leica If, IIf oder IIIf mit roten Kontaktzahlen und 50 mm-Summicron
AKGRSU/16905 – Für Leica If, IIf oder IIIf mit roten Kontaktzahlen und 50 mm-Summitar
AKGBMI/16910 – Für Leica If, IIf oder IIIf mit schwarzen Kontaktzahlen und 50 mm-Summicron
AKGBSU/16915 – Für Leica If, IIf oder IIIf mit schwarzen Kontaktzahlen und 50 mm-Summitar

Schnelltransporte und Motoren

Die Leica gab Fotografen die Möglichkeit, das Leben lebendig festzuhalten und machte den modernen Bildjournalismus erst möglich. Natürlich fanden die Fotografen, die Pionierarbeit damit geleistet hatten, schon bald heraus, daß die Arbeitsweise trotzdem zu langsam war. Der erste Schnelltransport, der Rapido, aufgeführt von Leitz, New York mit der Nummer 51806, erschien 1934/35. Er wurde nicht von Leitz hergestellt. Er bestand aus einem selbsttätig wieder aufgewickelten Stahldraht mit Zugring, der in einem eigenen Transportknopf untergebracht war (LNT, 1936, Nr. 21, S. 100). Er wurde 1935 durch einen Leitz-eigenen Rapid-Winder ersetzt. Dieser wurde gegen die normale Bodenplatte ausgetauscht. Leica Gehäuse mit Seriennummern unter 159.000 benötigten eine modifizierte Aufwickelspule. Gehäuse unter Nr. 111.450 erforderten das Anbringen der größeren Befestigungsschraube für die Bodenplatte, obwohl eine Version des Winders für den kleineren Stift existiert.

Schnelltransport, ähnlich dem SCNOO, aber für IIIc

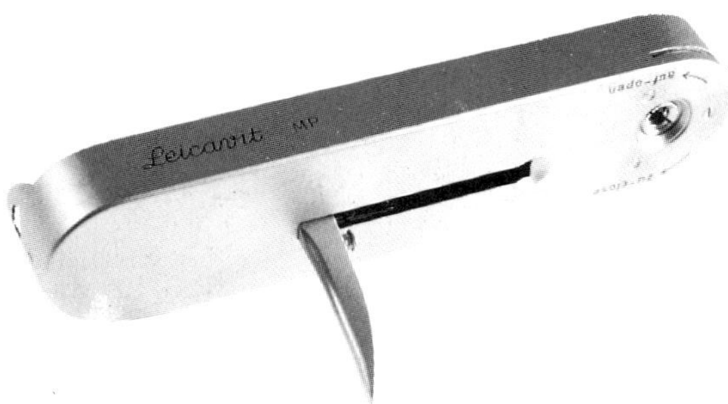

Leicavit MP

SCNOO (1935) – In schwarz und vernickelt, schwarz und verchromt oder ganz verchromt. Die frühesten Modelle besaßen eine Stahlstreifen-Feder als Aufwickelmedium, diese wurde aus Sicherheitsgründen jedoch schon bald durch ein Band ersetzt (CCL, S. 67)
SCNOO-CHROM – dto. in chrom
IIIc-Modell (ca. 1940) – Codebezeichnung unbekannt, chrom, für das längere Gehäuse der Leica IIIc
RSOOQ (1940) – Für 24 x 24 mm-Röntgenkamera. Aufwicklung durch Stahldraht anstelle des Bandes und mit Stützvorrichtung (CCL, S. 67)
Modell mit Tauchkolben (ca. 1939) – Tauchkolben in Zylinder anstelle von Hemmwerk und durch einen ständig angesetzten Kabelauslöser betätigt (LIG, II, S. 138)
Modell 250 (ca. 1939) – Modifizierte Leica 250-Bodenplatte für Schnelltransport mit Tauchkolben (LIG, II, S. 138)

SYOOM (1951) – Leicavit mit einklappbarem Auslösehebel, ersetzte den SCNOO. Für Leica Modelle ab Nr. 400.000, verchromt. Nur sehr wenige Exemplare mit kleinem Hebel an der Bodenplatte wurden hergestellt, womit zwischen Einzel- und Serienschaltung gewählt werden konnte. In Stellung "Einzel" transportierte der Leicavit den Film und spannte den Verschluß, der dann über den normalen Kameraauslöser ausgelöst wurde. In Funktion "Serie" wurde der Verschluß ausgelöst, wenn der Leicavit-Auslöser wieder in die Ausgangsstellung gebracht wurde.
SYOOM/14009 (1953–1963) – Wie oben jedoch ohne Wählmöglichkeit zwischen Einzel- und Serienschaltung
SYOOM/14109 – dto. mit ⅜"-Stativgewinde
SMYOM/14008 (1960–1966) – Leicavit MP für M1, M2 und MD
SMYOM/14018 – mit ⅜"-Stativgewinde

Früher MOOLY, Nr. 826, mit Wählhebel für 1 oder 2 B/Sek. Der einklappbare Transportschlüssel ist darunter zu sehen.

Auslösekupplung an der Rückseite des MOOLY Nr. 826

MOOLY-C, Nr. 5350 für Leica IIIc mit interner Auslösekupplung

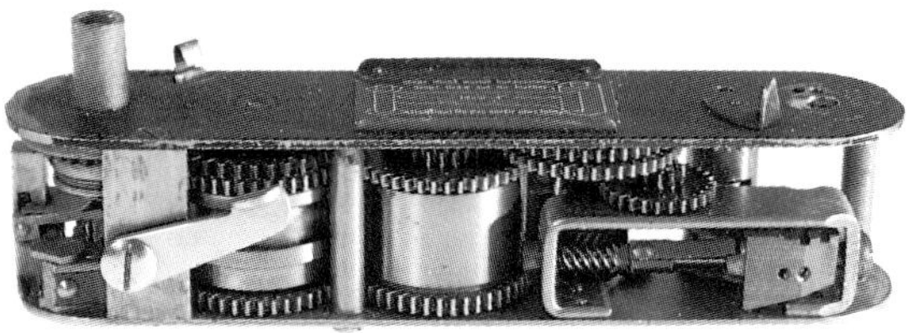

Innenansicht eines MOOLY

Federwerkmotoren – MOOLY

Der erste Motor war der berühmte **MOOLY** von 1938, der über ein Federwerk angetrieben wurde. Er wurde bei Leicas ab Nr. 159.000 direkt anstelle der Bodenplatte angesetzt. Kameras mit Seriennummern darunter mußten mit einer neuen geschlitzten Aufwickelspule ausgestattet werden. Bei Modellen mit Nummern unter 111.450 war außerdem der Arretierstift der Bodenplatte gegen einen mit größerem Durchmesser auszutauschen. Die Auslösung erfolgte über einen Hebel an der Vorderseite, die Kupplung zum Auslöser der Kamera besorgte eine äußere Verbindung an der Rückseite der Kamera. Die Feder erlaubte 12 Aufnahmen mit einem Aufzug. Der MOOLY war verchromt und hatte eine Seriennummer. Bei den ersten Modellen konnte über einen Schalter an der Vorderseite zwischen einem und zwei Bildern pro Sekunde gewählt werden. Gegen Ende des Jahres 1938 wurde dieser weggelassen. Bei Zwischenmodellen wurde der Schalter arretiert und die entsprechende Gravur entfiel. Bei der letzten Version war der Schalter ganz verschwunden. Etwa 1000 der Motoren mit zwei und 4000 von denen mit einer Frequenz wurden hergestellt.

Die Leica IIIc mit ihrem 2,8 mm längeren Gehäuse erforderte einen neuen Motor – den **MOOLY-C**. Die Verbindung zum Kameraverschluß war nun integriert. Der Motor war verchromt, mit Seriennummern um 5000 bis etwa 5200, manchmal mit dem Zusatz "K". Graue Motoren mit Seriennummern im Bereich von 5200 bis 5300 wurden auch später im Krieg hergestellt, wieder manchmal mit einem zusätzlichen "K" versehen. Schwarze Exemplare mit Seriennummern generell über 5300 sind ebenfalls bekannt (Lager, Vfr., 1979, 12, Nr. 4; 1980, 13, Nr. 3, 1982, 15, Nr. 3 und Anderson und Lager, Vfr., 15, Nr. 4). Graue Ausführungen mit "K" wurden noch bis 1947 ausgeliefert.

Varianten: Ein Exemplar eines schwarzen MOOLY mit interner Kuppulung für die Leica IIIb nach Art des späteren MOOLY-C ist beschrieben worden (Vfr., 1978, 11, Nr. 4). Den frühesten Seriennummern ist ein "Nr." vorangestellt. Es ist auch ein Exemplar mit doppelter Seriennummer 687 bekannt: ein MOOLY mit zwei Geschwindigkeiten ohne Gravur und "WO 687" mit einer Geschwindigkeit ohne Schalter (Taylor, Vfr., 1976, 9, Nr. 4).

MOOLY (1938) – Erster Leica-Motor wie beschrieben
MOOLY-C (1940) – Ausführung für Leica IIIc

Elektrische Motoren

Der erste elektrische Motor wurde etwa 1939 für die Leica 250 im militärischen Einsatz konstruiert. Die früheste Form besaß einen externen Verbindungsarm wie der MOOLY-C, die späteren waren jedoch intern gekuppelt. Es sind zwei Typen von Kupplungswellen bei den intern gekuppelten Modellen bekannt, entweder mit einem halben Schlitz oder einem Schlitz voller Breite am Ende der Welle. In einigen Fällen trug die Deckkappe die Seriennummer der Kamera, an die der Motor angepaßt war. Es gab Ausführungen mit 6 Volt, 12 Volt, 24 Volt und 110 Volt. Zwanzig Jahre lang gab es keine weitere Entwicklung, bis ein unabhängiger New Yorker Mechaniker, Norman Goldberg, 1960 einen Motor für die Leica M2 konstruierte. Es war eine modifizierte Leicavit MP-Bodenplatte mit einem elektrischen Motor, einem pistolenähnlichen Handgriff und einem Auslöser. Verwendet wurde ein externer Verbindungsarm zum Kameraauslöser, ähnlich dem des früheren MOOLY. Er erhielt die Bezeichnung Modell Nr. 5. Frühe Ausführungen hatten eine zweistufige Bedienung, bei der eine mechanische Kupplung den Verschluß am Ende der Auslösung betätigte, die späteren verfügten über eine einstufige Auslösung mit elektrodynamischer Unterbrechung. Einige der frühen Modelle wurden später in die mit einstufiger Funktion umgebaut, einige wenige auf interne Kupplung und mit der Bezeichnung N5 A versehen (Greiner, Vfr., 1972, 5, Nr. 1). 1959 baute man in Wetzlar ebenfalls eine kleine Serie von Motoren für eine modifizierte M2, den MP2. Er trug eine gekörnte Vulkanit-Oberfläche passend zur Kamera und ähnelte dem Leicamotor, kuppelte jedoch mit dem Zwischengetriebe des Verschlußaufzugs. Der erste in Serie gebaute Motor war der Leicamotor von 1962 zu einer passend modifizierten M2, später M2-M und M4-Mot. Der Goldberg-Prototyp wurde für eine kurze Zeit von einer Firma namens TPI gefertigt. 1965 übernahm jedoch Leitz/New York alle Teile und Patentrechte und baute den Motor selbst. Das Batteriegehäuse

250 Motor

Wetzlarer Motor-Prototyp zur M2

Leicamotor 14000, hergestellt in den USA

Leica Winder M4-2

Leica Winder M

hatte die gleiche Form wie der Motor und war unter diesem angebracht, beide bildeten so eine Einheit mit der Kamera. Der Motor kuppelte mit der Welle der Aufwickelspule. Ein Schalter am Boden des Batteriepacks wies drei Positionen auf: **OFF**, **H** = 3 B/Sek. von 1/50 bis 1/1000 Sek. und **L** = 1 B/Sek. bei 1–1/1000 Sek.

Die frühe Ausführung des Leicamotors besaß keine kameraseitige Steuerung, eine spätere Schaltung in der Kamera erlaubte jedoch die Nutzung des gesamten Zeitenbereichs. Die letzte Version schließlich besaß eine Fernauslöse-Buchse und Anschluß für eine externe Stromversorgung. Von TPI hergestellte Motoren hatten das TPI-Logo an der Unterseite des Batteriepacks eingraviert, an der Vorderseite ebenfalls und die Bezeichung "Remodrive L". Leitz-Modelle trugen ihr eigenes Logo mit dem TPI-Logo an der Bodenplatte, das herausgefräst war und eine schwarz oder weiß lackierte, quadratische Vertiefung bildete (Lager, Vfr., 1978, 11, Nr. 12).

1976 erschien der erste kompakte Leica-Winder, der mit modernen Batterien und Mikromotoren arbeitete.

14000 (1967) – Leicamotor
14214 (1976 – 1980) – Leica-Winder M4-2. Nur für diese Kamera und für die MD-2. Automatischer Verschlußaufzug und Filmtransport für Einzelbelichtungen bis zu 3 B/Sek.
14400 (1981) – Wie 14214 aber mit zusätzlicher Serienschaltung. Seriennummern ab 10350. Auch als die M4-2 von der M4-P abgelöst wurde, trug der Motor immer noch die Aufschrift "M4-2".
14227 – Ersatz-Batteriefach für Winder M4-2
14229 – Verbindungskabel für Fernsteuerung
14228 – Handschlaufe
14403 (1987) – Leica-Winder M, für M6, M4-P, M4-2 und MD-2
14402 – Ersatz-Batteriefach

Belichtungsmesser

Seit den frühen 30er Jahren haben Belichtungsmesser-Hersteller Modelle für die Leica produziert, die für Leica Verschlußzeiten und Blendenwerte kalibriert waren. Die frühesten von ihnen waren optische Belichtungsmesser, sie wurden von Emmermann in seinem Magazin "Die Leica" und von Vrith empfohlen. Die Geräte trugen die Bezeichnung "Leica" als Teil ihrer Bezeichnung, ob dies mit oder ohne Autorisierung durch Leitz geschah, läßt sich allerdings nicht mehr sagen. Der optische Belichtungsmesser Leicascop wurde von Leitz/New York im Katalog von 1934 aufgeführt, ebenso der fotoelektrische Weston 627. Der Weston 617 besaß eine erheblich gesteigerte Empfindlichkeit und war mit der Aufschrift "E. Leitz, Inc. New York, U.S.A." auf seiner Rechenscheibe versehen. Auch der Weston 650 von 1936, kleiner und leichter, hatte eine ähnliche Aufschrift auf seiner Rechenscheibe. Auch die fotoelektrischen Modelle Metrawatt, Sixtus, Ombrux und Metrovic wurden für die Leica hergestellt. In den 30er Jahren sprach sich Leica gegen einen eingebauten Belichtungsmesser für die Leica aus, wie er vom Mitbewerber in der Contax III geboten wurde. Als Argumente wurden das wesentlich größere Volumen der Kamera und die geringere Robustheit des Meßgerätes angeführt. Leitz brachte 1939 jedoch in Zusammenarbeit mit Metrawatt, Nürnberg den ersten echten Leicameter heraus. Er war so konstruiert, daß er auf die Kamera paßte, doch Leitz führte ihn zumindest in Europa nicht im Katalog auf. Dies erfolgte erst mit der ersten Serie von M-Kameras, bei denen erstmals eine Kupplung mit dem Verschlußzeitenrad vorhanden war.

Optische Belichtungsmesser
Bewi – spezielles Leica-Modell, Paul Will, München (Emmermann, Nov./Dez. 1931)
Lios-Liliput – Leica-Modell, Schlichter, Freiburg (Vith, 1932)
Leicascop – Drem, Frankfurt/M. (Emmermann, Mai/Juni 1932)
LEDYD (1934) – Drem Leicascop, wie von Leitz/New York im Katalog von 1934 aufgeführt
Direct Exposure Meter (1929?) – "korrigiert für den Gebrauch mit Leica-Kameras", hergestellt in San Francisco (Sehnke, Vfr., 1985, 18, Nr. 4)
Picosop – Excelsior-Werk Rud. Kiesewetter (Fon,1980, Nr.5)
VIDNY – Ein rätselhaftes Modell. Wright und Glandfield (CCL, S. 102) sprechen von einem optischen Belichtungsmesser, der auf der Oberseite der Leica befestigt wurde und in einem US-Katalog von 1939 aufgeführt war (nicht jedoch der Leitz/New York-Katalog Komplette illustrierte Preisliste, Nr. 1275, 3/1939, wie von Morgon und Morgan als Reprint herausgegeben). Schneider beschrieb einen Leitz-Belichtungsmesser mit dem Leitz-Logo darauf, einem Zubehörschuh auf der Oberseite und zwei Ösen, die aus der Unterseite ragten

und zur Befestigung von Schrauben dienten (Modern Photography, 1973, April). Man vermutete dann aber einen Scherz dahinter (Vfr., 1973, **6**, S. 10). Hicks (History of the 35 mm Still Camera, Focal Press, 1984) erwähnt den optischen Belichtungsmesser VIDNY und sagt, daß er kurz nach dem Zeiss Diaphot für die Contax 1932/33 eingeführt wurde, bildet aber ein völlig anderes Gerät ab, das wie ein WEISU-Sucher mit Augenmuschel aussieht.

Fotoelektrische Belichtungsmesser für Schraubleicas

Weston (1933) – Erster Weston-Belichtungsmesser mit spezieller Leica-Skala. Ziemlich groß und unhandlich.

Metraphot (1933) – von Metrawatt, Nürnberg. Leica Version mit einem kleinen Meßgerät in einem skalenförmigen Metallgehäuse, der im Zubehörschuh befestigt wurde, jedoch nicht gekuppelt war (Natkin, 1934).

LEDZH (N.Y., 1934) – **Weston 627**, "Leicameter" als Aufschrift auf der Rechenscheibe. Kompaktes, rundes Gerät mit verschwenkbarer unterer und oberer Deckplatte.

Weston 617 (1934) – fotoelektrischer Belichtungsmesser, Aufschrift "E. Leitz, Inc., New York, U.S.A." auf der Rechenscheibe. Bakelitgehäuse mit geraden Kanten und halbkreisförmigen Enden. Der Weston 617 und der 627 wurden 1934 und 1935 von Weston gemeinsam in Anzeigen beworben, der 627 als Cine-Belichtungsmesser.

Tempophot (1936) – von Metrawatt. Leica Version eines Meßgerätes in Banjo-Form

Optischer Belichtungsmesser Leicascop

Weston Modell 627

Weston Modell 617

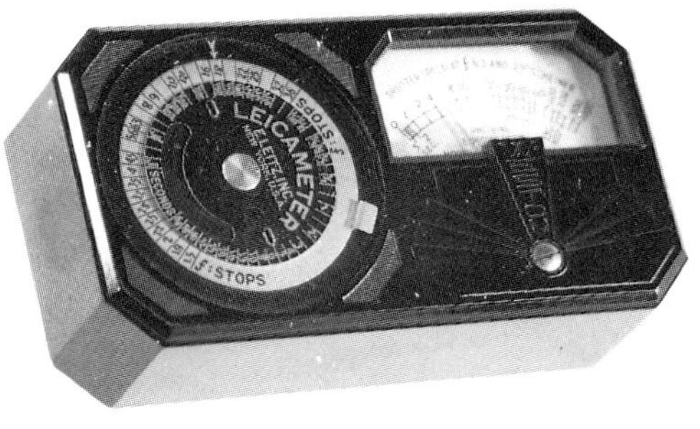

Weston Modell 650

Weston Belichtungsmesser, der erste mit Leica Skalen

Belichtungsmesser Ombrux

(Leica Technik, 1936, BJA, 1936). Erste Einführung des Metrawatt-Patentes, das ein leichteres Ablesen der Rechenscheibe erlaubte. Die unebene Zeigerskala war durch "Kanäle" mit der einheitlich unterteilten Belichtungsskala verbunden, so daß das Prinzip der verschiebbaren Skalen angewandt werden konnte. Alle folgenden Leicameter von Metrawatt arbeiteten nach dieser Methode.
Tempiphot (1937) – Verbesserte Ausführung des Tempophot mit gesteigerter Empfindlichkeit durch einen abnehmbaren Verstärker (BJA, 1937)
Sixtus (1936) – Leica Version eines kompakten Meßgerätes in einem geschlossenen Bakelitgehäuse mit angelenkter Schutzkappe (BJA, 1937)
Rex (1938) – (BJA, 1938)
Westo (N.Y. 1936) – Weston 650, "E. Leitz Inc. New York, USA" auf der Rechenscheibe. Rechteckiges Gehäuse im Art Deco-Stil mit abgeschrägten Ecken
Ombrux (1937) – (Natkin, 1937)
Electro-Bewi (1937) – (Natkin, 1937)
Electro-Drem – der Kopf dieses fotoelektrischen Belichtungsmessers wurde auf dem Ende eines faßähnlichen Belichtungsmessers ähnlich dem des Drem Leicascop befestigt.
Metrovic (1939) – kleiner Belichtungsmesser mit zwei Meßbereichen in Lederetui. Meßbereich für schwache Lichtverhältnisse durch Knopfdruck gewählt.
Excelsior (1939) – befestigt im Zubehörschuh, Leica Version zur Leipziger Messe 1939 (CCL, S. 102)
LC 60 (1939) – Metrawatt. In Zusammenarbeit mit Leitz konstruiert, paßte in den Zubehörschuh. Die Indexlinie zum Anzeigen der Verschlußzeiten auf der Scheibe war am Ende des Gehäuse plaziert. Die Linie setzte sich der Seite entlang fort und lief gegenüber dem Index am Zeitenrad der Kamera aus. Spätere Modelle hatten die internationale Blendenreihe (LNT, 1939, Nr. 39, S. 60).
Weston Master 715 (N.Y. 1944) – Leicameter-Ausführung des Weston Master I
METER (N.Y. 1951) – **Leica-Meter** (Metraphot/MF). Verchromt und kleiner als der LC 60, nicht gekuppelt. Entweder DIN/Weston/ASA oder DIN/ASA-Filmskalen und internationale Blendenwerte von 1,4 bis 22. Zubehörschuh am Ende für Verstärkerzelle.
? (N.Y. 1954) – **Leica-Meter 2.** Ein viel kleinerer Belichtungsmesser für alle Leicas außer den M-Modellen, nur ca. 3,5 cm lang, nicht gekuppelt. Klemme für Verstärkerzelle. Diffusorkalotte für Haupt- und Verstärkerzelle.
MBOOWT – Verstärkerzelle für die beiden obengenannten Modelle
METTNC (N.Y. 1957) – **Leica-Meter 3**. Wie Modell 2, jedoch für Leica-Modelle **f** und **g**. Skala bis 1000 ASA und mit Lichtwert-Einteilung.

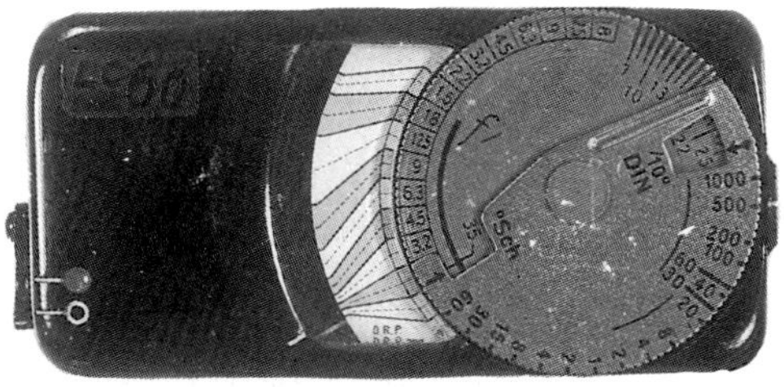

Belichtungsmesser LC 60

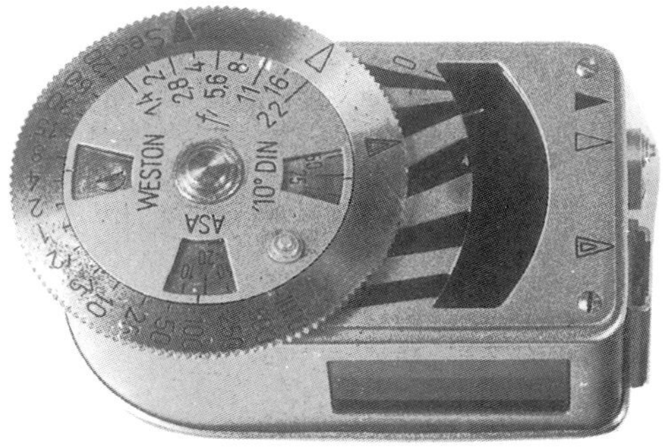

Metraphot MF/L

Belichtungsmesser Metrovic

Leica-Meter 2

Fotoelektrische Belichtungsmesser für M-Kameras

METRA (1955) – **Leicameter M** für M-Kameras, Kupplung durch einen Stift, der in den Schlitz am Zeitenrad greift. Frühe Versionen hatten DIN/ASA/Weston-, spätere nur DIN/ASA-Skalen. an die Seite paßte die gleiche Verstärkerzelle wie oben, jetzt mit der Codebezeichnung MBOOW. Eine Klappe mit einem Schlitz deckte die Meßzelle bei hellem Licht ab.

METRA/14200 (1957) – **Leicameter MC**, verbessertes Gerät für M-Kameras. Keine Klappe, dafür Schalter, der innen den Schaltkreis für hohe und niedrige Werte entsprechend betätigt. Kalotte zum Aufklemmen auf die Vorderseite und die neue Verstärkerzelle, die ebenfalls an die Frontseite angeklemmt wurde. Skalen anfangs bis Blende 1,5 und 7° DIN unterteilt, später bis 1,4 und 6° DIN. Auch schwarze Ausführungen sind bekannt.

MBOOW-C – Verstärkerzelle für Leicamter-MC

MBOOC/14202 – späterer Code für MBOOW-C

14210 (1966) – Leicameter MR, der erste CdS-Belichtungsmesser mit kleinerem Meßwinkel, etwa dem eines 90 mm-Objektivs entsprechend. Zwei Meßbereiche über einen Schalter ähnlich dem des MC gewählt, dafür war eine interne Stromquelle erforderlich. Ein/Aus-Schalter am Ende und Schiebeschalter zur Batteriekontrolle an der Vorderseite. Schwarze Ausführungen sind ebenfalls bekannt.

14217 (1967) – Neuer Leicameter MR, allgemein bekannt als **Leicamter MR-4** mit Ein/Aus-Schalter als Schieber nach oben verlegt, damit die Rückspulkurbel der neuen Leica M4 nicht behindert wurde.

14218 (1968) – schwarze Version des Leicameter MR-4

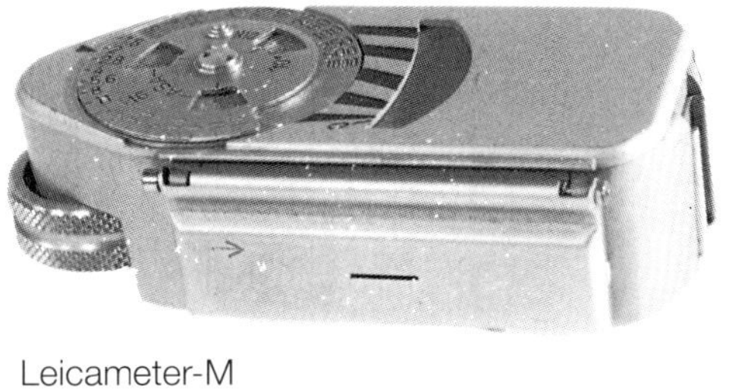

Leicameter-M

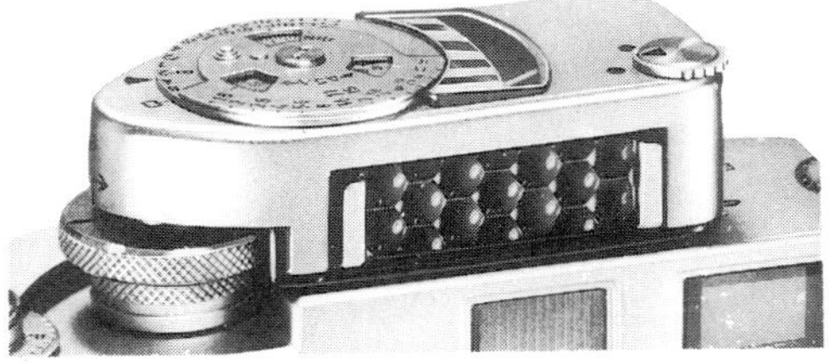

Leicameter-MC

Leicameter-MR mit vorstehendem Schalter, seltene schwarze Ausführung

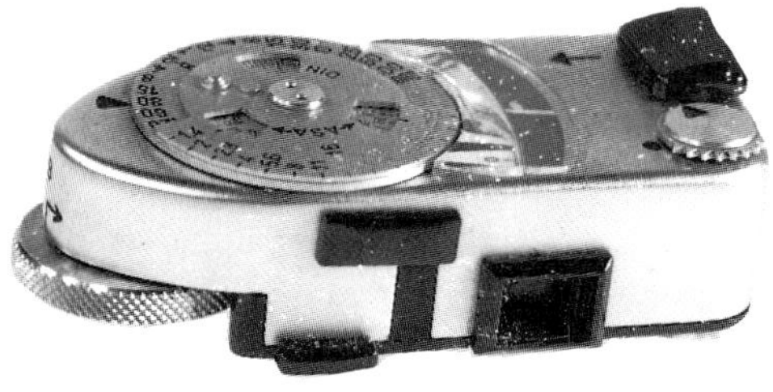

Leicameter-MR-4 mit Schiebeschalter, um die Rückspulkurbel der M4 freizugeben

Leicameter-MR-4 in schwarz

Blitzgeräte

Ein synchronisiertes Blitzgerät passend zur Leica wurde vom gleichen Dr. Weber aus Kiel beworben, der auch die Auslöseverzögerung "Direkt" konstruiert hatte (siehe z.B. Die Leica, 1934, 4, Nr. 3, S. 96). Ebenfalls 1934 stellte Leitz/New York das Blitzgerät VACUB vor, das erste einer Reihe, die unabhängig von Wetzlar

BTLOO.

entwickelt wurden. Das erste Wetzlarer Blitzgerät erschien 1935 und wurde 1939 durch ein neues Modell ersetzt. Während des Krieges mußte Leitz/New York aus der Not heraus eine eigene Reihe von Blitzgeräten fertigen, bis der CEYOO-Blitzgerät 1950 von Wetzlar vorgestellt wurde (Hooper, Vfr., **1988**, **21**, Nr. 3). Die Modelle V und VI aus New York erwiesen sich als unbefriedigend und wurden 1941 durch das Modell VII ersetzt. Die endgültige Version aus New York war das Modell VIII aus dem Jahre 1946. In Wetzlar setzte man die Herstellung von Blitzgeräten für Blitzbirnen bis etwa 1960 fort.

Wetzlar, Vorkriegsproduktion

BTLOO (1935) – Leica-Blitzgerät (LNT, 1935, Nr. 4, S. 4). Das Batteriefach wurde seitlich an die Kamera geklemmt und durch eine Daumenschraube im Stativgewinde befestigt. Der Kolben über dem Batteriefach hatte Halterungen für eine oder zwei Blitzbirnen. Die Synchronisation erfolgte durch Drehung des Zeitenrades beim Auslösen des Verschlusses. Die Schaltung dazu wurde in den Zubehörschuh geschoben und mit dem Zeitenrad durch eine darübergesteckte Abdeckung verbunden. Das BTLOO paßte an die Leica-Modelle II, III und IIIa. In Abbildungen sieht man auch andere Reflektortypen oder verschiedene Typen von Blitzbirnen, beispielsweise einen großen Reflektor für E.S.-Birnen. Bei diesem handelt es sich um eine Variante von Leitz/New York (CCL, S. 70). Sowohl das BTLOO als auch das BTOOK liefen im September 1938 aus.

BTOOK (1935) – wie BTLOO, jedoch für Leica Standard

BWOOG – großes Batteriefach für professionellen Einsatz

SHXOO – 13,8 mm großes Zeitenrad, kostenlos für Leica Kameras mit abweichendem Zeitenrad geliefert

ZUPOO (1937) – Zubehörschuh für Pressefotografen.
BUNOO (1939) – neues Wetzlarer Blitzgerät mit interner Synchronisation über die Bodenplatte. Diese wurde gegen eine modifizierte Ausführung ausgetauscht, die über eine Schwalbenschwanzführung angesetzt wurde. Sie paßte zu allen Kameras mit großem Bodenplatten-Stift bis zur IIIb.
? (ca. 1942) – Version des BUNOO für die IIIc (CCL, S. 70)

New Yorker Modelle

VACUB (1934) – New Yorker **Leicaflash**, das erste Blitzgerät von Leitz. Das zylindrische Batteriefach kam in den Zubehörschuh, der zusammengefaltete verchromte Reflektor wurde nach dem Öffnen auf beiden Seiten mit zwei Schnappverschlüssen arretiert. Der Auslöser des Blitzgerätes paßte über den der Kamera, die Synchronisation wurde mit Hilfe eines geriffelten Rings eingestellt, bis eine Testbirne durch Aufleuchten den Moment der richtigen Verschlußauslösung anzeigte. (E. Leitz, Inc. Circular Nr. 1222, M-2-34-M, wie in Vfr. 1982, 15, Nr. S. 25 reproduziert).
SYNCO (1938) – New York (Modell V). Das Gerät wurde im Stativgewinde an der Bodenplatte befestigt, wobei freier Zugang zum Zeitenrad gewährleistet war. Der aplanatische Reflektor war abnehmbar und für verschieden große Blitzlampen einstellbar. Ein spezieller Synchronkopf wurde in den Zubehörschuh geschoben. Für Leica II, III, IIIa und IIIb.
FLASH – wie SYNCHO, jedoch für Leica Standard (Modell Va)
SOCKE – Extra-Lampensockel mit Handgriff und Reflektor
EXCOR – Verlängerungskabel
SLICO – Kontaktschieber für Blitzgerät getrennt von der Kamera
FLECT – mattierter Reflektor für SYNCO oder FLASH
POREF – polierter Reflektor für Blitzlicht mit besonders hohem Kontrast
BRACK – Schiene, um SYNCO oder FLASH senkrecht einzusetzen
SYBAT – Batteriefach-Verlängerung für drei Batterien
BATCA – Batteriefach für drei statt zwei D-Zellen
AUXWI – Schalter für manuelle Blitzauslösung
BLITZ (1939) – Modell VI, baugleich mit dem Wetzlarer BUNOO
FEMAP – Haushalts-Netzstecker, um Blitzgeräte anderer Marken mit dem Modell VI zu kombinieren
BLISE (1941) – Modell VII. Synchronisation durch mechanische Kupplung der Welle des Verschlußzeiten-Hemmwerkes mit dem Synchronmechanismus in der Bodenplatte.
SELSY (ca. 1947) – Modell VIII, ähnlich dem BLISE, jedoch mit einstellbarer Millisekunden-Verzögerung für Synchronzeiten von 1/20 bis 1/1000 Sek. Erhältlich mit Nullverzögerung für Elektronenblitz. Für alle Leicas mit Seriennummer ab 111.450, ausgenommen die IIIc und IIc (L.Ph., 1948, 1, Nr. 1, S. 16)
SELIS – wie SELSY, jedoch für IIIc oder IIc (Modell VIIIa)
SELAN – Winkelschiene zum Einsatz des Gerätes in senkrechter Stellung
SEICA – 35 cm lange flexibles Verbindungskabel vom Batteriefach zur Synchronvorrichtung bei senkrechtem Einsatz
SELBA – Batteriefach für mehrere Blitzgeräte mit SELSY oder SELIS
SELLO – 1,8 m lange flexible Verbindungskabel für entfesselten Blitz oder zum Anschluß eines zweiten Batteriefachs
SELEX – wie SELLO, jedoch 3 m lang
SELOR – Dreiweg-Nippel zum Anschluß von zwei oder drei Verlängerungskabel an die Synchronvorrichtung für ein oder zwei zusätzliche Batteriefächer

Wetzlarer Nachkriegsmodelle

CEYOO (1950–1959) – Blitzgerät für Kameras mit "f"-Synchronisation. Reflektor fächerartig zu falten. Batterie-Kondensator; Ladevorgang begann mit dem Einsetzen der Blitzlampe. Verwendbar waren E.S. oder S.C.C.-Lampen.
CEYOO-PARAL (1952–1958) – CEYOO mit Gleichrichter zum gleichzeitigen Zünden mehrerer Blitzgeräte
CEYAL/15506 (1959) – neuer Code für CEYOO-PARAL
CAVOO (1951–1953) – Blitzgerät ähnlich dem CEYOO, jedoch für nicht-synchronisierte Leicas. Die externe Synchronvorrichtung VACU wurde durch ein spezielles, wellenähnliches Zeitenrad betätigt. Die Synchronisation war auf 1/10 Sek. beschränkt und erforderte langabbrennende Blitzlampen. Es gab zwei verschiedene Synchronvorrichtungen, eine für Blitzlampen, eine für Elektronenblitz sowie sechs verschiedene Zeitenräder für unterschiedliche Leica-Modelle.
CAVOO-A für Leica Standard bis Modell III ab Nr. 215.651
CAVOO-B für IIIa und IIIb ab Nr. 226.001
CAVOO-C für Ic und IIc
CAVOO-D für IIIc mit den Nummern 360.001 bis 392.600
CAVOO-F für IIIc mit den Nummern 392.601 bis 397.000
CMVOO – Ersatz-Zeitenrad wie mit CAVOO, COOIF und COONT geliefert, mit sechs verschiedenen Ausführungen
COOIF – Ersatz-Synchronvorrichtung für CAVOO-Elektronenblitz, mit Kabel usw. An der hinteren Kante mit einem Symbol statt mit "Vacu" graviert
VLOOF/15532 – Ersatz-Faltreflektor für CEYOO, CEYAL oder CAVOO
COOUY/15536 – Ersatz-Kondensator für CEYOO, CAVOO oder CEYAL
CTOOM/15545 (1953–1964) – (L.Ph., 1953, 6, Nr. 1, S. 35) verstellbarer Schiene, angebracht an der Bodenplatte der Kamera, zur seitlichen Positionierung im beliebigen Winkel bis 180°. Anfangs war dieses Zubehörteil aus weißem Kunststoff, ab der Mitte der 50er Jahre aus schwarz lackiertem Metall.
DEOOC (1954–1959) – Kleines Blitzgerät "Chico" mit Kondensator, fächerartig faltbarem Reflektor und Kunststoffgehäuse
DHMOO – Kunststoff-Box für Blitzgerät Chico

ZIOOQ/15546 (1954–1960) – zusätzlicher Verlängerungs-Zubehörschuh für Leica If und Ig, zur gleichzeitigen Verwendung von Bitz und Sucher SBOOI
DFHOO/15608 (1954–1965) – schwenkbarer Halter mit eingebautem Kabel, deshalb Blitzkabel bei Leica IIf und IIIf nicht erforderlich
DFOOB/15609 – schwenkbarer Halter ähnlich dem DFHOO, jedoch ohne Kabel für alle anderen synchronisierten Leica-Modelle

CEYOO

Blitzgerät "Chico

CTOOM

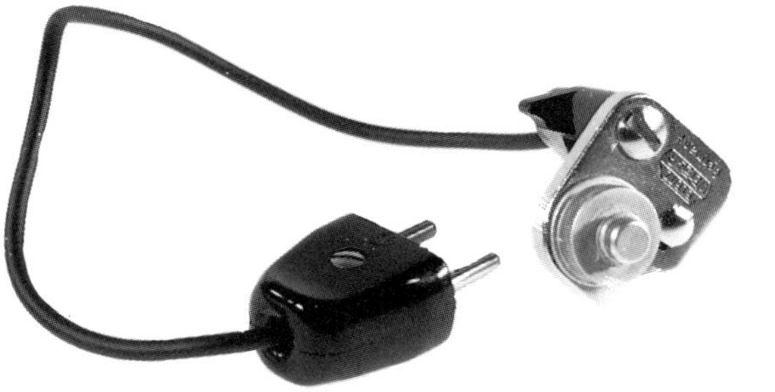

Synchronisiervorrichtung "Vacu"

Blitz-Verbindungskabel

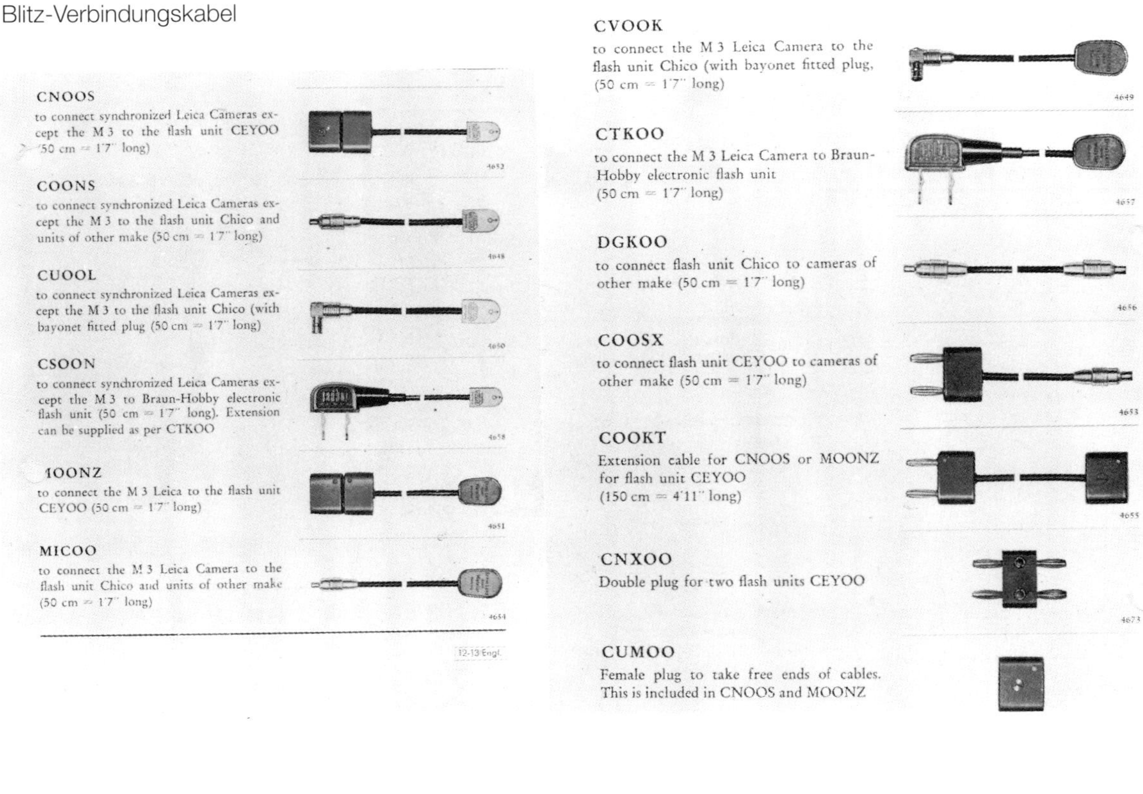

CNOOS
to connect synchronized Leica Cameras except the M 3 to the flash unit CEYOO (50 cm = 1'7" long)

COONS
to connect synchronized Leica Cameras except the M 3 to the flash unit Chico and units of other make (50 cm = 1'7" long)

CUOOL
to connect synchronized Leica Cameras except the M 3 to the flash unit Chico (with bayonet fitted plug (50 cm = 1'7" long)

CSOON
to connect synchronized Leica Cameras except the M 3 to Braun-Hobby electronic flash unit (50 cm = 1'7" long). Extension can be supplied as per CTKOO

MOONZ
to connect the M 3 Leica to the flash unit CEYOO (50 cm = 1'7" long)

MICOO
to connect the M 3 Leica Camera to the flash unit Chico and units of other make (50 cm = 1'7" long)

12-13 Engl.

CVOOK
to connect the M 3 Leica Camera to the flash unit Chico (with bayonet fitted plug, (50 cm = 1'7" long)

CTKOO
to connect the M 3 Leica Camera to Braun-Hobby electronic flash unit (50 cm = 1'7" long)

DGKOO
to connect flash unit Chico to cameras of other make (50 cm = 1'7" long)

COOSX
to connect flash unit CEYOO to cameras of other make (50 cm = 1'7" long)

COOKT
Extension cable for CNOOS or MOONZ for flash unit CEYOO (150 cm = 4'11" long)

CNXOO
Double plug for two flash units CEYOO

CUMOO
Female plug to take free ends of cables. This is included in CNOOS and MOONZ

11 Leicaflex- und Leica R-Zubehör

Die Zahl von Zubehör für die Spiegelreflexkameras ist vergleichsweise klein, wenn man die Fülle bei den Sucherkameras dagegen betrachtet. Es handelt sich dabei vielfach um Nahaufnahme-Zubehör, das bei den hervorragenden heutigen Makroobjektiven geringere Bedeutung hat als früher sowie Motorantriebe und das darum angeordnete Zubehör, das für professionelle Aufgaben von Interesse ist.

Sucherzubehör

Auswechselbare Einstellscheiben für Leica R4 und spätere Modelle
14303 – serienmäßige Standard-Universaleinstellscheibe
14304 – Vollmattscheibe
14305 – Mikroprismenscheibe
14306 – Vollmattscheibe mit Gittereinteilung
14307 – Klarglasscheibe mit Kreuzmarkierung

Augenkorrekturlinsen
(siehe Details in Kapitel 10)

Winkelsucher
14186 (1971) – 90° Motivbetrachtung mit rundem, aufrechtstehenden und seitenrichtigen Sucherbild. Für Leicaflex SL und SL2 mot.
14287 (1976) – wie 14186, jedoch für Leica R3
14286 (1978) – wie 14186, mit fokussierbarem Okular

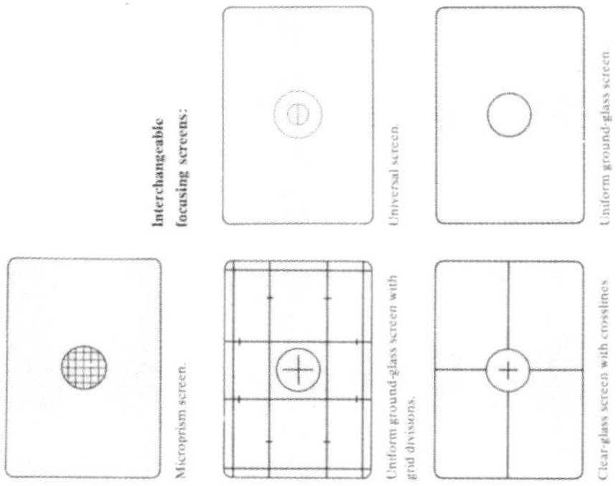

Auswechselbare Einstellscheiben für die Leica R4 und spätere Modelle

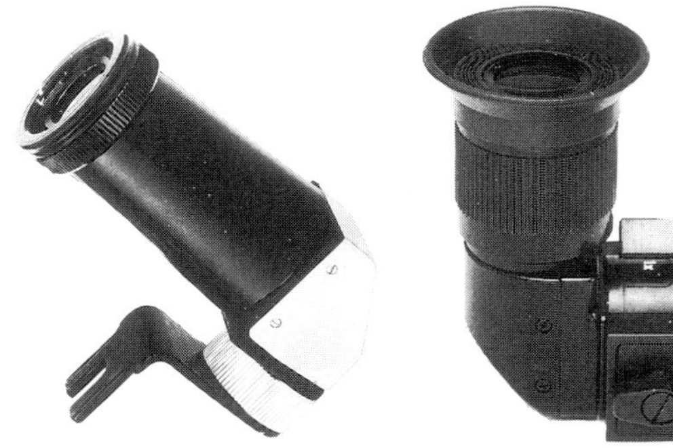

Links: Winkelsucher 14286, rechts Winkelsucher 14300

14288 (1978) – wie 14287, mit fokussierbarem Okular
14326 (1981) – für Leica R4, seitenrichtiges, aufrechtstehendes Bild, fokussierbares Okular
14328 (1985) – für Leica R4 und Leicaflex SL. Neues Modell mit variabler Vergrößerung, 1x für ganzes Bild und 2x für stärkere Vergrößerung der Suchermitte. Augenkorrektur von -6 bis +4 Dioptrien. Sucher läßt sich ganz herumdrehen und rastet in Stufen von 90° ein. Anbringung im Zubehörschuh.
14329 – dto. für Leica R3
14300 (1988) – ähnlich Modell 14328, paßt jedoch in das Okular der Leica R5 und R6.

Motoren und Winder

Entwicklung von Leitz Motoren und Windern siehe Kapitel 10
14077 (1971–1977) – Leicaflex Motor für Leicaflex SL mot und SL2 mot. Serien- und Einzelbildschaltung mit 3–4 B/Sek. Frühe Modelle mit der Nr. 2600 und niedriger verfügten nicht über Einzelbildschaltung.
14147 – Batteriegehäuse (Ersatz)
14175 – Kabel für Fernsteuerung
14179 – Verlängerungskabel für Fernauslösung, 5m lang
14178 – wie 14179, jedoch 25 m lang
14176 – Fernauslöser mit Druckknopf, 2,5 m lang
14177 – Fernauslöser eingebautem Bildzählwerk
14180 – Doppelkabel zur Kopplung der drahtlosen Fernsteuerung und Kabel 14177 mit Kamera und Motor
14270 (1978) – Winder R3 für Leica R3 mot. Einzelbild- und Serienschaltung bis 2 B/Sek.
14280 – Batteriefach (Ersatz)
14277 – Fernsteuerung R, elektronisches Steuergerät für Fernauslöser, eingebauter Timer für automatische Bildfolgen, digitale Anzeige der erfolgten Belichtungen durch Rückmeldung von der Kamera aus.

Leicaflex-Motor 14077

14278 – Adapter für Fernauslöser, z.B. um Batterien bei Kälte warm zu halten
14279 – Halter für Batteriegehäuse
14275 – Druckknopf, zur Verwendung mit dem Universal-Handgriff, für Fernsteuerung in Verbindung mit Verlängerungskabel
14272 – Druckknopf für Fernauslösung, 5 m

Haltevorrichtungen für Spiegelreflexkameras mit Motoren
14148 (1971) – Stativhalterung zur Befestigung der Leicaflex mit Motor auf dem Stativ
14276 (1978) – Stativhalterung R3 zur Befestigung der Leica R3 mot mit Motor und langen Teleobjektiven auf dem Stativ.
14284 (1981) – Stativhalterung R4 zur Befestigung der Leica R4 mit langen Teleobjektiven und Winder R4 oder Motorantrieb R4 am Stativ oder Universal-Handgriff
14181 (1970) – Handgriff für Leicaflex SL mot mit Motor für Freihandaufnahmen
14271 (1978) – Handgriff R3, in der Funktion ähnlich dem Nr. 14181
14274 – Verlängerungskabel 25 m für elektrische Fernauslösung
14282 (1980) – Motorantrieb R4 für Leica R4, Einzelbild- und Serienschaltung bis 2 B/Sek.
14208 (1986) – Winder R für R4/R5/R6, mit elektrischen Kontakten für den neuen Handgriff R Nr. 14308
14278 – Adapter für externe Stromversorgung MW-R
14293 – Verlängerungskabel 5 m für externe Stromversorgung MW-R
14279 – Halter für Batteriefach MW-R

Tandemkupplung

Motordrive R4 und Handgriff R4

Motor-Winder R und Handgriff R

14237 – **Elektrischer Auslöseschalter R** für die Verwendung mit dem Universal-Handgriff (Die folgenden Zubehörteile des Motor Winders R3 passen auch für das MW-R, 14280, 14277, 14272 und 14274).
14238 – **Elektrischer Kabelauslöser R** für Fernauslösung mit 5 m-Kabel oder mit 25 m Verlängerungskabeln 14274 bis zu 100 m
14292 (1980) – **Motorantrieb R4** für Leica R4. Serienschaltung bis 4 B/Sek., 2 B/Sek. oder Einzelbild.
14310 (1986) – **Motorantrieb R** für R4/R5/R6 mit elektrischen Kontakten für den neuen Handgriff R 14308
14323 – Adapter für externe Stromversorgung MD-R
14325 – Verlängerungskabel 5 m für externe Stromversorgung
14322 – Ersatz-Batteriegehäuse
(Die folgenden Zubehörteile der Winder R3 und R4 passen auch für den Motorantrieb R4: 14277, 14237, 14272 und 14274).
14283 (1981) – **Handgriff R4**, ähnlich 14181
14308 (1986) – **Handgriff R** mit zwei ergononisch angeordneten Auslösern für Serienaufnahmen. Sowohl für Hoch- als auch für Querformataufnahmen ist einer dieser Knöpfe immer gut erreichbar.
14185 (1971) – Tandem-Kupplung für zwei Leicaflex SL mot nebeneinander für Bildfolgen von 6 bis 7 B/Sek.
14636 (1988) – Stativadapter für Makro-Elmarit R 2,8/100 mm

Datenrückwände

14297 – **Data-Back DB Leica R4**. Wird gegen die Rückwand ausgetauscht und mit dem Synchronkontakt der Kamera über Kabel verbunden. Erlaubt das Einbelichten des Datums oder eines alphanumerischen Codes in die rechte untere Ecke des Negativs oder Dias.

14216 (1987) – **DB2 Leica R-Datenrückwand** für Leica R5, R6 und R-E. Spezialversion für R4 mit Synchronkabel. 1991 verbessert mit veränderbarer Intensität der Einbelichtung je nach Filmempfindlichkeit.

Nahaufnahme-Zubehör für das Leica R-System

Innerhalb des Leica Spiegelreflex-Systems bestehen vier Möglichkeiten, in den Nahbereich vorzudringen: Makroobjektive, Vorsatzlinsen, Zwischenringe und Balgengeräte. Die entsprechenden Makroobjektive sind in Kapitel 9 beschrieben. Die anderen Hilfsmittel können auch in Kombination miteinander verwendet werden, z.B. Vorsatzlinsen zusammen mit Zwischenringen.

Elpro-Vorsatzlinsen

Sie erschienen erstmals 1965 am Anfang der Spiegelreflex-Ära von Leitz. Die ersten Ausführung waren für Objektive mit Serien-Filterfassung bestimmt, die zweite Serie wurde 1976 eingeführt und paßte an Objektive mit E55-Gewinde. Elpro-Vorsätze sind zweilinsige Achromate, die im Nahbereich eine ausgezeichnete Leistung gegenüber einfachen Nahlinsen bringen.

Datenrückwand DB

Datenrückwand DB2

Elpro Vorsatzlinsen

Kat. Nr.	*ELPRO Nr.*	*R-Objektiv*	*Objektfeld in mm*
16531	VIa	50 mm	184x276 – 91x137
16532	VIb	50 mm	94x141 – 62x93
16533	VIIa	90 mm	161x241 – 73x109
		135 mm	107x160 – 66x99
16534	VIIb	135 mm	237x355 – 107x160
16541	1	50 mm	184x276 – 91x137
16542	2	50 mm	94x141 – 62x93
16543	3	90 mm	161x241 – 72x108
		100 mm	145x218 – 48x72
		135 mm	107x160 – 66x99
		180 mm	80x120 – 48x72
16544	4	100 mm	323x484 – 61x92
		135 mm	237x355 – 106x159
		180 mm	176x267 – 80x120

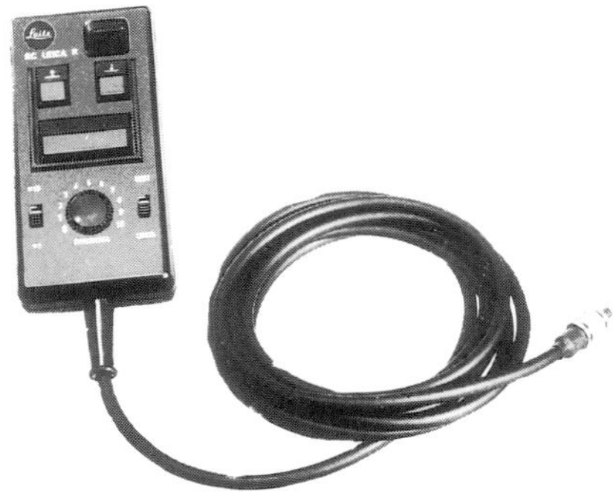

Fernbedienung 14277

Zwischenringe

14139 (1967) – Satz von drei Ringen für die Leicaflex bestehend aus:

14134 – zweiteiliger Ring, mit Gewinde untereinander verbunden, Gesamtauszug 25 mm

14135 – mittlerer Ring von 25 mm Auszug für stärkere Vergrößerungen in Kombination mit dem Ring 14134

14159 (1971) – ähnlich dem 14139, jedoch mit halbautomatisch vorgewählter Blende für Leicaflex SL und spätere Reflexkameras. Bestehend aus dem mittleren Ring 14134 wie bei 14139 sowie

14158 – zweiteiliger Ring, Gesamtauszug 25 mm

14256 (1981) – **Makro-Adapter R** für alle R-Objektive mit automatischer Springblende. Erlaubt Abbildungsmaßstab 1:1

Links: Stativadapter 14636, rechts: Makro-Adapter R

Universal-Balgengerät R

mit dem Makro-Elmarit R 2,8/60 mm und ersetzt den 1:1-Adapter 14198, der urspüglich mit diesem Objektiv angeboten wurde. Der Makro-Adapter R kann nicht mit der Leicaflex verwendet werden.

Universal-Balgengerät R
16860 (1968) – Balgengerät für Hoch- und Querformataufnahmen, drehbare Skalenstange mit eingravierten Abbildungsmaßstäben für 90, 100 und 135 mm-Objektive. Objektivblende nach Blendenvorwahl über Doppeldrahtauslöser betätigt.
16494 – Doppeldrahtauslöser für 16860
16863 (1970) – Adapterring zur Verwendung von M-Objektiven am Balgengerät R: 65 mm-Elmar, Objektivköpfe des 90 mm-Elmarit und 135 mm Tele-Elmar (andere M-Objektive mit Adapter 14167 verwendbar).
14259 – **Photo-Adapter R** für die Verwendung von Leitz Photaren am Balgengerät R.

Ringblitz
14410 (1989) – Leica RBA Ringblitz-Adapter. für die Verwendung der Leica R5/R6 mit dem Minolta Auto-Electroflash Macro 80 PX. Komplett mit Spezialschiene, Schnellkupplung und Adapter mit Verbindungskabel.

Verschiedene Zubehörteile im R-System

14146 (1966) – Televit, Schnellfokussiereinrichtung für Telyt 4,8/280 mm, 5,0/400 mm und 5,6/560 mm.
14239 (1984) Universal-Handgriff mit Schulterstütze, Teil der Standardausrüstung für das Telyt-R 400 und 560 mm, kann jedoch mit jedem Objektiv und mit Balgengerät für Freihandaufnahmen kombiniert werden. Schulterstütze kann abgenommen und als Handgriff bzw. kleines Stativ verwendet werden.
14636 (1989) – Stativadapter für stabile Befestigung eines langbrennweitigen Objektivs, eingeführt für das Apo-Elmarit R 2,8/100 mm.
14411 (1989) – Kamerarückwand mit Daumenmulde für Leica R-Kameras außer R3
14127 (1966) – Adapter mit Blendensimulator, um Objektiv in ihrer Einstellfassung mit dem Visoflex II und III an der Leicaflex zu verwenden.
14167 (1971) wie oben, für SL und spätere Kameras
14103 – Gehäuseschutzdeckel mit R-Bajonett
14106 – hinterer Objektivdeckel für Objektiv 3,4/21 mm
14162 – hinterer Objektivdeckel für alle anderen R-Objektive
14150 – hinterer Objektivdeckel für Objektivkopf des Telyt 5,6/400 und 560 mm
14257 – Augenmuschel für Leica R4, kann in Kombination mit Augenkorrekturlinsen verwendet werden
14324 – Großraum-Filmmagazin R4

Gegenlichtblenden

Gegenlichtblenden für R-Objektive werden generell mit dem Objektiv mitgeliefert, jedoch auch als Ersatzteil im Katalog geführt.

12506 (1970) – rechteckige Gegenlichtblende für 4,0/-21 mm als Ersatz

12508 (1971) – für 1,4/50 mm als Ersatz. Daumendrehrad für Zirkular-Polfilter. Auch in grün für die Safari-R3 lieferbar

12509 (1971) – rechteckige Gegenlichtblende für 2,8/-28 mm und 2,0/35 mm (11227) als Ersatz. Auch für 2,8/35 mm ab Nr. 2.517.851. Daumendrehrad für Zirkular-Polfilter

12511 (1965) – Einschraub-Gegenlichtblende für 3,4/-21 mm Super-Angulon. Diente gleichzeitig als Befestigung für Serie 8-Filter.

12514 (1971) – für 35 mm PA-Curtagon als Ersatz. Auch für Makro-Elmarit-R 60 mm

12523 (1978) – rechteckige Gegenlichtblende für 2,8/-24 mm als Ersatz; mit Daumendrehrad

12529 (1976) – rechteckige Gegenlichtblende für 2,8/-19 mm als Ersatz

12540 (1988) – rechteckige Gegenlichtblende für PC-Super Angulon R 2,8/28 mm

12564 (1966) – für 2,8/35 und 2,0/50 mm (11228) als Ersatz

? (1966) – Spezial-Gegenlichtblende für Angenieux-R 2,8/45–90 mm, Einschraubtyp, gleichzeitig als Befestigung für Serie 8-Filter

Filter

Alle Leitz-Filter sind in Kapitel 13 zusammengefaßt. Dazu gehören auch die Zirkular-Polfilter, die für Leitz Spiegelreflexkameras mit Innenmessung erforderlich sind.

Balgengerät-R BR2

Dieses neue Balgengerät mit automatischer Springblende wurde zur photokina 1992 vorgestellt. Mit der Blendenautomatik, die frühere Nachteile beseitigt, ist es ideal für Freihandaufnahmen geeignet. In Verbindung mit dem Macro-Elmar R 4,0/100 mm erstreckt sich der Einstellbereich von Unendlich bis 1:1. Das Summicron-R 50 mm bietet Maßstäbe zwischen 3,2:1 und 1:1, während sich mit den Photaren wesentlich stärkere Vergrößerungen erzielen lassen. Der maximale Auszug des Balgengeräts beträgt 11 cm. Ein Vorsatz, der als Gegenlichtblende dient, wird mitgeliefert. Er wird von zwei Führungsschienen gehalten.

Balgengerät-R BR2

12 Stereofotografie mit der Leica

Etwa im Jahre 1935 baute Oskar Barnack persönlich den Prototyp einer Stereo-Leica, die als Leica Doppel bekannt ist. Eine Nachbildung davon kann im Werksmuseum besichtigt werden. Es waren effektiv zwei Kameras in einem Gehäuse mit einem doppelten Verschluß. Das Gehäuse war 193 mm lang, Höhe und Tiefe entsprachen dagegen der Leica Standard. Das Gehäuse besaß zwei Objektivbajonette mit 71,5 mm Abstand, eine Distanz, die dem durchschnittlichen Augenabstand beim Menschen entspricht. Die Größe des Stereo-Bildpaares betrug 24 x 22,5 mm. Nach jeder Belichtung wurde der Film um die Strecke von zwei Teilbildern transportiert. Der Sucher war mittig über den beiden Objektiv angeordnet. Die zwei Verschlüsse waren mechanisch miteinander verbunden, so daß auch bewegte Motive aufgenommen werden konnten. Mit dem Stereovorsatz dagegen, den Leitz zu dieser Zeit baute, variierten die Teilbilder bei bewegten Motiven leicht voneinander, da nur ein Verschluß die Bilder nacheinander belichtete.

Leica Stereokameras und -Zubehör sind von Hooper, Ruttinger und Lager ausführlich beschrieben worden (Vfr., 1982, 15, Nr. 4, S. 57) und von Ruttinger (Vdm, 1982, Nr. 22). Die früheste und einfachste Stereo-Vorrichtung war der Stereoschlitten, der auf einem Stativ befestigt wurde. Das Stereobildpaar entstand dadurch, daß die erste Belichtung mit der Leica an dem einen Ende, die zweite Belichtung am entgegengesetzten Ende erfolgte. Als nächstes folgte das "Stereoly"-System, das ein Strahlenteiler-Prisma vor dem Objektiv benutzte und so zwei Teilbilder auf einem 24 x 36 mm-Negativ erzeugte. Später, als Polarisationsfilter lieferbar waren, konnte das gleiche Strahlenteiler-Prisma an einem Projektor vor einem 5 cm-Elmar montiert werden, so daß durch Polarisationsfilter projiziert und mit entsprechenden Brillen gesehen wurde. In den späten 30er Jahren wurde das "Stemar"-System entwickelt und nach dem Krieg in Kanada produziert. Dabei fand ein nebeneinander angeordnetes Paar von 3,5 cm-Objektiven Verwendung, die zwei 18 x 24 mm-Teilbilder lieferten. Eine weitere nicht-optische Vorrichtung erschien 1949. Es war die TOWIN-Tandemkupplung für zwei Kameras, vorgesehen zum Fotografieren von Flugzeug-Kontrollinstrumenten.

Nicht-optische Vorrichtungen

FIARO (1926) – Stereoschieber, 75 mm lang. Nur etwa ein Jahr lieferbar (LP, Ger. 2238, Nov. 1926: Rut. S. 28).

FIATE (1926–1940) – Wie FIARO, jedoch 150 mm lang. Stativgewinde zunächst mittig, später dezentriert.

Leica Doppel. Diese Reproduktion befindet sich im Werksmuseum.

Stereoschiene FIATE, späte Version mit exzentrischem Stativgewinde

Verriegelung sowohl mit Hebel als auch Schraube.

TOWIN (New York 1949–1950) – Die Leica Tandem. Diese Vorrichtung war in erster Linie für den Einsatz in der technischen Schule der KLM-Fluggesellschaft konzipiert worden (L.Ph. 1949, **2**, Nr. 7, S. 30). In der Prototyp-Ausführung war die untere Kamera über ihren Zubehörschuh gekoppelt. Von einem solchen Prototyp ist berichtet worden (Lager, Vfr., 1982, 15, S. 21), doch der von Leitz/New York hergestellte TOWIN koppelte die beiden Kameras mit ihren Trageriemenösen. Anfangs für Stereoaufnahmen mit einer senkrechten Trennung konstruiert (Instrumente von Flugzeugen), wurde es beworben, um damit Aufnahmen mit unterschiedlichen Objektiven oder verschiedenen Filmtypen zu machen.

Das Stereoly-System

Die Stereoly-Vorrichtung bestand aus dem Strahlenteiler und einem Haltearm, mit dem das Gerät im Zubehörschuh befestigt wurde sowie einer Maske. Die genaue Kennzeichnung der Stereoly-Vorrichtung ist kompliziert, da nicht nur die Codebezeichnungen im Laufe der Zeit geändert wurden, sondern gleichzeitig Leitz/New York eine Ausführung anbot, die völlig von der in Wetzlar oder London angebotenen abwich. Der Arm trug eine Maske, die vor dem Sucher zu liegen kam, um den Bildausschnitt der Teilbilder zu zeigen.

Bei Ausführungen vor 1932 war der Arm schwarz, nicht verstellbar und mit einer nicht einklappbaren Maske versehen. Spätere Versionen hatten einen vernickelten Arm, verstellbar und eine einklappbare Maske. Von 1932 an trug der Strahlenteiler auch eine Seriennummer. Ruttinger schätzt, daß davon etwa 3000 Stück gebaut wurden.

1932 erschien die Leica mit Entfernungsmesser, was einen anderen Arm erforderlich machte: Er wurde mit einem Leica Sucher anstelle einer Maske ausgestattet. Frühe Arme trugen eine Kerbe, um das Prisma vor dem 5 cm-Elmar zu positionieren, später war für das 5 cm-Summar eine zweite Kerbe erforderlich.

1939 wurde ein neuer Arm für die Leica IIIb gebracht, da deren Zubehörschuh es nicht erlaubte, daß der frühere Arm weit genug nach vorn ragte, damit das Prisma vor dem 5 cm-Summar zu liegen kam (LNT, 1938, Nr. 35, S. 119). Dieser Arm hatte eine Aussparung in seiner Stützschiene, um das doppelte Okular der Kamera freizugeben, außerdem besaß er drei Kerben. Auch Arme mit vier Kerben sind bekannt. Lager (Vfr., 1981, 14, Nr. 3, S. 22) glaubt, daß die vierte Kerbe für das Prisma in Verbindung mit der Leica IIIb bestimmt war, während Ruttinger (op. cit) die Ansicht vertritt, daß die Kerbe zum Justieren des Prismas für die Stereo-Projektion diente.

Stereoly für Leica II, III und IIIa

Stereoly für Leica I oder Standard, mit Maske vor dem Sucher

Stereoly-Codebezeichnungen

Für Leica IIIa und frühere Modelle (aus Originalquellen, die dem Autor zugänglich waren). Leitz/New York verwendete ein anderes System als das in Wetzlar, und es gab in beiden Systemen Widersprüchlichkeiten.

Stereoly Codewörter, für Leica IIIa and früher

Jahr	*Für Kameras ohne Entfernungsmesser* England/Deutschland	USA	*Für II, III & IIIa* England/Deutschland	USA	*Quellen*
1931	**VORSA**	?	–	–	Gen. Cat. U.K. LP, (Ger.), Photo 2334f, März 1931: Rut. S. 76
1932	?	**VORSA**	**VORSA**	**VOROD**	LP, (Ger.), Photo 7193a, Juni 1932: Rut. S. 93 Leitz, N.Y., 1205-AA-5-32-M
1933	**VORSTAN**	?	**VORSA**	?	Gen. Cat. U.K. & Ger.
1934	**VORSTAN**	?	**VORSA**	?	LP, (U.K.), Photo 7428, Nov. 1934
1935	**VOSTN**	?	**VORSA**	?	LP, (U.K.), Photo 7402a, Juli 1935
1936	**VOSTN**	**VORSA**	**VORSA**	**VOSTN**	Gen. Cat. U.K. & Ger. Leitz, N.Y. Broschüre 1224, Apr. 1936
1937	?	?	?	?	
1938	**VOSTN**	**VORSA**	**VORSA**	**VOROD**	Gen. Cat. U.K. LP, (N.Y.), Photo 7428, Juni 1938
1939	**VOSTN**	**VORSA**	**VORSA**	**VOSTN**	Gen. Cat. Ger. Leitz, N.Y. Broschüre 1275

Andere Teile im Stereoly-System

STEREO (New York, 1939) – Stereoly für Leica IIIb, passend auch für die IIIc und f

VORUF – Arm zur Befestigung des Strahlenteilers an der Leica II, III und IIIa

ARMST – Arm zur Befestigung des Strahlenteilers an der Leica IIIb (VORUF und ARMST waren nur im New Yorker Katalog getrennt aufgeführt)

VOTRA (1931) – Betrachter für Stereodias. Okulare getrennt justierbar, vernickelt

VOTIV (1931) – Ständer für VOTRA-Betrachter

POLAR (New York, 1938) – Zubehör-Ausrüstung zum Projizieren von Stereodias mit einem Leitz VIIIs Projektor und dem Stereoly-Strahlenteiler; bestand aus zwei Polaroid-Filtern in Spezialfassung für den Stereoly-Vorsatz sowie einer Spezialschiene, um letzteren an den Projektor anzusetzen. Erforderlich war eine Projektionswand mit metallischer Oberfläche.

SPECS – Polaroid-Brille für die Betrachtung

In Wetzlar wurde ein ähnliches System für die Projektion konstruiert, es ging jedoch nie in Serie.

Das Stemar-System

Es basierte auf dem speziellen Stemar-Doppelobjektiv. Die in Wetzlar während des Krieges angebotene Ausrüstung bestand entweder aus dem Stereo-Elmar 3,5/3,5 cm oder dem Stemar 2,5/3,5 cm zusammen mit einem eigens dafür modifizierten Vidom-Sucher mit fester 18x24 mm-Maske und einem Stift auf einer Schiene, der das horizontale Ausrichten des Objektivs erleichterte. Für Motiventfernungen von 3 bis 10 m wurde das variable Teilerprisma OTEMO vor dem Objektiv befestigt. Nur 20 davon wurden ausgeliefert. Auch ein Gelbfilter-Paar war für das OTEMO erhältlich. Für Motive über 10 Meter Entfernung hinaus wurde nach der Belichtung des ersten Teilbildes ein spezieller Objektivdeckel mit drehbarer Blende verwendet. Er wurde um 180° gedreht, und die Kamera bewegte sich für das zweite Bild entsprechend zur Seite.

Objektive und Prisma konnten auf einem Spezialständer mit speziellen Okularen, Zwischenring, Lampe und Kondensor für die Tischbetrachtung befestigt werden. Die gleichen Objektive wurden für die Stereo-

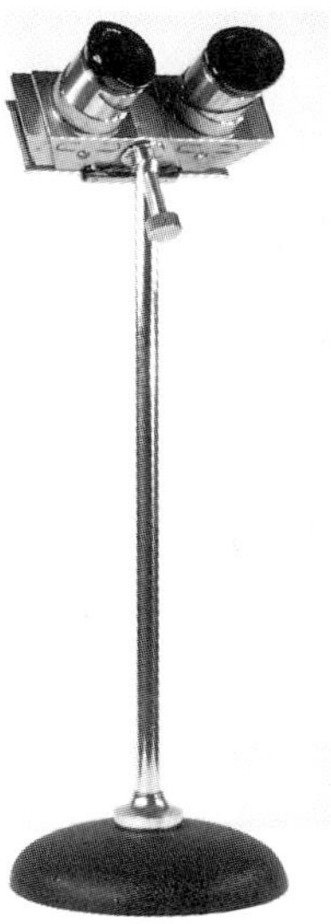

Stereobetrachter
VOTRA mit VOTIV

Stemar 3,5/3,3 cm mit Bajonettfassung und OIDYO Leuchtrahmensucher

Leica Tandem, TOWIN

Prisma OIMPO als Vorsatz vor Stemar für Entfernungen unter 3 m

OIGEO Gegenlichtblende

projektion mit dem Projektor VIIIs verwendet, dazu dienten eine Spezialschiene, Polarisationsfilter und ein Doppelkondensor. Ein speziell zusammenpassendes Paar von Projektionsobjektiven Hektor 2,5/10 cm mit Polarisationsfiltern war lieferbar, doch sind keine Codebezeichnungen dieser Teile bekannt.

Die kommerzielle Fertigung der Komponenten des Stemar-Systems wurde nach einer kleinen Wetzlarer Anfangsserie in Kanada aufgenommen. Sie basierte auf dem Doppelobjektiv Stemar 3,5/33 mm (LP 8832, Mai 1955). Die Produktion begann 1954, ein belgischer Händler führte die Ausrüstung noch 1960 in seinem Katalog auf. Die Katalognummern sind diesem Katalog entnommen (Fon, 1980, Nr. 2).

Stereo-Projectionsobjektive für das Stemar-System

Stemar-Betrachter

Leitz Stereo-Objektive

Elmar 3,5/35 mm Stereo

Dieses Doppelobjektiv wurde 1940 in Wetzlar zur Herstellung genau zueinander passenden Stereonegative hergestellt. Die Fassung war verchromt, mit einem Fokussierhebel versehen, ein schwarzer Einsatz enthielt die beiden nebeneinander montierten Objektive. Es wurde nie in den Katalog aufgenommen und auch nicht offiziell verkauft.

Stemar 2,5/25 mm Stereo

Während des Kriegs in Wetzlar als Alternative zum vorstehend beschriebenen Elmar produziert.

Stemar 3,5/33 mm Stereo

Von Leitz/Kanada zwischen 1954 und 1957 hergestellt. Unübliche Brennweite von 33 mm. Fassung ähnlich der des Wetzlaer Elmars, abgesehen davon, daß der Einsatz verchromt war. Korrigiert für optimalen Stereoeffekt bei Entfernungen unter 3 m. Für größere Distanzen war ein Prismenvorsatz lieferbar.

OIASO/60159 – Stemar 3,5/33 mm mit Bajonettfassung

OISBO/60158 – dto. mit Schraubfassung

Stereo 7,0/90 mm

Als Prototyp zwischen 1957 und 1960 hergestellt, jedoch nie in Serie gefertigt, obwohl Codebezeichnungen vergeben wurden. Die maximale Anfangsöffnung von 7,0 war durch die Objektivdimensionen vorgegeben.

OILNO – Stereo 7,0/90 mm mit Schraubfassung, nur Prototyp

OHSCO – dto. mit Bajonettfassung

Summar 24 mm

Etwa 1968 als Spezialauftrag für die israelische Regierung hergestellt. Für Bildppar von 12 x 36 mm. Das Einzelobjektiv mußte um 180° für das zweite Bild gedreht werden, daher kamen nur statische Motive in Frage.

Stemar-Ausrüstung

OHIKO – Stereo-Ausrüstung komplett mit Stemar-Objektiv, Prisma und Sucher, für Schraubleicas

OHIKO-M – Stereo-Ausrüstung komplett mit Stemar-Objektiv, Prisma und Sucher, für Bajonett-Modelle

OIMPO/60160 – Prisma als Vorsatz für das Stemar, für Entfernungen über 3 m. Die angelenkte vordere Abdeckung wurde 1955 eingeführt.

OIDYO – spezieller Leuchtrahmensucher, angebracht im Zubehörschuh

OIGEO/60162 – Stereo-Gegenlichtblende zur Verwendung am Stemar, wenn das Prisma nicht angesetzt war

OIRZO-S/60163 – wie OHIKO, jedoch zusätzlich mit OIGEO

OIRZO-M/60164 – wie OHIKO-M, jedoch mit OIGEO

OIKLO/60155 – Lederbehälter für OIRZO

OHWLO/60168 – Paar UV-Einschraubfilter

OHUGO/60166 – Paar Einschraub-Gelbfilter Nr. 1

OHVIO/60167 – Paar Einschraub-Orangefilter

OIWKO/60169 – Bajonett-Objektivdeckel für Stemar

OIXMO/60170 – hinterer Objektivdeckel für Stemar mit Gewinde

OIVHO/60171 – hintere Abdeckung für Prisma

OIZQO/60172 – hintere Abdeckung für Prisma

IMPUU/60173 – Doppelobjektiv Elmar 3,5/50 mm für Stereo-Projektion. mit einem Paar Polarisationsfilter in angelenkter Fassung. Passend zu Projektoren Prado 150/85–100 mm und Modell VIII.

IMPUU-IZQUU/60174 – wie IMPUU, jedoch mit Schraubgewinde-Adapter für Prado-Projektoren 250 und 500

IMPUU-IXMUU/60175 – wie IMPUU, jedoch mit Adapter für Prado S und SM

ILNUU – großes Stereo-Projektionsvorsatz mit zwei Hektor-Objektiven 2,5/85 mm, Polarisationsfiltern, Prismen, horizontaler und vertikaler Verstellung der Bildachsen, auswechselbarem Spezial-Stereoobjektiv und 5 x 5-Diawechsler. Für Projektoren Prado 250 und 500 und Modell VIII.

IRZUU – wie ILNUU, jedoch mit zwei Hektor-Objektiven 2,5/100 mm

ISBUU – wie ILNUU, jedoch mit zwei Hektor-Objektiven 2,5/120 mm

Zur Beachtung: ILNUU, IRZUU und ISBUU wurden in Wetzlar hergestellt.

IASUU/60176 – Polarisationsbrille in Kunststoffassung

OIPVO – Stereobetrachter mit Kunststoffgehäuse, getrennt fokussierbaren Okularen und spezieller Prismenanordnung zur Umkehrung der vertauschten linken und rechten Teilbilder

OIFCO – Lampenansatz für OIPVO

OHTEO – OIPVO + OIFCO. Dieses Teil erschien 1984 auf einer Auktion in seiner Originalverpackung mit der Aufschrift "OTHEO Stereobetrachter 5x".

Zur Beachtung: Der Kunststoff der Behälter von OIPVO und OIFCO wird mit zunehmendem Alter spröde.

13 Objektivzubehör

Filter

Seit 1924 sind 265 Filter in 24 verschiedene Fassungen für Schraub-, M- und R-Objektive in den Katalogen aufgeführt worden. Die Codebezeichungen und/oder Katalognummern von allen sind in den folgenden Tabellen enthalten. Die früheste Farbe war Gelb in vier Dichteabstufungen plus Gelb-Verlauf, doch nur Gelb Nr. 3 blieb im New Yorker Leitz-Katalog nach 1930 übrig. Grün folgte 1933 mit der Einführung panchromatischer Filme, das Rotfilter mit der Vorstellung von Infrarotfilm, etwas später das schwächste Rotfilter Nr. 1, das auch für panchromatische Filme geeignet war. Das Orangefilter kam 1939 auf den Markt, das Blaufilter 1954. Ab 1931 wurde ein UV-Sperrfilter (UVa) für Aufnahmen in großer Höhe angeboten. Die Initialen "E.L.", sehr klein und leicht miteinander verbunden, waren oft am Rand von Leitz-Filtern angebracht und wiesen darauf hin, daß es sich um original planparallele Filter von Leitz handelte (LNT, 1936, Nr. 3, S. 35). Leitz/New York produzierte eine eigene Reihe von Filtern, die auch als solche graviert waren, von etwa 1945 an. Dazu gehörten spezielle Filter für die Farbfotografie, die nie in der Produktpalette von Wetzlar auftauchten.

Die früheste Form von Filtern wurde in Aufsteckfassungen geliefert, die später einen Klemmring und eine Feststellschraube erforderten und in dieser Form bis in die Mitte der 60er Jahre in A36-Größe existierten ("A"-Größe bezieht sich auf den äußeren Durchmesser der Objektivfassung). Schraubfassungen folgten 1930 und wurden zum Standardsystem, ihre Größen erhielten ab etwa 1960 ein "E", gefolgt von dem Durchmesser in Millimetern. Einige frühe Einschraubfilter wurden in den vorderen Befestigungsring der Frontlinse statt in den äußeren Rand der Objektivfassung eingeschraubt. In den 60er Jahren führte Leitz ein neues Standardsystem ein, bei dem die Filter in einen glatten Metallring gefaßt waren, der durch die Gegenlichtblende oder einen speziellen Haltering befestigt wurde. Sie sind als "Serienfilter" bekannt. In den letzten Jahren ist Leitz jedoch wieder zu Einschraubfiltern bei den neueren Objektiven zurückgekehrt.

Um die Aufstellung übersichtlich zu gestalten, sind die Filter alphabetisch nach den Buchstaben ihrer Fassung je nach Typ und Größe geordnet, sie stehen unter dem Objektiv, für das sie zuerst vorgestellt wurden.

Aufsteckfassungen

A (1925) – für 5 cm-Elmar und später das 3,5 cm-Elmar, abgestufte Fassung von 36 mm mit 23 mm Glas. Spezialausführung für Kameras unter Nr. 9500

B (1931) – für 5 cm-Hektor und 13,5 cm-Elmar, 36 mm-Fassung, spätere Bezeichnung A36

C (1933) – für Hektor 1,9/73 mm

D (1935) – für 9 cm-Thambar und 20 cm Telyt

E (1938) – für 5 cm-Xenon, Bajonettfassungen

Einschraubfassungen

F (1930) – für Leica mit Compurverschluß, Spezialanfertigung für Kameras unter Nr. 13200

G (1931) – nur für Elmar 3,5 und 5 cm, eingeschraubt in den Befestigungsring der Frontlinse. Auf spezielle Bestellung für Kameras unter Nr. 9500. Gelbfilter Nr. 1, FIRHE, existierte bis 1965.

GG – für 5 cm Hektor, erforderte speziellen Objektivdeckel ORIFT mit einer Erhebung in der Mitte (Vfr., 1986, 19, Nr. 3)
H (1935) – für Summar 5 cm, Elmar 9 cm und Hektor 2,8 und 13,5 cm
I (1933) – für Hektor 7,3 cm
J (1935) – später E48, für Thambar 9 cm und Telyt 20 cm
K (1938) – später E85, für Telyt 40 cm
L (1949) – für Summitar 5 cm
M (1939) – später E41, für Summarit 5 cm, war zuerst eine Bajonettfassung
N (1951) – später E58, für Summarex 85 mm und Hektor 125 mm

Leica Filter

Fassungen \ *Farbe*			*Gelb*				Grün, Gelbgrün oder Panchromatisch Grün		*Verlauf*		*Orange*	*Rot; Infrarot*			*Blau*	UVa	Filter Halter
			S. hell Nr. 0	Hell Nr.1	Mittel Nr.2	Dunkel Nr.3	Nr.1	Nr.2	*Gelb*	*Grün*		Hell Nr. 1	Mittel Nr.2	Dunkel Nr.3			
Typ	Standardbezeichnung	*Zuerst vorgestellt*	1933	1926	1925	1926	1933	ca 1945 (nur NY)	*1931*	*1938*	*1939*	1935	1933	1935	*1955*	1931	1951
Aufsteck																	
A		*1925*	FIUNS	FILBY	FILGE	FILTU					FIQUX (NY1939)						
B	A36	*1931*	FIHEL 13000	FIGRO 13005	FIGAM	OCPOO (nurNY)	FIPOS 13015	FICOR	FIRAD	FOOBD	FSEOO 13025	FEDOO 13040	FIKYB	FEOOG 13050	BQCOO 13020	FIOLOA 13055	FOOXB 13365
C		*1933*	FIOPY	FILSO	FIPPA		FISAP		FIGIL	FOOCR	FTGOO	FMOOZ	FIOMU	FMSOO		FIOSI	
D		*1935*	PCOOB	PEOOZ	PFOOY		PIOOV		PGOOX	PGYOO	PLGOO	PKOOU	PMOOS	PNOOR		PHOOW	
E		*1938*	XOOAM	XOOBZ	XOOCN	XOOMT	XOOGP		XOODA	XOOHC	XOOME	XOOIQ	XOOKD	XOOLR		XOOFB	
Einschraub																	
F		*1930*		FICAT	FICOM	FICUR										FIOKO	
G		*1931*	FIXTA	FIRHE 13001	FIRMY	FINUS (NY)	FIXIO				FPOOW	FCZOO	FIBOB	FDOOH		FIORE	
H		*1935*	FIMOO	FIOOC	FAVOO	FAZOY QBOOE	FBXOO				FQOOV	FNOOY	FCOOI	FNUOO		FBOOK	
I		*1933*	FIWAS	FIREG	FIWIG	FILXA	FIRYX				FRCOO	FGOOE	FIPLO	FHOOD		FIWET	
J	E48	*1935*	POOAH 13290	POOBV 13295	POCCI		POODW 13305				POOKX 13310	POOGL 13315	POOEK	POOHY 13325	POOCQ 13307	POOFX 13330	FOOXF 13385
K	E85	*1938*	TFOOG 13291	TFSOO 13296	TGOOF		TIYOO 13306				TEQOO 13311	TGUOO 13316	THOOE	THWOO 13326		TIOOD 13331	FOOXG 13389
L		*1939*	GBOOM	GBWOO	GCOOL		GEYOO	GCYOD	GHOOF	GILOO	GDOOK	GECOO	GFEOO	GFOOH	RQPOO	GHIOO	FOOXC
M	E41	*1949*	XOOPT 13155	XOOQG 13160	XOORU		XOOSH 13170		XPGOO	XPOOF	XOOZY 13175	XOOUI 13190	XOOVW	XOOWK 13200	XQOOE 3172	XOOYL 13205	FOOSC 13375
N	E58	*1951*	UPOOZ 13230	UQMOO 13235	UQOOY		UROOX 13245				USOOW 13250	USQOO 13255	UTOOV	UTSOO 13265		UVOOF 13270	FOOXE 13380
O	E39	*1955*	HOOAR 13081	HOOBE 13086			HOOFG 13096				HOOGU 13101	HOOCS 13116	HOODF	HOOET 13126	HOOKI 13098	HOOIV 13131	FOOXH 13371
P	E43	*1959*	YBEOO	YCGOO 13161			YELOO 13171		Neutral-Dichte		YLXOO 13176	YGPOO 13191		YHROO 13196	YMOOL 13173	YMZOO 13206	FOOXK 13384
	im Paar für STEMAR	*NY ca. 1959*		OHUGO							OHVIO					OHWLO	
	E55	*1978*		13236			13391				13312					13373	
	E32	*1981*		13403					13405		13402					13400	
	E60	*1981*					13392				13383					13381	
	E67	*1981*					13393				13388					13386	
	E49	*1987*														13328	
	E77	*1987*					13333				13332					13337	
	E46	*1989*														13004	
Ungefaßte Filter-Scheiben 34 mm für ADFIK		*NY ca 1945*		FIGUN	FITWO		FIPAN	FIGDA			FIONA	FIIRL					
Fassung Serien-Filter																	Filter-Adapter
	VI or 6 VII or 7	*1964* *1964*		13013 13006			13014 13007				13011					13012	13160 (E44)
	VIII or 8 8/9 or 8.5	*1964* *1968*		13019 13022			13021				13008					13009	14161 (E54) 14225 (E55)
									13016		13017					13018	14165 (E72) 14264 (E67)
											13023					13024	

O (1955) – später E39, für Summicron 50 mm
P (1959) – später E43, für Summilux 50 mm

Alle folgenden Filter hatten Standard E- oder Serienfassungen. Leitz/New York bot vor dem Krieg auf besondere Bestellung auch Kodak Wrattenfilter in Standard Leitz-Fassungen an.

MOUNT (1939) – New York, Filterfassung 34 mm Durchmesser mit Feststellschraube und speziellem Adapterring für 32 mm-Wrattenfilter

CHROM (1939) – New York, wie MOUNT, jedoch verchromt

Agfacolor-Filter

1934 führte Leitz spezielle Ausführungen des Hektors 1,9/7,3 cm und des Summar 2,0/5 cm in nicht-rotierenden Einstellfassungen an. Dies erfolgte für das neu eingeführte Agfacolor-Verfahren, bei dem ein spezielles, dreifarbiges Filter vor dem Aufnahmeobjektiv erforderlich war. Das Filter bestand aus parallelen Streifen von optisch behandeltem Glas in den drei Grundfarben Rot, Grün und Blau. Die Filter mußten exakt zur Filmebene ausgerichtet werden, daher die nicht-rotierende Fassung. Das Verfahren ist in LNT, 1935, Nr. 7, S. 2 beschrieben. Das gleiche Objektiv wurde für die Aufnahme und die Projektion benutzt, dazu war eine besonders leistungsstarke Version des Serie VIII-Projektors erhältlich. Das Filter für die Belichtung hatte eine eigene Gegenlichtblende. Für das Projektionsobjektiv war ein anderes Filter erforderlich (LP > Ger. Photo 7375, Jan. 1934: Rut. p. 190).

FARBA – Leica Agfacolor-Filter 301 für Hektor 1,9/7,3 cm als Aufnahmeobjektiv
FARPU – Leica Agfacolor-Filter 351 für Hektor 1,9/7,3 cm als Projektionsobjektiv
FOOSM – Leica Agfacolor-Filter 307 für Summar 2,0/5 cm als Aufnahmeobjektiv
FOOPX – Leica Agfacolor-Filter 357 für Summar 2,0/5 cm als Projektionsobjektiv

Leitz/New York, Filter für die Farbfotografie

1936 waren die folgenden Filter in 48 mm-Einschraubfassung für das Dufaycolor-Verfahren aufgeführt:

DUFAN – Dufaycolor-Filter A für Aufnahmelampen und Blitzlicht
DUFTU – Dafaycolor-Filter B für Halogenlicht
DUFEN – Dufaycolor-Filter Naphtolgrün für intensive Grünwiedergabe bei Sonnenlicht

Für die Verwendung mit Kodachrome wurde eine Reihe von Filtern vor dem Krieg hergestellt. Es waren im einzelnen:
Haze
Typ F, Fassung graviert mit “F”, Konversionsfilter für die Verwendung mit Kodachrome F oder Ektachrome draußen bei Tageslicht
Typ FP, Fassung graviert mit “FP”, Korrekturfilter für die Verwendung mit Kodachrome F oder Ektachrome bei Aufnahmelampen
Typ A, Konversionsfilter für die Verwendung mit Kodachrome Professional-Film Typ A draußen bei Tageslicht
Flash, Korrekturfilter für die Verwendung mit Kodachrome A bei klaren Blitzbirnen
Photoflood, Fassung graviert mit “PF”, Konversionsfilter für die Verwendung mit Kodachrome, Ektachrome oder Anscochrome-Tageslichtfilmen mit Aufnahmelampen
Skylight, Fassung graviert mit “SL”, für die Verwendung mit Tageslicht-Farbfilmen zur Absorption von hohem Blauanteil in den Bergen und am Meer

Die gesamte Reihe der New Yorker Kodachrome-Filter ist in der Tabelle aufgeführt.

Polarisationsfilter

Das erste Polarisationsfilter erschien direkt vor dem Krieg (LNT, 1939, Nr. 39, S. 64) in zwei Ausführungen für die A36-Fassung. Es war ein einfaches Aufsteckfilter mit im Rand eingravierter Gradeinteilung für die Polarisationsstellung und einer speziellen herausklappbaren Fassung, durch die man den Polarisationseffekt mit dem Auge beurteilen konnte, während das Filter vor das Objektiv gesetzt war. Diese Halterung bestand aus einem Klemmring mit Arretierschraube zur Befestigung am Objektiv und, angelenkt an dessen Rand, das Filter, das in seiner Fassung gedreht werden konnte. Auf diese Weise konnte das Filter um 180° nach oben geklappt werden, in die gewünschte Stellung gedreht und wieder zurück vor das Objektiv geschwenkt werden. Gleich nach dem Krieg produzierte Leitz dieses Filter mit Schwenkfassung in verschiedenen Größen, sie waren 1964 immer noch in der Liste aufgeführt. In der Zwischenzeit wurde die Schraubfassung mit drehbarer Fassung und Skaleneinteilung zum Standard in Wetzlar.

Leitz, New York, Kodachrome-Filter

Fassung	*Haze* 1949	*Typ "F"* 1959	*Typ "FP"* 1959	*Typ "A"* 1949	*Blitz* 1949	*Glüh-lampen* 1949	*Skylight* 1954
B A36	FIKOZ	FKDELM	FPKELM	FIKAT	FICHR	FIKLO	FISKF
J E48		FKDTEL	FPLTEL	POOAY	POFLA		POSKY
L	FIHAZ	FIDAY			GCHEO	FIFLO	
M E41		FKDSMT	FPKSMT	XOOAY	XOFLA		XOSKY
N E58		FKDSAX	FPKSAX	USOAY	USFLA		USSKY
O E39		FKDSMI	FPKSMI	FIDAYMI	GCHEOMI	FIFLOMI	GCSKYMI
P E43		YFOOOO	YFPOOO	YAOOOO	YFLASH		YSKYLI
Im Paar für STEMAR				STEKOA	STEFLA	STEKPF	
Filterscheiben 34 mm für ADFIK Fassung	FIKHA			FITAF	FICFA	FIPHO	

Für Spiegelreflexkameras mit TTL-Messung wurden Zirkular-Polfilter angeboten, da Linear-Polfilter aufgrund der polarisierenden Wirkung des Strahlenteilers im Meßsystem falsche Belichtungwerte anzeigen können. Für Polarisationsfilter in Serienfassung sind spezielle Gegenlichtblenden mit einem Daumendrehrad lieferbar, so daß das Filter von der Seite gedreht werden kann.

Polarisationsfilter

Fassungs	Wegklappbar Aufst.-Fassg. m. Klemmring	Verlauf, drehbar Einschraub	Zirkular-Polfilter drehbar Einschraub
B A36	POOMA (1) POOLN (2) FILPO (N.Y.)	POOEL/13350	
C	FIEKT (N.Y.)		
H E39	FISUMMI (N.Y)	POOTR/13352	
L	FISUM (N.Y.)	POORE	
M	FINON (N.Y.)	XQIOO/13360	
P E43			13351
E44		13358	13353

Fassung	Wegklappbar Aufst.-Fassg. m. Klemmring	Verlauf, drehbar Einschraub	Zirkular-Polfilter drehbar Einschraub
E54		13359	13354
E55		13374	13357
E60			13376
E67			13377
			in Serienfassung
Serie 7			13370
Serie 8			13372

Zur Beachtung:
(1) Einfache Aufsteckfassung, nicht wegklappbar (Wetzlar, 1939)
(2) Wegklappbare Fassung, Filter im Rahmen drehbar, nicht geeignet für 2,8 cm-Hektor (Wetzlar, 1939)

Fluoreszenz-Filter

FLOOA (1939) – für die Reproduktion von Dokumenten mit dem 50 mm-Elmar bei UV-Licht

Filter-Adapter

FIRGI (1931) – Adapterring zur Verwendung eines Aufsteckfilters mit Vorsatzlinsen

FIRCO (1931) wie FIRGI, jedoch für Compur-Leica

FIROL (1949) – New York, Adapter zur Verwendung des Polfilters FISUM an der Contax

SOOTF/13079 (1954) – Wetzlar, Adapter zur Verwendung von 42 mm-Summicron-Filtern (Typ "0") an Objektiven mit 36 mm (Typ "H")

ADSUM (1949) – New Yorker Ausführung von SOOTF

SOOQR (1954) – Adapter zur Verwendung von Summitar-"L"-Filtern an Objektiven mit 42 mm-Fassung (Typ "0"-Objektive)

SOOEY/13077 (1957) – wie SOOQR
SOOGZ/13154 (1955) – Adapter zur Verwendung von Summicron-Filtern mit 42 mm Fassung (Typ "0") an Objektiven mit 36 mm (Typ "H")
SNHOO/13078 (1957) – Adapter zur Verwendung von Summcron 42 mm-Objektiven (Typ "0") am Summitar
UFOOI – Adapter zur Verwendung von A36-Filtern an E39-Objektiven
VOOLA/16621 (1955) – Blendeneinstellring, um beim 50 mm-Elmar mit aufgestecktem Filter den Blendenwert einstellen zu können

Gegenlichtblenden

Leitz-Gegenlichtblenden hat es in drei Grundversionen gegeben: feststehend, zugeschnitten auf ein bestimmtes Objektiv oder eine Objektivgruppe; faltbar, ebenfalls für ein bestimmtes Objektiv und verstellbar, für unterschiedliche Brennweiten. Ab 1930 wurden einige Objektive komplett mit Gegenlichtblende ausgeliefert, was heute Standard ist. Einige Gegenlichtblenden haben sich sehr lange in den Katalogen gehalten.

Leica Gegenlichtblenden gab es in vielen Formen. Von links nach rechts: FIKUS, XIOOM, SOOBK, IROOA.

Gegenlichtblende aus Kriegszeit zum Abschirmen der gesamten Kamera

Feste Gegenlichtblenden

Für 50 mm-Objektive

FISON/12510 (1925–1963) – Die erste Leica Gegenlichtblende für das 5 cm-Elmar. In ihrer frühesten Form war es eine einfache Aufsteckblende mit einer rechteckigen Öffnung vorn. Sie war schwarz und besaß zum Ausrichten vorn einen weißen Indexstrich. Ab 1933 war die Öffnung rund, das Ausrichten entfiel damit. Nach 1935 nahm die Blende ihre gewohnte Form mit Klemmring und Schraube an. Sie war in schwarz und in chrom erhältlich, von Leitz/New York gab es ebenfalls eine verchromte Ausführung. Es gibt zahlreiche kleine Varianten.

SOOMP (1936) – Für Summar 2,0/5 cm, sowohl von Leitz in Wetzlar als auch in New York hergestellt. Mit Gravur "Summar" und mit Wetzlarer oder New Yorker Logo.

VALOO/16620 (1949) – Kombinierte Gegenlichtblende und Blendeneinstellring für Schraub-Elmar 3,5/50 mm mit 36 mm-Frontdurchmesser.

ITOOY/12580 (1956) Für 5 cm-Elmar mit E39-Frontdurchmesser. Doppelte Klemmfasten-Befestigung, die in die Nut rund um die Frontfassung eingriff. Die frühe Version besaß einen schmalen verchromten Streifen mit der Gravur "Elmar 5 cm", spätere Ausführungen hatten einen breiten Chromring mit der Gravur "2,8/50 1:3,5/50".

XOONS/12520 (1951) – Für Summarit 1,4/50 mm, schwarze Kräusellackierung. Die Originalausführung hatte eine Bajonettbefestigung, obwohl Lager (LIG. II, S. 39) daran zweifelt, obwohl diese überhaupt offiziell lieferbar war. Die normale Form hat den üblichen Klemmring und die Arretierschraube.

XOOIM/12521 – (1960) – Für Summilux 1,4/50 mm. Gravur mit "1:1,4/50" und dem Codewort oder der Katalognummer. Befestigung über doppelte Klemmtaste.

12586 (1968) – Für Summilux 1,4/50 mm, ersetzte die frühere XOOIM. Doppelte Klemmtaste und graviert mit "12586 1:1,4/50".

12503 (1966) – Für Noctilux 1,2/50 mm, das in diesem Jahr eingeführt wurde. Doppelte Klemmtaste und Gravur "1:1,2/50" 12503"

12519 (1976) – Für Noctilux 1,0/50 mm

Für 50 mm- und 35 mm-Objektive

ITDOO (1956) – Für Summaron 3,5 cm und Summicron 5 cm mit E39-Fassung. Samtfütterung für umgekehrte Anbringung. Schmaler Chromring mit den Namen der beiden genannten Objektive in den schwarzen konischen Teil.

IROOA/12571 (1959) – Für 50- und 35 mm-Objektive mit E39-Anschluß. Doppelte Klemmtasten, breiter Chromring. Früheste Exemplare tragen die Gravur "Summaron 3,5 cm Summicron 5 cm", haben jedoch keine Codebezeichnung. Die späteren hatten entweder vier oder sechs Brennweiten/Blendenwerte und das Codewort eingraviert.

Die letzten Versionen trugen die Katalognummer und sechs Brennweiten/Blenden-Kombinationen.

12585 (1963) – Für alle 35- und 50 mm-Objektive mit 42 mm äußerem Fassungsdurchmesser. Alle in schwarz. Graviert mit entweder fünf oder sechs Brennweiten/-Blenden-Kombinationen und der Katalognummer.

12538 – Für Summicron-M 2,0/50 mm

12538 – Für Noctilux-M 1,0/50 mm

Für 35 mm-Objektive

FLQOO (1936) – Für 3,5 cm-Elmar, wurde 1951 zum FOOKH (unten). Schwarz oder chrom, auch von Leitz/New York hergestellt und entsprechend graviert.

FOOKH/12505 (1951) – Wie FLQOO, jedoch mit der Gravur "Summaron – Elmar 3,5 cm"

OLLUX/12522 (1960) – Für Summilux 1,4/35 mm mit Seriennumer unter 2.166.701. Spätere Objektive benötigten die Gegenlichtblende 12504.

12504 (1967) – Ersatz-Gegenlichtblende für Summilux 1,4/35 mm ab Nr. 2.166.701 und Summicron 2,0/50 mm. Zwei Versionen: Eine mit der Gravur "Leitz Wetzlar Germany 1:1,4/35 1:2/35 12504", die andere "Leitz Canada 1:1,4/35 12504". Für Serienfilter.

12524 – Für Summicron-M 2,0/35 mm

Für Objektive unter 35 mm Brennweite

SOOHN (1935) – Für Hektor 6,3/2,8 cm. Schwarz mit einer zunächst vernickelten Arretierschraube, später einer verchromten. Hergestellt von Leitz/New York von 1941 bis 1949 mit entweder einer gebürsteten Verchromung oder einem glänzenden Schwarz.

SOOBK/12500 (1960) – Rechteckige Gegenlichtblende für 28 mm-Summaron, schwarzer Kräusellack. Frühe Ausführung hatten die Gravur "Summaron 2,8 cm" und spätere Versionen "SOOBK 1:5,6/28". Klemmschrauben-Befestigung.

IWKOO/12502 (1960) – Für Super-Angulon 4,0/21 mm. Befestigung über doppelte Klemmtaste.

12501 (1964) – Rechteckige Gegenlichtblende für Super-Angulon M 3,4/21 und Elmarit-M 2,8/28 mm.

12356 – für Elmarit-M 2,8/28 mm ab Nr. 2.977.551, Bajonettbefestigung

Für Objektive > 50 mm

FGHOO (1936) – Ersatz für Hektor 7,3 cm

ORQPO/12525 (1951) – für Summarex 85 mm. Frühe Version war schwarz mit Klemmschraube, später chrom mit Bajonettbefestigung. Anfangs mit vier Schlitzen, später jedoch nur noch mit zwei (Vfr., 1982, 15, Nr. 3, S. 19).

SHADE (1939) – New York, Ersatz für 9 cm-Thambar

IUFOO/12575 (1956) – vorgestellt für 90 mm-Elmar und Hektor 135 mm. Doppelte Klemmtastenbefestigung. Frühe Version hatte schmalen Chromring und im schwarzen Teil die Gravur "Elmar 9 cm Hektor 13,5 cm". Spätere Ausführungen hatten einen breiteren Chromring mit der obigen Gravur. Später war die Gravur nur noch
1:4,5/135 1:2,8/90 12575N
1:4/135 1:4/90
Die letzte Version war ganz schwarz.

HMOOD (1957) – für Summicron 90 mm. In Wetzlar und Kanada hergestellt. Von ungewöhnlicher Form mit vier länglichen Rinnen

11250 (1975) – faltbare Gummiblende für das neue, kompaktere, vierlinsige Tele-Elmarit 2,8/90 mm

? (1932) – mit dem Elmar 10,5 cm mitgelieferte Blende, war nie separat im Katalog aufgeführt.

HKMOO/12532 (1954) – für Hektor 12,5 cm, Wetzlar und Kanada. Diente als Behälter für das Objektiv mit Frontdeckel ORPNO und Rückdeckel HGOOI.

SUNGO (1939) – New York, Ersatz-Gegenlichtblende für Telyt 20 cm. Klemmring und Arretierschraube.

TNGOO (1951) – Wetzlar, wie SUNGO

THMOO (1951) – Ersatz-Gegenlichtblende für das frühere, konisch geformte Telyt 40 cm

TMEOO (1954) – Ersatz für das spätere 40 cm-Telyt

Faltbare Gegenlichtblenden

XIOOM (1939) – für Xenon 1,5/5 cm. Flach zusammenlegbar. Klemmring und Arretierschraube, in chrom oder schwarz lieferbar. Auch von Leitz/New York während des Kriegs und kurz danach hergestellt. Gravur "Xenon" zusammen mit Wetzlarer oder New Yorker Logo.

SOOPD (1949) – New York, auch in Wetzlar hergestellt. Für 5 cm-Summitar. Ähnlich der XIOOM. Schwarz oder chrom, Gravur mit Logo von Wetzlar oder New York und "Summitar". Bei der späteren Wetzlarer Ausführung federnd gelagerte Klemmen statt des Klemmrings und der Schraube

SOOFM (1954) – für Summicron 2,0/50 mm. Ähnlich der letzten Version der SOOPD mit Gravur "Summicron" an der Seite.

Verstellbare Gegenlichtblenden

FIKUS/12530 (1933 – 1965) – Ausziehbare Gegenlichtblende für Objektiv mit Brennweiten zwischen 3,5 und 13,5 cm. Außen schwarzer Tubus, innen verchromt und mit Einteilung und verchromtem oder vernickelten Tubus, Arretierung mit Schraube. Klemmring mit Befestigungsschraube. Leitz/New York stellte auch eine ganz verchromte Ausführung her. Es gibt viele Varianten, z.B. in der Gravur für vier Brennweiten 13,5, 9, 5 und 3,5 cm mit "Hektor" links und "Elmar" rechts von der Skala; nur drei Brennweiten ohne 3,5 cm und nur mit "Elmar" links davon; 13,5, 9 und 5 mit zwei Stellen für die 5, bei der unteren Gravur "Hektor" links und "Summar" rechts

ADFIK (1949) – New York, kombinierte variable Gegenlichtblende und Filterhalter für ungefaßte Glasfilter. Äußerlich der FIKUS ähnlich, entweder in schwarz oder chrom oder chrom-gebürstet und verchromt. Kalibriert für 135, 127, 90 und 50 mm, bei der letzten Ziffer auch "F3,5" links davon zu finden.

Adapter

IRZOO/14097 (1956) – Bajonettfassung für Objektive von 21 bis 50 mm mit Gewinde an M-Kameras

ISBOO/14098 (1956) – wie IRZOO, jedoch für 90 mm-Schraubobjektive

ISOOZ/14099 (1956) – wie IRZOO, jedoch für 135 mm-Schraubobjektive

TZOON (1940) – (LIG, II, S. 121) – Zwischenring zur Verwendung der Telyte 200 und 400 mm ohne Spiegelkasten direkt an der Kamera

TZFOO/14023 (1956) – ersetzte TZOON

14039 – 3/8" Stativgewinde

TXBOO/14024 (1956) – ähnlich dem TZOON, jedoch zum direkten Ansetzen des Telyts an M-Modelle

14043 – 3/8" Stativgewinde

CINPY (1949) – New York, "C-70"-Adapter für Leica-Schraubobjektive an Bell & Howell-Filmkameras Modell 70

CINLE (1949) – New York, "C-X"-Adapter für Leica-Objektive an allen 16 mm-Filmkameras mit C-Mount

22228 – Adapter für Leicaflex-Objektiven an M-Kameras. Frühere Versionen hatten einen Kunststoff-Entriegelungsknopf, spätere einen aus Metall.

Objektivrevolver OROLF

Rechts: Okularadapter OSBLO zur Verwandlung eines 50- oder 90 mm-Objektivs in ein Teleskop

OSBLO (1954) – ein einfaches Okular, bestehend aus einer negativen Linse, die vor ein 50- oder 90 mm-Objektiv anstelle eines Schutzdeckels geschraubt wurde. Das Objektiv verwandelte sich so in ein galileisches Teleskop. Vergrößerung mit 50 mm-Objektiv 3,5fach, mit 90 mm-Objektiv 6fach.

Objektivrevolver

OROLF (1960) – für drei Schraubobjektive mit M2 und M3. Nur 250 Stück davon wurden in einem Jahr hergestellt. (Fon., 1980, Nr. 3, S. 7 LIG, III, S. 87). Die Kamera wurde mit einer speziellen Bodenplatte angesetzt. (Eine ähnliche Vorrichtung wurde von Haber und Fink, New York 1949 beworben, siehe L.Ph., 1949, 2, Nr. 7, S. 25).

Gehäuse- und hintere Objektivdeckel

ORTVO/14055 – Gehäusedeckel mit Leica-Gewinde
IVZOO/14056 – wie ORTVO, jedoch mit Bajonett für M-Kameras
14195 – wie IVZOO, jedoch ganz aus Kunststoff
FIRHU (1939) – hinterer Objektivdeckel für Schraubobjektive
ORYFO/14050 (1951) hinterer Objektivdeckel für Schraubobjektive
OIXMO – hinterer Objektivdeckel für 21 mm Super-Angulon
IZQOO/14051 – wie ORYFO, jedoch für M-Objektive
IROOW/14042 – hinterer Objektivdeckel für Super-Angulon M und Elmarit-M
14074 – hinterer Objektivdeckel für 65 mm Elmarit-M
14150 – hinterer Objektivdeckel für Telyt 5,6/400 und 5,6/560 mm (Ersatz)
HGOOI/14053 – hinterer Objektivdeckel für 125 mm-Hektor

14 Nahaufnahme-Zubehör

Von den frühesten Tagen an hat Leitz Zubehör angeboten, mit dem die Leica den Nahbereich erschließt. Anfangs geschah dies durch Vorsatzlinsen, doch schon bald folgten Vorrichtungen zum korrekten Ausrichten der Kamera für den jeweiligen Bildausschnitt und um die nötige Genauigkeit zum Aufnahmeabstand entsprechend des Vorsatzes einzuhalten. Solche Ständer lieferten ein einfaches Hilfsmittel für Zwischenringe, und parallel dazu wurden verschiedene Zubehörteile für die Kombination mit Nahlinsen entwickelt. Selbst nach Vorstellung von Vorrichtungen zur Mattscheiben-Scharfeinstellung einige Jahre später, die viel größere Vielseitigkeit mit sich brachte, blieben diese Vorrichtungen bis in die 70er Jahre in Produktion. Sie waren relativ preisgünstig, leicht transportabel, narrensicher, was die Scharfeinstellung betraf und sprachen so viele Hobbyfotografen an.

Nachdem sich in der Mitte der 30er Jahre der gekuppelte Entfernungsmesser gut etabliert hatte, erschien die erste Nahaufnahme-Fokussiereinrichtung NOOKY. Sie wurde zwischen Objektiv und Kamera gesetzt, lieferte somit eine Auszugsverlängerung und plazierte je ein Fenster vor den Sucher und eines vor das Entfernungsmesser-Fenster, um diese an den Nahbereich anzupassen. Der Grad der Vergrößerung war zwar geringer als mit den statischen Vorrichtungen, doch die Kamera erlaubte damit Freihandaufnahmen.

Vorsatzlinsen

Vorsatzlinsen für Nahaufnahmen waren mindestens ab 1928 lieferbar. Es waren im einzelnen:

	Elmar 5 cm	Hektor 5 cm	Compur Model B	Erzielbarer Maßstab	Entfernungsbereich in cm
Nr. 1	**ELPRO**	**HEPRO**	**ELCAT**	1:9	100–55
Nr. 2	**ELPIK**	**HEPIK**	**ELCOM**	1:6	55–39
Nr. 3	**ELPET**	**HEPET**	**ELCUR**	1:3.6	31–27

U.S.-Kataloge dieser Zeit geben verschiedene Codebezeichnungen für die Vorsatzlinsen der Compur-Leica an. Es sind ELPAS, ELPUR und ELPYN für die Nummern 1, 2 und 3. Die Elmar-Vorsatzlinsen blieben bis etwa 1958 lieferbar, bis auf die für die Compur-Leica, die 1933 verschwanden. Vorsatzlinsen für die Leica I unter Nr. 9500 und für die Compur-Leica unter Nr. 13.200 mußten speziell bestellt werden. Einige Nahlinsen waren mit 1, 2 oder 3 numeriert, andere hatten einen Stern – 1*, 2* oder 3*. Eine Anzahl von Zwischenringen und anderes Zubehör war für Vorsatzlinsen erhältlich, es ist nachstehend aufgeführt. Der Name ELPRO wurde für Vorsatzlinsen zu den Leica-Spiegelreflexkameras wieder eingeführt, doch handelt es sich dabei um zwei- oder mehrlinsige Achromaten. Die Bezeichnung wird auch für die komplexere 1:2–1:1-Nahaufnahme-Vorrichtung des 100 mm Apo-Macro Elmarit-R verwendet.

Vorsatzlinsen

FIRGI – Adapterring zur Verwendung von Vorsätzen in Verbindung mit Aufsteckfiltern
FIRCO – Adapterring zum Ansetzen eines Gelbfilters an ELCAT, ELCOM oder ELCUR
FIRIN (N.Y. 1928) – wie FIRCO
FORGI (N.Y. 1934) – Reduzierring zur Anpassung von Vorsätzen an das Summar 2,0/50 mm, Kat.-Nr. 35697 für das versenkbare und Kat.-Nr. 35968 für das feststehende Objektiv. Der New Yorker Katalog von 1936 führt jedoch den VMCOO und VORGI auf.
VMCOO – Adapterring zur Verwendung von Elmar-Vorsätzen am 5 cm-Summar
VORGI – Adapterring zur Verwendung von Hektor-Vorsätzen am 5 cm-Summar
EUVIL – Saffianlederetui für eine Vorsatzlinse
EUKUT – wie EUVIL, jedoch aus Hirschleder

Repro-Hilfsmittel mit fester Entfernungseinstellung

Zumindest von 1931 an produzierte Leitz eine Vielzahl von Vorrichtungen, mit denen sich festgelegte Abbildungsmaßstäbe zwischen 1:1 und 1:9 erzielen ließen. Sie basierten entweder auf Nahlinsen oder Zwischenringen. Konstruiert waren sie entweder als Ständer mit ausgeschnittenem Boden zur Festlegung des Bildausschnitts oder vier abnehmbaren Füßen, die als Ständer dienten und so die äußere Begrenzung des Bildfeldes markierten. Die Vorrichtungen mit Füßen ließen sich auch für Freihandaufnahmen einsetzen, beispielsweise für Blumenaufnahmen, und halfen auch dabei, den Bildausschnitt festzulegen und zumindest die ungefähre Entfernung zum Motiv einzuhalten. Die Füße waren bei diesen Vorrichtungen in der Länge verstellbar, um den Abbildungsmaßstab festzulegen, sie wurden in einen an das Objektiv gesetzten Ring mit verschiedenen Bohrungen eingeschraubt. Diese Bohrungen waren für die einzelnen Maßstäbe unterschiedlich und in Winkeln so angeordnet, daß die Beine bei korrektem Auszug gleichzeitig den Bildausschnitt markierten. Der Haltering selbst wurde entweder an die Frontfassung des Objektivs angeklemmt oder bildete den Zwischenring zwischen Gehäuse und Objektiv.

1. Verwendung von Vorsatzlinsen
BEVOR (1931) – (LP, Ger. Photo 7120, Aug. 1931: Rut. S. 242; LP 7207, Mai 1932) "Einstellvorrichtung" für Kamera mit Vorsatzlinsen Nr. 2 oder Nr. 3. Zur Verwendung mit 5 cm Elmar oder Hektor. Haltering vorn am Objektiv angeklemmt. Die Indexmarkierungen an den vier Füßen zeigten die nachstehenden Bildausschnitte.

Vorsatz-linse	Entfernungs-einstellung	Index am Fuß	Bild-feld
Nr.2	1 m	obere	14 x 21 cm
Nr.3	–	mittlere	11 x 16.5 cm
Nr.3	1 m	untere	8.7 x 13 cm

BEOOY Vorrichtung. Sie besitzt gelbe Markierungen an den Beinen für die etwas unterschiedliche Entfernung zwischen Objektiv und Motiv je nach Verwendung eines 5 cm-Summars, Elmars oder Hektors.

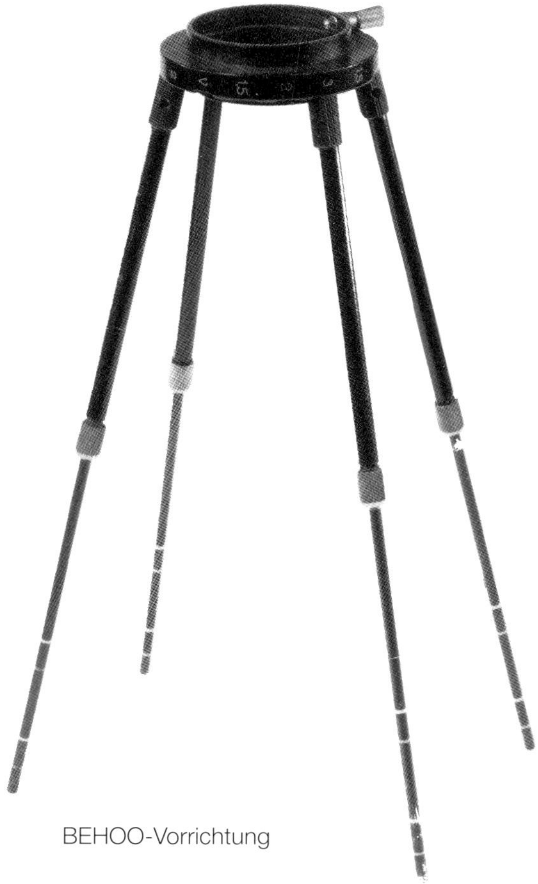

BEHOO-Vorrichtung

Klemmring für BEKUR (Mitte), mit M1:3 markiert und BEMAR links und rechts, gekennzeichnet mit M1:1 (BERIN) und M1:2.

Von oben nach unten: BETAB, BEOOY-Beine und BEHOO-Beine

BETAB (1933) – vier auswechselbare Stäbe für BEVOR für Aufnahmen mit Vorsatzlinse Nr. 2 und Objektiv auf Unendlich eingestellt für Bildfelder bis 32 x 21,5 cm

BEOOY (1935 – 1951) folgte nach BEVOR. Es paßte zum 5 cm-Summar ebenso wie zum Elmar und zum Hektor. Das Summar erforderte eine geringfügig korrigierte Entfernung gegenüber den anderen beiden Objektiven, daher besaßen die Füße des BEOOY sowohl gelbe Indexmarkierungen für das Summar als auch weiße für das Elmar und das Hektor. Der Klemmring war der "Universal", der neben den vier mit "V" markierten Gewinden für die Füße bei Kombination mit Vorsatzlinsen außerdem zwölf separate Einschraubgewinde besaß. Er ließ sich in den BEHOO verwandeln.

2. Zwischenring für Maßstab 1:1,5; 1:2 und 1:3

BEKUR (1931) – (Ibid), Hilfsvorrichtung 1:1,5, 1:2, 1:3 für das 3,5 cm-Elmar. Bestand aus drei verschiedenen Klemmringen, vier langen, abnehmbaren Füßen, in denen vier Stahlstäbe ein- und ausgeschoben und in jeder Stellung arretiert werden konnten sowie drei Zwischenringe mit den eingravierten Maßstäben M1:1,5, M1:2, M1:3. Die Stahlstäbe der Füße hatten jeweils drei schwarze Indexmarkierungen. Die erste Marke (die ganz eingeschobene Position) entsprach Maßstab 1:1,5, die mittlere Markierung 1:2 und die dritte 1:3. Das Objektiv wurde auf Unendlich eingestellt. Alle Zwischen- und Klemmringe hatten den Namen des Objektivs eingraviert, für das sie bestimmt waren. Der BEKUR wurde 1933 modifiziert, so daß nur noch ein Klemmring erforderlich war. Dieser besaß zwölf Gewindebohrungen für die Füße in drei Vierersätzen.

BEMAR (1931) – wie BEKUR, jedoch für Elmar 5 cm. Die Ringe waren breiter und die Füße länger. Es konnte nach Abnehmen der Klemmen von den Füßen für den Maßstab 1:1 mit dem Zwischenring BERIN benutzt werden.

BERIN (1931) – Zwischen- und Klemmring für Abbildungsmaßstab 1:1 mit BEMAR

BESOT – (CCL, S. 76), wie BEKUR für 5 cm-Elmar

BEHOO (1935–1959) – ersetzte BEMAR (und BESOT) und konnte mit dem 5 cm-Elmar oder Summar benutzt werden. Die Füße trugen weiße Indexmarken für die drei Abbildungsmaßstäbe mit dem Elmar und gelbe Markierungen für das Summar. Das BEHOO besaß den gleichen universellen Klemmring wie das BEOOY, in das es durch den Kauf der längeren Füße des BEHOO verwandelt werden konnte. Die BEHOO-Zwischenringe mit der Gravur "Summitar, Summar, Elmar M1:2 Germany" und ähnliche mit "M1:3" sind von Miller beschrieben worden (LHSN, 1987, Nr. 20, S. 9), in den Katalogen taucht jedoch kein BEHOO-BESUM auf.

3. Universelle Vorrichtungen

BESAL (1933) – Universelle Vorrichtung für das Elmar 5 cm, das die Anwendungsbereiche vom BEVOR, BETAB und BEMAR kombinierte. Bestand aus Universal-Klemmring, drei Zwischenringen mit der Markierung 1:1,5, 1:2, 1:3, den vier langen ausziehbaren Füßen vom BEVOR plus den vier kurzen Füßen des BEMAR und den vier Auszugsstäben BETAB. Nach 1951, nachdem das BEOOY auslief, wurden auch die vier mit "V" markierten Halterungen des Universal-Klemmrings gestrichen.

BAZOO (1935–1953) – ersetzte das BESAL, für die Verwendung mit dem 5 cm-Elmar und Summar. Das BAZOO wurde auch von E. Leitz Ltd. London hergestellt und trug die entsprechende Gravur.

4. Zwischenringe für 1:1-Abbildung

BEINS (1931) – (Ibid), Hilfsvorrichtung für die Verwendung mit dem 3,5 cm-Elmar. Bestand aus einer Grundplatte mit 24 x 36 mm-Ausschnitt, drei Füßen, die in Halterungen der Grundplatte gesteckt wurden, einem Klemmring für die Füße, die in diesen eingeschraubt wurden sowie einem Zwischenring mit der Gravur "1:1" und "Elmar 3,5 cm".

BELUN (1932 – 1958) – wie BEINS, jedoch für 5 cm-Elmar mit breiterem Zwischenring, der die Gravur "Elmar 5 cm" trug sowie längeren Beinen

BESUM (1935) – wie BELUN, jedoch für 5 cm-Summitar. Wich nur in der Länge der Füße ab.

BETRY – drei Füße, um das BELUN in das BESUM zu verwandeln

BELUN-HESUM (1951 – 1957) – wie BELUN, jedoch für 5 cm-Summitar

? – ähnlich BEINS, jedoch für 3,5 cm-Summaron (HFB und Vfr., 1983, 16, Nr. 4)

Varianten: Die 1:1-Zwischenringe waren aus Messing oder Leichtmetall. Der Name des Objektivs war zum Teil in der Grundplatte eingraviert, zum Teil auch nicht, das gleiche gilt für die Füße. BELUN-HESUM wurde nur für Schraub-Leicas geliefert, wurde jedoch auch mit dem entsprechenden Adapter an M-Kameras verwendet.

Links: BELUN, rechts: Vorrichtung ähnlich BEINS, jedoch für 3,5 cm-Summaron, Code unbekannt

BEOON

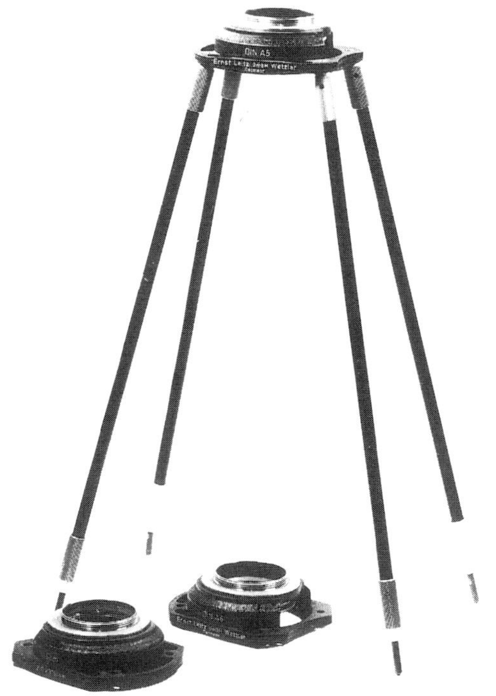

BOOWU

5. Nachkriegs-Vorrichtungen

BEOON/16511 (1959–1970 letzte Daten im Katalog, blieben jedoch erheblich länger lieferbar) – Kopierständer für Abbildungsmaßstäbe 1:1, 1:1,5, 1:2, 1:3. Passend zu allen Schraub- oder Bajonett-Leicas mit 50 mm-Objektiv. Bestand aus einer verstellbaren Säule an einer massiven Grundplatte, die den Rahmen für den Maßstab 1:3 bildete 7,6 x 11,4 cm), vier Zwischenringen, drei verschiedenen Masken für die Grundplatte für die Formate entsprechend 1:2, 1:1,5 und 1:1, Mattscheibengehäuse mit 5fach-Lupe zur Scharfeinstellung.

BOOWU/16525 (1952–1962) – Einstellvorrichtung, später auch Kopierständer genannt und auch als DIN-Kopiervorrichtung bekannt. Für Maßstäbe 1:4, 1:6, 1:9, entsprechend den markierten Papierformaten DIN A6, A5 und A4. Vier verstellbare Füße, die in einen von drei auswechselbaren Zwischenringen geschraubt wurden. Passend zu allen Schraub-Leicas und allen 50 mm-Objektiven.

BOOWU-M (später BOWUM/16526) (1956–1976) – wie BOOWU, jedoch für M-Kameras und alle 50 mm-Bajonettobjektive außer Summarit und Summilux. Kann auch an der Leica CL verwendet werden, jedoch nur mit Summicron 2,0/50 oder Elmar 2,8/50 mm.

BOWUM/16526 – späterer Code für BOOWU-M

UOORE/16508 – Adapter zur Verwendung des Objektivkopfes vom feststehenden Summicron am BOOWU-M.

Optische Nahaufnahme-Vorrichtungen

Sie waren so konstruiert, daß sie eine kleine, handliche Vorrichtung bildeten, die für Freihandaufnahmen geeignet war und den Bereich von der kürzesten Einstellung des 5 cm-Objektivs bis etwa 50 cm abdeckte. Sie bestanden im wesentlichen aus einem kurzen Zwischenring, der zwischen Kamera und Objektiv gesetzt wurde und einen mit dem Entfernungsmesser gekoppelten Schneckengang besaß. Eine über eine Welle betätigte Maske zum Parallaxenausgleich bei kürzeren Abständen befand sich dabei vor dem Sucherfenster und ein optischer Keil über dem rechten Entfernungsmesser-Fenster. Die frühen Modelle waren nur mit versenkbaren Objektiven kombinierbar. In der Vorrichtung für M-Kameras, die eine modifizierte Konstruktion erforderte, bedeckte ein rechteckiges optisches Element das Sucherfenster für den Parallaxenausgleich, des weiteren befand sich ein runder optischer Keil vor dem Entfernungsmesser-Fenster. Die Ausführung für die Leica IIIg verwendete eine zusätzliche Vorsatzlinse und hatte die Form eines großen optischen Fensters, das sowohl Sucher- als auch Entfernungsmesser-Fenster bedeckte. Sie wurde mit einer rechtwinkligen Schiene im Zubehörschuh der Kamera befestigt.

Das Zweibereichs-Summicron 2,0/50 mm von 1960 bot eine Naheinstellung durch einen Extraauszug und das Ansetzen der abnehmbaren optischen Suchereinheit SDPOO.

All diese Vorrichtungen wurden 1965 aus dem Programm genommen.

NOOKY/16500 (LNT, 1935, Nr. 10, S. 12) – Für 5 cm-Elmar (Gravur "Elmar 5cm" vorn). Frühe Versionen waren vernickelt, ansonsten verchromt mit schwarz lackiertem optischen Teil. 1939 durch Erweiterung des Abbildungsmaßstabs von 1:6 bis 1:17,5 verbessert, der rund um die Einstellfassung eingraviert war. Dadurch konnte die Vorrichtung auf einen gewünschten Maßstab eingestellt werden, die Kamera wurde anschließend vor- und zurückgeschoben, bis im Sucher die optimale Schärfe angezeigt wurde.

NOOKY-HESUM – wie NOOKY, jedoch für Hektor 5 cm oder Summar 5 cm mit ebensolcher Gravur. 1939 wurden außerdem die Maßstäbe angegeben und die Gravur Summitar 5 cm zusätzlich zu den beiden anderen vorn angegebenen Objektiven hinzugefügt.

SOOKY/16502 (1954) – für das neue versenkbare Summicron 50 mm mit Schraubfassung, Maßstäbe von 1:8 bis 1:17,5, ansonsten ähnlich dem Vorgenannten.

UOORF/16508 (1960) – Adapterring für den Objektivkopf des feststehenden Summicron 50 mm mit SOOKY oder SOMKY

NOKUM/16505 (1960) – NOOKY-HESUM, bei dem die Angabe Hektor 5 cm weggelassen wurde

SOOKY-M, später SOMKY/16507 (1956) – für Kameras der M-Serie mit versenkbarem Elmar 2,8/50 mm oder Summicron 2,0/50 mm. Abbildungsmaßstäbe von 1.5 5 bis 1:15. Ganz verchromt.

SOMKY-M oder **SOMKY-UOORF/16509** – wie SOMKY, jedoch zum Ansetzen des Objektivkopfes vom feststehenden Summicron 50 mm über den Adapter UOORF

ADVOO/16503 (1959) – für Leica IIIg, bestehend aus Vorsatzlinse und Sucher-Vorsatz. Abbildungsmaßstab von 1:8 bis 1:15, für alle 50 mm-Objektive mit Schraubfassung und 42 mm-Frontdurchmesser

SOOGZ/13154 – Adapter für ADVOO mit Objektiven von 36 mm-Frontdurchmesser

SNHOO/13078 – Adapter für ADVOO mit Summitar 2,0/50 mm

OMIFO (1949) – Naheinstell-Vorrichtung für die Verwendung mit Elmar 90 mm. Fester Abbildungsmaßstab 1:4, Maske für Sucher und zwei optische Keile, einer für jedes Entfernungsmesser-Fenster (Lager, LIG, Vol. 2, S. 172 gibt 1939 als Katalogdatum an, zusammen mit OMAPO für festen Maßstab 1:4 mit 50 mm, Exemplare davon sind nicht bekannt).

OMIFO optisches Naheinstellgerät

15 Fokussier-Vorrichtungen

Die Einführung des Standard-Schraubgewindes versetzte Leitz in die Lage, Fokussier-Vorrichtungen zur Scharfeinstellung und Bildgestaltung zu produzieren, die vor allem im Nahbereich eine große Hilfe waren. Wetzlar konstruierte die drehbare Fokussierbühne, während Leitz/New York einen Einstellschlitten entwarf, der später auch in Wetzlar hergestellt wurde. Es gab noch eine weitere kuriose Vorrichtung, die Einzelbild-Einrichtung, die eine Art Plattenkamera im Miniformat zum Testen neuer Objektive darstellte.

Gehäuse für Einzelaufnahmen

Dieses Zubehörteil wurde von Leitz eingeführt, "um dem Leica-Besitzer die Möglichkeit zu geben, seine Objektive noch vielseitiger einzusetzen". Es war 1934 in Deutschland in beiden Ausführungen erhältlich (LP. Ger. Photo 7416, Feb. 1934: Rut. S. 124) und in England ein Jahr später (LP. Photo 7562, Mai 1935), obwohl US-Kataloge von 1936 und 1939 nur die OLIGO-Version aufführten.

Die Vorrichtung bestand aus einem runden Gußgehäuse mit schwarzem Kräusellack und besaß eine rechtwinklige Ecke mit Stativgewinden für Hoch- und Querformat. Die Objektive wurden vorn eingeschraubt, an die Rückseite wurde die runde Mattscheibe oder die Kassette mit einem Filmbild angesetzt. Passend zum Ansetzen vorn an das Objektiv gab es den Verschluß Ibsor. Im Zubehörschuh wurde einer der Leitz-Sucher angebracht.

OLEYO – Einzelbild-Kamera mit kleinem Ibsor-Verschluß für das Elmar 3,5, 5 und 10 cm mit einer Kassette und Mattscheibe
OLIGO – wie OLEYO, jedoch mit großem Ibsor-Verschluß für alle Objektive außer Hektor 7,3 und 13,5 cm, 20 cm Telyt und 9 cm-Thambar
KOOAS – zusätzliche Kassette
FIALT – Halter zum Handhaben des Filmstücks während der Entwicklung
OLORA und **GIIOX** (1936) – New York. Einzelbildkamera ohne Verschluß
IBSOR (1939) – New York, Verschluß einzeln für bestimmte Arbeiten mit der Leica
YOOQU – Zwischenring zur Verwendung früherer Versionen des Einzelbild-Gehäuses an der Universal-Fokussiervorrichtung, wurde kostenlos an Besitzer des älteren Modells abgegeben.

Varianten: Beide Versionen des Ibsor-Verschlusses hatten Zeiten von 1 Sek. bis 1/125 Sek., es sind jedoch auch Exemplare mit 1/1000 Sek. bekannt. Der Zubehörschuh bei frühen Modellen war rund, bei manchen fehlt auch das Wort "Germany" in der Gravur, weil sie nicht exportiert wurden.

Andere Varianten sind: Mattscheibe mit oder ohne Knopf; flache einrastende Andruckplatte oder Andruckplatte zum Ausrichten und Drehen; Schieber oder Mattscheibe mit einer Feder gesichert mit oder ohne Knopf oder durch zwei federnde Klemmen; Objektivauflage mit oder ohne erhöhte Kante (Butler, Vfr., 1982, 15, Nr. 1, S. 14; Van Hasbroeck, S. 119).

Gehäuse für Einzelaufnahmen, links und rechts: OLEYO mit kleinem Ibsor-Verschluß, früher WEISU-Sucher links, eine späte Version rechts. Mitte: spätes quadratisches Gehäuse, das nie im Katalog auftauchte. Unten von links: Schieber und Einstellscheibe für OLETO und Kassette.

Eine Aufnahme in den Katalog oder eine Codebezeichnung hat es scheinbar nie gegeben. Einige Autoren halten diese Version für eine Entwicklung aus der Kriegszeit (LIG, II, S. 147; CCL, S. 79), sie ist jedoch als Projekt von Albert aus dem Jahr 1937 identifiziert worden (Van H., S. 121). In Dokumenten ist belegt, daß es mit dem Summar 0,85/75 mm zum Fotografieren von Röntgenschirmen aus einer Entfernung von 37,5 cm eingesetzt wurde (Van H., S. 121; Prestige de la photographie, Vol. 2, Editions E.P.A., 1977).

Fokussierbühnen

Die Vielseitigkeit der Leica für technische und wissenschaftliche Anwendungen ebenso wie für Amateure, die sich der Makrofotografie widmeten, wurde durch Fokussierbühnen deutlich erweitert. Damit wurden eine präzise Ausrichtung und exaktes Fokussieren gewährleistet. Bereits 1933 hatte Leitz ein Mattscheibengehäuse mit einer 5fach-Lupe für ihr großes Repro- und Röntgenaufnahme-Gerät hergestellt, das gegenüber der bis dahin benutzten Methode der Entfernungsmessung per Maßband und dem Winkelsucher einen erheblichen Fortschritt darstellte. W.D. Morgan konstruierte 1930 die erste verschiebbare Fokussierbühne, den Vorläufer des Focoslide (Leica Manual, 1. Ausgabe, Morgan und Lester, New York, 1935), es wurde von Leitz vor, während und nach dem Krieg bis 1951 gefertigt. Wetzlar produzierte ebenfalls einen Fokussierschlitten ab 1938, die Fertigung dauerte bis 1963 an. Die Fokussierschlitten bestanden aus einer unteren Platte, die das Objektiv trug und einer Schiene zum Ansetzen an ein Repro- oder Vergrößerungsgerät sowie einer oberen Platte, die in einer Schwalbenschwanzführung verschiebbar war. Die obere Platte trug eine Mattscheibe an einem Ende, die Kamera war am anderen Ende befestigt. Nach Festlegung des Bildausschnitts wurde die Kamera zur Belichtung an die Stelle der Mattscheibe geschoben. In frühen New Yorker Modellen wurde die Kamera durch einen Gewindering gesichert, der von der rückwärtigen Seite der verschiebbaren Platte durch einen speziellen Schlüssel gedreht wurde. Später wurde die Kamera durch eine Schiene gesichert, die mit einem federnden Arm über deren Rückwand gedrückt wurde. In späteren Nachkriegsausführungen wurde der einfache Arm durch einen H-förmigen ersetzt, durch den sich der Druck mehr verteilte. Die Nachkriegsausführungen erhielten die Bezeichnung Focoslide. Der **Focoslide** konnte mit dem Universal-Balgengerät und den nachfolgenden Zubehörteilen zu den Spiegelkästen benutzt werden.

Die drehbare Fokussierbühne von Leitz/Wetzlar für das **Universal-Reprogerät** konnte unabhängig davon eingesetzt werden. Eine drehbare Scheibe trug das Kameragehäuse und gleichzeitig die Mattscheibe mit Lupe. Die Kamera wurde mit einer Feder angeklemmt, das Objektiv wurde in den unteren feststehenden Teil der Bühne eingeschraubt. Um von der Mattscheibe auf die Kamera zu wechseln, wurde die Scheibe um 180° gedreht. In der späteren Modifikation erlaubte ein zweites Objektiv die gleichzeitige Verwendung von zwei verschiedenen Brennweiten.

Die zahlreichen Fokussierbühnen bildeten die Basis einer großen Bandbreite für Vorrichtungen zu Reprozwecken und für wissenschaftliche und technische Anwendungen.

Feststehende Fokussierbühnen

VEHIG (1933) – Mattscheiben-Gehäuse komplett mit 5fach Lupe und Schutzdeckel für das Leica-Gehäuse. Für spezielle Kopiereinrichtungen.

FULET (ca. 1939) – New York, ähnlich dem FULDY (unten), jedoch ohne Schlittenansatz für die Kamera – die Mattscheibe mußte entfernt werden, um der Kamera Platz zu machen.

COSLA (ca. 1939) – New York, ähnlich wie FULET, jedoch mit kalibriertem Klarglasstreifen in der Mattscheibe für präzises Fokussieren

Drehbare Fokussierbühnen

OORES (1934) – Für das Universal-Reprogerät GROOW (siehe unten), für andere Anwendungen jedoch auch separat benutzt. Die Originalausführung hatte nur einen Objektivanschluß, ab 1937 konnten jedoch zwei verschiedene Brennweiten zusammen angeschlossen werden. In den entsprechenden Fassungen ließen sich die Objektive auf jede Entfernung einschließlich Unendlich einstellen. Geliefert komplett mit Einstellscheibe, jedoch ohne Lupe. Mattscheibe mit unterteiltem klaren Streifen oder klarem Punkt in der Mitte mit 1 mm Quadrateinteilung. In frühen Modellen wurde die Lupe einfach in eine halbkreisförmige Führung geschoben, 1938 wurde jedoch eine Bajonetthalterung eingeführt.

Tricoplat – New York, (L.Ph. 1948, 1, Nr. 3, S. 22; Hull, Vfr., 1985, **18**, Nr. 3). Drehbarer Kopieransatz, konstruiert von Dr. Hull, der damit medizinische Präparate, Abbildungen usw. mit Schwarzweiß- und Farbfilm gleichzeitig fotografieren wollte. Drei Kameragehäuse ließen sich daran ansetzen. Offenbar sind davon nur zwei Exemplare hergestellt worden, eines für Dr. Hull, das andere verblieb bei Leitz/New York und wurde später verkauft.

VEHIG mit angesetztem Zwischenring M1:2

Drehbare Fokussierbühne OORES mit Sucherlupe LOOCG

OORES-Variante mit zwei Objektivhalterungen

Einstellschlitten – Focoslide

Die folgende Chronik der Focoslide-Entwicklung basiert auf Lager (Vfr., 1981, 14, S. 16).

Bei Verwendung des Standard-Leicagewindes

New Yorker System

FULDY (1930–1932) – Kamera mit Gewindering gehalten

FULDY (1932–1938) – Aussparung in der Gleitplatte für das Langzeiten-Einstellrad

FULDY (1938–1947) – Kamera gehalten durch eine einzelne Schiene an einem federnd gelagerten Arm, spätere Modelle mit verstellbarer Schiene.

FULEC (1948–1951) – Wie FULDY für Leicas über Nr. 400.000, markiert durch einen *. Lange Basis ab 1950.

COPIN – Wie FULDY, jedoch mit Spezial-Einstellscheibe mit kalibriertem Klarglasstreifen

New Yorker Fokussierschlitten FULDY

Erstes Wetzlarer System

OOZAB (1938–1951) – Einfache Schiene an federnd gelagertem Arm, später mit einstellbarer Schiene

OOZAB (1951–1957) – H-förmige Klemmschiene zur Kamerabefestigung. Modifizierter Schaft des Klemmarms, um bei Leica **f**-Modellen die Anschlußbuchse des Blitzarms freizugeben.

Ein kostenloser Umbauservice für ältere Fokussierbühnen passend zur Leica f wurde von Leitz angeboten. Darin eingeschlossen war das Ansetzen der H-förmigen Schiene. Auch das Anbringen eines kurzen Tubus' zur Abdeckung des verchromten Objektivanschlusses, um Reflexe zu vermeiden, war ein kostenloser Service.

Auch von einem Halbformat-Focoslide ist berichtet worden (Hooper, Vfr., 1986, **19**, Nr. 2, S. 12). Es ist ein Standard-OOZAB mit H-förmiger Schiene und satinverchromter Halbformat-Maske über der Mattscheibe, die Schiene zum Ausrichten war durch eine für die kürzere Bodenplatte der Leica 72 ersetzt.

OOZAB-G (1957) – Wie OOZAB, jedoch für Leica IIIg

GRBOO (1935) – Schlittenbühne für Leica 250, die nicht an der Drehbühne OORES verwendet werden konnte. Akzeptierte die gleichen Fokussieranschlüsse usw. wie OORES. Die Verschiebung war rechtwinklig zu der von anderen Bühnen. Nur wenige wurden davon hergestellt.

ROOAI/16770 (1951) – Spezial-Fokussierbühne für Reprovit II. Balgenverstellung über Zahntrieb. Läßt sich vom Reprovit abnehmen und an einem Stativ bis Unendlich fokussieren. Schraubanschluß.

ROOAM/16771 (1960) – Wie ROOAM, mit Bajonett

RDQOO/16775 (1951) – Blendeneinstellhebel und Führung für Objektiv am Reprovit.

Fokussierschlitten OOTGU für Leica M-Kameras.

Fokussierschlitten GRBOO für Leica 250

N-Gewinde

Zweites Wetzlarer System

OOABZ/16607 (1958) – Für alle Leica mit Gewinde. Schwerere Konstruktion als frühere Modelle mit zum Gehäuse hin abgerundeten Ecken. Neues 51 mm "N"-Gewinde für eine neue Reihe von Zwischenringen mit Schneckengang und Repro N-Zwischenring. Daher sind Schraubobjektive oder früheres Zubehör nicht verwendbar.

OOTGU/16680 (1957) – Für M-Leicas. Weitere Ausstattung ähnlich OOBAZ.

Lupen für Fokussierbühnen

LOOCG (1936) – Einfache 5x-Lupe zum Einschieben
LOOFV (1936) – 5x-Lupe mit großem Gesichtsfeld, zum Einschieben
LOOGI (1936) – Winkellupe 5x mit großen Gesichtsfeld, zum Einschieben
LOOHW (1936) – 30fach. Für Feineinstellung auf dem Luftbild mit Hilfe des klaren Zentrums auf der Mattscheibe. Okular mit Dioptrieneinstellung.
LGCOO (1938) – Einfache 5x-Lupe mit Bajonettanschluß

Frühe 5fach-Großfeldlupe LOOFV links, einfache 5fach-Lupe LOOCG rechts

LVFOO (1938) – 5x-Lupe mit großem Gesichtsfeld, Bajonettanschluß. Nachkriegsausführung war konisch geformt, spätere Versionen waren schwarz
LKIOO (1938) – Winkellupe 5x mit großem Gesichtsfeld, Bajonettanschluß. Nach dem Krieg abgelöst durch PAMOO
LWHOO (1938) – 30x. Wie LOOHW, jedoch mit Bajonettanschluß. Vernickelt oder satinverchromt.

LOOFV links, einschiebbarer Ansatz, abgewinkelte 5fach-Großfeldlupe, LKIOO rechts mit Bajonettanschluß

Links LKIOO, Mitte Nachkriegs-LVFOO, rechts PAMOO

Einstellfassungen und Zwischenringe für Fokussierbühnen

Für drehbare Bühne OORES und Schlittenbühne GRBOO (Leica 250)

Für 5 cm-Objektive

ZWTOO (1936) – Zwischengewinde (Einstellfassung) für 5 cm-Elmar für Einstellung von Unendlich bis 42 cm (1:6)
ZWTOO-HESUM (1936) – Wie ZWTOO für 5 cm Summar
BOOXZ (1936) – Zwischenring "B" 7 mm, für Verkleinerungen 1:3 bis 1:2,5 oder 1:5 bis 1:4 in Verbindung mit ZWTOO
MOOBG (1936) – Zwischenring "M 1:2", 16 mm, für Verkleinerungsmaßstab 1:2
MOODH (1936) – Zwischenring "M 1:1,5", 24,5 mm, für Verkleinerung von 1:11,5
MOOGW (1936) – Zwischenring "M 1:1", 41 mm für Verkleinerungsmaßstab 1:1
FDBOO (1936) – Zur Feinfokussierung, wurde an die Säule unter dem oberen Arm angesetzt. Nur auf spezielle Bestellung

Für andere Objektive

COOED (1938) – Kurze Einstellfassung für 9 cm-Elmar.
COOTL (1938) – Kurze Einstellfassung für das 9 cm-Thambar
COOHS (1938) – Kurze Einstellfassung für 13,5 cm-Hektor
COOAB (1938) – Kurze Einstellfassung für 7,3 cm-Hektor
MOORB (1938) – Zwischenring für Telyt 20 cm

Eine verkürzte Einstellfassung für das Elmar 4,5/13,5 cm wurde 1935 hergestellt (L.Pho., 1935, Nov.; Hooper und Lager, Vfr., 1982, **15**, Nr. 2, S. 23). Es wurde an die FULDY-Bühne angesetzt und diente als variabler Zwischenring. Ein Adapterring wurde in die Front des rotierenden Tubus' der Fassung eingeschraubt und nahm jedes beliebige Objektiv mit Standard-Leicagewinde auf.

Varianten vom ZWTOO mit Zwischenring "B", BOOXZ.

Kurze Einstellfassung COOED für 9 cm Elmar

Kurze Einstellfassung COOAB für 7,3 cm Hektor

Balgen-Einstellfassungen

UNOOB (1934) – Tragearm mit Objektivhalter und variablem Balgengerät, bekannt als "untere Bühne" der **Universal-Kopiervorrichtung**. Für Elmar 3,5/5 cm. Erlaubte mit umgekehrtem Objektiv eine Vergrößerung bis 10fach.

UNOOB-YSMOO (1937) – Wie UNOOB, jedoch für 5 cm Summar

Einstellfassungen und Zwischenringe

für Einstellschlitten FULDY und den späteren Focoslide

New Yorker System

COOMI (1948) – Mikrometer-Zwischenring (Einstellfassung). 20 mm Verstellweg. Mikrometer-Anzeige für präzise Einstellung. Schwarz oder chrom.

COOEL – Adapter für die Verwendung des Elmar 4,0/90 mm mit COOMI

COONY – Adapter für die Verwendung des Velostigmat 4,5/90 mm

COOSE – Adapter zur Verwendung des Velostigmat 4,5/127 mm

COOHO – Adapter zur Verwendung des Hektor 4,5/135 mm

ZWTEL (1948) – Einstellfassung für 50 mm-Elmar, verbesserter Typ, einstellbar bis Unendlich

XWTVS – wie ZWTEL, jedoch für 50 mm Summar oder Summitar

New Yorker Zwischenringe

mm	*Vorkriegs-Set, 1936 (auch für OORES)*	*Nachriegs-Set 1949*
7	–	**FUSEV**
12	**FULOR**	–
15	–	**FUFIF**
22	**UBECD***	–
30	**FULFO**	**FULFO**
45	–	**FUFOR**
60	**FULGX**	**FULGX**
90	**FULHI**	**FULHI**
Set	**FUECD**	

Erstes Wetzlarer System

ZOOXY (1951) – Schneckengang-Einstellfassung (**Focomount**, NY) für stufenlose Fokussierung mit 50 mm-Elmar von 1 m bis 23 cm. Verkleinerung 1:18 bis 1:2.

ROOYH/16615 (1952) – 26 mm Repro-Zwischenring für 1:1-Abbildung mit ZOOXY

VALOO/16620 (1949) – Blendeneinstellring mit Rastungen für 50 mm-Elmar, diente gleichzeitig als Gegenlichtblende

OOZMY – Komplette Ausrüstung von OOZAB, ZOOXY, ROOXY,

VALOO, Lupe LVFOO (jetzt schwarz und chrom) und Auslöser OPKOM.
ZWTOO-HESUM (1951) – Einstellfassung mit drei Zwischenringen B, F und G. Anstelle des ZOOKY für die Verwendung mit dem 50 mm-Summar und Summitar
BOOXZ – Zwischenring B mit 7 mm für die Verwendung mit ZWTOO-HESUM
FVOOQ – Zwischenring F mit 15 mm für die Verwendung mit ZWTOO-HESUM
GVKOO – Zwischenring G mit 30 mm für die Verwendung mit ZWTOO-HESUM
ZOOSI-HESUM – Vollständige Ausrüstung für Summar und Summitar

Zweites Wetzlarer System mit "N"-Gewinde
Für Gewinde-Leica Focoslide OOBAZ und für M-Modelle OOTGU
VSPOO/16685 (1956) – Schneckengang-Einstellfassung mit Schraubgewinde-Adapter 4, für für Objektivkopf des 50 mm Summicron (1:60 bis 1:2,2)
VTROO/16686 (1956) – Blendeneinstellring für 50 mm-Summicron
ZQGOO/16688 (1956) – Schneckengang-Einstellfassung mit Schraubgewinde-Adapter 3, für Focotar 4,5/50 mm (DOOCG, z.B. Vergrößerungsobjektiv DOOFH ohne DOORX-Ring) für stufenlose Fokussierung von Unendlich bis 1:2,5
ZOONT (1951) – Spezielle Schneckengang-Einstellfassung für ältere 50 mm-Elmare der Brennweitengruppen 1 bis 3 (markiert unter dem Unendlich-Anschlag des Objektivs) und unmarkierten Objektiven
ZOOMF (1951) – 50 mm-Zwischenring für die Verwendung mit dem 135 mm-Hektor in kurzer Einstellfassung ZOOAN
ZOOWL (1956) – Schneckengang-Einstellfassung (Focomount) wie ZOOXY, jedoch zur Aufnahme des 50 mm-Focotar Vergrößerungsobjektivs
ZOOVX – Adapter zum Ansetzen des Focotar an ZOOXY
COOED – Kurze Einstellfassung für 90 mm-Elmar (von drehbarer Bühne, 1938)

VXZOO/16608 (1958) – Schneckengang-Einstellfassung mit Bajonett-Adapterring 1, für Elmar 2,8/50 mm. Verwendet den Blendeneinstellring VALOO (1:18 bis 1:2). Die Adapterringe waren auswechselbar. Schraubring... Bajonettring

VWOOU/16689 (1956) – Repro N-Zwischenring mit 26 mm Auszug, wurde zwischen einen der Focoslide-Modelle und einer beliebigen der obengenannten Einstellfassungen gesetzt. Ein einzelner Tubus ergab einen Abbildungsmaßstab von 1:1 oder annähernd diesen Wert.

Vollständige Ausrüstungen, bestehend aus dem passenden Focoslide, Schneckengang-Einstellfassung, Blendeneinstellring, Repro N-Zwischenring VWOOU, senkrechter 5fach-Lupe LYFOO und Drahtauslöser OPKOM.

Ausrüstung Stativ -Gewinde ¼" ⅜"	*FOCOSLIDE*	*Für Objektiv*	*Schnecken-gang-fassung*	*Blenden-einstellring*
OOGAN **16632/16603**	OOBAZ	f2.8 ELMAR	VXZOO	VTOOX
OOGIT 16633/16604	OOBAZ	f3.5 ELMAR	VXOOT	VALOO
16802/16801	OOBAZ	SUMMICRON	VSPOO	VTROO
OOGUM 16634/16612	OOBAZ	FOCOTAR	ZQGOO	–
OOMEX 16683/16677	OOTGU	f2.8 ELMAR	VXZOO	VTOOX
OOMYL 16681/16678	OOTGU	SUMMICRON	VSPOO	VTROO
OOMAP 16682/16674	OOTGU	FOCOTAR	ZQGOO	–

Spiegelkästen

Der erste Spiegelkasten für die Leica war der Megaflex, hergestellt von Meyer. Er wurde im Almanach des British Journal of Photography 1933, 34 und 35 durch Meyers britische Vertreter, A.O. Roth/Catford in London beworben. Diese Vorrichtung verwandelte die Leica in eine zweiäugige Spiegelreflexkamera. Das

Sucherobjektiv war ein 5 cm-Anastigmat. Angesetzt an die Kamera wurde der Megaflex automatisch mit der Einstellfassung des Kameraobjektivs gekoppelt, so daß bei scharfer Abbildung auf der Mattscheibe auch das Kameraobjektiv entsprechend fokussiert war. Die Mattscheibe zeigte den vollen Bildausschnitt. Die Kamera mußte zur Synchronisation zur Meyer-Vertretung eingeschickt werden. Der Megaflex I war für die Leica I und Standard, der Megaflex II für die Leica II und III bestimmt.

Leitz führte seinen eigenen Spiegelkasten, den PLOOT, 1935 für das neue 20 cm-Telyt ein. Somit datiert die Leica ein Jahr vor der Kine Exacta als erster Spiegelreflexkamera der Welt. Der enge Bildwinkel und die lange Brennweite des Telyt bedeuteten, daß der normale Typ des Durchsichtssuchers schwierig zu gebrauchen war, präziser Parallaxenausgleich war bei einem so kleinen Bildwinkel problematisch, und auch die Basis des Entfernungsmessers war für diese lange Brennweite zu kurz. Schon gleich nach seiner Einführung fand der Spiegelkasten jedoch schnell Anwendung im Nahbereich und für wissenschaftliche Aufgaben (siehe Vfr., 4, Nr. 1, S. 2) und machte die Leica dadurch zur wirklich universellen Kleinbildkamera bis zur Vorstellung der TTL-Belichtungsmessung mit der Spiegelreflexkamera.

Spiegelkasten 1935–1951 (PLOOT)

Das Objektiv wurde in das würfelförmige Gehäuse des Spiegelkastens geschraubt, der wiederum an das Kameragehäuse angeschraubt wurde. Die Tiefe des Gehäuses betrug 62,5 mm. Das Bild wurde durch eine 5fach-Lupe betrachtet, für kritische Scharfeinstellung ließ sich über einen Hebel eine eingebaute 30fach-Lupe einschwenken. Die 5fach-Lupe mußte bei Verwendung der 30fach-Lupe abgenommen werden, ihr Sockel jedoch, der bei frühen Modellen nicht abnehmbar war, diente als Gegenlichtblende. Die Mattscheibe mußte in aufrechter Lage benutzt werden, Hochformataufnahmen waren nach Lösen eines seitlichen Hebels und Drehen der Kamera um 90° jedoch ebenfalls möglich. Dabei wurde die Suchermaske automatisch gedreht, um den korrekten Bildausschnitt anzuzeigen. Verschlußauslösung und Spiegel wurden über einen Doppeldrahtauslöser betätigt. Die hier gezeigte Abbildung mit dem kompletten Gehäuse, Kamera und Objektiv, die in mehreren frühen Leitz-Mitteilungen und Broschüren auftaucht, stellt eine Version dar, die möglicherweise ein Prototyp gewesen ist.

Varianten: Normalerweise war die Oberfläche schwarz und verchromt abgesetzt, einige spätere sind auch zum Teil vernickelt. Spätere Modelle hatten einen Zubehörschuh an der Seite für den Sucher SFTOO,

Später PLOOT mit abnehmbarem Sucher und Zubehörschuh

Früherer PLOOT mit abgenommenem Sucher, um die 30fach-Lupe zu zeigen

der Spiegelauslöser konnte in unterer Stellung verriegelt werden. In Nachkriegsausführungen (1948) war der gesamte Sucheransatz abnehmbar, obwohl die Möglichkeit der abnehmbaren Lupe in Deutschland schon seit 1940 bestand (LP.Ger. Nr. 7555, Jul. 1940), wo der Spiegelkasten als Visoflex-Gehäuse bekannt war. Der Bajonettanschluß wurde ebenfalls standardisiert, so daß der spezielle Leitz 5fach- und 30fach-Winkel- und Weitwinkelsucher verwendet werden konnten. Die Einstellscheibe erhielt eine linsenähnliche Form, und der Drahtauslöser wurde mit drei Steuerstufen im Bedienteil ausgestattet (L.Ph., 1948, 1, Nr. 4, S. 26). In der letzten Version wurde die linsenförmige Mattscheibe durch eine flache ersetzt.

Der Mikro-Spiegelkasten war ein Spezialmodell, das 1938 für die Verwendung an Leitz-Mikroskopen oder anderem Leitz-Mikrozubehör konzipiert war (siehe Kapitel 17). Leitz bezeichnete es als "vereinfachten Spiegelkasten". Ihm fehlten die Trageriemenösen, der Zubehörschuh, die drehbare Formatmaske und die 30fach-Lupe des PLOOT, es hatte allerdings auswechselbare Einstellscheiben – sowohl Matt- als auch Klarglasscheiben – jeweils in eigener zylindrischer Fassung. Als das Lupenbajonett standardisiert wurde, wurde es allgemein mit der LVFOO-Lupe ausgestattet.

Etwa 1940 wurde eine olivgrüne Version des PLOOT-Spiegelkastens an einen Gewehrschaft mit einer 5,6/400 mm-Fernbildlinse von Astro/Berlin angesetzt, dabei war der Abzug mit dem Auslöser der Leica gekoppelt. Zwischen 100 und 150 davon wurden hergestellt (Christie's London, 1990, 12. Juli 1990, Lot 54).

PLOOT (1935–1950) – Spiegelkasten mit fester Lupe und Doppeldrahtauslöser. Ab 1940 war der Spiegelkasten komplett mit abnehmbarer senkrechter Lupe und Drahtauslöser.

PROON (nach 1940) – Spiegelkasten allein

POOIM – Ansatz mit 5fach- und 30fach-Lupe, etwa 18 mm kürzer als die feststehende Ausführung

POOXT – PROON + POOIM

PAMOO (1950) – 5fach-Winkelsucher mit Prisma anstelle eines Spiegels wie in LOOGI

ODULO – PROON + PAMOO

PICOO – Mikro-Spiegelkasten

PEUOO – Lupe wie bei POOIM, jedoch ohne 30fach-Lupe

PUZOO – PICOO + PEUOO

PUOOK – PICOO + PAMOO

POORQ – Doppeldrahtauslöser für Spiegelkasten

MOOSP/14020 (1935–1980) – 15 mm Zwischenring für 200 mm-Telyt, chrom oder schwarz, viele Varianten in Oberfläche und Gravur während des Produktionszeitraums

ZOOAN/16495 (1938) – kurze Einstellfassung zum Ansetzen des 13,5 cm-Hektor an den Spiegelkasten. Angeblich ist eine ähnliche kurze Einstellfassung auch für das Thambar hergestellt worden.

RIFLE (1938–1939) – E. Leitz/New York. Eines der seltensten Leica-Zubehörteile. Für die Verwendung mit dem Telyt 20 oder 40 cm oder dem Hektor 13,5 cm in kurzer Fassung, für Sport- oder Naturfotos aus freier Hand. Es bestand aus einem polierten hölzernen Gewehrschaft, 90°-Sucher mit Okularverlängerung, modifiziertem SCNOO-Schnelltransport, Doppeldrahtauslöser und zwei Auslösern. Der vordere Auslöser betätigte den SCNOO, der hintere klappte den Spiegel hoch und löste den Verschluß über den Doppeldrahtauslöser aus (Van Hasbroeck, führt auf S. 242 aus, daß nur noch sechs davon bekannt sind, doch wurde ein weiterer unter ungewöhnlichen Umständen entdeckt: Bingham, Vfr., 21, Nr. 3, S. 88).

RITOO – Gewehr komplett mit 20 cm-Telyt, PLOOT und Leica IIIb

RITEL – wie RITOO, jedoch mit 40 cm-Telyt

RIPBO – wie RITOO, jedoch mit 13,5 cm-Hektor in kurzer Fassung

RIFUN – Tragetasche für Leica-Gewehr mit 20 cm-Telyt oder Hektor

NUFIR – Tragetasche für Leica-Gewehr mit 40 cm-Telyt

Der New Yorker RIFLE-Ansatz für langbrennweitige Objektive

Zur Beachtung: Eine Fassung für den Gewehransatz wurde in Wetzlar für das 20 cm-Telyt konstruiert, um bei den Olympischen Spielen 1936 eingesetzt zu werden. Es besaß einen speziellen Spiegelkasten und einen langen Winkelsucher, ähnlich dem oben abgebildeten des RIFLE (Vfr., 1981, 14, Nr. 2, S. 12). Es wurde berichtet, daß einige dieser Spezialsucher nach Amerika gelangt sind, und zumindest einer davon ist mit einem Adapter zum Ansetzen an den Spiegelkasten aufgetaucht (Marthinsen, Vfr., 1982, 15, Nr. 2, S. 20). (Eine ähnliche Vorrichtung, der Sabre-Schaft, wurde in den späten 50er Jahren hergestellt und verkauft von der Sabre Photographic Supply Company in Illinois, jedoch nie von Leitz vertrieben. Dazu gehörten der Visoflex I, den PEGOO-Lupe, Doppeldrahtauslöser und 200 oder 400 mm-Telyt).

Visoflex I-System: 1951–1962

Neukonstruktion des Spiegelkastens. Die Gehäuseform war zylindrisch statt würfelförmig, sie besaß eine verbesserte 5fach-Lupe, keine 30fach-Lupe mehr sowie einen verlegten Auslöser, um die gekreuzten Kabel zu vermeiden. Der Visoflex I hatte die gleiche Gehäusetiefe wie der erste Spiegelkasten – 62,5 mm – so daß die gleichen Objektive verwendbar waren. Später im Jahre 1955 wurde eine Ausführung mit Bajonettanschluß für M-Objektive vorgestellt. Andere Lupen wurden ebenfalls angeboten: die bereits bestehende 5fach-Winkellupe PAMOO, eine neue senkrechte 5fach-Lupe LVFOO und eine 4fach-Lupe mit im Winkel von 45° angesetztem Okular und seitenrichtigem Sucherbild.

Varianten: Schraubausführungen unter Nr. 5214 hatten keine Vorrichtung zum Ausrichten des Spiegelkastens mit dem Kameragehäuse. Eine Umbaumöglichkeit wurde von Leitz jedoch angeboten (LP. Eng. Photo 8756, XI/54/AX). Modelle ab Nr. 7200 konnten mit Hilfe einer speziellen Einzel-Auslösekupplung betätigt werden. Bei frühen Modellen war der obere Teil des Bajonett-Halterings schwarz, spätere Ringe waren ganz verchromt. Bei den Bajonett- und späteren Schraubmodellen war der Zubehörschuh höher angebracht.

Der **Micro-Visoflex**, IFLEX, hatte weder Zubehörschuh noch Trageriemenösen. Er war mit einem drehbaren Mattscheibenhalter mit zwei auswechselbaren Einstellscheiben ausgestattet – Mattscheibe und Klarglasscheibe. Er war sowohl in Gewinde- als auch Bajonettausführung erhältlich. Visoflex-Modelle mit Seriennummern über 6646 konnten im Werk in den IFLEX umgebaut werden.

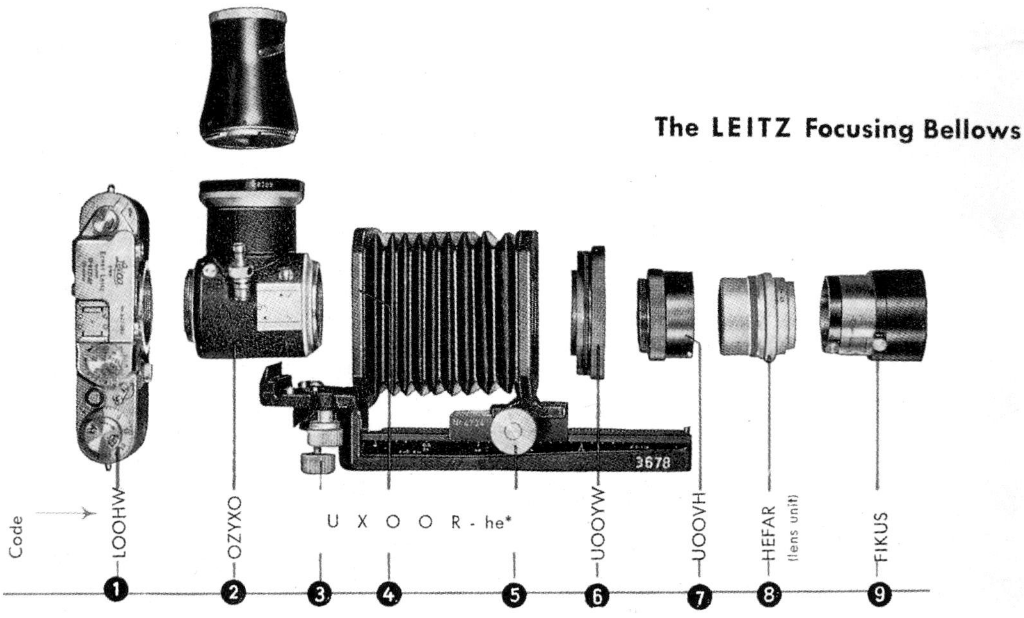

Visoflex I-System mit Universal-Balgengerät I

OZUPO/16484 (1951) – Visoflex I ohne Lupe
OZYXO/16485 – Visoflex I mit senkrechter 5fach-Lupe LVFOO
OZXOM/16482 – wie OZYXO, jedoch mit Bajonettfassung (auch OZYXO-M)
LVFOO/16486 – senkrechte 5fach-Lupe
PEGOO/16487 (1953) – 45° 4fach-Lupe mit seitenrichtigem Sucherbild
OZWTO/16492 – Doppeldrahtauslöser für Bajonettkameras
OZXVO/16493 – Auslösekupplung, nur für Schraubleicas
IFLEX (1953) – Micro-Visoflex I

UXOOR/16555 (1950) – Universal-Balgengerät I. Frühe Ausführung hatte einen kleineren Gewindedurchmesser für das Objektiv als die späteren Modelle und wurde mit Adapterring UOOYW und Tubus UOOVH für den Objektivkopf des 135 mm-Hektors geliefert. Spätere Versionen hatten das gleiche Gewinde wie das Universal-Balgengerät II, und alle Adapterringe waren auswechselbar.
16553 – dto. mit 3/8"-Stativgewinde, Konnte auch mit dem PLOOT verwendet werden
UZEOO/16565 (1951) – Große Balgensonnenblende mit drehbarer Maske für Hoch- und Querformat. Für 36 mm Frontgewinde.

Mikro-Visoflex IFLEX mit angesetztem MIKAS und 30fach-Lupe LWHOO

UEPOO/16566 – Adapterring für obigen Balgen für 42 mm Frontgewinde
UZEOO-M/16567 (1960) – Balgensonnenblende, für 42 mm Frontgewinde
UEOOK/16568 – Adapterring für obige Balgensonnenblende, für 36 mm-Frontgewinde

Objektiv-Adapterringe
UOOYW/16590 – Ersatz-Adapterring für Schraubobjektive. Oder mit Adapter 042-716.041 für 12,5 mm 25 mm und 50 mm-Photare
UOOVH/16580 – Ersatztubus für Objektivkopf des 135 mm-Hektors
UOOST – UOOYW + UOOVH
UOOXI/16572 (1958) – Adapterring für 125 mm-Hektor ohne Fassung
UOOND/16596 (1956) – Adapterring für Objektive mit

UWYOO/16600 (1951) – Adapterplatte zur Verwendung des Balgengeräts an Haltearmen ROONP und ROOFU
16618 – dto. mit 3/8"-Stativgewinde
UYOOQ/14650 (1951) – Kunststoffbehälter mit Einsätzen für Balgengerät I und Visoflex I zusammen mit Gegenlichtblende, Kamera und Zubehör

Bajonettanschluß
UOOZK/16598 (1960) – Adapterring für Objektivkopf des 90 mm-Summicron
UOOWV/16585 – Adapterring für Objektivköpfe des 90 mm-Elmars und Elmarit
DMUOO/17672 – Adapterring für 50 mm-Summicron
UYCOO – Auswechselbarer Bajonett-Adapter für Elmar 3,5/50 mm

Visoflex II-System: 1959–1963

Leichterer und kompakterer Spiegelkasten mit reduzierter Gehäusetiefe auf 40 mm für Objektive mit 65 mm Brennweite und darüber bis zur Unendlicheinstellung. Er war auch für Freihandaufnahmen geeignet. Der gesamte Ansatz mußte für Hochformataufnahmen gedreht werden. Der Auslösehebel an der Seite steuerte den Spiegel und wirkte gleichzeitig direkt auf den Auslöser der Kamera. Über einen kleinen Hebel an der Seite mußte der Spiegel wieder in Arbeitsstellung gebracht werden. Lieferbar für Kameras mit Gewinde und Bajonett. Verfügbare Sucher waren: 90°-Sucher, 4fach-Sucher mit seitenrichtiger Darstellung oder ein einfacher senkrechter Sucher mit seitenverkehrtem Bild. Der Visoflex II hatte keine Seriennummer mehr.

Der **Visoflex IIa**, im Katalog von E. Leitz/New York von 1962 aufgeführt, bot die Wahl zwischen automatischer Spiegelrückstellung oder Spiegel hochgeklappt, nachdem der Auslöser losgelassen wurde. Der Hebel zur Rückstellung des Spiegels erhielt einen geriffelten Knopf, der einen roten und einen schwarzen Punkt zur Anzeige der eingestellten Funktion trug. Angeboten wurde der Umbau vom Visoflex II auf den IIa.

Mikro-Visoflex II: Spezialversion für Mikroaufnahmen mit auswechselbaren Matt- und Klarglasscheiben, die einen D-förmigen Griff besaßen und in Schienen oben auf dem Visoflex-Gehäuse geschoben wurden (im Gegensatz zum IFLEX, bei dem sie auf einer drehbaren Scheibe montiert waren). Diese Ausführung besaß auch einen Fokussier-Vergrößerungssucher mit dicker zulaufendem Okular als die Standard-Version.

Endo-Visoflex, für Endoskop-Fotografie. Auslösearm ersetzt durch einen gewinkelten Drahtauslöser-Sockel, auswechselbare Einstellscheiben wie beim Micro-Visoflex II, Blitzbuchse vom Typ IIIf für Endoskop-Leuchte und spezieller 4fach 90°-Sucher in Kugelform mit justierbarem Okular, der ein rundes Sucherbild

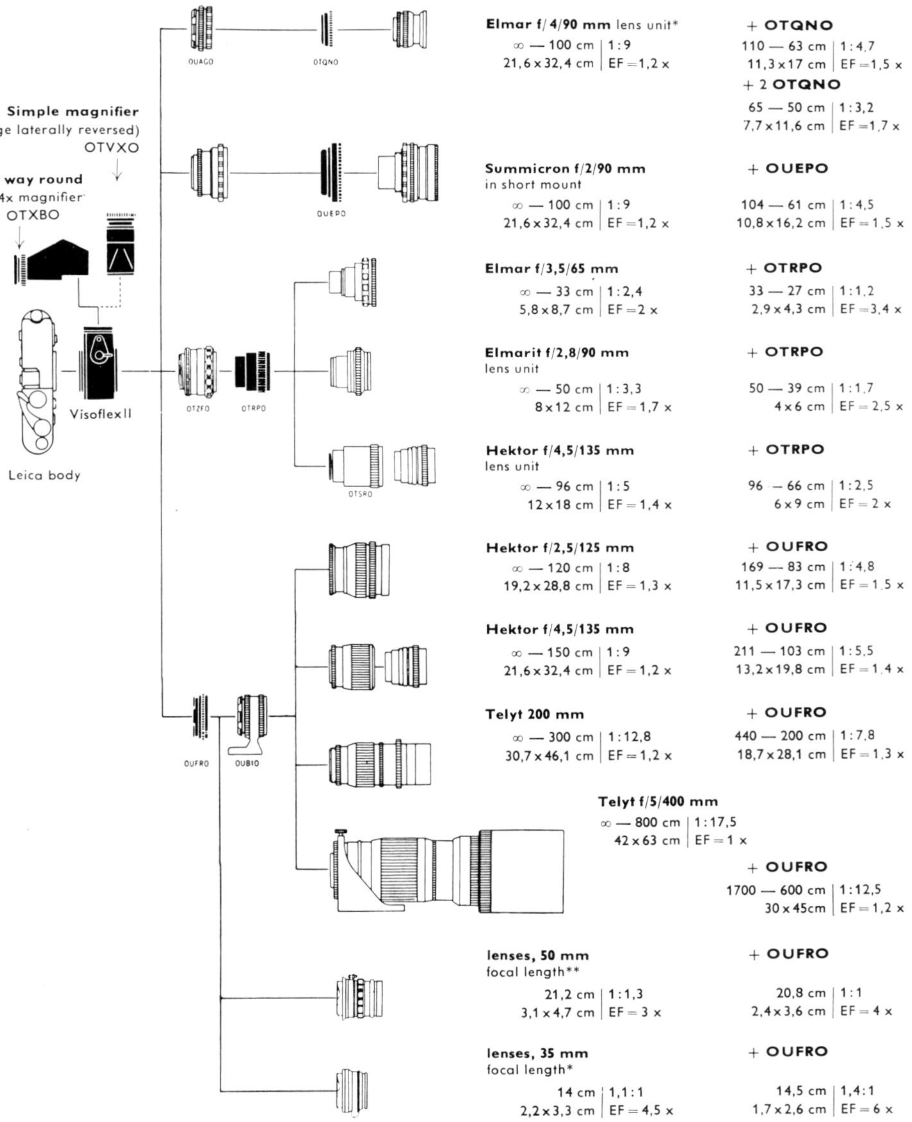

The technical data beside the respective lenses comprise:

Focusing range (subject distance from film plane)	**Scale of reduction**
Field of view at shortest working distance	**(EF) Exposure increase factor**

* For details of focusing range for lenses of serial numbers below K 1572401 enquire of your photographic dealer.

** Lenses with screw mounts require a bayonet adapter ring IRZOO (or ISBOO, ISOOZ).

von 20 mm Durchmesser erzeugte. Leitz lieferte Adapter für die verschiedenen Typen von Endoskopen. Siehe Kapitel 18 für alle Details.

Es sind Methoden beschrieben worden, mit denen Visoflex II und III-Modelle mit Minolta XM-Einstellscheiben, die in großer Auswahl lieferbar waren, ausgestattet werden konnten (Levy und Voorhees, Vfr. 1977, 10, Nr. 1, S. 8-10); durch Einbau teildurchlässiger Spiegel (ibid, S. 12-13), durch die sie für die Leica CL verwendbar wurden. Umbauten für die CL erforderten einen halbmondförmigen Ausschnitt in der Nähe des Bajonetts, um das Zeitenrad der CL nicht zu blockieren.

OCLOM/16456 – Visoflex II mit 90°-Sucher 4x, Bajonettanschluß

OUCLO/16458 – dto. mit Gewindeanschluß

OTDYM/16455 – Visoflex II ohne Lupe, mit Bajonettanschluß

OTYDO/16457 – dto. mit Gewindeanschluß

OTVXO/16461 – Einfacher senkrechter 5fach-Sucher

OTXBO/16460 – 90°-Sucher für seitenrichtige Darstellung, Okular mit 4facher Vergrößerung

OTZFO/16464 (1959) – Universal-Einstellfassung für Objektivköpfe von Elmar 65 und 90 mm, Elmar oder Hektor 135 mm mit Tubus OTSRO

OTZFO*/16465 (nur 1960) – OTZFO mit Fuß ähnlich dem OUBIO (unten), eine Kombination von OUBIO und OTZFO (ohne Fuß)

OTSRO/16472 (1959) – Tubus zum Anschluß des 135 mm-Objektivkopfes an die Universal-Einstellfassung. Ähnlich dem OTRPO unten

OTRPO/16471 (1959) Zwischenring für Naheinstellung mit Universal-Einstellfassung

OUAGO/16467 (1959) – Fokussier-Adapter zur Verwendung des Elmar-Objektivkopfes 90 mm

OTQNO/16468 (1959) – 9 mm-Zwischenring für obigen Adapter zur Verwendung des 90 mm-Elmars im Nahbereich

OUBIO/16466 (1959) – Zwischenring mit Stativsockel-Fuß zur Aufnahme des Hektors 125 mm, Elmars oder Hektors 135 mm in kurzer Fassung, Telyt 200 mm, 280 und 400 mm

OUFRO/16469 (1959) – Zwischenring für 50- und 35 mm-Objektive für Abbildungsmaßstäbe von 1:1 bzw. 1,4:1

ZOOEP/16463 (1959) – Kurze Einstellfassung mit Skala für Summicron-Objektivkopf 90 mm

OEUPO/16474 (1959) – Zwischenring für Summicron 90 mm in kurzer Einstellfassung für Abbildungsmaßstab 1:4,5. Ebenso für 2,8/135 mm in Fassung 16462

16462 – Einstellfassung bis Unendlich, ohne Skala, für Objektivköpfe des Summicron 2,0/90 und 2,8/135 mm

16556 (1961) – Balgengerät II zur Verwendung mit Visoflex II und III, geliefert mit Ring 16558

16557 – Große Balgensonnenblende für obiges Balgengerät mit 42 mm-Frontgewinde

13154 – Adapterring für 36 mm-Frontgewinde

14821 – Passender Behälter für Balgengerät II und Visoflex II oder III zusammen mit Gegenlichtblende, Kamera und Zubehör

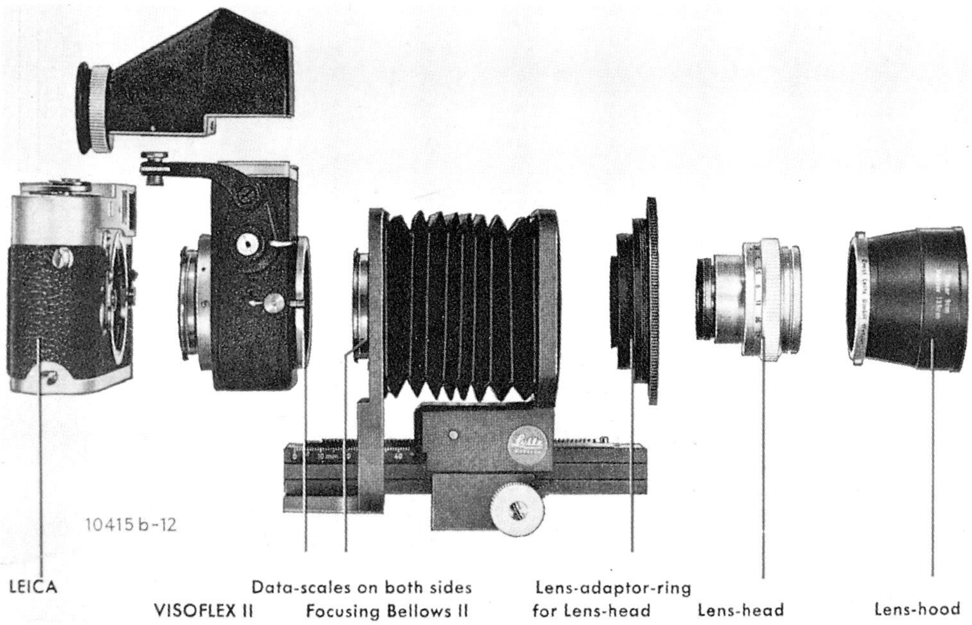

Visoflex II-System mit Balgengerät II

Vergrößerungssucher OTXBO

Mikro-Visoflex II mit auswechselbaren Einstell-scheiben

Vergrößerungssucher für Mikro-Visoflex II

Objektiv-Adapterringe

Wie für den späteren Visoflex I, bis auf:

16558 – Adapter für Elmar 65 mm und Objektivköpfe vom 90 mm-Elmar und -Elmarit sowie des 135 mm Tele-Elmars.

Visoflex III-System: 1963–1983

Äußerlich dem Visoflex II ähnlich, jedoch mit drei Möglichkeiten der Spiegelfunktion: Gelber Punkt – schnelle Spiegelrückkehr für Actionaufnahmen; schwarzer Punkt – langsames, weiches Hoch- und Herunterklappen des Spiegels für Langzeitbelichtungen; roter Punkt – Spiegel in oberer Position arretiert für erschütterungsfreie Nah- und Mikroaufnahmen. Nur mit Bajonettanschluß lieferbar. Verwendete den gleichen senkrechten 5fach-Sucher wie der Visoflex II, erfordert jedoch einen speziellen 4x 90°-Sucher. Alle Zubehörteile und Objektivadapter vom Visoflex II passen auch an den Visoflex III.

Varianten: Frühere Modelle hatten einen 1 mm großen Kreis in der Mitte der Einstellscheibe, spätere Ausführungen einen 7 mm großen Kreis. Eine spezielle Version wurde für E. Leitz/New York Mitte der 70er Jahre hergestellt, die aber nie im Katalog auftauchte. Sie konnte elektrisch mit dem Leica-Motor gekoppelt werden, die Aufwärtsbewegung des Arms gab den Impuls zum motorischen Filmtransport (LIG, Vol. III, S. 90). Es existieren auch graue Ausführungen und Modelle mit auswechselbaren Einstellscheiben (CCL, S. 61). Eine von Dritten (Goldberg) angefertigte Modifikation des Visoflex II und III ersetzte den Spiegel durch ein Prisma mit halbverspiegelter Oberfläche. Dadurch wurden sowohl Erschütterungen auch die Dunkelphase eliminiert (siehe auch unter Nicht-Leitz-Umbauten unter Visoflex II).

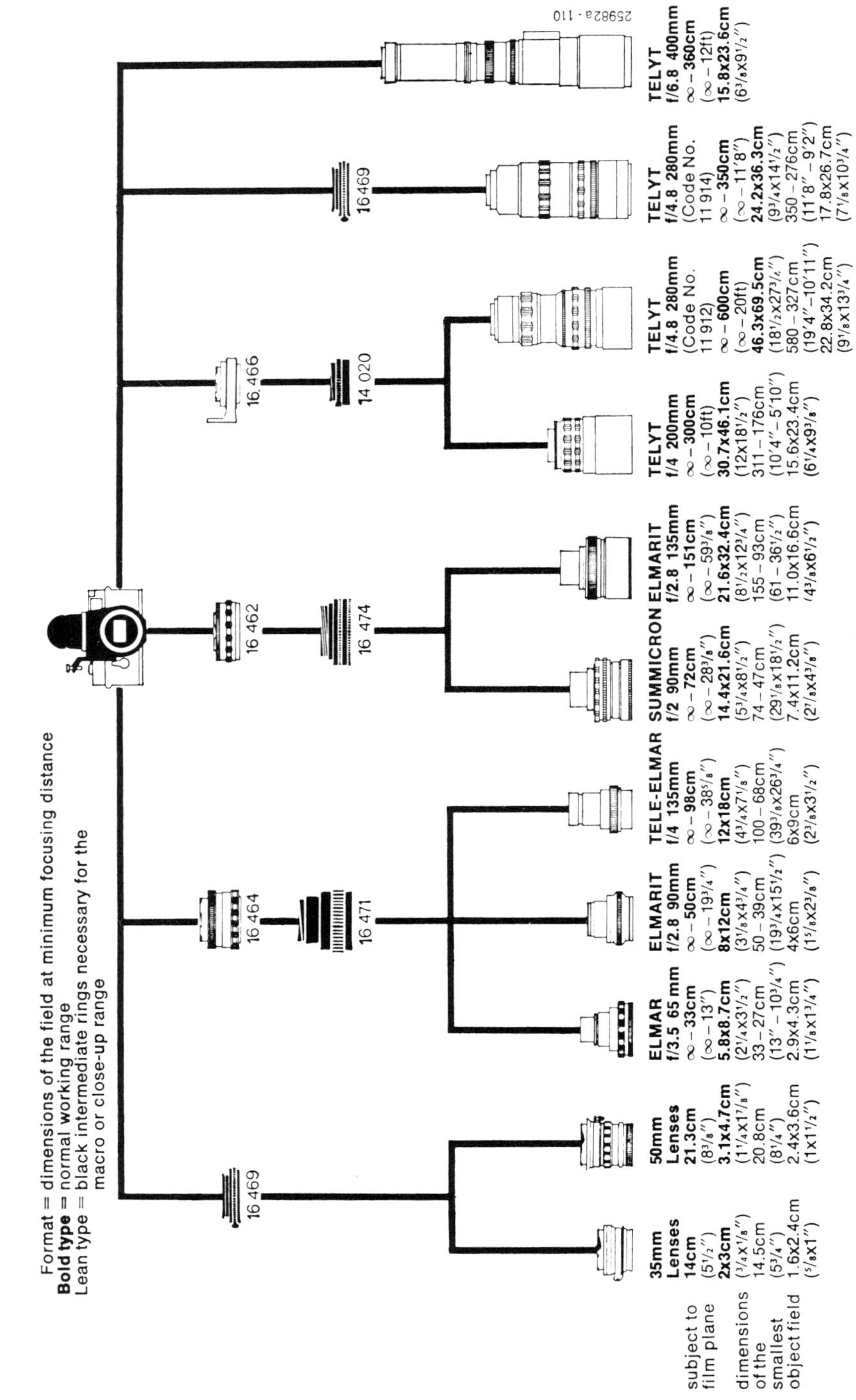
Format = dimensions of the field at minimum focusing distance
Bold type = normal working range
Lean type = black intermediate rings necessary for the macro or close-up range
16 469
16 464
16 471
16 462
16 474
16 466
14 020
16469
subject to film plane
dimensions of the smallest object field
35mm Lenses 14cm (5 1/2") 2x3cm (3/4x1 1/8") 14.5cm (5 3/4") 1.6x2.4cm (5/8x1")
50mm Lenses 21.3cm (8 3/8") 3.1x4.7cm (1 1/4x1 7/8") 20.8cm (8 1/4") 2.4x3.6cm (1x1 1/2")
ELMAR f/3.5 65 mm ∞ - 33cm (∞ - 13") 5.8x8.7cm (2 1/4x3 1/2") 33 - 27cm (13" - 10 3/4") 2.9x4.3cm (1 1/8x1 3/4")
ELMARIT f/2.8 90mm ∞ - 50cm (∞ - 19 3/4") 8x12cm (3 1/8x4 3/4") 50 - 39cm (19 3/4x15 1/2") 4x6cm (1 5/8x2 3/8")
TELE-ELMAR f/4 135mm ∞ - 98cm (∞ - 38 5/8") 12x18cm (4 3/4x7 1/8") 100 - 68cm (39 3/8x26 3/4") 6x9cm (2 3/8x3 1/2")
SUMMICRON f/2 90mm ∞ - 72cm (∞ - 28 3/8") 14.4x21.6cm (5 3/4x8 1/2") 74 - 47cm (29 1/8x18 1/2") 7.4x11.2cm (2 7/8x4 3/8")
ELMARIT f/2.8 135mm ∞ - 151cm (∞ - 59 3/8") 21.6x32.4cm (8 1/2x12 3/4") 155 - 93cm (61 - 36 1/2") 11.0x16.6cm (4 3/8x6 1/2")
TELYT f/4 200mm ∞ - 300cm (∞ - 10ft) 30.7x46.1cm (12x18 1/2") 311 - 176cm (10'4" - 5'10") 15.6x23.4cm (6 1/4x9 3/8")
TELYT f/4.8 280mm (Code No. 11 912) ∞ - 600cm (∞ - 20ft) 46.3x69.5cm (18 1/4x27 3/8") 580 - 327cm (19'4" - 10'11") 22.8x34.2cm (9 1/8x13 3/4")
TELYT f/4.8 280mm (Code No. 11 914) ∞ - 350cm (∞ - 11'8") 24.2x36.3cm (9 3/4x14 1/2") 350 - 276cm (11'8" - 9'2") 17.8x26.7cm (7 1/8x10 3/4")
TELYT f/6.8 400mm ∞ - 360cm (∞ - 12ft) 15.8x23.6cm (6 3/8x9 1/2")

Micro-Visoflex III. Ähnlich dem Micro-Visoflex mit zwei auswechselbaren Einstellscheiben, jedoch am Visoflex III-Gehäuse. Die gleiche 5fach-Lupe wie beim Micro-Visoflex II fand Verwendung. Siehe Kapitel 17.

Repro- und Micro-Visoflex III: Variante des Micro-Visoflex III ohne auswechselbaren Einstellscheiben. Diese waren stattdessen zu einer fest eingebauten zusammengefaßt, die in der Mitte eine klare Zone mit pfeilförmigen Fokussiermarkierungen besaß: Das Umfeld war mattiert. Siehe Kapitel 17.

Visoflex III mit Balgengerät II. Der Vergrößerungssucher hat keine Stufe.

Focorapid

16497 – Visoflex III ohne Lupe
16498 – Visoflex III mit 4x 90°-Lupe
16499 – 4x 90°-Lupe, Okular ohne Fokussiermöglichkeit
14111 (1963 – 1968) – Focorapid-Schnellfokussiervorrichtung für Visoflex II und III. Kann durch drei Knöpfe auf drei verschiedene Entfernungen eingestellt werden, ohne den ursprünglichen Bereich zu verlieren. Bot einen größeren Fokussierbereich als die Objektivfassung: 135 mm bis 95 cm, 200 mm bis 1,8 m, 280 mm bis 3 m.
14113 – Adapterring zum Ansetzen des Telyt-Objektivkopfes 4,5/200 mm an den Focorapid
14112 – dto. für Objektivkopf des Telyts 4,8/280 mm
14114 – dto. für die Objektivköpfe des 135 mm-Elmars oder Hektors 4,0 oder 4,5 (Seriennummern über 250.000)
14116 (1963) – Filterrevolver für Visoflex II und III, Filter am Revolver hinter dem Objektiv. Revolver erfüllt die Funktionen des Tubus' OUBIO/16466
14117 – Adapterring für Serie VI-Filter
14136 (1966) – Televit Schnellfokussier-Vorrichtung zur Verwendung mit Visoflex II und III und den folgenden Telyt-Objektivköpfen: 4,8/280 mm, 5,0/400 mm, 5,6/560 mm. Komplett mit Schulterstütze. Auch mit R-Anschluß lieferbar
14137 – Blendentubus für Televit mit voreingestellter Blende
14138 – Bajonettring für Objektivköpfe des Telyts 4,8/-280 mm und 5,0/400 mm
14130 – breiter Trageriemen

Filterrevolver

16 Kopier- und Reproduktions-Zubehör

Einige der frühen Vorrichtungen zum Reproduzieren basierten auf Suchern und Meßbändern zur exakten Entfernungseinstellung und Festlegung des Bildausschnitts. Mit der Einführung von Zubehörteilen wie der verschieb- und drehbaren Fokussierbühne und dem Spiegelkästen wurden Reproduktionen und andere technische Arbeiten jedoch wesentlich erleichtert. Leitz bot komplette Ausrüstungen für bestimmte Zwecke an und verkaufte alle Teile auch einzeln. Die Sucher wurden bereits in Kapitel 15 aufgeführt, doch welche Form von Kopieren oder Duplizieren auch anstand, erforderlich war immer ein Ständer, eine Halterung, Beleuchtungseinrichtungen und dergleichen. Diese werden im vorliegenden Kapitel zuerst behandelt, gefolgt von vollständigen Ausrüstungen.

Allgemeines Zubehör

WICAP (1931) – Objektivdeckel mit Schuh für den Winkelsucher WINKO. Er wurde zum richtigen Positionieren des Motivs zum Reproduzieren, bevor Fokussierbühnen verfügbar wurden. Trotzdem blieben ähnliche Vorrichtungen (unten) bis 1939 im Katalog. WICAP und WINKO wurden zur Ausrichtung des Motivs an die Frontfassung des Objektivs geklemmt und anschließend zur Belichtung entfernt.

WICAB (1936) – Ähnlich WICAP, ersetzte diesen

WZCOO (1936) – Wie WICAB, jedoch für den Sucher WINTY für Leica-Modelle II und III

VEZUK (1933) – Runder Halter zum Schutz der Leica-Bodenplatte bei häufiger Verwendung am frühen Reproarm

FDBOO (1936) – Feinfokussier-Vorrichtung für die Universal-Reproeinrichtung ROOFU (unten)

STAMA (1933) – Stahl-Maßband, zum Ansatz an den Reproarm, selbstaufrollend über Gewicht. Passend zu den verschiedensten Kopiereinrichtungen

STUOO (1936) – Stahl-Maßband für Universal-Kopiereinrichtung

TUSOO (1951) – Stahl-Maßband für den ROOFU-Arm

HIIBE (1939) – Ständer zum Fotografieren kleiner Objekte. Runder Tisch über Zabntrieb in der Höhe verstellbar und über Kugelgelenk dreh- und kippbar

RGWOO/16761 (1951) – Haltebox zum Planhalten und trotzdem schnellen Wechseln von Büchern, Landkarten usw.

16786 (1964) – Objektträger zum Duplizieren von Dias und für Makroaufnahmen. Sehr präzise Scharfeinstellung über Mikrometerschraube

XDQII (1939) – Verschiebbarer Arm zum Ansetzen an eine Säule mit kugelgelagerter Spezialbühne, damit konnte die Kamera zur sehr genauen Ausrichtung in alle Richtungen verstellt werden. Mit Schiene zum Drehen der Bühne

LUFAS (1939) – Objektbühne zum Fotografieren kleiner Objekte im Durchlicht

YRKOO (1939) – Zahntriebvorrichtung für den ROOFU-Arm zur Feinfokussierung von 1:2 an abwärts

YROOF (1951) – Wie YRKOO, jedoch mit feinerer Justierung

OUTSO/16750 (1951) – Projektionskopf zum Ansetzen an Mattscheiben des Focoslide und Reprovit zur Scharfeinstellung und zur Anzeige des Bildausschnitts

AQOOT/14014 (1960) – Extralanger Auslöseknopf für alle Leicas in Verbindung mit Reproduktionen

AMTOO/16777 (1960) – Elektromagnetischer Auslöser zur Verwendung mit Steuergerät, für Schraub-Leicas

AMTOM/- Wie AMTOO, jedoch für Bajonettmodelle

16798 (1978) – Universal-Kamerahalter für Reprovit II. Für Reflex- und M-Modelle mit Visoflex

WICAP und WINKO im Einsatz

Gewichte für die Stahl-Maßbänder wie STAMA, STUOO und TUSOO

Verschiebbarer Arm mit spezieller mechanischer Bühne zur Feineinstellung der Kamera in alle Richtungen (*Leica Archiv*)

Projektionskopf OUTSO zum Ansetzen der Einstellscheiben vom Focoslide und Reprovit zum Festlegen des Bildausschnitts

Schlitten YROOF mit Zahntrieb-Verstellung

Ständer und Halterungen

Die Grundplatten und Säulen von Leitz-Vergrößerern konnten grundsätzlich als stabile Halterungen für Kopierzwecke benutzt werden. Im Laufe der Jahre jedoch wurde auch eine Zahl spezieller mobiler Ständer vertrieben.

STARE (1931) – Zusammenlegbarer Ständer mit Leinen-Tragetasche

FLOTH (1931) – Bleischnur zur Festlegung der Bildmitte bei Verwendung des STARE oder anderer Kopierständer. Hing in der optischen Achse frei herunter, mit einem Clip um die Frontfassung des 50 mm-Elmars befestigt. Zwei Varianten – u-förmiger oder fünfeckiger Clip

STAOT – STARE + FLOTH

VAFOO (1936) – Grundbrett und Säule für die Universal-Kopiereinrichtung. Vier federnde Füße für vibrationsfreie Belichtungen

ZSLOO (1936) – Zusammenlegbarer senkrechter Träger mit Tischklemme, zum Transport in drei Teile zerlegbar

YQHOO – Zusätzliche mittlere Unterteilung für ZSLOO

SPOOV (1933) – "Spezial-Stativfuß", d.h. hufeisenförmiger Ständer für die Drehbühne OORES mit weißem Grundbrett für Objekte. Die Säule hatte Gravuren von jeweils drei Kerben in unterschiedlicher Höhe. Sie dienten dazu, die Säule für den erforderlichen Vergrößerungsmaßstab mit dem 50 mm-Objektiv in der korrekten Höhe einzustellen. Als Einstellwerte standen 1:1, 1:1,5, 1:2, 1:3 oder 1:4 zur Auswahl.

ORESO – SPOOV + OORES

GOOZQ – Zwischenstück zum Ansetzen des OORES an Vergrößerer oder andere Säulen von 32 mm Durchmesser, entweder direkt oder über einen Kugelkopf.

Bleischnur FLOTH hier mit fünfeckigem Clip

Spezial-Stativfuß SPOOV für drehbare Fokussierbühne

Zusammenlegbare Ständer STARE

GOOSZ – GOOZQ + OORES
SPMOO (1938) – Großer Spezialfuß (Hufeisen) mit Grundplatte, für 32 mm-Säulen
DOOSL – 50 cm Höhe Säule für SPMOO
OOZEG (1951) – Zusammenklappbarer Ständer der transportablen Kopiereinrichtung OMEXO (für Focoslide)
ONLIO – Leinentasche für OOZEG
OVAFO (1951) – Grundbrett und 1,2 m lange und 4 cm dicke Säule für Reprovit I
OVURO/16701 (1960) – Kopierständer Valoy II, 80 cm-Säule, z.B. Ständer und Arm ohne Vergrößererkopf, jedoch mit Schiene UWOOS zum Ansetzen des Focoslide
16703 – dto. mit 3/8"-Stativgewinde
VUROO/16702 (1950) – Wie OVURO, jedoch mit 65 cm langer Säule
16704 – dto. mit 3/8"-Stativgewinde
ZPOOK/17508 (1955) – Tischklemme für Säule des Valoy II
VOOQF/17552 – 81 cm lange Säule wie VOOQF
17619 (1963) – Grundbrett und Säule von Focomat Ic, erfordert Arm 17624
16707 (1967) – Kopierständer, bestehend aus Grundbrett, 80 cm-Säule mit Führungsschiene und Arm mit Grob- und Feineinstellung. Passend für M-Kameras mit Visoflex oder Reflexkamera mit oder ohne Balgengerät

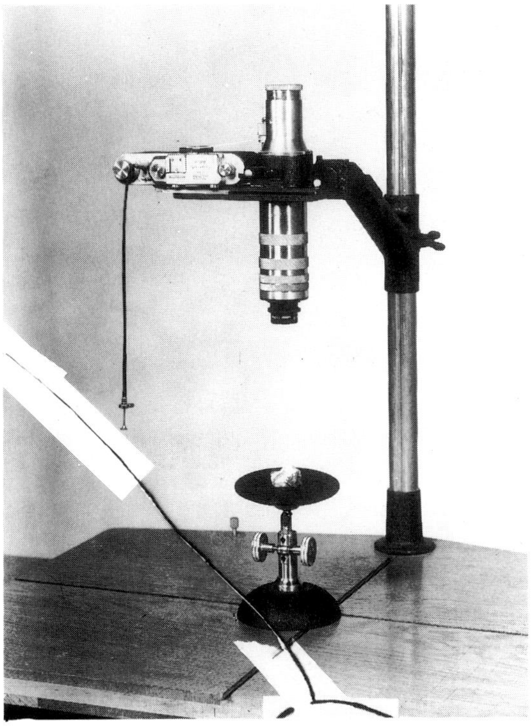

Grundbrett und Säule VAFOO mit Arm VEARM zur Befestigung eines Schlittens mit Zwischenringen MOOBG, MOODH und MOORB und 8 cm-Summar Makroobjektiv. Das Objek befindet sich auf dem Ständer HIIBE. (Das Original-Glasnegativ aus dem Leica Archiv, von dem diese Vergrößerung stammt, hat einen Riß).

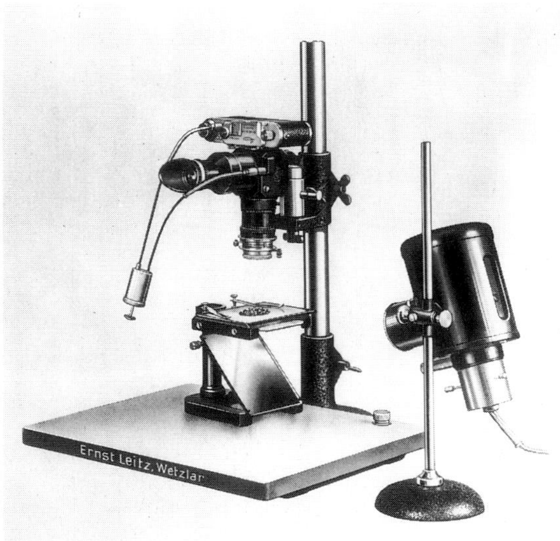

Zwischenstück GOOZO zur Befestigung des PLOOT an Vergrößerer-Säule mit einem Kugelgelenk. Die Lampe ist die BEECH, eine Lampe MONLA auf Ständer, wenn auch ohne den üblichen Kräusellack *(Leica Archiv)*.

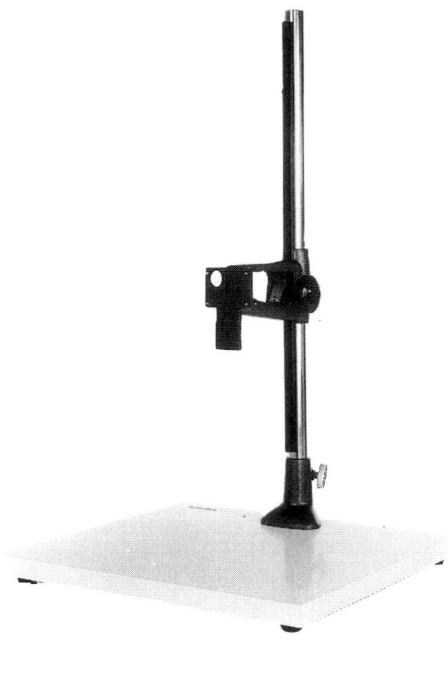

Reproständer 16707

Arme zur Verwendung von Reproeinrichtungen an Vergrößerungsgeräten

Arm	*Für Grundbrett und Säule*	*von Vergrößerer*	*Anwendung*
FILUM 1931 *	FEFFU 20"	FILES oder FILOY	mit Vorsatzlinsen 2 und 3
FEARM 1931 *	FESSA 32" FEHUN 40" Säule	FILYT	mit Vorsatzlinsen 2 und 3 mit Vorsatzlinsen 1, 2 und 3
VELIF 1933 (mit Öse für VEHIG)	FEFFU 20"	VALOY oder FILOY	Kleine Kopiereinrichtung mit Vorsatzlinsen 2 und 3
VEARM 1933 (mit Öse für VEHIG)	VELTU 40"	VALFA oder FILYT	Große Kopiereinrichtung mit Vorsatzlinsen 1, 2 und 3
VEHAL 1933	VESTA 48"	VAMAX	Röntgen-Reprogerät
ROOMB 1936 (mit Öse)	VELTU 40"	VALOY	Große Kopiereinrichtung
GOORM 1938 (mit Maßband)	Jede Säule mit 3 cm Durchmesser		Für Drehbühne OORES oder 250er Bühne GRBOO
GOOZQ 1938 (mit Maßband) "Zwischenstück"	Für kleinere 3 cm-Säulen und Grundbretter		Für Drehbühne OORES entweder direkt oder über großen Kugelkopf KGOON
ROOFU 1951	Jede 4 cm-Säule		Für FOCOSLIDE, wie im REPROVIT 1 verwendet
ROONP 1951	Jede 3 cm-Säule		Für FOCOSLIDE
OKYNO 1956 **16748+** +Adapterschiene **UWOOS/16601** (+Adapterplatte **UWYOO/16600)**		VALOY II	Für FOCOSLIDE (für Balgen I)
17624 1963	17619	FOCOMAT 1c+ oder ohne Balgen	Für VISOFLEX II oder III mit

* **FOSAR (1933)** - Winkelschiene für ältere Reproarme zum Befestigen des Mattscheibengehäuses VEHIG
\+ **OKLMO/16744** - Verbindungsstück für Focomat Ic als Reprogerät unter Verwendung der Säule VOOQF und Arm OKYNO

CMEET-XCEES (1939) – Spezieller mechanischer Ständer USI. Zahntriebverstellungen an senkrechten und waagerechten Führungen
XBEET (1939) – Schwalbenschwanz-geführter Schieber mit Stativschraube zur Befestigung der Kamera an CMEET-XCEES. Nach dem Krieg erhältlich zum Ansetzen des Focoslide an Säulenhalterungen LURTE oder USII
LURTE (1939) – Ständer mit runder eiserner Platte und Kreuzschiene mit Doppelklemme
LUTTI (1939) – Ständer mit Tischklemme und Kreuzschiene mit Doppelklemme
LUZTA (1939) – Ständer mit Tischklemme und Schwanenhals mit verstellbarer Kamerahalterung an der Oberseite
XEEGP (1939) – Ständer mit schwerer runder Eisenplatte, in der Höhe bis etwa 1,10 m verstellbar mit Doppelgelenkarm an der Oberseite
EELUD (1939) – Spezieller "medizinischer" Ständer auf schweren Stativfüßen mit Ausgleichsschrauben, verstellbar in der Höhe bis etwa 1,10 m mit gekröpftem Arm an der Oberseite

Beleuchtungseinrichtungen

Für Aufsichtsbeleuchtung
STALI (1931) – Set von zwei Lampen, gemeinsamer Schiene, zwei justierbare Opallampen und Reflektoren, kurzes flexibles Kabel und Stecker. Wie auch bei der Kleinen Kopiereinrichtung verwendet
STAFO (1933) – Vier-Lampen-Anordnung wie bei der Großen Kopiereinrichtung verwendet
STOOR (1936) – Vier-Lampen-Anordnung wie bei der Universal-Kopiereinrichtung verwendet. Lampenhalter mit Gelenken, die an der Säule (3 cm), nicht an der Fokussierbühne befestigt waren

Arm ROOFU

Zwei-Lampen-Beleuchtung STALI

STYYX (1939) – New York, verbesserte Vier-Lampen-Anordnung mit 60 Watt-Birnen, Lampenhalter mit Kugelgelenken, die an der Säule (3 cm) befestigt waren
ILLUM – Wie STYYX, jedoch für Säule von 5 cm Durchmesser
RKCOO/16785 (1951) – Halterung mit vier Reflektoren für 100 Watt-Lampen, passend zum Reprovit I und II
UVWOO/16760 (1951) – Vierweg-Adapter zum Anschluß von vier Tischlampen als Beleuchtung

Für Kopien im Durchlicht
VEKAS (1931) – Leuchtkasten 40 x 50 cm mit sechs röhrenförmigen, mattierten 25 Watt-Lampen, Mattscheibe, Opalglasscheibe und lose aufliegender Glasplatte
VEDUK – flexibles Kabel, Stecker und Schalter für VEKAS

Kleine Leuchtkästen

1933

	Größe in cm	*Lampen-Anzahl*	*Glasscheibe zur Filmplanlage*
VEPUT	40,6 x 30,4	4 Röhren 25 W	VELYP
VIKUL	30,4 x 24	3 Röhren 25 W	VIRUP
VEKOT	18,4 x 13,3	4 Lampen 15 W	VERYK

1951

OOEUK 16763	40,6 x 37	4 x 60 W	mitgeliefert
OOEVM 16762	24 x 17,8	4 x 25 W	mitgeliefert

16773 (1967) – Leuchtkasten für Dias, einschließlich Glasplatte, Maskiertücher 46 x 41 cm, zwei Leuchtröhren
16792 (1977) – Leuchtkasten, graues Metall, trapezförmiges Profil, Größe 614 x 400 mm

Für Makro- und Mikroarbeiten
BELOS (1933) – kleine Leuchte mit 25 Watt-Lampe zur Verwendung mit Einstellvorrichtungen
BERAT – Ersatzlampe für BELOS
RIOOZ (1936) – Ringleuchte für Universal-Kopiereinrichtung

Kleine Lampe BELOS

RFUOO (1936) – Regulierwiderstand für RIOOZ
MONLA (1934) – Leitz Niedervolt-Mikroskoplampe 6 Volt, 5 Amp. für Universal-Mikroskopleuchte
BEECH (1934) – MONLA-Lampe für justierbaren Ständer
REDYX – Regulier-Transformator für MONLA, Wechselstrom 110/220 Volt
REDIG-BEEUL – Widerstand für 110 Volt Gleichstrom, mit Verbindungskabel BEEUL
REDUK-BEEUL – Widerstand für 220 Volt Gleichstrom mit Verbindungskabel BEEUL
DEEQK – große 100 Watt-Mikroskoplampe
IFSTA (1939) – justierbarer Filterständer
DTEEO – Grünfilter
DEEMH (1939) – Irisblende für Lampe MONLA
Bogenlampe – für Mikroskopaufnahmen (Die Leica in der Wissenschaft, New York, 1934)

Kopier- und Reprogeräte

Vorkriegsmodelle
"Einfache Kopiereinrichtungen"

Einfache Kopierer	*Grundbrett und Säule*	*Arm*	*Beleuchtung*	*Bemerkungen*
FEPRO 1931	FEFFU	FILUM	STALI	Mit Vorsatzlinsen 2 und 3 WICAP und WINKO
FESTO 1931	FESSA Or with FEHUN	FEARM	STALI	Mit Vorsatzlinsen 2 und 3 Mit Vorsatzlinsen 1, 2 und 3 } WICAP und WINKO
VIHAK 1933 Kleine Kopier-Einrichtung	FEFFU	VELIF	STALI	VEHIG und STAMA enthalten Mit Vorsatzlinsen 2 und 3
VARIP 1933 Große Kopier-Einrichtung	VELTU	VEARM	STAFO	VEHIG und STAMA enthalten Mit Vorsatzlinsen 1, 2 und 3
ROOKA 1936 Große Kopier-Einrichtung	VELTU	ROOMB	STAFO	VEHIG und STAMA enthalten Mit Vorsatzlinsen 1, 2 und 3
Röntgen-Kopiergerät				
VERAP 1931	VESTA	VEHAL	Leuchtkasten VEKAS	VEHIG und 4m Kabel und Schalter enthalten

Universal-Kopiereinrichtung, auch bekannt als **Universal-Reprogerät** (1935)

GROOW – Grundausrüstung bestehend aus:
VAFOO – Grundbrett und Säule
RESOO – Tragearm mit Drehbühne OORES, die "obere Bühne"
STUOO – Stahl-Maßband

REOOD – komplette Ausrüstung, bestehend aus vorgenannten Teilen plus zusätzlich:
ZWOOC – Satz von Adapter- und Zwischenringen: ZWTOO, BOOXZ, MOODH, MOOGW
UNOOB – Tragearm mit Objektivgehäuse und Balgen, die "untere Bühne"

Universal-Kopiereinrichtung GROOW mit Leuchtkasten VEKAS *(Leica Archiv)*

Makrofoto-Ausrüstung REOOD mit Ringbeleuchtung RIOOZ und regulierbarem Widerstand RFUOO *(Leica Archiv)*

TBKOO – Zwischentubus zur oberen Bühne für Mikroskopaufnahmen
LSZOO – Zwei Licht-Abschirmtuben zum Ansatz eines Mikroskops an die obere Bühne
LOOCG, LOOFV, LOOGI und LOOHW-Lupen
Zusätzlich zum Obengenannten waren auf Sonderbestellung noch folgende Zubehörteile lieferbar:
FDBOO – Feinfokussieradapter
STOOR – Beleuchtungseinrichtung mit vier Leuchten
RIOOZ – Ringleuchte
RFUOO – Regulierwiderstand für Ringleuchte
KBTOO – 1,5 m langes flexibles Kabel mit Anschlüssen und Stecker

Zusammenklappbare Tisch-Reproeinrichtung
OOZIS (N.Y. 1939) – Bestand aus hufeisenförmigem Fuß mit Säule, Arm, Schiene parallel zur Säule mit Kerben für bestimmte Repro-Maßstäbe, fünf Metallmasken zur Kennzeichnung des Bildfeldes
OOZKU – Satz von fünf Zwischenringen für OOZIS

Einfache Reproausrüstung
SEVPL (N.Y. 1939) – Ausrüstung Nr. 7 bestehend aus:
FEFFU – Grundbrett mit 50 cm langer Säule
FULDY – N.Y. Fokussierschlitten
VEARM – verschiebbarer Arm
LENOT – Leica Standard
ELMAR – Elmar 3,5/50 mm
FUECD – Zwischenringe 1,2, 2,2, 3, 6 und 9 cm
FINOT – Drahtauslöser mit Feststellschraube

Automatisches Repro- und Vergrößerungsgerät
OOCAY (1938) – Vorläufer der Nachkriegs-Reprovit II-Einrichtung. Es basierte auf der Drehbühne, die anstelle der üblichen Mattscheibe eine Projektionslampe trug. Die Lampe projizierte zur Scharfeinstellung ein vergrößertes Bild sowie ein feines Linienmuster auf den Leica Rahmen. Das projizierte rechteckige Lichtkegel variierte in der Größe je nach Position des Optikkopfes an der Säule, die senkrechte Lage wurde so eingestellt,

daß das Rechteck das zu reproduzierende Dokument ausleuchtete Das Gerät bestand aus:
OOBAZ – (Zur Beachtung: Dies wurde 1958 die Codebezeichnung für die in Wetzlar hergestellte Focoslide-Fokussierbühne). Niedriger Tisch von 58 cm Höhe, Maximalhöhe 87 x 100 cm, mit Schalter, drei elektrischen Anschlüssen für Beleuchtung, ein Fußpedal zum Schalten der Klemmvorrichtung, Unterbau mit 120 cm langer Säule mit Tragearm, Gegengewicht, Anschlußkabel mit Stecker, Drehbühne mit Schwalbenschwanz-Führung, Vorbau und Elmar 3,5/5 cm in Spezialhalterung darunter.
OOBLU – Klemmvorrichtung zur Aufnahme von Dokumenten oder Bücher plan unter einer Glasscheibe, mit zwei Lampenhalterungen und Reflektoren
OOCFI – 1,5 m Verbindungskabel mit Adapter
OOCDE – 1 m Verbindungskabel
OOBSI – Vergrößerungskopf mit Lampengehäuse
OOBUN – Untergehäuse mit Klemmvorrichtung für die Vergrößerungskassette
FINOT – Drahtauslöser mit Feststellschraube

Nachkriegsausführung

Reprovit II Universal-Reproeinrichtung

Sie funktionierte nach dem gleichen Prinzip wie die Vorkriegsversion des automatischen Reprogerätes, verwendete jedoch den Wetzlarer Fokussierschlitten.
ROOXU/16795 (1949) – komplette Ausrüstung mit:
RIOOX – Grundbrett und Säule mit Tragearm, Maßband und Schaltern
ROOAI – Spezial-Fokussierbühne
RDQOO – Blendeneinstellhebel und Führung
OUTSO – Projektionskopf
DOOCQ – Focotar 4,5/50 mm in Spezialfassung
RKCOO – Beleuchtungseinrichtung mit vier Lampen
16794 – wie ROOXU, jedoch mit 3/8"-Gewinde
ROXUM/16796 (1960) – wie ROOXU, jedoch für Leica mit Bajonett
16793 – mit 3/8"-Gewinde

Reprovit IIa

16788 (1963) – Verbessertes Modell mit abweichender Säule und Beleuchtung gegenüber Modell II, eingebautem Projektionskopf, Antireflextüchern für Einstellicht. Fokussierbühne mit einstellbaren Abbildungsmaßstäben von 1:19 bis 1:1. Nur mit Bajonettanschluß.
16789 – 110 Volt-Ausführung. Kann mit der Leicaflex, Leica R und Leica M mit Visoflex benutzt werden, indem der Schlitten gegen die Universal-Kamerahalterung 16798 ausgetauscht wird.

Docuflex 35

Spezialkamera, 1971 eingeführt, zur Kombination mit dem Reprovit IIa. Sie lieferte eine Vielzahl von Aufnahmen auf bis zu 30 m langem 35 mm-Film. Es war eine Spiegelreflexkamera mit Klarglasscheibe mit Angabe aller Bildgrößen aller und mit Testmarken zum Fokussieren per Projektion. Motorischer Filmtransport und Verschluß, Vacuumansaugung für perfekte Filmplanlage, Blitzsynchronisation. Wechselobjektiv 5,6/70 mm.
16774 (1971) – Docuflex 35-Kamera
16778 – Kamerahalterung
16782 – Zwischenring zum Docuflex für Nahaufnahmen, 1:1-Maßstab erforderte vier Ringe. Eine Spezialversion des Docuflex mit Mattscheibe wurde für Nahaufnahmen empfohlen.
16779 – 4fach-Lupe
16714 – Ständer mit vier Lampenfassungen am Tragearm für Docuflex anstelle des Reprovit-Ständers.
16774 – Reprovit 35, bestehend aus Docuflex-Kamera und Ständer 16714

Reprovit I Universal-Reproeinrichtung

ROOSE (1951) – Komplette Ausrüstung, bestehend aus
OVAFO – Grundbrett und Säule
ROOFU – Tragearm
OOZAB – Fokussierbühne
OUTSO – Projektionskopf zum Fokussieren
ZOOXY – Schneckengang-Einstellfassung
VALOO – Blendeneinstellring für Elmar
ROODE – (1956) – Verbessertes Reprovit I mit Doppelsäule versehen (wie sie auch der Valoy II-Vergrößerer besaß). Zur Verwendung mit Fokussierbühnen OOZMY, OOMAP oder OOMYL.
Bestehend aus:
OLAQO – Grundbrett mit Säule und Verbindungsstück
OKZPO – 65 cm-Säule mit Führung
OKYNO – Halterung mit Klemmhebel
UWOOS – Zwischenstück für Fokussierbühne
OUTSO – Projektionskopf

Tragbare Reproeinrichtung

OMEXO (1951) – Komplette Ausrüstung, bestehend aus:
OOZEG – Zusammenlegbarer Ständer
OOZAB – Fokussierbühne (Focoslide)
ZOOXY – Schneckengang-Einstellfassung
VALOO – Blendeneinstellring für Elmar
LVFOO – Lupe
KGOON – großer Kugelkopf
OPKOM – Drahtauslöser 50 cm mit Feststellschraube
ROOYH – Repro-Zwischenring 26 mm
ONLIO – Leinentasche

17 Mikro- und Makrofotografie mit der Leica

Leitz hatte Ausrüstungen für Mikro- und Makrofotografie schon hergestellt, lange bevor die Leica vorgestellt wurde. Das Unternehmen brachte seine erste Kamera für den Einsatz in Verbindung mit einem Mikroskop schon 1886 auf den Markt (van Hasbroeck, S. 18). Dieses erste Modell und seine frühen Nachfolger waren mit Messing beschlagene Holzkameras, vorgesehen für die Anbringung in senkrechter Lage, so daß im Labor das Mikroskop in bequemer Position darunter plaziert werden konnte. Es ist auch eine frühe Ausführung auf vier Füßen bekannt, doch das gebräuchlichere Arrangement war, daß die Kamera in senkrechter Stellung an einer Schiene justierbar befestigt wurde. Diese Schiene konnte an der Wand oder an einem separaten Ständer befestigt worden. Diese Kamera konnte auch für die Makrofotografie mit dem Micro-Summar oder Milar-Objektiv direkt am Balgengerät eingesetzt werden.

In den frühen 20er Jahren wurde eine solide, ganz aus Metall hergestellte Mikroskop-Kamera eingeführt. Sie nannte sich "Makam" und hatte die Form einer umgekehrten rechteckigen Pyramide, die direkt auf dem Mikroskop montiert wurde, so daß kein Ständer als Unterbau nötig war. Dazu gehörte der Mikas-Strahlenteiler mit Fokussier-Teleskop und dem Verschluß Ibsor. Ein periplanatisches Okular wurde anstelle des normalen Mikroskop-Okulars empfohlen. Periplanatische Okulare besaßen eine bessere Randkorrektur als die normalen Okulare und waren deshalb für fotografische Zwecke besser geeignet.

Die erste 35 mm-Kamera für die Mikrofotografie, basierend auf dem Makam-Prinzip, war die Mifilmca, die Mitte der 20er Jahre vorgestellt wurde. Ihr Gehäuse war dem der Compur-Leica sehr ähnlich. Wenn man sich vergegenwärtigt, daß zu dieser Zeit das Mikroskop-Geschäft für Leitz viel größere Bedeutung hatte als die Leica, ist es wahrscheinlich, daß die Mifilmca, ein 35 mm-Kameragehäuse ohne Schlitzverschluß, zur Compur-Leica inspiriert hat.

Bis zu den späten 30er Jahren liefen diese beiden Entwicklungen im MA IVb Mikro- und Makrogerät zusammen. Ein Spiegelreflexgehäuse für die MA IVb-Balgenkamera wurde angeboten, das Ganze wurde an einer Schiene mit trapezförmiger Unterteilung befestigt, diese wiederum ließ sich an einer senkrechten Säule mit gußeisernem Fuß in der Höhe verstellen. Die Leica konnte ebenfalls mit dem MA IVb-Ständer benutzt werden, entweder für Makrofotografie mit langem Balgen und Makroobjektiven oder für die Mikrofotografie in Verbindung mit einem Mikroskop, dazu war eine Adaption des PLOOT-Spiegelkastens und die Vorrichtung MIKAS erforderlich. Nach dem Krieg wurde diese Apparatur zum "Aristophot"-System, das bei regelmäßiger Modernisierung bis Mitte der 70er Jahre aktuell blieb (für weitere Einzelheiten siehe Bawendi, Vdm, Nr. 37, 1987 & Nr. 39, 1988).

Parallel zu diesen spezialisierten Geräten vermarktete Leitz die Leica als Kamera für die Mikro- und Makrofotografie, indem man sie als "Ausrüstung für wissenschaftliche und industrielle Fotografie" anpries. Das dazu angebotene Zubehör wurde aus Standardkomponenten zusammengebaut, wie etwa der drehbare Fokussierschlitten oder der PLOOT-Spiegelkasten mit einer Vielzahl von Ständern, Säulen und Grundplatten (siehe New Yorker Katalog von 1939; Leica in Wissenschaft und Technik, 1939). Ab 1972 bot Leitz die Leitz Systemkameras für die Mikrofotografie an, zu denen Leica M- oder Leicaflex-Kameras gehörten oder aber größere Kameras wie die Makam-Version, einschließlich einer Ausführung mit Polaroid-Rückteil. Auch automatische Kleinbildkameras tauchten auf, doch sprengen diese Ausrüstungen den Rahmen dieses Buches.

Leitz Mikroskop-Kamera zur Wandbefestigung

Ausrüstung für Mikroaufnahmen mit der Leica und dem Universal-Reprogerät. Zur Beleuchtung dient die Leuchte BEECH, die MONLA-Lampe steht auf einem verstellbaren Ständer (*Leica Archiv*)

Plattenkameras

Diese Kameras sind deshalb hier erwähnt, weil sie oft ihren Weg in Leica-Sammlungen finden und zusammen mit der 35 mm Mifilmca und Mikas eine Einheit bilden.

MICCA (Liste Mikro A, VII, 1924) – für 4,5 x 6-Platten, entspricht offenbar der nachstehenden MACCA.

MACCA (Liste Mikro B 2329b, II, 1930) – Mikrokamera-Ansatz mit 12fach Periplanatik-Okular, zwei Magazinschiebern, Fokussieransatz, Mattscheibe, zwei Drahtauslösern, alles zusammen in einem Behälter untergebracht. Auf dem Gehäuse mit "½x" markiert.

MAKAM/543045 – wie MACCA, jedoch für 9x12 cm-Platten. Markierung "1x" auf dem Gehäuse. Noch in den 70er Jahren in der Produktion.

LUCCA – Kamera-Ansatz für Binokularlupen und Stereo-Binokular-Mikroskope. Ohne seitlichen Betrachtungsansatz, für Plattengröße 4,5 x 6 cm. Mit Zwischenstück für Verschluß, zwei Magazinschiebern, Mattscheibe, ein Drahtauslöser und zwei Blenden, eine für die Binokularlupe für geringe Vergrößerungen, die andere für starke Vergrößerungen. Alles in passendem Behältnis untergebracht. Ausgangsvergrößerung bei etwa ⅓fach.

LUKAM – wie LUCCA, jedoch für 9x12-Platten. Ausgangsvergrößerung etwa ⅔fach.

CAFOT – Kameragehäuse einzeln für 4,5x6, mit zwei Magazinschiebern und Mattscheibe

CAFAM – wie CAFOT, jedoch für 9x12 cm

GIICE (1935), MIFOANSA (1930) – Filmrückteil für 35 mm-Film zu den Kameras mit größerem Aufnahmeformat

35 mm-Kameras

MIFCA (ca. 1925–1935) – Mikrokamera-Ansatz "Mifilmca" für 24x36-Aufnahmen auf Kleinbildfilm, bestehend aus Kameragehäuse, einer Kassette, angesetzt an einen Fokussieransatz und Ibsor-Verschluß durch einen konischen Zwischentubus, der ein Betrachtungsbild von ⅓-Vergrößerung lieferte. Zwei Drahtauslöser und ein periplanatisches Okular vervollständigen des Set, alles zusammen in einem Behältnis unterbracht.

Als die Leica mit Wechsleoptik ohne Standardgewinde 1930 erhältlich war, erhielt die Mifilmca die abnehmbare

Starre Leitz Mikroskop-Kameras. Von links: MAKAM 1x, LUKAM 2/3x, LUCCA 1/3x

"Mikas"-Einheit, passend zu dem jeweiligen Kameragehäuse. Mit der Vorstellung voll auswechselbarer Objektive 1931 wurde die Fassung standardisiert. Daher existieren drei Versionen der Mifilmca.

? – "Kafilmca" (ca. 1925– ca. 1930), ähnlich der Mifilmca, jedoch ohne konisches Distanzstück. Das Verschlußgehäuse war direkt am Kameragehäuse angebracht.

MIKAS/543083 (1932 – Mitte der 70er Jahre) – Mikro-Ibso-Ansatz zur Leica. Er bestand aus einem 10fach vergrößerendem periplanatischem Okular, das in den Mikroskoptubus eingesetzt war, einem darüber angebrachten Strahlenteiler, damit auf das Präparat mit Hilfe des seitlichen Fokussier-Teleskops scharfgestellt werden konnte, einem eingebauten Zentralverschluß und einer Verkleinerungslinse, die das Bild in der Bildebene fokussierte, einem auswechselbaren konischen Adapter zum Ansetzen an die Kamera oder dem Mikro-MRH und einem Doppeldrahtauslöser, alles in passendem Behälter Die New Yorker Vertretung, Saul Bower, verkaufte ein Kameragehäuse namens "Bower" an Institutionen als preisgünstigere Alternative zur Leica für die Verwendung am MIKAS (Vfr., 1988, 21, Nr. 4, S. 88).

MIKAS-M/53057 – wie MIKAS, jedoch für M-Leicas
MIDAP – konischer Adapter für MIKAS
CABSO – Fokussieransatz mit Verschluß, zwei Drahtauslösern und Haltering für Mikroskop-Okular
MIOOP (1939) – Mikroadapter zum Ansetzen der Leica an ein Mikroskop, um bei Unendlich-Einstellung des Objektivs Mikroaufnahmen zu ermöglichen.
GIIEF – konischer Adapter für MIKAS mit Korrekturlinse von 1/3facher Ausgangsvergrößerung.
GIIEF-M (1956) – wie GIIEF für M-Leicas
GIIMW (1939) – wie GIIEF, mit 1/2facher Vergrößerung
GIIMW-M (1956) – wie GIIMW für M-Kameras
MIBAK (1951) – wie MIKAS, mit 1/2facher Vergrößerung
MIBAK-M (1959) – wie MIBAK, jedoch für M-Kameras
GIINK (1939) – wie GIIEF, mit 1facher Vergrößerung
GBIMM – Zwischenstück mit Verschluß, einem Drahtauslöser, Ring für Vergrößerungsokular
GIIKV – 9x12-Magazinschieber aus Metall
GBWII – 4,5x6-Magazinschieber aus Metall
GCIIL – 4,5x6-Magazinschieber für Filmpack
GCYII – 9x12-Magazinschieber für Filmpack
GDIIK – Zwischenadapter zur Verwendung des Kameragehäuses mit Polarisationsmikroskop mit breitem Tubus
GECII – Klemmring mit innerem Durchmesser von 31,8 mm zum Ansetzen an den Tubus von Leitz-Mikroskopen
GFEII – dto. mit 24,4 mm Durchmesser
AGIIU (1956) – dto. mit 32 mm Durchmesser
GFIIH – Haltering zum Ansetzen an das Okular der Binokular-Lupe
GHIIF – Haltering zum Ansetzen an das Okular eines Stereo-Binokularmikroskops
GIIAD – Haltering zum Ansetzen an Mikroskop-Okulare mit Standarddurchmesser
PEZEN- 10x periplanatisches Okular
AUTAS (1933) – automatischer Auslöser zum Wegschwenken des Prismas aus dem Strahlengang und zur Betätigung des Verschlusses am MIKAS
GIIFT – Drahtauslöser für Verschluß
GIIBR – Drahtauslöser mit Feststellschraube für Umlenkprisma
CALOS – automatischer Auslöser (zur Kopplung von GIIFT und GIIBR)
LSZOO (1936) – zwei Ringe zur Ausschaltung von Streulicht für die Verbindung eines Mikroskops mit der Drehbühne or mit dem MIKAS. Für letzteren war zum Anschrauben des oberen Rings an den unteren Teil des MIKAS ein spezieller Adapterring mit der Gravur "Z-Fokussieradapter" erforderlich.
GIIPL/543025 (1956) – Magazinschieber für 9x12-Platten
MECET (1956) – Einsatz für 8 x 11 cm-Platten

"Mifilmca" Mikroskopkamera für 35 mm-Film

Mikro-Ibso Ansatz MIKAS

Aufbau für Mikroaufnahmen unter Verwendung des Mikro-Ibso-Ansatzes. Die automatische Auslösevorrichtung CALOS ist deutlich erkennbar.

Licht-Abschirmblenden LSZOO

Konischer Adapter für MIKAS, GIIEF

GSDII/543026 (1956) – Einsatz für 6,5x9 cm
GZIIO/543031 (1956) – Einsatz für Planfilme 9x12 cm
GXOII (1956) – Einsatz für Planfilm 6,5x9 cm
HYVIR (1964) – Zwischenadapter mit Korrekturlinse bei der Verwendung von Fokussierbühnen mit Mikroskopen
RPNOO (1951) – Mikroadapter für Fokussierbühne und Reprovit mit ½facher Korrekturlinse und zwei Drahtauslösern
RPOOT (1956) – Mikroadapter für Reprovit ähnlich RPNOO, jedoch ohne Verschluß, Okular oder Auslöser
RSTOO – wie RPNOO, jedoch mit ½facher Korrekturlinse
RTSOO – wie RPOOT, jedoch mit ½facher Korrekturlinse

Das Aristophot-System

Etwa 1939 ersetzte Leitz den vorstehend beschriebenen Ständer für die MA IVb-Kamera durch eine schwere Gußausführung. Er war in erster Linie für Mikrofotografie mit den Ortholux und Dialux-Mikroskopen vorgesehen, die ihr eigenes eingebautes Beleuchtungssystem besaßen. Für Mikroskope ohne eingebaute Beleuchtung gab es die Panphot-Vorrichtung, die mit einer Bogenlampe arbeitete. Der Ständer konnte außerdem zur Befestigung einer Leica und einen Spiegelkasten mit langen Balgenauszügen und Mikro-Summaren für Makroaufnahmen dienen. Als Beleuchtung für das Motiv kam in diesem Fall Auflicht oder das Durchlicht eines Leuchtkastens in Frage. Nach dem Krieg wurde aus diesem Gerät das Aristophot.

Der Ständer was aus schwerem Guß gefertigt, im rechten Winkel an einer ebenfalls gußeisernen Grundplatte befestigt. Die untere Hälfte der senkrechten Halterung war gebogen, um das ähnlich geformte Mikroskop darunterschieben zu können. Der obere Teil war senkrecht und trug die trapezförmige Schiene, an der wiederum die Kamera mit einer verschiebbaren Klemme befestigt wurde. Irgendwann zwischen 1953 und 1956 wurde der Ständer neu konstruiert und als Aristophot II eingeführt. Das gußeiserne Oberteil war dabei durch zwei senkrechte Stahlführungen ersetzt worden, die oben durch ein winkelförmiges, wie ein umgekehrtes V geformtes Gehäuse verbunden waren. Sie trugen die Schiene oder Kamerahaltung, wie im Katalog beschrieben. Später, etwa 1965, wurde der Ständer ein weiteres Mal überarbeitet, die Codenamen blieben unverändert. Er hieß einfach nur noch Aristophot. Bei diesem neuen Ständer war das V-förmige Gehäuse

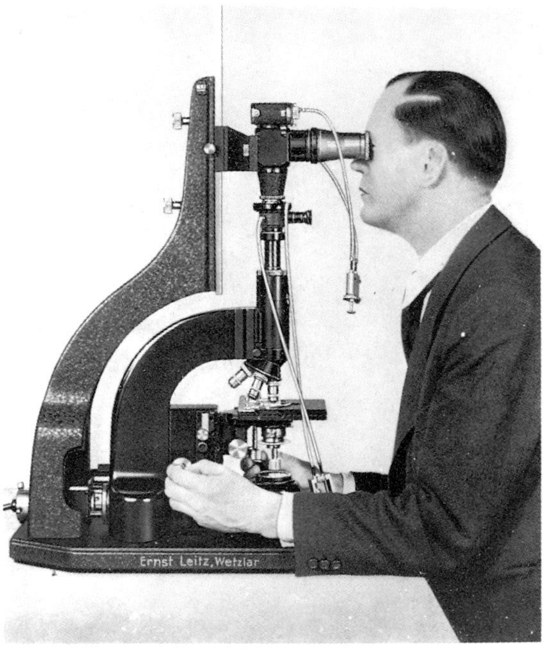

Aristophot aufgebaut zur Mikrofotografie mit der Leica und Mikro-Spiegelkasten PICCO

Mikro-Visoflex I, IFLEX mit 5fach Vergrößerungssucher LVFOO, Zwischenadapter ZOIIL und Mikro-Ibsor ZOCII

des Aristophot II durch ein waagerechtes T-förmiges Gehäuse ersetzt, bei dem der Kopf des T's, das die beiden Säulen verband und der Fuß die senkrechte Kameraschiene trugen.

Ein vereinfachter Spiegelkasten, der PICOO, wurde mit dem frühen Aristophot und seinem Vorgänger vor dem Krieg benutzt. Es war der PROON (PLOOT ohne Lupe) ohne Trageriemenösen, Zubehörschuh und drehbarer Maske für Porträt- oder Landschaftsaufnahmen. Auswechselbare Klarglas- und Mattscheiben besaß diese Ausführung jedoch. Sie wurde mit der 5fach-Lupe LVFOO benutzt. Dieser Mikro-Spiegelkasten, auch als Mikro-MRA bezeichnet, wurde wiederum von dem Mikro-Visoflex I, II und III abgelöst.

Der Mikro-MRA wurde in Verbindung mit dem MIKAS eingesetzt. Die Scharfeinstellung bei geringen Vergrößerungen erfolgt auf der Klarglasscheibe des Mikro-MRA, für starke Vergrößerungen war es jedoch wichtig, das Fokussier-Teleskop des MIKAS zu benutzen.

Das Aristophot war extrem vielseitig. Es konnte für Mikro- oder Makrofotografie sowohl im Durchlicht mit dem Makro-Dia-Gerät oder im Auflicht mit der Makro-Ringbeleuchtung eingesetzt werden. Es ließ sich auch mit dem Balgengerät für Großformat-Aufnahmen ebenso wie mit einer Leica verwenden. Außerdem war es möglich, den Leitz Universal-Infrarot-Ansatz zwischen der Leica und dem Mikroskop für Mikro- und Makrountersuchungen im nahen Infrarot einzusetzen.

Die folgende Übersicht listet den Aristophot und sein Zubehör von 1954 auf. Der Vollständigkeit halber ist die 9x12-Balgenkamera mit aufgeführt:

MADAH/542048 – Ständer mit großer Grundplatte, senkrechter Kameraträger auf Doppelsäule mit justierbarer prismatischer Führung (einfache Schiene mit trapezförmiger Einteilung). Die Grundplatte hatte die Abmessungen 33 x 32 cm und besaß eine erhabene Scheibe, die in die Biegung der Ortholux-Mikroskopbasis paßte, so daß das Mikrokop korrekt zur Kameraachse ausgerichtet war. 1965 wurde der Ständer neu konstruiert, und die umgekehrte V-förmige Schiene am oberen Ende wurde durch eine waagerechte T-förmige Schiene ersetzt. Die Codebezeichnung blieb die gleiche.

EEVRN – 9x12-Balgenkamera, maximaler Auszug 60 cm, mit Fokussierlupe, Verschluß mit Drahtauslöser, Zahntrieb zur Scharfeinstellung des Objektivs bei Makroaufnahmen, Maßband zur Bestimmung des Balgenauszugs, Lichtabschirmtubus für Mikroskop

PIIAH – Spiegelreflex-Ansatz

ORFIL – Gelbgrün-Filter

MAAHG – oben aufgeführte Ausrüstung komplett

PINOO – kein Zusammenhang mit Fotografie, jedoch Teil des Aristophot-Kits. Ein System aus zwei Spiegeln zur Projektion eines Bildes auf den Tisch zum Nachzeichnen

ORHAL – Objektivträger zum Ansetzen an die Schiene für die Befestigung eines Makroobjektivs oder einer Kamera, um ein Bild mit Hilfe des PINOO zu projizieren.

Für Mikrofotografie mit der Leica

IFLEX – Mikro-Spiegelreflexgehäuse (abgeleitet vom Visoflex I) mit 5fach-Lupe

IFLEX/543033 – Micro-Spiegelreflexgehäuse, abgeleitet vom Visoflex II

IFLEX-M/543097 – dto. mit Bajonettanschluß

EEXRL – Halter für IFLEX mit Schwalzenschwanzführung für die Schiene

ZOIIL – Zwischenadapter 1/3fach zum Einschrauben zwischen IFLEX und Verschluß

ZOCII – Mikor-Ibsor. Fokussierteleskop mit Zentralverschluß, Umlenkprisma, Lichtabschirmtubus für das Mikroskop und Auslöser-Kupplung für den Verschluß und zum Ausschwenken des Prismas aus dem Strahlengang

MAALK – komplette Ausrüstung, oben aufgeführte Teile plus Ständer MADAH und Filter ORFIL

MAALK/542109 – dto. jedoch mit dem neueren Ständer und vom Visoflex II abgeleiteten IFLEX

ZPEII/543097 – 1/2fach Zwischenadapter anstelle von 1/3fach ZOIIL

Für Makrofotografie mit der Leica:

EEXSN – Leica-Balgengerät mit maximalen Auszug von 50 cm, mit Gewinde für IFLEX und Bajonettfassung für untere Balgenstütze

ORHAL – untere Balgenstütze mit Zahntrieb, Verschluß mit Drahtauslöser und Lichtabschirmtubus für Mikroskop

EEZYX – Makrogerät "Makrodia" für Makrofotografie im Durchlicht, mit justierbarer Objektbühne, Einsatz mit 45 mm-Blende, Kondensorhalter und verschiebbarer Buchse für Niedervoltlampe

EYMZE – 6 Volt-Lampe in Gehäuse (vom Ortholux-Mikroskop) mit Einstellicht, Mattscheibe und zwei Blaufiltern

REDYX – Transformator

MAARP – vollständige Ausrüstung aus obigen Teilen plus MADAH, IFLEX, EXXRL und ORFIL

ETXBE – kurzer Leica Balgen mit 12 cm Auszug im Gegensatz zum EEXSN

GUHII (1954) – Makro-Ringlicht mit zwölf 8 Volt-Lampen auf Halterung, senkrecht justierbar auf Hilfsschiene für Makrofotografie im Auflicht

NOOIM/542070 (1965) – wie GUHII, jedoch mit zwölf 6 Volt-Lampen

EEPSV – kurze Schiene zum Abstützen des GUHII

EEPLG – Makrobeleuchtung mit vier halbkreisförmig angeordneten 40 Watt-Lampen

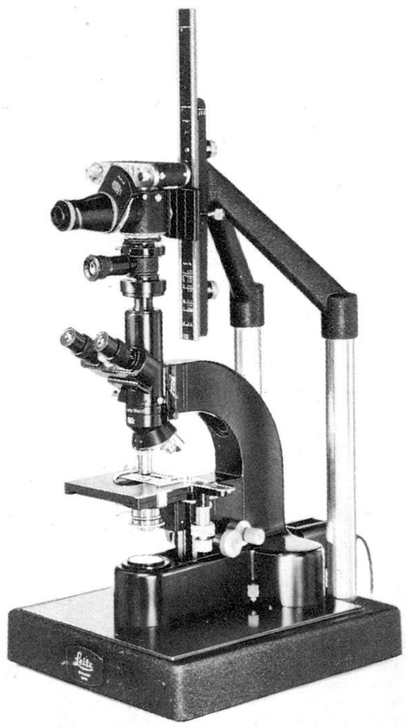

Aristophot I-Anordnung für die Leica mit
Micro-Spiegelkasten IFLEX

Aristophot II für Makroaufnahmen mit der Leica, sichtbar
ist auch die Makro-Ringbeleuchtung GUHII

"Kavar" Mikro-Ansatz mit Sonde des Mikrosix-
Belichtungsmessers

GOIIZ (1939) Makro-Ringlicht für MA IVb-Kamera
ANIIO – regulierbarer Widerstand für GOIIZ
PIIOB – Spezial-Holztisch zum Aufsetzen auf die Bodenplatte zum Arrangieren größerer Objekte

Der "Kavar"-Ansatz

Der Mikro-Ibso-Vorsatz und die Mikrokamera MAKAM blieben bis in die 70er Jahre aktuell, doch danach wurden praxisgerechtere Vorrichtungen eingeführt. Der Kavar-Vorsatz war kompakter und dem Mikro-Ibso technisch überlegen, dabei einfacher und schneller im Einsatz. Das Kameragehäuse ruhte auf Vibrationsdämpfern, so daß der Schlitzverschluß ohne Gefahr von Erschütterungen benutzt werden konnte. Das Gerät besaß ein Einstellfernrohr und einen Strahlenteiler und außerdem einen Ansatz für die Meßsonde des Mikrosix CdS-Belichtungsmessers.
543040 (1965) – "Kavar"-Mikrovorsatz mit Vibrationsdämpfung für Leica M-Kameras
543041 – Kavar für Schraubleicas
519302 – Periplan GF 10fach-Okular mit großem Bildfeld

Universal-Kameraansatz

Der 1971 vorgestellte Universal-Kameraansatz erlaubte sowohl die Verwendung der Leica als auch der Leicaflex. Die Belichtungsmessung konnte im Falle der Leica M5 oder der Leicaflex SL mit der Kamera selbst oder dem Mikrosix L erfolgen. Das Grundgerät besaß einen erschütterungsfrei montierten Zentralverschluß, der anstelle des Kameraverschlusses benutzt wurde und einen Ansatz für die Meßsonde des Mikrosix L und wurde durch einen entsprechenden Adapter mit der Kamera verbunden. Alternativ zur Kamera konnte ein separater 35 mm-Filmhalter angesetzt werden, außerdem Großformatkameras bis 4x5" sowie ein Polaroidansatz adaptiert werden. Ein Einstellfernrohr und ein Strahlenteiler waren nicht mehr erforderlich, da das Bild durch eine Binolupe der neuesten Leitz-Mikroskope scharfgestellt wurde. Interessehalber ist hier das ganze System aufgelistet, da es den Höhepunkt einer 50jährigen Geschichte bildet, die mit der MICCA und Mifilca begann.

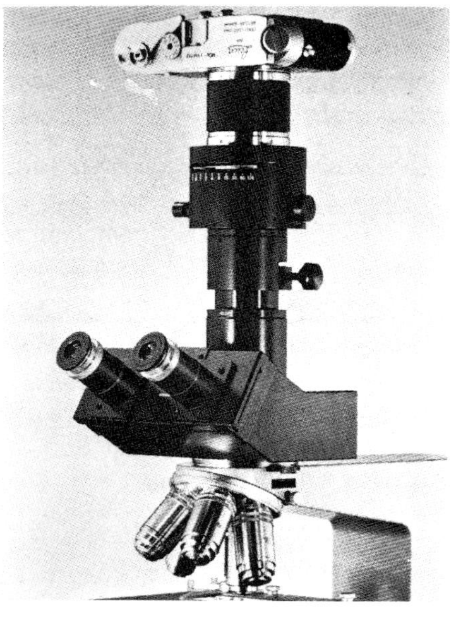

543192 – Verschlußteil mit Tubus zur Belichtungsmessung
543058 – Mikrosix L-Belichtungsmesser
543198 – Halter für Ansatz zum Aristophot
543194 – Klemmring für Mikroskop unterhalb 543192)
543218 – Mikroskopadapter für Okulare mit großem Augenabstand
543193 – 0,32fach Kameraobjektiv für den Einsatz mit der Leica oder Leicaflex
543195 – Adapter für Leica M (oberhalb 543193 angesetzt)
543196 – Adapter für Leicaflex (oberhalb 543193 angesetzt)
543197 – 0,32fach Kameraobjektiv für den Einsatz mit einfachem Filmtransport-Gehäuse

Universal-Kameraansatz. Das Beispiel für M-Kameras bestand aus dem Klemmring fürs Mikroskop, Verschlußteil mit Aufnahme des Mikrosix L, 0,32x Kameraobjektiv und Adapter für die M-Leica

543077 – Einfaches Filmtransport-Gehäuse (oberhalb 543197 angesetzt)
543127 – 6,5 x 9-Kameraansatz (direkt auf 543192 passend)
543216 – 8 x 10,5 cm-Polaroid CB 100-Kameraansatz, direkt auf 543192 passend)
543236 – 9 x 12 cm-Kameraansatz mit 1x Kameraobjektiv (direkt auf 543192 passend)
543235 – 0,8x Kameraobjektiv als Alternative zu 543236

Makroobjektive

Makroobjektive sind wie Vergrößerungsobjektive so berechnet, daß sie im Nahbereich bestmögliche Leistungen bringen, während die meisten Kameraobjektive mehr für den Unendlichbereich korrigiert sind. Die modernen Leica-Makroobjektive für die Spiegelreflexkameras sind allgemein bekannt, doch Leitz hat auch Makroobjektive viele Jahre lang hergestellt. Diese erschienen jedoch nicht in den allgemeinen Verkaufskatalogen, sondern erstmals im New Yorker Katalog von 1939, aus dem die folgende Aufstellung stammt. Es gab zwei Serien – das Summar und das Milar. Alle hatten 4,5 als größte Öffnung. Sie waren nach dem Krieg alle vergütet, die Milar-Objektive wurden für Anwendungen empfohlen, die höchsten Kontrast erforderten. Das Summar dagegen war auf bestmögliche Farbkorrektur ausgelegt. Beide Serien blieben bis in die frühen 70er Jahre in Produktion und wurden danach allmählich von den neuen herausragenden Photaren abgelöst.

Alle Ausführungen des Summars und Milars konnten mit einem Einschraubring geliefert werden, in diesem Fall wurde dem Codewort RIING hinzugefügt.

Summar-Objektive
SUMAN/549010 – Mikro-Summar 24 mm
SUMAX/549011 – Mikro-Summar 35 mm
SUMIT/549012 – Mikro-Summar 42 mm
SUMOS – Summar 65 mm
SUMUR/549013 – Summar 80 mm
SUMMY – Summar 100 mm
SUMZO/549014 – Summar 120 mm
SUMAN-ROOZV (???) (1955) – Repro-Summar 24 mm, optisch baugleich mit SUMAN, mit Spezialadapter und Leica-Gewinde für Reprovit
OWMAN/16780 – wie SUMAN-ROOZU für Vergrößerungen bis 4fach und 7fach mit drei REPRO-Zwischenringen (ROOYH)
16780 – Befestigungsring für 24 mm Repro-Summar
16615 – Repro-Zwischenring
ZWTOO-HESUM – Fokussier-Zwischenstück mit Bajonettverriegelung
ZWMXQ – Adapter zur Bajonettverriegelung von ZWTOO-HESUM mit Gewinde für Mikro-Summar 65 mm und Adapterring für Mikro-Summar 24, 35 und 42 mm
COOWQ – Fokussierfassung mit Adapterring-Satz für alle Mikro-Summare

Milar-Objektive
PSUII – Milar 20 mm
PSVII – Milar 30 mm
PSIIM – Milar 40 mm
PUZII/549007 – Milar 50 mm
PRTII/539006 – Milar 65 mm
PRIIN – Milar 80 mm
PQRII/549005 – Milar 100 mm

Photo-Objektive
Die Photare wurde etwa ab 1970 eingeführt. Nachfolgend ist die anfängliche Liste aufgeführt (LFo, 1971, Nr. 3):
549017 – Photar 1,9/12,5 mm#
16783 – Photar 2,5/25 mm#
549020 – Photar 2,8/50 mm*
549019 – Photar 4,0/50 mm#
? – Photar 4,5/80 mm*
? – Photar 5,6/120 mm*
500935 – Zwischentubus für die oben mit einem Stern-markierten Objektive mit Leicaflex und Balgengerät
542185 – Zwischentubus in Verbindung mit 500935 für die oben mit # markierten Objektive mit Leicaflex und Balgengerät
549025 (1984) – Photar 2,4/12,5 mm
549026 (1984) – Photar 2,0/25 mm
549027 (1984) – Photar 4,0/50 mm
14259 – Photar-Adapter R für die Verwendung von 549025, 549026 und 549027 am Balgengerät R

18 Die Leica in Medizin und Wissenschaft

Viele Mediziner, die gleichzeitig Leica Anhänger waren, haben das Leica System in ihrer praktischen Arbeit eingesetzt und Artikel über ihre Erfahrungen und Ergebnisse veröffentlicht. Ohne Zweifel waren die Unauffälligkeit und Vielseitigkeit bevorzugte Qualitäten beispielsweise auch im Operationssaal. Beim Durchblättern der zahlreichen Ausgaben des Leica Handbuches stößt man auf gute Beispiele dafür. Einige dieser Anwender gaben Anregungen zu bestimmten Zubehörteilen, von denen einige in das offizielle Lieferprogramm integriert wurden. Andere Spezialgeräte waren die Folge von Regierungsaufträgen.

Das erste Gerät, das speziell für medizinische Aufgaben konstruiert wurde, war das bekannte, aber seltene Opfas, das 1932 erstmals in Leitz-Literatur auftauchte (LP, Ger. Photo 7201, März 1932, Rut. S. 292). Es war zum Fotografieren von Operationen bestimmt und von Prof. A. W. Fischer aus Frankfurt entwickelt und beschrieben worden (Zentralblatt für Chirurgie, Nr. 48, 1929). Es bestand aus einem Rahmen mit Handgriff und Bruststütze, einem langen Teleskop-Einblick und zwei 500 Watt-Lampen. Eine untere Körperstütze mit einer Gurtschlaufe vervollständigte die Apparatur. Es wurde 1936 wieder aus dem Katalog genommen, als längere Brennweiten und der Spiegelkasten elegantere Lösungen boten.

OPFAS – oben beschriebenes Gerät
OPDUR – untere Körperstütze mit Umhängegurt
OPKOM – OPFAS und OPDUR

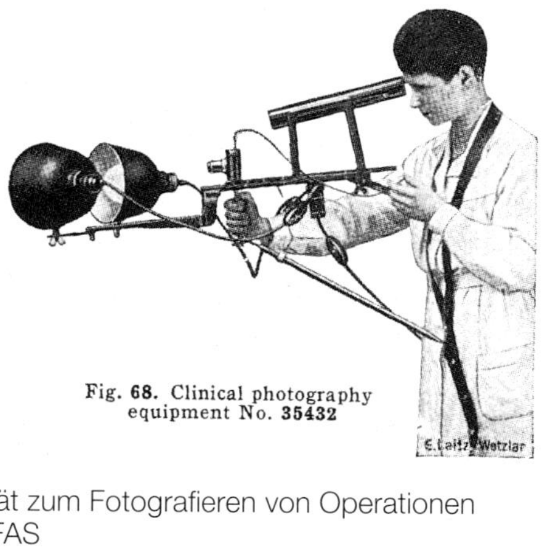

Gerät zum Fotografieren von Operationen OPFAS

Röntgen-Kopiergerät VERAP

Röntgen-Kopiergeräte

VERAP (1931–1939) – Dies war ein weiteres frühes medizinisches Zubehörteil. Durch die praktischen Schwierigkeiten, vor einem größeren Personenkreis, etwa bei Vorlesungen, große Röntgenplatten oder -filme zu projizieren, die durchaus Formate von 50x60cm erreichten, bot Leitz dieses Gerät an, mit dem die Originale zunächst auf Kleinbildfilm reproduziert wurden. Es wurde aus Standardteilen zusammengesetzt: Grundbrett und Säule VESTA vom Vamax-Vergrößerer, dem Arm VEHAL, Stahlmaßband STAMA, Mattscheibengehäuse mit 5fach-Lupe VEHIG, Leuchtkasten VEKAS und 40 cm langem Kabel mit Schalter VEDUK.

ROOVT (ca. 1939 Italien) – wie VERAP, jedoch Tragearm ROOPQ für VEHAL

Die Röntgen-Leica

Kurz vor dem Zweiten Weltkrieg bestellte das deutsche Gesundheitsministerium eine Spezial Leica, um damit dauerhafte Aufzeichnungen der damals üblichen Fluoreszenz-Röntgenschirme zu machen. Später wurde diese Technik als Massen-Kleinbild-Radiografie bekannt. Zeitgenössische Fotos zeigen seine Anwendung in militärisch-medizinischen Prüfungen (Stodtmeister, Vdm, 1984, 27). Die Technik wurde erstmals in Brasilien in Verbindung mit einer Anti-Tuberkulose-Kampagne eingesetzt, zu der eine Contax und ein Zeiss-Röntgen Biotar 1,4/75 mm benutzt wurde. In dem Leitz-Gerät war das Kameragehäuse ähnlich dem einer Leica Standard ohne Sucher. Das Format war 24 x 24 mm, was 50 Aufnahmen auf einer normalen 36er Patrone ermöglichte. Das Objektiv war ein Xenon 1,5/50 mm mit fester Entfernungseinstellung in einem konischen Adapter, der wiederum an der Vorderseite mit einer quadratischen Platte befestigt war. Diese Platte besaß vier Schrauben, mit der die ganze Apparatur an der schmalen Seite eines konischen Gehäuses von quadratischem Querschnitt angebracht war. Dieses Gehäuse war an seinem breiten Ende an dem Fluoreszenzschirm befestigt und deckte diesen ab. Der Bildschirm, das konische Gehäuse und die Kamera konnten senkrecht justiert werden, um sie auf Höhe der Brust des Patienten zu bringen. Der Röntgenprojektor selbst war im Rücken des Patienten.

Eine bemerkenswerte Eigenschaft der oben erwähnten Aufnahmen war, daß offenbar keine Vorkehrungen getroffen wurden, um den Bediener der Kamera vor Strahlung zu schützen. Das Ansetzen der Kamera erfolgte durch einen großen Hebel, so daß diese zum Filmwechsel schnell vom Röntgenapparat abgenommen werden konnte. Sie war zu diesem Zweck anstelle eines Rückspulknopfes außerdem mit einer großen Rückspulkurbel ausgestattet. Die Seriennummer von einem beschriebenen Exemplar (ibid) ist R74. Diese Leitz-Röntgenausrüstung wurde auch exportiert (LP 7899, April 1940).

Wetzlarer Röntgenkamera. Der vorstehende Hebel unter dem Zeitenrad diente zum Hemmen des zweiten Verschlußvorhangs

Spezial-Xenon 1,5/50 mit fixierter Entfernungseinstellung für Röntgenaufnahmen

Ansetzen der Kamera durch die Schnellkupplung an den konischen Adapter, der das Objektiv enthielt

New Yorker Röntgenkamera

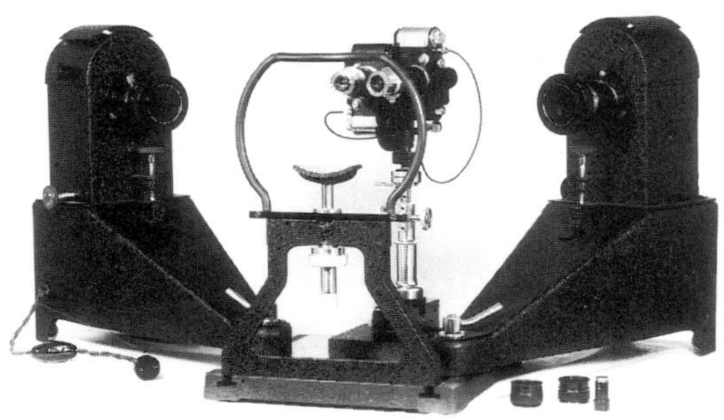

Gerät für Stereofotografie (*Leica Archiv*)

Geräte für ophthalmische und zahntechnische Aufnahmen, Konstruktion von 1953

Röntgenkamera-Ausrüstung

RUXOO – Röntgen-Leica Gehäuse ohne Sucher oder Bodenplatte mit Transportknopf und einer B-Patrone

RSOOQ – Spezial-Schnelltransport, ähnlich dem SCNOO, jedoch mit Transport durch Stahldraht anstelle eines Bandes, mit Stützvorrichtung

RTOOP – konische Fassung mit Schnellentriegelung für die Kamera und Befestigungsplatte zum Ansetzen an das Röntgengerät

RTVOO – Bowden-Drahtauslöser

RZHOO – Halter für Drahtauslöser

RXDOO – Xenon 1,5/5 cm, ohne Schneckengang oder Blende, fest in der Fassung RTOOP angebracht

RYOOK – komplettes Gerät, bestehend aus allen obengenannten Teilen

RVOON – Ersatzzug für Bowden-Auslöser

Diagnose-Kit

QUUBI – komplette Ausrüstung, bestehend aus:

VOGUU – VIII 375-Projektor (375 Watt-Modell)

QOMUU – Hektor 1,9/7,3 cm als Projektionsobjektiv

ULOUB – Regulier-Widerstand für 75 Volt, 375 Watt-Lampe

AMUUP – 3,5 Meter-Kabel mit Stecker und Schalter

QOUUS – hölzerne Grundplatte 50 x 80 cm für die gesamte Apparatur

QPOUU – Leuchtkasten mit elektrischen Steuerknöpfen, Schwingspiegel, Schieber für die Projektionseinrichtung zum Schutz gegen Staub und einem eingebauten Belichtungstimer

QPUUR – Kopierrahmen für 9 x 9 cm-Vergrößerungen

QRSUU – drei Holzbehälter mit Rollverschluß zur Aufbewahrung von 10 x 10 cm-Vergrößerungspapier

TUUOD – Diaschieber für Leica Dias (separates Zubehör)

Die New Yorker Röntgen-Leica

Während des Krieges baute Leitz/New York Leica Standard-Modelle in für die Westinghouse-Gesellschft in Röntgenkameras um (Hull, Vfr, 1972, **5**, Nr. 1). Diese Kameras hatten das normale Aufnahmeformat von 24x36 mm. Der Umbau erfolgte durch Entfernen einer Blende 1 x 3,8 cm vor dem ersten Verschlußvorhang, Einbau eines Hemmhebels nahe dem Zeitenrad, der auf den zweiten Verschlußvorhang wirkte, Einbau eines dickeren Objektivbajonetts und dem Entfernen von Sucher und Zubehörschuh. Es gab nur eine Verschlußzeit, deshalb trug das Zeitenrad auch keine Gravur. Als die Leitz-Originalteile aufgebraucht waren, wurden sie an Ort und Stelle produziert, deshalb gibt es viele Detailvarianten.

Geräte für opthalmische und Dental-Fotografie

Vorrichtungen, die aus Standard-Teilen bestanden und für opthalmische Aufnahmen eingesetzt wurden, sind aus Abbildungen vor dem Krieg bekannt. Eine davon, beschrieben von H. M. Lester (Leica Handbuch, 10. Auflage, 1944), bestand aus einer Leica IIIa mit SCNOO-Schnelltransport, PLOOT-Spiegelkasten mit Doppeldrahtauslöser, Hektor 1,9/73 mm, alles auf der Basis eines zusammengesetzten Mikroskops auf einem Kugelkopf montiert. Zusätzlich waren ein verstellbarer Kopf und eine Kinnstütze angebracht.

Leitz hatte 1939 eine Reihe von Geräten zusammengestellt, die man als "Standard-Ausrüstung" für wissenschaftliche Anwendungen bezeichnete. Die Nr. 4 davon war für opthalmische und Dental-Fotografie:

FOUPL – Ausrüstung Nr. 4 komplett
XADEE – Spezialständer mit schwerem Eisenfuß und Kopfstütze, verstellbarer Kinn- und Stirnstütze, speziellem mechanischen Ständer, auf der Grundplatte einstellbar, ausgestattet mit drei Zahntrieben, die senkrechte und seitliche Verstellungen nach links und rechts erlaubten, Kugelgelenk, mit dem die Kamerastütze und der obere Zahntrieb über eine Schwalbenschwanzführung in jede Richtung gekippt und gedreht werden konnte
XBEET – Schiene mit Schwalbenschwanzführung und Stativschraube
LENOT – Leica Standard in schwarz ohne Objektiv
PLOOT – Spiegelkasten
ELANG – Elmar 4,0/90 mm in Einstellfassung
ZROOH – Zwischenringe mit 7, 16, 24,5 und 41 mm Länge
BEECH – Lampe MONLA auf verstellbarem Ständer mit Niedervoltlampe
REDYX – Transformater für Wechselstrom 110/220 Volt

Leitz überarbeitete dieses Gerät 1953, um es noch besser an sein Einsatzgebiet anzupassen. Es gab einen neuen festen aber verstellbaren Ständer mit Vertikal-, Quer- sowie Vorwärts- und Rückwärtsverstellung, der ein Greenough-Stereobinokular für Beobachtungszwecke trug und gegen die fotografische Ausrüstung austauschbar war. Zu dieser gehörte die Leica, Visoflex, Balgengerät und, das interessanteste von allem, ein Elmar 4,0/90 mm mit Blendenvorwahl, die über einen Doppeldrahtauslöser betätigt wurde. Mit dieser Ausrüstung ließen sich Vergrößerungen zwischen 1,5fach (volles Sichtfeld) bis 3fach (Ausschnitt) erzielen (Stockler, Die Leica in der professionellen Praxis, 1955).

OOCPB – der fotografische Teil der Ausrüstung von 1960: Balgengerät, Elmar 4,0/90 mm mit Vorwahlblende, Visoflex I, Doppeldrahtauslöser und Synchronkabel zum Multiblitz-Makroblitzgerät
OOCUM – Querständer mit Kopf- und Kinnstütze, Beleuchtungseinrichtung und Transformator. Ein ähnliches Gerät wurde im entsprechenden Zeitraum auch zum Visoflex II und III angeboten.

Der Endo-Visoflex

Der Endo-Visoflex, vorgestellt 1956, war eine Spezialausführung des Visoflex II. Er diente dazu, routinemäßig Aufnahmen von Körperhöhlen mit der Leica während medizinischer Untersuchungen herzustellen (L.Fo., 1956, Nr. 5, S. 206; Liste 14-1, August 1957). Es bestand aus einem modifizierten Visoflex-Gehäuse mit einem variablen optischen Zwischensystem, mit dem die Strahlen von der Spitze eines hochdurchlässigen Endoskops, wie es für normale visuelle Beobachtung benutzt wurde, fokussiert wurden. Die Leica konnte so vom Arzt eingesetzt werden und exakt das aufzeichnen, was dieser mit seinen Augen sah.

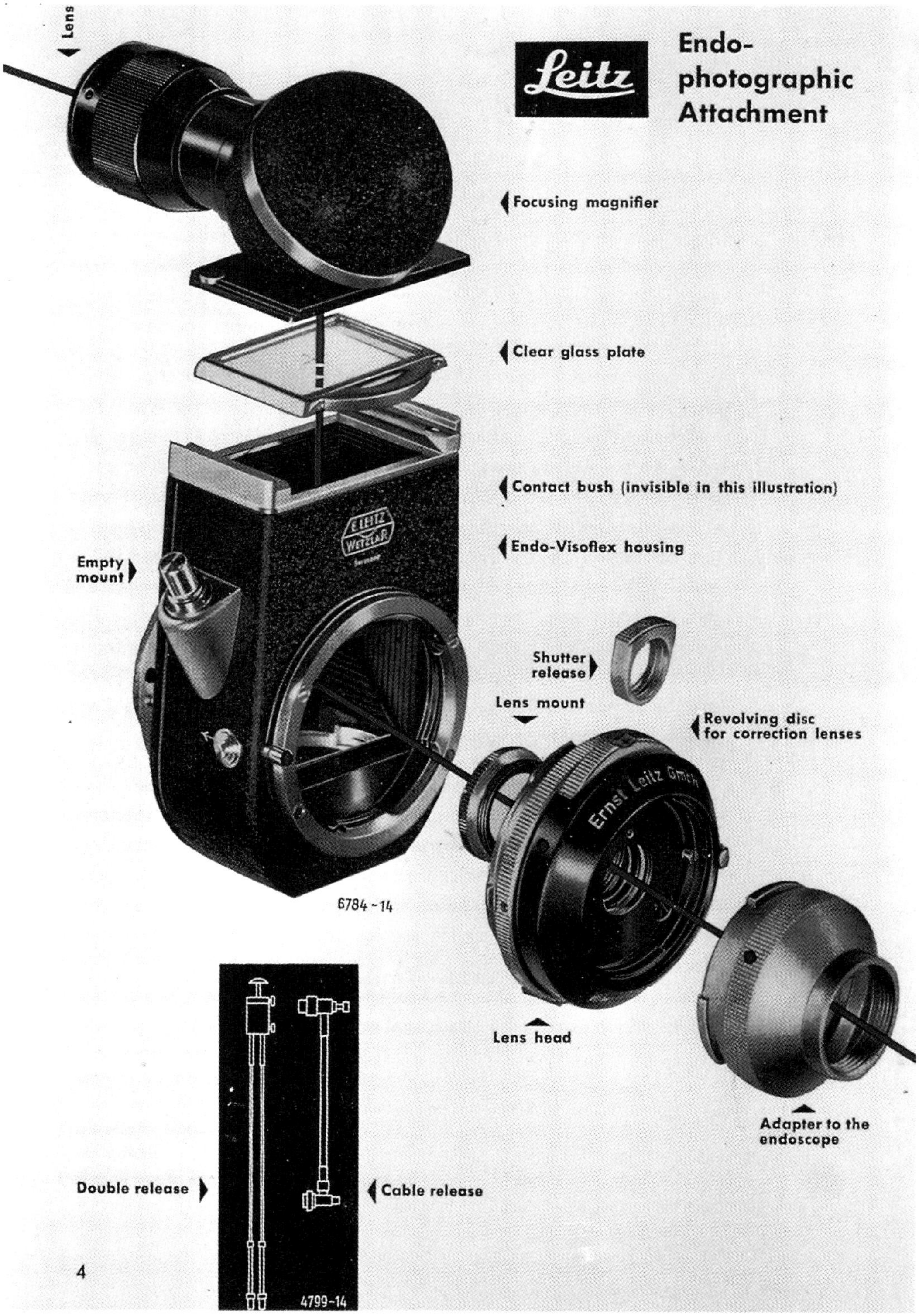

Bestandteile der Endoskop-Ausrüstung

Die normale Beleuchtung an der Spitze des Endoskops, die für die visuelle Beobachtung ausreichte, war für fotografische Aufnahmen bei den damals verfügbaren Filmempfindlichkeiten nicht hell genug, in Anbetracht der Atembewegung und des Pulsschlags waren ja kurze Belichtungszeiten erforderlich. Deshalb wurde eine Speziallampe benutzt, bei der die Spannung kurzzeitig durch einen Schaltkreis verdoppelt werden konnte. Dieser erzeugte einen sehr hellen Blitz während der Belichtung und war mit dem Verschluß der Leica gekoppelt. Die Synchronisation erfolgte über ein Kabel, das an eine Buchse an der Seite des Visoflex-Gehäuses angeschlossen wurde.

Auswechselbare Mattscheibe und Klarglasscheiben standen zur Verfügung, außerdem eine spezielle, kugelförmige rechtwinklige Lupe mit +3 und +5-Dioptrien-Korrekturlinsen, die auf einer drehbaren Scheibe befestigt waren. Es konnten aber auch andere Korrekturlinsen von passender Stärke in die Fassung eingesetzt werden. Ein Adapter für das jeweils verwendete Endoskop war erforderlich. Die ganze Ausrüstung wurde in einer passenden Holzbox aus poliertem Holz geliefert.

Es gab auch einen Endo-Visoflex III, dieser verwendete jedoch die normale Lupe 16499.

HOOTA – Endo-Visoflex für Schraub-Leica
HOOTA-M – Endo-Visoflex für M-Leica
HOOVB – Mattscheibe in Fassung
HOOWP – Klarglasscheibe in Fassung
HOOXC – 4fach 90°-Winkellupe
HOOYQ – Objektivfassung mit drehbarer Scheibe
HPODA – leere Fassung für zusätzliche Objektive oder Filter
HOOZD – Wechselobjektiv
OZWTO – Doppeldrahtauslöser für Schraub-Leica
OZWTO-M – dto. für M-Leica
HTEOO – Verbindungskabel 1,5 m
HSOOX – Aufbewahrungsbox aus poliertem Holz
HOOSN – komplette Ausrüstung ohne Endoskop-Adapter, für Schraub-Leica
HOOSN-M dt. für M-Leica
HSCOO – Adapter für Endoskope der Deutschen Endoskopbau Ges. Sass, Wolf & Co. mbH, Berlin und Heynemann, München
HQYOO – Adapter für Endoskope von Storz, Tuttlingen
HQOOZ – Adapter für Endoskope von Wolf, Knittlingen
HPWOO – Korrekturlinsen, -1, -2, +4 und +6 Dioptrien
HROOY – Infrarot-Scheibe, auswechselbar
16403 – Endo-Visoflex III
16412 – Klarglasscheibe für 16403
16404 – Mattscheibe für 16403

Labor-Ausrüstungen

Leitz stellte aus Standard-Komponenten Geräte zusammen, durch die sich die Leica auch für technische und wissenschaftliche Anwendungen eignete. Die hier aufgeführten Geräte sind dem New Yorker Katalog von 1939 entnommen. Ähnliche Ausrüstungen findet man auch in deutschen und italienischen technischen Katalogen von 1939.

Ausrüstung Nr. 1 für Mikrofotografie mit einem Mikroskop und Mikro-Ibso-Vorsatz
OBXAD (N.Y., 1939) – komplette Ausrüstung aus:
BEMTI – Leitz-Mikroskop Modell B
MEWIN – Grundplatte auf Federn
BEECH – Universal-Mikroskoplampe MONLA auf Ständer
REDYX – regulierbarer Transformator
IFSTA-DTEEO – justierbarer Ständer mit Lifa-Filter Nr. 200b, gelbgrün
LENOT – Leica Standard ohne Objektiv
FINOT – Drahtauslöser mit Feststellschraube
MIKAS – Mikro-Ibso-Vorsatz
CALOS – automatischer Auslöser

Ausrüstung Nr. 2 für Mikrofotografie mit einem Mikroskop und der Drehbühne
TWOPL (N.Y. 1939) – vollständige Ausrüstung aus:
ELESS – Leitz Mikroskop Modell LS
BEECH – MONLA-Lampe auf Ständer
REDYX – regulierbarer Transformator
IFSTA-DTEEO – verstellbarer Ständer mit Lifa-Filter 200b, gelbgrün
SPMOO-DOOSL – großer hufeisenförmiger Ständer
GOOZQ – kurzer verschiebbarer Arm mit Maßband
OORES – Drehbühne
LVFOO – 5fach Lupe mit großem Gesichtsfeld
LWHOO – 30fach-Lupe
GIIEF – konischer Zwischentubus mit 1/3x-Korrekturlinse
GIIMW – konischer Zwischentubus mit 1/2x-Korrekturlinse
GIINK – konischer Zwischentubus mit 1x-Korrekturlinse
LSZOO – Lichtabschirmring für die Kombination mit Mikroskop
LENOT – Leica Standard ohne Objektiv
FINOT – Drahtauslöser mit Feststellschraube

Ausrüstung Nr. 3 für Mikrofotografie mit einem Mikroskop und Spiegelreflex-Ansatz
TREPL (N.Y. 1939) – vollständige Ausrüstung aus:

ELESS – Leitz-Mikroskop Modell LS
SPMOO-DOOSL – großer hufeisenförmer Ständer
GOOZQ – kurzer verschiebbarer Arm
KGOON – großer Kugelkopf
LENOT – Leica Standard
PLOOT – Spiegelkasten
GIIEF – konischer Zwischentubus mit 1/3x Korrekturlinse
LSZOO – Lichtabschirmring
BEECH – MONLA-Lampe auf Ständer
REDYX – regulierbarer Trafo
EFSTA-DTEEO – verstellbarer Ständer mit Life-Filter Nr. 200b, gelbgrün

Ausrüstung Nr. 4 für opthalmische Fotografie
Siehe medizinische Anwendungen

Ausrüstung Nr. 5 für Industriefotografie
FIVPL (N.Y. 1939) – komplettes Set für technische Fotografie, bestehend aus:
CMEET-XCEES-XBEET – spezieller mechanischer Ständer USI mit schwerer Eisenplatte als Fuß, mit senkrechten und waagerechten Schienen mit Zahntriebverstellungen, mit denen die Kamera weich und präzise sowohl vertikal als auch horizontal verschoben werden konnte, einschließlich abnehmbarem Schlitten mit Schwalbenschwanzführung und Stativschraube für die Kamera
LENOT – Leica Standard
PLOOT – Spiegelkasten

Ausrüstung Nr. 5 für Industriefotografie
(Leica Archiv)

ELANG – Elmar 4,0/90 mm in Einstellfassung
ZROOH – Zwischentuben 7, 16, 24,5 und 41 mm
KGOON – großer Kugelkopf

Ausrüstung Nr. 6 für wissenschaftliche und industrielle Fotografie
SIXPL (N.Y. 1939) – vollständige Ausrüstung, bestehend aus:
SPMOO-DOOSL – großer hufeisenförmiger Ständer
GOORM – verschiebbarer Arm
OORES – Drehbühne
LVFOO – große 5fach-Lupe mit großem Gesichtsfeld
LWHOO – 30fach-Lupe
ZWTOO – Zwischen-Einstellfassung für 50 mm-Elmar
ZROOH – Zwischentuben 7, 16, 24,5 und 41 mm
LENOT – Leica Standard
ELMAR – Elmar 3,5/50 mm in Einstellfassung
ELANG – Elmar 4,0/90 mm in Einstellfassung
COOED – kurze Einstellfassung für 90 mm-Elmar
VALAU – Blendeneinstellring für 50 mm-Elmar
FINOT – Drahtauslöser mit Feststellschraube
HIIBE – kleiner Ständer für lichtundurchlässige Objekte
LUFAS – Objektträger zum Aufnehmen kleiner Objekte im Durchlicht
HIIDF – vollständiges Set von Beleuchtungslinsen für LUFAS
DEEQK – Beleuchtungsständer mit einstellbarer 100 Watt-Lampe, Kondensor, Irisblende, Tageslichtfilter und Mattscheibe

Ausrüstung Nr. 7, vereinfachte Kopierausrüstung
Siehe unter Kopiereinrichtungen

Ausrüstung Nr. 8 für Makrofotografie
EITPL (N.Y. 1939) – vollständige Ausrüstung, bestehend aus:
SPMOO-DOOSL – großer hufeisenförmiger Ständer
XDQII – verschiebbarer Arm zum aufrechten Ansetzen, mit mechanischem Träger auf Kugellagern, durch den die Kamera seitlich, der Länge nach und senkrecht bewegt werden konnte, mit Winkeln für OORES
OORES – Drehbühne
LKIOO – große 5fach-Lupe mit großem Gesichtsfeld
LWHOO – 30fach-Lupe
ZROOH – Zwischentuben 7, 16, 24,5 und 41 mm
LENOT – Leica Standard
FINOT – Drahtauslöser mit Feststellschraube
SUMAN – 24 mm Mikro-Summar
SUMIT – 42 mm Mikro-Summar
SUMOS – 65 mm Mikro-Summar
ZWMYY – Schneckengang mit Adapter und Gewinde für 65 mm Mikro-Summar und Adapterring für 24- und 42 mm Mikro-Summare
HIIBE – Ständer für kleine lichtundurchlässige Objekte
LUFAS – Objektträger zum Fotografieren kleiner Objekte im Durchlicht
HIIDF – vollständiges Set von fünf Beleuchtungslinsen für Objektive verschiedener Brennweiten mit LUFAS
BEECH – MONLA-Lampe auf Ständer
DEEMH – Irisblende für MONLA-Lampe
REDYX – regulierbarer Trafo

Leitz Universal-Infrarotansatz (1969)

Diese Vorrichtung war für die Beobachtung und Fotografie im nahen Infrarot bestimmt. Sie bestand aus einer Kombination von einem elektronischen Konverter und einem Bildverstärker. Spezieller Infrarotfilm war somit nicht erforderlich. Das Gerät konnte mit jeder M-Leica und allen Objektiven kombiniert werden.

19 Zubehör für Filmentwicklung und Vergrößerung

Es ist für uns heute schwierig nachzuvollziehen, daß zur Zeit der Vorstellung der Leica 1925 keinerlei Geräte für die Handhabung, Entwicklung und Vergrößerung kurzer Längen von 35 mm-Filmen existierten. Die einzige kommerziell hergestellte Ausrüstung war für die Entwicklung von Kinefilmen bestimmt. Um ihrer Kamera zum gewünschten Erfolg zu verhelfen, mußte Leitz daher selbst entsprechende Vorrichtungen und Peripherie-Geräte entwickeln, um das 24 x 36 mm-Format als den neuen Standard für Diaprojektoren und Vergrößerer zu etablieren. Das gesamte Interesse in der Leica Geschichte hat sich auf die "Ur"-Leica und die Nullserien-Kameras konzentriert, doch auch die Arbeit an diesen anderen Aspekten des neuen Systems muß schon zur gleichen Zeit eingesetzt haben. Vergrößerer waren 1925 fertig und ein passender Projektor 1926. Die Glas-Entwicklungstrommel kam 1925 zusammen mit der Kamera auf den Markt, während der "Eldia"-Vergrößerer erst in der Preisliste von 1927 erscheint. Wahrscheinlich lag die Vorstellung allerdings doch früher, da für den "Uleja"-Projektor Diapositive erforderlich waren,.

Nachfüllbare Metallpatronen

Mehrere Probleme galt es bei der Konstruktion einer Filmpatrone für die Leica zu lösen, damit die Kamera bei Tageslicht mit Film bestückt werden konnte. Die Kassette mußte außerhalb der Kamera lichtdicht sein, sie mußte eine Vorrichtung zum Verriegeln haben, und sie mußte verschließbar und in dennoch in der Kamera zu öffnen sein, nachdem die Bodenplatte aufgesetzt war. Die Originalkassette von 1925 wurde als die "A"-Patrone oder als die "Federpatrone" bekannt, da sie am oberen Ende eine Feder in Form eines umgekehrten V besaß. Nach kurzer Zeit erfolgte die Ablösung durch die "B"-Kassette, die auch als "Sicherheitskassette" oder "Nut-Kassette" bezeichnet wird, da sie eine Führungsnut besaß, die von der unteren Kante des inneren Gehäuses nach oben verlief. In dieser war ein Stift an der Innenseite des äußeren Gehäuses angebracht. Er verhinderte, daß sich die Patrone beim Entladen in ihre Bestandteile zerlegte. Die "B"-Kassette wurde zum Standard und blieb bis 1954 aktuell. In einem dritten Typ, dem Modell C, bewegte sich der Film in einem lichtdichten Labyrinth innerhalb der geschlossenen Patrone: Sie besaß keinen Knopf zum Öffnen oben auf ihrem Gehäuse. 1933 wurde die D-Kassette als die ultimative Lösung vorgestellt. Sie bestand aus nur zwei Teilen – Spule und Gehäuse – und der Filmschlitz war mit Samt als Abdichtung versehen, daher ihre Bezeichnung "Samtpatrone". Nach Vith wurden neue Leicas mit der D-Patrone geliefert, sie konnten mit Tageslicht-Filmrollen bestückt werden. Bei früheren Modelle dagegen mußte die "V1"-Verschlußplatte im Innern des Gehäueses gegen die V2-Platte ausgetauscht werden, was ohne Berechnung erfolgte. Leitz lieferte außerdem die neuen D-Kassetten im Austausch gegen die C-Versionen aus. Weder die C- noch die D-Kassetten tauchten je in den Katalogen auf.

FILCA (1925–1954) – ursprünglich für die Leica A bestimmt und später als "A"-Kassette bekannt. Ersetzt durch Modell B für die Leica I bis zur IIIg. 1937 neuer Spulenkern mit automatischer Schließvorrichtung.

Die Nachkriegsausführungen hatten eine glänzende braune Oberfläche.
IXMOO/14006 (1955) – neuer Typ, Modell N, passend für alle Leica-Modelle. Am verchromten Knopf leicht zu erkennen
KOOBF (1936) – Ersatz-Spulenkern für Kassetten, gleicher Code für die alten Ausführungen und die nach 1937.
DRXOO/14010 (1952) – Alubehälter für eine Kassette. Behälter mit zwei Enden entweder aus Metall oder Pappe für zwei Kassetten, eine an jedem Ende, sind ebenfalls bekannt (Vfr., 1974, 7, Nr. 1, S.11 und 1982, 15, Nr. 2, S. 7).

Aufwickelspulen zur Kamera

SPULM (1931–1953) – Ersatzspule für alle Modelle
SVOOP/14021 (1954) – Ersatzspule vom verbesserten Typ mit federndem Knopf für alle Kameras vor der IIIg
SPOOM/14022 (1955) – Ersatzspule mit federndem Knopf für Leica Ig, IIIg, M1, M2, M3 und MD
14260 (1968) – Rapid-Ladesystem, Spule mit Distanzstück, das an das Kameragehäuse angesetzt werden konnte. Für M-Kameras

Filmeinspulgeräte

AGRIF (1931–1958) – Handeinspulgerät zum Laden der Filmspule
ASPUL (1931) – mechanisches Einspulgerät für Handbetrieb über Kurbel, mit Klemme zur Befestigung am Tisch
AFLOO (1936–1957) – verbessertes mechanisches Einspulgerät für Tischbefestigung, nahm Spulen der Leica 250 auf.
FOOVA (N.Y. 1939) – Leica Filmtank zum Laden der Patronen bei Tageslicht. Bestand aus einer Kammer, die bis zu 10 Meter Film aufnahm, einer Abteilung, in die die Leica Patrone eingesetzt wurde und bei Tageslicht mit Hilfe einer Kurbel gefüllt wurde; einer Anzeige für die ungefähre Restmenge Film in der Filmkammer und einem zweiten Zählwerk für die Anzeige der eingespulten Filmmenge. Erschien nach dem Krieg kurz noch einmal (L.Ph., 1950, 3, Nr. 10, S. 28).

Filmschneidevorrichtungen

ABLON/14126 (1931–1964) – Filmschneidelehre, vernickelt oder verchromt, mit eckigen oder runden Enden
ANZOO (1936) – Filmschneidelehre für Leica 250, auch von einer Ausführung von Leitz/New York ist berichtet worden (Lager, Vfr., 1978, 11, Nr. 3, S. 9)
ABCOO (1936–1958) – Klinge zum Schneiden des Films in der Kamera, speziell für die Leica 250

Mechanische Filmkurbeln, links ASPUL, rechts AFLOO

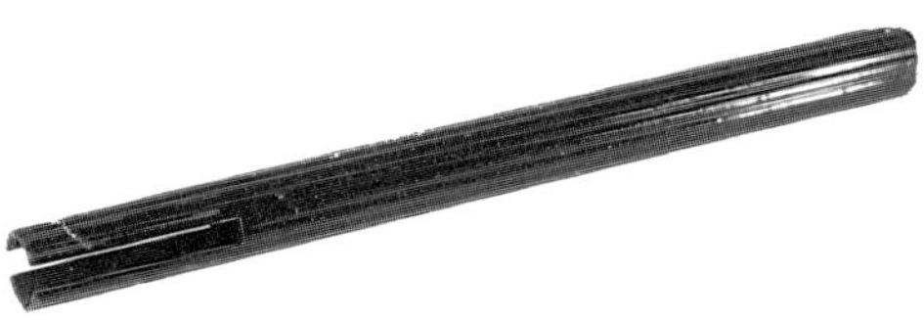

Hand-Filmwickler AGRIF

Leica Filmtank FOOVA zum Laden von Patronen bei Tageslicht

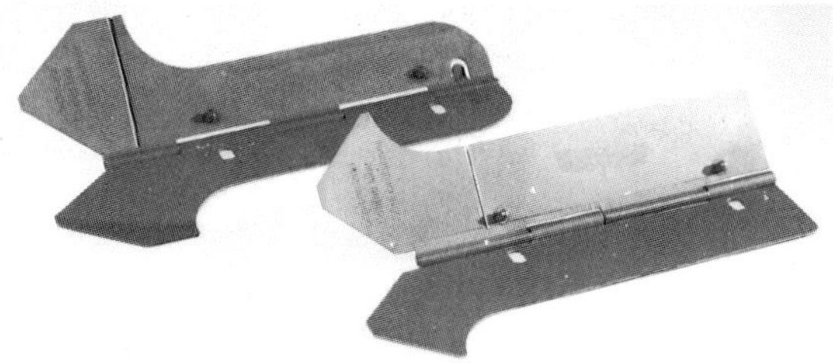

Filmschneidelehre ABLON, links späte Ausführung, rechts frühe Version

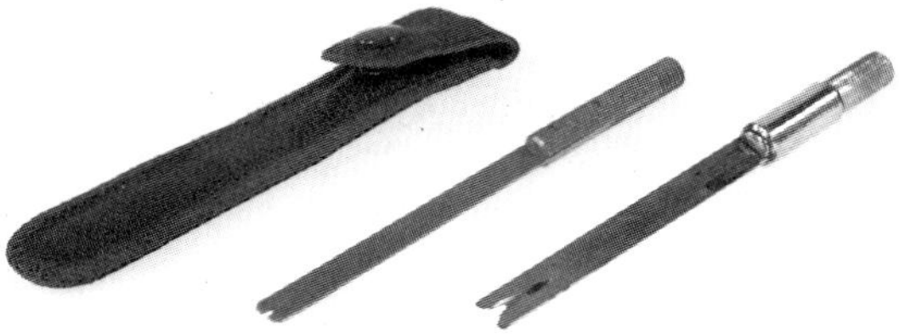

ABCOO, Klinge zum Schneiden des Films in der Kamera, frühe Version links, späte Ausführung rechts, mit Lederetui

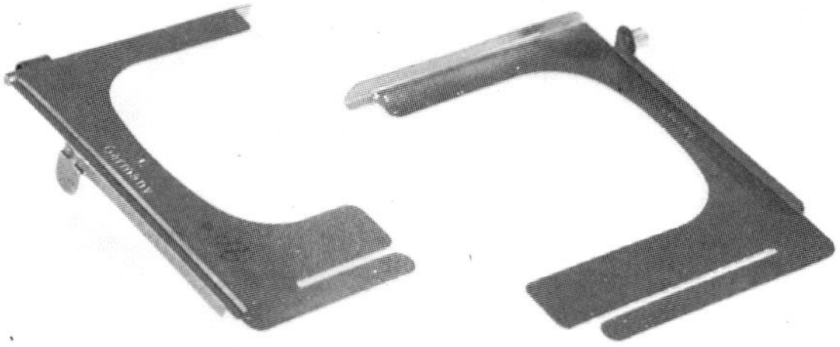

Halter für Einzelaufnahmen in der Kamera, links FCKOO für Leica Modelle c, f und g, rechts FHKOO für frühere Modelle

Leica Filmentwicklungstrommel FIMAN komplett

Leitz Correx Entwicklungsdoese

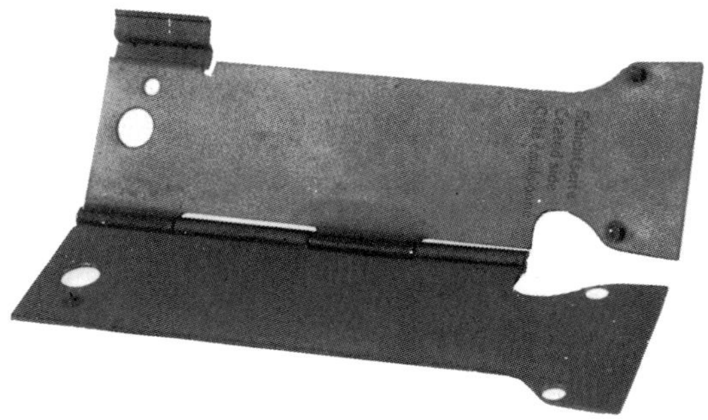

Schneidelehre für spezielle Leitz Spiral-Entwicklungsdose

Einzelaufnahmen mit der Leica

Neben dem Gehäuse für Einzelaufnahmen zur Leica wurde ein spezieller Halter hergestellt, mit dem sich im normalen Leica Gehäuse eine einzelne Aufnahme herstellen ließ.

FHKOO (1935–1960) – Einzelfilmhalter für Leica Modelle I, II, III, IIIa, IIIb

FCKOO (1951–1960) – Einzelfilmhalter für Leica Modelle Ic, IIc, IIIc, IIIf bis Nr. 590681, sofern nicht die Bodenplatte der Kamera durch eine Ausführung ohne Filmführung ersetzt wurde

Filmentwicklungszubehör

Die erste Vorrichtung zum Entwickeln von Filmen, die von Leitz hergestellt wurde, bestand aus einer Glastrommel, die auf Drehzapfen lief und bei der der Film über eine Handkurbel durch eine Schale mit Entwickler gedreht wurde. Eine Menge von Leica Fotografen muß es vorgezogen haben, den Film nach Sicht zu entwickeln, da die Trommel bis zum Krieg lieferbar war – lange, nachdem Tageslichtdosen gebräuchlich waren.

Leitz führte die "Correx"-Dose 1929 ein ("Correx Dose" in LP Nr. 2443, Sept. 1929). Sie bestand aus vernickeltem Metall, die Bezeichnung "Correx" rührte von dem Zulluloidband her, das mit seinen Vorsprüngen an den Rändern in die Perforation des Films eingriff. Film und Correxband wurden um den Kern der Dosenspindel gewickelt und mit einer Klammer arretiert, die am Ende des Correxbandes befestigt war. Dieses wiederum wurde an der Kante der Spule fixiert. Die bestückte Spule wurde anschließend in die Dose abgesenkt, die bereits mit Entwickler gefüllt war. Es gab keine Vorrichtung, den Film im Entwickler zu bewegen, nachdem der Deckel aufgesetzt war, außer durch Schütteln der Dose. Diese frühe Konstruktion war 1931 durch die bekannte Correx-Dose aus "Tenacit"-Kunststoff ersetzt worden, sie besaß eine Öffnung zum Füllen und Entleeren sowie zum Einsetzen eines Thermometers. Ein geriffelter Drehknopf zum Drehen der Spirale kam 1934 hinzu. Die neue Dose war in zwei Ausführungen erhältlich: 500 ml mit Correxband mit Vorsprüngen auf beiden Seiten für Filme mit Rückschicht und eine für 350 ml mit Correxband, das nur auf einer Seite gezackt war. Leitz/New York vertrieb ab 1934 seine eigenen Entwicklungsdosen mit Spiralen, die "Reelo"-Dosen genannt wurden. Eine Leitz-eigene Spiralen-Entwicklungsdose wurde 1938 vorgestellt. Bei dieser Dose wurde der Film in Führungen der Spirale eingefädelt. Das Ende des Films mußte dazu zunächst an beiden Kanten beschnitten werden, dazu wurde jede Dose mit einer speziellen Lehre geliefert. Die dadurch geformte Zunge wurde anschließend an den Spulenkern geklammert und durch Drehen der Spirale eingefädelt. Die Leitz-Tageslicht-Entwicklungsdose hatte eine ähnliche Spirale, jedoch eine zweite Kammer an der Seite für die Type B-Kassette. Nach dem Krieg ließen sich in der Leitz/Agfa Rondinax-Dose zur Tageslichtentwicklung die meisten Kleinbildpatronen verarbeiten. Die Dose selbst war eine eckige Box mit senkrecht eingesetzter Spirale, ein Thermometer war eingebaut. Leitz/Wetzlar stellte die Lieferung von Entwicklungsdosen etwa 1955 ein, New York jedoch lieferte zumindest bis 1961 eigene Rondinax- und Correxdosen.

FIMAN (1925–1939) – Leica Entwicklungstrommel, komplett, bestehend aus FIMOR, FIDAX, FICYL, FISUL und 2x FIXAM
FIMOR – Metallrahmen zur Trommel
FIDAX – Spindel mit Handgriff und Streben für den Glaszylinder
FICYL – Glaszylinder
FISUL – Glasschale 13 x 18 cm
FIXAM – Filmklammer zur Trommel
CORDO (1929–1930) – Original Metall-Correxdose
CORLE – äußerer Behälter
CORSU – innere Spule
CORBA – Correxband mit Klammer
CORDO (1933–1939) – Leica Correxdose, 350 ml Füllmenge, aus Tenacit, komplett mit innere Spule, Correxband einseitig gekerbt und Drehknopf. Behälter, Spule und Correxband hatten die gleichen Codewörter wie die Metalldose CORDO, Behälter und Spule bestanden jedoch aus Tenacit. (Bakelit)
CODRO (1952–1955) – Nachkriegsausführung der Correxdose von 300 cm Füllmenge komplett, Correxband auf einer Seite gekerbt
CORSO – Ersatzspule für CORDO
CORBA – Correxband (gleiches Codewort wie für CORDO-Dose)
CORLE – Dose mit Deckel
COODQ – Drehknopf
CORUN – (1931–1955) – Leica-Correxdose mit 500 ml Füllmenge, komplett mit innere Spule, Correxband auf beiden Seiten gekerbt und Drehknopf
CORET – kleines Thermometer für Correxdose
COROL – Correxdose und Deckel einzeln, mit Drehknopf, ohne Spule und Band
CORPE – Dose einzeln ohne Deckel
CORCF – Deckel einzeln
CORID – innere Spule
CORYB – Correxband beidseitig mit Clip und Kerben
COOFR – Correxband mit 4 m Länge und 2 mm hohen Preßformen auf beiden Seiten zur gleichzeitigen Entwicklung von zwei Filmen
COSTI – Drehknopf für beide Dosen
TEOOH (1949–1954) – Leitz/Agfa Tageslicht-Entwick-

Leitz Tageslicht-Entwicklungsdose

Leitz Spiral-Entwicklungsdose

lungsdose von Leitz/New York mindestens noch bis 1961 als Leitz Rondinax weiter geliefert

Entwicklungsdosen von Leitz/New York
FETAN (1934) – Reelo-Entwicklungsdose ganz aus Bakelit, Modell A für Kleinbildfilm, komplett mit Dose, Deckel und Spirale
FEVIN – zusätzliche Spirale für Dose Modell A
FEVOP – Dose Modell A und Deckel einzeln
FEVUQ – Deckel Modell A
FETBE (1936) – Reelo-Dose Modell B für Rollfilme 127
FESAR – zusätzliche Spirale für Dose Modell B
FETCA (1936) – Reelo-Dose Modell C für Rollfilme 120
FESCO – zusätzliche Spirale für Modell C-Dose
NOZLE – Wässerungsdüse für Reelo-Dosen Modell A, B, und C zum intensiveren Auswässern
AGITA (USA, 1936) – Elektrisches Bewegungsgerät, nur für Wechselstrom, bestehend aus Motor, Gehäuse mit Kühlgebläse, Plattform für Dose und Kabel
AGOTA – wie AGITA, jedoch nur für Gleichstrom
AGULI – automatischer Zeitschalter für die Bewegungsgeräte; Bakelitgehäuse und Einstellscheibe für 30 Minuten-Intervalle, automatische Abschaltung in beliebigen vorgewählten Abständen
CORUNCJ (Katalog von 1960) – Correx-Dose für Kleinbildfilm, 500 ml
CORYBCJ – Ersatz-Correxband
CORIDCJ – Ersatzspirale
CODRORF (Katalog von 1960) – Correx-Dose für Rollfilme 120 und 620
CORBARF – Ersatz-Correxband für Rollfilme 120/220
CORSORF – Ersatzspirale für Filme 120/620

DEFOO (1938) – Leitz Entwicklungsdose mit Spirale
TAHOO (1938) – Leitz Tageslicht-Entwicklungsdose

Betrachter für Negative und Dias

Die Hand-Negativbetrachter dienten zum Überprüfen von Negativen vor dem Vergrößern. Sie besaßen gewöhnlich eine kleine Stanze, mit der sich in dem Rand des Films eine kleine Kerbe anbringen ließ, um so bestimmte Negative zu markieren. Leitz empfahl seine binokularen Lupen auch als ideales Hilfsmittel zum Prüfen und Retuschieren von Negativen (LNT, 1938, Nr. 33, S. 55). Ein beleuchteter Tischbetrachter, mit dem Händler Leica Negative oder -Dias demonstrieren konnten, wurde Mitte der 30er Jahre hergestellt, vermutlich auf gesonderte Bestellung hin, da die bekannten Exemplare in Details voneinander abweichen. In der Mitte der 40er Jahre stellte Leitz/New York auch einen Tischbetrachter für Dias her.

NATRA (1932) – Negativbetrachter mit Lupe und Kerbstanze zur Markierung

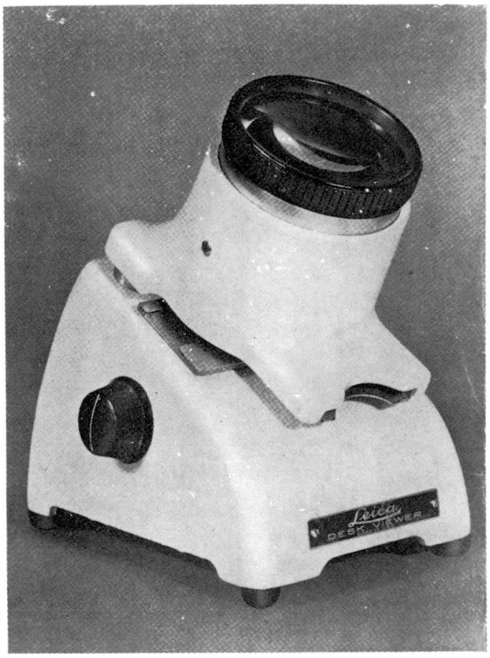

Tischbetrachter VUDFS

NAKUL (1936) – wie NATRA, jedoch mit Handgriff
NAMAS – Opalglas zum Einsetzen hinter dem Negativ
NOOBU (1951) – Negativbetrachter ohne Kerbstanze
? (frühe 40er Jahre) – wie NAKUL, jedoch mit Schalen zum Halten langer Filmstreifen, wahrscheinlich für die Leica 250 (LIG, II, S. 162)

Negativbetrachter, links NAKUL mit Schalen für lange Filmstreifen

ELDIA Kontaktkopiergerät

Großer Diaprinter KOVIR

"Illumitran" Universal Diakopierer

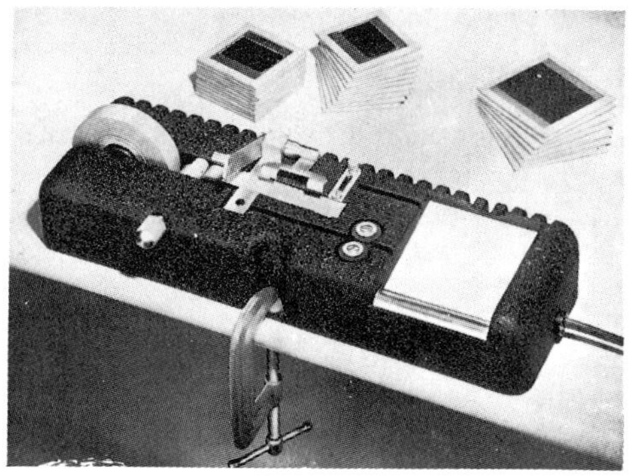

Bindomat Diarahmungsgerät

BFOOX (Rundbrief für Leica Händler, 1935) – Film-Betrachtungsgerät mit großer Lupe in Fokussiertubus, zwei Filmspulen mit geriffelten Knöpfen, von unten mit einer 15 Watt-Lampe beleuchtet. Das Oberteil war für vertikale und horizontale Betrachtung drehbar, mit einer Stanze ließ sich eine Kerbe am Filmrand anbringen. Die bekannten Exemplare weichen in Details jedoch voneinander ab (Lager, Vfr., 1979, 12, Nr. 4, S. 14; Black, Vfr., 1982, 15, Nr. 4, S. 30; Etzold, Vfr., 1984, 17, Nr. 3, S. 17).

VUDFS (USA, 1944 – 1952+) – Tischbetrachter Modell B für 5 x 5-Diarahmen und 35 mm-Filmstreifen, achromatisches, dreilinsiges Objektiv in Fokussierfassung, 75 Watt-Opallampe und Rheostat. Gehäuse in Elfenbein und Chrom (in einer Anzeige von 1944 sieht es schwarz aus).

VUFIL – Filmhalter zur Betrachtung von 35 mm-Filmstreifen im Tischbetrachter

VURER – Rahmungsadapter für Tischbetrachter

VUCAS – Tragetasche für Tischbetrachter

Kontaktkopierer

Zum Herstellen von Kontaktkopien von Leica Negativen, entweder auf Bromsilberpapier oder Diapositivfilm, wurde 1927 ein Gerät konstruiert, das vierzig Jahre lang aktuell blieb. Es wurde vom "Eldur"-Diakopierer abgelöst. Der Große Diakopierer, später der Universal-Diakopierer, wurde sowohl dem Händler als auch dem Amateur angeboten, um Dias in großer Zahl herzustellen. In den 70er Jahren wurde der "Illumitran", ein von Bowens/London hergestelltes Gerät, von Leitz vermarktet. Es verfügte sowohl über Blitzlicht als auch Dauerlicht. Es wurde in Verbindung mit einem Makroobjektiv oder Focotar und der Leica oder dem Reprovit eingesetzt.

ELDIA/17900 (1927–1967) – Gerät für Kontaktkopien auf Diapositivfilm oder Vergrößerungspapier von Negativen auf Kleinbildfilm
ELKIN/17901 – Filmfenster 18 x 24 mm für ELDIA für Kontaktkopien von Standard-Cinenegativen
ELDUR (1933–1959) – Diakopierer für Kontaktkopien von Original Leica Negativen direkt auf 5 x 5-Glasdias
ELGLA – ansetzbarer Metall-Andruckplatte für Kontakte auf Fotopapier
KOVIR (1933–1957) – Großer Diakopierer, bestehend aus KOGLOM und KOGLA
KOLOM – Grundgehäuse mit 15 Watt-Lampe, regelbarem Widerstand, Opalglasscheibe, roter Betrachtungslampe, Lichtschalter, Verbindungskabel für Belichtungstimer, zwei Filmspulen
KOGLA – Zusatz für 5 x 5-Glasdias, Filmbewegung mit 24 x 36 mm-Öffnung und Andruckplatte mit gummiertem Leinen beschichtet
KOREF – Filmfenster 18 x 24 mm für den Glasdia-Ansatz
KONAF – dto. für 3 x 4 cm
KODRE – dto. für 4 x 4 cm
KOSUS – zwei Negativspulen für 3 x 4- und 4 x 4-Filme
ELGLA – aufschiebbarer Ansatz für Kontakt auf Fotopapier
KOTOS – Ansatz für Positivfilm mit Filmbewegung und 24x36 mm-Filmfenster, umkehrbarem Positivfilm-Gehäuse mit zwei Spulen für bis zu 11 m Film, Zahnrad-Antrieb mit Fangvorrichtung, rotem Sichtfenster und Glas-Andruckplatte
KOFIM (1933–1957) – Großer Diakopierer zur Herstellung von Filmstreifen, bestehend aus KOTOS und Grundgerät KOLOM
KOPAT (1933–1957) – Universal-Diapositiv-Kopierer zur Herstellung von Filmstreifen und Dias
KOOHI – Positivfilm-Ansatz mit Filmführung und auswechselbaren Bildfenstern 24 x 36 und 18 x 24 mm, angelenktem Filmgehäuse mit zwei Spulen für bis zu 10 m Film, Zahnrad-Antrieb mit Fangvorrichtung, rotem Sichtfenster und Filmandruckplatte
KOORA (1933–1957) – Großer Diakopierer für Leica und Cinefilm-Streifen, bestehend aus KOOHI und Grundgerät KOLOM

Einfaßgerät

Leitz/New York bot den "Bindomat" zum Einfassen von Dias an. Es war gleichermaßen für quadratische Glasscheiben 5x5 und 6x6 cm geeignet. Es wurde als komplettes Kit mit Masken, Gläsern, Klebeband und Tischklemme geliefert. Damit ließ sich das Band abmessen, schneiden und ausrichten, das Deckglas wurde unter Druck versiegelt. Eine beleuchtete Platte erleichterte das Ausrichten der Maske.

DAMOT (1949) – Bindomat komplett
DAMCO – Ersatzfeder
DACMO – Ersatz-Klebeband

20 Vergrößerungsgeräte und Zubehör

Leitz leistete Pionierarbeit für die Kleinbildfotografie unter dem Slogan "kleines Negativ – großes Bild". Leitz hatte schon Jahrzehnte Projektoren hergestellt, und man bot schnell ein geeignetes Gerät für Kleinbilddias an. Die meisten Leica-Benutzer wollten jedoch Papiervergrößerungen haben, und Leitz hatte auf diesem Gebiet keine Erfahrungen. Die meisten Amateurvergrößerer Mitte der 20er Jahre bestanden noch aus Holz, besaßen ein Lampengehäuse aus Metall für irgendeine Form der Beleuchtung mit Petroleum oder Benzin, was eine waagerechte Geräteanordnung mit senkrecht befestigtem Papier erforderte.

Das Leica Negativ erforderte natürlich ein Objektiv, das dem Elmar ebenbürtig war sowie eine mechanisch hervorragende Konstruktion, die auch starke Vergrößerungen erlaubte. Dies ließ sich nur durch ein Gerät aus Metall gewährleisten, was Leitz bereits immer auch bei seinen Projektoren favorisiert hatte. Von großer Bedeutung war, daß das Papier absolut plan und exakt parallel zur Negativebene positioniert werden konnte. Die senkrechte Anordnung bot mehr Freiheit in der Entwicklung, war viel bequemer in der Praxis und schränkte die Größe der Endformate nicht ein. Elektrische Beleuchtung war die einzige Form der Lichtquelle für einen senkrechten Vergrößerer, doch durch die rasche Verbreitung von elektrischem Strom in privaten Haushalten in den 20er Jahren war dies keine Einschränkung mehr, wie es etwa ein Dutzend Jahre zuvor noch der Fall gewesen wäre. Aus Gründen der Stabilität waren die variablen Leitz-Vergrößerer, vom ersten FILES von 1926 an, aus Metall gefertigt. Der Begriff "variabel" ist insofern interessant, als man zu dieser Zeit auch "feststehende Vergrößerer" kaufen konnte, die nur ein festgelegtes Papierformat von etwa Postkartengröße von dem Negativ zuließen. Leitz stellte eines dieser einfachen Geräte 1925 für die neue Leica her (LP 2092, Mai 1925), dem kurze Zeit später, sicher Ende 1927, eines für 6,5 x 9 cm-Vergrößerungen folgte.

Der variable Vergrößerer war vom Start weg erfolgreich, und innerhalb eines Jahres produzierte Leitz ein weiteres Modell, das FILYT, für größere Negative bis 4,5 x 6 cm. Danach folgten Leitz-Vergrößerer zwei getrennten Wegen: einerseits für die Leica und anderen kleinformatigen Negativen bis 3 x 4 cm, andererseits einem weiteren Modell für Negative zwischen 24 x 36 mm und 6,5 x 9 cm. Diese letzteren Geräte waren hauptsächlich für kommerzielle Zwecke (D. & P.-Häuser) bestimmt. Die späten 20er und frühen 30er Jahre waren eine Phase der raschen Entwicklungen, mit der Einführung von Modellen mit höheren Säulen, größeren Grundbrettern, leistungsstärkeren Beleuchtungen, Wechselobjektiven, eine verbesserte Negativbühne beim ersten Valoy und, 1934, automatische Scharfeinstellung beim Focomat. Eine Anzahl sehr schön gefertigter Vergrößerungskassetten erschien ebenfalls, außerdem Zubehör zur Korrektur stürzender Linien.

Nach dem Krieg wurde der Valoy zum Valoy II weiterentwickelt, gegen Anfang der 60er Jahre jedoch nicht mehr länger hergestellt. Der Focomat wartete mit Verbesserungen auf beiden Gebieten auf, in Form des Focomat I für Kleinbild und des Focomat II für Negative bis 6,5 x 9 cm. Eine interessante Entwicklung vom Focomat Ic war der Focomator, ein mit Fußpedal bedienter Vergrößerer mit automatischer elektronischer Belichtungssteuerung sowohl für Schwarzweiß als auch Farbe für gewerbliche Labors. Ein ähnliches Gerät war der **Focovit** aus der Mitte der 50er Jahre, der nur kurze Zeit existierte.

Der Focomat I wurde 1978 durch den **Focomat V35 autofokus** abgelöst, der dichroitische Filter für Farbvergrößerungen bot und in seiner aktuellen Form als **Leica V35** weiterlebt. Der Focomat IIc wurde lange produziert, bis sein Preis in den frühen 80er Jahren etwa den eines Kleinwagens erreichte.

Vergrößerer mit fester Scharfeinstellung

Zwischen 1925 und 1935 wurden zwei Modelle mit festgelegtem Vergrößerungsmaßstab hergestellt. Sie waren für solche Benutzer gedacht, die sich mit Vergrößerungen in einem Format zufrieden gaben, entweder für 6 x 9 oder 9 x14 cm (Postkartenformat) oder aber hatten keine elektrische Beleuchtung, sondern benutzten Tageslicht als Lichtquelle. Sie bestanden aus einer hölzernen Box mit einem schön gefertigten Handgriff, sie hatten an einem Ende eine angelenkte, lichtdichte Tür, die als Papierhalter fungierte. In der Nähe des anderen Endes war ein Objektiv fester Fokussierung angebracht, das Endstück selbst besaß eine Öffnung für das Leica-Negativ und besaß eine Glasplatte und Federn, um das Negativ zu halten. Jedes Modell war mit einem abnehmbaren Lampengehäuse zu haben, an den Seiten offen, in dem sich eine 100 Watt-Opallampe befand.

FILAR (1925) – Vergrößerungsgerät mit fester Scharfeinstellung für Tageslicht-Beleuchtung, mit 64 mm-Objektiv für Vergrößerungen im Format 6 x 9 cm.
FILIX (1925) – dto. mit Opallampe in abnehmbarem Metallgehäuse mit Kabel und Stecker
FLEIN (1925?) – wie FILAR, jedoch für Vergrößerungen im Format 9 x 14 cm
FLEOS (1925?) – dto. jedoch mit Lampe wie FILIX

Frühe Kleinbildvergrößerer

Der erste variable Leitz-Vergrößerer wurde 1926 eingeführt. Es war der **FILES**, ein einfaches Gerät, jedoch schon mit den wichtigen Attributen hinsichtlich optischer Qualität und mechanischer Präzision, um das kleine Negativ unter Beibehaltung der Leica-Qualität in große Vergrößerungen zu verwandeln. Die 50 cm

FILIX-Vergrößerer mit fester Scharfeinsteillung mit Opallampe im abnehmbaren Metallgehäuse. Seitlich sind die Filmhalter zu sehen *(Leica Archiv)*

Erster variabler Leitz-Vergrößerer, der FILES von 1928

lange Säule erlaubte in Verbindung mit dem 50 mm-Objektiv der festen Blende von 3,5 Vergrößerungen von 2,5- bis 8fach. Das Objektiv wurde mit Hilfe einer Schraube mit Schneckengang fokussiert. Eine 60 Watt-Opallampe bildete die Beleuchtung. Der Projektionskopf war an der senkrechten Säule mit Hilfe einer Klemmschraube befestigt, er ließ sich zur Rückseite hin schwenken, um dann über das Grundbrett hinaus stärkere Vergrößerungen zu erlauben. Der Negativ bestand aus zwei über ein Scharnier miteinander verbundenen Glasscheiben. Die serienmäßige Vergrößerungskassette ließ sich in alle Richtungen verschieben und konnte in der gewünschten Stellung mit zwei Klemmschrauben befestigt werden. Das Vergrößerungspapier wurde durch eine angelenkte Glasscheibe plangehalten. Maskenbänder gab es nicht, wohl aber ein Stück weißen Karton, der zur Scharfeinstellung benutzt wurde. Dort waren die Maße der einzelnen Papierformate angegeben. Beim Anheben der Glasscheibe hob sich eine Anzahl kleiner Stifte an beiden Seiten, die zur Führung des Papiers dienten. Beim Absenken wurden die Stifte wieder in ihre Vertiefungen gedrückt. Ein Orangefilter war als Zubehör erhältlich.

Der FILOY-Vergrößerer, 1928 eingeführt, war mit dem FILES identisch, bis auf den Unterschied, daß das Objektiv eine Irisblende besaß. Sie war für Belichtungszeiten kalibriert und zeigte über Ziffern die Verlängerungsfaktoren bei unterschiedlichen Einstellungen an. Der VITAS von 1929 war ein FILOY mit 120 cm langer Säule und 50 x 60 cm großem Grundbrett. Drei verschiedene Vergrößerungskassetten mit angelenkten Maskenbändern wurden für dieses Gerät hergestellt. Sie waren für englische, amerikanische und kontinentale Papierformate bestimmt. Der Vergrößerer, komplett mit dem jeweiligen Maskenset und abgestufter Neigevorrichtung gegen stürzende Linien wurde danach zum VIREN, VISAM und VITOY. Ein einfacheres Set mit nur drei Kassetten für kontinentale Papierformate, jedoch abweichend von denen in dem großen Set für den VITOY, war das VIDAL. Eine besonders lichtstarke Beleuchtungseinrichtung für alle diese Vergrößerer, die für die vierfache Lichtausbeute sorgte, war ebenfalls erhältlich. Sie bestand aus einer sphärischen 100 Watt-Lampe in einem oberen Lampenhaus, das gegen die obere Hälfte des normalen Lampenkopfes ausgetauscht wurde, sowie einem zusätzlichen Kondensor in einer Halterung, die über dem vorhandenen Kondensor im unteren Teil des Lampenkopfes plaziert wurde. Der VITAS wurde durch den Vamax ersetzt, der für gewerbliche Labors konzipiert war. Carlsson erwähnt in seiner aufschlußreichen Zusammenfassung der Entwicklungsgeschichte von Leitz-Vergrößerern (L.H.S. Bulletin Nr. 17 vom Mai 1972) den Vergrößerer FYLAB, der etwa 1931 vorgestellt wurde und ein Gewinde für die neuen Leica-Wechselobjektive und eine 50 cm lange Säule besaß. Er findet sich weder im Hauptkatalog von 1931 noch in der Broschüre Leitz Vergrößerungsgeräte (L.P. 7040, Juli 1931). Der einzige andere Beweis für seine Existenz konnte vom gleichen Autor in einer dänischen Preisliste im Leica Archiv in Solms gefunden werden. Sie datiert vom März 1932, listet nur Codebezeichnungen und Preise auf ohne anzugeben, zu welchen Produkten diese gehören.

Modelle und Zubehör

FILES (1926–1931) – Vergrößerer "Files" mit Objektiv der festen Öffnung 3,5, 60 Watt-Opallampe, abnehmbarem Vergrößerungsrahmen mit angelenkter Glasscheibe ohne Formatmasken

FILOY (1927–1931) – wie FILES, jedoch mit Irisblende im Objektiv

VITAS (1929–1931) – Vergrößerer "Vitas" mit 1,20 m langer Säule und 50 x 60 cm großem Grundbrett, ansonsten ähnlich dem FILOY

VIREN – VITAS mit Satz von acht Vergrößerungsrahmen mit angelenkten Formatmasken für englische Papiergrößen und Stufentreppe zum Ausgleich stürzender Linien

VISAM – VITAS mit Satz von sechs Vergrößerungsrahmen für amerikanische Papierformate plus Stufentreppe VEKIP

FYLAB (1931) – variabler Vergrößerer mit 50 cm langer Säule, mit Objektivgewinde zum Ansetzen von Leica-Wechselobjektiven

Zubehör für die Vergrößerer FILES, FILOY und VITAS

VARKU – oberes Lampengehäuse mit 100 Watt-Lampe und Zusatzkondensor

FLARA – Orangefilter in Fassung für FILES und FILOY

GLAZO – Paar von Glasplatten der Größe XXXXXXXX in Scharnier zur Negativplanlage

FILUM – Arm zum Ansetzen der Leica an FILES oder FILOY für Reprozwecke

VELUM – dto. für VITAS

FITOP – Vergrößererkopf für FILOY mit Arm, komplett mit angelenktem Negativhalter mit Glasplatte und elektrischen Anschlüssen, kann auch am FILYT (unten) verwendet werden.

VETOP – Vergrößererkopf für VITAS

Der Valoy

Die frühe Entwicklung von Vergrößerern fand ihren Höhepunkt in dem berühmten **VALOY** von 1932. Nach Carlsson (op. cit.) wurde dieser anfangs FYLAB II genannt. Die wichtigste Neuerung war der Mechanismus zum Anheben und Absenken des Kondensors, so daß dieser oben auf dem Negativ auflag und die Negativbühne mit den Glasscheiben erübrigte. Das maximale Negativformat war 3 x 4 cm. Auch 4 x 4-Negative ließen sich verwenden, wobei dann ein leichter Beschnitt von etwa 3 mm in den Bildecken auftrat. Zur Beleuchtung diente eine 75 Watt-Oplallampe. Die serienmäßige Säule war 50 cm lang und 32 mm im Durchmesser, das Grundbrett 39 x 44 cm groß. Auf besondere Bestellung war auch eine 100 cm lange Säule erhältlich, vor allem dann nützlich, wenn der Vergrößerer auch als Reprosäule eingesetzt wurde. Der Valoy wurde ohne Vergrößerungskassette geliefert, besaß aber zwei Klemmen entweder für den Vergrößerungsrahmen mit angelenkter Glasscheibe oder den neuen Leitz-Rahmen mit einstellbaren Maskenbändern.

Das bemerkenswerteste Feature am 1953 vorgestellten Valoy II war die 65 mm-Säule mit Führungsschiene und der Tragearm mit Klemmhebel und Knopf zur Feineinstellung. Der Kopf des Vergrößerers ließ sich bequem und schnell in der Höhe verstellen, indem der federnde Klemmhebel gelöst wurde. Die Feineinstellung wurde dann über den großen Drehknopf vorgenommen, der über einen Friktionsantrieb auf die Führungsschiene wirkte. Der Kopf des Vergrößerers war an seinem Arm mit zwei geriffelten Knöpfen angeschraubt und konnte daher schnell abgenommen und gegen einen Fokussierschlitten oder das Universal-Balgengerät ausgetauscht werden. Die Säule konnte durch die Klemmschraube am unteren Ende gelöst werden, daraufhin ließ sie sich für Vergrößerungen auf den Fußboden ganz herumdrehen.

Valoy I und Zubehör

VALOY (1932–1952) – Vergrößerer **Valoy** mit 30 x 39 cm großem Grundbrett, 50 cm langer Säule von 32 mm Durchmesser, Lampenkopf mit 75 Watt-Lampe, heb- und absenkbarem Kondensor, Filmbühne mit seitlichen Filmhalterungen und Filmführung für Leica-Film, ohne Objektiv, jedoch mit Schneckengang-Fassung zum Ansetzen von Leica-Objektiven, ohne Vergrößerungskassette, jedoch mit zwei Klemmschrauben zu deren Befestigung. Zum Ausgleich stürzender Linien konnte der Vergrößerungsrahmen mit der Stufentreppe VEKIP (oben) geneigt werden. Für präzises Entzerren konnte auch das Negativ geschwenkt werden, zum exakteren Neigen des Rahmens wurde ein Kugelgelenk verwendet.
VALUX – Valoy-Variante mit höherer Lichtleistung, mit 100 Watt-Projektionslampe und zusätzlichem Kondensor, erforderte Widerstand oder Transformator
VERAT – Metallsäule 50 cm für Valoy
VERUP – dto. 80 cm
VERYN – dto. 100 cm
CENTO (USA) – wie VERYN
VERXA – dto. 120 cm
VERBE – Grundbrett für Valoy
17634 (1961) – Kondensor gegen Newton-Ringe
FYLTO (1932–1952) – Orangefilter in schwenkbarer Fassung zum Einschrauben in die untere Seite der Negativbühne
VAZEL – Metall-Filmführung mit doppelt angelenkten Glasscheiben 3,5 x 12 cm für einzelne Leica-Negative
VOOMD – angelenkte Doppelglasscheibe wie in VAZEL
VBOOP – Negativmaske mit nur einem Rahmen wie in VAZEL
VDOON – Filmführung für Streifen mit Format 18 x 24 mm
VNOOD – dto. für 24 x 24 mm
VDMOO – dto. für 24 x 36 mm als Ersatz
VAZUP – Metallfilmführung für einzelne 3 x 4 cm-Negative, zur Verwendung mit VAZOF
VAZIS – dto. für 4 x 4 cm zur Verwendung mit VAZOF
VAZOF – zwei angelenkte Glasplatten 5 x 16 cm für einzelne 3 x 4- und 4 x 4 cm-Negative
VAVIR – Metall-Filmführung für 3 x 4 cm-Negative
VAKES – dto. für 4 x 4-Negative
VALAU (1933 – 1939) – Aufsteckring zur leichten Blendeneinstellung
VALOO (1949) – dto. mit Rastungen
VOOLQ – wie VALAU, jedoch für 5 cm-Hektor
VAROB – Leitz-Elmar 3,5/5 cm in einfacher Einschraubfassung mit Irisblende und angegebenen relativen Belichtungszeiten
DOOIT (1949) – Vergütetes Elmar 3,5/50 mm in spezieller Fassung mit Blendenrastung

Kombinierter Vergrößerer und Projektor "Voturn" mit Betrachtungspult

Dieses Gerät wurde vom Valoy-Vergrößerer abgeleitet. Der einzige Unterschied zu diesem war die Möglichkeit, die Filmbühne horizontal drehen zu können, wenn das Gerät als Projektor benutzt wurde.

Valoy II

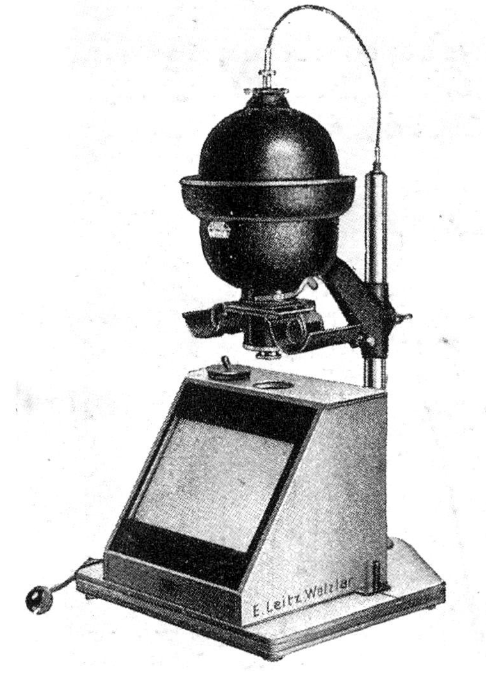

Kombiniertes Vergrößerungs- und Projektionsgerät Voturn mit Betrachtungspult

Das Grundbrett war 39 x 44 cm groß, die Säule 50 cm lang. Als Beleuchtung diente eine 75 Watt-Opallampe, zur Projektion mußte diese gegen eine 100 Watt-Projektionslampe ausgetauscht werden. Zur Vermeidung von Überhitzung wurden ein Belüftungsring zwischen die beiden Halbkugeln des Lampenhauses gesetzt. Ein Projektionsspiegel am Arm war so befestigt, daß der projizierte Lichtstrahl auf die Projektionsfläche umgelenkt wurde. Bei Austauschen des Spiegels gegen den Leuchtkasten wurde das Bild vom Spiegel auf die Mattscheibe entworfen. Der Voturn existierte einige Jahre lang von etwa 1936 bis zum Krieg.

Voturn und Zubehör

VOGOS – Vergrößerungsgerät "Voturn", bestehend aus Grundbrett und Säule, mit Vergrößerungskopf und 75 Watt-Lampe und horizontal drehbarer Filmbühne

VOLAM – 100 Watt-Projektionslampe

VORYM – Belüftungsring

VOBIT – Zusatzkondensor mit Mattscheibe

VOPUL – Betrachtungsbox (Betrachtungspult)

VOOPS – Kombinierter Vergrößerer mit Betrachtungspult bestehend aus allen vorgenannten Teilen

VOMIR – Projektionsspiegel auf Schiene mit Kugelgelenk

VOKOM – Kombinierter Vergrößerer, Projektor und Betrachtungspult

VGSOO – Adapterarm zum Umrüsten des Röntgen-Reprogerätes in das kombinierte Vergrößerungs- und Projektionsgerät mit Betrachtungspult unter Verwendung der obengenannten Teile

Valoy II und Zubehör

VUOOW/17513 (1953–1961) – Vergrößerer Valoy II mit Grundbrett 39 x 45 cm und 65 cm hoher Säule mit Führungsschiene, Tragearm mit Klemmhebel und Feinverstellung; Lampenhaus mit angelenktem Oberteil, 75 Watt-Opallampe (150 Watt-Lampe auf Sonderbestellung), Kabel und Druckschalter, abnehmbarem Kondensor mit Spezialoberfläche zur Vermeidung von Newtonringen (bei den späteren Modellen), Filmbühne mit seitlichen Filmschalen; Filmführung für Leica-Negative, Schneckengang-Einstellfassung zur Aufnahme von Leica-Objektiven oder des 50 mm-Focotar

VOOQF – 80 cm lange Säule

VOOLY – Valoy II-Spezialmodell mit Adapter zur Verwendung als Vergrößerer am Reprovit II-Reproständer

VALOO/16620 – Blendenring mit Rastungen für das 50 mm-Elmar

FTOOS/17506 – wegschwenkbares Orangefilter, in der Höhe verstellbar
NEWOO – Filmandruckrahmen zum Aufstecken auf den Kondensor zur Vermeidung von Newtonringen
17507 – Kondensor gegen Newtonsche Ringe

Filmführungen und Negativbühnen
Die folgenden Zubehörteile waren auch für den Focomat I, Ia und Ic geeignet:
17514 – Filmführung für 8 x 11 mm
17517 – dto. für 12 x 17 mm
VNAOO/17516 – dto. für 18 x 24 mm
VNIOO/17521 – dto. für 24 x 24 mm
VNEOO/17526 – dto. für 24 x 36 mm
17642 – dto. für 28 x 28 mm
VNOOU/17531 – dto. für 3 x 4 cm
VNUOO/17536 – dto. für 4 x 4 cm (Eckenvignettierung von etwa 3 mm)
VBOOP/17540 – Einzelnegativ-Maske 24 x 36 mm
VASOX/17541 – dto. für 24 x 24 mm
VOOMD/17545 – angelenkte Glasscheiben 3,5 x 12 cm für die Verwendung mit VBOOP und VASOX
VAZUP/17555 – Maske für Einzelnegative 3 x 4 cm
VAZIS/17560 – dto. für 4 x 4 cm
VOONR/17565 – angelenkte Glasscheiben 5 x 16 cm für VAZUP und VAZIS

Adapter
17672 – Adapterring zur Aufnahme des Linsenteils des 50 mm-Summicrons
17671 – dto. für versenkbares 50 mm-Elmar und Summicron-Objektive mit Bajonettfassung
17673 – Schraubadapter für Finetta-Objektiv
17674 – dto. für Akarelle-Objektiv
17677 – dto. für Exakta-Objektiv (ohne Blendenvorwahl)
17678 – dto. für Robot-Objektiv
17681 – dto. für Diax Ia-Objektiv
17675 – dto. für Paxette-Objektiv
17676 – dto. für Lordomat-Objektiv
17682 – Bajonett-Adapterring für Contax-Objektiv
17683 – dto. für Exakta-Objektiv (ohne Blendenvorwahl)
17684 – dto. für Prominent-Objektiv
17679 – dto. für Robot Royal-Objektiv

Der Focomat I

1934 stellte Leitz den ersten der Focomat-Vergrößerer vor, deren Ableger heute noch aktuell sind. Anstelle der Befestigung an einem starren Arm war der Kopf des Vergrößerers an einer Parallelogramm-Führung angebracht, die sich in einer senkrechten Ebene bewegte und an der Säule in einer bestimmten, exakt im Werk festgelegten Höhe befestigt war. Der Vergrößerungsbereich des Focomat erlaubte eine automatische Nachführung der Scharfeinstellung zwischen 2- und 10fach, wobei die Fokussierung des Objektivs über einen Steuernocken ständig beibehalten wurde. Stärkere Vergrößerungen außerhalb des automatischen Bereichs waren über den Schneckengang möglich. Bei Ausstattung mit dem Spezialobjektiv 3,5/5 cm, das einen Blendenring mit eingravierten Belichtungsfaktoren besaß, wurde die Schärfejustage für die Automatik werksseitig festgelegt. Wenn der Benutzer ein Leica-Objektiv verwenden wollte, konnte die Justage schnell über einen kleinen Knopf angepaßt werden. Zur Beleuchtung diente eine 75 Watt-Opallampe, für höhere Kontraste ließ sich aber auch eine 100 Watt-Projektionslampe mit einem zweiten Kondensor verwenden.

Ein Jahr später wurde eine Verbesserung eingeführt, durch die die Vergrößerungskassette schnell über eine Klemmvorrichtung befestigt oder gelöst werden konnte. Um davon Gebrauch zu machen, war eine neukonstruierte Vergrößerungskassette erforderlich. Das verbesserte Modell war mit unterschiedlichen Säulen von 50, 80 und 100 cm Höhe lieferbar. Ein Spezialmodell, 1936 eingeführt, hatte eine Säule von 120 cm Höhe und 5 cm Durchmesser bei einem 62 x 65 cm großen Grundbrett. Dessen Größe wurde ein Jahr später auf 55 x 65 cm reduziert, das Gerät erhielt bei gleichbleibender Codebezeichnung den Namen Focomat Ia. Zur Korrektur stürzender Linien konnte die gleiche Negativ-Neigeeinrichtung ZRIOO wie beim Valoy verwendet werden. Nach dem Krieg wurde der Focomat Ib in den USA hergestellt und von 1946 an vertrieben. Er bot außerdem eine Reihe von Verbesserungen. Der Bereich für die automatische Scharfeinstellung wurde gegenüber den 2–10fachem Maßstab auf 3- bis 13fach erweitert. Eine weitere Neuheit war das angelenkte Lampengehäuse, das für leichteren Zugang zu Kondensor und Filmbühne nach hinten gekippt werden konnte – eine Verbesserung, die später auch bei dem in Wetzlar hergestellten Valoy II eingeführt wurde.

Die Wetzlarer Produktion von Vergrößerern wurde etwa 1949 mit dem Focomat Ia wieder aufgenommen, ein Jahr später kam jedoch bereits der erste neue Nachkriegs-Vergrößerer, der Focomat Ic. Gleichzeitig wurde die erste Ganzmetall-Vergrößerungskassette von Leitz vorgestellt.

Focomat Ic mit Maskenrahmen FOOYP

Focomat Ic Color mit hoher Säule und Vergrößerungsanzeiger und Universal-Maskenrahmen

Der Ic wurde bis 1977 hergestellt, wobei zwischendurch Modifikationen hinsichtlich der Eignung für Farbvergrößerungen und andere Verbesserungen eingeführt wurden, beispielsweise eine weiße Kunststoffbeschichtung des Grundbretts.

Focomat I und Ia und Zubehör

VOMAT (1934) – Focomat. Grundbrett 40 x 53 cm, Säule 58 cm hoch und 32 mm im Durchmesser; komplett mit 75 Watt Opallampe, einschiebbarer Maske für Leica-Negative und Flansch für 5 cm-Leica-Objektive (L.P. 7395, 1934)
VOOFA (1934) – Änderung der Codebezeichnung für den Focomat (Londoner Preisliste gemäß L.P. 7395)
VOMAT-VAROB (1934) – Focomat komplett mit Elmar 3,5/5 cm in Spezialfassung
VOOFA-VAROB (1934) – Änderung der Codebezeichnung für VOMAT-VAROB
VIWOO (1935 – 1939) – Focomat mit Grundbrett 40 x 53 cm und 58 cm langer Säule, ähnlich VOMAT, jedoch mit neuer Einhebel-Klemmbefestigung für die Kassette
VUTOO (1936) – Focomat-Spezialausführung mit Grundbrett von 62 x 65 cm und 1,2 m langer Säule von 5 cm Durchmesser. Wurde 1937 zum Focomat Ia mit 55 x 65 cm großem Grundbrett
VUTOO-VAROB – Focomat Ia mit Objektiv 3,5/5 cm
FYSTY – Orangefilter

Focomat Ib und Zubehör

VIUSA (USA 1946 – 1950) – Focomat Ib. Grundbrett 40 x 52 cm und Säule aus rostfreiem Stahl, 86 cm lang und 4,5 cm Durchmesser. Geeignet für jedes beliebige Leica-Objektiv außer dem Xenon 1,5.
VIPRO (USA) – Streulichttubus für die Säule des Focomat Ib
VAWOL (USA) – In Amerika hergestelltes Vergrößerungsobjektiv 4,5/50 mm für Focomat Ib und andere Leitz-Vergrößerer
FYSNE (USA) – Orangefilter für Focomat Ib
VBOOP (USA) – Negativmaske für 24 x 36 mm mit rotem Glas zum Betrachten der Negativnummern. Geliefert mit Focomat Ib, jedoch auch zur Verwendung mit dem Valoy, Focomat I und Vogos-Vergrößerer (Vergrößerer-Ausführung des Voturn-Gerätes)

Focomat Ib und Zubehör

ICOOP/17601 (1950) – Focomat Ic mit Grundbrett von 40 x 52 cm und Arretierhebel für Vergrößerungskassette, Netzkabel mit Schalter und Stecker, 80 cm lange Säule, 40 mm Durchmesser, 75 oder 150 Watt-Osram Opallampe, angelenkter Negativbühne, Filmbühne mit seitlichen Bügeln und Filmführung für Leica-Negative,

Gewinde zur Aufnahme von 50 mm Leica-Objektiven oder dem speziellen 50 mm Elmar-Vergrößerungsobjektiv.

IHOOC/17625 (1950) – Focomat Ic wie ICOOP, jedoch mit großem Grundbrett HYPOO und hoher Säule IHGOO

HYPOO – großes Grundbrett 56 x 64 cm

IHGOO – 120 cm hohe Säule

ICOOP-COLOR (1950) – Focomat Ic Color, wie ICOOP, jedoch mit Filterhalter für spezielle Agfa-Filter und mit Vergrößerungsanzeige auf dem Grundbrett

ICLOR/17602 (1959) – Neue Codebezeichnung für ICOOP-COLOR

IHLOR/17626 (1959) – Focomat Ic Color wie ICLOR, jedoch mit großem Grundbrett HYPOO und langer Säule IHGOO

ICWOO – Focomat Ic wie ICOOP, jedoch komplett mit Elmar 3,5/50 mm DOOIT, Vergrößerungskassette FPYOO und Orangefilter FOOES

ICWOO-COLOR – Focomat Ic Color mit Ausstattung wie ICWOO

IKLOO/17605 (1953) – Focomat Ic Color mit Ausstattung wie IKLOO

IKOOR/17603 (1959) – Neue Codebezeichnung für IKLOO-COLOR

17604 (1973) – Neuer Focomat Ic mit kunststoffbeschichtetem, 53,5 x 61,5 cm großem Grundbrett und 120 cm hoher Säule mit 4 cm Durchmesser

17609 (1973) – Neuer Focomat Ic Color wie 17604

17772 (1973) – Filterhalter wie bei 17609

17773 (1973) – Vergrößerungsanzeiger wie bei 17609

17607 – Staubschutzhaube für Focomat

FOOES/17641 – seitlich verschwenkbares Orangefilter

DOOIT – Vergütetes Elmar-Vergrößerungsobjektiv 3,5/50 mm in Spezialfassung mit Blendenrastung

VALOO/16620 – Austeckbarer Blendeneinstellring für DOOIT

DOOHF/17581 (1953) – Focotar-Vergrößerungsobjektiv 4,5/50 mm

DOORX/17675 – Adapterring zur Verwendung des Focotar 4,5/50 mm DOOCQ vom Reprovit II am Focomat Ic

17629 (1965) – Lampenhaus-Einsatz für Kondensorbeleuchtung

17804 (1973) – Belichtungsschaltuhr

17775 (1973) – Adapterring zur Verwendung des Agfa-Farbmischkopf am Focomat Ic Color

17780 – Zusatzkondensor, erforderlich für 17775

17631 – (1973) Adapterring von 40 mm Durchmesser zur Verwendung des Agfa Variomat

17542 (1977) – 5 x 5-Diahalter für Focomat Ic, ersetzte das Filmfenster, zur Herstellung von Farbvergrößerungen von Dias nach dem Diadirektverfahren

ZFNOO/17645 – Angelenkte Doppelglasscheibe

ZEOOU – Neigevorrichtung für Filmführung

ZFOOT/17650 – Neigevorrichtung für Grundbrett mit Kugelkopf

ZESOO/17655 (1959) – Neigevorrichtung zur Korrektur stürzender Linien wie ZISOO, jedoch mit neigbarem Rahmen ZHOOR für Negativbühne anstelle von ZEOOU

ZHOOR/17640 (1959) – neigbarer Rahmen für Negativbühne

RCOOF/17670 – Reproschieber zum Kopieren von Dokumenten usw. auf Einzelfilmen oder 5 x 5-Filmplatten

Frühe Vergrößerer für größere Filmformate

Zur gleichen Zeit, als Leitz 1927 mit dem FILOY seinen zweiten Vergrößerer für Kleinbildnegative vorstellte, erschien auch der **FILYT** für das populäre "vest pocket"-Format für 4,5 x 6 cm Film oder Platten. Er war dem FILOY ähnlich, besaß aber einen größeren Kopf, eine längere Säule und ein Objektiv mit 7 cm Brennweite. Er bot genügend Spielraum, um das Negativ innerhalb der Bühne nach allen Seiten für Ausschnitte zu verschieben. Der **VITOX** war der größte der variablen Modelle dieser Zeit und für professionelle Fotografen und kommerzielle Labors gedacht. Er konnte mit dem Gerätekopf des FILYT für das größere Negativformat ausgestattet werden.

Der FILYT wurde durch den **VALFA** ersetzt, einer von drei neuen Vergrößerern, die Ende 1932 oder Anfang 1933 vorgestellt wurden. Es war eine verbesserte Version die FILYT mit 7,5 cm-Objektiv anstelle von 7 cm Brennweite, vor allem jedoch konnte der Kondensor gehoben und gesenkt werden wie beim Valoy. Die lichtstärkere Ausführung war der **VAKUT**.

Zum Vergrößern von noch größeren Negativen bis 6,5 x 9 cm kam etwa zur gleichen Zeit der **VARYL** auf den Markt. Er besaß ein 9 cm-Objektiv in einfachem Schneckengang (nicht zum Schrauben), die Filmbühne war groß genug, um Ausschnitte aus Negativen bis 13 x 18 cm zu erlauben. Da keine langen Filmstreifen in diesem Gerät verarbeitet wurden, fehlten auch die bei den kleineren Vergrößern üblichen seitlichen Filmschalen. Aus optischen Gründen wurde der Varyl von Leitz nicht für kleinere Formate wie 24 x 36 mm oder 3 x 4 cm empfohlen, obwohl Negativmasken für diese Formate erhältlich waren.

Das dritte neue Gerät war der **VAMAX**. Er hatte ein besonders großes Grundbrett und eine 120 cm lange Säule. Der Kopf war ähnlich dem des Valoy, jedoch mit einem längeren Arm. Falls gewünscht, konnte er ebenfalls mit den Köpfen des VALFA oder des VARYL für größere Negative ausgerüstet werden.

Vamax-Vergrößerer mit Kopf ähnlich dem des Valoy I, jedoch höherer Säule und längerm Arm.

Vasex-Vergrößerer für gewerbliche Labors

Auch Ausführungen dieser Köpfe mit höherer Lichtleistung waren erhältlich, insgesamt standen sechs verschiedene Geräteköpfe zur Auswahl.

1936 wurden die Vasex-Vergrößerer für gewerbliche Labors vorgestellt. Sie nahmen alle Negativformate zwischen Kleinbild und 6,5 x 9 cm auf, verwendeten jedoch Wechselobjektive anstelle auswechselbarer Geräteköpfe. Es gab zwei Ausführungen, die sich in der Höhe und dem Durchmesser der Säule, der Größe des Grundbretts und der Länge des Arms für den Gerätekopf unterschieden. In beiden Fällen wurde der Kopf durch ein Gegengewicht geführt, das an einem über zwei Rollen oben an der Säule geführten Drahtseil hing. Die Standardbeleuchtung war eine 75 Watt-Opallampe, sie wurde über zwei plankonvexe Kondensoren gebündelt. Diese Kombination von diffuser und gerichteter Beleuchtung wurde von Leitz als ideal angesehen. Wenn für spezielle Zwecke jedoch völlig diffuses Licht gewünscht wurde, beispielsweise für stark retuschierte Platten, konnte ein spezielles diffuses Beleuchtungssystem anstelle des normalen verwendet werden. Die obere Halbkugel mit ihrer 75 Watt-Opallampe wurde einfach gegen eine Fassung mit vier normalen 60 Watt-Lampen ausgetauscht, und die beiden Kondensoren durch eine Kombination von mattierten Kondensoren und Opalscheiben ersetzt. Die Filmhalterung war die gleiche wie die beim Focomat II, die ein Jahr früher vorgestellt wurde und weiter unten beschrieben ist.

Am Fuß der Säulenhalterung der meisten Vergrößerer dieser Zeit gab es eine rote Klemmschraube, die mit einem "E" gekennzeichnet war. Dort ließ sich ein Erdungsdraht anschließen, der mit einer Wasser- oder Gasleitung verbunden wurde. Dies war zu der Zeit erforderlich, als zweipolige Netzstecker ohne Erdung üblich waren.

Filyt und Zubehör

FILYT (1927 – 1932) – Vergrößerer FILYT für Negativ bis 4,5 x 6 cm mit 80 cm langer Säule, 75 Watt-Opallampe und Objektiv 3,5/70 mm mit Blendenring und angegebenen Belichtungsfaktoren in einfacher Schneckengangfassung (nicht zum Schrauben). Die Vergrößerungskassette war ähnlich der, die mit dem FILES und dem FILOY geliefert wurde. Spezial-Metallhalter für Kleinbildfilme.

FLATY – Orangefilter

VEBYL – Gerätekopf vom FILYT zur Verwendung am VITOX-Vergrößerer mit längerem Tragearm und Stutzen für die dickere Säule

Einschließlich je einem Paar Glasscheiben mit Scharnier GLASI und GLANU sowie Metallmasken für Kleinbildnegative

GLASI – Glasscheiben 3,5 x 17 cm mit Scharnier für Negativbühne

GLANA – dto. 10 x 19 cm

FEARM – Extralanger Arm zum Ansetzen der Leica an die FILYT-Säule für Reproduktionen

Valfa und Zubehör

VALFA (1933 – 1935) – Vergrößerer "Valfa", ähnlich FILYT, jedoch auf 7,5 cm geänderte Brennweite und Kondensor mit Hebemechanismus wie zuerst beim Valoy eingeführt. Eine leistungsstarke 100 Watt-Lampe konnte anstelle der 75 Watt-Lampe verwendet werden, dann war aber ein Widerstand oder Trafo erforderlich.

VAKUT – Variante des Valfa mit höherer Lichtausbeute mit sphärischer 100 Watt-Lampe

FLAUS – Orangefilter in Schwenkfassung

VALKY – Metallmaske für Filmstreifen 4 x 65, cm

VALME – dto. für 4 x 4 cm

VARSO – dto. für 3 x 4 cm

VASIX – dto. für 24 x 36 mm

VATIF – Metallmaske für Platten und Einzelnegative 4x6,5 cm

VATUS – dto. für 4 x 4 cm

VAXKO – dto. für 3 x 4 cm

VAZYK – dto. für 24 x 36 mm

VAZOF – Doppelglasscheibe 5 x 16 cm mit Scharnier

GLANU – Doppelglasscheibe 5 x 16 cm mit Scharnier

Varyl und Zubehör

VARYL – Vergrößerer "Varyl" für Film- oder Plattennegative bis 6,5 x 9 cm, Grundbrett 39 x 30 cm, 80 cm Säule, 75 Watt-Opallampe Objektiv 4,0/9 cm in einfacher Schneckengang-Fassung und Blendenring mit Angabe der relativen Belichtungswerte, zusätzlichem, herausschwenkbaren Objektivansatz für Vergrößerungen bis 3fach gewünscht wurden, Filmbühne bis 13 x 18 cm

FYLVA – Orangefilter in Schwenkfassung

VAPPO – Metallmaske für Negative 6 x 6 cm

VABBA – dto. für 4,5 x 6 cm

VAFFE – dto. für 4 x 6,5 cm

VALLI – dto. für 4 x 4 cm

VAMMO – dto. für 3 x 4 cm

VANNU – dto. für 24 x 36 mm

GLANU – Doppelglasscheiben 10 x 19 cm mit Scharnier

Vamax und Zubehör

VAMAX (1933 – 1939) – Vergrößerer "Vamax" für Vergrößerungen bis 50 x 40 cm. Grundbrett 50 x 40 cm groß, 120 cm hohe Säule mit 5 cm Durchmesser, Gerätekopf ähnlich dem des Valoy, jedoch mit längerem Arm, Objektiv 3,5/5 cm, Opallampe 75 Watt. Orangefilter, Negativbühnen und -Masken wie beim VALOY, VALFA oder VARYL, je nach Gerätekopf

VAREN – VAMAX mit Set von Vergrößerungskassetten mit englischen Formaten

VASON – dto., jedoch mit amerikanischen Formaten

VATOX – dto., jedoch mit kontinentalen Formaten

VECUP – Gerätekopf von VAMAX allein, mit Arm

VEKUX – Wie VECUP, jedoch mit 100 Watt-Lampe

VEVAX – Gerätekopf für Negative bis 4,5 x 6 cm, ähnlich dem des VALFA, mit Arm, Objektiv 3,5/7,5 cm und 75 Watt-Lampe

VEVIL – Wie VEVAX, jedoch mit 100 Watt-Lampe

VAKOP – Gerätekopf für Negative bis 6,5 x 9 cm, ähnlich dem des VARYL, mit Arm, Objektiv 4,0/9 cm und 75 Watt-Lampe

Vasex und Zubehör

VYBOO (1936 – 1939) – Vergrößerer "Vasex" für Negative bis 6,5 x 9 cm, Grundbrett 50 x 39 cm, 86 cm lange Säule mit 4 cm Durchmesser, Gerätekopf mit Gegenwichts-Ausgleich, 75 Watt-Opallampe, große Filmbühne, Elmar 4,0/9,5 cm mit Blendenring und Angabe der relativen Belichtungswerte, Fokussierung über Balgen

VYOOS – Wie VYBOO, mit 62 x 68 cm großem Grundbrett und 120 cm lange Säule mit 5 cm Durchmesser

VADIV – Obere Halbkugel des Lampenhauses mit vier Fassungen mit Schalter für gewöhnliche 60 Watt-Lampen, mit spezieller Kombination von mattierter und Opalscheiben und Abschirmung, um den seitlichen Austritt von Streulicht aus der Negativbühne zu verhindern

FYLOR – Orangefilter in Schwenkfassung

GLOOC – "Unverzichtbares Zubehör für Einzelnegative und Platten", Doppelglasscheibe 10 x 19 cm mit Scharnier

GLANU – Doppelglasscheibe 10 x 19 cm als Ersatz

Negativmasken für Vasex, auch für Focomat II und IIa

DBOOD/17715 – 18 x 24 mm

CKOOV/17720 – 24 x 24 mm

CDEOO/17725 – 24 x 36 mm
CDOOB/17730 – 3 x 4 cm
CFIOO/17735 – 4 x 4 cm
CGLOO/17740 – 4,5 x 6 cm
CFOOZ/17745 – 4 x 6,5 cm
CGOOY/17750 – 6 x 6 cm
CHOOX/17755 – 6 x 9 cm
CHNOO/17756 – 6,5 x 9 cm

Der Focomat II

1935 wurde das Prinzip der automatischen Scharfeinstellung auf Vergrößerer für größere Negativformate ausgeweitet, der Focomat II für Negative bis 6,5 x 9 cm wurde vorgestellt. Es war tatsächlich eine größere Ausführung des Focomat I, verfügte jedoch auch über Features des Vasex, vor allem die Fokussierung über Balgen und wechselbare Beleuchtungssysteme. Ein Objektiv 4,0/9,5 cm wurde ansetzt mitgeliefert oder ein Spezial-Elmar 3,5/5 cm VAROB konnte auf Sonderbestellung hin für kleinere Negative bis 3 x 4 cm geliefert werden. Außerdem war jedes beliebige andere Leica-Objektiv verwendbar. Die normale Beleuchtung war eine 75 Watt-Opallampe, für gesteigerten Kontrast und Schärfe konnte diese jedoch durch eine 100 Watt-Projektionslampe ersetzt werden. Alternativ, wenn weichere Konturen gewünscht waren, war die obere Halbkugel des Lampenhauses auch mit vier Lampen, wie beim Vasex beschrieben, erhältlich. Der Vergrößerungsbereich mit dem 9,5 cm-Objektiv erstreckte sich von 1,8x bis 6x, mit 5 cm-Objektiv von 2x bis 13x. Die Verstellung über den Parallelogramm-Arm wurde 1937 neu konstruiert und die Modellbezeichnung in Focomat IIa geändert. Die Codebezeichnung blieb jedoch unverändert. Die Vergrößerung mit dem IIa und dem 9,5 cm-Objektiv reichte von 1,3x bis 4,8x, mit dem 5 cm-Objektiv blieb sie unverändert. Der Focomat II und der IIa verwendeten die gleiche Doppelglasscheibe GLOOC für Einzelnegative und Platten, auch die Metallmasken waren die gleichen wie beim VASEX.

1950 wurde der Focomat IIa mit einem drehbaren Objektivrevolver und zwei Objektiven ausgestattet: dem Elmar 3,5/5 cm, VAROB, und dem neuen Focotar 4,5/95 mm. Eine Farbversion, der Focomat IIa Color, besaß einen Filterhalter für spezielle Agfa-Filter und einen von innen beleuchteten Vergrößerungsanzeiger am Grundbrett.

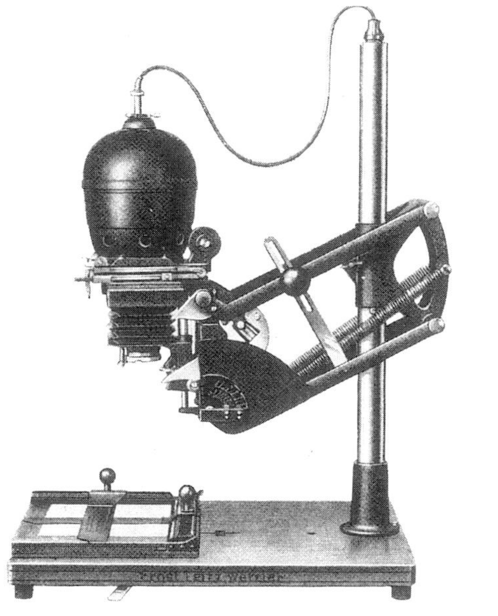

Focomat IIa

Focomat II und IIa und Zubehör

VOOWI (1935–1936) – Focomat II mit Holz-Grundbrett 60 x 50 cm, 81 cm hohe, vernickelte Säule mit 5 cm Durchmesser, automatische Scharfeinstellung mit 9,5-

Focomat IIc Color komplett mit neigbarem Kopf und Grundbrett für Maskenrahmen und 5 cm-Objektiven. Geliefert mit Objektiv 4,0/9 cm, zwei Metallmasken für 24 x 36 mm und 6,5 x 9 cm und spezielle Klemmvorrichtung für Vergrößerungskassette FPYOO

VOOWI (1937–1949) – Focomat IIa. Wie Focomat II, jedoch mit neu konstruierter Parallelogramm-Führung

VOOWI-VAROB – Focomat II oder IIa wie oben, jeodch mit zusätzlichem Vergrößerungsobjektiv VAROB 3,5/5 cm in Spezial-Schraubfassung

VOORT – 9,5 cm-Objektiv, wenn separat bestellt

VADIV – Zusätzliche Ausstattung für völlig diffuse Beleuchtung, bestehend aus oberer Halbkugel des Lampenhauses mit vier Lampenfassungen und Schalter für vier normale 60 Watt-Lampen, Zwischenstück mit Mattscheibe und Opalscheibe und Lichtabschirmblende

FYOON – Orangefilter für Focomat II oder IIa

Focomat IIa, neues Modell

TVOOR (1950 – 1956) – Focomat IIa, neues Modell mit Drehrevolver, bestückt mit Focotar 4,5/95 mm und Elmar 3,5/50 mm

TYDOO – Focomat IIa, neues Modell, komplett mit Orangefilter FYOON und FPYOO Vergrößerungskassette

TVOOR-COLOR (1950 – 1956) – Focomat IIa Color. Wie TVOOR, jedoch mit Filterhalter für spezielle Agfa-Filter und mit von innen beleuchteter Anzeige für Vergrößerungsmaßstab am Grundbrett

TYDOO-COLOR -Focomat IIa Color komplett mit FYOON-Orangefilter und FPYOO-Vergrößerungskassette

AKTOO – Alternative Lichtquelle AKTINA mit Hochleistungs-Opallampe 250 Watt

UOOPE – Spannungsreduzierer mit Voltmeter zur Verlängerung der Lebensdauer von AKTOO

Der Focomat IIc

1956 ersetzte der Focomat IIc den IIa. Er bot eine Reihe von Neuheiten und repräsentierte den Höhepunkt in der Entwicklung von Vergrößerern dieses Typs. Er sollte ein langes Leben vor sich haben: Erst 1983 wurde seine Produktion eingestellt, und damit war auch das Ende von Leitz-Mittelformat-Vergrößerern gekommen. Die 60 mm dicke Säule des Focomat IIc besaß eine spiralförmig verlaufende Nut für den geriffelten Kranz mit steilem Gewinde, so daß der gesamte Gerätekopf, beispielsweise zur Verwendung der Vergrößerungskassette mit Entzerrungseinrichtung, in der Höhe verstellt werden konnte. Bei automatischer Scharfeinstellung ruhte dieser Kranz auf einem Ring, an dem eine Anzeigeskala angebracht war, die in einer Führung an der Säule steckte. Dies erlaubte sechs verschiedene Einstellungen, mit denen die unterschiedlichen Höhen der verschiedenen Vergrößerungskassetten ausgeglichen werden konnten oder die Verwendung der Kopierkassette. Der IIc einen verschiebbaren Objektivwechsler, der mit den beiden Focotaren 4,5/60 und 4,5/95 mm ausgestattet war. Beim Betätigen des Objektivwechslers wurde automatisch der entsprechende Fokussiermechanismus eingestellt. Beide Objektive wurden mit dem Vergrößerer mitgeliefert. Unter dem Grundbrett gab es eine Aufbewahrungsbox für die Negativmasken, die weiße Griffe zur einfachen Identifizierung besaßen. Ein kleiner Leuchtkasten daneben erleichterte das Einlegen einzelner Negative in die Filmbühne .

Focomat IIc und Zubehör

TUOOS/17860 (1956 – 1983) – Focomat IIc mit Holzgrundbrett 54 x 67,5 cm (später vergrößert auf 53,5 x 74 cm mit weißer Oberfläche), 80 cm hoher Säule, Spezial-Vergrößerungsobjektive Focotar 4,5/60 und 4,5/95 mm in Wechselschlitten, Negativmasken 24 x 36 und 6 x 6 cm, 150 Watt-Opallampe

FYOOR/17875 – Orangefilter mit Schwenkfassung

TWOOQ/17862 – Von innen beleuchtete Vergrößerungs-Anzeige für Farbvergrößerungen

TWZOO/17864 – Filterschublade für Farbkorrekturfilter 12 x 12 cm

TUOOS-COLOR (1956 – 1958) – Focomat IIc Color, komplett mit TWOOQ und TWZOO

TULOR/17870 (1959 – 1983) – Focomat IIc Color, geänderte Codebezeichnung

17613 (1978) – Focomat IIc, CSA-Sicherheitsstandard

17614 (1978) – Focomat IIc Color, CSA-Sicherheitsstandard

17973 (1978) – Focomat IIc zum Ansetzen des Agfa-Farbmischkopfes

17917 – dto., CSA-Sicherheitsstandard

17971 (1978) – Focomat IIc zum Ansetzen des Super Chromega D Dichroic II-Farbmischkopfes

17915 – dto., CSA-Sicherheitsstandard

17972 (1978) – Focomat IIc zum Ansetzen des Durst-Farbmischkopfes CLS 450

17916 – dto., CSA-Sicherheitsstandard

17970 (1978) – Focomat IIc zum Ansetzen des Wallner-Farbmischkopfes

17914 – dto., CSA-Sicherheitsstandard

Negativmasken für Focomat IIc

(Die Maske für 6,5 x 9 cm war eingebaut)

17897 – 12 x 17 mm, später 13 x 17 mm

17899 – 18 x 24 mm

CXOOH/17887 – 24 x 24 mm

17898 – 26 x 26 mm, später 28 x 28 mm
CSOOI/17888 – 24 x 36 mm als Ersatz
CXSOO/17889 – 3 x 4 cm
CYOOG/17890 – 4 x 4 cm
CYUOO/17891 – 4,5 x 6 cm
CZOOF/17892 – 4 x 6,5 cm
CZWOO/17893 – 6 x 6 cm als Ersatz
17857 – 14 x 20 mm "F16"
17858 – 32 x 45 mm "M"
17859 – 22,5 x 32 mm "M1/2"

Negativbühnen für Focomat IIc
NOOIR/17876 – Filmandruckrahmen mit einzelner Glasandruckscheibe (speziell gegen Newtonringe behandelt) für 24 x 36 mm-Negative
NKOOQ/17871 – Obere Glasscheibe (behandelt) als Ersatz für den Filmandruckrahmen
NLIOO/17872 – untere Glasscheibe als Ersatz
NLOOP/17873 – Satz von NKOOQ und NLIOO
NOOAG/17712 – Halter für Einzelnegative
GLOOC/17710 – Glasplatten mit Scharnier für obigen Halter
17716 – Für Elektronen-Mikroaufnahmen mit dem effektiven Format 62 x 65 mm. Einsatz mit vergrößerter Aussparung für die Doppelglasscheibe GLOOC und zusätzlichem Schneckengang mit Rastung
17803 – 62 x 65 mm-Negativmaske für 17716
17808 – Für Elektronen-Mikroaufnahmen mit effektivem Format 79 x 93 mm. Einsatz wie 17716 mit Verlauffilter
17717 – Für Elektronen-Mikroaufnahmen mit effektivem Format 76 x 95 mm. Einsatz für Platten im 3,5 x 4"-Format mit Verlauffilter und Schneckengang mit Rastung
NIEOO/17869 – Glas-Negativhalter für 6,5 x 9- und 7 x 7 cm-Glasplatten
RKOOY/17881 – Adapter für NIEOO für 6 x 6 cm-Platten
RKOOZ/17882 – Adapter für NIEOO für 5 x 5 cm-Platten

Anderes Focomat IIc-Zubehör
17706 – Staubschutzhaube
REPOO/17880 – Reprokassette für 6 x 9-Platten und Planfilm 7 x 7 cm, einschließlich Abschirmblende gegen Streulicht und Reflexionen für hohe Positionen des Gerätekopfes
RKOOZ/17882 – Adapter obigen Kassette für Glasplatten 5 x 5 cm
RKOOY/17881 – dto. für 6 x 6 cm-Glasplatten
ZOOIR/17885 – komplette Entzerrungseinrichtung zur Korrektur stürzender Linien für Focomat IIc, bestehend aus Neigerahmen für Negativbühne mit Balgen und Negativhalter, Neigekopf und Grundbrett für Vergrößerungskassette
17884 (1975) – Vorrichtung zur Korrektur stürzender Linien, bestehend aus justierbarem Negativhalter mit zusätzlichem Balgen und Negativhalter gegen Newtonringe
VBHOO/17660 – Adapterring zur Verwendung des Elmars 3erwendung des Elmars 3,5/5 cm anstelle des Focotar 50 mm
DNWOO/17661 – dto. für Elmar 2,8/50 mm
AVOOF/17775 – Adapterring zur Verwendung des Agfa-Farbmischkopfes mit Focomat IIc und IIc Color, IIa und IIa Color
AWOOE/17777 – Zusatzkondensor für 50 mm-Objektiv mit AVOOF am Focomat IIa und IIa Color
AXUOO/17778 – dto. für 95 mm-Objektiv
NIFOO/17861 – Zusatz-Fokussiervorrichtung für 1:1-Reproduktionen und Verkleinerungen
RMOOW/16617 – Zwischenring für obige Vorrichtung für das 60 mm-Focotar für Verkleinerungen bis 1:2,5
ROOYH/16615 – dto. für 100 mm V-Elmar, 95 mm-Focotar und 100 mm Focotar-2 für 1:1-Reproduktionen
DBOOF/17631 – Abstandsring für die Verwendung mit dem Agfa-Vergrößerungsrahmen Variomat, für Säulendurchmesser von 40 mm am Focomat IIc
DCOOE/17632 – dto. für Säulendurchmesser von 50 mm
VHOOI/17633 – dto. für Säulendurchmesser von 60 mm
17855 (1971) – Verlauffilter 6 x 6 cm für Focomat IIc Color zum Ausgleich von Unterbelichtungen in den Bildecken bei Aufnahmen mit Superweitwinkelobjektiven. Ebenfalls für kontrastreich arbeitendes Schwarzweißpapier empfohlen

Der Focomat V35

Die photokina 1978 erlebte einen völlig neuen Vergrößerer und zwei neue Zubehörteile für Vergrößerungsgeräte. Es waren der **Focomat V35** autofokus, die Schaltuhr **Focotimer** und das Belichtungsmeßgerät **Focometer**. Der V35 war von völlig neuem Konzept und Aussehen im Vergleich zum Focomat Ic, den er ersetzte und der über vierzig Jahre lang im Prinzip unverändert geblieben war. Gewählt wurde ein modularer Aufbau, so daß der V35 auch mit zukünftigen Entwicklungen bei Farb- und Schwarzweißmaterialien Schritt halten konnte. Auch ein neues Weitwinkelobjektiv mit beleuchteter Blendenskala wurde vorgestellt, das WA-Focotar 2,8/40 mm, das über den gesamten Einstellbereich eine exzellente Leistung lieferte. Es bot einen großen Bereich automatischer Scharfeinstellung von 3x bis 16x. über diesen automatischen Bereich hinaus, kann die Schärfe manuell über einen Schneckengang eingestellt werden. Ein Rollband-Getriebe in dem beweglichen Arm ersetzt die Parallelogramm-Führung der früheren Focomaten. Das Licht der 12 Volt/75 Watt-

Halogenlampe strahlt von der Seite in die Mischbox von weißem Polyalkene-Schaum nach dem Prinzip der Ulbrichtschen Kugel. Ein Infrarotfilter hält die Wärmestrahlen zurück, die Hitze wird über tiefe Kühlrippen an der Rückseite des Lampenkopfes abgeleitet. Der Trafo und andere elektrische Teile sin in dem weißen Fuß untergebracht, in dem die 53 cm hohe und 60 mm dicke Säule verankert ist. Zur Reduzierung von Streulicht ist die Säule schwarz verchromt, sie kann in ihrem Fuß für Großvergrößerungen über das Grundbrett hinaus gedreht werden. Sie ist in der Höhe um maximal 60 mm verstellbar, um die Anpassung an unterschiedliche Stärken von Vergrößerungskassetten zu erlauben. Am unteren Teil der Säule gibt es eine eingeteilte Skala, um diesen Vorgang zu erleichtern. Das Farbmodul enthält drei dichroitische Filter, die mit Hilfe von drei Knöpfen über Wellen gesteuert werden. Alle drei können unter Beibehaltung der eingestellten Werte gleichzeitig aus dem Strahlengang geschwenkt und auch wieder in Position gebracht werden. Das Farbmodul wird in das Lampengehäuse eingeschoben.

Das Schwarzweißmodul ersetzt das Farbmodul und besitzt nur ein Rotfilter, das sich in den Strahlengang eingeschwenken läßt. Besitzer des Farbmoduls brauchen das Schwarzweißmodul für gewöhnliche Filter nicht gesondert anzuschaffen, da sich das Rotfilter auch durch die Filterkombination von jeweils 200 Gelb und Magenta erzeugen läßt.

Das **Variokontrastmodul** wurde 1982 vorgestellt und erlaubt die bequeme Verwendung von Gradationswandelpapier. Es enthält zwei dichroitische Filter, über die sich die Lichtfarbe mischen läßt. Dadurch ist die Anpassung an die jeweilige Gradation mit einem Knopf möglich. Während der ersten paar Jahre gab e den V35 in einer preisgünstigeren Ausführung mit Rodenstock Ysaron 2,5/50 mm anstelle des Focotars.

1989 wurde der Vergrößerer im Rahmen der Neustrukturierung des Unternehmens zur Leica GmbH in **Leica V35** umbenannt.

Focomat V35

17405 (1978–1981) – Focomat V35 Autofokus wie beschrieben, mit WA-Focotar 2,8/45 mm, Schwarzweißversion für 220 Volt

17409 (1978 – 1981) dto., Farbversion für 220 Volt

17407 (1978) – dto., Schwarzweißversion, einstellbar zwischen 110 und 250 Volt

17411 (1978) – dto., Farbversion, einstellbar zwischen 110 und 250 Volt

17412 (1982) – dto., Variokontrastversion, einstellbar zwischen 110 und 250 Volt. Leica V35 nach 1989.

17404 (1978 – 1981) – Focomat V35 Autofokus mit Rodenstock Ysaron 2,5/50 mm, Schwarzweißversion für 220 Volt

17408 (1978–1981) – dto., Farbversion für 220 Volt

17406 (1978–1980) – dto. Schwarzweißversion, einstellbar zwischen 110 und 250 Volt

17410 (1978–1980) – dto., Farbversion, einstellbar von 110 bis 250 Volt

Focomat V35 mit Focometer

Zubehör für V35

17428 – Farbmodul

17427 – Schwarzweißmodul

17441 (1982) – Variokontrastmodul

17419 – Diahalter für Formate bis 5 x 5 cm

17420 – Kleinbildhalter als Ersatz

17003 (1984) – Ersatz-Negativhalter 24 x 36 mm, einseitig mit Glasscheibe

17009 (1984) – glasloser Negativhalter 24 x 36 mm

17002 (1984) – 24 x 36-Negativhalter mit Glasscheiben

17012 (1984) – Negativhalter 25 x 37 mm für Vergrößerungen mit schwarzem Rand

17423 – Negativhalter 28 x 28 mm

17007 (1984) – Negativhalter 28 x 28 mm

17424 – 13 x 17-Negativhalter

17425 – zwei Filmschalen für lange Filmstreifen

17430 – Streuscheibe für Belichtungsmeßgeräte und Analyzer

17429 – Staubschutzhaube

17431 – glasloser Negativhalter für Kleinbildformat

16615 – Zwischenring für Fokussierung bis 1:1

17439 (1989) – Zwischenring für Abbildungsmaßstab 1:1,3. Kombination von bis zu drei Ringen für Vergrößerungen bis 1,15:1 möglich

17437 – Spannungskonstanthalter 110 Volt

17438 – dto. für 220 Volt

17440 (1981) – Rotfilter zum Einschwenken vor das Objektiv, auch mit der Streuscheibe 17430 verwendbar

37644 – Ersatz-Netzkabel

Allgemeines Vergrößerungszubehör

Alle Vergrößerer, die während der 30er Jahre produziert wurden, konnten mit einem aufrollbaren Stahlmaßband ausgestattet werden, das seitlich an der Filmbühne befestigt wurde. Es diente zum Abmessen des Abstandes zwischen Filmebene und Papieroberfläche. Durch Anhängen eines kleinen Gewichts an das Ende des Maßbandes blieb dieses ausgezogen, auch wenn der Kopf des Vergrößerers in der Höhe verstellt wurde. Ein anderes interessantes Zubehörteil dieser Zeit war der Scharfsteller, der in eine Aussparung im Grundbrett gesetzt wurde. Drei andere Zubehörteile sind scheinbar in den USA hergestellt worden, denn sie tauchen nicht in den europäischen Katalogen auf. Eines davon war der Auslegearm zum Ansetzen an die Säule des Valoy und Focomat I und Ib. Damit konnte der Kopf 15 cm weiter von der Säule entfernt positioniert werden, und mit Hilfe der kurzen Schiene ließ sich so eine zusätzliche Höhe von 45 cm erzielen. Ein weiteres Teil war der Filmhalter zur Herstellung von Einzel-Repronegativen mit dem Vergrößerer. Das dritte war ein Halter für Farbdias, um den Vergrößerer zur Anfertigung von Farbauszugsnegativen benutzen zu können.

Für Anwender, die eine höhere Lichtleistung für Chlorbromsilber-Papiere benötigten, die eine geringere Empfindlichkeit hatten als Bromsilber-Papiere oder aber für starke Vergrößerungen, konnten die Vergrößerer mit einer sphärischen 100 Watt-Opallampe bestückt werden. Sie erforderte eine Spezialfassung und einen regulierbaren Widerstand oder Trafo. Von etwa 1935 an lieferte Leitz stattdessen die "Aktina"-Lampe. Sie wurde mit 110 Volt betrieben und lieferte eine etwa 10mal höhere Lichtausbeute als die normale 75 Watt-Opallampe. Sie besaß allerdings nur eine Lebensdauer von zwei Stunden bei 110 Volt, die bei 80 Volt auf etwa 125 Stunden gesteigert werden konnte. Deshalb war ein regelbarer Widerstand sehr wichtig. Für Anwender, die Kondensorbeleuchtung bevorzugten, konnten die Vergrößerer für den Betrieb mit einer 100 Watt-Projektionslampe umgerüstet werden. In diesem Fall mußte ein Kondensor mit speziell mattierter Oberfläche über dem serienmäßigen des Valoy, Vamax und Focomat I plaziert werden, in den Vasex und Focomat IIa wurde eine mattierte Streuscheibe eingesetzt. Bei der Aktina- und der Projektionslampe mußte ein spezieller Belüftungsring zwischen die beiden Halbkugeln des Gerätekopfes gesetzt werden.

Allgemeines Vorkriegszubehör

ROLBA (1933) – Stahlmaßband, selbstaufrollend, 1,5 m lang mit Behälter und abnehmbarem Gewicht, an die Ecke der Filmbühne von beliebigen Vergrößerern anschraubbar. War auf Bestellung auch serienmäßig lieferbar.
NAHNE (1933) – Fokussierlupe Nr. 224d, 54 mm Durchmesser, mit Handgriff
VULPE (1933) – NAHNE mit Gelenk und verstellbarem Arm, passend zum Ansetzen an alle Grundbretter
VULVI (1936) – wie VULPE, jedoch mit längerem Arm passend zum Vasex-Vergrößerer, VYOOS mit großem Grundbrett
OFSET (USA 1936) – verstellbarer Auslegearm for Valoy und Focomat I und Ib für stärkere Vergrößerungen
OLDER (USA 1939) – Filmbühne für Reproduktionen mit dem Vergrößerer, nahm ein Stück Kleinbildfilm für Einzelbelichtungen auf.
CARIR (USA 1939) – Diahalterung zur Aufnahme eines eingefaßten 5x5-Dias, zur Herstellung von Auszugsnegativen oder einzelne Negative für Schwarzweißvergrößerungen

Lichtstärkere Beleuchtungseinrichtungen für Vorkriegsvergrößerer

AKTOO – leistungsstarke "Aktina"-Lampe
VOLAM-A – 100 Watt-Projektionslampe
VORYM – Belüftungsring
VOBIT – Zusatzkondensor mit mattierter Oberfläche für **Valoy**, **Vamax** und **Focomat I** mit Projektionslampe
VQLOO – Zusatzkondensor für Valfa
MTOOE – mattierte Streuscheibe für **Vasex** und **Focomat IIa** mit Projektionslampe
REGIR – regelbarer Widerstand mit Voltmeter (70–130 Volt) für Gleichstrom oder Wechselstrom von 110 bis 130 Volt
KABLO – 1,5 m langes Netzkabel mit Anschlußstück und Stecker
REGNO – REGIR + KABLO
ROODX (vor 1936) – regelbarer Widerstand mit Voltmeter (70–240 Volt) für Gleichstrom oder Wechselstrom 200 bis 240 Volt
ROOGM – ROODX + KABLO
RGOOB (1936) – wie ROODX
ROOEL – RGOOB + KABLO
REGOL – regulierbarer Widerstand mit Voltmeter 70 bis 240 Volt, 50 Ohm, für 220 bis 240 Volt
ROOBW – zusätzlicher Widerstand (für REGOL) für 200 bis 240 Volt Gleichstrom
KABBI – zwei flexible Kabel

ROOCK – REGOL + ROOBW + KABBI
REFUG – Trafo Typ ETL 2/3 220 Volt
REGET – REFUG + REGIR – KABBI
UOOPE/17695 (1951) – Dimmerschalter zur Scharfeinstellung bei reduzierter Leistung, um die Lebensdauer einer 250 Watt-Überspannungslampe zu verlängern. Für Vergrößerer mit fest angeschlossenem Netzkabel
17696 – dto., für Vergrößerer mit separatem Netzkabel
17697 (1972) – dto.

Vergrößerungskassetten und Maskenrahmen

Hierzu zählen alle Vorrichtungen, die Leitz von den frühesten Tagen der Leica an hergestellt hat, um das Papier auf dem Grundbrett planzuhalten. Sie waren allesamt sehr solide gefertigt und wurden in einer Vielzahl von Varianten angeboten. Es gab feststehende und verstellbare Ausführungen, mit oder ohne Maskenbänder für weiße Bildränder. Leitz bezeichnete diese Vorrichtungen in der englischen Literatur als "printing boards", später, in der Nachkriegszeit jedoch, wählte man die gebräuchlichere Bezeichnung "Maskenrahmen". Die Amerikaner haben dagegen immer von "enlarging easels" gesprochen – auch die deutschen Varianten in der Bezeichnung "Vergrößerungskassetten", "Maskenrahmen" meinen immer das Gleiche.

Feststehende Vergrößerungskassetten

Die erste Vergrößerungskassette von Leitz, die FETRA, wurde 1926 zusammen mit dem FILES-Vergrößerer geliefert, wurde jedoch bis in die 30er Jahre gebaut. Der Rahmen ließ sich in jeder Richtung in das Grundbrett schieben und dort durch zwei Klemmschrauben in Führungsnuten am Grundbrett befestigt. Dieses Prinzip wurde für viele folgende Leitz Vergrößerer übernommen. Das Papier wurde durch zwei an Scharnieren befestigten Glasscheiben plangehalten. Beim Anheben dieser Glasplatten sprangen kleine Stifte an den Seiten hoch, sie dienten als Papierführung. Beim Absenken der Glasscheiben verschwanden die Stifte wieder in ihren Führungen.

Für kommerziell eingesetzte Vergrößerer bot Leitz Vergrößerungskassetten mit angelenkten Metallmasken für die in England, Amerika und dem kontinentalen Europa üblichen Papierformate an. Sie waren ursprünglich für den nur kurze Zeit lieferbaren **VITAS**-Vergrößerer bestimmt, wurden jedoch bis 1939 hergestellt und bei Bedarf auch als Set für den **Vamax**-Vergrößerer angeboten. Die Metallmasken mit Scharnieren waren aus Metall gefertigt, besaßen verstärkte Ecken und eine schwarze Kräusellackierung. Das beschichtete hölzerne Grundbrett war mit verchromten Winkeln von unten verstärkt (Etzold, Vfr., 1983, Nr. 1). Zum Neigen des Rahmens für Entzerrungen stürzender Linien gab es einen Metallwinkel mit Stufen.1959 führte Leitz wieder Vergrößerungskassetten für feste Papierformate mit angelenkter Glasscheibe ein, bei denen die Maße des Papiers auf der weißen Oberfläche aufgezeichnet waren. Sie lieferten randlose Vergrößerungen, einen Satz Metallmasken für Bilder mit 3 mm breitem Rand gab es zusätzlich.

Vorkriegs-Vergrößerungskassetten mit festen Formaten
FETRA (1926) – Vergrößerungskassette wie mit dem FILES und FILOY mitgeliefert, mit angelenkter Glasscheibe und versenkten Führungsstiften für das Papier. Wurde für spätere Vergrößerer weiterproduziert.

Stufenwinkel VEKIP zum Neigen der Vergrößerungskassette beim Entzerren

Vorrichtung zum Entzerren Z 100 mit angelenkter Glasscheibe VOOMD

Satz Vergrößerungskassetten mit angelenkten Metallmasken für englische Formate
VETWO – Vergrößerungskassette für Format 3½ x 2½"
VEFOR – dto. für Format 4¼ x 3¼ (1/ Platte)
VEFIV – dto. für Format 5½ x 3½ (Postkarte)
VEDER – dto. für Format 6½ x 4¾ (halbe Platte)
VEGIT – dto. für Format 8½ x 6½ (ganze Platte)
VETIN – dto. für Format 10 x 8"
VELVE – dto. für Format 15 x 12"
VEGUR – dto. für Format 20 x 16"

Satz Vergrößerungskassetten mit angelenkten Metallmasken für amerikanische Formate
Dazu gehörten die obengenannten VEFOR, VETIN und VEGUR plus zusätzlich:
VELAN – Vergrößerungskassette für Format 5½ x 3¼"
VESIR – dto. für Format 7x5"
VEBOL – dto. für Format 14x11"

Satz Vergrößerungskassetten für kontinentale Papierformate
VESEX – Vergrößerungskassette für Format 6,5x9 cm
VECAR – dto. für Format 9x14 cm
VEDRI – dto. für Format 13x18 cm
VELOK – dto. für Format 18x24 cm
VENTY – dto. für Format 24x30 cm
VEGRO – dto. für Format 40x50 cm

Zusätzliche Formate:
VENUN – Vergrößerungskassette für Format 9x12 cm
VEZEN – dto. für Format 10x15 cm
VEPOS – dto. für Format 10,5x14,8 cm
VETRU – dto. für Format 30x40 cm
VEKIP – Stufentreppe zum Neigen der Kassette für Entzerrungsarbeiten
COOPI (USA 1939) – Vergrößerungskassette, feststehendes Papierformat mit Führung zum Einschieben des Papiers, Bildausschnitt 2 1/4 x 3 1/4". Nut im Grundbrett zur Verwendung mit Klemmechanismus der Vasex- und Focomat-Vergrößerer. Konstruiert für Papier in Rollenform

Nachkriegsmodelle
MGOOR/17598 (1959) – Randlos-Kassette für Formate bis 10,5 x 14,8 cm mit metallener Grundplatte und rutschfester Unterlage zur Verwendung mit jedem Vergrößerer, ohne eine Klemmvorrichtung benutzen zu müssen.
MLKOO/17570 – Metallmaske für MGOOR, für 3 mm breite Ränder beim Papierformat 7,4 x 10,5 cm
MLOON/17571 – dto. für 9x9 cm
MHDOO/17568 – dto. für 9x12 cm
MHOOQ/17569 – dto. für 9x13 cm
MGBOO/17567 – dto. für 9x14 cm
MFZOO/17566 – dto. für 10,5x14,8 cm

Vergrößerungskassetten mit verstellbaren Masken

Die erste Vergrößerungskassette mit verstellbaren Masken, die FEMAS, erschien 1931. Sie wurde 1933 durch eine Reihe in verschiedenen Formaten ersetzt, von denen einige auch nach dem Krieg weiterproduziert wurden. Um von der automatischen Verriegelungsmöglichkeit mit den Vasex- und Focomat-Vergrößerern Gebrauch zu machen, benötigte man eine Vergrößerungskassette mit Nut in der Unterseite, was bei den meisten späteren Modellen geboten wurde. Die ersten neuen Modelle nach dem Krieg waren aus Metall gefertigt und besaßen ebenfalls eine Nut in der Unterseite, um sie mit der Klemmvorrichtung an Focomat-Vergrößerern befestigen zu können. Leitz bezeichnete sie von da an als Maskenrahmen. Eine "elektro-automatischer" Vergrößerungskassette mit elektrisch betriebener Papierhalterung und -auswurf erschien für eine kurze Zeit in den 50er Jahren. Vorrichtungen zur Korrektur stürzender Linien wurden vorgestellt, sie bestanden aus einem neigbaren Rahmen für die Negativbühne und einer Grundplatte mit einem Kugelgelenk zur Aufnahme der Vergrößerungskassette. Zwei Maskenrahmen, die 1937 als FUOOR und FOOUN eingeführt wurden, sind unter den Artikelnummern 17630 und 17586 immer noch im aktuellen Leica-Katalog. Mit einer Lebensdauer von 55 Jahren sind sie zweifellos das am längsten je von Leitz hergestelltem Zubehörteil.

Frühe Modelle
FEMAS (1931–1932) – Vergrößerungskassette mit verstellbaren Maskenbändern, für Platten- und Filmformate bis 18 x 24 cm, verwendbar mit allen Vergrößerern
FELIS (1933–1939) – Vergrößerungskassette mit verstellbaren Maskenbändern, eingeteilt in Inch-Formate bis 8 ⅟x 6 ½"
FELAt (1933–1939) – gleiche Kassette, mit Zentimeter-Einteilung bis 13 x 18 cm
FELUK (1933–1952) – Vergrößerungskassette mit verstellbaren Maskenbändern, eingeteilt in Inchformate bis 8x10"
FELOM (1933–1952) – gleiche Kassette, jedoch mit Zentimeter-Einteilung bis 18 x 24 cm
FSOOT (1936) – Vergrößerungskassette mit verstellbaren Maskenbändern, eingeteilt bis 15 x 18"

FELEU (1936) – gleiche Kassette mit Zentimeter-Einteilung bis 30 x 40 cm
FUOOR/17630 (1937 – 1991 noch in Produktion) – Vergrößerungskassette mit verstellbaren Maskenbändern mit Zolleinteilung bis 18 x 15", mit unten angebrachten Führungsnuten zum schnellen Anklemmen an Vasex und Focomat
FOOUN/17586 (1937 – 1991 noch in Produktion) – gleiche Kassette mit Zentimeter-Einteilung bis 30 x 40 cm

FYROO (1938) – Vergrößerungskassette mit verstellbaren Maskenbändern, Zolleinteilung für alle Größen bis 8½ x 6½" mit Führungsnut zur Verwendung mit dem speziellen Klemmechanismus von Vasex- und Focomat-Vergrößerern
FOORY (1938) – gleiche Kassette mit Zentimeter-Einteilung bis 8 x 10"
FOOYP (1934) – wie FOORY, jedoch für Formate bis 18 x 24 cm

Nachkriegs-Vergrößerungskassetten
MDVOO/17587 (1954 – 1970) – Amateur-Vergrößerungskassette, mit verstellbaren Maskenbändern für Papierformate bis 18 x 24 cm. Nicht geeignet für den Focomat IIc. Abstandsringe von 3 mm Dicke wurden für den Focomat Ic je nach Durchmesser der Säule geliefert.
DCBOO/17688 – 3 mm Abstandsring, 50 mm Durchmesser
DBZOO/17687 – 3 mm Abstandsring, 40 mm Durchmesser
MEXOO/17595 – Grundbrett aus Holz mit Führungsnuten zum Anklemmen von MDVOO an der Grundbrette des Vergrößerers und zum Befestigen an der Neigevorrichtung
MEZOO/17596 – MDVOO + MEXOO
METOO/17588 (1954 – 1970) – Professioneller Ganzmetall-Vergrößerungskassette mit verstellbaren Maskenbändern, metrischen Skalen, mit verstellbaren Papieranschlägen und Zwischenring für Vergrößerer-Säule zum Ausgleich der größeren Stärke dieser Kassette
MEWOO/17594 – wie METOO, jedoch mit Inch-Einteilung
17584 (1971 – 1991 noch in Produktion) – Universal-Maskenrahmen 24 x 30 cm mit vier verstellbaren Maskenbändern und Zentimeter- und Inch-Einteilung. Sehr flache Konstruktion. Größere Papierbögen ließen sich durch Entfernen der seitlichen Anschläge verwenden. Grundplatte allseitig mit weißen Kunststoffen beschichtet.
EAWOO (1954) – elektro-automatische Vergrößerungskassette mit verstellbaren Maskenbändern und Papieranschlägen, elektrische Betätigung von Papierhalter und Auswerfer, für Formate bis 13 x 18 cm, mit Fußschalter. Lieferbar für 110 oder 220 Volt Gleichstrom oder Wechselstrom

Neigevorrichtungen zur Korrektur stürzender Linien
ZRIOO (1936) – Vorrichtung zur Korrektur senkrechter Linien durch Neigen des Negativs, das zwischen zwei angelenkten Glasplatten VOOMD gehalten wurde, die die Negativbühne ersetzten
GOOBR (1936) – Grundplatte mit Kugelgelenk für inclining Vergrößerungskassette
GOOFT (1936) – Grundplatte mit Kugelgelenk für Vergrößerungskassetten zur Korrektur stürzender Linien. Für Vasex- und Focomat-Vergrößerer

ZISOO (1951–1956) – Entzerrungseinrichtung für Focomat Ia, Ic und Valoy II, komplett mit ZFNOO, ZEOOU und ZFOOT wie unten:
ZEOOU – Neigevorrichtung für Negativbühne
ZFNOO/17645 – Negativbühne mit Scharnier
ZFOOT/17650 – Neiger für Vergrößerungskassette mit Kugelgelenk und Grundbrett
ZESOO/17640 – neigbarer Rahmen für Negativbühne ZESOO

Belichtungsmesser und Zeitschaltuhren
17433 (1978–1986) – Focotimer. Elektronisch gesteuerte Zeitschaltuhr mit Digitalanzeige. 200 Volt-Ausführung
17432 (1978 –1986) – **Focotimer**, 110 Volt-Ausführung
17436 (1978–1983) – **Focometer**, 220 Volt-Ausführung. Automatisches Belichtungsmeßgerät für Schwarzweiß und Farbe mit Timer. Elektronische Belichtungsmessung mit automatischer Umrechung in die Belichtungszeit. Speicherung und Anzeige der ermittelten Belichtungszeit. Spot- und Integralmessung möglich
17436 (1978–1983) – **Focometer**, 110 Volt-Ausführung
17442 (1984–1988) – **Focometer Quartz**, 220 Volt-Version. Quarzgesteuertes automatisches Belichtungsmeßgerät für Schwarzweiß und Farbe, mit Belichtungsschaltuhr. Elektronische Lichtmessung mit automatischer Ermittlung der korrekten Zeit. Spot- und Integralmessung, Wahl zwischen fünf verschiedenen Speichern, Speicherung und Anzeige der ermittelten Belichtungszeit
17443 (1984–1988) – Focometer Quartz, 110 Volt-Version
17444 (1989– laufende Produktion) – **Focometer 2**, 220 Volt-Version, Mikroprozessor-Steuerung für automatische Belichtungsmessung für Schwarzweiß und Farbe. Meßmethoden: manuelle Belichtung, Spotmessung, Multispot-Messung mit automatischer Berechnung des mean Wertes, Gradationsbestimmung, Kontrastbestimmung, Dichtemessung, Beleuchtung; Speicherung von Empfindlichkeitswerten verschiedener Papiersorten
17445 (1989– derzeitige Produktion) – **Focometer 2**, 110 Volt-Ausführung
17434 – Fußschalter für Focotimer, Focometer, Focometer Quartz und Focometer 2

Vergrößerungsobjektive

Vergrößerungsobjektive sind wie Makroobjektive darauf berechnet, ihre beste Leistung bei kurzen Entfernungen zum Motiv – dem Negativ zu bringen, wenn das Negativ über eine relativ kurze Distanz mit möglichst wenig Verzeichnung projiziert werden soll. Trotzdem war das Elmar 3,5/5 cm sehr geeignet als Vergrößerungsobjektiv, da es in Wirklichkeit ein Reproobjektiv war. Es wurde daher vor dem Krieg in einfacher Schraubfassung für Leitz-Vergrößerer angeboten. Die spätere Nachkriegsproduktion war vergütet und mit Raststufen für die Blende versehen. In der unmittelbaren Nachkriegszeit bot Leitz/New York ein in Amerika hergestelltes Vergrößerungsobjektiv 4,5/50 mm für den ebenfalls in Amerika hergestellten Focomat Ib und andere Leitz-Vergrößerer an. Das Focotar 4,5/50 mm von 1953 war das erste eigens gerechnete Leitz-Vergrößerungsobjektiv für das Kleinbildformat. Es war gleichermaßen gut für Reproduktionen verwendbar, was ja im Prinzip nur Vergrößern in umgekehrter Richtung ist, und an das Reprovit ansetzbar. Das Objektiv wurde in den 70er Jahren neu gerechnet und als Focotar-2 4,5/50 mm im Jahre 1975 vorgestellt. Es war ein sechslinsiger Gauss-Typ mit verbesserter Farbkorrektur und Bildfeldebnung gegenüber dem Vorgängermodell. Es besaß eine kürzere Fassung als das vorherige Objektiv, bei Verwendung mit einem vor 1975 gebauten Focomat Ib und automatischer Scharfeinstellung mußte der Stockernocken am Vergrößerer entsprechend nachjustiert werden. Der Focomat IIc wurde während der gesamten Produktionszeit mit einer etwas längeren Brennweite angeboten, dem Focotar 4,5/60 mm.

Für den Focomat V35 Autofokus wurde ein neues fünflinsiges Weitwinkelobjektiv gerechnet, das WA-Focotar 2,8/40 mm. Es erlaubte bei einem Vergrößerungsgerät mäßiger Abmessungen einen weiten Vergrößerungsbereich von 30% mehr bei jeder beliebigen Höhe. Die Verwendung von hochbrechenden Leitz-Gläsern lieferte ein Objektiv mit einer dem 50 mm-Focotar gleichwertigen Abbildungsleistung und trotzdem großer Anfangsöffnung für hohen Bedienungskomfort. Die Leitz-Verkittung ABSORBAN des einen verkitteten Elements filtert außerdem UV-Strahlen aus. Eine weitere Verbesserung ist die beleuchtete Blendenskala.

Für Negative größerer Formate in dem Vasex und Focomat II und IIa wurde bis 1953 eine spezielle Version des Elmar 4,0/90 mm verwendet, bei dem die Blendenring mit relativen Belichtungswerten graviert war. Es wurde 1953 durch das Focotar 4,5/95 mm ersetzt, dieses wiederum wurde 1960 vom V-Elmar 4,5/-100 mm abgelöst. Schließlich kam 1977 das Focotar-2 5,6/100 mm mit deutlich verbesserter Auflösung, Bildfeldwölbung und Kontrast auf den Markt.

Vergrößerungsobjektive für Kleinbild

VAROB (1933 – 1939) – spezielles **Elmar-Vergrößerungsobjektiv 3,5/5 cm** in einfacher Schraubfassung mit Blendenringmarkierung der relativen Belichtungswerte

VALAU (1933 – 1949) – Aufsteckring zum leichteren Einstellen der Blende von Leitz 5 cm-Objektiven. Er war geriffelt und trug die Skalenmarkierungen 1, 2, 3, 4, 6, 10, die direkt die relative Belichtung bei jeder Einstellung anzeigte. Ebenfalls bei Verwendung des gleichen Objektivs bei Verwendung des Dreh- oder Kopierschlittens.

VALOO/16620 (1949 – 1961) – wie VALAU, jedoch mit Blendenrastungen

VAWOL (USA 1946 – 1950?) – in Amerika hergestelltes Vergrößerungsobjektiv 4,5/50 mm mit Irisblende und Blendenrastungen für Focomat Ib und andere Leitz-Vergrößerer

DOOIT (1949 – 1952) – Elmar 3,5/5 cm mit Spezialvergütung und Blendenrastungen

DOOHF/17581 (1953 – 1960) – Focotar 4,5/50 mm mit Blendenrastung

DOOCQ/16781 (1953 – 1960) – Focotar 4,5/50 mm in Spezialfassung mit Blendenrastung für Reprovit II

16590 – Adapter zur Verwendung des Focotars am Balgengerät II

14127 oder **14167** – dto. für Balgengerät R

14097, **14098** oder **14099** – Bajonettadapter für Focotar am Visoflex II oder III

17582 (1975 – 1982) – Focotar-2 4,0/50 mm für Focomat Ic, in kürzerer Fassung als 17581

? (1978–) – **WA-Focotar 2,8/40 mm** für **Focomat V35** Autofokus, nicht separat im Katalog aufgeführt

Objektive für größere Formate

VOORT (1936 – 1953) – spezilles Elmar-Vergrößerungsobjektiv 4,0/9 cm mit Irisblende und Angabe der relativen Belichtungswerte. Geliefert mit Vasex und Focomat II und IIa bis 1953

? (1953–1960) – Focotar 4,5/95 mm mit Blendenrastung, geliefert mit Focomat IIa von 1953 und Focomat IIc. Nicht separat im Katalog aufgeführt

? (1960 – 1977) – V-Elmar 4,5/100 mm mit Blendenrastung, geliefert mit Focomat IIc von 1960 an. Nicht separat im Katalog aufgeführt

? (1977 – 1983) – Focotar-2 5,6/100 mm, geliefert mit Focomat IIc von 1978 an. Nicht separat im Katalog aufgeführt

VAROB Elmar 3,5/5 cm Vergrößerungsobjektive

Blendeneinstellring für das 5 cm-Elmar bei Verwendung als Vergrößerungsobjektiv. Links VALAU, rechts VALOO mit Blendenrasten

21 Projektoren

Das Interesse an projizierten Leica Bildern wuchs rasch mit der Einführung des ersten Agfacolor-Prozesses im Jahre 1935, doch dieser erforderte eine spezielle Filterung (siehe Kapitel 13) mit drei Farben vor dem Objektiv der Kamera und des Projektors, wobei eine nicht-rotierende Frontfassung unerläßlich war. Als 1936 jedoch der Kodachrome vorgestellt wurde, erhielt der Projektor neue Bedeutung als besonders spektakuläre Methode, Leica Bilder zu zeigen. Neue Agfacolor- und andere Verfahren folgten, und viele Leica Fotografen beschäftigten sich überhaupt nicht mit Papierbildern.

Geräte von Leitz zur Projektion von Mikroskopbildern für Lehrzwecke datieren mindestens bis zur Jahrhundertwende zurück. Leitz stellte Kino- und Diaprojektoren her, Episkope und Epidiaskope in allen Größen bis zu 4000 Watt-Modellen für große Zuschauermengen. Details über diese Geräte vor der Leica Zeit wurden in den Archiven in Solms gefunden. Beispielsweise zum **Universal-Projektionsgerät** (Modell von 1907), "entworfen nach den Vorschlägen von Professor Kaiserling", das auf einem massiven Eisenrahmen montiert war und eine Kohlenbogen-Beleuchtung besaß. Er ermöglichte es dem Referenten, rasch zwischen Projektion im Durchlicht mit Diapositiven, Auflicht für Episkoparbeiten und direkter Mikroskop-Projektion zu wechseln. Der Projektor-Katalog von 1913 umfaßte:

Das **Kleine Epidiaskop Nr. 2** mit Kohlebogen-Beleuchtung und senkrechter Objektivachse mit darüberliegendem Spiegel für horizontale Projektion (ähnlich heutigen Overhead-Projektoren). Ein Mikroskop-Ansatz geringer Lichtleistung war ebenfalls erhältlich.

Projektions-Mikroskop und **Optische Laterne Nr. III** für die Projektion von Lichtbildern oder mikroskopischer Präparate. Es war im wesentlichen eine optische Bank mit Kohlenbogen-Beleuchtung an einem Ende, ein massiver Kondensor, die verschiebbare Bühne, Mikroskop-Objektivrevolver, Projektionsobjektiv, das ganze durch lichtdichte, herunterrollbare Vorhängen geschlossen.

Einfache **Optische Laterne Nr. IV** für Lichtbilder – ein Gerät mit langer Geschichte und zur entsprechenden Zeit mit Vorsatz für das Leica Format ausgestattet.

Tragbare Wissenschaftliche Laterne Nr. V, aus Transportgründen mit Balgen-Vorderteil

Garths Trichinoscope. Es handelte sich um eine Laterne, montiert auf einem Bodenstativ, mit kleiner optischer Bank an der Vorderseite, die eine große mechanische Bühne besaß "mit verschiedenen Bewegungsmöglichkeiten zum Halten und Positionieren des Kompressors für die Fleischprobe". Der Bediener saß vorn, nahe bei der Einstellscheibe und justierte die Schärfe und die Bewegungen der mechanischen Bühne durch eine Fernbedienung mit drei Knöpfen, die an einem speziell konstruierten Tisch befestigt und mit Kabeln an das Gerät angeschlossen waren. Das Trichinoskop diente zum Prüfen von Fleischproben auf Trichinen hin und war bequemer und zuverlässiger als die normale Kontrolle mit einem Mikroskop.

Edingers Zeichen- und Projektionsgerät, mit dem ein Projektionsbild des Objekts auf einer Zeichenoberfläche entworfen wurde. Es konnte auch zur Projektion von Mikroskop-Präparaten oder Lichtbildern auf eine Mattscheibe für eine Zuschauergruppe benutzt werden. Mikroaufnahmen ließen sich damit anfertigen, indem eine nach oben zeigende Kamera unter der Bühne plaziert wurde. Größere Objekte ließen sich fotografieren, indem **Professor Martins Kameraansatz** oben oder unten an die Säule angesetzt und das Objekt auf dem Boden plaziert wurde – die Katalogabbildung zeigt einen Patienten in dieser Position!

Projektor Modell IVb/L. Dieses Gerät für Projektionen vor größerem Publikum, war das Modell IV von 1913 mit einem Vorderteil für das Leica Format. Es wurde für Großdias bis 1956 gebaut.

Der Leitz Petroleum-Projektor

Das erste zur Projektion von Filmstreifen geeignete Gerät, der Uleja, wurde 1926 vorgestellt, doch es gab auch Ansätze für bestehende Projektoren und Epidiaskope, um an diesen das neue Format verwenden zu können. Dies setzte sich bis in die 30er Jahre fort, von da an wurden spezielle 35 mm-Projektoren für alle Projektionsabstände mehr und mehr verfügbar.

Im Allgemeinen Katalog von 1931 wurde der Projektor Modell IVb (abgeleitet vom Modell IV das Katalogs von 1913) mit einem Vorderteil zur Projektion von Leica Filmstreifen oder Dias als **Modell IVb/L** angeboten. Er besaß ein großes rechteckiges Lampenhaus mit 500 Watt-Lampe und wurde normalerweise mit einem 80- oder 120 mm-Objektiv für Projektionsentfernungen zwischen 3 und 24 Metern eingesetzt. Doch auch Objektive mit Brennweiten bis 1000 mm waren erhältlich. Andere Ansätze waren zur Projektion großer Dias lieferbar, zur Mikro- und Vertikalprojektion und für physikalische Demonstrationen. Das Gerät war 75 cm lang, das Lampenhaus fast 35 cm hoch, das Gewicht betrug 11 kg. Im Fotokatalog von 1936 taucht es nicht mehr auf, doch der IVb/L-Projektor wurde 1956 noch für Großformatdias gebaut.

Erwähnt in "Leica News und Technique" vom Januar 1937 war der neue **Leitz-Petroleumprojektor** (sic) für "Leica Anhänger ohne elektrischen Strom", dem man Sicherheit in der Handhabung und gute Ergebnisse bescheinigte. Als Brennstoff konnte auch Paraffin (Kerosin) benutzt werden. Das Licht war gleichmäßig und erforderte "keine Bedienung während der Projektion bis auf einige gelegentliche Betätigungen der Luftpumpe". Dieser Projektor basierte auf dem IVb und war für Dias bis zum Format 4¾ x 3¼" geeignet (Proj.-Liste H. Nr. 7677, Januar 1937).

Ein Epidiaskop-Katalog von 1931 zeigt, daß Frontvorsätze zur Projektion von Leica Filmstreifen für die Epidiaskope der Serie V geliefert wurden, der **VH 325**, die **Zweilampen-Vm** und die **Kleinen Epidiaskope Vc** und **Vf**. Eine ähnliche Vorrichtung gab es für das spätere **Zweilampen-Modell VI** von 1938.

Modell IV/L

UHAUS – Lampenhaus mit 155 mm Kondensor-Durchmesser

ULVOR – Vorderteil für Leica Film mit Kühlzelle und 80 mm-Objektiv

UVIRL – **UHAUS** + **ULVOR**

ULASE – Vorderteil für Leica Film für 5x5-Dias mit Kühlzelle und 80 mm-Objektiv

UVIDI – **UHAUS** + **ULASE**

UKUHL – Ersatz-Kühlzelle

ULONG – Vorderteil für Leica Film, wie ULVOR, jedoch mit 120 mm-Objektiv

ULOSU – Vorderteil für Leica Dias, wie UVIRL, jedoch mit 120 mm-Objektiv

ULFEN – Filmbühne 18 x 24 mm zur Projektion von Standard-Kinodias mit ULVOR oder ULONG

ULFIX – Diaeinsatz mit Führungen für 35x120 mm für drei Leica Dias

REAMO – Widerstand für Spannungen über 110 bis 250 Volt

REAFU – Transformator für 220 Volt Wechselstrom

Petroleum-Projektor

NUUZT (1937) – Lampenhaus mit Luftpumpe, Vorrichtung zum Justieren der Lampe, Zinnbehälter für Petroleum oder Paraffin, Reflektor, Glühstrumpf, 155 mm-Kondensor, Vorsatz für Lichtbilddias, zwei Diahalter und 250 mm Dimar-Projektionsobjektiv

NUUXS – Filmvorsatz mit Filmschieber, Filmtrommeln und lichtstarkem 85 mm-Objektiv für Leica- und Kinofilm-Bilder

UKLIB – Diawechsler für Leica-Glasdias 5x5 cm
AGNUU – Diawechsler für Leica Glasdias, gefaßt zwischen 3,5x12 cm großen Glasscheiben
NUUYF – Ersatz-Glühstrumpf

Frühe Leica Projektoren

Der erste eigenständige Leica Projektor war das **"Uleja"-Rollfilm-Projektionsgerät**, 1926 vorgestellt (LP, 2232, Juni 1926). Es war ein kleines Gerät mit Niedervoltlampe. Zu dieser Zeit ging man bei Leitz mehr von der Projektion von Filmstreifen anstelle von gerahmten Dias aus. Man hatte daher das ELDIA-Vergrößerungsgerät so konstruiert, daß sich damit Positiv-Filmstreifen ebenso wie Kontakte herstellen ließen.

Der Uleja besaß zwei Filmspulen, der Film wurde durch Drehen einer der beiden Knöpfe in beliebiger Richtung transportiert. Um von Hoch- auf Querformat zu wechseln, wurde das Vorderteil einfach um 90 Grad gedreht. Das Objektiv war eine dreilinsige Konstruktion mit 80 mm Brennweite. Eine 100 Watt-Lampe ließ sich direkt vom Haushaltsnetz speisen, wenn die maximale Lichtleistung nicht benötigt wurde. Das Gerät war nur 26 cm lang und wog 2200 Gramm. Eine Diaversion wurd 1928 hergestellt, das **Kleine "Ulios"-Projektionsgerät**. Die Dias mußten in einen Halter vor dem Kondensor eingeschoben werden, einen Diawechsler gab es nicht (LP 2325, März 1928). Das gleiche Blatt zeigt das Leitz "Umaja"-Taschen-Projektionsgerät für Glasdias. Es verwendete das gleiche Objektiv und den gleichen Kondensor wie der Ulios und der Uleja, arbeitete jedoch mit einer kleinen 6 Volt-Lampe. Es war in dem Projektorkatalog von 1931 nicht aufgeführt (LP 7041, Juli 1931).

Der "Uleja", der erste Leitz-Projektor für das Leica Format

"Pocket"-Projektionsgerät UMAJA mit 6 Volt-Lampe für sehr geringe Entfernungen (*Leica Archiv*)

ULEJA (1931) – Projektor komplett für Filmstreifen
ULEDO – wie oben, jedoch mit 100 Watt-Lampe
ULFEN – Schieber mit Filmfenster für 18x24 mm
ULFIX – Diaschieber mit Führungen für 35x120 mm-Dias für drei Leica Bilder
ULIOS (1928) – wie ULEJA, jedoch für Dias
ULIUM – wie oben, jedoch mit 100 Watt-Lampe
Für ULEJA und ULIOS:
RENNI – Widerstand für 110 Walt Gleich- oder Wechselstrom
RENIA – Widerstand für 220 Volt Gleich- oder Wechselstrom
RENAX – kombinierter Widerstand für 110 und 220 Volt Spannung
ULNUR – flexibles Kabel mit Kupplung und Stecker für Widerstand
RENUM – Transformator, kombiniert für 110 und 220 Volt Wechselstrom mit 50 Hertz
ULSPU – Metallspule für 1,6 m Film für den "Uleja", "Ulvor" und "Ulong"

UMAJA (1928) – **Taschen-Projektionsgerät**
REMAB – Widerstand für 110 Volt Gleich- oder Wechselstrom
REMID – Widerstand für 220 Volt Gleich- oder Wechselstrom
REMYN – kombinierter Widerstand für 110 oder 220 Volt mit 50 Hertz

Die erste Generation der Modell VIII-Projektoren (1932–1937)

Im Jahre 1932 wurden der "Uleja" und der "Ulios" durch die neue Projektoren-Serie VIII ersetzt. Eine einfache Ausführung, die nicht die Modell VIII-Bezeichnung trug, war der **Kleine "Standard"-Projektor** für 5 cm-Leica Objektive. Die fettgedruckten Buchstaben unterstrichen die begrenzte Leistung dieses Projektors. Er war mit einer 100 Watt-Lampe ausgestattet und konnte auf Wunsch mit eingebautem 85 mm-Objektiv geliefert werden. Alle Dia- und Filmbühnen, die für die neuen Modell VIII-Projektoren aufgeführt sind, konnten auch mit dem Kleinen "Standard"-Projektor verwendet werden, ausgenommen davon waar der UDYGE 3x4-Diawechsler. Im Gesamtkatalog von 1938 war das Codewort von UKLON in UZISU geändert worden. Die gleiche Londoner Liste listet den **Kleinen Projektor VIIIg** zum gleichen Preis mit 85 mm-Objektiv auf wie den Kleinen "Standard"-Projektor ohne Objektiv: Es war ein Modell VIII mit sehr begrenzter Grundausstattung (Broschüre von 1933). Der VIIIg mit Drehbühne für Filmtransport und Objektivhalterung, Filmschieber, zwei Filmtrommeln und 85mm-Objektiv wurde "Gnom" genannt (Proj.-Liste 7281, März 1933).

UKLON (1933–1937) – **Kleiner "Standard"-Projektor** bestehend aus solidem Lampenhaus mit abnehmbarer Abdeckung, röhrenförmiger 100 Watt-Lampe mit Schraubfassung, zum direkten Anschluß, vereinfachte Zentrierung der Lampe, kurzes flexibles Kabel mit Stecker, dreilinsiger Kondensor, vorgesehen für die Verwendung von 5 cm Leica Objektiven, drehbare Diabühne mit Diawechsler für 5x5-Dias und Flansch zum Objektivwechsel
UZISU (1938) – neue Codebezeichnung für Kleinen Standard-Projektor
CBUUD – (London, 1935) **Kleiner Projektor VIIIg** mit 100 Watt-Lampe, mit 85 mm Leitz-Objektiv, jedoch ohne Diabühne
PROFURK (1933) – VIIIg-Projektor wie CBUUD
PROFPOP (1933) – kleiner **"Gnom"**-Projektor komplett
PROFPUD – Gnom mit 30 Volt-Niedervoltlampe
UKINA – einfacher Filmschieber für 18 x 24 mm
UKIPO – einfacher Filmschieber für 24 x 36 mm
PROFUJC – Filmschieber für 18 x 24 mm mit Glas-Andruckplatte
PROFULF – dto. für 24 x 36 mm
UBEOL – untere Glasscheibe mit 18 x 24 mm-Maske
UBEPU – halbautomatischer Filmschieber für 18x24mm mit Glas-Andruckplatte
UDUHS – dto. für 24 x 36 mm
UBEOL – untere Glasscheibe mit 18 x 24 mm-Maske für UDUHS
UDAPTA – Diawechsler mit runder Öffnung von 43 mm Durchmesser für 5 x 5-Dias
UDALU – Diawechsler für Leica Positivfilme, gerahmt in 3,5 x 12 cm-Rahmen

Zubehör für "Standard" und Kleine Projektoren des Modells VIIIg 1935+:
AIUUS – einfacher Schieber für Filmstreifen, 18x24 mm
ANUUO – dto. für Filmstreifen 24x36 mm
ASUUI – Filmschieber mit Glasscheibe für Filmstreifen 24 x 36 mm
ATMUU – untere Glasscheibe mit 18x24 mm-Öffnung
AKTUU – Filmschieber mit halbautomatischer Bewegung und Bildfenster 24 x 36 mm
AFUUV – dto. mit Bildfenster 18x24 mm
AFLUU – untere Glasscheibe mit Öffnung von 18x24 mm für AKTUU
UKLIB – doppelter Diawechsler für 5x5-Dias
AWSUU – Diawechsler für 5x5-Dias
AKUUR – Diawechsler mit runder 43 mm-Öffnung für 5x5-Dias
AGNUU – Diawechsler für 3,5x12 cm-Dias
AWUUE – Diawechsler mit runder Öffnung für 3x4 cm-Dias, gerahmt zwischen 5x5 cm-Glasscheiben
ALVUU – 4 m langes Stromkabel
AVQUU – Tragetasche für "Standard" oder VIIIg-Projektoren
AZUUB – Holzstativ, 1,2 m hoch

Für den engagierten Leica Anhänger stellte Leitz den **Kleinen Projektor Modell VIIIa "Ubela" mit halbautomatischem Filmtransport** und die Variante **"Udano"** für Dias vor, die 1934 von Modellen höherer Lichtleistung abgelöst wurden. Diese Familie von Projektoren war allgemein als "Udimo" bekannt. Sie waren für die Verwendung mit allen Leica-Objektiven jener Zeit konzipiert, ausgenommen das 3,5 cm-Elmar. Die entsprechenden VIIIb-Modelle verwendeten Standard-Projektionsobjektive von Leitz anstelle von Leica Objektiven (die ein abweichendes Gewinde besaßen).

Der Schwerpunkt des allgemeinen Interesses lag auf dem UBELA und der Projektion von Filmstreifen. Der Filmmechanismus war neu, und der Film wurde durch zwei metallene Trommeln gegen Hitze geschützt (zu dieser Zeit waren Zelluloid-Filme noch weit verbreitet. Der Film lief über eine Zahntrommel und wurde durch zwei Glasscheiben im Filmfenster plangehalten. Der Transport erfolgte durch Drehen einer geriffelten

Von links nach rechts: Kleiner Standard-Projektor UKLON für Dias; Modell VIIIk für Filmstreifen mit 400 Watt-Lampe, wassergekühltem Wärmeschutzfilter und Feuerschutz-Trommeln für die Filmspulen. Der zweite von rechts ist das Modell VIIIi für Filmstreifen mit 250 Watt-Lampe, abgebildet mit senkrecht angeordnetem Projektionsansatz. Rechts Modell VIIIa für Dias (*Leica Archiv*).

Spindel links neben dem Objektiv. Auf diese Weisewurde ein Mechanismus in Gang gesetzt, der die obere Glascheibe anhob, während der Film zum nächsten Bild weitertransportiert wurde, anschließend senkte sich die Scheibe wieder ab. Dabei wurde die Bewegung des Films automatisch gestoppt.

Der **"Udano"-Projektor Modell VIIIa für 5x5-Glasdias"** entsprach in seiner technischen Ausstattung exakt dem "Ubela", er verwendete auch das gleiche UDIMO-Lampenhaus, war anstelle eines Filmtransports jedoch mit einem Diaschieber ausgestattet. Das erste Diawechselmagazin, das WEDYA, war für diesen Projektor konzipiert. Es bestand aus zwei hölzernen Behältern, in dem jeweils 55 bis 60 Dias Platz hatten, einem Brückenstück und einem speziellen Wechselschieber.

Nach 1934 wurden leistungsstärkere Modelle angeboten: Es waren der **VIIIi** mit 250 Watt-Lampe, der **VIIIk** mit 400 Watt-Lampe und der **VIIIm**, der stärkste Projektor mit 750 Watt-Lampe für Projektionsentfernungen bis zu 30 Metern. Die Ausstattung laut New Yorker Katalog von 1936 war abweichend vom üblichen und führte die 110 Volt-Spannung und unterschiedliche Wattzahlen für einige Modelle auf. Das Basismodell mit 100 Watt-Lampe war der **UDIMO 100**, gefolgt von dem **UDIMO 300**, **UDIMO 500** und **UDIMO 750**, die Modellbezeichnung gibt auch die Wattzahl an. Die leistungsstärkeren Projektoren besaßen größere Lampenhäuser, jene mit 400 Watt und mehr, die Modelle VIIIk und VIIIm besaßen Wärmeschutzfilter, bestehend aus einem schwarzen Metallzylinder mit einem kurzen Trichter an der Oberseite, was ihnen das Aussehen einer Dampfmaschine gab.

Ein speziell für die Projektion von Leica Kleinbild- und 18 x 24 mm-Negativen konstruiertes Modell wurde ebenfalls hergestellt, das Modell **VIII L** (Proj.-Liste 7474, Oktober 1934). Ob er je in Serie ging oder kurze Zeit später wieder in der Versenkung verschwand, ist nicht bekannt. Projektionsobjektive für den VIII L wurden in Paaren angeboten, abhängig von der Projektionsentfernung. Diese Paare waren 50 und 80 mm für 3 bis 7 m, 80 und 120 mm für 6 bis 11 m und 100 und 150 mm für 9 bis 15 m. Die Modellnummern, VIIIa (UDIMO 100 in den USA) usw. bezogen sich auf das Lampenhaus komplett mit Projektionslampe, feststehendem Kondensor, Wärmeschutzfilter und drehbarem Vorderteil. Um den Projektor zu vervollständigen, benötigte man einen passenden Wechselkondensor, abhängig von der Größe des Projektors und der Brennweite des beabsichtigten Objektivs sowie einem Vorderteil für Dias oder Filmstreifen und ein Objektiv. Alle Vorderteile waren auswechselbar und mit allen Lampenhäusern kombinierbar. Auf diese Weise war ein Modularsystem geschaffen worden, mit dem sich die Projektoren innerhalb eines weiten Spielraums von Ausstattungen zusammensetzen ließen. All diese Modelle wurden 1937 durch die Serie VIII ersetzt.

Kleiner Projektor Modell VIIIa

UBELA – VIIIa-Projektor komplett für Filmstreifen, auswechselbarem Kondensor, speziell auf die jeweilige Brennweite zugeschnitten

UBELADOKO – Projektor komplett für 5 cm Leica Objektive

UBELADAKI – dto. für 7,3 cm Hektor und 9 cm Elmar

UBELABIKU – dto. für 10,5 cm Elmar und 13,5 cm Elmar und Hektor

UDANO – VIIIa-Projektor komplett für Dias, wechselbarer Kondensor je nach Brennweite des Objektivs

UDANODOKO – Projektor komplett für 5 cm Leica Objektive
UDANODAKI – dto. für 7,3 cm Hektor und 9 cm Elmar
UDANOBIKU – dto. für 10,5 cm Elmar und 13,5 cm Elmar und Hektor
UDIMO – VIIIa-Lampenhaus mit 100 Watt-Lampe und zwei fest montierten Kondensorlinsen und einem auswechselbaren Kondensor, der je nach Brennweite variierte, mit abnehmbarem Wärmeschutzfilter und drehbarem Vorderteil
BSUUA – VIIIi dto. mit 250 Watt-Lampe (300 Watt in den USA)
BDFUU – VIIIk dto. mit 400 Watt-Lampe (500 Watt in den USA)
MIUUP – VIIIm dto. mit 750 Watt-Lampe

Wechselkondensoren für obengenannte Geräte
UDOKO – mit Gravur "5" 5 cm-Objektive
BRUUM – mit Gravur "5" für VIIIa und VIIIi mit 5 cm-Objektiven (New Yorker Katalog)
DLUUW – mit Gravur "5" für VIIIk und VIIIm mit 5 cm-Objektiven
UDAKI – mit Gravur "7,3 – 8 – 9" für alle Modelle mit 7,3 cm Hektor, 9 cm Elmar oder 8 cm Milar Projektionsobjektiv
UBIKU – markiert mit "10,5 – 12 – 13,5 – 15 – 20" für alle Modelle mit 10,5 cm Elmar, 13,5 cm Elmar oder Hektor und 12, 15 oder 20 cm Dimax-Projektionsobjektiv
UUPMI – markiert mit "25" für die Verwendung mit 25 cm Dimax-Projektionsobjektiv

Wenn der Benutzer einen 100 Watt-Projektor mit 30 Volt/100 Watt-Lampe mit Kinesockel verwenden wollte, mußte dies bei der Bestellung angegeben werden, da ein Widerstand oder Trafo erforderlich war. Ein zusätzliches Codewort war für telegrafische Bestellungen vorgesehen: ULWAK. Dadurch wurde der Projektor UBELADOKO mit 30 Volt-Lampe zum UBELADOKO ULWAK.
RENNI – Widerstand für 100 Volt Gleichstrom oder Wechselstrom
RENIA – Widerstand für 220 Volt Gleichstrom oder Wechselstrom
RENAX – kombinierter Widerstand für 100 und 220 Volt
RENUM – kombinierter Transformator für 110 und 220 Volt Wechselstrom
UBEAF – 30 Volt-Lampe mit Kinesockel
PROGBAN – 3,6 m langes flexibles Verlängerungskabel mit Stecker und Spezialkupplung

Projektionsobjektive
Spezielle Leitz-Projektionsobjektive konnten bei Bedarf anstelle der Leica Objektive verwendet werden. Die Objektive von 8 und 12 cm Brennweite benötigten eine spezielle Fassung oder den Basis-Tubus UDOZU
UDOZU – Aufnahmesockel für 8 und 12 cm-Projektionsobjektive zum Einschrauben in die Leica Gewinde der

Modell VIIIm für 750 Watt-Lampe mit wassergekühltem Wärmeschutzfilter und Diawechsler

Lampenhaus UDIMO des Modells VIIIa

Filmansätze UKEDU oder SERUU oder an den Diaansatz UBAFE (unten)
UDAOB – 8 cm Milar-Objektiv
UPEOB – 12 cm Dimax-Objektiv
??EUF – 15 cm Dimax-Objektiv mit Fokussierfassung für Modell VIIIi-Projektor, zum direkten Einschrauben in UKEDU, SERUU und UBAFE
MAXIV – 15 cm Dimax-Objektiv für Modelle VIIIk und VIIIm
MAXTO – 20 cm Dimax-Objektiv für Modelle VIIIk und VIIIm
MAXAF – 25 cm Dimax-Objektiv für Modell VIIIm

Filmansätze
UKEDU – Filmansatz mit Schraubsockel für Leica Objektiv und halbautomatischem Filmtransport und zwei Filmtrommeln

UDIMO + **UKEDU** = **UBELA** – Modell VIIIa für Filme
BSUUL = **UKEDO** = **BUUQI** – Modell VIIIi für Filme
BUUEG = **UKEDO** = **BUURW** – Modell VIIIk für Filme
SERUU – Filmansatz ähnlich UKEDO, jedoch mit großen Filmtrommeln für 20 m Film
ATTAC – Filmansatz für 15, 20 und 25 cm Dimax-Projektionsobjektive und Projektoren Modell VIIIk und VIIIm
HMENT – ähnlich ATTAC, jedoch mit großen Filmtrommeln für 20 m Film
UKESO – Filmansatz mit halbautomatischem Filmtransport, zwei Filmtrommeln, auswechselbarem Milar-Projektionsobjektiv
UBEPO (1933) – halbautomatischer Filmtransport und 18 x 24 mm-Filmfenster für Standard-Kinofilmstreifen
AFUUV (1935) – dto.
UBEOL (1933) – untere Glasscheibe mit 18 x 24 mm-Ausschnitt zum Adaptieren des UKEDU an Kinoformate
AFLUU (1935) – dto.

Diaansätze
UBAFE – Diaansatz für 5 x 5 cm oder 3,5 x 12 cm-Dias mit Gewinde für Leica Objektive und einfacher Diahalterung
UDANO – UDIMO + UBAFE = Modell VIIIa für Dias
BUUWM – BSUUL + UBAFE = Modell VIIIK für Dias
BUUYN – BUUEG + UBAFE = Modell VIIIk für Dias
SLIDE – Diaansatz für 15, 20 und 25 cm-Dimax Projektionsobjektive und Modelle VIIIk und VIIIm
UBAHO – Diaansatz mit einfachem Diahalter und auswechselbarem Projektionsobjektiv Milar 8 cm
UKLIB – doppelter Diawechsler für 5x5-Dias für UBAFE, SLIDE und Filmansätze UKEDU und ATTAC
AWSUU – Diawechsler für 5x5-Glasdias
UDAPA (1933) – Diawechsler mit runder 42mm-Öffnung für 5x5-Glasdias
AKUUR (1935) – Diawechsler mit rundem 43 mm-Ausschnitt für 5x5-Dias
AWUUE (1935) – Diawechsler mit rundem 48 mm-Ausschnitt für 3x4 cm-Positive, eingefaßt in 5x5-Glasrahmen
UDYGE (1933) – Diawechsler mit rundem 50 mm-Ausschnitt für 3x4 cm-Positive, eingefaßt zwischen 5x5 cm-Glasscheiben
UDALU (1933) – Diawechsler mit 24 x 36 mm-Ausschnitt für Leica-Positive, einfaßt zwischen Glasscheiben von 3,5 x 12 cm Größe
AGNUU (1935) – dto.

Kleiner Projektor Modell VIIIb
Keine Leica Objektive verwendbar, sondern auswechselbare Leitz-Projektionsobjektive mit unterschiedlichen Gewinden:
UKABY – für Leica Filmstreifen, ausgestattet mit 8 cm Milar-Objektiv
UKABYMAX – dto., jedoch mit 12 cm Dimax-Objektiv
UBODI – für 5x5 cm-Glasdias, mit 8 cm Milar-Objektiv
UBODIMAX – dto., jedoch mit 12 cm Dimax-Objektiv
UKESO – Filmansatz, ähnlich UKEDO, jedoch mit 8 cm Milar oder als UKESOMAX mit 12 cm Dimax
UBAHO – Diawechsler mit 8 cm Milar oder als **UBAHOMAX** mit 12 cm Dimax-Objektiv

Sonstiges Zubehör
WEDYA – Diawechselmagazin
USNAL – Metallplatte mit zwei geriffelten Schrauben zum Neigen des Projektors
EKUUZ – Holz-Projektionstisch mit drei Stativfüßen, 70 cm hoch, neigbarer Platte, für Modelle VIIIa und VIIIb
ELRUU – wie EKUUZ, für Modell VIIIi
ELUUY – wie EKUUZ, für Modelle VIIIk und VIIIm
EMTUU – großer Holz-Projektionstisch, drei Stativbeine, 120 cm hoch, für Modelle VIIIa und VIIIb
EMUUX – wie EMTUU, für Modell VIIIi
ENUUW – wie EMTUU, für Modelle VIIIk und VIIIm
UKAMS (1933) – Tragekoffer für UBELA-Projektor, Ersatzlampe und ein Leica Objektiv
USTAN (1933) – wie UKAMS, jedoch für UDANO-Projektor
BKUUT (1935) – Tragekoffer für Modell VIIIa-Projektoren
UDAVI (1936 New York) – dto.
UKYLA – Tragekoffer für VIIIa-Projektor mit WEDYA-Magazin
BOUUP – Tragekoffer für VIIIa-Projektor mit Widerstand für 110 Volt
BPCUU – dto. mit Widerstand für 220 Volt oder 110/220 Volt kombiniert
BSIUU – Tragekoffer für VIIIi mit oder ohne Widerstand
BUUDC – Tragekoffer für VIIIk mit oder ohne Widerstand
UBEBC – Milchglasscheibe als Ersatz für das Wärmeschutzfilter, um Modell VIII-Projektor als Vergrößerer benutzen zu können. Der 2,2 cm Zwischenring UBECD war ebenfalls erforderlich.

Kleiner Projektor Modell VIII L
GLUUE (1934) – Projektor VIII L für Leica- und Standard-Kinefilm mit halbautomatischem Filmtransport. Ohne Objektiv
GOVUU – wie GLUUE, jedoch mit halbautomatischem Filmtransport
GRUUW – Objektivset 50/80 für Projektionsentfernungen von 3 bis 7 m, bestehend aus:
GMRUU – 50 mm-Projektionsobjektiv
UDAOB – 80 mm Milar-Projektionsobjektiv
UDOZU – Fassung für Milar
GUUAD – Objektivset 80/120 für Projektionsentfernungen von 6 bis 11 m, bestehend aus UDOZU und:
UDAOB – 80 mm Milar
UPEOB – 120 mm Dimax-Projektionsobjektiv
GUUFT – Objektivset 100/150 für Projektionsentfernungen von 9 bis 15 m, bestehend aus UDOZO und:

GUUBR – 100 mm Milar

GUUCE – 150 mm Dimax in eigener Fassung

Zusätzliches Zubehör für VIII L
GKUUD – Diahalter für Unterrichtsdias, 6 Aufnahmen in Glasrahmen 3,5 x 12 cm
GUUNK – Tischständer 70 cm hoch als Unterbau für den VIII L
GUUOX – großer Ständer von 1,3 m Höhe für VIII L
ALVUU – 3,5 m langes Kabel mit Adapter und Schalter

Modell VIIIm
(Proj.-Liste H. Nr. 7542, Nov. 1935)
MIFUU – Basisgerät mit Lampenhaus, Kondensoren, großem Wasserkühler. Ohne Objektiv und Bühnen
MIUUP – VIIIm für Filmstreifen, für Leica Objektive
MOQUU – VIIIm für Glasdias, für Leica Objektive
MOUUK – VIIIm für Filmstreifen, mit 80 mm Milar
MUUAT – VIIIm für Filmstreien mit 120 mm Dimax
MUUEV – VIIIm für Dias, mit 80 mm Milar
MUUIX – VIIIm für Dias, mit 120 mm Dimax

Leica "Umino"-Projektor

Der New Yorker Leitz-Katalog vom April 1936 führt diesen "Leica Umino"-Projektor auf. Er erschien zu einer Zeit, die mit der Einführung des Kodachrome-Films zusammenfällt. Er trug auf der Seite das Leica Logo und war vermutlich ein amerikanisches Produkt, wahrscheinlich von dem berühmten Gnom II oder dem VIIIc-Projektor von 1938 inspiriert. Er war klein genug, um in der Handfläche gehalten zu werden. Laut Vidom Nr. 21, wurde der Umino von 1935 bis 1938 hergestellt. Seine Abmessungen waren 72 mm Breite, 145 mm Höhe und 185 mm Länge, das Gewicht betrug etwa ein Kilo.

UMINO – Projektor komplett, für Einzeldias, Doppeldias und 50 x 50 mm-Glasdias, einschließlich Projektionsobjektiv und 50 Watt-Lampe
UMELA – wie UMINO, jedoch mit vorderem hebbaren Ansatz
UMENA – wie UMINO, jedoch mit 100 Watt-Lampe und Wärmeschutzfilter
UMATA – wie UMENA, jedoch einschließlich vorderem hebbaren Ansatz
UMOKO – vorderer elevation Ansatz
UMLAM – Kit zum Umbau des UMINO oder UMENA zum Betrieb von einer 6 Volt-Autobatterie, mit Niedervoltlampe, Lampenadapter, Verlängerungskabel und Batterieklemmen
UMCAS – lederner Tragekoffer
UMERN – Tisch-Projektionsschirm 40 x 40 cm
UMLED – weiche Ledertasche für UMERN-Projektionsschirm
UMTOS – Reduzierfenster für UMINO und UMENA-Projektoren
UMVAC – Metall-Reduzierrahmen 18 x 24 mm
UMSEN – Wärmeschutzfilter für 100 Watt
UFADE – automatischer Projektor für Filmstreifen, einschließlich Motor 110 bis 220 Volt, Gleichstrom und Wechselstrom, ein Leica Werbe-Filmstreifen, spezielles Projektorgehäuse mit Tageslicht-Projektionsschirm.

Projektor in Attachetasche

Die Londoner Leitz-Liste vom September 1935 Kleine Leica Projektoren enthält diesen Projektor, doch weder im Londoner noch New Yorker Hauptkatalog von 1936 taucht er auf. Er bestand aus dem Gehäuse mit Lampenhalter, 100 Watt-Lampe, Reflektor hinter der Lampe, Triplet-Kondensor, drehbarer Filmhalterung, halbautomatischer Vorrichtung für den Filmtransport mit Spule, Schneckengang-Einstellfassung für 50 oder 73 mm Leica Objektive oder 80 mm Milar oder Epis-Projektionsobjektive.

BUUGR – Projektor wie oben beschrieben
AMUUP – flexibles Kabel mit Stecker
UDAOB – 80 mm Milar-Projektionsobjektiv
BEUUY – 80 mm Epis-Projektionsobjektiv. Das Epis hatte eine höhere Lichtstärke als das Milar, und Leitz empfahl deshalb seine Verwendung mit Lampen von mehr als 130 Volt.**UDOZU** – Einstellfassung für eines der Projektionsobjektive

Leitz Projektor im Attache-Koffer

Der Leitz Propaganda-Projektor

Dieses Gerät wurde in "Leica News und Technik" (Nr. 27, 1937) beschrieben mit dem Hinweis, daß damit der Einsatz der Leica erweitert wurde. In diesen Tagen wurde Propaganda noch als ein respektables Wort Oangesehen, das Verbreitung des Vertrauens bedeutete.

Der Projektor war vorgesehen zur automatischen, ununterbrochenen Vorführung von Leica Filmstreifen, Technische Angaben wurden nicht gemacht, doch die Form des Gehäuses läßt darauf schließen, daß Projektor und Motor im Unterteil untergebracht waren und das Bild über ein Spiegelsystem auf den 43 x 30 cm große Projektionsschirm projiziert wurde. Die Kapazität reichte von 10 bis 40 Bildern. Jedes Bild war auf der Projektionsfläche 17 Sekunden lang zu sehen, dazwischen war ein Wechselintervall von drei Sekunden. Das Gehäuse war mit weißer, glasähnlicher Emaille überzogen, alle Ecken und Kanten waren abgerundet und mit roter Emaille beschichtet – das Erkennungszeichen der Leica Kameragruppe bis heute.

Die zweite Generation Modell VIII-Projektoren

Modelle VIII

(1938 bis 1951) Im Frühjahr 1937 wurden die Modelle VIIIa, b, g, i, k, l und m durch die Familie der VIIIs-Modelle ersetzt, die eine Reihe wichtiger Verbesserungen aufwiesen. Das neue Hektor 2,5-Projektionsobjektiv lieferte in Verbindung mit dem ebenfalls neuen Kondensorsystem und der 250 Watt-Lampe des Grundmodells, des **Projektor VIIIs "250"** ein doppelt so brillantes Bild wie das des alten Modells VIIIi. Das Kondensorsystem hatte einen Durchmesser von 55 mm und bestand aus zwei auswechselbaren Linsen in einfachen quadratischen Fassungen und einer auswechselbaren Linse in einer runden Fassung. Das Lampenhaus ließ sich leicht abnehmen, so daß bequemer Zugriff auf Lampe, Kondensor und Reflektor gewährleistet war. Das Zentrieren der Lampe wurde von außen vorgenommen. Zwei kurze Schienen ragten von der Vorderseite nach vorn, wo die Frontvorsätze längs der optischen Achse verschoben werden konnten, um die Ausleuchtung an die verschiedenen Formate anzupassen: 24 x 36 mm, 18 x 24 mm oder 30 x 40 mm. Diese Konstruktion bedeutete auch, daß die Vorderteile schnell während einer Vorführung gewechselt werden konnten. Eine halbe Umdrehung des frontseitigen Hebels fixierte das Vorderteil, eine einzelne Justierschraube diente zur Einstellung des Projektionswinkels. Dem permanenten Rolldrang von Filmstreifen wirkten neue Fangspulen entgegen, die den Film automatisch in die Trommeln älterer Projektoren einfädelten.

Der leistungsstärkere **Projektor VIIIs "350"** wurde zur Projektion der neuen Farbdias über größere Distanzen eingesetzt. Er verwendete eine 350 Watt-Lampe und wirksamere Wärmeschutzfilter sowie ein doppeltes Gehäuse. Im New Yorker Katalog von 1939 waren sogar noch leistungsstärkere Modelle mit 750 und 1000 Watt aufgeführt. Die mit Wasser gefüllten Wärmeschutzfilter des früheren VIIIk und VIIIm waren durch die Modelle VIIIs "750" und "1000" ersetzt worden, die stattdessen elektrische Kühlgebläse besaßen.

Einen Ansatz zur Projektion von Mikroskopdias gab es ab 1939, im Prinzip ein Vorsatz für ununterbrochene Projektion, bei dem die Dias auf einer rotierenden Scheibe statt als Band wie bei der früheren Version saßen. Außerdem gehörte dazu eine Betrachtungsvorrichtung zum Lesen von Mikrofilmen oder zum Betrachten von Negativen. Die Modelle VIIIs wurden nach dem Krieg wieder eingeführt, der VIIIs 400 ist in einer Preisliste aufgeführt, die in New York in der "Leica Photography" vom März 1951 erschien. Sie waren eine zeitlang parallel zu den neuen Prado-Modellen im Programm: diese wurden 1951 vorgestellt, erlaubten jedoch nicht die Verwendung von Leica Objektiven.

TUUDY – VIIIs "250" mit drehbarem Vorderteil zur Aufnahme eine Film- oder Diabühne (nicht mitgeliefert), ohne Objektiv
VOGUU – VIIIs "350" (nicht in den USA), einschließlich Filmhalter TUUEM
VOGGM – VIIIs "400" (nur in den USA)
MFSSU – VIIIs "750" mit Gebläse
NAABC – VIIIs "1000" mit Gebläse
TUUEM – halbautomatischer Filmhalter mit Glasandruckplatte und zwei abnehmbaren Filmspulen
TUUOD – Diawechsler für 5 x 5-Dias
TUUAK – TUUDY + TUUEM
TUUIO – TUUDY + TUUOD
UASKU – 18 x 24 mm-Maske für TUUEM
TUUGN – Fenster für 50 x 50 mm-Glasdias mit 30 x 40 mm-Bildformat
TUUCL – Fenster für 35 x 120 mm-Glasdias mit 24 x 36 mm-Bildformat
IZUUS – Anschlußsockel für 8, 8,5 oder 12 cm Leitz-Projektionsobjektiv
TUUNQ – Verlängerungstubus zur Verwendung des 200 mm-Telyt an den VIIIs-Projektoren
UMEXU – Halterung mit Flansch für alle Leica Objektive und für 80, 85, 100 und 120 mm-Projektionsobjektive.
VEUUM – Gebläsekühlung, wie mit den VIIIs-Modellen "750" und "1000" geliefert, konnte auf Wunsch auch mit den leistungsschwächeren Modellen verwendet werden.

Modell VIIIs mit Objektiv 2,5/8,5 cm

Modell VIIIs in 750- bzw. 1000 Watt-Ausführung mit Gebläse und Epnor-Objektiv (*Leica Archiv*)

Projektionsobjektive
Alle in Einstellfassung:
EFEDU – Hektor 2,5/85 mm
BEUUY – Epis 3,6/80 mm
TUUFZ – Hektor 2,5/100 mm
UPEOB – Dimax 4,5/120 mm
TUUBA – Dimar 3,5/150 mm
TUUKB – Dimar 4,0/200 mm
TVUUR – Dimar 4,0/250 mm
TUUBX – Epnor 4,3/300 mm

TUUBA, TUUKB, TVUUR & TUUBX wurden mit Spezialbühne mit einem Hilter für den Diawechsler oder den Filmansatz geliefert, die letzten drei hatten außerdem einen Stützwinkel für den Projektor.

Kondensoren
Erforderlich zur Anpassung an die verschiedenen Brennweiten:
DLUUW – für 50 mm Leica Objektive und für das Mikroansatz
UDAKI – für 73 und 90 mm Leica Objektive und 80, 85 und 100 mm Projektionsobjektive
UBIKU – für 135 und 200 mm Leica Objektive und 120 und 150 mm Projektionsobjektive
UUPMI – für 200, 250 und 300 mm Projektionsobjektive

Mikro-Projektionsansatz
Damit war es möglich, Mikroskop-Dias bis zu 200facher Vergrößerung zu projizieren. Er wurde geliefert mit Objektträger und kleiner optischer Bank mit Halter für die beiden Mikroobjektive. Es war erforderlich, den Kondensor DLUUW für Objektive von 50 mm Brennweite zu verwenden.

MIKUU – Mikro-Projektionsansatz komplett
MKUOO – dto. ohne Objektive
ACUBE – Mikroobjektiv Nr. 1
ACEDU – Mikroobjektiv Nr. 2

Langfilm-Projektionsansatz
Dabei handelte es sich um ein Produkt von Leitz/New York. Es bestand aus einem Basisgerät, auf dem der Projektor (Modelle VIIIs 250, 350 und 400) standen, einer motorbetriebenen Scheibe zur Aufnahme von zwölf 50 x 50 mm-Glasdias und einem eingebauten Rheostat, um die Projektionsdauer der einzelnen Bilder festzulegen – von 10 bis 60 Sekunden.

CANOE – Gerät komplett
CASAU – Tragekoffer für Langfilm-Projektionsansatz und VIIIs 250 oder 400-Projektor
BANAN – Basis für VIIIs 750 und 1000-Projektoren mit Gebläse zum Ausgleich der zusätzlichen Höhe

Mikrofilm-Lesegerät
Für VIIIs-Modelle 250, 350 und 400, bestehend aus einem kastenförmigen Unterteil, auf dem der Projektor plaziert wurde mit einem diagonal angeordneten Projektions-Bildschirm von 25 x 25 cm Größe sowie einem Spiegel. Zur Verwendung als Betrachtungspult für Mikrofilme oder Negative.
TPUUX – Ansatz komplett

Modelle VIIIc – Gnom II – Parvo – Prado 100/150
(1938–1961) – Die Auslieferung dieses hübschen kleinen Projektors begann im Herbst 1938. Er sollte sich als besonders populär und langlebig erweisen, durch seine äußere Erscheinung bestärkte er den Trend, daß die Heimprojektion dem vergrößerten Papierbild Konkurrenz machte. Zum ersten Mal gab es einen Diawechsler anstelle des Ansatzes für Filmstreifen als Grundausstattung, obwohl letzterer gegen Aufpreis ebenfalls erhältlich war. Das Gerät war mit Stativgewinde im Unterteil ausgestattet. Es wog nur 4 lbs, so daß durch das Stativ ein bequemer Projektionsständer gegeben war. Das Gerät hatte nichts mit den anderen Modell VIII-Projektoren gemein, was vermutlich der Grund dafür ist, daß die VIIIc-Bezeichnung schnell vergessen war. Der New Yorker Leitz-Katalog von 1939 bezeichnete ihn als **Gnom II** in Klammern nach dem **Modell VIIIc**, in der Literatur von Leitz/Wetzlar und Leitz/London ist jedoch vom **Prado** die Rede. Er wurde nach dem Krieg als **Parvo II** wiedereingeführt, wurde ab 1951 jedoch zum **Prado 100**. Unter- und Vorderteil bestanden aus Bakelit mit angelenkter Metallabdeckung über dem Lampenhaus mit eingebautem Reflektor, vorzentrierter 100 Watt-Lampe, Wechselkondensor aus drei Linsen, Wärmeschutzfilter und Frontansatz mit Führung für den Diawechsler oder Filmhalter und Objektivfassung für ein Hektor 2,5-Projektions- oder ein Leica Objektiv.

SMUUY – Projektor wie beschrieben mit Kondensor Nr. 1 (siehe unten), ohne Objektiv, mit Diawechsler
SUUHN – (1951) dto., jedoch mit Kondensor Nr. 2
SUUAI – (1951) dto., jedoch mit Kondensor Nr. 3
SPUUV – Projektor wie beschrieben, ohne Objektiv, mit Filmtransport
SIUUB – wie SPUUV, jedoch mit Hektor 2,5/8,5 cm
SOUUW – wie SPUUV, jedoch mit Hektor 2,5/10 cm
SIUUB-GLAS – wie SMUUY, jedoch mit Hektor 2,5/8,5 cm
SOUUW-GLAS – wie SMUUY, mit Hektor 2,5/10 cm
TIYUU – Hektor 2,5/8,5 cm
TKUUC – Hektor 2,5/10 cm
BEUUY-IZUUS – nur in den USA. Projektionsobjektiv Epis 3,6/80 mm
SKBUU – Kondensor Nr. 1 für alle Objektive von 7,3 bis 10 cm Brennweite und 30/110/220 Volt/100 Watt-Lampe
SGVUU – auswechselbares Vorderteil von SKBUU
SNHUU – Kondensor Nr. 2 für 5 cm Summar und 30/110 Volt/100 Watt-Lampe
SMFUU – auswechselbares Vorderteil von SNHUU
SLDUU – Kondensor Nr. 3 für 5 cm Elmar und 30/110/220 Volt/100 Watt-Lampe oder 5 cm Summar und 220 Volt/100 Watt-Lampe

Zubehör
SCNUU – doppelseitiger Diawechsler für 5 x 5 cm-Dias
SDUUG – einfacher Diahalter
SBUUI – halbautomatisches Filmvorderteil, gegen Diawechsler austauschbar
SUUAW – Maske für 18 x 24 mm
SPMUU – Neigevorrichtung
SFUUE – Tragekoffer
UMERN – nur in USA. Projektionspult41x41 cm
UMLED – Weichledertasche für UMERN
SHUUC – Mikrofilm-Lesegerät, ähnlich TPUUX wie oben bei VIIIs-Projektoren beschrieben

Ein preisgünstigeres Modell des Parvo hatte ein nicht-auswechselbares Objektiv, keinen Reflektor und Wärmeschutzfilter, einen zweilinsigen Kondensor und war mit einem Dimenar-Projektionsobjektiv 4,8/8,5 cm und einem einfachen Film- oder Diahalter ausgestattet. Es konnte mit einem Umrüstsatz leicht auf eine bessere Ausstattung aufgerüstet werden, wobei aber immer noch der einfache Film- oder Diahalter bestehen blieb. Das US-Modell des vereinfachten Parvo hatte einen Diawechsler. Dieses Modell wurde nach dem Krieg nicht wieder eingeführt.

SNUUX – vereinfachter Projektor für Dias, wie beschrieben
SNEXX – US-Modell mit Diawechsler
SUUEY – dto. für Filmstreifen
SUUBK – ergänzendes Zubehör: dreilinsiger Kondensor, Wärmeschutzfilter, Reflektor, Gewindering für Leica Objektive
SUUCX – ergänzendes Zubehör: wie SUUBK, jedoch außerdem mit Hektor 2,5/8,5 cm-Projektionsobjektiv

Prado 150
Etwa 1957 wurde die Lichtleistung auf 150 Watt gesteigert, außerdem kamen eine Reihe von weiteren Ver-

Links: Der Gnom II mit Hektor 8,5 cm, rechts der PARVO

besserungen hinzu. Ein einziger asphärischer Kondensor ersetzte die dreilinsige Ausführung, das interne Lampenhaus war abnehmbar, Wechselschieber und Filmstreifen-Halter wurden neu gestaltet, außerdem wurde ein Bereitschafts-Tragekoffer vorgestellt.

DUUYO – Prado 150 mit Hektor 2,5/85 mm
DUUOI/31099 (1960) – Prado 150 ohne Lampe und ohne Objektiv
DUUXA/31002 – Prado 150 mit Dimaron 2,8/100 mm
BOOXZ – Zwischenring B, 7 mm, für kürzere Projektionsentfernungen
DUUQK/37400 – Bereitschafts-Tragekoffer
SUUZI/37805 – Filmstreifen-Halter
SUUAW/37806 – Maske für 18 x 24 mm
SLUUZ/37807 – Wechselschieber, wie im Lieferumfang des Projektors enthalten
UVFLU/37608 (ab 1960) – halbautomatischer Wechselschieber mit zwei Magazinen für 30 Dias, gegen SLUUZ auswechselbar
DUUPW/31009 (ab 1957) – Prado 150 mit Spezialkondensor für 50 mm-Objektiv und Filmstreifen-Ansatz zur Verwendung am SHUUC-Mikrofilm-Lesegerät (siehe oben)
WUUNE/37001 (ab 1957) – Elmar Projektionsobjektiv 3,5/50 mm (ohne Irisblende) zur Verwendung mit Prado 150 am SHUUC-Lesegerät (siehe oben)
DZUUH/31003 (ab 1957) – komplettes Mikrofilm-Lesegerät DUUPW + WUUNE + SHUUC

Die Prado-Serie

Der erste völlig neu gestaltete Projektor nach dem Krieg war der **Parvo II**, der gegen Ende 1949 vorgestellt wurde (L.Ph., Weihnachten 1949), er lief parallel zum Modell VIIIs. Wie der VIIIs bot er auswechselbare Objektive und Kondensoren und besaß den Standard-Objektivanschluß, so daß jedes Leica Objektiv verwendet werden konnte. Innerhalb eines Jahres wurde der Name in “Prado 250” geändert, der Standard-Objektivanschluß wurde nicht mehr erwähnt. Der oben beschriebene Kleinprojektor wurde nun Prado 100 genannt. Zu dieser Zeit stellte Leitz/New York drei nützliche Zubehörteile für Farbdias vor. Es waren das “Bindomat”-Einfaßgerät, der Tischbetrachter und die Dia-Box.

Der **Prado 250** hatte eine neue, elegante, elliptische Form und ein Lampenhaus mit drei Wänden auf einem Unterteil, das eine Neigevorrichtung zum Nivellieren besaß. Objektive mit Brennweiten von 85 bis 150 mm wurden in die gleiche konische Objektivfassung eingesetzt, ausgenommen das 150 mm-Objektiv, die eine spezielle Fassung besaßen. Ein Mikro-Ansatz war erhältlich, er konnte gegen die normale Bühne ausgetauscht werden. Damit ließen sich beliebige Präparate im Durchlicht projizieren, die sonst mit Mikroskopen bei geringster Vergrößerung betrachtet wurden. Es gab außerdem ein Mikro-Aquarium, mit dem sich Mikro-Organismen in Wasser oder Kristallformen projizieren ließen.

1954 ersetzte der leistungsstarke **Prado 500** den VIIIs 375-Projektor. Er war mit einer 500 Watt-Kinolampe ausgestattet, die wahlweise gegen eine Lampe mit 375 oder 750 Watt ausgetauscht werden konnte.

Ein in das Unterteil eingebautes Kühlgebläse sorgte für die notwendige Kühlung. Der Katalog führte Projektionsobjektive von 85 bis 250 mm auf, auf Anfrage waren aber auch längere Brennweiten erhältlich. Für diese war der Projektor mit einem langen Vorderteil lieferbar, das die längere Bauweise dieser Objektive sicher trug. Ein neuer großer Mikro-Ansatz für Vergrößerungen bis 2400fach wurde vorgestellt, er beinhaltete drei Mikroskop-Objektive in einem Drehrevolver. Durch Austauschen des Diaschiebers, des asphärischen Kondensors und des Wärmeschutzfilters konnte der Prado 250/500 in den **Prado 66** verwandelt werden, mit dem sich dann 6x6-Dias mit einer 250- oder 500 Watt-Lampe projizieren ließen.

Die Prado-Modelle 250, 500 und 66 wurden bis 1968 angeboten und dann durch den Prado Universal ersetzt. Sie wurden 1956 durch ein einfacheres Modell, den **Prado S**, ergänzt, der für die damalige Zeit durch ein modisches, ja schon futuristisches Design auffiel.

UGILU-B (New York, 1949) – Pravo II komplett mit Hektor 2,5/100 mm, 110 Volt/300 Watt-Lampe
UGOFU-B – wie UGILU-B, mit Hektor 2,5/120 mm
DAMOT – N.Y. "Bindomat"-Einfaßgerät
LANCA – N.Y. Dia-Box

Prado 250 (1950–1960)
UDYTU (1960) – Prado 250 komplett mit Hektor 2,5/85 mm, Dreifach-Kondensor, Reflektor, Dreifach-Wärmeschutzfilter, drehbarer Filmbühne, Diahalter für 5x5-Glasdias, Objektivhalterung und Kabel mit Druckschalter und Netzstecker
UDREU – dto. mit Hektor 2,5/100 mm
UDOYU (1958) – dto. mit Dimaron 2,8/100 mm
UFAVU – dto. mit Hektor 2,5/120 mm
UHATU – dto. mit Epis 3,5/150 mm in Spezialfassung
UMYLU – dto. mit Dimaron 2,8/150 mm in Spezialfassung
UESFU/31240 – dto. mit Hektor 2,5/150 mm in Spezialfassung
UKMOU – zusätzliches Codewort bei Bestellung des Prado 250 mit Gebläse für 110/220 Volt Wechselstrom
UMOQU – zusätzliches Codewort für Prado 250 mit 110/220 Volt Wechselstrom und Gleichstrom
UGHIU – Filmstreifen-Halter
UFYRU – Maske für 18 x 24 mm

Früher Prado 250 mit dem gedrungenen, im Vergleich zu den anderen Modellen wenig eleganten Unterteil und separatem Filmstreifen-Ansatz (*Leica Ar.*)

VUDFS – N.Y. Tischbetrachter für 5x5-Dias mit dreilinsigem Objektiv in Einstellfassung für variable Vergrößerung und Widerstand zur Regulierung der Lichtleistung
VUFIL – Filmhalter für Negative und Positive
VURER – Readymount-Adapter für Tischbetrachter

ANZUU – Widerstand für 220 Volt
UGFEU – Halter für 5x5-Glasdias als Ersatz
UNOPU – Kunststoff-Tragekoffer für Prado 250
USIZU – Mikro-Ansatz mit Adapter, Wechselkondensor, Mikro-Objektive Nr. 1 und 2, mit verstellbarer Diabühne und zwei Objekt-Klemmen
DOBOR – Mikro-Aquarium
UKYNU – Mikro-Ansatz wie USIZU, jedoch mit Summar 25 mm

Objektive wie oben für Prado 250 vor 1954
UFOWU – Hektor 85 mm
UFSEU – Hektor 100 mm
UFKOU – Hektor 120 mm
UFPYU – Dimaron 150 mm mit Spezialfassung
USERU – Hektor 150 mm in Spezialfassung
TFSUU (1957) – Hektor 175 mm
UTAHU – Normalfassung für 85, 100 und 120 mm-Objektive

Prado 500
FIMUU (1954) – Prado 500 komplett mit Hektor 2,5/85 mm, Reflektor, zweilinsigem asphärischen Kondensor, doppeltem Wärmeschutzfilter, abnehmbarem Vorderteil mit drehbarer Diabühne, Wechselschieber, Objektivfassung und 1,8 m langem Kabel mit Schalter und Netzstecker
FEDUU – dto. mit Dimaron 2,8/100 mm
FIUUC – dto. mit Hektor 2,5/100 mm
FLUUA – dto. mit Hektor 2,5/120 mm
FOUUX – dto. mit Dimaron 2,8/150 mm
FOWUU – dto mit Hektor 2,5/150 mm
FEUUG – dto. mit Dimar 4,0/200 mm
FUUES-FRCUU – Prado 500 wie oben, jedoch mit langem Unterteil und Hektor 2,5/200 mm

FNUUY-FRCUU – dto. mit Dimar 4,0/250 mm
FMSUU-FRCUU – dto. mit Hektor 2,5/250 mm
SLUUZ – Wechselschieber als Ersatz
SUUZI – halbautomatische Filmbühne 24 x 36 mm
SUUAW – 18 x 24 mm-Maske für Filmstreifen-Bühne
YKUUN – Tragekoffer für Prado 500 und Objektiven mit 85 bis 150 mm
YLUUM – Tragekoffer für Prado 500 und 200 mm-Objektiv
RTUUP – Transformator 110/220 Volt/500 Watt
RSTUU – wie RTUUP, jedoch mit Dreifach-Kabel
ULIGU – regulierbarer Widerstand mit 110/220 Volt/500 Watt
AMUUP – Verbindungskabel für RTUUP und ULIGU

Vorsätze für wissenschaftliche Zwecke
YELUU – kleiner Mikro-Ansatz mit Kondensor und Summar 2,8/25 mm
YNUUK/32806 – großer Mikro-Ansatz komplett mit Objektiven 0,10/3,5, 0,25/10 und 0,50/25 mm in Drehrevolver und Huygens-Projektionsokular 4x
YMZUU – großer Mikroansatz ohne Drehrevolver
YZUUX – Drehrevolver mit obigen Objektiven
YXUUZ/32807 (1957) – großer vertikaler Mikroansatz mit Spezial-Spiegelvorderteil, zum Ansatz des Drehrevolvers YZUUX
YZUUV/32802 (1957) – Vertikalansatz zur Projektion allgemeiner Präparate im Durchlicht unter Verwendung von Standard-Projektionsobjektiven
OUUEW/37300 – 2fach-Projektionsokular
PQUUO/37820 – Projektionsprisma zum Reflektieren eines projiziertes Bild vom großen Mikroansatz auf einen Tisch
DOBOR – Mikrozelle, aufgeklebt auf einen Objektträger; 1, 1,5, 2, 2,5, 3 oder 4 mm tief. Katalognummern: 37850 = 1 mm, 37857 = 2 mm, 37858 = 3 mm, 37859 = 4 mm
KUUCT (1957) – Polarisations-Ansatz für Prado 250/500, horizontale Befestigung
KRYUU – Polarisations-Ansatz für vertikale Befestigung

Prado 250/500 nach 1960
Das bemerkenswerte Ereignis 1960 war die Einführung des Colorplans 2,5/90 mm. Es war eine neue Konstruktion unter Verwendung von Spezialglas, entwickelt im Leitz-Forschungslabor und ein Gauss-Typ anstelle des normalerweise verwendeten Triplets. Das neue Objektiv konnte mit allen Leitz-Projektoren ausgenommen dem Prado 150 verwendet werden. Seine Farbbrillanz und Detailwiedergabe bis in die Bildecken war hervorragend. Mit der Einführung von Katalognummern und einiger anderer Objektive um 1960 sah die Prado-Produktreihe wie folgt aus:
31258 – Prado 250/500 mit Elmar 2,8/50 mm; 31558 mit Kühlgebläse
31210 – dto., jedoch mit Colorplan 2,5/90 mm; 31510 mit Kühlgebläse
31200 – dto., jedoch mit Dimaron 2,8/100 mm; 31500 mit Kühlgebläse
31220 – dto., jedoch mit Hektor 2,5/120 mm; 31520 mit Kühlgebläse
31230 – dto., jedoch mit Dimaron 2,8/150 mm; 31530 mit Kühlgebläse
31240 – dto., jedoch mit Hektor 2,5/150 mm; 31540 mit Kühlgebläse
31299 – dto., jedoch ohne Objektiv; 31599 mit Kühlgebläse
31200 – Mikrofilm-Lesegerät, bestehend aus Prado 250 mit Elmar 2,8/50 mm, mit Filmbühne, auf Unterteil mit schräger Projektionsfläche, neigbarem Spiegel und seitlichen Blenden gegen Streulicht
31212 – Basiseinheit für Lesegerät wie beschrieben
32010 – Prado 500 mit Transformator-Unterteil und Colorplan 2,5/90 mm
32020 – dto., jedoch mit Hektor 2,5/120 mm
32040 – dto., jedoch mit Hektor 2,5/150 mm
32070 – dto., jedoch mit Hektor 2,5/200 mm
31970 – Prado 500 mit langem Unterteil, Kühlgebläse und 2,5/200 mm Hektor
31990 – dto., jedoch mit Hektor 2,8/200 mm
31991 – dto., jedoch mit Hektor 2,8/300 mm
31909 – dto., jedoch ohne Objektiv

Objektive für Prado 500 und Prado 250
31535 (1964) – Summicron 2,0/35 mm Projektionsobjektiv
31558 (1965) – Elmaron 2,8/50 mm
WUUNE (1959) – Elmar-Projektionsobjektiv 3,5/50 mm
37058 (1960) – Elmar-Projektionsobjektiv 2,8/50 mm
UFOWU – Hektor 2,5/85 mm
37010 (1960) – Colorplan 2,5/90mm, ersetzte Hektor 85 mm
UEYSU – Dimaron 2,8/100 mm
UFSEU – Hektor 2,5/100 mm
37000 (1965) – Elmaron 2,8/100 mm
UFKOU/37020 – Hektor 2,5/120 mm
UFPYU/37030 – Dimaron 2,8/150 mm
37030 (1964) – Elmaron 2,8/150 mm
USERU – Hektor 2,5/150 mm
TFSUU (1957) – Hektor 2,5/175 mm
TUUKB – Dimar 4,0/200 mm mit Fassung
TYUUO – Hektor 2,5/200 mm mit Fassung
37060 (1965) – Elmaron 3,6/200 mm mit Fassung
TVUUR – Dimar 4,0/250 mm mit Fassung
THWUU – Hektor 2,5/250 mm mit Fassung
37080 (1965) – Elmaron 4,0/250 mm mit Fassung
UTBKU – Fassung für Objektive 85, 100 und 120 mm
UTAHU – Fassung für 150 mm-Objektiv
UBEHU – Wechselkondensor für 85, 100 und 120 mm
UBAZU – Wechselkondensor für 150 mm-Objektiv
UBFKU – Wechselkondensor für 200 und 250 mm

Prado 66
YACUU – Prado 66/250 komplett mit Dimaron 2,8/150 mm
YHRUU – dto., jedoch mit Hektor 2,5/150 mm
YUUFP – dto., jedoch mit Hektor 2,5/175 mm
YUUCA – dto., jedoch mit Dimar 4,0/200 mm
YUUID – Prado 66/500 mit Kühlgebläse und Dimaron 2,8/150 mm
YUUKR – dto., jedoch mit Hektor 2,5/150 mm
YUUHQ – dto., jedoch mit Hektor 2,5/175 mm
YUULE – dto., jedoch mit Dimar 4,0/200 mm
YUUOT-FRCUU – Prado 66/500 mit langer Basis, Gebläse und Dimar 4,0/250 mm
YUUNF-FRCUU – dto., jedoch mit Hektor 2,5/200 mm
YUUPG-FRCUU – dto., jedoch mit Hektor 2,8/250 mm

Objektive wie oben für Prado 66
ECUUG – Dimaron 150 mm
EDGUU – Hektor 150 mm
TLCUU – Hektor 175 mm
EDUUF – Dimar 200 mm
EGIUU – Hektor 200 mm
EFGUU – Dimar 250 mm
EGUUC – Hektor 250 mm

Weiteres Zubehör für 6 x 6-Dias mit Prado 250 und 500
YEUUS/32333 – auswechselbares Vorderteil mit fest montierter Diabühne, Wechselschieber 6 x 6 cm, Kondensor und Dimaron 2,8/150 mm
YDUUT/32344 – dto., jedoch mit Hektor 2,5/150 mm
YODUU – dto., jedoch mit Dimar 4,0/200 mm
YSMUU – dto., jedoch mit Dimar 4,0/250 mm
YSMUU/37203 – großer asphärischer Wechselkondensor mit der Gravur 6 x 6
YQHUU/37813 – auswechselbares Wärmeschutzfilter

Prado S und SM

Der Prado S wurde 1956 als völlig Neukonstruktion vorgestellt. Er ließ sich mit Lampen von 150, 250 oder 350 Watt ausrüsten. Die leistungsstärkeren Lampen erforderten ein Kühlgebläse, das im Unterteil untergebracht war. Die Gebläseversion war der Prado SM. Die äußere Wand des Lampenhauses bestand aus Leichtmetall. Das wichtigste neue Feature war jedoch die Andruckplatte ("Diastabilisier-Platte"), um Dias, die nicht hinter Glas gerahmt waren, planzuhalten. Das Vorderteil war nicht drehbar, es gab jedoch sowohl senkrechte als auch waagerechte Wechselschieber, außerdem ein Wechselmagazin und eine Filmbühne. Die Brennweiten reichten von 85 bis 150 mm. Der Prado S ersetzte nie den Prado 150 – er wurde 1960 aus dem Katalog genommen, als sich der Prado 150 immer noch gut verkaufte.

UGILU – Prado S ohne Gebläse oder Objektiv und Objektivfassung

UKARU – Gebläse für 110/125 oder 220 Volt. Das Codewort AKARU wurde den Codewörtern in der Tabelle hinzugefügt, um ein SM-Modell anzuzeigen

Mit Wechselobjtiv	Mit waagerechtem Diawechsler	Mit senkrechtem Diawechsler	mit abnehmbarem Magazinwechsler
Hektor 2,5/85 mm	UOCRU	UIASU	UERDU
Dimaron 2,8/100 mm	UOKFU	UIMPU	UEVMU
Hektor 2,5/100 mm	UOEVU	UIKLU	UETHU
Hektor 2,5/120 mm	UOLHU	UILNU	UEWOU

Prado SM-Modelle

Hektor 2,5/86 mm	UOCRU-UKARU	UIASU-UKARU	UERDU-UKARU
Dimaron 2,8/100 mm	UOKFU-UKARU	UIMPU-UKARU	UEVMU-UKARU
Hektor 2,5/100 mm	UOEVU-UKARU	UIKLU-UKARU	UETHU-UKARU
Hektor 2,5/120 mm	UOLHU-UKARU	UILNU-UKARU	UEWOU-UKARU

UKEZU – Gebläse mit Wechsel-/Gleichstrom-Motor für 110 bis 220 Volt
UOSWU – waagrechter Wechselschieber
UIPVU – senkrechter Wechselschieber
UINRU – Andruckplatte in Fassung für UIPVU
UITDU – Andruckplatte ohne Fassung
UENVU – Diamagazin
UICWU – Andruckplatte in Fassung für Diamagazin

SUURE – halbautomatischer Filmstreifen-Halter
UIGEU – 18 x 24 mm-Maske für SUURE
DUUNV – Tragekoffer für Prado S/SM. Der Projektor konnte an der abnehmbaren Zwischenplatte befestigt werden, die eine bequeme Plattform bildete.

Objektive für Prado S/SM
UFIMU – Hektor 2,5/85 mm
UFGHU – Dimaron 2,8/100 mm
UFSEU – Hektor 2,5/100 mm
UFKOU – Hektor 2,5/120 mm
UFPYU – Dimaron 2,8/150 mm
USERU – Hektor 2,5/150 mm
UBSIU – Objektivfassung für Hektor 85 mm und Dimaron 100 mm
UBRGU – Objektivfassung für Hektor 100 und 120 mm
UBTLU – Objektivfassung für Hektor und Dimaron 150 mm
DUUVZ – Kondensor für Objektive von 85 bis 120 mm
DUUER – Kondensor für 150 mm-Objektive

Pradix

Der sehr erfolgreiche Prado 150, der erstmals vor dem Krieg als VIIIc erschienen war, wurde 1963 schließlich durch den Pradix ersetzt. Er war sehr kompakt und leicht, ein übergroßer asphärischer Kondensor sorgte für verbesserte Ausleuchtung mit Objektiven von 50 bis 100 mm in Verbindung mit der 150 Watt-Lampe.

31403 – Pradix mit Elmaron 2,8/85 mm
31400 – Pradix mit Elmaron 2,8/100 mm
31456 – Pradix mit Elmar 2,8/50 mm. Das gleiche Codewort galt auch, als das Elmar 1966 durch das Elmaron 2,8/50 mm abgelöst wurde.
37413 – Tragekoffer
37846 – Filmstreifen-Ansatz
37849 – Ersatz-Wechselschieber
37003 – 85 mm-Elmaron einzeln
37051 – 50 mm-Elmaron einzeln

Prado Universal

Der kastenförmige Prado Universal ersetzte 1968 die klassischen Linien des Prado 250, 500 und 66. Technisch war es ein großer Fortschritt. Zur Beleuchtung diente eine Halogenlampe 24 Volt/250 Watt, die eine höhere Lichtausbeute lieferte als eine herkömmliche 500 Watt-Lampe. Der neue Hauptschalter hatte vier Stellungen: Aus, nur Gebläse, Lampe in Sparschaltung, und volle Lichtleistung. Die Kühlung erfolgte durch einen großen Lüfter, der kalte Luft ansog und warme Luft ausstieß, zusätzlich kühlte ein Gebläse im Unterteil den Trafo und das Dia im Strahlengang. Die Objektivreihe erstreckte sich von 35 mm für Panorama-ähnliche Weitwinkelprojektion bis 300 mm, und selbst noch längere Brennweiten bis 500 mm waren auf Sonderbestellung lieferbar. Zu den wissenschaftlichen Ansätzen zählten ein großer Mikroansatz mit Mikroskop-Objektiven, ein Vertikal-Ansatz, ein großer vertikaler Mikro-Ansatz und ein Polarisations-Ansatz. Der Prado Universal wurde 1984 aus dem Katalog genommen.

31618 – Prado Universal für 5 x 5-Dias, komplett mit Elmaron 2,8/35 mm
31619 – dto., jedoch mit Elmaron 2,8/50 mm
31649 (1981) – dto., jedoch mit Elmarit-P 2,8/50 mm
31620 – dto., jedoch mit Colorplan 2,5/90 mm
31646 (1981) – dto., jedoch mit Colorplan CF (curved field = gewölbtes Bildfeld) 2,5/90 mm
31621 (bis 1972) – dto., jedoch mit Hektor 2,5/120 mm
31644 (1973) – dto., jedoch mit Elmaron 2,8/120 mm
31622 – dto., jedoch mit Elmaron 2,8/150 mm
31623 – dto., jedoch mit Elmaron 3,6/200 mm
31624 – dto., jedoch mit Hektor 2,5/200 mm
31625 – dto., jedoch mit Elmaron 4,0/250 mm
31626 – dto., jedoch mit Hektor 2,8/250 mm
31627 (bis 1980) – dto., jedoch mit Hektor 2,8/300 mm
31647 (1981) – dto., jedoch mit Epnor 4,3/300 mm
31628 – Prado Universal für 6 x 6- oder 7 x 7-Dias, komplett mit Elmaron 2,8/150 mm
31629 – dto., jedoch mit Elmaron 3,6/200 mm
31630 – dto., jedoch mit Hektor 2,5/200 mm
31631 – dto., jedoch mit Elmaron 4,0/200 mm
31632 – dto., jedoch mit Hektor 2,8/250 mm
31633 (bis 1980) – dto., jedoch mit Hektor 2,8/300 mm
31649 (1981) – dto., jedoch mit Epnor 4,3/300 mm
37942 – Koffer für Prado Universal
27828 – Filmstreifen-Ansatz mit 18 x 24 mm-Maske
37869 – Ersatz-Wärmeschutzfilter für 5x5-Projektor
36816 – 6x6-Wechselschieber für 6x6-Dias
37865 – 6x6-Wechselschieber für 5x5-Dias
37815 – Ersatz-Wechselschieber 6x6 für 7x7-Dias

Vorsätze für wissenschaftliche und didaktische Aufgaben (1968)

32806 – großer Mikro-Ansatz mit drehbarem Vorderteil, Mikroskop-Träger mit Klemme, verstellbarer Kondensor, Präparathalter, Mikroskoptubus und dreifachem Drehrevolver mit Objektiven N.A. 0,10/3,5x, N.A. 0,25/10x und N.A. 0,50/25x sowie Huygens-Okular 4x

32802 – Vertikal-Ansatz: Spiegelgehäuse, Schieneneinheit und Spiegel, Präparathalter, Objektivträger ohne Tubus und Wechselkondensor. Zur Verwendung mit dem Elmaron 50 mm oder dem Colorplan 90 mm

32807 – großer senkrechter Mikroansatz: Vorderteil mit Spiegelgehäuse und Spiegel, Mikroskop-Ausstattung wie 32806

553116 – Polarisations-Ansatz für horizontalen Einsatz, für 90 mm Colorplan oder 120 mm Hektor

553117 – wie 553116, jedoch mit Spiegeln für senkrechten Einsatz

Vorsätze für wissenschaftliche und didaktische Aufgaben (1972)

32820 – **Mikro-Vorsatz A** zur Verwendung mit Prado Universal und Pradovit Color. Vierfach Drehrevolver mit Objektiven 0,12/4, 0,25/10 und 0,50/25. Ließ sich durch Spiegelgehäuse und Prisma in Mikro-Vorsatz B (siehe unten) verwandeln.

32821 – **Mikro-Vorsatz B** für Prado Universal und Pradovit Color. Mikroskop-Ausstattung wie 32820 mit senkrechter Anordnung am Spiegelgehäuse und mit Projektionsprisma am Okular

37867 – Abdeckplatte, erforderlich zum Ansetzen von 32820 oder 32821 an Prado Universal

37300 – 2x Projektions-Okular

32825 – **Makro-Vorsatz C**, Vertikal-Projektionsvorrichtung für allgemeine Untersuchungen von flüssigen oder schmelzenden Substanzen. Ohne Objektiv, konnte mit 50 mm Elmaron oder 90 mm Colorplan verwendet werden.

Weitere didaktische Hilfsmittel waren der Teströhren-Projektionsvorsatz zum Demonstrieren chemischer Reaktionen und der Mikro-Promar. Letzterer war im Prinzip ein Prado Universal mit fest angesetztem Vertikal-Mikrovorsatz, der mit passenden Objektiven für den Biologie-Unterricht eingesetzt wurde.

Die Pradovit-Familie

1958 stellte Leitz den **Pradovit** vor, ein völlig neuer Typ von Projektor, vorgesehen für Fernbedienung und die Verwendung von Einheits-Magazinen. Es war der erste Diaprojektor, der im Design radikal mit seinen laternenähnlichen Vorgängern brach. Durch sein kastenförmiges Gehäuse mit klaren Linien, abgerundeten Kanten und Ecken und zweifarbiger Gestaltung war er ganz klar ein Produkt der späten 50er Jahre. Die geraden Leitz-Magazine wurden nicht völlig als neuer internationaler Standard akzeptiert, da Kodak etwas später die runden Carousel-Magazine einführte. Dennoch ist dieser Magazintyp mehr als dreißig Jahre später immer noch der Standard für mehrere Projektorhersteller.

Mit zwei nebeneinanderliegenden Knöpfen wurde der Projektor gesteuert. Der eine davon war der Ein/Aus-Schalter, der andere betätigte den automatischen Diawechsel. Beim Pradovit F ließen sich diese Funktionen auch durch eine Kabel-Fernbedienung oder durch einen Synchronimpuls vom Tonbandgerät steuern. Beim Diawechsel gab es eine kurze Dunkelphase, das Intervall des Wechsels betrug anderthalb Sekunden. Ein Ausgleichs-Diafenster paßte die Scharfeinstellung bei unterschiedlichen Rahmenstärken an. Superslides von 4 x 4 cm wurden vollkommen ausgeleuchtet, ein Kühlgebläse für Lampe und Dia war eingebaut. 1960 war nur noch der Pradovit F im Programm.

1960 wurde der **Pradovit N** mit Niedervoltlampe vorgestellt. Die 12 Volt/100 Watt-Lampe bot durch ihren relativ dicken, enggewundenen Glühfaden beträchtliche Vorteile in der Ausleuchtung, verglichen mit den anderen 220 Volt-Lampen. Ihre Leistung war fast mit einer 300 Watt-Hochvoltlampe vergleichbar. Ein weiterer Vorteil war, daß verglichen mit letzterer, die Farbtemperatur etwa 180 Kelvin höher lag, was sich in einem weißeren Licht und damit einer farbtreueren Projektion bemerkbar machte. Halogenlampen waren ab 1965 verfügbar, sie erforderten die Verwendung eines Adapters im Lampensockel und eine zusätzliche Führungsplatte für das Lampengehäuse. Anfangs waren zum Pradovit nur 85– und 100 mm-Objektive erhältlich, in den nächsten Jahren folgten jedoch weitere Brennweiten von 50 bis 250 mm. Das Colorplan 2,5/90 mm, oben beim Prado 250/500 beschrieben, stand ab 1960 zur Verfügung. 1964 ersetzen die neuen Elmarone mit 100, 150, 200 und 250 mm Brennweite die entsprechenden Dimaron- und Diaron-Ausführungen. Ein zusätzlicher Winkel erlaubte das Ansetzen eines Prado-Filmstreifen-Vorsatzes oder eines manuellen Wechselschiebers sowie eines Prado Mikro-Projektionsvorsatzes.

Die 24 Volt/150 Watt-Lampe des **Pradovit N24** bot eine um ein Drittel gesteigerte Lichtleistung gegenüber dem Pradovit N, was auch größere Projektionsentfernungen gestattete. Fernbedienungskabel gab es in verschiedenen Längen. Eine Ultraschall-Fernbedienung erlaubte dem Bediener, sich frei ohne Kabel zu bewegen, dieses Zubehörteil war jedoch nur in den USA und nicht in Europa verfügbar. Diese ersten Pradovit-Modelle wurden 1967 durch den **Pradovit Color** abgelöst, der wiederum durch die **Pradovit C** und **CA**-Serie im Jahre 1978 ersetzt wurde. 1986 erschien der Nachfolger in Form des **Pradovit Color 2**, der als Leica **P 2000** das aktuelle Modell darstellt.

1962 stellte Leitz einen preisgünstigeren Projektor vor, den **Pradolux**, der auf der Pradovit-Konstruktion basierte, jedoch einfacher ausgestattet war. Dies bildete den Anfang einer zweiten Projektor-Reihe mit günstigerem Preis aber gleicher optischer Qualität wie die Spitzengeräte. Unteschiede lagen in der Mechanik und im Gehäuse, das aus modernem, widerstandsfähigen Kunststoff statt aus Metall bestand. Der **Pradovit TA** erschien 1971, er wurde 1972 durch den **Pradovit RC** mit Fernbedienung ersetzt. Diesen wiederum löste 1976 der **Pradovit R** ab, der 1978 durch den **Pradovit RA** ergänzt wurde. Die beiden **Pradovit-Modelle R 152** und **RA 152** erschienen 1982 und verwendeten die neuen LKM-Magazine, sie wurden 1984 durch den Pradovit 153 und 253 ersetzt. 1989 wurden sie in **Leica P 153** und **Leica P 253** umbenannt. Das einzig sichtbare Ergebnis des Leitz-Ausflugs ins Pocketformat 110 war der **Pradovit Color 110** von 1974, der einige Jahre in den Katalogen auftauchte. Der andere aus der Reihe fallende Projektor war der **Pradolux RT 300** von 1980, der von Leitz/New York produziert wurde und Kodak Carousel-Magazine verwendete.

Mit der Übernahme des früheren Zett-Werks durch die Leica Kamera Gruppe im Jahre 1991 wurden drei weitere neue Projektoren vorgestellt, das Basismodell **Leica P 150** und der **Leica P 155** und **P 255**.

Die erste Generation Pradovit-Projektoren

1958

UCDEU – Pradovit mit Hektor 2,5/85 mm
UCFIU – Pradovit mit Hektor 2,5/100 mm
UCEGU – Pradovit mit Dimaron 2,8/100 mm
UCMVU – Pradovit F mit Hektor 2,5/85 mm
UCPBU – Pradovit F mit Hektor 2,5/100 mm
UCNXU – Pradovit F mit Dimaron 2,8/100 mm

1960–1967

Projektor mit Fernbedienungskabel	**Pradovit-F** für 220 Volt, 50 Hertz	**Pradovit-F Universal** umschaltbar für 110/ 240 Volt, 50/60 Hertz	**Pradovit-N** für 220 Volt, 50 Hertz	**Pradovit-N Universal** umschaltbar für 110/ 240 Volt, 50/60 Hertz
ohne Objektivfassung ausgestattet mit	30 090 W	30 089 Z	30 399 C	30 396 Z
Elmar 2.8/50mm	30 050 D	30 056 X	30 350 N	30 356 G
Colorplan 2,5/90 mm	**30 010 V**	**30 016 P**	**30 310 E**	**30 316 Y**
Dimaron 2,8/100 mm	30 000 C	30 006 W	30 300 M	30 306 F
Hektor 2,5/120 mm	30 020 X	30 026 R	30 320 G	30 326 S
Dimaron 2,8/150 mm	30 030 Z	30 036 K	30 330 A	30 336 U
Hektor 2,5/150 mm	30 040 B	30 046 V	30 340 L	30 346 E
Dimaron 3,6/200 mm	30 060 F	30 066 Z		
Dimaron 4/250 mm	30 080 U	30 086 N		

UCHRU/37905 – Ganzmetall-Abdeckung
UDGKU/37906 – Koffer für Projektor und Zubehör
UEOXU/37800 – Magazin für 30 Dias
UFMSU/37823 – Kassette für 5 Magazine
UFBXU/37801 – 5 Magazine in Magazinbehälter
UDXRU/37803 – Klarsichtkassette mit 2 Magazinen
UDWPU/37802 – Klarsichtkassette für 2 Magazine
UFTGU/37804 – Box mit 2 50er Magazinen
UTFSU/37909 – Objektivfassung für 90–120mm
UTHWU/37910 – Objektivfassung für 150 mm
37116 – dto. für 200 mm
37118 – dto. für 250 mm
UNHCU/37913 – Fassung mit Wärmeschutzfilter und Kondensor für Brennweiten 90 bis 120 mm
UNKGU/37914 – dto. für 150 mm
37917 – dto. für 50 mm
37920 – dto. für 200 und 250 mm
37054 – Elmar 2,8/50 mm in Spezialfassung
37061 – Diaron 3,6/200 mm
37081 – Diaron 4,0/250 mm
UDKQU – zusätzliches Wärmeschutzfilter für 500 Watt-Ausführung

UCSHU/37900 – Fernbedienungskabel 3,6 m lang
37901 – dto., 10 m lang
37902 – dto., 15 m lang
37903 – dto., 20 m lang
37907 – Tonband-Steuergerät, 1,5 m langes Anschlußkabel für die Steuergeräte Grundig "Sona-Dia 270" und Telefunken "Telechron 1-Universal"
37908 – Mehrfachstecker mit Schalter für simultane Verbindung eines Tonbandgerätes mit dem Fernbedienungskabel des Projektors

Pradovit Color (1967–1977)

Der **Pradovit Color** repräsentierte eine deutliche technische Verbesserung gegenüber den früheren Pradovit-Modellen. Der **Pradovit Color Autofokus** verfügte über automatische Scharfeinstellung bei unterschiedlich gerahmten Dias, z.B. Glas- und Papprahmen gemischt, wobei die Diabühne statt des Objektivs nachjustiert wurde. Dies bedeutete schnelleres Fokussieren ohne Beeinträchtigung durch lange und schwere Objektive. Ein Intervalltimer für automatische Projektion war eingebaut, die Wechselzeiten konnten in 27 Stufen zwischen 3 und 30 Sekunden variiert werden. Dadurch entfiel eine elektrische Synchronisation zwischen Projektor und Tonbandgerät, wenn benötigt war jedoch die volle Synchronisation gewährleistet. Ein neues doppeltes Kühlsystem führte der Diabühne kalte Luft und dem Dia im Magazin warme Luft zum Vorwärmen zu. Ein automatischer Verschluß hielt die Leinwand dunkel, wenn sich kein Dia im Bildfenster befand. Anfangs bestand beim **Pradovit Color F** die Wahl zwischen einer Halogenlampe 24 Volt/150 Watt und einer Netzspannungslampe. Ab 1969 wurde der Pradovit Color F jedoch durch den **Pradovit Color 250** ersetzt, der über eine Halogenlampe 24 Volt/250 Watt verfügte. Die Ausleuchtung reichte für Formate bis 38 x 38 mm, nur die Brennweiten 35 und 50 mm waren auf das Kleinbildformat beschränkt. Die Metall-Abdeckhaube, die mit dem Projektor geliefert wurde, konnte auch als Tisch dienen. An das Handstück der Fernbedienung ließ sich ein Lichtzeiger anstecken.

PRADOVIT COLOR für 24 V/150 W-Halogenlampe	Objektiv		
	COLORPLAN	2,5/90 mm	30 617
	ELMARON	2,8/35 mm*	30 686
	ELMARON	2,8/50 mm*	30 656
	ELMARON	2,8/85 mm	30 646
	HEKTOR	2,5/120 mm	30 626
	ELMARON	2,8/150 mm	30 636
	ELMARON	3,6/200 mm	30 666
	ELMARON	4,0/250 mm	30 676

PRADOVIT-COLOR für 24 V/150 W-Halogenlampe	Objektiv		
	COLORPLAN	2,5/90 mm	30 618
	ELMARON	2,8/35 mm*	30 685
	ELMARON	2,8/50 mm*	30 655
	ELMARON	2,8/85 mm	30 645
	HEKTOR	2,5/120 mm	30 625
	ELMARON	2,8/150 mm	30 635
	ELMARON	3,6/200 mm	30 665
	ELMARON	4,0/250 mm	30 675

PRADOVIT-COLOR AUTOFOKUS und **PRADOVIT-COLOR AUTOFOKUS 250** mit eingebautem, automatischen Fokussiermechanismus	Objektiv		**AF 150**	**AF 250**
	COLORPLAN	2,5/90 mm	30 718	30 614
	ELMARON	2,8/35 mm*	30 788	30 684
	ELMARON	2,8/50 mm*	30 758	30 654
	ELMARON	2,8/85 mm	30 748	30 644
	HEKTOR	2,5/120 mm	30 728	30 624
	ELMARON	2,8/150 mm	30 738	30 634
*nur bis Bildformat 24x36 mm, nicht für Magazine mit 50 Dias	ELMARON	3,6/200 mm	30 768	30 664
	ELMARON	4,0/250 mm	30 778	30 674

Projektionsobjektive und optisches Zubehör für Pradovit Color
37041 – Elmaron 2,8/35 mm
37051 – Elmaron 2,8/50 mm
37003 – Elmaron 2,8/85 mm
37010 – Colorplan 2,5/90 mm
37020 – Hektor 2,5/120 mm
37030 – Elmaron 2,8/150 mm

37061 – Elmaron 3,6/200 mm
37081 – Elmaron 4,0/250 mm
37119 – Einstellfassung für Objektive mit 35, 50 und 85 mm Brennweite
37120 – dto. für 90 und 120 mm
37121 – dto. für 150 mm
37123 – dto. für 200 mm
37124 – dto. für 250 mm
37210 – Wechselkondensor für Objektive 35 und 50 mm
37211 – dto. für 85, 90 und 120 mm
37212 – dto. für 150, 200 und 250 mm

Die Pradovit-Modelle C und CA, A, S und SAF

Vorgestellt zur photokina 1986, übernahmen die neuen **Pradovit-Modelle C/CA 1500** und **C/CA 2500** die Führungsposition unter den Leitz-Projektoren. Ihr herausragendes Feature war die "Projektion ohne Dunkelphase". Es waren die ersten Projektoren, die dies als Einzelprojektoren mit einem einzigen System ermöglichten. Die Funktion des Diagreifers, das folgende Dia aus dem Magazin heraus- und in das Bildfenster hineinzuschieben, war von der Bewegung des Zurückführens des projizierten Dias in das Magazin getrennt. Daraus resultierte eine Verkürzung der Dunkelphase von sonst 1,5 Sek. auf 0,4 Sek. – kaum wahrnehmbar für den Betrachter. Statt das projizierte Dia ins Magazin zurückzuschieben, bevor das nächste Dia aus diesem herausgeschoben wurde, bewegte sich das projizierte Dia einen Schritt weiter in axialer Richtung, während das neue Dia in Position gebracht wurde. Danach erst wurde das projizierte Dia ins Magazin zurückbefördert. Der konventionelle einteilige Verschluß, der die Leinwand während des Diawechsels abdunkelt, wurde in zwei Vorhänge geteilt, die sich von der Mitte aus öffneten. Dies trug ebenfalls zur Verkürzung der Funktionen bei. Die CA-Versionen verfügten über Autofokus, die 1500-Modelle besaßen eine 150 Watt-Lampe, die 2500-Modelle eine Lampe mit 250 Watt. Eine Spezialausführung ließ sich werksseitig auf Timerbetrieb umrüsten. Eine Infrarot-Fernbedienung war ab 1978 lieferbar.

Eine Spezialversion, der **Pradovit A**, hatte eine Magazin-Rückholung eingebaut, durch die sich eine beliebige Anzahl von Dias zwischen 2 und 48 ununterbrochen vorführen ließ. Eine Wiederholplatte mußte vor dem ersten und hinter dem letzten Dia in das Magazin eingesetzt werden. Die Dauerwiederholung konnte auf Wunsch auch von einem Tonband gesteuert werden. Eine Tageslicht-Projektonshaube, vorgestellt 1978, erlaubte helle Tageslicht-Vorführung, beispielsweise für Werbezwecke in Schaufenstern.

Die Vorstellung des Überblend-Steuergerätes D.U. 24 1978 ermöglichte es, die Pradovit-Modelle C und CA paarweise für anspruchsvolle Diashows einzusetzen.

Eine weitere Neuvorstellung im Jahre 1978 waren der **Pradovit S** und der **Pradovit S/AF**. Sie waren dem Pradovit C 2500 bzw. CA 2500 sehr ähnlich, bei ihnen war die Dunkelphase jedoch wie üblich 1,5 Sekunden lang. Diese Projektoren waren für Schulungszwecke oder den paarweisen Einsatz oder noch größere Gerätekombinationen mit Überblend-Steuergeräten gedacht, wo Einzelgeräte nicht separat eingesetzt wurden. Für Überblendzwecke wurden sie werksseitig mit Triac und entsprechendem Anschluß vorbereitet.

1982 erforderte die Einführung der neuen LKM-Magazine ein überarbeitetes Modell, das zusätzlich zum Einheitsmagazin auch die diese neuen Magazine verwenden konnte. Es war der **Pradovit CA 2502**, die anderen C-, CA- und A-Modelle liefen aus. Die LKM-Magazine bestanden aus flexiblem Plastik, was es ermöglichte, daß winzige Nuten in den Trennwänden angebracht werden konnten. Sie hielten das Dia innerhalb des Magazins sicher in Position, das sogar auf den Kopf gestellt werden konnte, ohne daß die Dias herausfielen. Die LKM-Magazin besaßen außerdem eine größere Kapazität von 60 und 80 Dias – bei gleicher Länge wie die konventionellen Magazine für 36 und 80 Dias.
Pradovit C, CA und A (1976–1982)
Pradovit S und S/AF (1978–1980)

Pradovit CA 2502 (1982–1986)

Zubehör für Pradovit C und CA
37119 – Objektivtubus 42,5 mm für Brennweiten von 35 bis 120 mm
37121 – dto. für 150 mm
37129 – dto. für 200 mm
37130 – dto. für 250 mm

	PRADOVIT CA 2502, umschaltbar für 110/240 V, 50/60 Hz, Autofokus	PRADOVIT CA 2502 umschaltbar für 110/240 V, 50/60 Hz Autofokus, für Überblend-Projektion	Objektiv einzeln
ELMARON 2,8/35 mm	30 004	30 029	27 041
ELMARIT-P 2,8/50 mm	30 005	30 034	37 011
ELMARON 2,8/60 mm	30 008	30 035	37 004
ELMARON 2,8/85 mm	30 009	30 038	37 003
COLORPLAN 2,5/90 mm	**30 014**	**30 039**	**37 005**
COLORPLAN-CF 2,5/90 mm	**30 015**	**30 044**	**37 015**
ELMARON 2,8/120 mm	30 018	30 045	37 022
ELMARIT-P-CF 2,8/120 mm	–	–	37 012
ELMARON 2,8/150 mm	30 019	30 048	37 030
ELMARIT-P-CF 2,8/150 mm	–	–	37 013
ELMARON 3,4/200 mm	30 024	30 049	37 009
ELMARON 4,0/250 mm	30 025	30 052	37 082
EPNOR 4,3/300 mm	30 028	30 053	34 837
VARIO-ELMARON-P 3,5/60-110 mm	–	–	37 026
VARIO-ELMARON-P 3,5/110-200 mm	–	–	37 027
Projektorgehäuse separat	30 029	30 401	

37223 – Kondensor für 35 bis 50 mm
37224 – Kondensor für 60 bis 150 mm
37225 – Kondensor für 175 bis 300 mm
37226 – asphärisches Objektiv für 40 x 40 mm
37957 – Verlängerungskabel 10 m für Fernbedienung
37956 – Haube für Projektor mit Objektiv bis 120 mm
37961 – Tragekoffer
37937 – Halter für Mikro-Ansätze
37963 – Tageslicht-Projektionsbox
37969 – Timer mit 60 cm-Verbindungskabel und 6-poligem Stecker zum Anschluß an die Tonband-Buchse, Intervalle einstellbar von 3 bis 30 Sek.
37970 – Infrarot-Fernbedienung, Sender und Empfänger komplett

37979 – LKM-Aufbewahrungsbox mit 2 Magazinen für 60 Dias
37980 – LKM-Aufbewahrungsbox mit 2 Magazinen für 80 Dias

37973 – Überblend-Steuergerät D.U. 24 A für zwei Projektoren mit Speichermöglichkeit für automatische Bedienung vom Tonband, mit Steuereinheit für weiche und harte Überblendungen
37971 – Überblend-Steuergerät D.U. 24 M für zwei Projektoren, für manuelle Überblendung, mit Handsteuerteil für alle Funktionen
37972 – Konsole zum Positionieren von zwei Pradovit-Projektoren für Überblendungen

Pradovit Color 2 (1986–1989)

Dies war eine verbesserte Ausführung des Pradovit CA 2502. Der Mechanismus für den Diawechsel wurde komplett neu konstruiert. Der Diawechsel erfolgte in weniger als einer Sekunde. Objektive und Zubehör waren die gleichen wie für den CA 2502, Lichtquelle eine 24 Volt/250 Watt-Lampe, Trafo einstellbar für 110/240 Volt und 50/60 Hertz.

30706 – Pradovit Color 2 mit Elmaron 2,8/35 mm
30707 – dto. mit Elmarit-P 2,8/50 mm
30708 – dto. mit Elmaron 2,8/60 mm
30709 – dto. mit Elmaron 2,8/85 mm
30710 – dto. mit Colorplan-P 2,5/90 mm
30711 – dto. mit Colorplan-P CF 2,5/90 mm
30712 – dto. mit Elmaron 2,8/120 mm
30713 – dto. mit Elmarit-P 2,8/150 mm
30714 – dto. mit Elmaron 3,4/200 mm
30715 – dto. mit Elmaron 4,0/250 mm
30716 – dto. mit Epnor 4,3/300 mm

Die populären Pradovit-Projektoren

Pradolux (1962–1969)

Der **Pradolux** bot die Vorzüge des Pradovits in einem einfacheren, preisgünstigeren Projektor. Er war kompakter als der Pradovit, verwendete jedoch die neuen Einheitsmagazine. Der Diawechsel erfolgte über eine Einknopf-Steuerung. Als Lichtquelle kam eine 12 Volt/100 Watt-Lampe wie beim Pradovit N zum Einsatz, sie wurde über ein eingebautes Kühlgebläse gekühlt. Der **Pradolux-24** ersetzte 1966 das erste Modell. Die 24 Volt/150 Watt-Lampe lieferte eine gesteigerte Lichtleistung, über eine Sparschaltung ließ sich die Lebensdauer erhöhen. Der **Pradolux 24-Schulprojektor** war ein Spezialmodell mit abnehmbarer Diaführung, die durch einen Filmsteifen-Halter ersetzt werden konnte.

32156 – Ausrüstung für kurze Entfernungen oder Breitband-Projektion mit Elmar 2,8/50 mm
32103 – Pradolux mit Elmaron 2,8/85 mm
32100 – Grundausstattung für Heimprojektion mit Elmaron 2,8/100 mm
32136 – Ausrüstung für große Entfernungen mit Elmaron 2,8/150 mm
32296 – Pradolux-24 ohne Objektiv
32256 – Pradolux-24 mit Elmar 2,8/50 mm
32203 – Pradolux-24 mit Elmaron 2,8/85 mm
32236 – Pradolux-24 mit Elmaron 2,8/150 mm
37430 – grauer Kunststoff-Tragekoffer
32214 – Pradolux-S24 mit Elmaron 2,8/85 mm
32224 – Pradolux-S24 mit Elmaron 2,8/150 mm
37051 – Elmar 2,8/50 mm
37003 – Elmaron 2,8/85 mm
37002 – Elmaron 2,8/100 mm
37031 – Elmaron 2,8/150 mm

Die Pradovit-Modelle TA, RC, R und RA

Leitz führt 1971 erneut einen preisgünstigen Projektor für Einheitsmagazine ein. Es war der Pradovit TA, der ein Jahr später durch den Pradovit RC mit Fernbedienung abgelöst wurde. Dieser wiederum wurde 1976 durch den Pradovit R ersetzt, 1978 kam dessen Autofokus-Version, der Pradovit RA hinzu.

Pradovit TA (1971–1972)

Das Gehäuse bestand aus Makrolon-Kunststoff mit glasfaserverstärktem Unterteil. Der automatische motorische Diawechsel erfolgte über einen Druckknopf, manuelle Bedienung war ebenfalls möglich. Zur Beleuchtung diente eine Halogenlampe 24 Volt/150 Watt mit Sparschaltung, das Kühlgebläse war für Dia, Gehäuse und Lampe zuständig. Es gab zwei Modelle: eines für 220-240 Volt, das andere einstellbar auf 110–130 Volt und 220–240 Volt mit 50–60 Hz. Folgende Objektive waren erhältlich:

30152 – Pradovit TA, 220–240 V mit Elmaron 2,8/50 mm
30154 – dto., mit Elmaron 2,8/85 mm
30155 – dto., mit Colorplan 2,5/90 mm
30156 – dto., mit Elmaron 3,2/150 mm
30157 – Pradovit TA mit Spannungswähler und Elmaron 2,8/50 mm
30159 – dto., mit Elmaron 2,8/85 mm
30160 – dto., mit Colorplan 2,5/90 mm
30161 – dto., mit Elmaron 3,2/150 mm
37005 – Colorplan 2,5/90 mit Fassung 42,5
37031 – Elmaron 3,2/150 mm
37220 – Wechselkondensor für 50 mm-Objektiv
37219 – dto. für 85, 90 und 150 mm
37945 – Tragekoffer

Pradovit RC (1972–1975)

Er war in jeder Beziehung dem Pradovit TA ähnlich, bis auf die Fernbedienung für den Diawechsel (mitgeliefert), obwohl manueller Diawechsel und Einzeldia-Projektion ebenfalls möglich waren. In die Fernbedienung war ein Lichtzeiger eingebaut. Es gab zwei Modelle: Eines für 220–240 V, das andere für 110–130 V und 220–240 V/50–60 Hz.

30174 – Pradovit RC 220-240 V mit Elmaron 2,8/50 mm
30175 – dto., mit Elmaron 2,8/85 mm
30176 – dto., mit Colorplan 2,5/90 mm
30177 – dto., mit Elmaron 2,8/120 mm
30178 – dto., mit Elmaron 3,2/150 mm
30182 – Pradovit RC mit Spannungswähler und Elmaron 2,8/50 mm
30183 – dto., mit Elmaron 2,8/85 mm
30184 – dto., mit Colorplan 2,5/90 mm
30185 – dto., mit Elmaron 2,8/120 mm
30186 – dto., mit Elmaron 3,2/150 mm

Wechselobjektive, Kondensoren und Tragekoffer wie bei Pradovit TA.

Pradovit R 150 und RA 150 (1976–1981)

Diese neuen Projektoren hatten ein breites Gehäuse als der RC, um Platz für den Überbau links neben dem Objektiv zu bieten.

Dieser hatte auf der Oberseite ein Fach, in dem bei Nichtgebrauch die Fernbedienung untergebracht war. Der Diawechsel konnte somit vom Gerät getrennt oder mit eingesetzter Fernbedienung vorgenommen werden. Die Diahalterung ließ sich für einzelne Dias ein- und herausschieben. Eine 6polige Standardbuchse erlaubte den Anschluß an ein Tonbandgerät oder externe Steuergeräte. Die Autofokus-Version, der Pradovit RA 150, kam 1978 hinzu. Ab diesem Zeitpunkt waren auch eine Infrarot-Fernbedienung, eine Funkfernsteuerung und ein Timer erhältlich. Diese Zubehörteile paßten auch zu den Projektoren der C-Serie und sind dort beschrieben. Ab 1981 ersetzte das Elmarit-P 2,8/50 das Elmaron 2,8/50, außerdem kam das Colorplan CF 2,5/90 mit gewölbtem Bildfeld hinzu. Als 1978 die Überblend-Steuergeräte D.U. 24A und D.U. 24M vorgestellt wurden, konnten der R 150 und RA 150 ab Werk in einer modifizierten Version mit eingebautem TRIAC für stufenlose Helligkeitsregulierung der Lampe bestellt werden.

Pradovit R 150 und RA 150

Objektive für Pradovit R 150 und RA 150
37008 – Elmaron 2,8/50 mm
37011 (1981) – Elmarit-P 2,8/50 mm
37003 – Elmaron 2,8/85 mm
37005 – Colorplan 2,5/90 mm
37015 – (1981) Colorplan CF 2,5/90 mm
37019 – Elmaron 2,8/120 mm
37031 – Elmaron 3,2/150 mm
37222 – Kondensor für 60 bis 150 mm
37221 – Kondensor für 50 mm

	PRADOVIT R 150		**PRADOVIT RA 150**	
	für 220 V	für 110–240 V	für 220 V	für 110–240 V
PRADOVIT R 150 mit Halogenlampe 24V/150W und Objektiv				
ELMARON 2.8/50 mm	30561	30571	30531	30541
ELMARON 2.8/85 mm	30562	30572	30532	30542
COLORPLAN 2.5/90 mm	30563	30573	30533	30543
ELMARON 2.8/120 mm	30564	30574	30534	30544
ELMARON 3.2/150 mm	30565	30575	30535	30545
Projektorgehäuse mit Kondensor 60 bis 150 mm und Halogenlampe 24 V/150 W	30560	30570	30530	30540
Projektorgehäuse mit Kondensor 50mm und Halogenlampe 24V/150W	30569	30579	30539	30549

Pradovit R 152 und RA 152 (1982–1984)

Bei diesen handelte es sich um Zwischenmodelle, sehr ähnlich den entsprechenden Modellen R/RA 150, jedoch modifiziert zur Aufnahme der neuen LKM-Magazine (siehe Abschnitt unten bei Zubehör zu C- und R-Projektoren). Einige neue Objektive wurden ebenfalls vorgestellt, dazu zählten ein Elmarit-P-CF 2,8/120 und 150 sowie die beiden Zoomobjektive Vario-Elmaron- 3,5/60 – 110 und 3,5/110 – 200 mm.

Projektor mit 24 V/150 W Halogenlampe Netz- und Fernbedienungs-kabel und Objektiv	PRADOVIT R 152 220 V/50Hz	PRADOVIT R 152, 110–240 V, 50–60Hz	PRADOVIT RA 152, Autofokus, 220 V, 50Hz 50–60Hz	PRADOVIT RA 152, Autofokus, 110–240 V, 50–60Hz für Überblend-projektion	PRADOVIT RA 152, Autofokus, 110–240 V
ELMARIT-P 2.8/50 mm1)	30 104	30 114	30 124	30 134	30 144
ELMARON 2.8/85 mm	30 105	30 115	30 125	30 135	30 145
COLORPLANÆ 2.5/90 mm	**30 106**	**30 116**	**30 126**	**30 136**	**30 146**
COLORPLAN-CF 2.5/90 mm	**30 107**	**30 117**	**30 127**	**30 137**	**30 147**
ELMARON 2.8/120 mm	30 108	30 118	30 128	30 138	30 148
ELMARON 3.2/150 mm	30 109	30 119	30 129	30 139	30 149
Projektorgehäuse einzeln	30 081	30 082	30 083	30 084	30 085

1) nicht für 80er LKM- und 50er-Einheitsmagazine

37931 – Verlängerung 5 m für Fernbedienungskabel

37954 – Tragekoffer

Pradovit 153 und 253 (1984–1989)

Diese beiden Modelle ersetzten zur photokina 1984 den R 152 und RA 152. Alle Ausführungen besaßen das derzeit übliche Autofokussystem, bei dem das Licht von einer winzigen röhrenförmigen Lampe vom Dia auf eine Fotozelle reflektiert wird.Es bestand auch die Möglichkeit der manuellen Korrektur. Alle Projektoren erlaubten die Verwendung von drei verschiedenen Magazintypen: Einheitsmagazine, LKM- und CS-Magazine und besaßen eine Vorrichtung für Einzeldia-Projektion über den Diahalter, gleichzeitig nützlich zur Korrektur

Projektor mit Halogenlampe, Netzkabel, LKM-Magazin für 60 Dias und Objektiv:	220 V, 50 Hz mit Fernbedienungs-kabel		110-240 V, 50-60 Hz mit Fernbedienungs-kabel		220 V, 50 Hz mit IR-Fernbedie-nung		110-240 V, 50-60 Hz mit IR-Fernbedie-nung		110-240 V, 50-60 Hz Kabel-Fernbe-dienung, für Überblend-projektion	
	PRADOVIT 153	253	PRADOVIT 153	253	PRADOVIT 153 IR	253IR	PRADOVIT 153 IR	253 IR	PRADOVIT 153 DU	253 DU
ELMARIT-P 2.8/50mm[1])	30 607	30 730	30 627	30 740	30 637	30 750	30 647	30 760	30 677	30 790
ELMARON 2.8/85mm	30 608	30 731	30 628	30 741	30 638	30 751	30 648	30 761	30 678	30 791
COLORPLAN 2.5/90mm	**30 609**	**30 732**	**30 629**	**30 742**	**30 639**	**30 752**	**30 649**	**30 762**	**30 679**	**30 792**
COLORPLAN-CF 2.5/90mm	**30 610**	**30 733**	**30 630**	**30 743**	**30 640**	**30 753**	**30 650**	**30 763**	**30 680**	**30 793**
ELMARON 2.8/120mm	30 611	30 734	30 631	30 744	30 641	30 754	30 651	30 764	30 681	30 794
ELMARIT-P 2.8 150mm	30 612	30 735	30 632	30 745	30 642	30 755	30 652	30 765	30 682	30 795
Projektor einzeln	30 657	30 729	30 658	30 739	30 659	30 749	30 660	30 759	30 605	30 789

1) nicht geeignet für 80er LKM- oder 50er Einheitsmagazine

Pradovit CA 2502, Pradovit 153 und Pradovit 253

Leica P 155 und Leica P 255

eines seitenverkehrt eingesetzten Dias. Die Modelle ohne Infrarot-Fernsteuerung besaßen eine Kabel-Fernbedienung. Die Modelle 153 DU und 253 DU hatten einen eingebauten TRIAC.

Zusätzliche Objektive
37004 – Elmaron 2,8/60 mm
37012 – Elmarit-P CF 2,8/120 mm
37013 – Elmarit-P CF 2,8/150 mm
37026 – Vario-Elmaron-P 3,5/60 – 110 mm

Zubehör
37416 – Tragekoffer
37639 – Kabel-Fernbedienung mit Lichtzeiger
37642 – 10 m Verlängerung für Fernbedienung
37790 – Infrarot-Fernbedienung (extern) für Nicht-IR-
Modelle
37981 – Timer
37641 – Mehrfachstecker

Pradolux RT 300 (1980– ca. 1986)

Um die Nachfrage nach einem Gerät zu befriedigen, das Kodak Carousel-Magazine verwenden konnte, entwickelte Leitz/New York in Zusammenarbeit mit der amerikanischen Firma Singer den Pradolux RT 300. Er wurde nie außerhalb des amerikanischen Marktes verkauft. Ein besonderes Merkmal war der dichroitische Spiegel anstelle des Wärmeschutzfilters, so daß sich die Lampenachse in rechtem Winkel zu der des Objektivs befand. Zur Ausstattung gehörten Autofokus und Fernbedienung. Der RT 300/AV ließ sich mit allen bekannten Überblendsteuerungen und Synchrongeräten kombinieren.

Pradovit Color 110 (1974–1977)

Der Pradovit Color 110 hatte nichts gemein mit dem Pradovit Color, er wurde zur photokina 1974 für die Leica 110 vorgestellt, doch diese Kamera erblickte nie das Licht der Welt. Ein interessantes Merkmal war das neuentwickelte Agfa/Leitz-Rundmagazin für 60 Dias. Als Lichtquelle diente eine Halogenlampe 12 Volt/75 Watt mit Kaltlichtspiegel. Zwei neue Objektive speziell für diesen Projektor waren das Colorplan 2,5/90 und das Elmaron 2,8/45 mm. Die Fernbedienung erfolgte per Kabel, ein Lichtzeiger war im Handstück eingebaut.

30900 – Pradovit Color 110, 220 V/50 Hz mit Colorplan 2,5/50 mm
30901 – dto., mit Elmaron 2,8/45 mm
30902 – Pradovit Color 110 für 110–240 Volt/50–60 Hz mit Colorplan 2,5/50 mm
30903 – dto., mit Elmaron 2,8/45 mm
37931 – 5 m Verlängerung für Fernbedienung
37948 – Kompaktmagazin 110
37911 – Mehrfachstecker zum Anschluß von Tonbandgerät und Fernbedienung

Leica Projektoren

Nach der Etablierung der Leica Camera Gruppe wurden alle Projektoren des Programms umbenannt und erhielten den Namen Leica statt Pradovit. Im Mai 1990 kaufte das Unternehmen das Zett Projektoren-Werk in Braunschweig von der Ikon AG und bildete die Leica Projektion GmbH als Teil der Leica Camera Gruppe. Dies bildete die Grundlage zum Ausbau des Leica Projektoren-Geschäftes. Sowohl Leica als auch Zett Projektoren werden jetzt in Braunschweig hergestellt, obwohl beide Marken auch weiterhin getrennt vermarktet werden. Gegen Ende des Jahres 1990 wurden drei neue Leica-Projektoren vorgestellt: Die Modelle P 150, P 155 und P 255 waren die direkte Folge der Werksübernahme. Alle Projektionsobjektive tragen jetzt ein "P" nach ihrer Bezeichnung.

Leica P 2000

Das entsprechende Pendant zum Pradovit Color 2. Die Katalogbezeichnungen blieben unverändert.

Objektive zum Leica P 2000
37041 – Elmaron-P 2,8/35 mm
37011 – Elmarit-P 2,8/50 mm
37004 – Elmaron-P 2,8/60 mm
37003 – Elmaron-P 2,8/85 mm
37005 – Colorplan-P 2,5/90 mm
37015 – Colorplan-P CF 2,5/90 mm
37022 – Elmaron-P 2,8/120 mm
37012 – Elmarit-P CF 2,8/120 mm
37013 – Elmarit-P 2,8/150 mm
37013 – Elmarit-P CF 2,8/150 mm (42,5 mm)
37009 – Elmaron-P 3,4/200 mm (42,5 mm)
37082 – Elmaron-P 4,0/250 mm
34837 – Epnor-P 4,3/300 mm
37026 – Vario-Elmaron-P 3,5/60 – 110 mm (42,5 mm)
37027 – Vario-Elmaron-P 3,5/110 – 200 mm (42,5 mm)

Objektivbehälter
37119 – für Brennweiten von 35 bis 200 mm und Objektive mit 42,5 mm Durchmesser
37130 – für 250 mm Brennweite
34640 – für 300 mm Brennweite

Kondensoren für 24 x 36 mm
37223 – für 35 mm
37224 – für 50–200 mm (Standard-Kondensor)
37225 – für 250–300 mm

Zubehör für 4 x 4-Dias
37227 – Kondensor für 60 – 200 mm
37228 – Kondensor für 250 – 300 mm
37226 – asphärischer Kondensor für 40 x 40 mm

Weiteres Zubehör
37986 – Timer-C, einstellbar von etwa 3 bis 30 Sek.
37988 – PCM Infrarot-Fernbedienung
37637 – Überblend-Steuergerät DU-24 P
37987 – Überblend-Steuergerät DU-24 M
37972 – Konsole für Überblendprojektion

Leica P153, P153 IR, P 153 DU, P253, P253 IR, P253 DU

Diese Projektoren entsprechen den baugleichen, oben beschriebenen Pradovit-Modellen. Die Katalognummern blieben die gleichen. Sie wurden 1991 durch den P155 und P255 wie oben beschrieben abgelöst.

Leica P 150

Ein kompakter Autofokus-Projektor, gedacht für den Einsteiger in die Heimprojektion. Neues Feature ist ein beleuchtetes Fenster, mit dem sich ein Dia vor dem Projizieren kontrollieren läßt. Das Gerät verwendet sowohl LKM- als auch Einheits- und CS-Magazine, auch Einzeldias lassen sich ohne Magazin projizieren.

Die Fernbedienung läßt sich im Projektor verstauen und für den Gebrauch herausnehmen. Als Zubehör ist ein Lichtzeiger erhältlich, der auf die Fernbedienung aufgesteckt werden kann. Ein neues Objektiv, das Hektor 2,8/85 mm, ist speziell für diesen Projektor entwickelt worden. Mit der Fernbedienung kann der Autofokus korrigiert werden.

30421 – Leica P 150 mit Objektiv
37511 – Hektor-P2 2,8/85 mm
37310 – ansetzbarer Lichtzeiger
37311 – Tragekoffer

Leica P 155 und P 255

Diese beiden neuen Modelle unterscheiden sich nur in der Lampenbestückung – 150 bzw. 250 Watt. Sie verwenden die üblichen Leica-Projektionsobjektive, doch aufgrund der abweichenden Konstruktion der neuen Projektoren sind die Objektive in einer anderen Fassung befestigt. Um Objektiv in den neuen Fassungen von denen in alter Fassung mit gleicher Bezeichnung unterscheiden zu können, ist dem Namen eine "2" hinzugefügt worden. Die anderen Eigenschaften sind ähnlich denen des P 150, einschließlich des Vorbetrachtungs-Pultes unter der faltbaren Abdeckung. Der Autofokus dieser Projektoren arbeitet mit einer Infrarot-Lichtquelle und kann mit der Fernbedienung manuell beeinflußt werden. Beim nächsten Diawechsel schaltet das Gerät automatisch wieder auf Autofokus um. Zum Zubehör des Leica P 155 und P 255 zählen eine einsteckbare Leselampe mit flexiblem Hals zum Beleuchten von Notizblättern sowie eine separate Fernbedienung mit eingebautem Lichtzeiger und 3 m Kabel zum Einsatz bei Präsentationen, Konferenzen und dergleichen. Beide Modelle können über einen Timer oder ein Steuergerät auch für automatisch ablaufende Shows eingesetzt werden.

	LEICA P 155 mit	LEICA P 255 mit	Objektiv einzeln
HEKTOR-P2 2,8/85 mm	30429	30459	37511
COLORPLAN-P2 2.5/90 mm	30430	30460	37512
COLORPLAN-P2 CF 2,5/90 mm	30431	30461	37513
ELMARIT®-P2 2,8/120 mm	30433	30463	37515
ELMARIT®-P2 2,8/150 mm	30434	30464	37516
ELMARON®-P2 3,4/200 mm	30517	30520	37520
VARIO-ELMARIT-P2 2,8/70–120 mm	30448	30488	37518

30427 – Leica P 155 ohne Objektiv
30457 – Leica P 255 ohne Objektiv

Objektive für Leica P 155 und P 255
37511 – Hektor-P2 2,8/85 mm
37512 – Colorplan-P2 2,5/90 mm
37513 – Colorplan-P2 CF 2,5/90 mm
37515 – Elmarit-P2 2,8/120 mm
37516 – Elmarit-P2 2,8/150 mm
37520 – Elmaron-P2 3,4/200 mm
37518 – Vario-Elmarit-P2 2,8/70 – 120 mm

Zubehör
30313 – Leselampe
37312 – Tragekoffer
37314 – separate 3m Kabel-Fernbedienung mit Lichtzeiger
37315 – 10 m Verlängerung für Fernbedienung
37316 – Timer P für automatische Diashow mit einstellbaren Intervallen von 5 bis 35 Sekunden

Überblend-Steuergeräte
Diese drei neuen Geräte wurden zur photokina 1992 vorgestellt:
Leica DU-24 M2 für Heimbetrieb mit zwei beliebigen Leica-Projektoren mit 14-poliger DIN-Buchse. Manuelle Steuerung der Überblendung durch Schieberegler
Leica DU-24 IR mit Infrarot-Fernsteuerung. Bietet automatische Überblendung und eine Reihe von Effekten, die manuell über die Fernbedienung abgerufen werden können, Voreinstellung durch Timer oder vorprogrammiert und gespeichert auf Tonband oder Kassette
Leica DU-24 IR PC, bietet neun Überblend/Zeit-Kombinationen und kann über einen IBM-kompatiblen PC mit RS-232 Schnittstelle gesteuert werden.

22 Ferngläser

Die meisten Leica Anhänger wissen nur sehr wenig über Ferngläser. Ferngläser sind noch kein wichtiges Sammelgebiet geworden, doch Leitz stellt seit 1907 ununterbrochen Ferngläser her, und sie bilden auch heute einen wichtigen Bereich innerhalb der Leica Produktlinie. Leitz produzierte über die Jahre viele verschiedene Modelle, die zu den besten und fortschrittlichsten ihres Typs gezählt werden. Sie vermitteln das gleiche Gefühl in der Handhabung wie eine Leica Kamera. Bis heute setzen Leica-Ferngläser diese Tradition fort, und sie verkörpern gleichermaßen Innovation wie exzellente optische und mechanische Qualität.

Das Teleskop blickt auf eine 400jährige Geschichte zurück, dagegen nehmen sich die 150 Jahre der Fotografie bescheiden aus. Beide Typen von Teleskopen, die die Basis für Ferngläser bildeten, wurden zu Beginn des siebzehnten Jahrhunderts erfunden. Das erste astronomische Teleskop, allgemein dem Niederländer Lipperhey zugeschrieben, war 1608 eine Sensation. Die Meinungen darüber, wer der eigentliche Erfinder ist, gehen auseinander, und Kepler ist einer von denen, die Anspruch darauf erheben. Das astronomische Teleskop hat ein Objektiv langer Brennweite, das innerhalb des Tubus' ein Luftbild erzeugt. Dieses wiederum wird durch ein Okular kürzerer Brennweite vergrößert. Es erzeugt ein seitenverkehrtes Bild, was für astronomische Aufgaben kein Nachteil, für terrestrische Aufgaben jedoch nicht zweckmäßig ist. Terrestrische Teleskope erhielt man durch Zwischenschalten einer Linsengruppe zum Umkehren des Bildes, sie befindet sich zwischen Objektiv und Okular.

Der andere grundlegende Teleskoptyp wird der Entdeckung von Galileo im Jahre 1609 zugeschrieben. Hierbei ist das Okular eine negative Linse von kurzer Brennweite, die vor dem Brennpunkt des Objektivs angeordnet ist. Daraus resultiert eine viel kürzere Bauweise, wichtiger indes ist die Tatsache, daß ein aufrechtstehendes, seitenrichtiges Bild erzeugt wird. Das Galileo-Teleskop hat einen sehr engen Bildwinkel, vor allem bei Vergrößerungen über 3fach. Bei sechsfacher Vergrößerung beträgt er nur 3 Grad, verglichen mit 7 oder 8 Grad oder mehr bei 6fach-Prismen-Ferngläsern. Auf der anderen Seite liefert diese Konstruktion eine viel bessere Ausleuchtung, als mit den frühen Prismenferngläsern ähnlicher Vergrößerung möglich war, zumindest in der Bildmitte. Aus diesem Grund waren die Ferngläser des Galileo-Typs im militärischen Einsatz bis zum und während des Ersten Weltkriegs besonders verbreitet.

Prismenferngläser reichen zurück bis zum astronomischen Teleskop, verwenden aber ein Prisma zum Umkehren des Bildes, erstmals 1854 von dem Italiener P. I. Porro angewandt. Da das Prisma den Strahlengang zweimal faltet, wird die gesamte Baulänge des Glases verkürzt, was für Ferngläser ausgesprochen vorteilhaft ist. Allerdings wird dabei die optische Achse des Okulars um bis zu 15 mm von der des Objektivs verlagert, was Prismenferngläsern das typische asymmetrische Aussehen verleiht. Die Objektive liegen üblicherweise weiter auseinander als die Okulare, was einen gesteigerten räumlichen Eindruck vermittelt. Es ist aber ebensogut möglich, sie dichter zusammenzulegen, wenn Kompaktheit Priorität in der Konstruktion hat. Stärkere Vergrößerungen und größere Bildfelder wurden mit dem Prismentyp ermöglicht. Spätere Entwicklungen nach dem Zweiten Weltkrieg haben zu dem Dachkantprismen-Prinzip geführt, bei denen sich die optischen Achsen von Objektiv und Okular in einer Ebene liegen. Sie verfügen über das moderne, relativ kompakte Aussehen mit gleichzeitig großen Bildfeldern.

Die meisten Ferngläser mit Porroprismen waren vom Porro I-Typ. Zwei 90°/45°/45°-Prismen, im rechten Winkel zueinander angeordnet, reflektieren den Lichtstrahl viermal um 90°. Für Aufgaben, bei denen hohe

Von 1911, Leitz/New York, Katalog BINOM 8x

Geländemarke:

Die Geländemarke ist eine Skala, die im Ocular des Fernrohres so angebracht werden kann, dass gleichzeitig mit dem Object auch die Skala selbst sichtbar ist.

Bei nebenstehender Skala sind die Zwischenräume zwischen den Teilstrichen so bemessen, dass eine Ausdehnung des Objectes von 5 m bei 1000 m Entfernung den Zwischenraum zwischen zwei (längeren) Teilstrichen einnimmt.

Die terrestrische Skala, als Zubehör im Okular von Leitz-Militärferngläsern anzubringen, diente zum Bestimmen von Entfernungen (aus einem vor 1912 erschienenen Militärkatalog, *Leica Archiv*)

Leitz militärische Galilei-Ferngläser. Der Name Leitz und die Seriennummer stehen auf dem Fokussierrad.

Lichtstärke verlangt ist, etwa Beobachtungen in der Dämmerung während der Jagd oder auf See, war das Porro II-System in den 20er, 30er und 40er Jahren besonders verbreitet. Es basierte auf drei 90°/45°/45°-Prismen, die so angeordnet waren, daß das Licht viermal um 90° reflektiert wurde. Porro II-Ferngläser sind an den flachen, zylindrischen Prismengehäusen und den langen konischen Tuben der Objektive erkennbar. Diese haben 50 mm und mehr Durchmesser verglichen mit den 40 oder 42 mm des Porro I-Typs dieser Zeit. Leitz führte Porro II-Gläser etwa 1919 ein und stellte diesen Typ 1932 ein.

Üblich waren zwei verschiedene Methoden, mit denen Ferngläser fokussiert wurden. Entweder wurde jedes Okular einzeln fokussiert, indem es in der eigenen Schneckengang-Fassung gedreht wurde oder die Okulare waren in verschiebbaren Tuben befestigt, die über ein zentrales Einstellrad fokussiert wurden. Die erste Konstruktionsform war unempfindlicher gegen Eindringen von Staub und Feuchtigkeit, jedoch langsamer in der Praxis. Die Zentralfokussierung ist schneller und bequemer im Hobbybereich, erfordert jedoch eine Dioptrienkorrektur an einem Okular, damit Unterschiede zwischen den beiden Augen des Benutzers ausgeglichen werden können. Wenn diese Dioptrienkorrektur einmal vorgenommen wurde, muß sie, außer bei einem anderen Benutzer, nicht mehr verändert werden.

Ferngläser werden nach ihrer Vergrößerung und dem Durchmesser der Eintrittspupille (etwa dem Objektivdurchmesser entsprechend) klassifiziert. 10x40 bedeutet also 10fache Vergrößerung und eine Eintrittspupille von 40 mm Durchmesser. Aus diesen Zahlen läßt sich die Dämmerungszahl errechnen, die ein Maß des Verhaltens des Glases bei schwachem Licht darstellt. Sie hängt nicht nur von der Lichtdurchlässigkeit ab, sondern auch von der Vergrößerung. Die Dämmerungszahl ist die Wurzel aus dem Produkt von Vergrößerung und dem Durchmesser der Eintrittspupille. Im genannten Beispiel beträgt die Wurzel aus 10x40=20. Der andere wichtige Faktor zur Kennzeichnung von Ferngläsern ist das Bildfeld. Es wird als Breite in Metern auf eine Entfernung von 1000 Metern angegeben.

Unidentifiziertes Fernglas, vermutlich das BINODAL 6 x 21 von etwa 1912 (*Leica Archiv*)

Die Gravur auf der Deckkappe lautet "8x24 BINOLAS", nach dem Katalog von 1914 ist das BINOLAS ein 6x21-Glas! (*Leica Archiv*)

BINOT 6 x30 von etwa 1915. Die Gravur auf der Deckkappe auf der Seite gegenüber dem Logo ist wahrscheinlich eine Militär-Markierung.

Leitz stellte 1907 erstmals Ferngläser her. Die früheste Fernglas-Liste in den Leitz-Archiven stammt aus New York von 1911. Zu dieser Zeit waren bereits verschiedene Gläser von 4- bis 8fach und auch Militärversionen lieferbar. Ein zusätzliches Extra in den Militärausführungen war ein im Okular angebrachtes Fadenkreuz zum Bestimmen von Entfernungen. Die Skala war durch abwechselnd lange und kurze Markierungen unterteilt. Ihr Abstand war so bemessen, daß ein fünf Meter breites Objekt aus einer Entfernung von 1000 Metern den Raum zwischen einem nebeneinanderliegenden Paar der längeren Graduierungen bedeckte.

Zwischen 1912 und 1914 wurden einige neue Modelle vorgestellt und bestehende Modelle neu konstruiert. Die Fassungen änderten sich von der parallelen Form in die eingebuchtete, leicht konische Form, die man allgemein von Prismenferngläsern gewohnt ist. Die neuen Modelle hatten ein höheres Gewicht, ob die veränderte Konstruktion darauf zurückzuführen ist, ist allerdings nicht bekannt. Einige der neugestalteten Ferngläser behielten ihre Codebezeichnung bei. Es gab auch zwei neue Gläser mit der hohen Vergrößerung von 10- und 12-fach und ungewöhnlich geschwungener Fassung.

Spezielle Militärausführungen der meisten Modelle wurden dem Armee- und Marinepersonal zu Vorzugspreisen angeboten, dieses Angebot beschränkte sich jedoch auf "Offiziere, Fähnriche und Freiwillige für ein Jahr". Sie waren schwarz, khaki oder braun erhältlich oder aber ohne "Terrain-Skala". Im Lieferumfang war eine robuste Ledertasche mit Gürtelschlaufe, ein integrierte Kompaß war auf Wunsch zu haben, außerdem ein Trageriemen, Regenschutzkappe und eine Lederschlaufe zum Befestigen des Fernglases an der Uniform. Während des Ersten Weltkriegs lieferte Leitz Ferngläser, einschließlich solcher des Galilei-Typs, sowie andere optische Geräte an die deutschen Streitkräfte. Dazu gehörten ein Marineglas 12 x 60 und ein 15 x 60-Glas mit großem Blickfeld für die Luftverteidung.

1919 lief die zivile Produktion aus, und der Fernglas-Katalog dieses Jahres führt sowohl die meisten der Vorkriegsmodelle als auch drei neue Ausführungen mit Porro II-Konstruktion auf. Zwei von ihnen ersetzten die 10- und 12fach-Modelle mit der eingebuchteten Form. Alle Vorkriegsmodelle waren bis zur Mitte der 20er Jahre abgelöst worden. Aufgrund der Informationslücke im Archiv für die Jahre von 1924 bis 1927 ist das genaue Datum unbekannt. 1932 wurden alle Fernglastypen, die nicht vom Porro I-Typ waren, zu einer neuen Konstruktion mit stärkerer Vergrößerung und gesteigerter Abbildungsleistung umkonstruiert. Sie bildeten die Basis im Fernglaskatalog und blieben mit wenigen Änderungen praktisch gleich bis zur Produktion der Trinovid-Baureihe Anfang der 60er Jahre, die die kompakte Dachkantprismen-Kontruktion aufwiesen. Die Trinovid-Reihe erwies sich als gleichermaßen erfolgreich und blieb bis 1990 aktuell, als sie durch eine völlige Neukonstruktion durch die Ferngläser unter dem Leica Logo ersetzt wurden.

Die folgende Austellung unterteilt sich in vier Hauptperioden: die frühen Jahre bis 1919, wozu die ersten Modelle und die Neukonstruktionen von 1912/1914 zählen, die den Ersten Weltkrieg hindurch aktuell waren; 1919 bis 1932 – die Etablierung einer sehr umfassenden Reihe von Geräten; 1932 bis 1962 – dreißig Jahre mit nur wenigen Modelländerungen, die gleichzeitig den Höhepunkt der Porroprismen-Konstruktion markieren, 1963 bis 1989 – die Trinovid-Ära sowie die derzeit aktuelle Periode mit fünf sehr modernen und fortschrittlichen Modellen, die alle Anforderungen abdecken und die hoffentlich alle so erfolgreich wie ihre Vorgänger sind. In der folgenden Liste, ist, sofern als solche bekannt, eine Militärversion mit "(+Militär)" oder seiner Militär- bzw. Marine-Codebezeichnung aufgeführt. Diese beginnen mit MILI- oder MARINE. Zentralfokussierung ist durch ein "ZF" nach der Codebezeichnung markiert. Wo sowohl Zentralfokussierung und als auch Modelle mit Einzelokular-Fokussierung existieren, ist die Codebezeichnung für letztere zuerst genannt.

Die frühen Jahre: 1907–1919

Fünf Modelle sind im New Yorker Katalog von 1911 aufgeführt, gekennzeichnet als Modelle 1 bis 6. Modell 2 fehlte, vermutlich vor 1911 herausgenommen. Die Daten der Einführung sind aufgrund des Fehlens von Katalogen nicht bekannt.

4 x 16 BINOMINIA ZF (–1914): **MONOMINIA**

4 x 16 BINOMINOS ZF ((1912–1914) Ein Theaterglas in Krokodilleder-Behälter mit Schminkspiegel in der Abdeckung. Die Codebezeichnung änderte sich 1914 in **BONOMINOS** ohne ersichtlichen Unterschied, abgesehen von einem um 20 Gramm gestiegenen Gewicht.

6 x 16 BINOTOUR – ZF (nur 1914)

BINOCT 8x26 mit Zentralfokussierung von etwa 1915 *(Leica Archiv)*

Zwei große Gläser aus der Zeit vor dem 1. Weltkrieg. Links ein 10 oder 12x42 oder 46, rechts ein 12x60 *(Leica Archiv)*

Zwei der 1919 neu vorgestellten Modelle, obwohl diese wahrscheinlich erstmals während des Kriegs vorgestellt wurden. Links AVIOSEPT 7x50. Rechts: AVIOFORTE 12x60. *(Leica Archiv)*

Flugzeug-Beobachtungsglas von 1917 *(Leica Archiv)*

BINOPLASTICO 27x90 von etwa 1920 *(Leica Archiv)*

6 x 21 BINODAL; **BINOLAS** ZF (–1919), neue Form 1919, **MILITARIS**, **MONODAL**
6 x 24 BINOLI; **BINOSPO** ZF (1914– ca. 1926); **MILISEIS**; **MONOLI**
6 x 30 BINOT; **BINOXYD** ZF (1912– ca. 1926); **MARINOS**; **MONOT**
8x24 BINOX, BINOMIA, ZF (–1913) (+Militär)
8x24 BINOMA, BINOMAT ZF (1914)
8x26 BINOM, BINOCT ZF (1914– ca. 1926, gleicher Code wie früheres 8x24-Glas **MILITOCHO, MONOM**

Die 10- und 12fach-Gläser dieser Periode sind im Katalog schwierig auszumachen. Die Durchmesser des Objektivs variierten zwischen 42 und 46 mm, die Verwendung von Codebezeichnungen war nicht durchgängig. Es waren dies die Modelle mit geschwungen geformten Fassungen.

10 x 42 BINOZE (1912): (+Militär) keine zentrale Führungsstange
10 x 46 BINOZE, **BINOZITO** ZF (1913)
10 x 42 BINOZE; **BINOZITO** ZF (1914), wog 150 g mehr als die 10 x 46-Modelle von 1913
10 x 42 MARINODIX (1915) Marineausführung
12 x 42 BIZWE (1912), keine zentrale Führungsstange
12 x 46 BINOFORTE, **BINOFORTIM** ZF (1913)
12 x 42 BINOFORTE, **BINOFORTIM** ZF (1914), wog 150 g mehr als die 12 x 46-Modelle von 1913
12 x 42 MARINODOCE (1915), Marineversion, wog das gleiche wie die von 1913
12 x 46 Militärmodell (vor 1912), keine zentrale Führungsstange

So wie die oben aufgeführten Modelle, die während des Ersten Weltkriegs produziert wurden, gab es andere militärische Geräte. Dazu zählten ein **12 x 60**-Marineglas und ein **15 x 60**-Glas zur Luftverteidigung.

Leitz stellte auch Ferngläser nach dem Galilei-Prinzip für militärische und zivile Zwecke her. Sie erschienen 1914 erstmals im Katalog, wahrscheinlich wurden sie schon vorher produziert.

GALILE 6fache Vergrößerung und 40 mm Objektivdurchmesser
GALILEOS Militärversion mit den gleichen Daten

Die Zwanziger Jahre

Die zivile Produktion begann mit der Wiedereinführung der Modelle 6 x 24, 6 x 30, 8 x 26 und 8 x 30, außerdem mit drei neuen Modellen, die Porro II-Prismensysteme zur stärkeren Vergrößerung verwendeten. Sie waren wahrscheinlich während des Kriegs eingeführt worden, um die schrecklichen 10- und 12fach-Modelle zu ersetzen und um ein wirklich gutes Marineglas zu bringen. Es waren dies:
7 x 50 AVIOSEPT, **MONOSEPT** (1919–1931); **AVIOSEPT ZF** (1930–1931)
10 x 50 AVIODIX, MONODIX (1919–1931), **AVIODIXIT ZF** (1919–1931)
12 x 60 AVIOFORTE, **MONOFORTE** (1919– vor 1931)

1920 wurden zwei Feldstecher mit 45°-Okularen und Amici-Prismen eingeführt, ebenso zwei Modelle mit starker Vergrößerung, die auf einem massiven Stativ befestigt waren. Die Höhenverstellung erfolgte dabei über einen Zahntrieb.
15 x 60 BINOVISTA
27 x 90 BINOPLASTICO Die Vergrößerung wurde später auf 30fach gesteigert.

Diese wurden später durch ein Modell variabler Vergrößerung ergänzt:

25 x 90, 40 x 90, 55 x 90 BINOTRIX Die gewünschte Vergrößerung wurde durch Ansetzen eines der drei verfügbaren Okulare erzielt.

1921 wurden zwei neue Theatergläser vorgestellt, ein 3x13,5 und ein 4x16, die das Vorkriegsmodell ablösten. Beide wurden in zwei Ausführungen angeboten, entweder mit schwarzen Metallteilen und einem schwarzen Metallgehäuse oder mit goldenen Metallteilen und einem Bezug aus farbigem Eidechsenleder. Beide Modelle waren in einer stabilen, faltbaren Ledertasche mit einem Spiegel im Deckel, einem weichen Lederbeutel oder einem Plüschbeutel erhältlich. Die Behälter und Beutel waren schwarz oder einer Farbe, die zum Bezug des Luxus-Modells paßte.

3 x 13,5 BINAR (1921– Mitte der 50er Jahre). Der Code für das Luxus-Modell war **BILUSTRA**.
4 x 16 BITUR (1921– ca. 1926). Luxus **BIMULIORA**

Theaterglas BINAR 3x13,5 von 1921 in Luxusausführung (*Leica Archiv*)

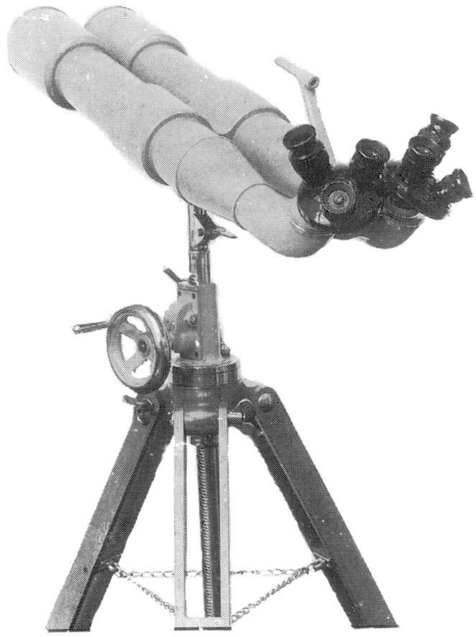

BINOTRIX mit variabler Vergrößerung von etwa 1928 (*Leica Archiv*)

Theaterglas BITUR 4x16, 1922–1926. Es war auch in Luxusausführung erhältlich (*Leica Archiv*)

BINOLIT 6x24, 1927–1939 (*Leica Archiv*)

BIOCT 8x24, 1927–1939 (*Leica Archiv*)

Weitwinkelglas BINUXIT 8x30, 1927–1962 (*Leica Archiv*)

Jagdglas FOREST 6x42, 1925–1939 (*Leica Archiv*)

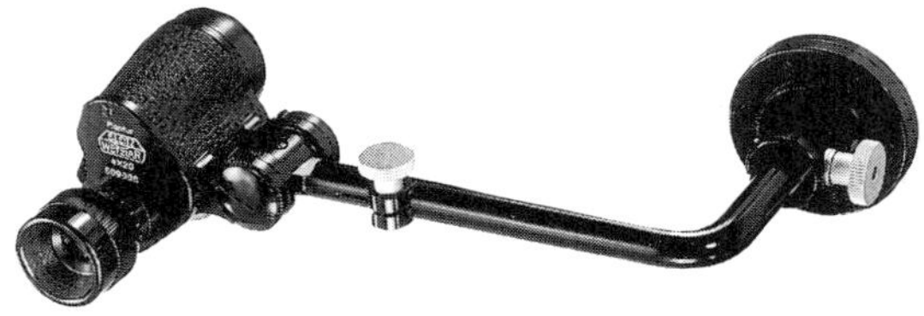

Monokular MONTUR 4x20, auf Spezialschiene befestigt

BIDOX 6x30, 1927–1962 (*Leica Archiv*)

MARSEPTIT 7x50, 1932–1962 (*Leica Archiv*)

CAMPAR 10x40, 1932–1962 (*Leica Archiv*)

MARDOCIT 12x60, ca. 1939–1962 (*Leica Archiv*)

Zwischen 1925 und 1930 wurden alle aus der Vorkriegszeit übriggebliebenen Modelle durch neue ersetzt, einige von ihnen sollten für mehr als 30 Jahre in Produktion bleiben. Alle Modelle mit Ausnahme des kleinsten wurden sowohl mit Zentral- als auch Einzelokular-Fokussierung angeboten. "IT" wurde der Codebezeichnung hinzugefügt, um die Zentralfokussierung zu kennzeichnen. Alle Modelle waren als Monokulare lieferbar, dann stand MON vor dem Codewort. In den 50er Jahren wurden die bei Leitz üblichen Codewörter mit fünf Buchstaben auch an Ferngläser vergeben, obwohl die wohlbekannten vorherigen Codebezeichnungen als Modellbezeichnungen beibehalten wurden.

4 x 20 BITUR (FITAB), MONTUR (FEABS/41000) (1925–1959). Das Original BITUR-Theaterglas wurde zum 4x20-Glas aufgewertet und stattdessen als sehr kompaktes Reiseglas vermarktet – das erste der kompakten Taschenferngläser, das seitdem im Katalog aufgetaucht ist. Die Luxus-Version lief selbstständlich aus.
6 x 15 BADAL, MONDAL (1925–1939) Ein weiteres Miniaturglas für Reisen.. Sechs waren für das BIDAL lieferbar, sie erstreckten sich von 0,75 bis 5 Dioptrien, zwölf Version zwischen 0,75 und 19 Dioptrien gab es für das MONDAL. Passende Stative und Klemmen zur Halterung waren ebenfalls erhältlich.
Die folgenden wurden als Gläser für allgemeine Aufgaben angeboten.
6 x 21 BISEXIT (1925–1931)
6 x 24 BINOL, BINOLIT, MONOL (ca. 1927–1939)
6 x 30 BIDOX (FIABO/40100), BIDOXIT (FITEO/40015), MONDOX (FEADI/41005) (ca. 1927–1939)
8 x 30 BILOM, BILOMIT (1930– ca. 1935) Dies war ein leichteres Glas als das 8 x 30-Weitwinkelglas (unten), doch auch von diesem wurde 1936 eine leichtere Ausführung vorgestellt.

Zwei Weitwinkelgläser waren:
8 x 24 BIMAX, BIMAXIT (1930– ca. 1935)
8 x 30 BINUX (FIASE/40105), BINUXIT (FITFU/40020), MONUX (FEAGU/41015) (1927–1962)
Zwei Spezialgläser für Jäger zur Beobachtung in der Dämmerung wurden 1927 vorgestellt:
6 x 42 FORESTON, FOREST, FOREST ZF, **MONOFOREST** (1927–1939)
8 x 42 FORESTONA, FORSTA ZF, **MONOFORSTA** (1927–1939)

1932–1962

1932 gab Leitz das Porro II-Prismensystem für die Nachtgläser auf und konstruierte sie mit Porro I-Prismen neu. Sechs neue Modelle wurden vorgestellt, zwei weitere im gleichen Jahrzehnt. Der Fernglas-Katalog von 1936 führte auch Leicht-Versionen der untenstehenden Gläser mit Zentralfokussierung auf. Sie wurden gekennzeichnet durch Hinzufügen der Buchstaben "LEI" zum Codewort, sie wurden nach dem Krieg nicht weiterproduziert. Zwei Modelle aus der Zeit vor 1932 wurden in dieser Zeit ebenfalls in Leichtausführung angeboten. Es waren das 6 x 30 BIDOXITLEI und das 8 x 30 BINUXITLEI.

7 x 50 MARSEPT (FIBAR/40110), MARSEPTIT (FITGE/-40025), MONMAR (FEAFA/41010) (1932–1962)
8,3 x 60 MAROCTO (FIBEF/40115), MAROCTIT (FITID/-40030), MONOCHT (FEAHU/41020) (1932–1962). Gelistet als 8 x 60-Vorkriegsmodell.
10 x 40 CAMPAR (FIBIB), CAMPARIT (FITLU), MONOCAMP (FEAKO/41025) (1932–1959)
10 x 50 MARDIX (FIBLO/40125), MARDIXIT (FITME/-40040), MONDIX (FEALF/41030) (1932–1962)
10 x 60 DECIMAR (FIBOB), DECIMARIT (FITRA), MONDIMAR (FEAMS) (1939–1959)
12 x 50 CAMPOMAR, CAMPOMARIT, MONOMAR (1932–1949+)
12 x 60 MARDOCE (FIBOS/40135), MARDOCIT (FITSO/-40050), MONDOCE (FEARA/41040) (ca. 1939 –1962)
15 x 60 CAMPOFORT (FIBUX/40140), CAMPOFORTIT (FITUR/40055), MONOFORT (FEAUK/41045) (1932–1962)
Der 1939er Katalog von New York enthielt:
MOPRI, ein 6fach Monokular-Prismenglas
MOMAS, ein 5fach Galilei-Teleskop

Während des Zweiten Weltkriegs fertigte Leitz zusammen mit anderen Herstellern in Deutschland, Österreich, Ungarn und Frankreich Ferngläser nach militärischen Vorgaben. Diese Dienstgläser trugen nicht den Herstellernamen, sondern hatten stattdessen einen aus drei Buchstaben bestehenden Code zur Kennzeichnung des Herstellers. Für Leitz/Wetzlar waren dies die Codebezeichnungen "Bch" und "beh".

Nach dem Krieg wurde die zivile Produktion mit der Wiedereinführung der meisten Vorkriegsmodelle erneut aufgenommen. Allerdings durch vergütete Linsen enorm verbessert, was die Lichtdurchlässigkeit um etwa 30% steigerte. Vergütung war in Leitz-Ferngläsern 1940 eingeführt worden.

Nach dem Leitz/New York-Katalog von 1949 waren die ersten Nachkriegsmodelle das 6 x 30-BIDOXIT, das 8 x 30-BINUXIT und das 7 x 50-MARSEPT.

In den 50er Jahren nahm Leitz Abschied von den Porroprismen und brachte zwei neue Typen heraus, die bereits die Trinovid-Modelle der 60er Jahre erahnen ließen. Es waren die Modelle:

3,2 x 13,8 OBERON (1952– ?), ein sehr flaches Theaterglas mit einer Sprenger-Prismenkonstruktion, geliefert in einem faltbaren Lederetui mit Schminkspiegel
6 x 24 AMPLIVID (FITBO) (1926–1962), ein Weitwinkelglas mit einer einzigartigen Spiegel- und Prismenkonstruktion, die auf Leitz-Patenten basierte. Geliefert komplett mit Ledertasche und Trageriemen oder mit Weichbeutel FITDI.
Ein umfassendes Zubehörprogramm wurde ebenfalls angeboten:
JADOZ/42100 – Gummi-Regenschutz
JADUB/42105 – Leder-Regenschutz
JAEDY/42110 – Gummi-Augenmuscheln zum Aufstecken
JAEHC/42115 – Gummi-Schutzring für 50 mm-Objektive
JAEJD/42120 – dto. für 60 mm Durchmesser
JAELG/42125 – Standard-Augenmuschel
JAERL/42130 – Augenmuschel für Brillenträger
JAFAX/42135 – Trageriemen mit Knopf
JAFEY/42140 – Trageriemen zur Tasche
JAFIZ/42145 – Verlängerungsriemen mit Schnalle
JAFOB/42150 – Riemengleitschutz
JAFUC/42155 – Lederzunge mit Knopfloch
JAHUF/42160 – Standard-Fadenkreuz mit Halterung

Filter für Leitz-Ferngläser
JAGAY/42000 – Nr. 1 Haze- und Tropenfilter
JAGEZ/42005 – Nr. 2 Nebelfilter
JAGIB/42010 – Nr. 3 für schwaches Licht
JAGOC/42015 – Nr. 4 für starkes Licht
JAGUD/42020 – Nr. 5a für Sonnenbeobachtung
JAHAZ/42025 – Nr. 5b für Mondbeobachtung
JAHEB/42030 – Nr. 6a für Hitzebeobachtung, 1200 bis 1400°
JAHIC/42035 – Nr. 6b für Hitzebeobachtung, 1420 bis 1620°
JAHOD/42040 – Nr. 6c, für Hitzebeobachtung, von 1620 bis 1850°

Zusätzlich zu den Ferngläsern vermarktete Leitz auch Zielfernrohe für Jagdgewehre. Eine Broschüre von 1954 listet die drei Modelle 4 x 28, 4 x 36 und 6 x 42 auf.

1963–1990 – Die Trinovid-Modelle

Mit der Einführung der Trinovid-Reihe im Jahre 1963 lief die Produktion aller vorhergehender Modelle aus. In der Trinovid-Konstruktion ersetzte man die konventionellen Porro-Prismen durch ein Uppendahl-Prismensystem – eine Zusammenfassung von drei verkitteten Prismen, eines davon ein Dachkantprisma. Bei diesem Konstruktionsprinzip liegen die Okular und Objektive in der gleichen Achse. Dies erlaubt eine kompakte, leichte und robuste Bauweise und außerdem große Bildfelder. Selbst das 10 x 40-Glas paßt noch in eine Manteltasche. Die Zentralfokussierung bewegt interne optische Komponenten anstelle innerer verschiebbarer Tuben, was besseren Schutz gegen Staub und Wasser ermöglicht. Die Grundkonstruktion des Trinovid war so erfolgreich, daß sie über 27 Jahre aktuell blieb. in dieser Zeit wurden Spezialausführungen für Brillenträger vorgestellt, die später zu Standardmodellen wurden.Diese Modelle wurden mit einem "B" für Brille gekennzeichnet. Die besonders kompakten C-Modelle, die selbst in eine Hemdtasche paßten, folgten 1976. Später kamen die gummiarmierten "A"-Versionen mit schwarzem oder grünen Gummiüberzug.

Die Trinovid-Gläser wurden entweder mit hartem Rindleder-Behälter oder weicher Ledertasche sowie Trageriemen geliefert. Drei Modelle machten den Anfang der Reihe, doch das kleinste davon überdauerte nur einige Jahre. Die Bildfeldgröße bei 1000 m ist angegeben. Die Katalognummern sind fett gekennzeichnet, die erste Nummer bezieht sich auf Ferngläser mit harter, die zweite auf Gläser mit weicher Tasche:
6 x 24 40201 und **40202** (1963–1965)
8 x 32 40206 und **40207** (1963–1975)
10 x 40 40211 und **40212** (1963–1975)

Auf den Apollo-Flügen zum Mond benutzten die Astronauten spezielle Monokular-Ausführungen des 10 x 40-Trinovids. für die Apollo 8- und 10-Missionen wurden serienmäßige Trinovids durch die NASA modifiziert. Sie wurden zu fokussierbaren Monokularen halbiert, um Gewicht und Volumen einzusparen. Für die Apollo 11- und spätere Missionen wurden 12 weitere Monokulare direkt bei Leitz bestellt, wobei die Modifikationen nach NASA-Angaben gleich im Werk erfolgten (LPH. 1969, Nr. 2, S. 15).

Militärgläser, von Leitz im Auftrag während des 2. Weltkriegs hergestellt. Die Buchstaben "beh" kennzeichnen Leitz als Hersteller (*Leica Archiv*)

OBERON 3.2x13.8 Theaterglas von 1952

AMPLIVID 6x24 Weitwinkelglas mit der exklusiven Leitz-Spiegel- und Prismenkonstruktion. Wurde 1963 vom sehr erfolgreichen Trinovid abgelöst. (*Leica Archiv*)

Trinovid 6x24: es war nur zwei Jahre lang lieferbar.

1965 erschien ein neues Glas für Brillenträger, gekennzeichnet mit einem "B", dem später weitere "B"-Gläser folgten und schließlich alle Original Trinovid-Modelle ablösten. Sie wurden 1981 ebenfalls mit grüner oder schwarzer Gummiarmierung lieferbar, markiert durch "BA". Eine einzelne Katalognummer bezieht sich auf Ferngläser allein, also ohne Behältnis. 1976 verlängerte Leitz die Garantie auf Ferngläser auf 10 Jahre, 1984 sogar auf 30 Jahre.

7 x 35B 40216 und **40217** (1965–1983)
7 x 35BA grün 40238, schwarz **40002** (1981–1983)
7 x 42B (1968–1986)
7 x 42BA grün **40234**, schwarz **40006** (1981–1990)
8 x 40B 40221 (1969–1986)
8 x 40BA grün **40235**, schwarz **40003** (1981–1990)

Trinovid 8x32, 1963–1975.

Trinovid 10x40, 1963–1975.

Gummiarmierte Trinovid BA-Modelle von 1981, 7x42, 8x40 und 10x40

Trinovid 10x40 Monokular für Apollo Weltraumflüge (*Leica Archiv*)

8 x 32B 40208 (1974–1990)
8 x 32B grün **40237**, schwarz **40001** (1981–1990)

10 x 40B 40228 (1974–1990)
10 x 40B grün **40236**, schwarz **40004** (1981–1990)

1975 fand die Einführung der zwei besonders kompakten "Westentaschen"-Ferngläser statt. Sie besaßen die gleiche Innenfokussierung wie die Standardmodelle.Sie wurden nur in weicher Tasche geliefert und trugen ein "C" für compact. 1983 wurden die ersten Modelle durch die "BC"-Typen ersetzt, die für Brillenträger gedacht waren und als "BCA"-Modelle auch mit grüner oder schwarzer Gummiarmierung lieferbar waren. Die BC- und BCA-Modelle sind noch in Produktion, auch wenn sie jetzt "Leica" statt "Trinovid" heißen.

8 x 20 C 40300 (1975–1982)
10 x 22C (1975–1982)
8 x 20BC 40305, 8 x 20BCA grün **40307**, schwarz **40309** (1983–)

10 x 25BC 40306, 10 x 25 BCA grün **40308**, schwarz **40310** (1983–)
Trinovid-Zubehör (Filter liefen 1973 aus):
42101 Gummi-Regenschutz, schwarz

42137 Gummi-Regenschutz grün (ab 1981)
42131 Augenmuschel für Brillenträger
42150 Riemengleitschutz
42001 Paar gelber Dunstfilter
42016 Paar Graufilter mit 90% Absorption für helles Licht
42021 Paar Sonnenbeobachtungsfilter mit 99,99% Absorption

Leica Ferngläser ab 1990

1990 wurde die Trinovid-Reihe mit Ausnahme der Kompaktmodelle durch eine völlige Neukonstruktion ersetzt, die auf einem Pentaprisma des Schmidt-Pechan-Typs basierte und den Namen Leica trug. Sie besaßen dickere Fassungen, doch die Konstruktion erlaubte eine kürzere Naheinstellung, ein größeres Bildfeld und eine Austrittspupille außerhalb des Fernglases, so daß auch Brillenträger problemlos das gesamte Sichtfeld überblicken konnten. Alle Modelle sind in Gewicht und Abmessungen identisch. Die Gläser sind gummiarmiert, doch das 10 x 42-Modell ist auch mit schwarzem Lederbezug erhältlich.
7 x 42BA grün **40240**, schwarz **40013**
8 x 42BA grün **40239**, schwarz **40012**
10 x 42BA grün **40241**, schwarz **40014**, **10 x 42B** mit Lederbezug **40229**

1992 wurden zwei neue Modelle auf dem US-Markt eingeführt. Es handelt sich um die wassergeschützten Modelle 7 x 20 und 9 x 25 mit Einzelokular-Fokussierung.

Trinovid 10x22-Miniaturglas. Paßt zusammengelegt in eine Hemdtasche. Das 8x22-Glas war um den Auszug der Gummiringe um die Fassungen länger.

Die neuen Ferngläser: 7x42, 8x42 und 10x42, grün oder schwarz gummiarmiert, das 10x42 ist auch mit schwarzer Belederung erhältlich.

Miniaturgläser unter dem Leica Namen: das 8x22 BCA und das 10x25 BC

Zwei neue Modelle wurden zur photokina 1992 vorgestellt. Siehe Seite 97 für Details.

Liste der Leica Seriennummern bis 1988

Wiedergegeben mit freundlicher Erlaubnis der Leica GmbH

Leica Nr.	Modell	Jahr
100 – 130	I	1923
131 – 1000	I	1925
1001 – 2445	I	1926
2446 – 5433	I	1926/27
5434 – 5700	I	1928
5700 – 6300	Compur	1926-29
6301 – 13100	I	1928
13101 – 13300	Compur	1929
13301 – 21478	I	1929
21479 – 21810	Compur	1930
21811 – 34450	I	1930
34451 – 34802	Compur	1930
34803 – 34817	I(Luxus)	1930
34818 – 60000	I	1930
60001 – 71199	I	1931
71200 – 101000	II	1.2.32
101001 – 106000	Standard	21.10.32
106001 – 107600	II	1933
107601 – 107757	III	1934
107758 – 108650	II	1934
108651 – 108700	III	1933
108701 – 109000	II	1933
109001 – 111550	III	1933
111551 – 111580	II Chrom	1933
111581 – 112000	III	1933
112001 – 112500	II Chrom	1933
112501 – 114400	III	1934
114401 – 114050	St Chrom	1933
114051 – 114052	Reporter	1933
114053 – 114400	III	1934
114401 – 115300	II Chrom	1933
115301 – 115650	III	1934
115651 – 115900	II Chrom	1934
115901 – 116000	St Chrom	1934
116001 – 123000	III Chrom	1933
123001 – 123580	Standard	1934
123581 – 124800	III Chrom	1933
124801 – 126200	III Chrom	24.11.33
126201 – 126800	III	
126801 – 137400	III	1934
137401 – 137625	Standard	1934
137626 – 138700	III Chrom	1934
138701 – 138950	St Chrom	1934
138951 – 139900	III Chrom	1934
139901 – 139950	Standard	1934
139951 – 140000	II	1934
140001 – 141500	III Chrom	1934
141501 – 141850	Standard	1934
141851 – 141900	II	1934
141901 – 142250	III Chrom	1934
142251 – 142350	II	1934
142351 – 142500	III	1934
142501 – 142700	I Standard	1934
142701 – 143425	III	1934
143426 – 143750	II Chrom	1934
143751 – 143900	Standard	1934
143901 – 144200	III	1934
144201 – 144400	II	1934
144401 – 144500	Standard	1934
144501 – 145600	III	1934
145601 – 145800	Standard	1934
145801 – 146200	III	1934
146201 – 146375	II	1934
146376 – 146675	III	1934
146676 – 146775	II	1934
146776 – 147000	III	1934
147001 – 147075	Standard	1934
147076 – 147175	II	1934
147176 – 147875	St Chrom	1934
147876 – 148025	II Chrom	1934
148026 – 148850	III Chrom	1934
148851 – 148950	II Chrom	1934
148951 – 149350	III Chrom	1935
149351 – 149450	St Chrom	1934/35
149451 – 149550	II Chrom	1934/35
149551 – 150000	III Chrom	1935
150001 – 150200	Reporter	1934-36
from 150125		
with 1/1000	Second	from 14.7.36

Leica Nr.	Modell	Jahr
150201 – 150850	III Chrom	1934/35
150851 – 151100	Standard	1935
151101 – 151225	III	1935
151226 – 151300	II	1935
151301 – 152500	III	1935
152501 – 152600	St Chrom	1935
152601 – 153175	III Chrom	1935
153176 – 153225	II	1935
153226 – 153550	III	1935
153551 – 153700	II	1935
153701 – 154150	III	1935
154151 – 154200	II	1935
154201 – 154800	III	1935
154801 – 154900	St Chrom	1935
154901 – 156200	III	1935
156201 – 156850	IIIa 1/1000	1935
156851 – 157250	III	1935
157251 – 157400	II	1935
157401 – 158300	IIIa	1935
158301 – 158350	Standard	1935
158351 – 158400	II	1935
158401 – 158650	IIIa	1935
158651 – 159000	III	1935
159001 – 159200	IIIa	1935
159201 – 159350	Standard	1935
159351 – 159950	III	1935
159551 – 159625	IIIa	1935
159626 – 159675	III	1935
15[illegible] – [illegible]325	IIIa	1935
1603[illegible] – [illegible]0375	III	1935
160376 – 160450	I	1935
160451 – 160700	II	1935
160701 – [illegible]	I Standard	1935
16115[illegible] – 161450	II	1935
161451 – 161550	IIIa	1935
161551 – 161600	III	1935
161601 – 161800	IIIa	1935
161801 – 161950	III Chrom	1935
161951 – 162100	IIIa	1935
162101 – 162175	III	1935
162176 – 162350	IIIa	1935
162351 – 162400	III	1935
162401 – 162500	IIIa	1935
162501 – 162625	III	1935
162626 – 162675	IIIa	1935
162676 – 162750	III	1935
162751 – 162800	IIIa	1935
162801 – 162825	III	1935
162826 – 162925	IIIa	1935
162926 – 162975	III	1935
162976 – 163050	IIIa	1935
163051 – 163100	III	1935
163101 – 163225	IIIa	1935
163226 – 163250	III	1935
163251 – 163400	IIIa	1935
163401 – 163450	Standard	1935
163451 – 163550	IIIa	1935
163551 – 163775	III	1935
163776 – 163950	IIIa	1935
163951 – 164150	Standard	1935
164151 – 164275	IIIa	1935
164276 – 164675	III	1935
164676 – 164900	IIIa	1935
164901 – 165000	II	1935
165001 – 165100	III	1935
165101 – 165300	II	1935
165301 – 165500	Standard	1935
165501 – 165975	III	1935
165976 – 166075	IIIa	1935
166076 – 166600	III	1935
166601 – 166750	IIIa	1935
166751 – 166900	III	1935
166901 – 167050	IIIa	1935
167051 – 167175	III	1935
167176 – 167200	IIIa	1935
167201 – 167225	III	1935
167226 – 167700	IIIa	1935
167701 – 167750	III	1935

Leica Nr.	Modell	Jahr
167751 – 168000	Standard	1935
168001 – 168200	II	1935
168201 – 168250	III	1935
168251 – 168325	IIIa	1935
168326 – 168400	III	1935
168401 – 168500	IIIa	1935
168501 – 168600	III	1935
168601 – 168725	IIIa	1935
168726 – 168750	III	1935
168751 – 168850	IIIa	1935
168851 – 169000	Standard	1935
169001 – 169200	III	1935
169201 – 169350	Standard	1935
169351 – 169450	II	1935
169451 – 169550	III	1935
169551 – 169650	II	1935
169651 – 170150	IIIa	1935
170151 – 170500	III	1935
170501 – 171300	IIIa	1935
171301 – 171550	II	1935
171551 – 171900	Standard	1935
171901 – 172250	IIIa	1935
172251 – 172300	III	1935
172301 – 172350	IIIa	1935
172351 – 172600	III	1935
172601 – 172800	II	1935
172801 – 173000	Standard	1935
173001 – 173125	IIIa	1935
173126 – 173176	III	1935
173177 – 173425	IIIa	1935
173426 – 173475	III	1935
173476 – 173500	IIIa	1935
173501 – 173650	Standard	1935
173651 – 173675	IIIa	1935
173676 – 173725	III	1935
173726 – 173825	IIIa	1935
173826 – 173900	III	1935
173901 – 174025	IIIa	1935
174026 – 174075	III	1935
174076 – 174100	IIIa	1935
174101 – 174125	III	1935
174126 – 174150	IIIa	1935
174151 – 174400	III	1935
174401 – 174650	II	1935
174651 – 174675	IIIa	1935
174676 – 174750	III	1935
174751 – 174950	IIIa	1935
174951 – 175125	III	1935
175126 – 175200	IIIa	1935
175201 – 175350	III	1935
175351 – 175450	IIIa	1935
175451 – 175500	III	1935
175501 – 175700	Standard	1935
175701 – 175750	III	1935
175751 – 175850	IIIa	1935
175851 – 175900	III	1935
175901 – 176100	IIIa	1935
176101 – 176150	III	1935
176151 – 176250	IIIa	1935
176251 – 176300	III	1935
176301 – 176600	IIIa	1935
176601 – 177000	III	1935
177001 – 177400	IIIa	1935
177401 – 177550	III	1935
177551 – 177600	IIIa	1935
177601 – 177700	III	1935
177701 – 177800	Standard	1935
177801 – 177900	IIIa	1935
177901 – 178000	III	1935
178001 – 178100	IIIa	1935
178101 – 178250	III	1935
178251 – 178550	IIIa	1935
178551 – 178600	III	1935
178601 – 179200	IIIa	1935
179201 – 179250	III	1935
179251 – 179500	IIIa	1935
179501 – 179575	II	1935
179576 – 179800	Standard	1935
179801 – 179900	II	1935

Leica Nr.	Modell	Jahr
179901 – 180100	IIIa	1935
180101 – 180400	III	1935
180401 – 180475	IIIa	1935
180476 – 180700	III	1935
180701 – 180800	Standard	1935
180801 – 181000	II	1935
181001 – 181450	IIIa	1935
181451 – 181550	III	1935
181551 – 181600	IIIa	1935
181601 – 181700	III	1935
181701 – 182000	IIIa	1935
182001 – 182050	III	1935
182051 – 182300	IIIa	1935
182301 – 182350	III	1935
182351 – 182500	IIIa	1935
182501 – 182700	Standard	1935
182701 – 182850	II	1935
182851 – 183500	IIIa	1935
183501 – 183600	II	1935
183601 – 183750	Standard	1935/36
183751 – 184400	IIIa	1936
184401 – 184450	III	1936
184451 – 184700	IIIa	1936
184701 – 184750	III	1936
184751 – 184800	IIIa	1936
184801 – 184950	III	1936
184951 – 185200	IIIa	1936
185201 – 185350	III	1936
185351 – 185500	II	1936
185501 – 185650	Standard	1936
185651 – 185700	III	1936
185701 – 185800	Standard	1936
185801 – 186100	IIIa	1936
186101 – 186200	III	1936
186201 – 186500	IIIa	1936
186501 – 186550	III	1936
186551 – 186800	IIIa	1936
186801 – 186900	III	1936
186901 – 186950	IIIa	1936
186951 – 187000	III	1936
187001 – 187100	IIIa	1936
187101 – 187200	III	1936
187201 – 187400	IIIa	1936
187401 – 187500	III	1936
187501 – 187650	II	1936
187651 – 187775	III	1936
187776 – 187785	IIIa	1936
187786 – 187850	III	1936
187851 – 188100	IIIa	1936
188101 – 188300	III	1936
188301 – 188600	Standard	1936
188601 – 188750	II	1936
188751 – 189300	IIIa	1936
189301 – 189475	III	1936
189476 – 189800	IIIa	1936
189801 – 189900	III	1936
189901 – 190200	IIIa	1936
190201 – 190500	III	1936
190501 – 190700	IIIa	1936
190701 – 190900	III	1936
190901 – 191100	IIIa	1936
191101 – 191200	III	1936
191201 – 191300	II	1936
191301 – 191350	IIIa	1936
191351 – 191500	III	1936
191501 – 191650	II	1936
191651 – 191750	Standard	1936
191751 – 191850	III	1936
191851 – 192100	IIIa	1936
192101 – 192400	III	1936
192401 – 192500	IIIa	1936
192501 – 192800	III	1936
192801 – 192950	II	1936
192951 – 193200	IIIa	1936
193201 – 193450	Standard	1936
193451 – 193500	IIIa	1936
193501 – 193600	III	1936
193601 – 194300	IIIa	1936
194301 – 194650	III	1936
194651 – 194850	II	1936
194851 – 194950	Standard	1936
194951 – 196200	IIIa	1936
196201 – 196300	III	1936
196301 – 196400	IIIa	1936
196401 – 196550	II	1936
196551 – 196750	Standard	1936

Leica Nr.	Modell	Jahr
196751 – 197400	IIIa	1936
197401 – 197500	Standard	1936
197501 – 197550	IIIa	1936
197551 – 197800	III	1936
197801 – 198200	IIIa	1936
198201 – 198400	III	1936
198401 – 198800	IIIa	1936
198801 – 198900	III	1936
198901 – 199200	IIIa	1936
199201 – 199300	III	1936
199301 – 199500	IIIa	1936
199501 – 199600	III	1936
199601 – 199800	II	1936
199801 – 200100	IIIa	1936
200101 – 200200	III	1936
200201 – 200500	IIIa	1936
200501 – 200650	II	1936
200651 – 200750	Standard	1936
200751 – 201100	III	1936
201101 – 201200	III	1936
201201 – 201300	IIIa	1936
201301 – 201400	III	1936
201401 – 201600	IIIa	1936
201601 – 201700	Standard	1936
201701 – 202300	IIIa	1936
202301 – 202450	II	1936
202451 – 202600	IIIa	1936
202601 – 202700	III	1936
202701 – 202800	IIIa	1936
202801 – 202900	II	1936
202901 – 203100	IIIa	1936
203101 – 203300	III	1936
203301 – 203400	Standard	1936
203401 – 204100	IIIa	1936
204101 – 204200	III	1936
204201 – 204300	IIIa	1936
204301 – 204500	II	1936
204501 – 204600	III	1936
204601 – 204800	IIIa	1936
204801 – 205000	III	1936
205001 – 205100	IIIa	1936
205101 – 205300	III	1936
205301 – 205400	IIIa	1936
205401 – 205500	II	1936
205501 – 205700	Standard	1936
205701 – 207300	IIIa	1936
207301 – 207400	II	1936
207401 – 207600	Standard	1936
207601 – 207800	III	1936
207801 – 208000	IIIa	1936
208001 – 208300	III	1936
208301 – 208600	IIIa	1936
208601 – 208800	III	1936
208801 – 209000	IIIa	1936
209001 – 209600	III	1936
209601 – 209900	II	1936
209901 – 210100	IIIa	1936
210101 – 210200	III	1936
210201 – 210400	IIIa	1936
210401 – 210900	Standard	1936
210901 – 211000	III	1936
211001 – 211600	IIIa	1936
211601 – 211700	III	1936
211701 – 211800	IIIa	1936
211801 – 211900	II	1936
211901 – 212400	IIIa	1936
212401 – 212700	Standard	1936
212701 – 212800	IIIa	1936
212801 – 213200	III	1936
213201 – 213300	IIIa	1936
213301 – 213600	Standard	1936
213601 – 213700	II	1936
213701 – 214400	IIIa	1936
214401 – 214800	Standard	1936
214801 – 215300	IIIa	1936
215301 – 216000	III	1936
216001 – 216300	IIIa	1936
216301 – 216500	II	1936
216501 – 216800	IIIa	1936
216801 – 217000	III	1936
217001 – 217200	IIIa	1936
217201 – 217300	III	1936
217301 – 217500	Standard	1936
217501 – 217700	III	1937
217701 – 217900	II	1936/37
217901 – 218300	IIIa	1936/37

Leica Nr.	Modell	Jahr
218301 – 218700	II	1936
218701 – 218800	III	1936
218801 – 219600	IIIa	1936
219601 – 219800	II	1936
219801 – 219900	IIIa	1936
219101 – 220000	III	1936
220001 – 220300	IIIa	1936
220301 – 220500	II	1937
220501 – 220600	IIIa	1936
220601 – 220700	III	1936
220701 – 220900	IIIa	1936
220901 – 221000	III	1936
221001 – 221300	IIIa	1936
221301 – 221400	III	1936
221401 – 222150	IIIa	1936
222151 – 222200	III	1936
222201 – 222300	IIIa	1936
222301 – 222700	Standard	1937
222701 – 223000	II	1937
223001 – 223300	III	1937
223301 – 223600	IIIa	1936
223601 – 223700	III	1936
223701 – 224600	IIIa	1936/37
224601 – 224800	Standard	1936/37
224801 – 224900	IIIa	1936/37
224901 – 225000	III	1936/37
225001 – 225200	IIIa	1936/37
225201 – 225300	III	1936/37
225301 – 225400	IIIa	1936/37
225401 – 225600	III	1936/37
225601 – 226300	IIIa	1936/37
226301 – 226400	III	1936/37
226401 – 227000	IIIa	1936/37
227001 – 227050	III	1936/37
227051 – 227600	IIIa	1936/37
227601 – 227650	III	1936/37
227651 – 231500	IIIa	1936/37
231501 – 231600	III	1936/37
231601 – 231800	IIIa	1936/37
231801 – 231900	III	1936/37
231901 – 232200	IIIa	1936/37
232201 – 232500	III	1936/37
232501 – 232800	IIIa	1936/37
232801 – 232900	III	1936/37
232901 – 233400	IIIa	1936/37
233401 – 233500	III	1936/37
233501 – 233700	Standard	1936/37
233701 – 233800	III	1936/37
233801 – 234000	IIIa	1936/37
234001 – 234100	II	1936/37
234101 – 234200	III	1936/37
234201 – 234500	IIIa	1936/37
234501 – 234600	III	1936/37
234601 – 235100	IIIa	1937
235101 – 235200	III	1937
235201 – 235800	IIIa	1937
235801 – 235875	III	1937
235876 – 236200	IIIa	1937
236201 – 236300	III	1937
236301 – 236500	IIIa	1937
236501 – 236700	II	1937
236701 – 236800	IIIa	1937
236801 – 236900	III	1937
236901 – 237000	IIIa	1937
237001 – 237200	III	1937
237201 – 237500	IIIa	1937
237501 – 237600	III	1937
237601 – 238000	IIIa	1937
238001 – 238100	III	1937
238101 – 238500	IIIa	1937
238501 – 238600	III	1937
238601 – 238800	IIIa	1937
238801 – 238825	III	1937
238826 – 238900	IIIa	1937
238901 – 239000	III	1937
239001 – 239100	IIIa	1937
239101 – 239300	III	1937
239301 – 239400	IIIa	1937
239401 – 239600	III	1937
239601 – 239700	IIIa	1937
239701 – 239800	III	1937
239801 – 240000	Standard	1937
240001 – 241000	IIIb	1937/38
241001 – 241100	IIIa	1937/38
241101 – 241300	III	1937/38
241301 – 241500	IIIa	1937/38

Leica Nr.	Modell	Jahr
241501 – 241700	II	1937/38
241701 – 241900	Standard	1937/38
241901 – 242000	II	1937/38
242001 – 243000	IIIb	1937/38
243001 – 243400	IIIa	1937/38
243401 – 243500	III	1937/38
243501 – 243800	II	1937/38
243801 – 244100	IIIa	1937/38
244101 – 244200	III	1937/38
244201 – 244400	Standard	1937/38
244401 – 244600	III	1937/38
244601 – 244800	IIIa	1937/38
244801 – 245000	Standard	1937/38
245001 – 245100	IIIa	1937/38
245101 – 245300	III	1937/38
245301 – 246200	IIIa	1937/38
246201 – 246300	III	1937/38
246301 – 246400	IIIa	1937/38
246401 – 246500	III	1937/38
246501 – 246700	II	1937/38
246701 – 247500	IIIa	1937/38
247501 – 247600	II	1937/38
247601 – 248300	IIIa	1937/38
248301 – 248400	II	1937/38
248401 – 248600	Standard	1937/38
248601 – 248900	IIIa	1937
248901 – 249000	III	1937
249001 – 249200	IIIa	1937
249201 – 249400	II	1937
249401 – 249500	III	1937
249501 – 249700	Standard	1937
249701 – 249800	IIIa	1937
249801 – 249900	III	1937
249901 – 250300	IIIa	1937
250301 – 250400	III	1937
250401 – 251200	IIIa	1937
251201 – 251300	II	1937
251301 – 251500	Standard	1937
251501 – 251600	IIIa	1937
251601 – 251800	II	1937
251801 – 252000	III	1937
252001 – 252200	II	1937
252201 – 252900	IIIa	1937
252901 – 253000	III	1937
253001 – 253200	IIIa	1937
253201 – 253400	III	1937
253401 – 253500	IIIa	1937
253501 – 253600	III	1937
253601 – 253800	Standard	1937
253801 – 254000	IIIa	1937
254001 – 254200	III	1937
254201 – 254600	IIIa	1937
254601 – 254800	II	1937
254801 – 254900	III	1937
254901 – 256400	IIIa	1937
256401 – 256600	Standard	1937
256601 – 256800	IIIa	1937
256801 – 256900	III	1937
256901 – 257400	IIIa	1937
257401 – 257525	III	1937
257526 – 257600	IIIa	1937
257601 – 257800	Standard	1937
257801 – 258200	III	1937
258201 – 259500	IIIa	1937
259501 – 259800	II	1937
259801 – 259900	Standard	1937
259901 – 260000	IIIa	1937
260001 – 260100	Reporter	1937
260101 – 260200	IIIa	1937
260201 – 260600	III	1937
260601 – 260800	IIIa	1937
260801 – 260900	III	1937
260901 – 261200	IIIa	1937
261201 – 261300	III	1937
261301 – 261500	IIIa	1937
261501 – 261600	III	1937
261601 – 261800	IIIa	1937
261801 – 262000	Standard	1937
262001 – 262800	IIIa	1937
262801 – 263000	III	1937
263001 – 263600	IIIa	1937
263601 – 263900	II	1937
263901 – 264000	III	1937
264001 – 264800	IIIa	1937
264801 – 265000	Standard	1937
265001 – 266000	IIIb	1937

Leica Nr.	Modell	Jahr
266001 – 266100	IIIa	1937
266101 – 266200	III	1937
266201 – 266400	IIIa	1937
266401 – 266500	III	1937
266501 – 266800	II	1937
266801 – 266900	IIIa	1937
266901 – 267000	III	1937
267001 – 267700	IIIa	1937
267701 – 267800	III	1937
267801 – 267900	IIIa	1937
267901 – 268000	Standard	
268001 – 268100	IIIa	1937/38
268101 – 268200	III	1938
268201 – 268400	IIIa	1937
268401 – 268500	III	1938
268501 – 268700	IIIa	1938
268701 – 268800	III	1938
268801 – 269300	IIIa	1938
269301 – 269400	III	1938
269401 – 269600	IIIa	1938
269601 – 269700	III	1938
269701 – 270100	IIIa	1938
270101 – 270200	III	1938
270201 – 270300	IIIa	1938
270301 – 270400	III	1938
270401 – 271000	IIIa	1938
271001 – 271100	II	1938
271101 – 271600	Standard	1938
271601 – 271700	II	1938
271701 – 271800	III	1938
271801 – 272300	IIIa	1938
272301 – 272400	II	1938
272401 – 274800	IIIa	1938
274801 – 275200	III	1938
275201 – 275350	IIIa	1938
275351 – 275650	II	1938
275651 – 275675	IIIa	1938
275676 – 275700	III	1938
275701 – 275800	IIIa	1938
275801 – 276400	III	1938
276401 – 277000	IIIa	1938
277001 – 277100	III	1938
277101 – 277500	IIIa	1938
277505 – 277900	Standard	1938
277901 – 278100	II	1938
278101 – 278200	III	1938
278201 – 278500	IIIa	1938
278501 – 278525	III	1938
278526 – 278550	IIIa	1938
278551 – 278600	III	1938
278601 – 278800	Standard	1938
278801 – 279000	IIIa	1938
279001 – 279200	III	1938
279201 – 279400	II	1938
279401 – 280000	IIIa	1938
280001 – 286500	IIIb	1938
286501 – 286800	Standard	1938
286801 – 287000	III	1938
287001 – 287200	IIIa	1938
287201 – 287300	III	1938
287307 – 287400	IIIa	1938
287401 – 287600	II	1938
287601 – 288000	IIIa	1938
288001 – 290200	IIIb	1938/39
290201 – 290500	IIIa	1938
290501 – 290800	III	1938
290801 – 291000	IIIa	1938
291001 – 291200	Standard	1938
291201 – 291500	IIIa	1938
291501 – 291600	III	1938
291601 – 291800	IIIa	1938
291801 – 292000	Standard	1938
292001 – 292200	II	1938
292201 – 292400	Standard	1938
292401 – 292600	IIIa	1938
292601 – 292700	III	1938
292701 – 293000	IIIa	1938
293001 – 293100	III	1938
293101 – 293200	IIIa	1938
293201 – 293400	III	1938
293401 – 293500	II	1938
293501 – 293900	IIIa	1938
293901 – 294000	Standard	1938
294001 – 294600	IIIb	1939
294601 – 294800	II	1938
294801 – 294900	III	1938

Leica Nr.	Modell	Jahr
294901 – 295100	IIIa	1938
295101 – 295200	III	1938
295201 – 295300	IIIa	1938
295301 – 295400	Standard	1938
295401 – 295500	III	1938
295501 – 296000	IIIa	1938
296001 – 296200	II	1938
296201 – 296500	IIIa	1938
296501 – 296600	III	1938
296691 – 296900	Standard	1938
296901 – 297100	II	1938
297101 – 297200	IIIa	1938
297201 – 297400	III	1938
297401 – 297900	IIIa	1938
297901 – 298000	III	1938
298001 – 299000	IIIa	1938
299001 – 299200	III	1938
299201 – 299500	IIIa	1938
299501 – 299600	III	1938
299601 – 299800	IIIa	1938
299801 – 299900	III	1938
299901 – 300000	Standard	1938
300001 – 300100	Reporter	1938
300101 – 300200	Standard	1938
300201 – 300300	II	1938
300301 – 300400	Standard	1938
300401 – 300700	IIIa	1938
300701 – 300800	III	1938
300801 – 301000	IIIa	1938
301001 – 301100	III	1938
301101 – 301400	IIIa	1938
301401 – 301500	III	1938
301501 – 301600	III	1938
301601 – 201700	Standard	1938
301701 – 301800	III	1938
301801 – 301900	IIIa	1938
301901 – 302000	III	1938
302001 – 302500	IIIa	1938
302501 – 302800	II	1938
302801 – 302900	III	1938
302901 – 303200	IIIa	1938
303201 – 303300	III	1938
303301 – 303700	IIIa	1938
303701 – 303800	II	1938
303801 – 303900	Standard	1938
303901 – 304400	IIIa	1938
304401 – 304500	III	1938
304501 – 304700	IIIa	1938
304701 – 304800	III	1938
304801 – 304900	IIIa	1938
304901 – 305000	III	1938
305001 – 305600	IIIa	1938
305601 – 305700	III	1938
305701 – 305800	Standard	1938
305801 – 306200	IIIa	1938
306201 – 306300	III	1938
306301 – 306500	II	1938
306501 – 306600	III	1938
306601 – 306800	IIIa	1938
306801 – 307000	III	1938
307001 – 307500	IIIa	1938
307501 – 308000	Standard	1938
308001 – 308100	IIIa	1938
308101 – 308200	III	1938
308201 – 308300	II	1938
308301 – 308500	Standard	1938
308501 – 308600	III	1938
308601 – 308700	IIIa	1938
308701 – 308800	III	1938
308801 – 309000	IIIa	1938
309001 – 309200	Standard	1938
309201 – 309300	IIIa	1938
309301 – 309400	III	1938
309401 – 309500	IIIa	1938
309501 – 309700	II	1938
309701 – 310000	IIIa	1938/39
310001 – 310200	III	1938/39
310201 – 310400	IIIa	1938/39
310401 – 310500	III	1938/39
310501 – 310600	IIIa	1939
310601 – 311000	III	1938/39
311001 – 311200	II	1938
311201 – 311400	IIIa	1939
311401 – 311700	III	1939
311701 – 311800	IIIa	1939
311801 – 311900	III	1939

Leica Nr.	Modell	Jahr
311901 – 312000	IIIa	1939
312001 – 312200	Standard	1939
312201 – 312400	IIIa	1939
312401 – 312500	III	1939
312501 – 312800	Standard	1939
312801 – 313000	IIIa	1939
313001 – 313100	III	1939
313101 – 313200	IIIa	1939
313201 – 313300	III	1939
313301 – 313400	IIIa	1939
313401 – 313500	Standard	1939
313501 – 313600	III	1939
313601 – 314000	III	1939
314001 – 314100	III	1939
314101 – 314300	II	1939
314301 – 314500	Standard	1939
314501 – 314600	II	1939
314601 – 314700	III	1939
314701 – 314800	IIIa	1939
314801 – 314900	III	1939
314901 – 315000	IIIa	1939
315001 – 315100	II	1939
315101 – 315400	IIIa	1939
315401 – 315500	II	1939
315501 – 315700	IIIa	1939
315701 – 315800	III	1939
315801 – 316100	IIIa	1939
316101 – 316400	III	1939
316401 – 316700	IIIa	1939
316701 – 316900	Standard	1939
316901 – 317000	II	1939
317001 – 318000	IIIb	1939
318001 – 318200	IIIa	1939
318201 – 318300	II	1939
318301 – 318500	Standard	1939
318501 – 318800	II	1939
318801 – 318900	IIIa	1939
318901 – 319901	III	1939
319001 – 320000	IIIb	1939
320001 – 320200	II	1939
320201 – 320400	III	1939
320401 – 320600	IIIa	1939
320601 – 320700	II	1939
320701 – 321000	Standard	1939
321001 – 322000	IIIb	1939
322001 – 322200	II	1939
322201 – 322700	Standard	1939
322701 – 322800	IIIa	1939
322801 – 323000	III	1939
323001 – 324000	IIIb	1939
324001 – 324100	Reporter	1939
324101 – 324700	IIIa	1939
324701 – 324800	III	1939
324801 – 325000	II	1939
325001 – 325200	IIIa	1939
325201 – 325275	III	1939
325276 – 325300	IIIa	1939
325301 – 325400	I	1939
325401 – 325600	IIIa	1939
325601 – 325800	III	1939
325801 – 325900	IIIa	1939
325901 – 326000	II	1939
326001 – 327000	IIIb	1939
327001 – 327200	II	1939
327201 – 327400	III	1939
327401 – 327500	IIIa	1939
327501 – 327600	III	1939
327601 – 327800	IIIa	1939
327801 – 328000	Standard	1939
328001 – 329000	IIIb	1939
329001 – 329400	Standard	1939
329401 – 329600	II	1939
329601 – 329800	IIIa	1939
329801 – 329900	III	1939
329901 – 330000	IIIa	1939
330001 – 330200	III	1939
330201 – 330300	II	1939
330301 – 330500	Standard	1939
330501 – 330700	III	1939
330701 – 330800	IIIa	1939
330801 – 331000	Standard	1939
331001 – 332000	IIIb	1939
332001 – 332500	IIIa	1939
332501 – 332600	III	1939
332601 – 333000	IIIa	1939
333001 – 333100	III	1939

Leica Nr.	Modell	Jahr
333101 – 333300	IIIa	1939
333301 – 333600	Standard	1939
333601 – 334000	IIIb	1939
334001 – 334200	III	1939
334201 – 334400	IIIa	1939
334401 – 334600	III	1939
334601 – 335000	IIIa	1939
335001 – 337000	IIIb	1939/40
337001 – 337200	II	1939
337201 – 337400	IIIa	1939
337401 – 337500	III	1939
337501 – 337900	IIIa	1939
337901 – 338100	II	1939
338101 – 338200	IIIa	1939
338201 – 338600	III	1939
338601 – 338900	IIIa	1939
338901 – 339000	III	1939
339001 – 340000	IIIb	1939/40
340001 – 340200	IIIa	1939
340201 – 340400	III	1939
340401 – 340600	IIIa	1939
340601 – 340700	III	1939
340701 – 341000	IIIa	1939
341001 – 341300	II	1939/40
341301 – 341500	Standard	1939
341501 – 341700	III	1939
341701 – 341900	IIIa	1939
341901 – 342000	III	1939
342001 – 342200	Standard	1939
342201 – 342300	III	1939
342301 – 342900	IIIa	1939
342901 – 343100	III	1939
343101 – 344000	IIIa	1939
344001 – 348500	IIIb	1939/40
348501 – 348600	Standard	1939/40
348601 – 349000	IIIb	1940
349001 – 349050	Reporter	1940
349051 – 349300	Standard	1940
349301 – 351100	IIIb	1940
351101 – 351150	II	1940
351151 – 352000	IIIb	1940
352001 – 352100	II	1940
352101 – 352150	Standard	1940
352151 – 352300	II	1940
352301 – 352500	Reporter	1940/41/42
352501 – 352900	II	1940/41/42
352901 – 353600	Standard	1940/41/42
353601 – 353800	Reporter	1942/43
353801 – 354000	Standard	1942/47
354001 – 354050	IIIa	1941/47
354051 – 354075	IIIa	1941/46
354076 – 354100	II	1947
354101 – 354200	IIIa	1947
354201 – 354400	II	1942/44
354401 – 355000	IIIb	1946
355001 – 355650	Standard	1947/48
355651 – 356500		
356501 – 356550	IIIa	1947/48
356651 – 356700	II	1947/48
356701 – 357200	IIIa	1948/50
357201 – 358500		
358501 – 358650	II	1948
358651 – 360000		
360001 – 360100	IIIa	1940/42
360101 – 367000	IIIc	1940
367001 – 367325	IIIc	1941/44
367326 – 367500	IIIc	1945
367501 – 368800	IIIc	1940/41
368801 – 368950	IIIc	1941
368951 – 369000	IIIc	1941
369001 – 369050	IIIc	1941
369051 – 369450	IIIc	1941
369451 – 390000	IIIc	1941/42
390001 – 397650	IIIc	1943/46
397651 – 399999		
400000 – 440000	IIIc	1946/47
440001 – 449999	IIc	1948/51
450000	IIIc	1949
450001 – 451000	IIc	1951
451001 – 455000	IIf	1951
455001 – 460000	Ic	1949/50
460001 – 465000	IIIc	1948/49
465001 – 480000	IIIc	1949
480001 – 495000	IIIc	1949/50
495001 – 520000	IIIc	1950
520001 – 524000	Ic	1950/51

Leica Nr.	Modell	Jahr
524001 – 525000	IIIc	1950/51
525001 – 540000	IIIf	1950/51
540001 – 560000	IIIf	1951
560001 – 562800	Ic	1951
562801 – 565000	If	1951
565001 – 570000	IIIf	1951
570001 – 575000	IIf	1951/52
575001 – 580000	If*	1952/53
580001 – 610000	IIIf	1951/52
610001 – 611000	IIIf/ELC	1952
611001 – 615000	IIf*	1952/53
Leica with light weight shutter		
615001 – 650000	IIIf	1952/53
650001 – 655000	IIf	1953
655001 – 673000	IIIf	1953
673001 – 674999	If	1953/54
675000	IIIf	1953
675001 – 680000	IIf	1953/54
680001 – 682000	IIf	1954
682001 – 684000	If	1955
684001 – 685000	IIIf/ELC	1953
685001 – 699999	IIIf Vorl.	1954
700000	M3	1954
700001 – 710000	M3	1954
710001 – 711000	IIIf Vorl. ELC	1954
711001 – 713000	IIf	1954
713001 – 729000	IIIf Vorl.	1954
729001 – 730000	IIIf Vorl. ELC	1954
730001 – 746450	M3	1955
746451 – 746500	M3 ELC	1955
746501 – 750000	M3	1955
750001 – 759700	M3	1955
759701 – 760000	M3 ELC	1955
760001 – 762000	If	1955
762001 – 765000	IIf	1955
765001 – 773000	IIIf Vorl.	1955
773001 – 774000	IIIf ELC	1955
774001 – 775000	IIIf	1955
775001 – 780000	M3	1955
780001 – 780090	M3 ELC	1955
780091 – 780100	If	1957
780101 – 787000	M3	1955
787001 – 789000	IIf	1955
789001 – 790000	If	1955
790001 – 799000	IIIf	1955
799001 – 799999	IIf	1956
800000 – 805000	M3	1955
805001 – 805100	M3 ELC	1955
805101 – 807500	M3	1955
807501 – 808500	If	1956
808501 – 810000	IIf	1956
810001 – 815000	IIIf	1956
815001 – 816000	If	1956
816001 – 816900	M3	1956
816901 – 817000	M3 ELC	1956
817001 – 820500	M3	1956
820501 – 821500	IIf	1956
821501 – 822000	IIf	1956
822001 – 822900	If	1956
822901 – 823000	IIIf kaltef.	1956
823001 – 823500	IIIf	1956
823501 – 823867	IIIf ELC	1956
823868 – 825000	IIIf	1956
825001 – 826000	IIIg	1956
826001 – 829750	IIIg	1956
829751 – 829850	IIIf ELC	1956
829851 – 830000	M3 ELC	1956
830001 – 837500	M3	1956
837501 – 837620	M3 ELC	1956
837621 – 837720	IIIf ELC	1956
837721 – 839620	M3	1956
839621 – 839700	M3 ELC	1956
839701 – 840500	M3	1956
840501 – 840820	M3 ELC	1956
840821 – 844780	M3	1956
844781 – 845000	M3 ELC	1956
845001 – 845380	IIIg ELC	1956
845381 – 850900	IIIg	1956
850901 – 851000	If	1956
851001 – 854000	M3	1956
854001 – 858000	M3	1957
858001 – 861600	IIIg	1957
861601 – 862000	IIIg ELC	1957
MP 1 – 11	MP	1956
862001 – 866620	M3	1957

Leica Seriennummern

Leica Seriennummern

Leica Nr.	Modell	Jahr
866621 – 867000	M3 ELC	1957
867001 – 871200	IIIg	1957
871201 – 872000	IIIg ELC	1957
872001 – 877000	M3	1957
877001 – 882000	IIIg	1957
882001 – 886700	M3	1957
MP- 13 – 150	MP schw. l.	1957
MP-151 – 450	MP chrom	1957
886701 – 887000	M3 ELC	1957
887001 – 888000	Ig	1957
888001 – 893000	IIIg	1957
893001 – 894000	M3	1957
894001 – 894570	M3 ELC	1957
894571 – 898000	M3	1957
898001 – 903000	M3	1957
903001 – 903300	M3 ELC	1957
903301 – 907000	IIIg	1957
907001 – 910000	Ig	1957
910001 – 910500	M3	1957
910501 – 910600	M3 oliv. l.	1957
910601 – 915000	M3	1957
915001 – 915200	M3	1957
915201 – 916000	M3	1957
916001 – 919250	M3	1958
919251 – 920500	M3	1958
920501 – 920520	M3	1958
920521 – 924400	M3	1958
924401 – 924500	M3 ELC	1958
924501 – 924568	Ig	1958
924569 – 924588	Ig	1958
924589 – 926000	Ig	1958
926001 – 926200	M2	1957
926201 – 926700	Ig	1958
926701 – 928922	M3	1959
928923 – 929000	Postk.	1958
929001 – 931000	M2	1958
931001 – 933000	M2	1958
933001 – 934000	IIIg	1958
934001 – 934200	IIIg ELC	1958
934201 – 935000	IIIg	1958
935001 – 935512	MP2	1958
935513 – 937500	M2	1958
937501 – 937620	M2	1958
937621 – 937650	M2 ELC	1958
937651 – 940000	M2	1958
940001 – 942900	M2	1958
942901 – 943000	M2 ELC	1958
943001 – 944000	IIIg	1958
944001 – 946000	M2	1958
946001 – 946300	M2	1958
946301 – 946400	M2 ELC	1958
946401 – 946900	M2	1958
946901 – 947000	M2 ELC	1958
947001 – 948000	M2	1958
948001 – 948500	IIIg	1958
948501 – 948600	M2 ELC	1958
948601 – 949100	M2 schw. l.	1958
949101 – 949400	M2 Vorl.	1958
949401 – 950000	M2	1959
950001 – 950300	M1	1959
950301 – 951900	M3	1959
951901 – 952000	M3 ELC	1959
952001 – 952015	MP2	1959
952016 – 952500	M1	1959
952501 – 954800	M3	1959
954801 – 954900	M3 ELC	1959
954901 – 955000	M3 ELC	1959
955001 – 956500	IIIg	1959
956501 – 957000	M1	1959
957001 – 959400	M3	1959
959401 – 959500	M3 schw. l.	1959
959501 – 960200	M2 Vorl.	1959
960201 – 960500	M2	1960
960501 – 961500	M2	1959
961501 – 961700	M3 ELC	1959
961701 – 966500	M3	1959
966501 – 967500	M1	1959
967501 – 968350	M2	1959
968351 – 968500	M3 ELC	1959
968501 – 970000	IIIg	1959
970001 – 971500	M2	1959
971501 – 972000	IIIg	1959
972001 – 974700	M3	1959
974701 – 975000	M3 ELC	1959
975001 – 975800	M2	1959
975801 – 976100	M2 Vorl.	1960

Leica Nr.	Modell	Jahr
976101 – 976500	M2	1959
976501 – 979500	M3	1959
979501 – 980450	M1	1959
980451 – 980500	M1 oliv. l.	1960
980501 – 982000	IIIg	1959
982001 – 982150	M2 Vorl.	1960
982151 – 982900	M2	1959
982901 – 983500	M2 Vorl.	1959
983501 – 984000	M2	1959
984001 – 984200	M3 ELC	1959
984201 – 987000	M3	1959
987001 – 987200	M3 ELC	1960
987201 – 987300	M2 ELC	1960
987301 – 987600	Ig	1960
987601 – 987900	IIIg	1960
987901 – 988025	IIIg schw. l.	1960
988026 – 988350	IIIg	1960
988351 – 988650	M2	1960
988651 – 989250	M2 Vorl.	1960
989251 – 989650	M2 Vorl.	1960
989651 – 989800	M2	1960
989801 – 990500	M2 Vorl.	1960
990501 – 990750	M2 schw. l.	1960
990751 – 993500	M3	1960
993501 – 993750	M3 schw. l.	1960
993751 – 995000	M2	1960
995001 – 995100	M2 ELC	1960
995101 – 995400	M2 Vorl.	1960
995401 – 996000	M2	1960
996001 – 998000	M3	1960
998001 – 998300	M3 ELC	1960
998301 – 1000000	M3	1960
1000001 – 1003700	M3	1960
1003701 – 1004000	M3 ELC	1960
1004001 – 1005100	M2 VW	1960
1005101 – 1005350	M2 VW	1960
1005351 – 1005450	M2 ELC	1960
1005451 – 1005750	M2	1960
1005771 – 1007000	M2	1960
1007001 – 1011000	M3	1960
1011001 – 1014000	M2	1960
1014001 – 1014300	M3 ELC	1960
1014301 – 1017000	M3	1960
1017001 – 1017500	M1	1961
1017501 – 1017900	M2	1961
1017901 – 1018000	M2 ELC	1961
1018001 – 1020100	M2	1961
1020101 – 1020200	M2 ELC	1961
1020201 – 1022000	M2	1961
1022001 – 1022700	M3	1961
1022701 – 1023000	M3 ELC	1961
1023001 – 1027800	M3	1961
1027801 – 1028000	M3 ELC	1961
1028001 – 1028600	M1	1961
1028601 – 1031800	M2	1961
1031801 – 1032000	M2 schw. l.	1961
1032001 – 1035400	M3	1961
1035401 – 1035925	M1	1961
1036001 – 1026050	M2 ELC	1961
1036051 – 1036350	M3 ELC	1961
1036351 – 1037950	M2	1961
1037951 – 1038000	M2 ELC	1962
1038001 – 1038800	M3	1961
1038801 – 1039000	M3 schw. l.	1961
1039001 – 1040000	M3	1961
1040001 – 1040066	M1	1962
1040067 – 1040068	M3	1962
1040069 – 1040070	M1	1961
1040071 –	M3	1961
1040072 – 1040094	M1	1961
1040095 – 1040096	M3	1962
1040097 – 1040600	M1	1961
1040601 – 1043000	M3	1961
1043001 – 1043800	M2	1962
1043801 – 1044000	M2 schw. l.	1962
1044001 – 1046000	M3 schw. l.	1962
1046001 – 1046500	M1	1962
1046501 – 1048000	M3	1962
1047801 – 1048000	M3 ELC	1962
1048001 – 1050000	M2	1962
1050001 – 1050500	M1	1962
1050501 – 1053100	M2	1962
1053101 – 1053250	M2 lack.	1962
1053251 – 1054900	M2	1962

Leica Nr.	Modell	Jahr
1054901 – 1055000	M2 ELC	1962
1055001 – 1059849	M3	1962
1059850 – 1059999	M3 lack.	1962
1060000 –	M3	1962
1060001 – 1060500	M1	1962
1060501 – 1061700	M2	1962
1061701 – 1061800	M2 ELC	1962
1061801 – 1063000	M2	1962
1063001 – 1065000	M3	1962
1065001 – 1065200	M3 ELC	1962
1065201 – 1067500	M3	1962
1067501 – 1067870	M1	1963
1067871 – 1068000	Postk.	1963
1068001 – 1070000	M2	1963
1070001 – 1074000	M3	1963
1074001 – 1074500	M1	1963
1074501 – 1077000	M2	1963
1077001 – 1080000	M3	1963
1080001 – 1085000	Leicaflex	1964/65
1085001 – 1085450	M1	1963
1085451 – 1085500	M1	1963
1085501 – 1088000	M2	1963
1088001 – 1091000	M3	1963
1091001 – 1091300	M1	1964
1091301 – 1093500	M2	1964
1093501 – 1093750	M2 lack.	196[illegible]
1093751 – 1093800	M2 ELC	1964
1093801 – 1097700	M3	1964
1097701 – 1097850	M3 lack	1964
1097851 – 1098000	M3 ELC	1964
1098001 – 1098100	M1	1964
1098184 – 1098300	M1	1964
1098301 – 1199800	M2	1964
1099801 – 1099900	M2 ELC	1964
1099901 – 1100000	M2	1964
1100001 – 1102000	M3	1964
1102001 – 1102500	M1	1964
1102501 – 1102800	MD	1964
1102801 – 1102900	M1	1964
1102901 – 1103000	M3	1965
1103001 – 1104900	M2	1965
1104901 – 1105000	M2 ELC	1965
1105001 – 1106900	M3	1965
1106901 – 1107000	M3 ELC	1965
1107001 – 1109000	M2	1965
1109001 – 1110500	M3	1965
1110501 – 1112000	M3	1965
1112001 – 1114975	M2	1965
1114976 – 1115000	Postk.	1965
1115001 – 1128000	Leicaflex	1965
1128001 – 1128400	MD	1965
1128401 – 1130000	M3	1965
1130001 – 1130300	M2 lack.	1965
1130301 – 1132900	M2	1965
1132901 – 1133000	M2 ELC	1965
1133001 – 1134000	M3	1965
1134001 – 1134150	M3 lack.	1965
1134151 – 1135000	M3	1965
1135001 – 1135100	M3 ELC	1965
1135101 – 1136000	M3	1965
1136001 – 1136500	MD	1965
1136501 – 1137000	MD	1966
1137001 – 1138900	M2	1966
1138901 – 1139000	M2 ELC	1966
1139001 – 1140900	M3	1966
1140901 – 1141000	M3 ELC	1966
1141001 – 1141896	MD	1966
1141897 – 1141968	Postk.	1966
1141969 – 1142000	Postk. 24 x 27	1966
1142001 – 1145000	M2	1966
1145001 – 1155000	Leicaflex	1966
1155001 – 1157590	M3	1966
1157591 – 1157600	M3 lack.	1966
1157601 – 1158995	M3	1966
1159001 – 1160200	MDa	1966
1160201 – 1160820	MD	1966
1160821 – 1161420	MDa	1966
1161421 – 1163770	M2	1966
1163771 – 1164046	M2 Motor	1966
1164047 – 1164845	M2	1966
1164846 – 1164865	M3	1966
1164866 – 1164940	Postk. 24 x 36	1967
1164941 – 1165000	M2	1967
1165001 – 1173000	Leicaflex	1967

Leica Nr.	Modell	Jahr
1173001 – 1173250	Leicaflex SL	1968
1173251 – 1174700	Leicaflex	1968
1174701 – 1175000	Leicaflex SL	1968
1175001 – 1178000	M4	1967
1178001 – 1178100	M4 ELC	1967
1178101 – 1185000	M4	1967
1185001 – 1185150	M4 Motor	1968
1185151 – 1185290	M4 lack.	1968
1185291 – 1185300	Postk. 24 x 27	1968
1185301 – 1195000	M4	1968/69
1195001 – 1205000	Leicaflex SL	1968
1205001 – 1206736	MDa	1968/69
1206737 – 1206891	M4 Motor	1969
1206892 – 1206941	Postk. 24 x 36	1969
1206942 – 1206961	Postk. 24 x 27	1969
1207000	M2 Lack.	1968
1207001 – 1207480	M4 lack.	1968/69
1207481 – 1215000	M4	1968/69
1215001 – 1225000	Leicaflex SL	1969
1225001 – 1225800	M4 lack.	1969
1225801 – 1235000	M4	1969
1235001 – 1245000	Leicaflex SL	1969/70
1245001 – 1246200	MDa	1969
1246201 – 1248100	M4 lack.	1969/70
1248101 – 1248200	M4 Motor	1969
1248201 – 1250200	M2R	1969/70
1250201 – 1254650	M4	1970
1254651 – 1255000	MDa	1970
1255001 – 1265000	Leicaflex SL	1970
1265001 – 1266000	MDa	1970
1266001 – 1266100	M4 lack.	1970/71
1266101 – 1266131	M4 olivegr.	1970
1266132 – 1267100	M4 lack.	1970
1267101 – 1267500	M4 Motor	1970
1267501 – 1273921	M4	1970/71
1273922 – 1273925	Postk.24x27	1971
1273926 – 1274000	Postk.24x36	1971
1274001 – 1274100	M4 Motor	1971
1274101 – 1275000	MD a	1971
1275001 – 1285000	LeicaflexSL	1971
1285001 – 1286200	MD a	1971
1286201 – 1286700	M4 lack.	1971
1286701 – 1286760	Postk.24x27	1972
1286761 – 1287000	unbelegt	
1287001 – 1287050	M5 Nullserie	1971
1287051 – 1287250	M5 hell	1971
1287251 – 1288000	M5 schwarz	1971
1288001 – 1289000	M5 hell	1971
1289001 – 1291400	M5 schwarz	1971/72
1291401 – 1293000	M5 hell	1971/72
1293001 – 1293672	MD a	1971/72
1293673 – 1293770	MDa Blitzsp.	1972
1293771 – 1293775	M4-KE 7	1972
1293776 – 1293877	MDa Blitzsp.	1972
1293878 – 1294000	Postk.24x27	1972
1294001 – 1294500	M5 hell	1972
1294501 – 1295000	M4-KE 7	1972
1295001 – 1296500	LeicaflexSL	1972
1296501 – 1300000	M5 schwarz	1972
1300001 – 1335000	CL	1973/74
1335001 – 1336990	LeicaflexSL	1972

Leica Nr.	Modell	Jahr
1336991 – 1337110	LeicaflexSLmot	1972
1337111 – 1338220	LeicaflexSL	1972
1338221 – 1338300	LeicaflexSL mot	1972
1338301 – 1339870	LeicaflexSL	1972
1339871 – 1339900	LeicaflexSL mot	1972
1339901 – 1341450	LeicaflexSL	1972
1341451 – 1341470	LeicaflexSL mot	1972
1341471 – 1342020	LeicaflexSL	1973
1342021 – 1342050	LeicaflexSL mot	1973
1342051 – 1342900	LeicaflexSL	1973
1342901 – 1343000	LeicaflexSL mot	1973
1343001 – 1344400	LeicaflexSL	
1344401 – 1344500	LeicaflexSL mot	1973
1344501 – 1345000	LeicaflexSL	1973
1345001 – 1347000	M5 hell	1972
1347001 – 1354000	M5 schwarz	1972
1354001 – 1355000	M5 hell	1972
1355001 – 1356500	M5 hell	1973
1356501 – 1360000	M5 schwarz	1973
1360001 – 1361500	MD a	1973/74
1361501 – 1363000	M5 hell	1973/74
1363001 – 1365000	M5 schwarz	1973
1365001 – 1365380	LeicaflexSL	1973
1365381 – 1365470	LeicaflexSL mot	1973
1365471 – 1366990	LeicaflexSL	1973
1366991 – 1367090	LeicaflexSL mot	1973
1367091 – 1367950	LeicaflexSL	1973
1367951 – 1368020	LeicaflexSL mot	1973
1368021 – 1368850	LeicaflexSL	1973
1368851 – 1368900	LeicaflexSL mot	1973
1368901 – 1369800	LeicaflexSL	1973
1369801 – 1369875	LeicaflexSL2	1974
	(Nullserie)	
1369876 – 1370700	LeicaflexSL	1973
1370701 – 1372440	LeicaflexSL	1974
1372441 – 1372630	LeicaflexSL mot	1974
1372631 – 1374000	LeicaflexSL	1974
1374001 – 1375000	LeicaflexSL	1974
1375001 – 1378000	M5 schwarz	1973/74
1378001 – 1379000	M5 hell	1973/74
1379001 – 1380000	MD a	1974
1380001 – 1381650	M4 schwarz	1974
1381651 – 1382600	M4 schwarz	1974
	(Leitz Canada-Gravur)	
1382601 – 1383000	M5 hell	1974/75
1383001 – 1384000	M5 schwarz	1974/75
1384001 – 1384600	M4 schwarz	1974
1384601 – 1385000	MD a	1974/75
1385001 – 1386000	LeicaflexSL2	1974/75
1386001 – 1386100	LeicaflexSL2	1975
1386101 – 1386600	LeicaflexSL2	1974/75
1386601 – 1386700	LeicaflxSL2 mot	1975
1386701 – 1387450	LeicaflexSL2	1974/75
1387451 – 1387500	LeicaflxSL2 mot	1975
1387501 – 1391760	LeicaflexSL2	1974/75
1391761 – 1392000	LeicaflxSL2 mot	1975
1392001 – 1393420	LeicaflexSL2	1975
1393421 – 1393510	LeicaflxSL2 mot	1975
1393511 – 1394300	LeicaflexSL2	1975
1394301 – 1394600	LeicaflxSL2 mot	1975
1394601 – 1395000	LeicaflexSL2	1975

Leica Nr.	Modell	Jahr
1395001 – 1410000	CL	1974/75
1410001 – 1412550	MD a	1975/76
1412551 – 1413350	M4 schwarz	1975
	(Leitz Canada-Gravur)	
1413351 – 1415000	M4 schwarz	1975
1415001 – 1415140	LeicaflexSL2	1975
1415141 – 1415230	LeicaflxSL2 mot	1975
1415231 – 1421000	LeicaflexSL2	1975
1421001 – 1421150	LeicaflxSL2 mot	1975
1421151 – 1425000	LeicaflexSL2	1975
1425001 – 1440000	CL	1975/76
1440001 – 1443000	LeicaflexSL2	1975/76
1443001 – 1443170	M4 schwarz	1975
1443501 – 1446000	LeicaflexSL2	1976
1446001 – 1446100	R3 hell LW	1976
1446101 – 1447100	R3 hell LP	1976
1447101 – 1449000	R3 schw. LP	1976/77
1449001 – 1450500	R3 schw. LW	1976
1450501 – 1450900	R3 hell LW	1977
1450901 – 1468000	R3 schw. LP	1977/78
1468001 – 1470000	R3 oliv LP	1977/78
1470001 – 1479000	R3 schw. LP	1977/78
1479001 – 1480000	R3 hell LP	1978
1480001 – 1482000	M4-2	1978
1482001 – 1485000	R3 oliv LP	1978
1485001 – 1491000	R3 schw. LP	1978
1491001 – 1492250	R3 hell LP	1978
1492251 – 1502000	R3 mot LP	1978
1502001 – 1508000	M4-2	1978/79
1508001 – 1523750	R3 mot LP	1979
1523751 – 1523850	R3 schw. LP	1979
1523851 – 1524850	R3 gold LP	1979
1524851 – 1525350	R3 hell LP	1979
1525351 – 1527200	M4-2	1979
1527201 – 1527700	M4-2 gold	1979/80
1527701 – 1528150	M4-2	1980
1528151 – 1528650	M4-2 gold	1980
1528651 – 1533350	M4-2	1980
1533351 – 1543350	R4 schw.	1980/81
1543351 – 1545350	M4-P	1980/81
1545351 – 1546350	MD-2	1980/81
1546351 – 1552350	M4-P	1981
1552351 - 1552884	M4-P	1981
1552531 - 1562350	R4 schw'z	1981
1562351 - 1564350	M4-P	1982
1564351 - 1574350	R4 schw'z	1981/82
1574351 - 1576350	R4 hell	1982
1576351 - 1586350	R4 schw'z	1982
1586351 - 1590350	M4-P	1982
1590351 - 1590550	R4 schw'z	1982
1590551 - 1592550	R4 hell	1982
1592551 - 1602550	R4 schw'z	1982
1602551 - 1604550	R4 hell	1982
1604551 - 1606550	M4-P	1982/3
1606551 - 1616550	R4 schw'z	1983
1616551 - 1618550	R4 hell	1983
1618551 - 1620550	M4-P hell	1983
1620551 - 1622550	M4-P	1983/84
1622551 - 1632550	R4 schw'z	1983
1632551 - 1636550	R4s	1983
1636551 - 1637550	M4-P hell	1983
1637551 - 1642550	R4s	1983
1642551 - 1643750	M4-P	1984
1643751 - 1648750	R4s	1984
1648751 - 1649250	MD-2	1985
1649251 - 1651250	M4-P	1984/85
1651251 - 1652250	R4 Gold	1984/85
1652251 - 1657250	R4s	1984/85
1657251 - 1659250	M6	1984/85
1659251 - 1664250	R4 schw'z	1984/85
1664251 - 1664350	MD-2	1984/85
1664351 - 1665350	R4 hell	1984/85
1665351 - 1669350	M6	1985
1669351 - 1674350	R4	1985/86
1674351 - 1678350	M6	1985
1678351 - 1682350	M6	1985
1682351 - 1682950	M6 hell	1986
1682951 - 1687950	R4s-2	1985/86
1687951 - 1691950	M6	1986
1691951 - 1692950	M4-P	1986

Blitzsp.	motorisierte MDa
ELC	E. Leitz Canada
Hell	silbern verchromt
Kältef.	kältefest
Lack	lackiert
LP	Leitz Portugal
LW	Leitz Wetzlar
Null Serie	Vorserien-Modell
Postk.	Post-Kamera
Schw'z	schwarz verchromt
Schw'l	schwarz lackiert
St.	Standard
Unbel't	nicht vorgestellt
Vorl.	Vorlaufwerk

Note: Spaces in 'M' camera list relate to military camera production.

Leica Objektiv-Seriennummern

Diese Ziffern werden am Anfang jeden Jahres vergeben. Das heißt aber nicht, daß sie alle in diesem Jahr benutzt werden. Manche werden vielleich Jahre später vergeben.

Jahr	Von	Bis
1933	156 001	195 000
1934	195 001	236 000
1935	236 001	284 600
1936	284 601	345 000
1937	345 001	416 500
1938	416 501	490 000
1939	490 001	538 500
1940	538 501	565 000
1941	565 001	582 290
1942	582 295	593 000
1943	593 001	594 880
1944	594 881	595 000
1945	595 001	601 000
1946	601 001	633 000
1947	633 001	647 000
1948	647 001	682 000
1949	682 001	765 000
1950	765 001	840 000
1951	840 001	950 000
1952	950 001	1 051 000
1953	1 051 001	1 124 000
1954	1 124 001	1 236 000
1955	1 236 001	1 333 000
1956	1 333 001	1 459 000
1957	1 459 001	1 548 000
1958	1 548 001	1 645 300
1959	1 645 301	1 717 000
1960	1 717 001	1 827 000
1961	1 827 001	1 913 000
1962	1 913 001	1 967 100
1963	1 967 101	2 015 700
1964	2 015 701	2 077 500
1965	2 077 501	2 156 300
1966	2 156 301	2 236 500
1967	2 236 501	2 254 400
1968	2 254 401	2 312 750
1969	2 312 751	2 384 700
1970	2 384 701	2 468 500
1971	2 468 501	2 503 100
1972	2 503 101	2 556 500
1973	2 556 501	2 6563 400
1974	2 663 401	2 731 900
1975	2 731 901	2 761 100
1976	2 761 101	2 809 400
1977	2 809 401	2 880 600
1978	2 880 601	2 967 200
1979	2 967 201	3 013 600
1980	3 013 601	3 087 000
1981	3 087 001	3 160 500
1982	3 160 501	3 249 100
1983	3 249 101	3 294 900
1984	3 294 901	3 346 200
1985	3 346 201	3 383 200
1986	3 383 201	3 422 890
1987	3 422 891	3 455 870
1988	3 455 871	

Bilbliographie

Eine auf dem neuesten Stand befindliche Bibliographie über die Leica ist eine noch zu lösende Aufgabe. Eine umfassende Übersicht wurde von Tamarkin vor fast 20 Jahren zusammengestellt, die sich vor allem auf die Vorkriegs-Literatur konzentriert und in CCL veröffentlicht wurde (siehe unten). Die folgende Liste enthält jene Quellen, die der Autor als nützlich für dieses Buch erachtet hat. Die Abkürzungen, mit denen sie im Text angegeben sind, sind fett und in Klammern am Ende des Eintrags aufgeführt. "Hove" bezieht sich auf Bücher, die von Hove Foto Books oder Hove Collectors Books veröffentlicht wurden. "Christies" bezieht sich auf die Kataloge vom Auktionshaus Christie's London.

Bücher

Benser, Walter: *Mein Leben mit der Leica*, Hove, 1990.

Frey, Verena: *75 Years of Leica Photography*, Leica Kameragruppe, Solms 1990

Grossmark, D.R. (Herausgeber): *Leica International Price Guide*, 5. Auflage, Hove 1991

Grossmark, D.R. (Herausgeber): *Leica Pocket Book*, 5. Auflage, Hove, 1991

Lager, James L: *Leica Illustrated Guide*, Morgan & Morgan, New York, Vol. I 1975, Vol. II, 1978, Vol. III 1979 **(LIG I, II oder III)**

Keller, Emil G: *The Source of Today's 35mm Photography*, 2. Vols. Butts Hollow Services, New York, 1989

Laney, D.H.: *Leica Accessory Guide*, Hove, 1984

Hahne, W.: Gewindekameras 1925–1960, Band I (Seriennummern und Produktionszahlen von Gewindekameras), Leica Historica, Staufenburg, 1978

Morgan, W.D. & Lester, H.M, später Morgan, D.O., Vestal, D. & Broecker, W.L.: *Leica Manual*, 15 editions 1936 bis 1973, Morgan & Morgan, N. York

Nakamura, S.: *Leica Collection*, Asahi Sonorama, Tokyo, 1991

Natkin: *Leica* (Handbuch), französisch, verschiedene Daten aus den 30er Jahren

Rogliatti, Gianni: *Leica – The First 60 Years*, Hove, 1977

Rogliatti, Gianni: *Leica and Leicaflex-Objektive*, 2. Ausgabe, Hove, 1984

Van Hasbroeck, Paul-Henry: *Leica,* Sotherby, London, 1983 **(VanH)**

Van Hasbroeck, Paul-Henry: *Leica*, Photo Historical Publications, London, Vol. I 1979, Vol. II 1978

Vith F.: *Leica Handbook*, Technisch-Pädagogischer Verlag, Wetzlar 1932

White, William: Subminiature Photography, Focal, Stoneham, MA, 1990

Wright, A.N. & Glanfield, C.: *Collector's Checklist of Leica Cameras, Lenses and Accessories*, Thoroughbred Books, Faversham, 1974 **(CCL)**

Leitz und Leica-Literatur

Es sind bereits mehrere Bücher mit nützlichen Aufstellungen über Leica-Literatur und -Anzeigen erschienen. Auch einige Nachdrucke von Original Leica-Katalogen sind erhältlich. Ansonsten sind die Quellen für diese kurzlebigen Schriften das Leica-Archiv in Solms und private Sammlungen. Hinweise sind im Text beispielsweise mit "List Photo (L.P.), Micro oder Proj". markiert, gefolgt vom Datum.

Reprints vom *Leica-Hauptkatalog*: 1931, 1933, 1936, 1961, 1975 bei Hove.

Reprints von *Leica-Bedienungsanleitungen*: *Standard, IIIa, 250 und Zubehör, Modelle c, f und g; Modelle M1, M2, M3 und M4, M5, CL, Leicaflex, Leicaflex SL und SL2, Gebrauch von Reproeinrichtungen*, Hove.

Comon, Paul & Evans, Art: *Leica-Anzeigen*, Photo Data Research, 1991.

Lager, James L.: *Leica-Literatur 1930–1960*, Morgan & Morgan, New York, 1980. (Lag).

Rüttinger, Friedrich: *Aus Leica Druckschriften von 1925 bis 1943*, privat verlegt 1979 (Rut).

Rüttinger, Friedrich: *Leica Werbung 1925–1950*, Wittig-Fachbuch, Hückelhoven, 1986.

Magazine und Periodika

Leitz-Vertretungen oder private Verleger haben Magazine für Leica-Anwender schon von den frühesten Tagen an publiziert, sie sind nützlich beim Herausfinden, wann ein Produkt erstmals vorgestellt wurde. In jüngerer Vergangenheit haben Leica Historical Societies und Privatpersonen eigene Journale herausgegeben. Noch in Produktion befindliche Publikationen sind mit einem Stern* gekennzeichnet.

British Journal Photographic Almanac, jährlich von 1860 bis 1961, Henry Greenwood, London

Die Leica, herausgegeben von Curt Emmermann, von Leitz in den 30er Jahren publiziert.

Fontenelle Newsletter, in den 70er Jahren kurze Zeit privat in Belgien publiziert **(Fon)**.

* *Leica Fotografie International, Umschau-Verlag*, Frankfurt/Main **(LFo)**.

* *Leica Historical Society Newsletter*, England **(L.H.S.N.)**

Leica News and Technique, veröffentlicht von Leitz, London in den 30er Jahren **(LNT)**.

Leica Photography, veröffentlicht durch Leitz, New York von 1939 bis in die Mitte der 60er Jahre **(LPh)**.

* *Vidom*, Deutschland, Journal der Leica Historica **(Vdm)**

* *Viewfinder*, USA, Journal der Leica Historical Society of America **(Vfr)**.

Codewörter-Index

Codewörter für Produkte wurden von Leitz bis 1960 benutzt und dann durch Katalognummern ersetzt. Dieser Index kann dazu benutzt werden, um ein Produkt zu finden, auf das sich ein Codewort bezieht oder um die entsprechende Katalognummer nach der Umstellung zu ermitteln. In den 30er Jahren kann ein CHROM oder KUP dem Codewort hinzugefügt worden sein, um auf eine verchromte oder vernickelte Ausführung hinzuweisen.

Katalognummern-Index

Allgemeiner Produkt-Index